U0260366

东北地区
保护性耕作技术研究

解宏图　主编

中国农业出版社
北　京

图书在版编目（CIP）数据

东北地区保护性耕作技术研究 / 解宏图主编. —北京：中国农业出版社，2023.6
ISBN 978-7-109-30677-6

Ⅰ.①东… Ⅱ.①解… Ⅲ.①资源保护－土壤耕作－研究－东北地区 Ⅳ.①S341

中国国家版本馆CIP数据核字（2023）第080181号

东北地区保护性耕作技术研究
DONGBEI DIQU BAOHUXING GENGZUO JISHU YANJIU

中国农业出版社出版
地址：北京市朝阳区麦子店街18号楼
邮编：100125
责任编辑：闫保荣　　文字编辑：郝小青
版式设计：王　晨　　责任校对：刘丽香
印刷：北京通州皇家印刷厂
版次：2023年6月第1版
印次：2023年6月北京第1次印刷
发行：新华书店北京发行所
开本：787mm×1092mm 1/16
印张：21.75
字数：513千字
定价：198.00元

编 委 会

主 任： 张旭东

副主任： 何红波 王贵满 梁 超

编写人员名单

主 编： 解宏图

副主编（按姓氏笔画排序）：

王 朋 王笑影 邓芳博 朱雪峰 刘亚军
杨雅丽 张玉兰 张晓珂 姜 楠 蒋云峰
鲁彩艳 鲍雪莲

参 编（按姓氏笔画排序）：

王 影 巴晓博 吕秋爽 李玉珠 李伟嘉
闵凯凯 张 威 张春雨 陈利军 邵鹏帅
武国慧 周 锋 郑甜甜 赵 月 赵丽娟
赵晓霞 袁 磊 贾卫娜 原树生 徐 欣
寇新昌 隋 鑫 董 智 霍海南

前言

自工业革命以来，人们通过集约化传统耕作方式[①]创造了丰富的食物，极大程度地满足了半个世纪以来人口增长对粮食的需求。但这一成就的取得付出了巨大的代价，长期高强度的开发利用引发了一系列生态环境问题，包括土壤严重退化、生物多样性丧失、淡水枯竭、气候变化等。全球农业发展正处于人口增长、耕地退化和环境问题严重的关键时期。因此，农业发展必须可持续。黑土区为我国粮食主产区，其退化问题仍然突出，威胁着我国粮食安全战略的总体布局。

为了遏制黑土退化，科学家们不断探索黑土地保护与利用的行之有效的措施，保护性耕作在促进和维持土壤健康方面发挥了重要作用。中国科学院沈阳应用生态研究所自2007年起在东北地区开展保护性研究工作，是保护性耕作“梨树模式”的牵头发起机构之一，在吉林省梨树县成立了第一个秸秆全量覆盖保护性耕作研发示范基地。经过十几年的研究，为黑土地保护提供了可复制、可推广的解决方案，2020年习近平总书记考察梨树县时指出要采取有效措施切实把黑土地这个“耕地中的大熊猫”保护好、利用好，使之永远造福人民。国家颁布了一系列与黑土地保护相关的计划、政策、法律法规，使保护性耕作上升为国家战略。

本书对2007年以来保护性耕作方面的研究成果进行了系统总结，旨在为所有与保护性耕作相关的政策制定者、科研人员、农业从业人员等提供经验和参考，以更好地推进东北黑土地保护性耕作技术的研发与应用。主要内容：揭示了耕作方式对有机碳和微生物群落垂直分布特征的影响，探究了秸秆还田量

---

① 本书中传统耕作等同于传统垄作、常规耕作（Conventional tillage），即通过旋耕起垄后进行种植的耕作方式。

和还田方式对有机碳影响的微生物学机制；系统研究了不同耕作管理方式下肥料氮在土壤不同形态氮库中的迁移转化特征及其在土壤-作物系统中的分配与去向；明确了保护性耕作模式下土壤磷组分及其含量特征；阐明了保护性耕作对生物（微生物、线虫和大/中动物）群落组成、功能类群及酶活性的影响；整合分析了保护性耕作对玉米根系属性和土壤物理属性的影响。

本书共分九章，其中第一章由解宏图、邓芳博撰写，第二章由解宏图、邓芳博撰写，第三章由鲁彩艳和袁磊撰写，第四章由姜楠和陈利军撰写，第五章由杨雅丽撰写，第六章由张玉兰和武国慧撰写，第七章由蒋云峰撰写，第八章由张晓珂和寇新昌撰写，第九章由王朋、吕秋爽、李伟嘉撰写，其他人员也参与了各章节的撰写和修改。

在本书完成之际，谨向为本书提供数据的各位同学和老师、为撰写本书付出辛勤劳动的各位同仁表示衷心的感谢。

解宏图

2022 年 11 月 21 日

前言

第 1 章 保护性耕作的内涵及研究现状

第 2 章 保护性耕作对土壤有机碳动态的影响

第 3 章 保护性耕作对土壤氮动态的影响

第 4 章 保护性耕作对土壤磷动态的影响

第 5 章 保护性耕作对土壤微生物的影响

第 6 章 保护性耕作对土壤酶活性的影响

第7章 保护性耕作对农田大、中型土壤动物的影响

第8章 保护性耕作对土壤线虫群落的影响

第 9 章 保护性耕作对玉米根系属性和土壤物理属性的影响

第1章　保护性耕作的内涵及研究现状

1.1　东北黑土现状及退化的原因

东北黑土区是世界四大黑土区之一和三大黄金玉米带之一，现有耕地面积 4.5 亿亩*，粮食产量约占全国总产量的 1/4，商品粮输出量约占全国的 1/3，被誉为国家粮食安全的“压舱石”和“稳压器”。一直以来，黑土地以高有机质含量、高肥力著称，被公认为世界上最肥沃的土壤，人们常用“一两黑土二两油”来形容黑土地的肥沃。黑土的珍贵之处在于其发育缓慢，需要几百年的时间才能形成 1cm 的黑土层（崔明等，2008；宋冬林等，2021）。然而，持续的土壤退化严重制约了黑土区的粮食生产能力，影响我国粮食安全战略的整体布局。

黑土区的开垦始于清朝后期，20 世纪 50 年代至 70 年代为开垦的高潮期，自改革开放以来，黑土耕地面积总体上未发生显著变化（宋冬林等，2021），但黑土的退化程度却远远超过了具有 3 000 多年开垦历史的中原地区。数据表明，东北黑土层正以平均每年 0.2～1.0cm 的速度流失，黑土层厚度由 50～100cm 下降到 10～50cm（王炳春，2022），平均厚度由 50～60cm 下降到 30cm 左右。开垦之前大部分土壤有机质含量在 3%～6%，开垦 60 年土壤耕层的有机质含量较开垦前下降了 50%左右，开垦 80 年后土壤有机质含量下降 60%以上，近 30 年来下降了 12%，当前大部分黑土区有机质含量在 1.5%～4.5%，北部地区的有机质含量高于南部地区（中国科学院，2021；王炳春，2022）。不仅如此，土壤容重也从开垦前的 0.9～1.2g/cm^{3}增加至目前的 1.1～1.4g/cm^3，致使土质硬化、犁底层上移加厚（王炳春，2022）。黑土“变薄”“变瘦”“变硬”导致的土壤生物的栖息环境改变和生物多样性减少、群落结构改变、有害生物增加等现象说明土壤生物退化过程也十分严峻。因此，必须采取有效措施保护好黑土地，保证农业的可持续发展。

黑土退化的根本原因是长期不合理的传统耕作制度导致土壤有机质数量和质量下降。秸秆离田或焚烧导致有机物料投入不足（收入），频繁翻耕、整地加速了土壤有机质的矿化消耗（支出），最终导致有机质收支失衡而含量不断下降。长期地表裸露结合东北地区

---

* 亩为非法定计量单位，15 亩＝1hm^2。——编者注

的气候特征（春季干旱多风，夏季降雨集中）造成严重的土壤侵蚀和养分流失，数据显示，东北黑土地水土流失面积约 22 万 km^2，占黑土地总面积的 20.11%，由此造成每年每平方千米流失氮、磷各 180～240kg，钾 360～480kg（中国科学院，2021）。秸秆的焚烧和养分的流失不仅造成资源的浪费还造成巨大的生态环境问题。

为遏制黑土退化，必须对传统耕作制度进行改革，经过科学家和相关农业从业人员十余年的共同努力，总结出了一套玉米秸秆覆盖（有机物还田）、少免耕（减少动土）以及全程机械化的保护性耕作技术。

1.2　保护性耕作的基本内涵

按照联合国粮食及农业组织（FAO）的定义，保护性耕作是“一种既能防止土壤流失又能恢复退化土壤的耕作系统。其基本原则是永久的土壤覆盖、最低限度的土壤扰动和植物物种多样化”。保护性农业能促进地上地下生物多样性和自然生物过程，有助于增强水分和养分利用效率、提高和维持作物产量。政府间气候变化专门委员会的《气候变化与土地》特别报告（2019 年）将保护性农业列入应对气候风险的渐进适应选择之一。

永久的土壤覆盖：用作物残体（死的植物残留物）、覆盖作物（活的植物体）或两者的残留物覆盖土壤避免地表裸露，当现有残留物分解时，要不断添加新鲜的残留物，使覆盖量保持在 30%以上。作物残茬覆盖可以减缓雨滴的下落速度，提供抵御强风和温度的屏障，降低地表蒸发，有利于水分的保持，尤其是在干旱地区；另外，作物残体覆盖还可以缓冲农业机械和人为操作造成的土壤压实，避免土壤板结。覆盖作物指的是在经济作物生长期间或收获后，为了保护土壤而不以收获为目的种植的作物。与作物残体不同，活体覆盖作物不仅能减少风蚀和水蚀，还可以凭借其根系吸收和活化深层土壤的养分，并将其富集于土壤耕作层（残根或灭生后覆盖还田）以便于经济作物吸收和利用。实际生产中，可以结合当地气候和实际需求选择种植豆科作物（三叶草、野豌豆、豌豆等）和非豆科作物（黑麦、小麦、黑麦草、芥菜等）。豆科覆盖作物可以将大气中的氮固定到土壤中，从而增加作物对氮的利用率；而当过量施肥使土壤中有大量氮残留时，非豆科作物更有利于消耗掉土壤中多余的氮，减少氮损失。覆盖作物还可以通过抑制杂草的萌发和生长减少杂草与经济作物之间的竞争，从而有利于作物产量的增加（隋鑫，2021）。综上，永久土壤覆盖既能有效降低土壤侵蚀，帮助管理水土流失，又能通过提高土壤肥力和有机质含量等促进或维持作物生长，最终提高保护性农业系统的稳定性。

最低限度的土壤扰动：通过少耕、免耕将土壤的机械扰动降至最低限度。其特点是在覆盖的残留物上直接播种或施肥，即在没有预先整地的情况下直接播种，生长期间也不进行周期性耕作。根据 FAO 的定义，被干扰的区域需小于 15cm 宽或小于播种面积的 25%（以较低者为准）。降低土壤扰动的目的同样是减少水土流失和对外源有机物料的长期依赖。保护性农业强调土壤作为活生命体的重要性，尤其是表层 0～20cm 土层是有机质含量最高、最活跃的区域，对维持陆地生态系统功能至关重要，很多动植物、微生物都在该区域生活并相互作用（Hobbs et al.，2008）。而该区域也是受人类活动影响最大、最直接和最容易退化的区域。最低限度的土壤扰动有利于保护这个脆弱的区域，降低农业系统的脆弱性和提高其对气候变化的适应能力（Farooq et al.，2015）。

物种多样化：通过作物轮作和（或）间作的形式，在某一农业区域种植多种作物的做法。物种多样性使根系结构不同的植物能够从土壤不同深度吸收养分和水分，使淋溶到深层难以被经济作物利用的养分被轮作作物重新回收利用，从而提高水分和养分的利用效率。作物多样性会增强土壤微生物、动物的多样性，不同的作物根部分泌的有机物质不同，可以吸引各种类型的细菌和真菌；这些微生物可以将营养物质进一步转化为作物可利用的多种形式，从而促进作物生产力的提高。另外，作物轮作会使病虫害丧失伴生作物或寄主，使害虫丧失繁衍的条件，降低连续单一种植引起的病虫草害问题。因此，多样化种植制度比单一种植制度更稳定。

1.3 保护性耕作的发展与应用

保护性耕作起源于20世纪30年代的美国。由于数十年的农业扩张，美国西部平原的草地被大面积翻耕，肥沃的土壤暴露在空气中导致干旱频发。1934年，美国经历了历史上最为严重的受人类活动影响的自然灾害，即震惊世界的“黑风暴”事件，风暴持续三天三夜，导致上亿吨的表层土壤被刮走，近千万亩农田被摧毁。该事件促使美国政府、科学界和农民意识到过度耕作的破坏性影响，保护土壤的概念逐渐出现。

20世纪40年代，进入耕作方式大讨论时期，爱德华·福克纳（Edward Faulkner）在他的名著《农夫的愚行》（Plowman's Folly）一书中阐述了类似于现在的保护性耕作原则的理论概念（Derpsch，2008）。随着时间的推移，通过减少耕作和保持土壤覆盖来保护土壤的概念逐渐普及。同一时期，播种机的发展使无须扰动土壤的直接播种成为可能，但直到20世纪60年代，免耕法才在美国被用于农业实践，人们才清楚地认识到，通过秸秆和作物生物量覆盖的免耕播种是避免或最终扭转土壤退化和侵蚀的方法（Friedrich et al.，2012）。整个20世纪60年代，澳大利亚、德国、比利时、意大利等国家先后开始了免耕试验（Farooq et al.，2015）。

20世纪70年代初，免耕农业传入巴西，免耕技术逐渐成熟转化为现在被称为保护性耕作的体系；法国开始了长期的免耕试验研究。这一时期燃料价格的上涨也吸引了农民向资源节约型耕作系统转变。但保护性耕作技术在南美洲和其他地方开始被大面积应用却花了20年之久。其间，免耕系统的农业设备和农艺实践得到改进和发展，优化了作物、机械和田间作业的性能（Friedrich et al.，2012；Farooq et al.，2015）。

20世纪90年代初，保护性耕作开始呈指数型扩散，在巴西南部、阿根廷和巴拉圭的农业领域引发了一场保护性耕作的农业革命（Friedrich et al.，2012）。这一发展日益引起世界其他地区的注意，一些国际组织（如FAO和CGIAR）开始参与保护性农业体系的推广，提高了非洲（坦桑尼亚、赞比亚和肯尼亚）和亚洲部分地区（中国、哈萨克斯坦、印度和巴基斯坦）对保护性耕作体系的认识和应用（Farooq et al.，2015）。随后保护性耕作系统进入加拿大、澳大利亚、西班牙和芬兰等国家（Friedrich et al.，2012；Farooq et al.，2015）。20世纪90年代末，全球保护性耕作面积已达到4 500万 hm^2，而在1973/1974年，全球保护性耕作面积仅280万 hm^2，1983/1984年是620万 hm^2（Friedrich et al.，2012；Kassam et al.，2010）。

今天，全球有上百个国家实施保护性农业措施，排名前十的国家为美国、巴西、阿根廷、澳大利亚、加拿大、中国、俄罗斯、印度、巴拉圭和哈萨克斯坦（Kassam，2020）。据统计，自2008/2009年以来，全球保护性耕作应用面积以每年约1 000万hm^2的速度增加。从2008/2009年的1.06亿hm^2增加到2018/2019年的2.05亿hm^2。应用面积约占全球耕地总面积的14.7%，南半球（50.5%）和北半球（49.5%）的耕地面积大致相当，美国、巴西和中国的应用面积分别为4 400万hm^2、4 300万hm^2和900万hm^2（Kassam，2020）。未来，保护性农业或将成为可持续农业的代名词。2021年第八届世界保护性农业大会设定了到2050年将全球保护性耕地面积增加到总耕地的50%的目标，以减缓日益加剧的气候变化和土地退化。实现这一目标需要在全球范围内进一步大力推动保护性农业，在尚未实施的国家和地区促进农民自主经营的保护性耕作团体的形成，支持小农户将常规耕作系统转变为具有可持续机械化支持的保护性耕作系统。同时，不断提高保护性农业系统的质量和性能，使其能够绿色可持续地运行。

1.4 保护性耕作——“梨树模式”

1.4.1 “梨树模式”的定义

“梨树模式”是由中国科学院沈阳应用生态研究所、中国农业大学和梨树县农业技术推广总站等部门联合研发，适用于东北黑土地保护的有效技术手段，是以作物秸秆覆盖免耕栽培为核心的一整套全程机械化种植技术体系，包括机械收获与秸秆覆盖、免耕播种与施肥、病虫草害防治、轮作等技术环节。“梨树模式”拥有一整套技术标准体系、农机配套体系和推广应用体系。

1.4.2 “梨树模式”的研发历程

2007年，中国科学院沈阳应用生态研究所率先开展了玉米秸秆覆盖免耕的研究，建立了15hm^2的长期定位试验基地，试验基地分为机理研究区和模式研发区，距今已连续运行17年，主要研究、示范、推广玉米秸秆覆盖保护性耕作技术，持续开展了秸秆覆盖量、覆盖频率、种植模式等方面的基础研究，并结合土壤水分、养分、生物及病虫草害综合防治体系，为“梨树模式”的形成提供了数据支撑。

2010年，中国科学院保护性耕作研发基地成立。经过十余年的科研攻关和技术研发，“梨树模式”改革了东北玉米传统耕作制度，在遏制东北黑土地退化、提升土壤功能方面取得了显著的成果。2016年《农民日报》以“非‘镰刀弯’地区玉米怎么种”为题对在梨树县实施的秸秆覆盖免耕技术进行了整版报道，并将其命名为“梨树模式”。

2019年和2020年，胡春华副总理和习近平总书记先后考察了“梨树模式”示范点，并对成果给予了充分肯定。习总书记强调，要认真总结和推广“梨树模式”，采取有效措施切实把黑土地这个“耕地中的大熊猫”保护好、利用好，使之永远造福人民。为加快保护性耕作在适宜区域的推广与应用，2020年农业农村部和财政部联合印发了《东北黑土地保护性耕作行动计划（2020—2025年）》，力争到2025年，保护性耕作实施面积达到

1.4亿亩。2021年，农业农村部、国家发展和改革委员会、财政部、水利部、科技部、中国科学院、国家林业和草原局联合印发《国家黑土地保护工程实施方案（2021—2025年）》，进一步明确“十四五”期间在完成1亿亩黑土地保护利用任务的基础上，将土壤有机质含量平均提高10%以上。2022年8月1日《中华人民共和国黑土地保护法》正式施行，为保护黑土地优良生产能力、保障国家粮食安全、维护生态系统平衡提供了坚强的法律保障。目前，保护性耕作技术已经遍及黑龙江省、吉林省、辽宁省、内蒙古自治区，覆盖了黑土、黑钙土、风沙土、盐碱土等土壤类型（中国科学院，2021）。

1.4.3 “梨树模式”主体技术

1.4.3.1 秸秆覆盖均匀行免耕技术模式

均匀行是指前茬玉米收获后秸秆均匀覆盖地表，当年春季采用均匀行免耕播种的技术模式。下一年保持原行距，在前茬的行间播种，实现年际交替轮换，均匀行行距一般大于60cm。该模式适宜在秸秆量相对较少的大部分耕地上采用（个别低洼地块不适宜），尤其适用于地形平坦的规模化经营耕地。

1.4.3.2 秸秆覆盖宽窄行免耕技术模式

宽窄行是指收获后秸秆覆盖地表，采用归行机归行，宽窄行免耕播种，秸秆在行间交替（或间隔）覆盖还田的技术模式。上年玉米收获秸秆还田后，采用归行机归行秸秆，窄行作为苗带、宽行放置秸秆，且宽行、窄行隔年交替种植。收获作业由于行距不同，适合两行背负、自走式收获机，或多行不对行式收获机。该模式既能有效减少冬春季节农田土壤侵蚀，又可增加秸秆还田量，同样适用于除个别低洼地外的大部分耕地，可以达到“边际休耕”的目的。

1.4.3.3 秸秆覆盖原垄垄作免耕技术模式

原垄垄作是指收获时采用玉米收获机收获果穗或籽粒，收获后，整秆或粉碎的秸秆和残茬以自然状态留置在垄沟内越冬，春季种地前进行垄上灭茬，免耕播种后进行苗期深松、中耕追肥的种植模式。该模式实现了垄上增温、垄下保墒，用于风沙、盐碱地块（如吉林省双辽、乾安等）及低洼地块效果较好。

1.4.3.4 条带浅旋秸秆覆盖免耕技术模式

条带浅旋是指在上年玉米收获的同时将秸秆粉碎覆盖在地表，秋季或春季播种时采用归行机将秸秆归行，形成秸秆覆盖带和无秸秆覆盖的苗带，苗带浅旋后直接播种的技术模式。该模式可避免土壤板结，提高苗带地温、加速水分的散失。因此，尤其适用于地势低洼区。

1.5 保护性耕作实施效果与存在的问题

与传统耕作相比，长期实施保护性耕作有以下效果：①有效降低土壤侵蚀，改善土壤结构（Zhang et al.，2007；Gao et al.，2016；Seitz et al.，2019）；②促进土壤有机碳的积累和稳定，提高土壤肥力（Bernoux et al.，2009；Scopel et al.，2013；Zhang et al.，2015；Zhang et al.，2018）；③改善土壤养分循环、增加养分的库容、减小养分损失（Shindo et al.，2015；Xu et al.，2015；Yagioka et al.，2015；Meng et al.，2021）；④增加土壤蓄水保墒能力（Shen et al.，2009；Wang et al.，2019）；⑤增加土壤生物多样性、改善群落结构、提升土壤生物功能（Hamel et al.，2003；Spedding et al.，2004；Potthoff et al.，2008；Mbuthia et al.，2015；Maarastawi et al.，2018）；⑥稳产增产，降低环境污染（Blanco－Canqui et al.，2009；Shen et al.，2009；Dossou－Yovo et al.，2016；Xiao et al.，2019；Dai et al.，2021）。

实施保护性耕作使黑土综合功能得到显著提升，但在该过程中也遇到了许多问题：作物秸秆覆盖还田虽然具有保墒的优点，但会引起春季的低温效应；秸秆比较长、多的情况下会导致拖堆严重，影响播种质量；秸秆量大行距小；施肥时间和施肥位置（远离种子）过于集中，造成脱肥现象；秸秆覆盖量大影响除草效果等。虽然有些问题我们已成功解决，但当前的模式和技术仍存在区域应用不明确、农机具不完善且与农艺结合不紧密的问题，以及多年的小规模的分散经营限制保护性耕作技术推广应用的问题。我们仍需要总结经验，因地制宜地加以试验示范、推广和应用，以保护资源、保护环境、实现农业可持续发展为目标，将生态、经济和社会效益三者很好地结合起来。

参考文献

崔明，张旭东，蔡强国，等，2008. 东北典型黑土区气候、地貌演化与黑土发育关系［J］. 地理研究，27（3）：527－535.

宋冬林，谢文帅，2021. 东北黑土地保护利用的政治经济学解析：基于梨树模式［J］. 政治经济学评论，12（1）：47－62.

隋鑫，霍海南，鲍雪莲，等，2021. 覆盖作物的种植现状及其对下茬作物生长和土壤环境影响的研究进展［J］. 应用生态学，32（8）：2666－2674.

徐蒋来，尹思慧，胡乃娟，等，2015. 周年秸秆还田对稻麦轮作农田土壤养分、微生物活性及产量的影响［J］. 应用与环境生物学报，21（6）：1100－1105.

王炳春，2022. 黑土地保护利用中“薄、瘦、硬”问题治理［J］. 黑龙江粮食，13（3）：13－14，12.

中国科学院，2021. 东北黑土地白皮书［EB/OL］.（2021－07－09）［2023－01－12］. https://www.cas.cn/yw/202101071W020210714418584895253.pdf.

Bernoux M，Cerri C C，Cerri C E P，2009. Cropping systems，carbon sequestration and erosion in Brazil：a review［M］. Sustainable Agriculture：75－85.

Blanco－Canqui H，Lal R，2009. Crop residue removal impacts on soil productivity and environmental quality［J］. Critical Reviews in Plant Science，28：139－163.

Dai Z，Hu J，Fan J，et al.，2021. No－tillage with mulching improves maize yield in dryland farming through regulating soil temperature，water and nitrate－N［J］. Agriculture，Ecosystems & Environment，309：107288.

Derpsch R，2008. No－tillage and conservation agriculture：a progress report［J］. No－till farming systems，3：7－39.

Dossou - Yovo E R，Brüggemann N，Jesse N，et al.，2016. Reducing soil CO_2 emission and improving upland rice yield with no - tillage，straw mulch and nitrogen fertilization in northern Benin [J]. Soil and Tillage Research，156：44 - 53.

Farooq M，Siddique K H，2015. Conservation agriculture：concepts，brief history，and impacts on agricultural systems [M]. Conservation Agriculture：3 - 17.

Friedrich T，Derpsch R，Kassam A H，2012. Global overview of the spread of conservation agriculture [J]. Field Actions Science Reports，6：1 - 7.

Gao Y，Dang X，Yu Y，et al.，2016. Effects of tillage methods on soil carbon and wind erosion [J]. Land Degradation and Development，27 (3)：583 - 591.

Hamel C，Spedding T，Mehuys G，et al.，2003. Microbial dynamics in maize - growing soil under different tillage and residue management [C]. Soils and Crops Workshop.

Hobbs R P，Sayre K，Gupta R，2008. The role of conservation agriculture in sustainable agriculture [J]. Philosophical Transactions of the Royal Society B，363：543 - 555.

Kassam A，2020. Advances in conservation agriculture [M]. Rome，Italy：FAO.

Kassam A H，Friedrich T，Derpsch R，2010. Conservation agriculture in the 21st century：a paradigm of sustainable agriculture [C]. Madrid，Spain：Proceedings of the European Congress on Conservation Agriculture.

Maarastawi S A，Frindte K，Linnartz M，et al.，2018. Crop rotation and straw application impact microbial communities in Italian and Philippine soils and the rhizosphere of *Zea mays* [J]. Frontiers in Microbiology，9：1295.

Mbuthia L W，Acosta - Martínez V，Debruyn J，et al.，2015. Long term tillage，cover crop，and fertilization effects on microbial community structure，activity：implications for soil quality [J]. Soil Biology and Biochemistry，89：24 - 34.

Meng X，Guo Z，Yang X，et al.，2021. Straw incorporation helps inhibit nitrogen leaching in maize season to increase yield and efficiency in the Loess Plateau of China [J]. Soil and Tillage Research，211：105006.

Potthoff M，Dyckmans J，Flessa H，et al.，2008. Decomposition of maize residues after manipulation of colonization and its contribution to the soil microbial biomass [J]. Biology and Fertility of Soils，44：891 - 895.

Scopel E，Triomphe B，Affholder F，et al.，2013. Conservation agriculture cropping systems in temperate and tropical conditions，performances and impacts：a review [J]. Agronomy for Sustainable Development，33：113 - 130.

Seitz S，Goebes P，Puerta V L，et al.，2019. Conservation tillage and organic farming reduce soil erosion [J]. Agronomy for Sustainable Development，39 (1)：1 - 10.

Shen Y，Chen H，2009. The progress of study on soil improvement research with straw stalk [J]. Chinese Agricultural Science Bulletin，25：291 - 294.

Shindo H，Nishio T，2005. Immobilization and remineralization of N following addition of wheat straw into soil：determination of gross N transformation rates by ^{15}N - ammonium isotope dilution technique [J]. Soil Biology and Biochemistry，37 (3)：425 - 432.

Spedding T A，Hamel C，Mehuys G R，et al.，2004. Soil microbial dynamics in maize - growing soil under different tillage and residue management systems [J]. Soil Biology and Biochemistry，36：499 - 512.

Wang L, Yuan X, Liu C, et al., 2019. Soil C and N dynamics and hydrological processes in a maize - wheat rotation field subjected to different tillage and straw management practices [J]. Agriculture, Ecosystems and Environment, 285: 106616.

Xiao L, Zhao R, Kuhn N J, 2019. Straw mulching is more important than no tillage in yield improvement on the Chinese Loess Plateau [J]. Soil and Tillage Research, 194: 104314.

Yagioka A, Komatsuzaki M, Kaneko N, et al., 2015. Effect of no - tillage with weed cover mulching versus conventional tillage on global warming potential and nitrate leaching [J]. Agriculture, Ecosystems and Environment, 200: 42 - 53.

Zhang G, Chan K, Oates A, et al., 2007. Relationship between soil structure and runoff/soil loss after 24 years of conservation tillage [J]. Soil Tillage Research, 92: 122 - 128.

Zhang P, Wei T, Li Y, et al., 2015. Effects of straw incorporation on the stratification of the soil organic C, total N and C : N ratio in a semiarid region of China [J]. Soil and Tillage Research, 153: 28 - 35.

Zhang Y, Li X, Gregorich E G, McLaughlin N B, et al., 2018. No - tillage with continuous maize cropping enhances soil aggregation and organic carbon storage in northeast China [J]. Geoderma, 330: 204 - 211.

第2章 保护性耕作对土壤有机碳动态的影响

2.1 引言

土壤有机碳（SOC）作为土壤有机质（SOM）的主要组成部分，对土壤结构稳定、水分保持和养分供应具有积极的影响，对维持生态系统服务和农业生产力至关重要。土壤有机碳库是陆地生态系统碳库的最大组成部分，1m 土壤剖面的 SOC 储量高达 1 550Pg（1Pg=10^{15}g），约是大气碳库（760Pg）的 2 倍，约是植被碳库（600Pg）和生物碳库（560Pg）的 2.5 倍（Jobbágy et al.，2000；Lal，2004），因此全球土壤碳库的微小变化将对气候变化和粮食安全产生重大影响（Jackson et al.，2017；Pries et al.，2017）。然而，自工业革命以来，自然生态系统向农业生态系统的转变导致 SOC 含量急剧下降，模型预测显示农业活动已造成全球 2m 剖面土壤 SOC 损失达 133 Pg（Sanderman et al.，2017）。这引起了全世界的关注，在当前全球气候变化和人口持续增加的背景下，全球农业到 2050 年要满足 100 亿人口对粮食的需求（United Nations，2019），而当前农业用地已经占用了一半的植被用地面积（世界资源研究所，World Resources Institute），且现有农业用地生产能力受到土地退化、水资源稀缺以及气候多变性和与气候相关的极端事件增加的威胁（Page et al.，2020），通过扩大农业用地面积实现粮食产量提高的潜力有限。因此，迫切需要在世界范围内提高土壤碳封存改善土壤质量以应对全球气候变化并保证粮食安全。鉴于此，2015 年，法国农业部在第 21 届联合国气候变化大会上提出了“千分之四”农田土壤增碳计划，旨在倡导每年提高 0.4%的农田土壤碳储量（0～30cm 或 0～40cm）。2019 年，联合国粮食及农业组织（FAO）提出全球土壤再碳化（RECSOIL）倡议，进一步强调阻止土壤碳损失、增加碳储量对改善粮食安全和应对气候变化的重要性。但是，可持续的土壤碳封存措施的实施需要适应当地的土壤条件、气候类型和相关管理政策（Amelung et al.，2020）。

近年来，随着技术和研究手段的进步，对于土壤有机质形成机制的关注重点逐渐从早期的腐殖质理论转变为微生物调控土壤有机质形成的新共识（Schmidt et al.，2011；Cotrufo et al.，2013；Lehmann et al.，2015；Kallenbach et al.，2016）。土壤微生物对 SOC 周转的作用不局限于分解者的角色，还是 SOC 积累的主要贡献者（Lehmann et al.，2007；Kallenbach et al.，2016；Poeplau et al.，2019；Sokol et al.，2019）。2017 年，Liang 等将土壤微生物调控有机碳转化和形成的过程概括为“体外修饰途径”和“体内周转途径”，并将经由“体内周转途径”把植物源有机碳转化为微生物源有机碳的微生物学过程凝练为土壤微生物碳泵概念（Liang et al.，2017）。科研人员用核磁共振技术、模型估算、生物标识物转化等多种方法分析了微生物残体对 SOC 的贡献，虽然不同的方法均有其自身的局限性，但微生物死亡残体在 SOC 中高达 50%以上的比例，无疑强调了量化不同管理措施下土壤微生物残体碳的重要性（Appuhn et al.，2006；Simpson et al.，2007；Liang et al.，2011；Fan et al.，2015；Liang et al.，2019；Deng et al.，2022）。

传统耕作导致 SOM 含量下降的根本原因在于长期重用轻养、有机物料离田导致土壤 SOM 的损失速率（矿化、侵蚀）大于 SOM 的输入和形成速率（Cotrufo et al.，2015；Lal，2018）。而少免耕和作物残体还田的保护性耕作措施在土壤碳固持方面表现出了积极的作用（Lal，2011；Gao et al.，2016；Li et al.，2020）。但是有研究发现并非秸秆还田量越多越有利于有机碳的积累（徐蒋来等，2015；董亮等，2017），而且在等量碳源输入条件下，植物残体的添加频率会造成碳源有效性的差异（Zhang et al.，2015；Nguyen et al.，2016）。鉴于秸秆是重要的生物质资源，合理利用秸秆使其实现土壤健康和经济效益的双赢是十分必要的。

本章主要对 2007 年以来中国科学院沈阳应用生态研究所依托保护性耕作研发基地开展的不同耕作方式、秸秆覆盖还田量、秸秆覆盖还田频率对土壤有机碳影响方面取得的部分研究成果进行归纳、总结，为建立区域适宜的保护性耕作措施以最大限度地固持土壤有机碳、制定可持续的土地利用策略提供依据。

2.2 材料与方法

2.2.1 试验地概况

试验依托中国科学院保护性耕作研发基地（43°19′N，124°14′E），研发基地始建于 2007 年 4 月，位于吉林省四平市梨树县高家村，气候类型为温带半湿润大陆性季风气候，年平均气温 6.9℃，年平均降水量 614mm 左右，且主要集中在 6—9 月，属单峰型（图 2-1），无霜期为 140～150d。2007 年以前土壤经历了多年传统耕作，且以玉米连作为主。试验区土壤

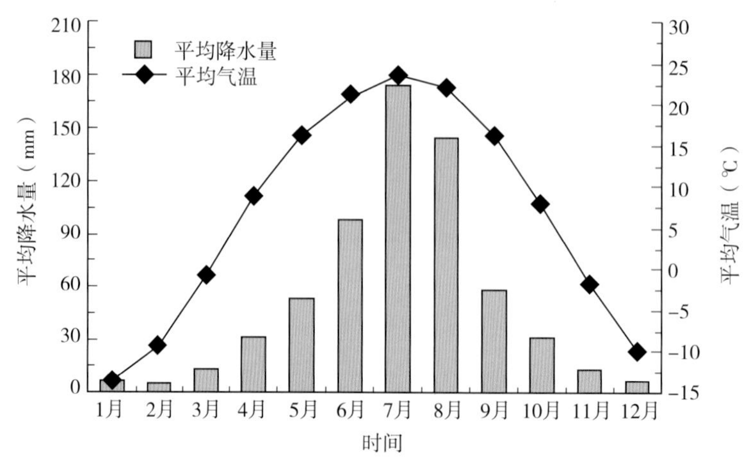

图 2-1　2016 年研究区月平均降水量和平均气温

类型为黑土（Mollisols），壤质黏土。0～20cm 土层本底土壤总有机碳含量为 11.3g/kg、全氮 1.2g/kg、全磷 0.38g/kg、全钾 24.3g/kg、pH 为 7.10，砂粒、粉粒和黏粒含量分别为 24.81%、47.65%和 27.54%。

2.2.2 试验设计

2.2.2.1 免耕不同秸秆覆盖量还田试验平台

采用完全随机区组试验设计（图 2-2）。共设置 5 个处理，分别为常规垄作（Conventional tillage，CT，作为试验对照）、免耕无秸秆覆盖（No-tillage without corn stover mulching，NT0）、免耕 33%玉米秸秆覆盖（No-tillage with 33% corn stover mulching，NT33）、免耕 67%玉米秸秆覆盖（No-tillage with 67% corn stover mulching，NT67）和免耕 100%玉米秸秆覆盖（No-tillage with 100% corn stover mulching，NT100），每个处理 4 次重复，每个试验小区规格为 8.7m×30.0m。常规垄作处理：秋季收获高留茬，不进行秸秆覆盖，灭茬旋耕（深度为 18～25cm），起垄作业，垄高 15cm，垄距 60cm，垄作除播种、施肥外，不再扰动土壤。免耕不同秸秆覆盖量还田处理（NT0、NT33、NT67 和 NT100）：秋季收获高留茬，秸秆按照不同覆盖量还田（NT0 没有秸秆覆盖还田，NT100 处理秸秆覆盖还田量约为 7 500kg/hm^2，其他处理的秸秆覆盖还田量分别为全量秸秆覆盖还田的 33%和 67%），还田时要求人工将整株秸秆沿着与垄向垂直的方向均匀覆盖于地表，将剩余秸秆移出地表，播种前不再整地，直接播种，播种所用机械为免耕播种机，可以在秸秆覆盖地表的情况下一次性完成精确播种、施肥和镇压作业，免耕播种机上配备的刀具首先将整株秸秆切断，播种机有两个倾斜的圆盘开沟器，一个用于深度播种，深度为3～5cm，另一个用于施肥，深度为 8～12cm。此外，全年不再搅动土壤。试验小区各处理均施用稳定性复合肥（N-P_2O_5-K_2O：26-12-12），施肥量相同，相当于 N 240kg/hm^2、P_2O_5 110kg/hm^2、K_2O 110kg/hm^2。

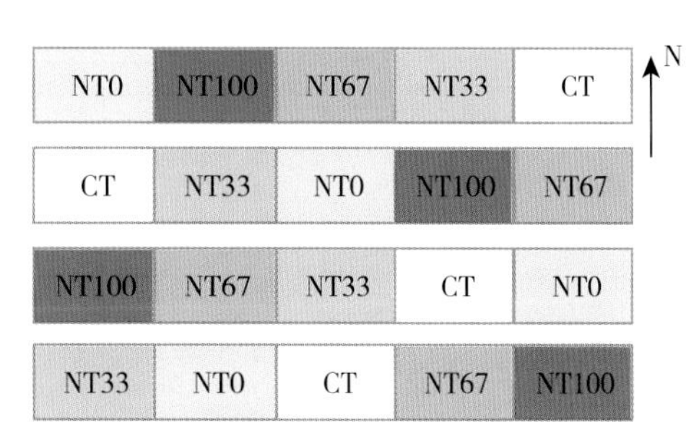

图 2-2 不同秸秆覆盖量还田试验示意图

2.2.2.2 免耕秸秆还田频率试验平台

采用随机区组设计（图 2-3），共包括 5 个处理：①传统耕作，翻耕且无秸秆还田（CT）；②免耕无秸秆覆盖还田（NT0）；③免耕低频率秸秆还田（第一年秸秆覆盖还田 100%，第二、三年不还田），简称 NT1/3；④免耕中频率秸秆还田（第一、二年秸秆覆盖还田 100%，第三年不还田），简称 NT2/3；⑤免耕高频率秸秆还田（每年 100%秸秆覆盖还田），简称 NT3/3。其他试验细节同免耕不同秸秆覆盖量还田试验。试验为随机区组设计，每个处理 4 次重复，保护行间距 2m，每个小区规格为 8.7m×30.0m。每年全量秸秆约为 7 500kg/hm^2，秸秆含碳量约为 44.95%，含氮量约为 0.8%，秸秆于每年收割后还田，均匀覆盖在地表；无秸秆还田即移走全部秸秆。免耕区播种前不再整地，按试验设计留好相应秸秆，用免耕机在秸秆还田于地表的情况下一次性完成秸秆切割、精确播种和施肥作业。各处理除进行播种外，全年不再扰动土壤。各处理施用的化肥量相同，每年施肥量为 900kg/hm^2（N－P_2O_5－K_2O：26－12－12），相当于 N 240kg/hm^2、P_2O_5 110kg/hm^2、K_2O 110kg/hm^2。

		NT3/3	NT2/3	NT1/3	NT0
第一周期	2008	●	●	●	
	2009	●	●		
	2010	●			
第二周期	2011	●	●	●	
	2012	●	●		
	2013	●			
第三周期	2014	●	●	●	
	2015	●	●		
	2016	●			
第四周期	2017	●	●	●	
	2018	●	●		
	2019	●			
第五周期	2020	●	●	●	
	2021	●	●		
	2022	●			
第六周期	2023	●	●	●	
	2024	●	●		
	2025	●			

图 2－3　不同年限秸秆还田频率试验示意图

注：黑色实心圆圈表示本年的秸秆全量还田，空白代表这一年不施秸秆。

2.2.2.3　免耕秸秆还田量/频率综合研究试验

采用随机区组设计。将等量秸秆按不同次数还田定义为不同秸秆还田频率。每 3 年为一个秸秆还田处理周期，第一次秸秆还田从 2008 年开始。处理：①免耕低量高频率秸秆还田，即免耕＋每年 33％秸秆还田（High frequency，HF33％）；②免耕低量低频率秸秆还田（Low frequency，LF33％），即免耕＋第一年 100％秸秆还田，第二、三年不还田，平均每年还田量 33％；③免耕高量高频率秸秆还田，即免耕＋每年 67％秸秆还田（High frequency，HF67％）；④免耕高量低频率秸秆还田，即免耕＋第一、二年 100％秸秆还田，第三年不还田，平均每年还田量 67％（Low frequency，LF67％）。除秸秆处理外，施肥量等其他措施与不同秸秆覆盖量还田试验相同。

2.2.3　样品处理与保存

在长期定位试验小区用不锈钢土钻（直径约 4.2cm）采集土壤样品，人工除去所有可见根、作物残留物和砾石后过 2mm 筛，再将每个土壤样品分成 2 份，鲜土于 4℃条件下保存，用于测定水溶性有机碳和盐提取有机碳，另一份自然风干保存备用。

2.2.4 样品分析测定

土壤有机碳（SOC）：采用重铬酸钾氧化法测定（Nelson et al.，1996）。具体步骤：将自然风干土壤过 0.15mm 筛后，精确称取 0.1～0.5g 样品于干燥的硬质试管中。用重铬酸钾（4.8mol/L）-浓硫酸溶液在 180℃左右的油浴锅中煮沸 5min，目的是将土壤有机碳氧化。冷却后采用蒸馏水冲洗的方法将溶液全部转移到三角瓶中，加入 2～3 滴邻菲罗啉指示剂后用 $FeSO_4$ 溶液（0.4mol/L）标定未反应的重铬酸钾，由消耗的重铬酸钾量计算有机碳的含量。同时需要做标准土和试剂空白对照。

土壤可溶性有机碳（DOC）：利用超纯水提取测定，按水土比 5∶1 进行混合，将混合后的样品于摇床室温下 200r/min 摇动 1h。将混合溶液静置，过 0.45μm 的滤膜，用 TOC 仪（Multi N/C 3000，德国耶拿分析仪器股份公司）测定 DOC 含量。

土壤盐提取有机碳（SEOC）：称取 10g 鲜土置于塑料瓶中，加入 0.5mol/L K_2SO_4（w/v，1∶5）50mL，180r/min 振荡 30min 后 2 200r/min 离心 12min，将上清液过 0.45μm 的滤膜，保存；重复上述步骤一次，将上清液合并，然后在 TOC 仪上测定 SEOC 的浓度（Jones et al.，2006；Toosi et al.，2012）。

土壤容重（BD）：采用环刀法测量（Abdel - Magid et al.，1987）。用 100cm^3 的不锈钢环刀逐层分别切取土壤结构未遭破坏的土样，每层取 3～5 个重复，然后将所有土壤样品称重，并在 105℃条件下烘干至恒重，单位体积的土壤干重即土壤容重。

储量估算：SOC 储量（Mg/hm^2）=SOC 含量（%）×土壤容重（g/cm^3）×取样深度（cm）。

中红外光谱测定：土壤碳化学组成采用漫反射傅里叶变换中红外光谱仪（Diffuse reflectance mid - infrared fourier transform spectroscopy，DRIFTS）测定。为减弱光散射，将过 0.15mm 筛的自然风干土样与干燥的 97%的溴化钾按照质量比 1∶80 的比例在玛瑙研钵中研磨混匀，用压片机压实后，放入 Thermo Nicolet6700 红外光谱仪（美国赛默飞世尔科技公司）测定样品的反射光谱，参数设定：光谱设置为 4 000～400cm^{-1} 的范围，4cm^{-1} 的分辨率，64 次的扫描频次。为消除大气背景干扰，首先测定大气背景值，即空气的反射光谱，后续用样品反射光谱扣除空气反射光谱获得样品的真实反射光谱。选取两个中红外光谱测得的特征峰：2 930cm^{-1} 和 1 635cm^{-1}，计算单个特征峰的相对峰面积（rA,%），即相对峰面积=单个峰面积/2 个特征峰的总面积，获得 rA_{1635} 和 rA_{2930}。用不同的特征峰评估土壤有机质不同的有机碳组分：脂肪族碳组分（2 930cm^{-1}），芳香族碳/酰胺键组分（1 635cm^{-1}）（Demyan et al.，2012；Margenot et al.，2016）。

土壤氨基糖：测定 3 种类型的氨基糖，包括氨基葡萄糖（GluN）、氨基半乳糖（GalN）和胞壁酸（MurA）（Zhang et al.，1996）。具体步骤：自然风干土壤样品过 0.15mm 筛后，根据土壤氮含量，按照每个土壤样品含有>0.3mg N 的标准称取样品于水解瓶中，加入 6mol/L HCl，高温水解。冷却至室温，加入 100μL 肌醇（内标 1），摇匀、过滤至心形瓶，在旋转蒸发仪上旋转蒸干。用去离子水溶解干燥物并调节溶液 pH 至 6.6～6.8 后离心，取上清液再次旋干，用无水甲醇溶解干燥物至衍生瓶中，随后用氮气吹干。加入 1mL 去离子水溶解干燥物，加入 100μL 标准 N-甲基氨基葡萄糖（内标 2）摇匀后放置于－40℃冰箱中冷冻。将冷冻好的样品和标准样品放置到冷冻干燥机中进行彻底冷冻干燥。冷冻干燥后，加入 300μL 衍生试剂充分混匀后将溶液在 75～80℃条件下加热 30min。冷却至室温后，加入乙酸酐，充分混匀后再次加热。冷却至室温后，再依次加入二氯甲烷和 1mol/L HCl，涡旋。过量的酸酐与 1mol/L HCl 反应后使用移液管小心地去除上层无机相中的乙酸酐残留物。然后，用 1mL 去离子水洗涤样品 3 次以彻底去除残留的乙酸酐。使用氮气吹干剩余的有机相之后将干燥的氨基糖衍生物溶解在乙酸乙酯-正己烷混合液中，然后在配备 HP－5 色谱柱和火焰离子化检测器的气相色谱仪（Agilent 7890B GC，美国安捷伦科技有限公司）中进行测定。基于内标法根据峰面积计算氨基糖浓度。

微生物残体碳：根据胞壁酸和氨基葡萄糖含量乘以转换系数计算得到（Engelking et al.，2007；Joergensen，2018），假设细菌细胞壁中胞壁酸和氨基葡萄糖的物质的量比为 1∶2，根据下面的公式计算：

$$细菌残体碳\ (g/kg)=胞壁酸含量\ (g/kg)\times 45$$

$$真菌残体碳\ (g/kg)=(氨基葡萄糖物质的量-2\times 胞壁酸物质的量)\times 179.2\times 9$$

式中：45 是胞壁酸转化为细菌残体碳的转化系数；179.2 是氨基葡萄糖的相对分子质量；9 是真菌氨基葡萄糖转化为真菌残体碳的转化系数；氨基葡萄糖、胞壁酸物质的量的单位为 mmol。

2.2.5 统计分析

采用 IBM SPSS 软件进行单因素和双因素方差分析，使用邓肯检验或图基 HSD 检验进行方差分析后的多重比较检验。通过 R 软件的 nlme 包进行线性混合模型分析。对于所有统计检验，当 $P\leqslant 0.05$ 时认为存在显著差异。

2.3 结果与讨论

2.3.1 耕作方式对土壤有机碳的影响

在试验开始前，样地不同区域 0～5cm、5～10cm、10～20cm 和 20～40cm 土层土壤 SOC 含量差异不显著（$P>0.05$），平均含量分别为 11.23g/kg、11.23g/kg、10.89g/kg 和 10.82g/kg（表 2－1）。

表 2－1 试验开始前（2007 年）**土壤本底有机碳含量**（g/kg，平均值±标准误，$n=3$）

土壤深度	采样组 1	采样组 2	采样组 3	采样组 4	均值
0～5cm	11.24±0.15a	11.21±0.34a	11.18±0.85a	11.27±0.31a	11.23±0.41
5～10cm	11.27±0.33a	11.40±0.62a	11.15±0.71a	11.08±0.40a	11.23±0.52
10～20cm	11.05±0.22a	10.86±0.69a	10.64±0.82 a	11.02±0.16a	10.89±0.47
20～40cm	10.67±0.77a	10.51±0.44a	11.02±0.57a	11.07±0.94a	10.82±0.68

注：字母相同表示各土层不同处理间差异不显著（LSD 检验，$P>0.05$）。

保护性耕作 10 年后，对比分析常规耕作（CT）、免耕无秸秆覆盖（NT0）和免耕 100%秸秆覆盖（NT100）方式下 SOC 和盐提取有机碳（SEOC）含量在 3m 剖面的分布规律，发现耕作方式对 SEOC 以及 SEOC/SOC 具有显著影响，但对 SOC 影响不显著；耕作方式与土壤层次共同显著影响了 SEOC/SOC（表 2－2）。

表 2－2 耕作方式和土壤深度对 SOC、SEOC 和 SOC/SEOC 影响的双因素方差分析结果

项目	耕作方式（*T*）		深度（*D*）		*T*×*D*	
	F	*P*	*F*	*P*	*F*	*P*
SOC	0.519	0.598	116.569	<0.001	0.847	0.640
SEOC	10.707	<0.001	2.895	0.007	1.161	0.322
SEOC/SOC	10.178	<0.001	14.973	<0.001	1.920	0.031

在深度范围内，SOC 含量在 0～150cm 土层范围内显著下降，然后在 150～300cm 深度范围内保持不变（图 2－4）；土壤 SEOC 含量在 0～60cm 土层逐渐下降，随后分别在 CT 的 60～90cm、NT0 的 90～120cm 和 NT100 的 120～150cm 土层达到最大值，最大含量分别为 105.57mg/kg、111.66mg/kg 和 196.49mg/kg（图 2－4）。这种垂直分布的差异可能是由于免耕降低了对土壤的扰动，加上地表秸秆覆盖具有增强土壤分层的作用。与常规垄作（CT）相比，免耕 100%秸秆覆盖（NT100）增加了 0～20cm 土层的 SOC 含量；与 CT 和免耕无秸秆覆盖相比（NT0），NT100 增加了几乎所有土层中的 SEOC 含量，尤其是在 0～10cm 和 120～150cm 土层，NT100 处理下的 SEOC 含量约是 CT 的 2 倍，且 NT100 处理下的 SEOC 对 SOC 的相对贡献（SEOC/SOC）也总是高于 CT 和 NT0（图 2－4）。SEOC 由可溶性根系分泌物、生物来源的有机酸、单糖等组成（Billings et al.，2018），增加的 SEOC 可能来自秸秆的分解产物和根系分泌物，尤其是在非生长季节，土壤冻融的破坏作用可能会促进秸秆的分解（Wu et al.，2010）。

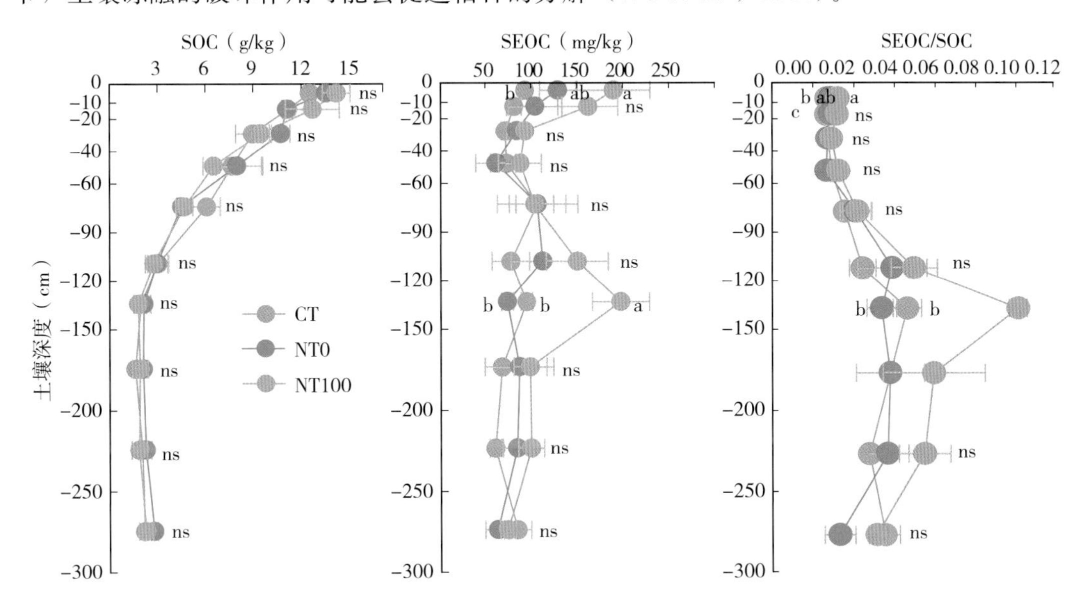

图 2－4 不同耕作方式下 SOC、SEOC 和 SEOC/SOC 随土壤深度的变化

注：图中折线图代表平均值±标准误；图中不同字母表示在耕作方式之间存在显著差异（$P\leqslant 0.05$）；ns 表示耕作方式之间差异不显著（$P>0.05$）。

与常规垄作相比，多年的免耕实践增加了 0～20cm 土层的土壤容重（BD）（Deng et al.，2022）。基于 2015 年的土壤容重数据和等效土壤质量法，我们计算了 0～90cm 土层土壤 SOC 储量。虽然将 2015 年测定的容重数据与 2017 年测定的其他土壤指标结合分析数据并不完全匹配，但本试验始于 2007 年，2015 年的测量结果也已经体现了传统耕作与保护性耕作之间的土壤密度的初步差异。经计算，0～10cm、10～20cm、20～40cm、40～60cm、60～90cm 土层的参考土壤质量分别为 1 203.43Mg/hm^2、1 422.06Mg/hm^2、2 776.25Mg/hm^2、2 940.33Mg/hm^2、4 897.79Mg/hm^2。对各土层 SOC 储量分析发现，NT0 和 NT100 中 0～10cm、10～20cm 和 20～40cm 土层土壤的 SOC 储量略高于 CT，这导致 NT0（63.93Mg/hm^2）和 NT100（63.69Mg/hm^2）处理下的 0～40cm 土层累计 SOC 储量比 CT（57Mg/hm^2）高出很多（表 2－3）。

表 2－3　基于等效土壤质量法计算的土壤容重和 SOC 储量

土壤变量	耕作方式	不同土层土壤对应值				
		0～10cm	10～20cm	20～40cm	40～60cm	60～90cm
容重（BD）(g/cm^3)	CT	1.23±0.12	1.45±0.07	1.41±0.02	1.49±0.07	1.65±0.04
	NT0	1.38±0.17	1.50±0.03	1.45±0.08	1.51±0.05	1.59±0.06
	NT100	1.36±0.06	1.46±0.05	1.44±0.03	1.54±0.06	1.63±0.08
SOC 储量 (Mg/hm^2)	CT	15.41±0.39	16.20±0.34	25.39±3.02	23.03±5.53	30.26±4.24
	NT0	16.93±0.21	16.33±0.37	30.67±1.54	24.95±4.80	23.24±1.46
	NT100	17.58±0.99	18.75±2.50	27.36±0.44	19.97±0.32	23.91±2.65
剖面累计 SOC 储量 (Mg/hm^2)	CT	15.41±0.39	31.61±0.66	57.00±2.57	80.04±7.51	110.3±11.62
	NT0	16.93±0.21	33.26±0.30	63.93±1.85	88.88±5.81	112.12±6.15
	NT100	17.58±0.99	36.33±3.41	63.69±3.43	83.66±3.51	107.57±5.74

注：表中数值为平均值±标准误。

2.3.2　秸秆还田量对免耕土壤有机碳的影响

秸秆还田有利于有机碳的积累，但秸秆还田量的多少对 SOC 的提升能力存在差异，土壤有机质的含量并不总是与覆盖秸秆的量线性正相关，中、低量的秸秆还田可能更有利于土壤碳、氮的积累（Cotrufo et al.，2013；徐蒋来等，2015）。秸秆作为重要的农业资源，是我国农村居民主要的生活燃料和牲畜饲料，合理地利用秸秆不仅有利于农田的高效管理，还可以适应当前的社会经济需要。为了探究东北免耕系统秸秆还田量对土壤 SOC 动态的影响，我们对不同秸秆覆盖量［0%（NT0：0Mg/hm^2），33%（NT33：2.5Mg/hm^2），67%（NT67：5.0Mg/hm^2）和 100%（NT100：7.5Mg/hm^2）］覆盖 10 年后不同层次土壤的 SOC 含量进行了分析（图 2－5）（Zhu et al.，2020）。

双因素方差分析结果显示，秸秆还田量对 SOC 含量没有显著影响（$F=1.31$，$P>0.05$），土壤层次显著影响 SOC 含量（$F=445.27$，$P<0.01$），两者的交互作用对 SOC 含量影响显著（$F=2.84$，$P<0.05$）。与前人的研究结果相似（徐蒋来等，2015；董亮等，

2017)，我们观察到0～5cm土层的SOC含量与秸秆还田量呈非线性关系，与NT0相比，NT33和NT100处理的SOC含量显著提高，NT67对SOC含量没有显著影响（图2-5）。不同的是，在本研究中并非高量秸秆还田不增加SOC含量，而是中量秸秆还田的情况下SOC没有显著增加，因此，不能将秸秆还田量与SOC之间的非线性关系归因于土壤碳的饱和现象（张聪等，2018）。土壤微生物群落调节着有机物的分解方向，影响着土壤有机质的周转和储存，该结果可能是由微生物群落对外源碳输入量的不同响应导致SOC组分含量或化学组成发生变化导致的（Liang et al.，2017；Sokol et al.，2019）。而且由于NT33和NT100均能有效提升SOC的含量，这在一定程度上表明，秸秆无须全量归还也可以达到提升土壤碳库的效果（Pimentel et al.，2019）。在20～40cm土层，随着秸秆还田量的增加，SOC含量呈逐渐下降的趋势，且NT100处理的SOC含量显著低于NT0（图2-5）。之前也有研究发现，免耕系统土壤有机碳的增加主要体现在0～10cm土层，10～20cm或20～40cm土层SOC含量较低，甚至相互抵消（Du et al.，2010；Luo et al.，2010），有人将免耕农田土壤总有机碳表现出的表层富集现象归因于植物根系的分布深度不同（Baker et al.，2007；吴艳等，2011）。而还有文献指出，植物残体归还可能会引发微生物的养分限制，进而不利于土壤有机质的积累或者加速SOC的分解（Fontaine et al.，2004），而我们也确实观察到20～40cm土层土壤TN含量低于表层，而DOC含量高于表层，印证了这一观点。在60～100cm土层，不同秸秆还田量处理的SOC含量没有显著差异（图2-5），说明不同秸秆覆盖量还田10年后，SOC含量的变化主要体现在表层或中层土壤。综上所述，NT33和NT100均能提高表层SOC含量，但后者不利于中层SOC的积累，NT67对SOC的积累没有显著的促进作用。

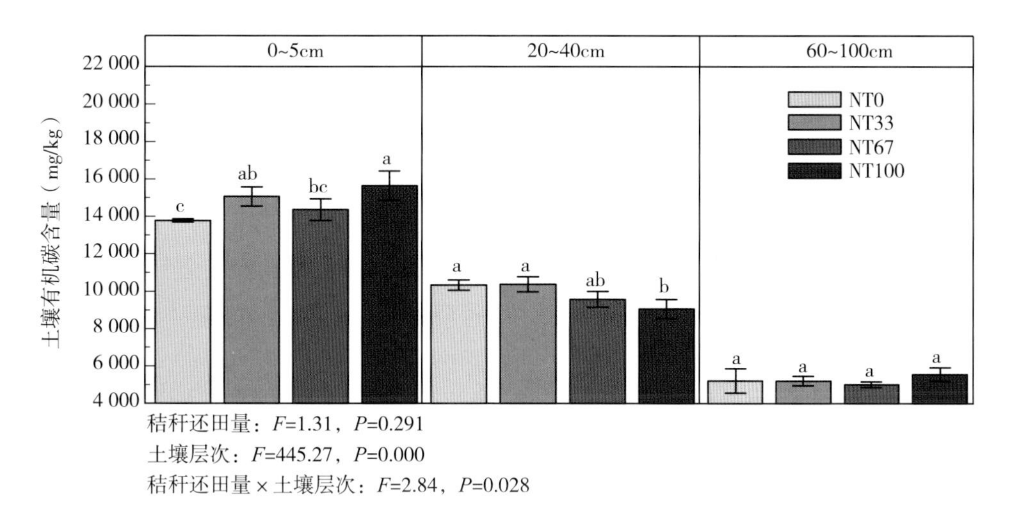

图2-5　不同秸秆还田量处理不同土层土壤有机碳含量差异

注：图中各土层小写字母完全不同的处理间差异显著，$P<0.05$，图中的F和P分别为整体方差分析的F值与P值。

土壤氨基糖是土壤微生物细胞壁的成分，是微生物同化合成产物的重要部分，具有一定的抗分解性，被认为是微生物残留物的标识物（Appuhn et al.，2006；Liang et al.，

2019)。分析秸秆还田量对土壤氨基糖的影响发现（表2-4），在0～5cm土层，与NT0相比，NT33、NT67和NT100的氨基糖均有增加的趋势，分别平均提高9.90%、7.92%和4.00%的总氨基糖含量；但随着秸秆还田量的提高，总的微生物残体增幅下降（从0.10逐渐下降至0.04），这表明微生物死亡残体的积累效率随着秸秆还田量的增加而降低。对SOC增幅进行比较发现，NT33和NT67处理氨基糖增幅大于SOC，而NT100处理氨基糖增幅小于SOC（表2-4），这表明低量与中量秸秆还田处理下微生物死亡残体对SOC的贡献效率得到提升，而NT100处理SOC的增加主要来自非微生物残体碳的贡献（Zhu et al.，2020）。据此，33%与67%秸秆还田更有利于表层土壤微生物残体对SOC积累的贡献，微生物残体具有更高的"续埋"潜力。

表2-4 不同玉米秸秆覆盖还田量下表层土壤氨基糖和有机碳含量与变化率

处理	总氨基糖（AS，g/kg）	有机碳（SOC，g/kg）	AS增幅率	SOC增幅率
NT0	1.01±0.028	13.92±0.085	—	—
NT33	1.11±0.046	15.23±0.530	0.10	0.09
NT67	1.09±0.036	14.51±0.588	0.08	0.04
NT100	1.05±0.064	15.83±0.799	0.04	0.14

注：NT表示免耕；0、33、67和100表示秸秆还田量分别为0%、33%、67%和100%。*AS*增幅=$(AS_{NTX}-AS_{NT0})/AS_{NT0}$，*SOC*增幅=$(SOC_{NTX}-SOC_{NT0})/SOC_{NT0}$，*X*表示秸秆还田量。

2.3.3 秸秆还田量对免耕土壤碳化学组成的影响

近年来，中红外光谱法已被较广泛地应用到土壤碳组分及其稳定性的研究中。按照光的波长范围，红外光谱可以分为三个区域，分别是波长范围在700～2 500nm（波数14 286～4 000cm^{-1}）的近红外光谱、波长范围在2 500～25 000nm（波数4 000～400cm^{-1}）的中红外光谱和波长范围在25 000～1 000 000nm（波数400～10cm^{-1}）的远红外光谱。土壤中红外光谱可以通过原子的伸缩振动和转动运动产生的基频振动吸收和偶极矩的变化反映出来，在光谱中以吸收峰的形式展示，后续通过对吸收峰位置、形态和特征吸收峰的强度等来判断化学组分的结构和含量，用以指示土壤碳的组成和多样性（Zimmermann et al.，2007；Bellon-Maurel et al.，2011；Tatzber et al.，2011）。此外，在吸收波数1 620cm^{-1}附近的红外吸收峰可以用来指示土壤芳香族碳组分或酰胺键，芳香族碳为植物较难分解的碳组分，酰胺键来自蛋白质，土壤微生物来源的蛋白质也相对较为稳定（Schweigert et al.，2015），据此该处的吸收峰通常可以指示相对较为稳定的土壤有机组分；而在吸收波数为2 930cm^{-1}附近的红外吸收峰为土壤脂肪族碳，可以用来指示相对较易分解的土壤有机组分（Demyan et al.，2012；Margenot et al.，2016）；芳香族碳与脂肪族碳的比值可以反映化学难降解物质分子结构的复杂程度，该比值越高表明土壤具有越多的芳香核结构和越少的脂肪族侧链、土壤组分具有越高的缩合程度和越复杂的分子结构（张晋京等，2009）。综上，两者吸收峰的相对峰面积比值可以用来指示土壤碳的化学稳定性。

为了探究玉米秸秆还田量对免耕土壤碳化学组成和稳定性的影响，我们分析了不同秸秆还田量（0、33%、67%和 100%）连续覆盖归还 8 年后土壤 0～5cm、20～40cm 和 60～100cm土层土壤有机碳中红外光谱特征（朱雪峰等，2021）。结果发现（图 2-6）：土壤样品的主要吸收峰包括位于 3 400cm^{-1}处的 O—H 伸缩振动以及 N—H 伸缩振动、1 635cm^{-1}处的芳香族碳组分或 NH（酰胺Ⅱ）组分和 1 034cm^{-1}处的多糖或者多糖类似物的 C—O 伸缩振动、2 930cm^{-1}处的脂肪族 C—H 伸缩振动和 1 435cm^{-1}处的 C—H 弯曲振动（Haberhauer et al.，1999；Madari et al.，2006；Demyan et al.，2012）。

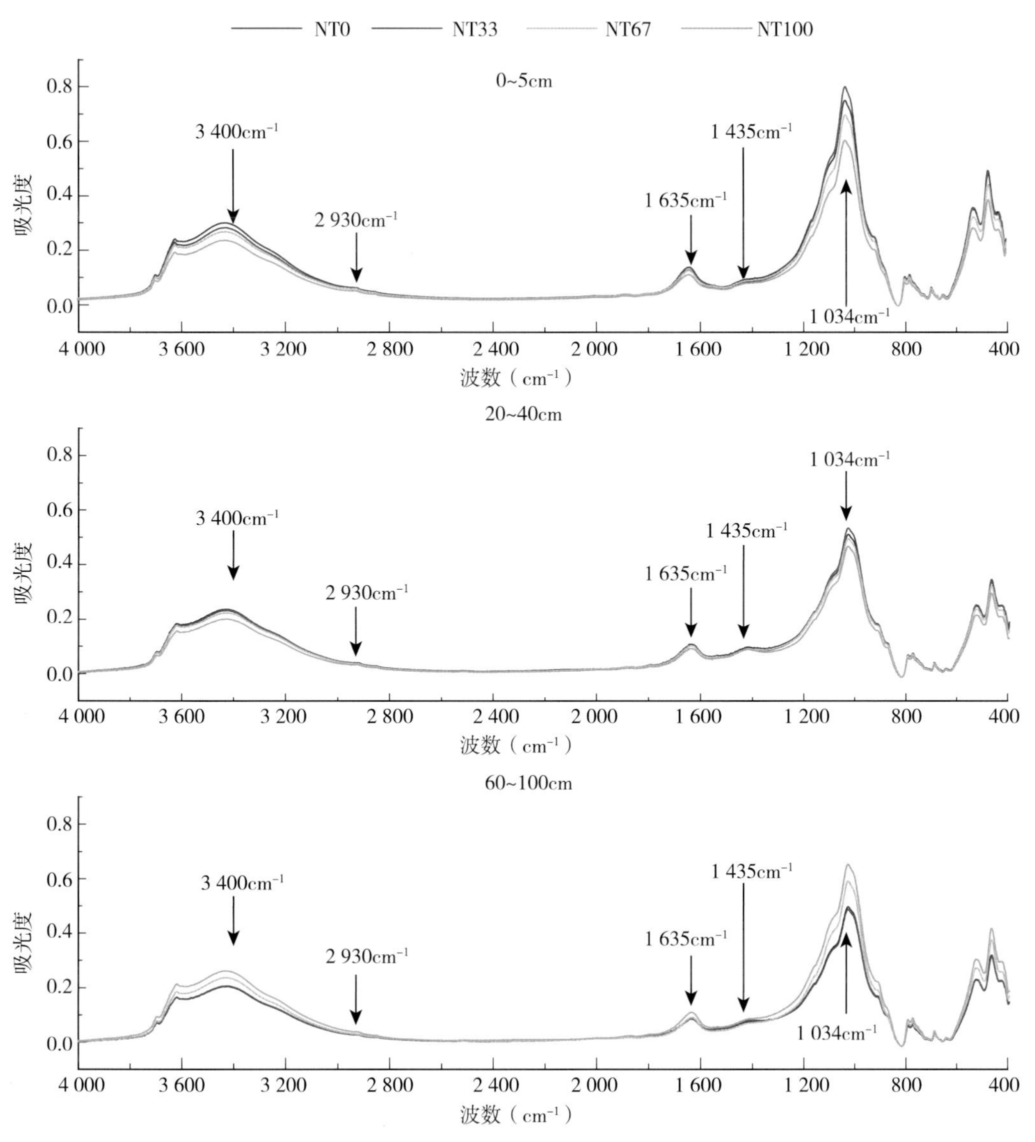

图 2-6　各层次不同秸秆还田量处理土壤中红外光谱均值（$n=4$）

双因素方差分析结果显示：秸秆还田量对土壤中红外光谱组成多样性没有显著影响（$F=0.74$，$P>0.05$），但土壤层次（$F=12.77$，$P<0.05$）及其与秸秆还田量的交互作用（$F=2.53$，$P<0.05$）对土壤中红外光谱组成多样性影响显著（图 2-7）。具体来看

各层次处理间差异，在0～5cm土层，与NT0相比，NT33显著降低了土壤化学组成的多样性（图2-7）；在20～40cm土层，秸秆还田对土壤化学组成的多样性没有显著影响（图2-7）；而在60～100cm土层，NT67和NT100具有降低土壤化学组成多样性的趋势（图2-7）。

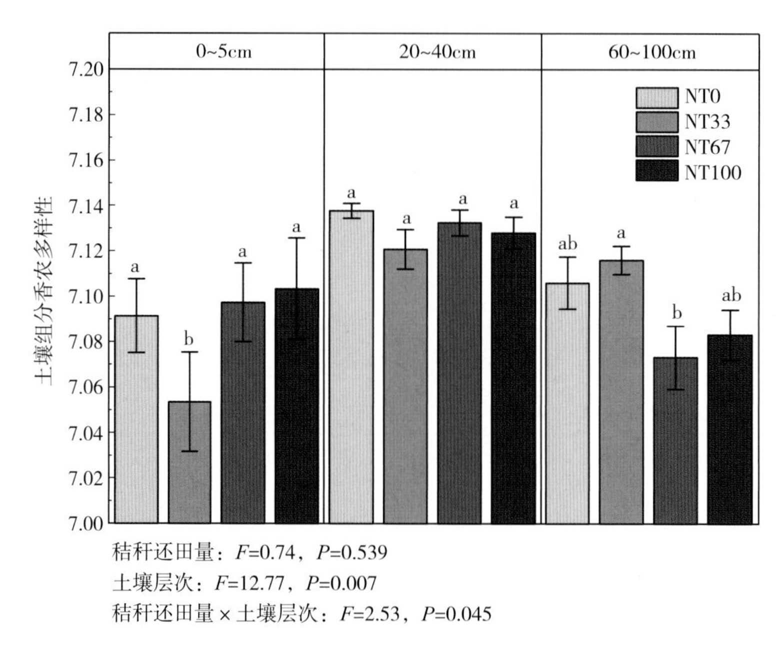

图2-7　不同秸秆还田量处理不同土层土壤中红外光谱组成香农多样性

注：图中土层间的小写字母完全不同的处理间差异显著，$P<0.05$，F 和 P 分别为整体方差分析的 F 值与 P 值。

以上结果表明长期秸秆覆盖还田能影响表层和深层土壤碳化学组成的多样性，且土壤化学组成具有趋同的变化趋势。这与前期的研究观点一致，即外源凋落物经过分解会逐渐形成化学结构相同的难降解组分（Grandy et al.，2008；Wallenstein et al.，2013）。但是，NT67和NT100对土壤碳化学组分多样性无显著影响，表明秸秆添加对土壤碳化学组分多样性或复杂程度的影响尚存在其他解释机制。后续有研究指出，土壤有机质化学组成受土壤分解者调控（Wickings et al.，2012），这为不同还田量处理下土壤碳化学组成多样性的差异提供了新的思考方向，即可能与微生物群落代谢差异有关。新提出的土壤微生物碳泵概念框架提出了微生物“双重代谢途径”调控SOC化学组成的假设机理，即在外源植物残体分解过程中，微生物对植物源碳转化为微生物源碳的过程（体内周转）会驱动土壤碳组分趋同，微生物胞外酶对植物残体的分解（体外修饰）会驱动土壤碳组分趋异，两个代谢途径的相对权重最终影响土壤碳组分的多样化程度（Liang et al.，2017；梁超等，2021）。前期关于样地土壤微生物死亡残体标识物氨基糖的研究结果显示，表层土壤氨基糖增加效率在NT33处理最高，且该效率随着秸秆还田量的增加而降低（Zhu et al.，2020），表明NT33土壤碳化学稳定性的降低以及碳化学组分的趋同很可能是由于微生物体内周转过程占主导，而NT67和NT100处理土壤微生物双重代谢过程比重间的持平可能是土壤碳化学组成多样性不变的原因。

对各层次土壤中红外光谱图的PCA分析可以将处理间土壤官能团的差异较直观地可视化。研究选择第二主成分（PC2）和第三主成分（PC3）进行排序展示，并对可以较好区分处理间差异的主成分进行载荷值分析（图2-8），确定了引起差异的中红外光谱吸收峰（朱雪峰等，2021）。由图可以看出，0～5cm土层处理点在PC2轴上能够较好分开，其中：NT0主要位于PC2轴正向，NT33和NT100主要位于PC2轴负向（图2-8A）；20～40cm土层处理点在PC3轴上能够较好分开，NT0主要位于PC3轴正向，NT33和NT100主要位于PC3轴负向（图2-8B）；60～100cm土层处理点在PC2轴上能够较好分开，NT0、NT33和NT100主要位于PC2轴正向，NT67位于PC2轴负向（图2-8C）。

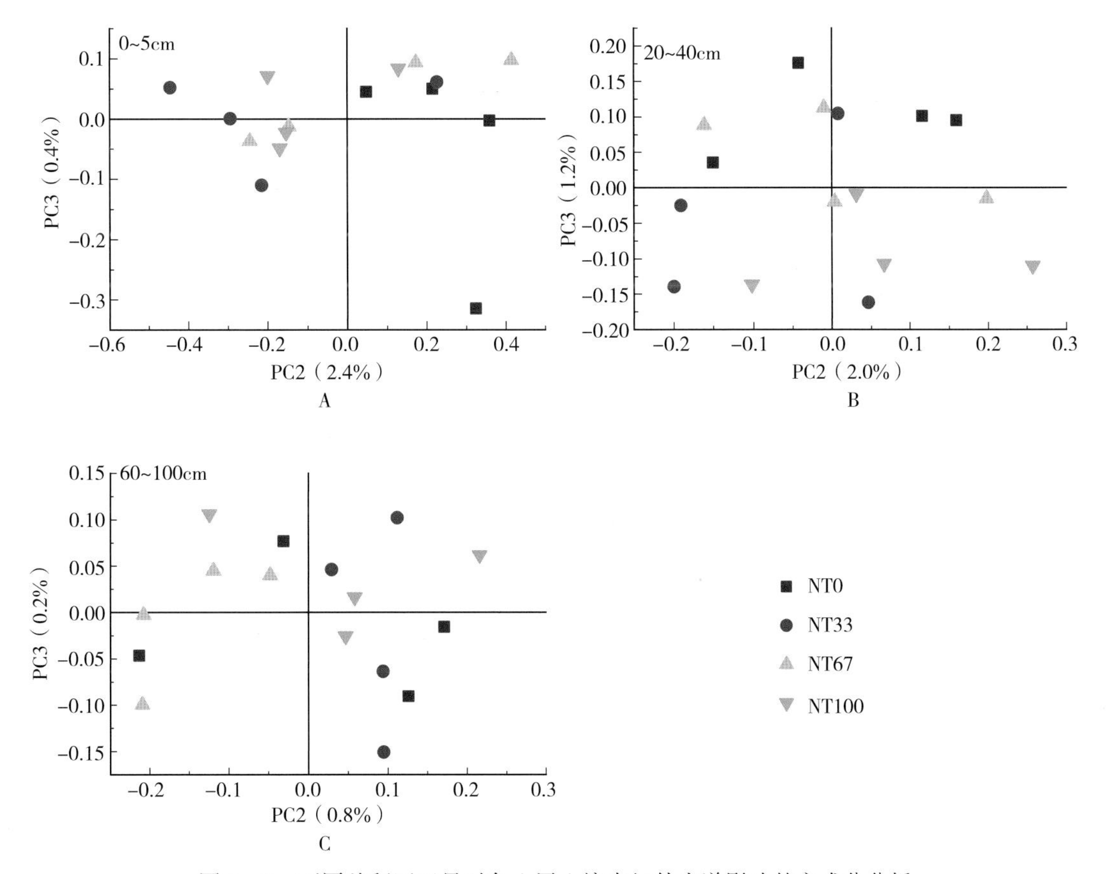

图2-8 不同秸秆还田量对各土层土壤中红外光谱影响的主成分分析

通过分析各层次土壤中红外光谱主成分载荷值发现，在0～5cm土层，PC2轴上的主要正值峰有芳香族化合物，负值峰有多糖C—O键（图2-9A），表明NT33和NT100能够提高表层土壤多糖含量，NT0的表层土壤难分解的芳香族碳组分的含量较高。在20～40cm土层，PC3轴上的主要正值峰有芳香族化合物，负值峰有脂肪族碳组分和多糖（图2-9B），表明NT33和NT100能够提高中层土壤脂肪族碳组分和多糖含量，NT0的中层土壤难分解的芳香族碳组分的含量较高。在60～100cm土层，PC2轴上的主要正值峰是甲基C—H键，负值峰是多糖C—O键（图2-9C），表明NT67能提高深层土壤多糖类碳水化合物的含量。由此可见，秸秆连续还田8年后，对土壤脂肪族碳组分和多糖类碳水化合物的提高作用较明显，降低了芳香族碳组分的含量。

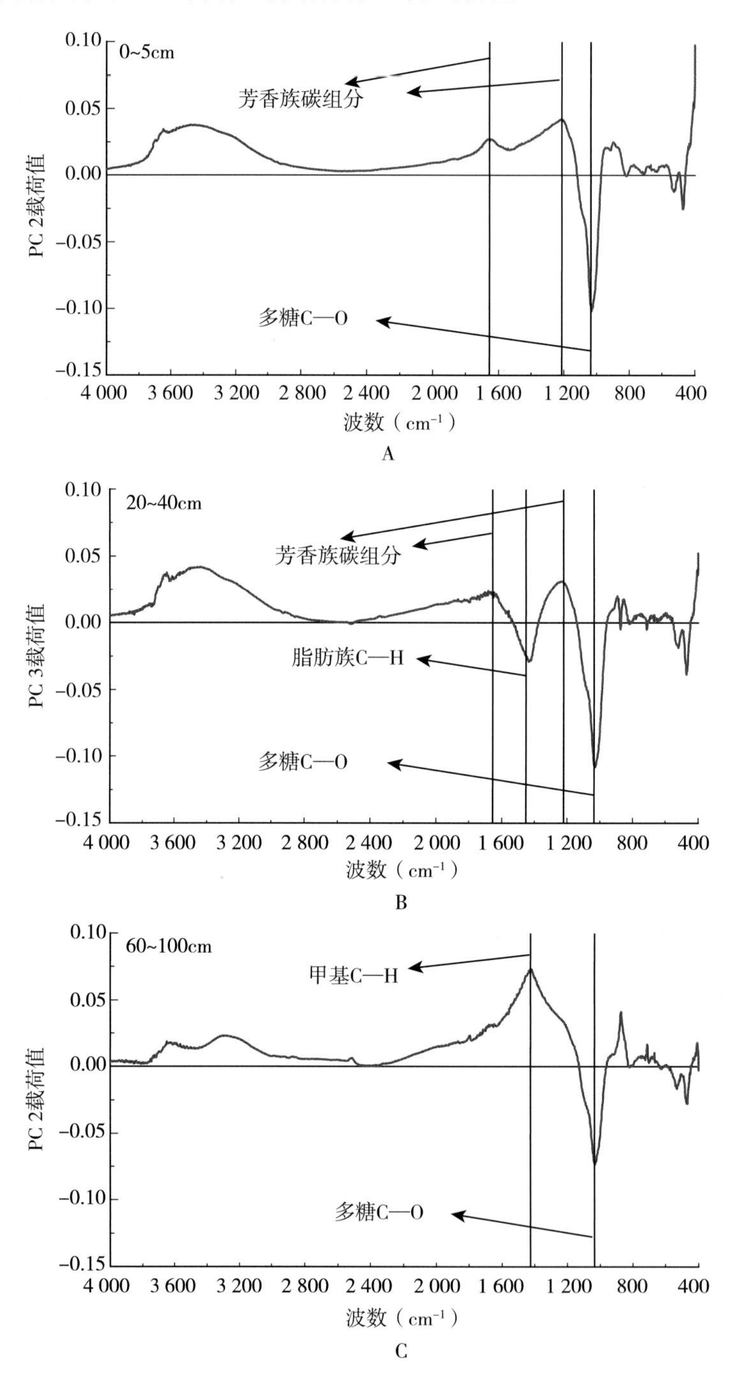

图 2-9　各层次土壤中红外光谱主成分载荷值

前期在本实验基地的研究发现，不同秸秆还田量连续还田 5 年后，表层秸秆来源的芳香族碳、脂肪族碳及烷基碳含量显著提高，且土壤芳香族碳组分随着秸秆还田量的增加而增加（彭义等，2013）。与前期的结果相比，本研究结果表明秸秆还田时间延长后土壤表层易分解碳组分的含量得到明显提高，与理化性质结果中 DOC 含量的变化规律一致。前期研究发现，秸秆还田能够提高土壤易分解碳组分的含量并提高土壤 CO_2 的释放量（Yang et al.，2017），Ouellette 等通过红外光谱探究秸秆分解过程，结果表明，玉米秸秆添加后的土壤具有较多的易分解的多糖，表明微生物代谢活跃且土壤氮养分充足（Ouellette et al.，2016）。也有研究表明，秸秆还田可以提高微生物代谢和与酶的活性（曹湛波等，2016）。根据图 2－5 可知，NT33 和 NT100 显著提高了表层土壤 SOC 的含量，据此推测，秸秆还田时间的延长可能在短期内（<10 年）逐渐提高微生物对植物源难分解碳的分解矿化能力，进而提高土壤易分解碳组分的含量，这些组分的增加可能潜在促进土壤团聚体稳定性的提高（薛斌等，2018）。

2.3.4　秸秆还田量对免耕土壤碳化学稳定性的影响

基于土壤中红外光谱，从已检测到的 5 种中红外特征峰里，我们选取了两种进行重点研究，分别是位于 2 930cm^{-1}处的脂肪族碳组分特征峰和位于 1 635cm^{-1}处代表土壤较稳定化学组分（芳香族碳组分或者蛋白质）的特征峰。分别在红外光谱处理软件上积分获得两者的峰面积，之后分别计算各自的相对峰面积，得到 rA_{2930} 和 rA_{1635}，再用 rA_{1635} 与 rA_{2930} 的比值指示土壤碳化学组成稳定性。整体上看，秸秆还田量对所选土壤红外特征峰相对峰面积没有显著影响，土壤层次对所有红外特征峰指标影响显著，秸秆还田量与土壤层次共同显著影响土壤红外特征峰指标（表 2－5）。

表 2－5　秸秆还田量和土壤层次对土壤红外特征峰相对峰面积影响的方差分析

变量	秸秆还田量	土壤层次	秸秆还田量×土壤层次
rA_{1635}	1.65	13.34**	3.25*
rA_{2930}	1.65	13.34**	3.25*
rA_{1635}/rA_{2930}	2.67	15.87**	3.32*

注：表中数值为方差分析的 F 值，* 表示 $P<0.05$，** 表示 $P<0.01$，rA_{1635} 和 rA_{2930} 分别表示吸收波数在 1 635cm^{-1}和 2 930cm^{-1}处的相对峰面积。

具体来说，在 0～5cm 土层，与 NT0 相比，NT33 和 NT67 显著提高了脂肪族碳组分的相对比例（rA_{2930}），但是显著降低了芳香族碳/酰胺键组分的相对比例（rA_{1635}）（图 2－10A、图 2－10B）。在 20～40cm 土层，秸秆还田量对土壤中红外光谱特征峰没有显著影响。在 60～100cm 土层，与 NT0 相比，NT33 和 NT67 分别显著降低和提高了 rA_{1635}/rA_{2930}（图 2－10C）。

以上结果表明，与 NT0 相比，NT33 降低了碳化学稳定性，而 NT67 提高了碳化学稳定性。NT33 土壤碳化学稳定性的降低以及碳化学组分的趋同很可能是微生物体内周转过程占主导所致。对于 NT67 来说，土壤碳化学组分的多样性并没有明显改变，NT67 土壤碳化学稳定性提高，可能是由于微生物合成自身生物量时对土壤中易分解脂肪族碳的同化，导致土壤脂肪族碳组分的相对比例降低，而难分解的芳香族碳组分的相对比例增加。

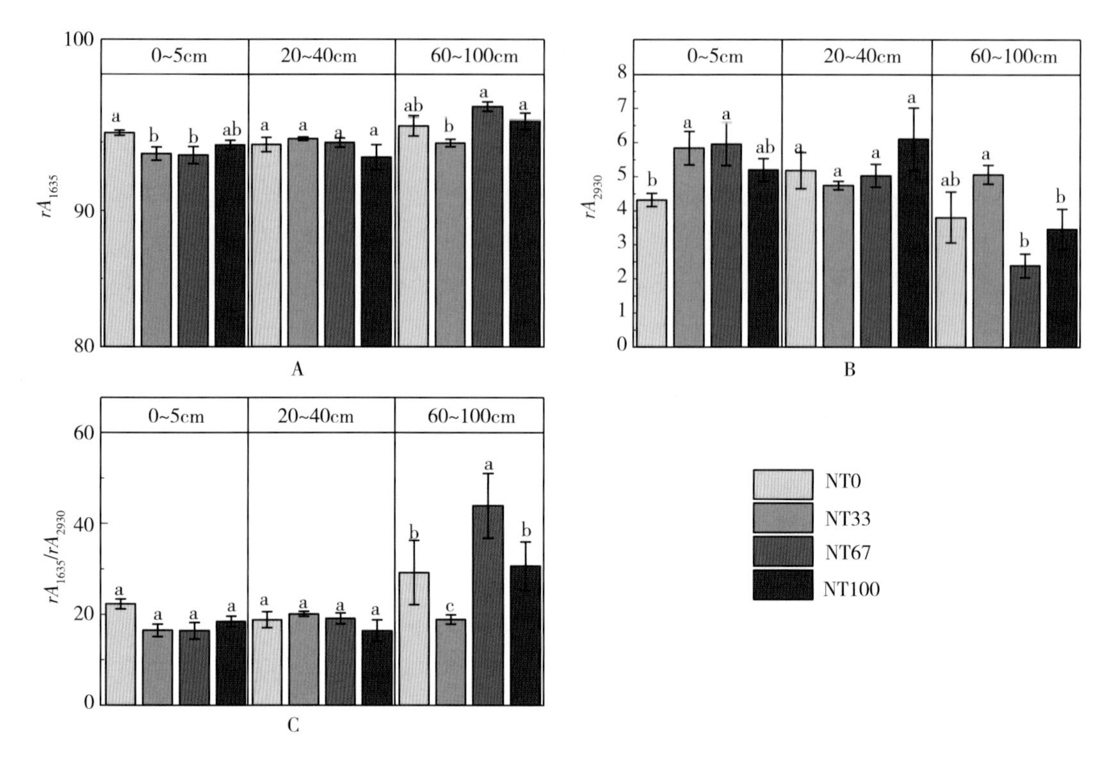

图 2-10 各层次不同秸秆还田量处理土壤中红外光谱特征峰差异

注：图中各土层小写字母完全不同的处理间差异显著，$P<0.05$，rA_{1635} 和 rA_{2930} 分别表示吸收波数在1 635cm^{-1} 和 2 930cm^{-1}处的相对峰面积。

2.3.5 秸秆还田频率对免耕土壤有机碳的影响

2.3.5.1 土壤有机碳储量

0～5cm 土层，免耕处理的有机碳含量高于常规耕作处理（CT），免耕结合秸秆还田处理高于免耕无秸秆还田处理（NT0），中频秸秆还田（NT2/3）和高频秸秆还田处理（NT3/3）高于低频秸秆还田处理（NT1/3），但中频和高频处理间差异不显著（图 2-11）。其原因可能是传统耕作过程中翻耕造成了 SOC 的损失（Baker et al.，2007），而免耕减少了土壤扰动和稳定团聚体的破坏，减少了土壤表层 SOC 损失（Six et al.，2000），且秸秆还田增加了有机物料输入，因而还田频率高的土壤有机碳含量高。5～10cm 土层，常规耕作和免耕无秸秆覆盖处理有机碳含量差异不显著，但随着秸秆覆盖频率的增加呈增加趋势，NT3/3 处理的有机碳含量显著高于 CT 和 NT0（图 2-11）。10～20cm 土层，不同处理有机碳含量差异不显著。20～40cm 土层，免耕处理有机碳含量显著低于常规耕作处理。该结果与之前研究发现的结果一致，即免耕秸秆还田处理增加表层土壤有机碳含量（0～10cm），但降低深层（20～40cm）土壤有机碳含量，从而导致 0～40cm 土层有机碳含量变化不显著（Luo et al.，2010）。这可能是由于在常规耕作中翻耕将作物残留物和表层土壤碳转移到了更深的土层中（Blanco-Canqui et al.，2008）。同时，翻耕还可以疏松土壤，可能会促进作物根系在较深土层中的生长，从而通过根系周转增加碳输入（Baker et al.，2007；Luo et al.，2010）。而免耕增加了土壤紧实度并限制了根系及其分泌物向下渗透生长，限制了土壤中碳的垂直移动，因此减少了深层次土壤中的可利用碳源供应（Blanco－Canqui et al.，2008；Luo et al.，2010）。

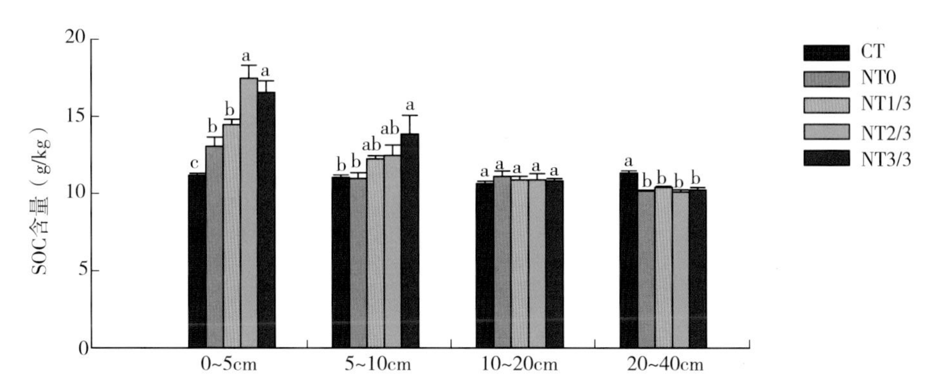

图 2－11　免耕及不同秸秆还田数量处理下 0～40cm 土层的土壤有机碳含量

注：不同小写字母表示各土层处理间差异显著（$P<0.05$）。

与传统耕作相比，免耕无秸秆还田 0～40cm 的 SOC 储量没有显著差异，原因是免耕增加了土壤表层的 SOC 储量，但降低了深层次土壤中的 SOC 储量，所以总的 SOC 储量并没有变化（图 2－12）。说明仅仅是免耕而没有秸秆输入不能有效增加 SOC 储量。与常规耕作相比，免耕低频、中频和高频秸秆还田分别增加了 5.91%、11.84%和 13.84%的 SOC 储量（$P<0.05$）（图 2－12）。与免耕无秸秆还田相比，免耕低频率秸秆还田增加的 SOC 储量未达到显著水平，免耕中频和高频秸秆还田处理的 SOC 储量显著高于无秸秆还田处理，但中频和高频处理的有机碳储量无显著差异（图 2－12）。

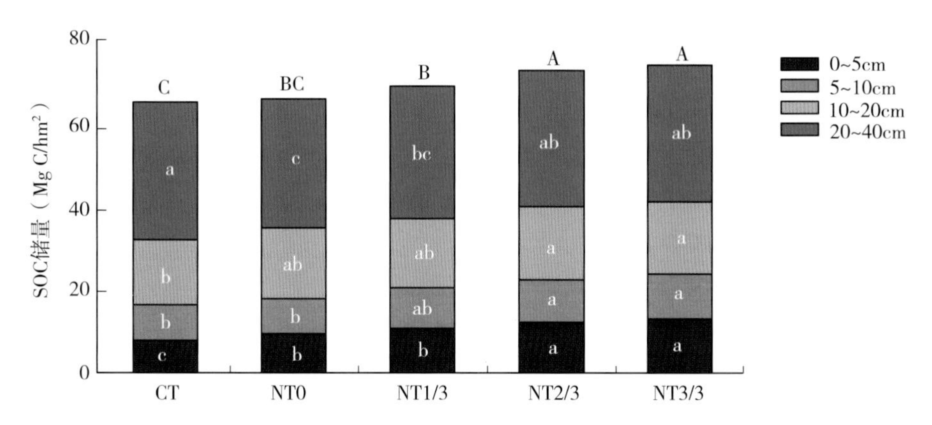

图 2－12　免耕及不同秸秆还田数量下 0～40cm 土层的 SOC 储量

注：不同小写字母表示各土层处理间差异显著（$P<0.05$），不同的大写字母表示总 SOC 储量（0～40cm）在处理之间的差异显著（$P<0.05$）。

随后，我们计算了 10 年间 SOC 储量的变化（Yang et al.，2022），并与实现“千分之四”目标时土地应达到的最小碳储量变化进行比较，结果发现（图 2－13）：免耕秸秆还田（低频、中频和高频）处理SOC储量的变化比免耕无秸秆还田高，但只有中频秸秆还田和高频秸秆还田达到了“千分之四”倡议目标（即每年0.28t/hm²，以C计，余同），每年分别增加了0.33t/hm² 和0.43t/hm²。以上研究结果表明增加秸秆还田频率会增加SOC储量并使土壤成为碳汇。但中量和高量秸秆还田增加的SOC储量无显著差异。所以，中等数量秸秆还田实现了农民从秸秆中获得的经济效益（如生物能源和牲畜饲养）与土壤碳储存目标之间的最佳平衡。说明优化秸秆还田方式（数量和频率）可以平衡作物秸秆带来的多种生态系统服务功能之间的平衡（Yang et al.，2022）。

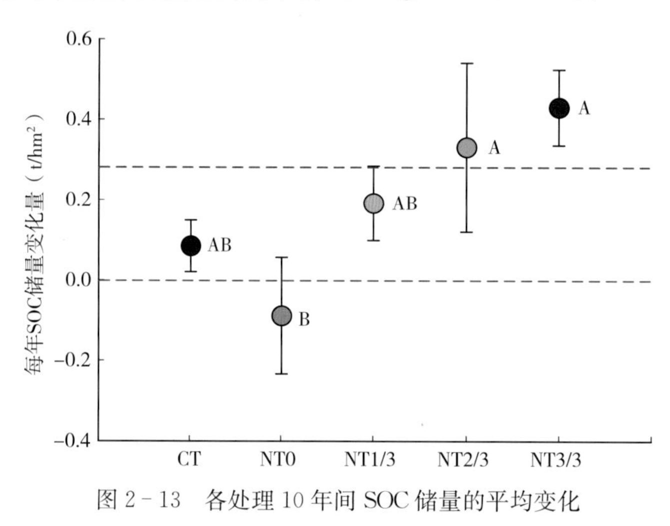

图2-13　各处理10年间SOC储量的平均变化

2.3.5.2　微生物残体碳

微生物来源的残体碳被认为是一个相对稳定的碳库，在土壤有机质稳定和固存中有着重要作用（Appuhn et al.，2006；Simpson et al.，2007）。不同秸秆还田频率下土壤微生物残体碳含量的变化特征如图2-14所示。相比于传统耕作，免耕处理均增加了0～5cm土层中的真菌残体碳及微生物残体碳（$P<0.05$）（图2-14A）；相比于免耕无秸秆还田，秸秆还田仅在表层土壤中对微生物源碳有显著影响，其他土层差异均不显著。且只有中、高量秸秆还田才能显著增加细菌、真菌及微生物残体碳（$P<0.05$），低量秸秆还田仅显著增加了细菌残体碳（$P<0.05$）（图2-14A）。5～10cm土层微生物残体碳的变化趋势与0～5cm相似，但不同处理间没有显著差异（图2-14B）。10～20cm土层，微生物残体碳在各处理间差异不显著，但细菌残体碳差异显著，整体上免耕处理的细菌残体碳含量显著高于常规耕作处理（图2-14C）。在20～40cm土层，细菌残体碳未发生显著变化，相比于传统耕作，免耕显著降低了微生物残体碳和真菌残体碳的含量（图2-14D）。

以上研究结果证实了文献中关于免耕和秸秆还田在增加表土中微生物残留物方面的积极作用（Guggenberger et al.，1999；van Groenigen et al.，2010；Ding et al.，2011）。这与免耕减少了土壤干扰而有利于表层土壤中真菌菌丝的生物量增长有关（Six et al.，2006）。也有研究认为与CT相比，免耕条件下的微生物群落更适合同化低质量的植物残

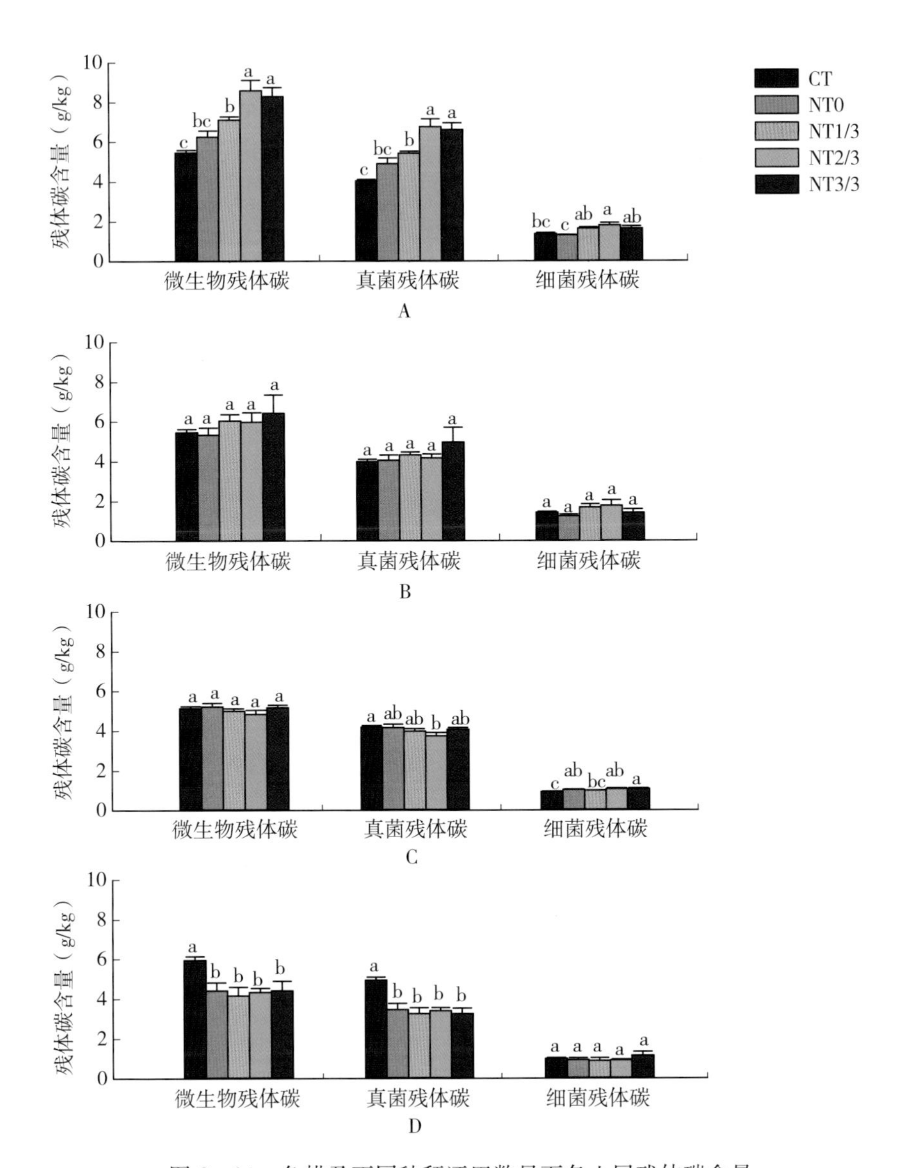

图 2-14 免耕及不同秸秆还田数量下各土层残体碳含量

A. 0～5cm B. 5～10cm C. 10～20cm D. 20～40cm

注：数值代表平均值±标准误差（n=3），不同字母表示各土层处理间差异显著（P<0.05）。

体（例如根和叶），这些部分可以被土壤真菌有效利用并产生真菌残体（Bai et al.，2013）。秸秆还田为细菌和真菌提供了更多的可利用碳源，进而促进了微生物残留物的产生和积累（Ding et al.，2011）。此外，以前的大多数研究都集中在表层土壤（0～20cm），这可能导致对耕作效果的认识不足。我们在研究中发现 20～40cm 土层中，免耕处理下微生物残体碳含量和真菌残体碳含量显著下降，而细菌残体碳含量未发生显著变化，说明免耕主要降低了真菌残体的积累，这可能与免耕压实土壤、与翻耕相比不利于植物根系向下生长和菌根化有关（Baker et al.，2007；Luo et al.，2010）。

为了评估免耕和秸秆还田是否改善了土壤有机碳质量，进一步分析了微生物残体碳对

SOC 的贡献比例及微生物残体碳储量。研究发现总微生物残体碳占 SOC 的比例达到 50%左右，且在所有土层，各处理间差异一般不显著（图 2-15A）；这一结果与多项农业生态系统研究的结果不同，他们发现免耕和秸秆还田增加了 SOC 中总氨基糖的比例（Ding et al.，2011；Liu et al.，2019）。这种差异可能是由于来自植物残留物中的颗粒有机物（POM）中的碳可能也随着秸秆还田而增加（Liu et al.，2014；Samson et al.，2020），导致微生物残体碳在 SOC 中的比例不变。真菌残体碳占土壤总有机碳的 30%～40%，约是细菌残体碳的 3 倍（图 2-15B、图 2-15C）。与常规耕作相比，免耕秸秆还田处理增加了 0～5cm 土层土壤真菌残体碳占 SOC 的比例，但降低了细菌残体碳占 SOC 的比例，而深层土壤（10～20cm 和 20～40cm）刚好相反（图 2-15B、图 2-15C）。另外，与常规耕作相比，免耕及秸秆还田处理增加了 0～5cm 土层中真菌残体碳与细菌残体碳的比值，而 10～20cm 和 20～40cm 土层刚好相反（图 2-15D）。与免耕无秸秆还田相比，免耕高频率秸秆还田增加了 0～5cm 土层中真菌残体碳与细菌残体碳的比值，但该比值在 10～20cm 和 20～40cm 土层降低了（图 2-15D）。特别在 20～40cm 土层，从传统耕作到免耕真菌残体碳与细菌残体碳的比值下降了 25%，从 NT0 到 NT3/3 下降了 20%。

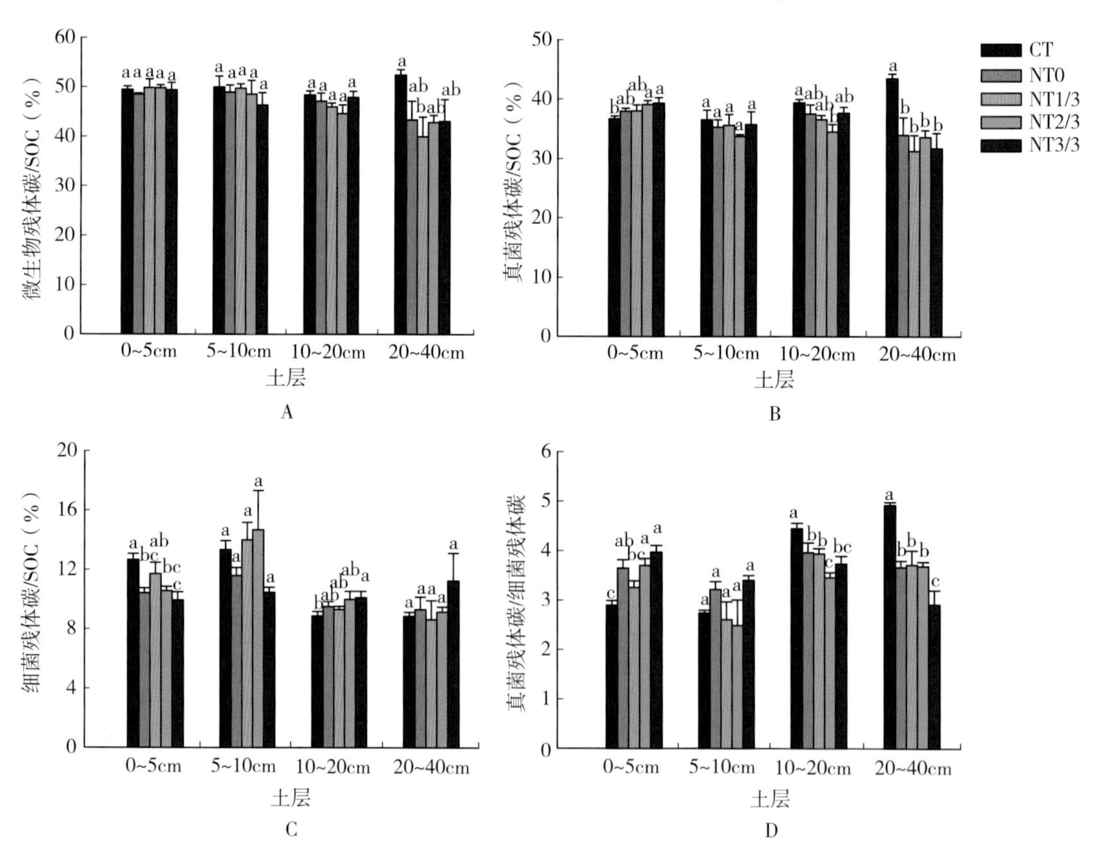

图 2-15　免耕及不同秸秆还田数量下各土层微生物残体碳占土壤有机碳比例

A. 微生物残体碳占土壤有机碳的比例　B. 真菌残体碳占土壤有机碳的比例　C. 细菌残体碳占土壤有机碳的比例　D. 真菌残体碳和细菌残体碳的比值

注：数值代表平均值±标准误差（$n=3$），不同字母表示各土层处理间差异显著（$P<0.05$）。

微生物残体碳储量的变化与残体碳对SOC的贡献相似，与常规耕作相比，免耕低频、中频和高频秸秆还田处理均增加了0～5cm土层中的细菌、真菌和总微生物残体碳储量，增加了10～20cm土层的细菌残体碳库存，但降低了20～40cm土层的真菌残体碳储量（表2-6）。整体上，0～40cm土层土壤细菌、真菌和总微生物残体碳几乎不受耕作和秸秆还田频率的影响（表2-6）。以上研究表明降低土壤扰动以及通过在土壤表面覆盖秸秆以形成与真菌相关的土壤-枯枝落叶界面，可以极大地促进真菌菌丝的生长（Six et al.，2006）。之前的研究表明细菌残留物的周转率更快（Kindler et al.，2006；Zheng et al.，2021），因为它们很容易被微生物再利用（Hu et al.，2020），但真菌残留物的周转时间要长得多（Schweigert et al.，2015），并且能够通过化学保护吸附到矿物质上形成黏土矿物，进而导致SOC更为稳定（Guggenberger et al.，1999；Six et al.，2006），并且真菌残体碳更有可能通过物理保护将微团聚体结合变成抗矿化的大团聚体（Simpson et al.，2004；Veloso et al.，2020）。真菌残留物是土壤稳定有机质库的主要来源，对矿物结合有机质的贡献很大（Klink et al.，2022）。另外，研究同时强调了研究深层土壤中SOC的重要性，深层土壤可能比表层土壤更容易受到各处理的影响，其机制尚待深入研究，了解真菌和细菌残体碳沿着土层的垂直分布、它们在总SOC中所占的比例以及它们的比值是研究土壤碳库的关键步骤（Yang et al.，2022）。

表2-6　不同土层各处理残体碳储量（t/hm^2，平均值±标准误）

土层	处理	真菌残体碳	细菌残体碳	微生物残体碳
0～5cm	CT	2.98±0.05c	1.03±0.05bc	4.01±0.09c
	NT0	3.61±0.21bc	0.99±0.01c	4.64±0.24bc
	NT1/3	4.02±0.07b	1.22±0.06ab	5.32±0.10b
	NT2/3	4.97±0.29a	1.35±0.10a	6.47±0.41a
	NT3/3	4.92±0.27a	1.24±0.10ab	6.31±0.38a
5～10cm	CT	3.20±0.09a	1.17±0.04a	4.36±0.13a
	NT0	3.25±0.21a	1.01±0.08a	4.26±0.28a
	NT1/3	3.50±0.11a	1.38±0.13a	4.89±0.05a
	NT2/3	3.36±0.15a	1.44±0.23a	4.77±0.20a
	NT3/3	4.05±0.59a	1.17±0.14a	5.25±0.78a
10～20cm	CT	6.56±0.12a	1.48±0.03b	8.04±0.15a
	NT0	6.52±0.26a	1.65±0.02a	8.17±0.26a
	NT1/3	6.26±0.19ab	1.63±0.01a	7.86±0.21a
	NT2/3	5.90±0.24b	1.76±0.08a	7.61±0.31a
	NT3/3	6.48±0.05ab	1.75±0.05a	8.17±0.09a
20～40cm	CT	15.00±0.21a	3.02±0.06a	18.01±0.28a
	NT0	10.84±0.97b	2.96±0.29a	13.67±1.26b
	NT1/3	10.25±0.89b	2.76±0.44a	12.81±1.33b
	NT2/3	10.68±0.36b	2.69±0.12a	13.16±0.46b
	NT3/3	10.28±0.55b	3.46±0.50a	13.55±1.02b

（续）

土层	处理	真菌残体碳	细菌残体碳	微生物残体碳
0～40cm	CT	27.73±0.04a	6.69±0.04a	34.42±0.28a
	NT0	24.23±0.33b	6.61±0.33a	30.74±1.56a
	NT1/3	24.03±0.38b	7.00±0.38a	30.87±1.22a
	NT2/3	24.90±0.35ab	7.24±0.35a	32.01±0.73a
	NT3/3	25.73±0.53ab	7.62±0.53a	33.28±0.65a

注：不同字母表示各土层处理间差异显著（LSD 检验，$P<0.05$）。

2.3.6 综合比较秸秆还田量和频率对土壤有机碳的影响

整体上，秸秆还田量和频率没有显著影响 0～20cm 土层 SOC 的储量（图 2-16），但不同土层有机碳的含量发生了显著变化（表 2-7）。具体地，在 0～5cm 土层，SOC 含量受秸秆还田量和频率之间相互作用的显著影响（$P<0.05$）（表 2-7）。秸秆还田量较低时，高频秸秆还田（HF33%）与低频还田（LF33%）相比增加了 SOC 含量，但还田量高时差异不显著（表 2-7）。土壤 C/N 在 0～5cm 土层中受还田频率影响显著，低频还田具有较高的 C/N（表 2-7）。5～10cm 和 10～20cm 土层 SOC 和 C/N 变化不显著。等量不同频率的葡萄糖添加培养研究表明，尽管高频率的添加会加速 SOC 周转，但避免了过量的碳源被微生物呼吸消耗，更有利于外源碳在土壤中的积累（Qiao et al.，2014）。有机肥的不同频率大田试验表明，春秋季两次施有机肥的 CO_2 排放量显著低于春季一次施肥（Tenuta et al.，2010）。在我们的研究结果中，秸秆还田量为 33%时，还田频率的影响与上述文献中一致。也就是说，当碳源有限时，等量的秸秆以少量多次的方式还田能够更有效地固碳。然而，SOC 增加与外源碳输入并不是完全的线性关系（贺云龙等，2017），外源碳输入会导致土壤的激发效应，SOC 的最终变化取决于外源碳输入增加的碳和激发效应分解土壤原有 SOC 的平衡（Hamer et al.，2005；Wang et al.，2016；Shahbaz et al.，2017）。前人对小麦秸秆进行不同频率添加试验发现，随着等量的秸秆添加频率的增加，土壤 CO_2 累计释放量逐渐增加（Duong et al.，2009）。可能是由于秸秆添加量大于微生物基本需求，微生物大量生长释放 CO_2，也可能是由于碳源增加导致了氮限制，进而增强了激发效应。结合我们的

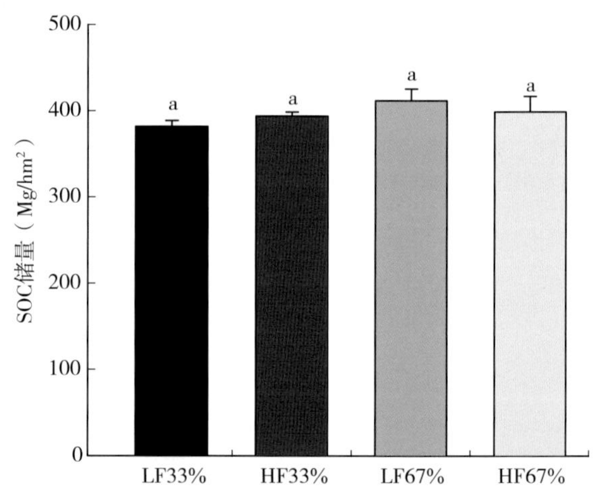

图 2-16 秸秆还田频率和数量对土壤有机碳储量的影响

注：双因素方差分析下秸秆还田频率（F）和数量（Q）及其相互作用（$F\times Q$）的 F 值。数值代表平均值±标准误差（$n=3$）；相同字母代表同一土层内处理间差异不显著（LSD 检验，$P<0.05$）。

试验结果，说明外源碳量非常充足时，稍低频率的添加方式反而能够减少添加碳源产生的激发效应带来的 SOC 损失，进而更有利于 SOC 固存（Yang et al.，2021）。

表 2-7 秸秆还田频率和数量对土壤有机碳相关性质的影响

土层	处理	SOC（g/kg）	C/N	DOC（mg/kg）	DOC/SOC（%）
0～5cm	LF33%	14.41±0.35b	9.83±0.09ab	138.24±15.03b	0.96±0.02ab
	HF33%	16.37±0.12a	9.65±0.03b	188.21±12.59ab	1.15±0.01ab
	LF67%	17.39±0.84a	10.12±0.14a	158.30±9.69ab	0.91±0.04b
	HF67%	16.41±0.32a	9.71±0.05ab	195.99±21.82a	1.19±0.01a
	频率（*F*）	1.01	11.64**	8.78*	9.30*
	数量（*Q*）	9.63*	4.05	0.89	0.01
	F×*Q*	9.67*	1.74	0.17	0.31
5～10cm	LF33%	12.21±0.21	9.71±0.07	118.88±0.12b	0.97±0.02c
	HF33%	12.40±0.31	9.53±0.06	133.24±0.01b	1.08±0.03bc
	LF67%	12.43±0.67	9.61±0.07	152.31±5.40ab	1.23±0.07b
	HF67%	12.2±0.59	9.57±0.04	194.30±22.32a	1.6±0.07a
	频率（*F*）	0.02	3.12	6.02*	19.80**
	数量（*Q*）	0.01	0.28	16.93**	55.19***
	F×*Q*	0.18	1.28	1.45	6.31*
10～20cm	LF33%	10.84±0.23	9.61±0.14	145.42±13.82b	1.34±0.03c
	HF33%	10.90±0.24	9.56±0.12	169.59±7.67ab	1.56±0.03b
	LF67%	10.84±0.4	9.59±0.10	159.63±15.06ab	1.48±0.05bc
	HF67%	11.09±0.43	9.47±0.08	200.89±17.59a	1.82±0.07a
	频率（*F*）	0.22	0.58	6.65*	32.35***
	数量（*Q*）	0.08	0.26	3.22	16.32**
	F×Q	0.07	0.10	0.45	1.68

注：SOC，土壤有机碳；C/N，碳氮比；DOC，可溶性有机碳；DOC/SOC，可溶性有机碳占土壤总有机碳的百分比；双因素方差分析秸秆还田频率（Frequency）和数量（Quantity）及其相互作用（*F*×*Q*）的 *F* 值；* 为 $P<0.05$，** 为 $P<0.01$，*** 为 $P<0.001$；不同字母表示同一土层处理间差异显著（LSD 检验，$P<0.05$）。

DOC 和 DOC/SOC 在 3 个土层中（0～5cm、5～10cm、10～20cm）均受秸秆还田频率的影响，在 5～10cm 土层中也受秸秆还田量的显著影响（$P<0.05$）；3 个土层中的高频和高还田量的秸秆还田的 DOC 和 DOC/SOC 均高于低频和低还田量（表 2-7）。秸秆还田作为一种农业管理方式，增加了沿土壤剖面的新鲜碳分布（Fontaine et al.，2007），而高频连续秸秆还田为土壤提供了连续的新鲜有机物质和易利用的碳化合物（Duong et al.，2009），如高频秸秆还田导致土壤表面覆盖时间更长，可能为植物根系活动和分泌物提供更有利的土壤物理条件（Yeboah et al.，2017），使土壤保持较高的碳源可利用性。相反，低还田频率时高 C/N 和低 DOC/SOC 条件下可能存在更难分解的有机化合物（Qiu et al.，2016）。

2.4 总结

以东北黑土区玉米农田生态系统为研究对象，经过为期 10 年的长期定位试验，根据土壤总有机碳、活性有机碳、碳的化学组成和稳定性等指标的变化，评价了耕作方式和秸秆还田方式对有机碳的影响，得出了以下结论：

（1）在耕作方式对有机碳的影响的研究中发现：在 300cm 土壤剖面中，不同耕作方式下的土壤有机碳含量在 0～150cm 土层范围内显著下降，然后在 150～300cm 深度范围内几乎保持不变；与常规垄作（CT）相比，免耕 100%秸秆覆盖（NT100）增加了 0～20cm 土层的 SOC 含量。土壤盐提取有机碳（SEOC）在 0～60cm 土层逐渐下降，随后分别在 CT 的 60～90cm、免耕无秸秆覆盖（NT0）的 90～120cm 和 NT100 的 120～150cm 土层达到最大值；NT100 增加了几乎所有土层中的 SEOC 含量，尤其是在 0～10cm 和 120～150cm 土层，NT100 处理下的 SEOC 含量约是 CT 中的两倍。

（2）在秸秆还田量对 0～5cm、20～40cm 和 60～100cm 土层土壤有机碳的影响的研究中发现：土壤碳化学指标与秸秆还田量间不具备一般线性关联。与免耕无秸秆还田相比，低量秸秆还田有利于表层土壤 SOC 的积累和微生物源稳定有机碳对土壤碳库形成的贡献，但不利于深层土壤碳化学稳定性的维持；中量秸秆还田不利于各层次 SOC 的积累，但有利于表层微生物源稳定有机碳对土壤碳库形成的贡献和深层土壤碳化学稳定性的提高；高量秸秆还田有利于表层土壤 SOC 的积累和各层次土壤碳化学稳定性的维持，但不利于微生物源稳定有机碳对土壤碳库形成的贡献并具有降低中层 SOC 含量的风险。

（3）在秸秆还田频率对有机碳的影响的研究中发现：免耕结合中频秸秆还田（NT2/3）或高频秸秆还田（NT3/3）是提高 SOC 储量的有效措施。进一步比较免耕和秸秆还田产生微生物残体碳的效率，可知 NT2/3 的还田方式实现了秸秆输入和碳储存目标之间的最佳平衡。与传统耕作相比，免耕处理增加了表层（0～5cm）土壤中真菌与细菌残体碳的比值，但降低了深层（20～40cm）土壤中真菌与细菌残体碳的比值。真菌残体碳而不是细菌残体碳在 SOC 的积累中起主导作用。这些结果可以指导我们更有效地调控土壤微生物群落特征（比如土壤接种有益菌），以更好地促进 SOC 储存。

（4）在综合比较秸秆还田量和频率对有机碳的影响的研究中发现：与低频秸秆还田（LF33%）相比，高频秸秆还田（HF33%）能显著增加表层（0～5cm）土壤的有机碳含量，对 5～10cm 和 10～20cm 土层有机碳含量影响不显著，说明当秸秆量少时（碳源有限），等量的秸秆以少量多次的方式还田能够更有效地固碳；与低频还田（LF67%）相比，高频秸秆还田（HF67%）对有机碳的含量影响不显著（HF67%>LF67%），但显著增加了可溶性有机碳占有机碳的比例，可能会增加外源碳添加产生的激发效应造成的有机碳损失，因此，当秸秆量较高时（外源碳量非常充足），稍低频率的添加方式更有利于 SOC 固存。从增加 SOC 的角度，秸秆还田频率的选择还应该考虑秸秆还田量的多少。

参考文献

曹湛波，王磊，李凡，等，2016. 土壤呼吸与土壤有机碳对不同秸秆还田的响应及其机制［J］. 环境科学，37（5）：1908－1914.

董亮，田慎重，王学君，等，2017. 秸秆还田对土壤养分及土壤微生物数量的影响［J］. 中国农学通报，33：77－80.

梁超，朱雪峰，2021. 土壤微生物碳泵储碳机制概论［J］. 中国科学：地球科学，51：680－695.

彭义，解宏图，李军，等，2013. 免耕条件下不同秸秆覆盖量的土壤有机碳红外光谱特征［J］. 中国农业科学，46：2257－2264.

吴艳，郝庆菊，江长胜，2011. 耕作方式对紫色水稻土活性有机碳的影响［J］. 地理科学，31：485－489.

徐蒋来，尹思慧，胡乃娟，等，2015. 周年秸秆还田对稻麦轮作农田土壤养分、微生物活性及产量的影响［J］. 应用与环境生物学报，21：1100－1105.

薛斌，黄丽，陈涛，2018. 连续秸秆还田和免耕对土壤团聚体及有机碳的影响［J］. 水土保持学报，32：182－189.

张聪，慕平，尚建明，2018. 长期持续秸秆还田对土壤理化特性、酶活性和产量性状的影响［J］. 水土保持研究，25（1）：92－98.

张晋京，窦森，朱平，等，2009. 长期施用有机肥对黑土胡敏素结构特征的影响：固态^{13}C核磁共振研究［J］. 中国农业科学，42：2223－2228.

朱雪峰，张春雨，郝艳杰，等，2021. 玉米秸秆覆盖还田量对免耕土壤有机碳中红外光谱特征的影响［J］. 应用生态学报，32（8）：2685－2692.

Abdel－Magid A H，Schuman G E，Hart R H，1987. Soil bulk density and water infiltration as affected by grazing systems［J］. Journal of Range Management Archives，40：307－309.

Amelung W，Bossio D，de Vries W，et al.，2020. Towards a global－scale soil climate mitigation strategy［J］. Nature Communications，11：1－10.

Appuhn A，Joergensen R G，2006. Microbial colonisation of roots as a function of plant species［J］. Soil Biology and Biochemistry，38：1040－1051.

Bai Z，Bodé S，Huygens D，et al.，2013. Kinetics of amino sugar formation from organic residues of different quality［J］. Soil Biology and Biochemistry，57：814－821.

Baker J M，Ochsner T E，Venterea R T，et al.，2007. Tillage and soil carbon sequestration：what do we really know?［J］. Agriculture，Ecosystems Environment，118：1－5.

Bellon－Maurel V，McBratney A，2011. Near－infrared（NIR）and mid－infrared（MIR）spectroscopic techniques for assessing the amount of carbon stock in soils：critical review and research perspectives［J］. Soil Biology and Biochemistry，43：1398－1410.

Billings S A，Hirmas D，Sullivan P L，et al.，2018. Loss of deep roots limits biogenic agents of soil development that are only partially restored by decades of forest regeneration［J］. Elementa：Science of the Anthropocene，6：34.

Blanco－Canqui H，Lal R，2008. No－tillage and soil－profile carbon sequestration：an on－farm assessment［J］. Soil Science Society of America Journal，72：693－701.

Cotrufo M F，Soong J L，Horton A J，et al.，2015. Formation of soil organic matter via biochemical and physical pathways of litter mass loss［J］. Nature Geoscience，8：776－779.

Cotrufo M F，Wallenstein M D，Boot C M，et al.，2013. The microbial efficiency-matrix stabilization (MEMS) framework integrates plant litter decomposition with soil organic matter stabilization：do labile plant inputs form stable soil organic matter? [J]. Global Change Biology，19：988-995.

Demyan M，Rasche F，Schulz E，et al.，2012. Use of specific peaks obtained by diffuse reflectance fourier transform mid-infrared spectroscopy to study the composition of organic matter in a haplic chernozem [J]. European Journal of Soil Science，63：189-199.

Deng F，Liang C，2022. Revisiting the quantitative contribution of microbial necromass to soil carbon pool：stoichiometric control by microbes and soil [J]. Soil Biology and Biochemistry，165：108486.

Deng F，Wang H，Xie H，et al.，2022. Low-disturbance farming regenerates healthy deep soil toward sustainable agriculture：evidence from long-term no-tillage with stover mulching in mollisols [J]. Science of The Total Environment，825：153929.

Ding X，Zhang B，Zhang X，et al.，2011. Effects of tillage and crop rotation on soil microbial residues in a rainfed agroecosystem of Northeast China [J]. Soil and Tillage Research，114：43-49.

Du Z，Ren T，Hu C，2010. Tillage and residue removal effects on soil carbon and nitrogen storage in the North China Plain [J]. Soil Science Society of America Journal，74：196-202.

Duong T，Baumann K，Marschner P，2009. Frequent addition of wheat straw residues to soil enhances carbon mineralization rate [J]. Soil Biology and Biochemistry，41：1475-1482.

Engelking B，Flessa H，Joergensen R G，2007. Shifts in amino sugar and ergosterol contents after addition of sucrose and cellulose to soil [J]. Soil Biology and Biochemistry，39：2111-2118.

Fan Z，Liang C，2015. Significance of microbial asynchronous anabolism to soil carbon dynamics driven by litter inputs [J]. Scientific Reports，5：1-7.

Fontaine S，Bardoux G，Abbadie L，et al.，2004. Carbon input to soil may decrease soil carbon content [J]. Ecology Letters，7：314-320.

Fontaine S，Barot S，Barré P，et al.，2007. Stability of organic carbon in deep soil layers controlled by fresh carbon supply [J]. Nature，450：277-280.

Gao Y，Dang X，Yu Y，et al.，2016. Effects of tillage methods on soil carbon and wind erosion [J]. Land Degradation Development，27：583-591.

Grandy A S，Neff J C，2008. Molecular C dynamics downstream：the biochemical decomposition sequence and its impact on soil organic matter structure and function [J]. Science of the Total Environment，404：297-307.

Guggenberger G，Frey S D，Six J，et al.，1999. Bacterial and fungal cell-wall residues in conventional and no-tillage agroecosystems [J]. Soil Science Society of America Journal，63：1188-1198.

Haberhauer G，Gerzabek M，1999. Drift and transmission FT-IR spectroscopy of forest soils：an approach to determine decomposition processes of forest litter [J]. Vibrational Spectroscopy，19：413-417.

Hamer U，Marschner B，2005. Priming effects in soils after combined and repeated substrate additions [J]. Geoderma，128：38-51.

Hu Y，Zheng Q，Noll L，et al.，2020. Direct measurement of the in situ decomposition of microbial-derived soil organic matter [J]. Soil Biology and Biochemistry，141：107660.

Jackson R B，Lajtha K，Crow S E，et al.，2017. The ecology of soil carbon：pools，vulnerabilities，and biotic and abiotic controls [J]. Annual Review of Ecology，Evolution，Systematics，48：419-445.

Jobbágy E G., Jackson R B, 2000. The vertical distribution of soil organic carbon and its relation to climate and vegetation [J]. Ecological Applications, 10: 423 - 436.

Joergensen R G, 2018. Amino sugars as specific indices for fungal and bacterial residues in soil [J]. Biology Fertility of Soils, 54: 559 - 568.

Jones D L, Willett V B, 2006. Experimental evaluation of methods to quantify dissolved organic nitrogen (DON) and dissolved organic carbon (DOC) in soil [J]. Soil Biology and Biochemistry, 38: 991 - 999.

Kallenbach C M, Frey S D, Grandy A S, 2016. Direct evidence for microbial - derived soil organic matter formation and its ecophysiological controls [J]. Nature Communications, 7: 1 - 10.

Kindler R, Miltner A, Richnow H H, et al., 2006. Fate of gram - negative bacterial biomass in soil: mineralization and contribution to SOM [J]. Soil Biology and Biochemistry, 38: 2860 - 2870.

Klink S, Keller A B, Wild A J, et al., 2022. Stable isotopes reveal that fungal residues contribute more to mineral - associated organic matter pools than plant residues [J]. Soil Biology and Biochemistry, 168: 108634.

Lal R, 2004. Soil carbon sequestration impacts on global climate change and food security [J]. Science, 304: 1623 - 1627.

Lal R, 2011. Sequestering carbon in soils of agro - ecosystems [J]. Food policy, 36: S33 - S39.

Lal R, 2018. Digging deeper: a holistic perspective of factors affecting soil organic carbon sequestration inagroecosystems [J]. Global Change Biology, 24: 3285 - 3301.

Lehmann J, Kinyangi J, Solomon D, 2007. Organic matter stabilization in soil microaggregates: implications from spatial heterogeneity of organic carbon contents and carbon forms [J]. Biogeochemistry, 85: 45 - 57.

Lehmann J, Kleber M, 2015. The contentious nature of soil organic matter [J]. Nature, 528: 60 - 68.

Li Y, Li Z, Chang S X, et al., 2020. Residue retention promotes soil carbon accumulation in minimum tillage systems: implications for conservation agriculture [J]. Science of the Total Environment, 740: 140147.

Liang C, Amelung W, Lehmann J, et al., 2019. Quantitative assessment of microbial necromass contribution to soil organic matter [J]. Global Change Biology, 25: 3578 - 3590.

Liang C, Cheng G, Wixon D L, et al., 2011. An Absorbing Markov Chain approach to understanding the microbial role in soil carbon stabilization [J]. Biogeochemistry, 106: 303 - 309.

Liang C, Schimel J P, Jastrow J D, 2017. The importance of anabolism in microbial control over soil carbon storage [J]. Nature Microbiology, 2: 1 - 6.

Liu E, Teclemariam S G, Yan C, et al., 2014. Long - term effects of no - tillage management practice on soil organic carbon and its fractions in the northern China [J]. Geoderma, 213: 379 - 384.

Liu X, Zhou F, Hu G, et al., 2019. Dynamic contribution of microbial residues to soil organic matter accumulation influenced by maize straw mulching [J]. Geoderma, 333: 35 - 42.

Luo Z, Wang E, Sun O J, 2010. Can no - tillage stimulate carbon sequestration in agricultural soils? A meta - analysis of paired experiments [J]. Agriculture, Ecosystems Environment, 139: 224 - 231.

Madari B E, Reeves Ⅲ J B, Machado P L, et al., 2006. Mid - and near - infrared spectroscopic assessment of soil compositional parameters and structural indices in two Ferralsols [J]. Geoderma, 136: 245 - 259.

Margenot A J，Hodson A K，2016. Relationships between labile soil organic matter and nematode communities in a California oak woodland [J]. Nematology，18：1231－1245.

Nelson D W，Sommers L E，1996. Total carbon，organic carbon，and organic matter [J]. Methods of Soil Analysis：Part 2. Chemical Microbiological Properties，5：961－1010.

Nguyen T T，Marschner P，2016. Soil respiration，microbial biomass and nutrient availability in soil after repeated addition of low and high C/N plant residues [J]. Soil Biology Biochemistry，52：165－176.

Ouellette L，Voroney R P，van Eerd L L，2016. DRIFT spectroscopy to assess cover crop and corn stover decomposition in lab－incubated soil [J]. Soil Science Society of America Journal，80：284－293.

Page K L，Dang Y P，Dalal R C，2020. The ability of conservation agriculture to conserve soil organic carbon and the subsequent impact on soil physical，chemical，and biological properties and yield [J]. Frontiers in Sustainable Food Systems，4：31.

Poeplau C，Helfrich M，Dechow R，et al.，2019. Increased microbial anabolism contributes to soil carbon sequestration by mineral fertilization in temperate grasslands [J]. Soil Biology Biochemistry，130：167－176.

Pries H，Caitlin E，Castanha C，et al.，2017. The whole－soil carbon flux in response to warming [J]. Science，355：1420－1423.

Qiao N，Schaefer D，Blagodatskaya E，et al.，2014. Labile carbon retention compensates for CO_2 released by priming in forest soils [J]. Global Change Biology，20：1943－1954.

Qiu S，Gao H，Zhu P，et al.，2016. Changes in soil carbon and nitrogen pools in a Mollisol after long－term fallow or application of chemical fertilizers，straw or manures [J]. Soil and Tillage Research，163：255－265.

Samson M E，Chantigny M H，Vanasse A，et al.，2020. Management practices differently affect particulate and mineral－associated organic matter and their precursors in arable soils [J]. Soil Biology and Biochemistry，148：107867.

Sanderman J，Hengl T，Fiske G J，2017. Soil carbon debt of 12 000 years of human land use [J]. Proceedings of the National Academy of Sciences，114：9575－9580.

Schmidt M W，Torn M S，Abiven S，et al.，2011. Persistence of soil organic matter as an ecosystem property [J]. Nature，478：49－56.

Schweigert M，Herrmann S，Miltner A，et al.，2015. Fate of ectomycorrhizal fungal biomass in a soil bioreactor system and its contribution to soil organic matter formation [J]. Soil Biology and Biochemistry，88：120－127.

Shahbaz M，Kuzyakov Y，Sanaullah M，et al.，2017. Microbial decomposition of soil organic matter is mediated by quality and quantity of crop residues：mechanisms and thresholds [J]. Biology Fertility of Soils，53：287－301.

Simpson A J，Simpson M J，Smith E，et al.，2007. Microbially derived inputs to soil organic matter：are current estimates too low? [J]. Environmental Science Technology，41：8070－8076.

Simpson R T，Frey S D，Six J，et al.，2004. Preferential accumulation of microbial carbon in aggregate structures of no－tillage soils [J]. Soil Science Society of America Journal，68：1249－1255.

Six J，Elliott E T，Paustian K，2000. Soil macroaggregate turnover and microaggregate formation：a mechanism for C sequestration under no－tillage agriculture [J]. Soil Biology and Biochemistry，32：2099－2103.

Six J, Frey S, Thiet R, et al., 2006. Bacterial and fungal contributions to carbon sequestration in agroecosystems [J]. Soil Science Society of America Journal, 70: 555 - 569.

Sokol N W, Bradford M A, 2019. Microbial formation of stable soil carbon is more efficient from belowground than aboveground input [J]. Nature Geoscience, 12: 46 - 53.

Sokol N W, Sanderman J, Bradford M A, 2019. Pathways of mineral - associated soil organic matter formation: integrating the role of plant carbon source, chemistry, and point of entry [J]. Global Change Biology, 25: 12 - 24.

Tatzber M, Mutsch F, Mentler A, et al., 2011. Mid - infrared spectroscopy for topsoil layer identification according to litter type and decompositional stage demonstrated on a large sample set of Austrian forest soils [J]. Geoderma, 166: 162 - 170.

Tenuta M, Mkhabela M, Tremorin D, et al., 2010. Nitrous oxide and methane emission from a coarse - textured grassland soil receiving hog slurry [J]. Agriculture, Ecosystems Environment, 138: 35 - 43.

Toosi E R, Castellano M J, Singer J W, et al., 2012. Differences in soluble organic matter after 23 years of contrasting soil management [J]. Soil Science Society of America Journal, 76: 628 - 637.

van Groenigen K J, Bloem J, Bååth E, et al., 2010. Abundance, production and stabilization of microbial biomass under conventional and reduced tillage [J]. Soil Biology and Biochemistry, 42: 48 - 55.

Veloso M, Angers D, Chantigny M, et al., 2020. Carbon accumulation and aggregation are mediated by fungi in a subtropical soil under conservation agriculture [J]. Geoderma, 363: 114159.

Wallenstein M D, Haddix M L, Ayres E, et al., 2013. Litter chemistry changes more rapidly when decomposed at home but converges during decomposition - transformation [J]. Soil Biology and Biochemistry, 57: 311 - 319.

Wang J, Xiong Z, Yan X, et al., 2016. Carbon budget by priming in a biochar - amended soil [J]. European Journal of Soil Biology, 76: 26 - 34.

Wickings K, Grandy A S, Reed S C, et al., 2012. The origin of litter chemical complexity during decomposition [J]. Ecology Letters, 15: 1180 - 1188.

Wu F, Yang W, Zhang J, et al., 2010. Litter decomposition in two subalpine forests during the freeze-thaw season [J]. Acta Oecologica, 36: 135 - 140.

Yang X, Meng J, Lan Y, et al., 2017. Effects of maize stover and itsbiochar on soil CO_2 emissions and labile organic carbon fractions in Northeast China [J]. Agriculture, Ecosystems Environment, 240: 24 - 31.

Yang Y, Bao X, Xie H, et al., 2022. Frequent stover mulching builds healthy soil and sustainable agriculture in Mollisols [J]. Agriculture, Ecosystems and Environment, 326: 107815.

Yang Y, Xie H, Mao Z, et al., 2022. Fungi determine increased soil organic carbon more than bacteria through theirnecromass inputs in conservation tillage croplands [J]. Soil Biology and Biochemistry, 167: 108587.

Yeboah S, Lamptey S, Zhang R, et al., 2017. Conservation tillage practices optimizes root distribution and straw yield of spring wheat and field pea in dry areas [J]. Journal of Agricultural Science, 9: 37.

Zhang X, Amelung W, 1996. Gas chromatographic determination of muramic acid, glucosamine, mannosamine, and galactosamine in soils [J]. Soil Biology and Biochemistry, 28: 1201 - 1206.

Zhang X, Qian Y, Cao C, 2015. Effects of straw mulching on maize photosynthetic characteristics and rhizosphere soil micro - ecological environment [J]. Chilean Journal of Agricultural Research, 75: 481 - 487.

Zheng T, Miltner A, Liang C, et al., 2021. Turnover of gram-negative bacterial biomass-derived carbon through the microbial food web of an agricultural soil [J]. Soil Biology and Biochemistry, 152: 108070.

Zhu X, Xie H, Masters M D, et al., 2020. Microbial trade-off in soil organic carbon storage in a no-till continuous corn agroecosystem [J]. European Journal of Soil Biology, 96: 103146.

Zimmermann M, Leifeld J, Fuhrer J, 2007. Quantifying soil organic carbon fractions by infrared-spectroscopy [J]. Soil Biology and Biochemistry, 39: 224-231.

第3章　保护性耕作对土壤氮动态的影响

3.1　引言

在我国高强度集约化农业生产中，氮肥的施用一直是保证粮食高产的重要措施，但在过度依赖氮肥增产的同时，人类对黑土地资源的过度开发和掠夺式经营致使土壤有机质数量和质量（活性）降低、土壤退化严重、土壤生产能力下降。土壤退化最突出的表现之一是对氮养分截获的调控能力减退，最终导致氮肥利用率下降，氮损失已成为制约黑土区农业高产高效和可持续发展的重要因素之一（Galloway et al.，2008；Kanter et al.，2018）。过量的氮肥投入不仅增加了生产成本，其损失所致的大气、水体等氮污染问题对生态系统和人类健康的危害也日趋加重（Peña - Haro et al.，2010；Zhao et al.，2015；Menció et al.，2016）。因此，在高强度利用条件下如何保证我国东北黑土区农业的高产高效对于农田土壤管理一直是具有挑战性的生产实践问题，也是我们必须面对和努力解决的科学与技术问题。而经济收益最大化和环境影响风险最小化的氮养分利用和耕作管理制度对于提高东北黑土区农田土壤氮利用效率，缓解氮污染，解决粮食安全、环境退化和气候变化的三重挑战是至关重要的（Zhang et al.，2015）。

作为被广泛推广的保护性耕作措施，免耕在保障粮食安全生产和促进农业可持续发展中具有重要意义，国际上十分重视免耕技术的推广和应用（Lafond et al.，2011）。与传统耕作相比，免耕秸秆覆盖措施可降低土壤侵蚀、减少水土流失，优化土壤结构、提高团聚性能，加速有机质积累、改善土壤肥力，增强土壤储水供水能力（Blanco - Canqui et al.，2007；Lenka et al.，2013；Tivet et al.，2013）。免耕秸秆覆盖技术也可通过向土壤中输入碳源和氮源改变微生物生物量和活性及土壤结构与性能，进而影响土壤氮的矿化、固持、氨挥发、淋溶、反硝化、作物吸收等迁移转化过程，最终决定氮肥是否可被高效利用（Constantin et al.，2010；Garland et al.，2011；Zhang et al.，2011；Sheehy et al.，2013；Yao et al.，2013；Zhang et al.，2016；Kuypers et al.，2018）。目前，保护性耕作在我国尚属于初级发展阶段，我国农业生产中采用的农艺措施主要还是传统的常规垄作，人们在一些条件适宜的地区开始进行免耕秸秆覆盖还田技术的研究和示范，开展了免耕秸秆覆盖对土壤理化性质、有机碳固定和氮累积等方面的相关研究，研究结果基本上和国外学者的研究结果相同（Chen et al.，2009；代光照等，2009；Du et al.，2010；蔡太义等，2011；余海英等，2011；秦晓波等，2012；吴才武等，2015）。

2015年农业部印发了《到2020年化肥使用量零增长行动方案》和《耕地质量保护与提升行动方案》，指出了重点区域东北黑土区的主要科学问题并提出了具体治理措施，在控氮、减磷、稳钾和补锌、硼、铁、钼等微量元素的施肥原则下，要结合深松整地和保护性耕作，因地制宜开展免耕秸秆覆盖还田、秸秆粉碎深耕还田及推广深松耕和水肥一体化技术的示范研究与推广。2020年农业农村部和财政部印发的《东北黑土地保护性耕作行动计划（2020—2025年）》中已指出，免（少）耕秸秆覆盖还田的现代耕作技术体系在保障东北黑土区粮食安全生产和可持续发展中发挥了重要作用，耕地质量和农业综合生产能力得到了稳定提升，生态、经济和社会效益明显增强，已成为农业主流耕作技术。免耕秸秆覆盖还田技术的研究和推广已成为保证我国东北黑土区未来农业可持续健康发展的一种趋势，但与传统耕作相比，免耕秸秆覆盖还田是否可增加土壤氮残留、减少氮损失，是否可提高氮肥利用效率、增加作物产量，是增加还是减少土壤 N_2O 的排放、其具体的微生物学机制是什么？对于这些科学问题，目前尚缺乏深入系统的研究。

相比于传统的差减法，稳定同位素示踪和组分分析技术能更准确地量化肥料氮施入土壤后在不同氮组分中的分配特征、作物对肥料氮的吸收利用特性及氮损失风险，进而阐明免耕农田土壤氮转化与更新、作物的吸收利用和氮损失的关键过程与生物学机制。鉴于此，针对国家重大需求和主要科学问题，以东北玉米带黑土区农田土壤为研究对象，依托连续9年免耕秸秆覆盖还田试验基地，采用 ^{15}N 稳定同位素示踪技术与田间原位微区试验相结合的方法，根据同位素质量平衡原理，系统研究免耕秸秆覆盖对肥料氮在土壤不同形态氮库（矿质氮、有机氮和固定态铵）间的转化更新特性及其在作物-土壤系统中分配与去向的影响，准确量化了免耕秸秆覆盖条件下土壤氮和肥料氮的剖面累积特征、迁移转化过程及其淋溶风险与阻控机制。研究结果在东北黑土区免耕秸秆覆盖农田土壤氮循环转化规律的理论上具有一定的突破，有助于深入理解免耕农田土壤氮科学高效利用的理论问题，在实践上可为东北玉米带黑土区免耕农田土壤氮转化的合理调控与高效利用、免耕施肥技术体系的完善和推广提供科学依据，也可为其他地区保护性耕作措施的制定提供重要的参考。

3.2 材料与方法

3.2.1 试验地概况

同2.2.1。

3.2.2 试验设计

试验依托中国科学院保护性耕作研发基地的不同秸秆还田量试验平台开展，试验设计详见2.2.2。

为了阐明免耕秸秆覆盖农田土壤 N_2O 的排放特征，在2015年玉米整个生育期，通过静态箱/气相色谱法分析测定了土壤 N_2O 的排放通量。为了准确量化土壤和肥料氮的循环转化特征，2016年在连续运行9年的保护性耕作长期定位试验各处理的20个试验小区内设置 ^{15}N 同位素示踪的微区试验（图3－1），将PVC板密闭焊接独立围成PVC框，PVC

框埋入土壤深度为 60cm，露出地表 10cm，每个微区面积为 $4m^2$（2m×2m），折算田间种植密度（60 000 株/hm^2）为 24 株玉米（3 垄×8 株）。微区试验处理、施肥量和施肥方式均与长期免耕试验小区相同，施肥种类不同，氮肥为标记尿素（购买于上海化工研究院，^{15}N 丰度为 9.80%），磷肥为重过磷酸钙，钾肥为氯化钾。氮、磷、钾肥料均以基肥进行条施，2016 年 5 月 10 日进行播种施肥。

图 3-1 田间原位试验^{15}N示踪微区设计

3.2.3 田间小区试验——N_2O 气体的采集与分析测定

自 2015 年 5 月 9 日玉米播种后至 2015 年 9 月 19 日每周采样一次。采用静态箱法进行 N_2O 气体样品的采集（图 3-2），采样系统由不锈钢采样箱及多种附件组成，主要包括采样箱体、基座、温度测定系统、气体收集和存储系统。采气装置为 50cm×50cm×50cm、四周和顶部均封闭的不锈钢箱，外部用不透明挤塑板包裹（目的是隔绝光线，保持箱内温度，防止其过快上升）。挤塑板外面还套有一层白色防雨绸布料加工制作的外罩，这种材质的白色布料既可以用来防止雨水冲刷，又可以减弱光照对箱内温度的影响。采样箱顶部有两个小电扇、一个采气孔和一个温度感应器。底部开口罩在底座上，底座用不锈钢制成，插入地下 20cm，底座四周有水槽，取样时水槽注水密封。采样当天 9：00 将箱子放在底座上，密封后 0min、20min、40min 用注射器将箱子内的气体取出并带回实验室分析。试验过程中同时记录气温和土壤温度。N_2O 气体浓度采用 Agilent7890B 气相色谱仪分析测定。

N_2O 气体排放通量的计算公式如下所示：

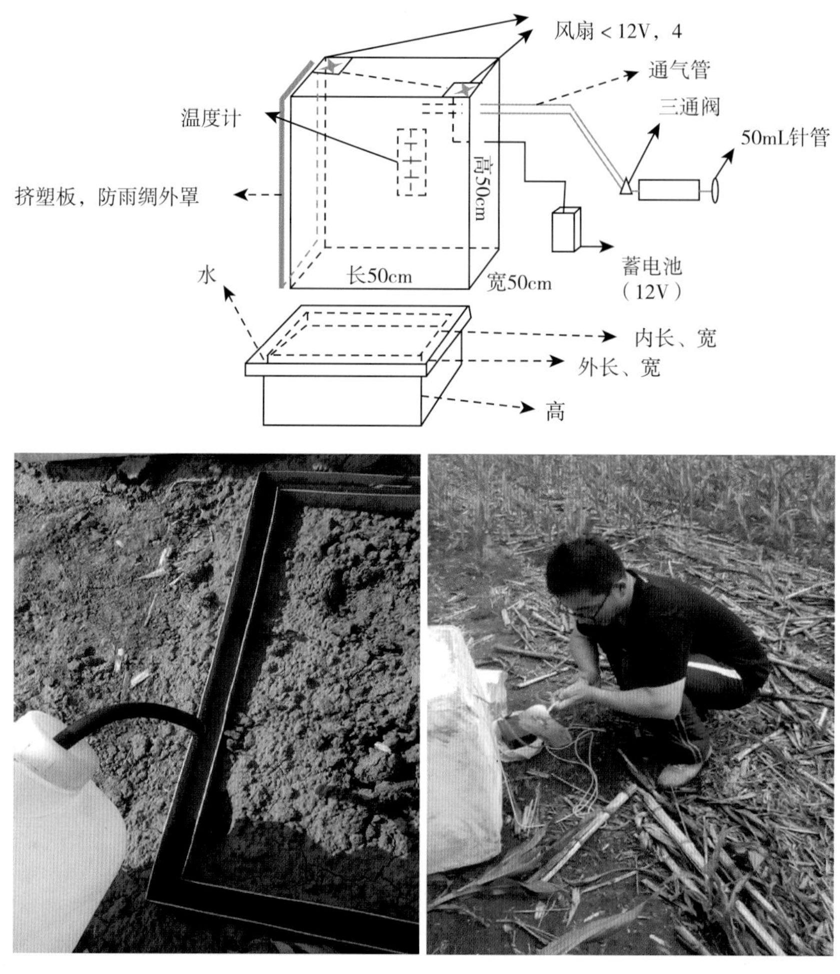

图 3－2　静态箱取样装置

$$F=\rho \times V/A \times \Delta c/\Delta t \times 273/(273+\theta) \times 60$$

式中：F 为 N_2O 排放通量［$\mu g/(m^2 \cdot h)$］；ρ 为箱内气体密度（g/cm^3）；V 为静态箱体积（cm^3）；A 为静态箱底面积（cm^2）；$\Delta c/\Delta t$ 为单位时间静态箱内 N_2O 浓度变化率［$\times 10^{-9} V/(V \cdot min)$］；$\theta$ 为测定时底座内的土壤温度（℃）。

玉米生育期内 N_2O 的累计排放量（kg/hm^2，以 N 计，134d，本书中的氮及其化合物的排放量均为以 N 计）是通过每次测得的气体排放通量乘以相邻两次测定之间的间隔天数并逐次累加得到的（Liu et al.，2015）。

3.2.4　田间微区试验——土壤和植物样品的采集与分析测定

3.2.4.1　土壤样品采集与分析测定

在田间小区内，采用直径为 2.5cm 的土钻通过五点取样法于 2015 年 10 月 20 日成熟期玉米收获后采集常规垄作 CT、免耕无秸秆覆盖 NT0 和免耕全量秸秆覆盖 NT100 3 个试验处理 0～300cm 土壤剖面样品，分层间隔为 20cm，用于研究东北黑土区农田土壤矿质氮的累计分布和淋溶损失风险。在上述 5 个试验处理的 ^{15}N 同位素示踪田间微区内，采用直径为 2.5cm 的土钻通过五点取样法分别于 2016 年 5 月 27 日（玉米苗期）和 7 月 20 日（玉米抽雄期）采取 0～20cm 和 20～40cm 土层的土壤样品，于 10 月 13 日（玉米成熟期）采取 0～20cm、20～40cm、40～60cm、60～80cm 和 80～100cm 土层的土壤样品，用于系统研究肥料氮施入土壤后在土壤不同形态氮库中的转化更新特征及其在土壤-作物系统中的分配与去向。

将采集的新鲜土壤样品立即带回实验室去除大的砾石和作物残体，过 2mm 筛，混合均匀备用。用 50g 左右的鲜土样品测定土壤矿质氮（NH_4^+－N 和 NO_3^-－N）含量和含水量；通过四分法另取 100g 左右的鲜土样品风干，磨碎过 0.15mm 筛，用于测定土壤固定态铵和全氮含量。土壤含水量采用 105℃烘干法测定，土壤矿质氮含量采用 Bremner 的氯化钾（C_{KCl}）=2mol/L）浸提，AMS 间断化学分析仪（Smartchem 200，AMS Systea，Italy）进行分析测定，土壤固定态铵采用 KOBr－KOH 方法测定（Silva et al.，1966），土壤全氮采用元素分析仪（Elementar vario MACRO cube，德国）进行测定。

土壤 NH_4^+－N 和 NO_3^-－N 的 ^{15}N 丰度测定需提前利用扩散法制备待测的 ^{15}N 固体样品（Stark et al.，1996；孙建飞等，2014），具体操作如下：①扩散包的制作。在玻璃纤维上（Millipore APFD02500）加入 10μL 2.5mol/L 的 $KHSO_4$ 溶液，用聚四氟乙烯疏水透气膜（Millipore LCWP04700）包裹玻璃纤维将其制成信封状的扩散包。②扩散过程。吸取测定矿质氮含量的土壤浸提液 50mL 于 250mL 蓝丝盖培养瓶中，加入 250mg 氧化镁和扩散包后立即盖紧瓶盖，在 25℃、100r/min 的摇床上振荡 30min，再置于 25℃恒温培养箱中扩散 7d，扩散期间每天继续在 25℃、100r/min 的摇床上振荡 30min 加速 NH_4^+－N 的扩散过程，7d 结束后用镊子将扩散包取出放入西林瓶中，在－80℃冰柜中冷冻 10h 后用冷冻干燥机干燥 24h，扩散包内的玻璃纤维即制备的 NH_4^+－N 待测 ^{15}N 固体样品，随后将其置于真空容器中密闭保存。取出扩散包后将蓝丝盖培养瓶敞口在 25℃、100r/min 的摇床上振荡 60min，而后重新加入 250mg 第瓦尔德合金重复上述操作完成 NO_3^-－N 待测 ^{15}N 固体样品的制备过程（腾珍珍等，2018）。土壤矿质氮（NH_4^+－N 和 NO_3^-－N）、固定态铵和全氮的 ^{15}N 丰度采用稳定同位素比例质谱仪（Delta plus XP，美国）进行测定。

3.2.4.2 植物样品采集与分析测定

于 2016 年 10 月 13 日玉米成熟期，采集每个微区玉米植株的地上部分，细分为籽粒、秸秆和玉米芯。同时在 0～20cm 土层中随机采集 3 株玉米根系，对玉米根系进行彻底清洗以去除附着的土壤颗粒，然后对玉米籽粒、秸秆、玉米芯和根系四部分进行风干、称取干物质重量，随后进行粗粉碎。利用四分法取大约 50g 的各部分植物样品于 65℃烘箱中烘干至恒重、粉碎过 250μm（60 目）筛备用。植物样品全氮含量采用元素分析仪（Elementar Vario MACRO cube，德国）进行测定，^{15}N 丰度采用稳定同位素比例质谱仪（Delta plus XP，美国）进行测定。

3.2.5 同位素计算方法

3.2.5.1 肥料氮在土壤中的残留量及其在不同形态氮库中的含量

肥料氮施入土壤后，在玉米不同生育时期土壤中的残留量（$N_{residue}$，kg/hm²，以 N 计）及经过不同途径转化后以 NH_4^+ - N（N_{NH_4}，kg/hm²，以 N 计）、NO_3^- - N（N_{NO_3}，kg/hm²，以 N 计）、固定态铵（N_f，kg/hm²，以 N 计）和有机氮（N_o，kg/hm²，以 N 计）的形态存在于土壤中的含量可通过下列公式进行计算：

$$N_{residue}(N_{NH_4}、N_{NO_3}、N_f) = N_j \times (a - c)/(b - c) \tag{1}$$

$$N_j = (W \times D \times 10\ 000 \times 10\ 000 \times \rho_b/1\ 000)/1\ 000/1\ 000 \tag{2}$$

$$N_o = N_{residue} - N_{NH_4^+} - N_{NO_3^-} - N_f \tag{3}$$

$$N_m = N_{NH_4} + N_{NO_3} \tag{4}$$

式中：N_j指土壤全氮、NH_4^+ - N、NO_3^- - N 或固定态铵的含量（kg/hm²，以 N 计）；a 指每个土层的全氮、NH_4^+ - N、NO_3^- - N 或固定态铵的^{15}N 丰度值（%）；b 指所施用标记氮肥的^{15}N 丰度值（%，即 9.80%）；c 指^{15}N 的自然丰度值（%，即 0.366 3%）；W 指土壤中全氮 NH_4^+ - N、NO_3^- - N 或固定态铵的质量分数（mg/kg）；D 指每个土层的深度（cm）；ρ_b指每个土层的容重（g/cm³）；$N_{residue}$指肥料氮在土壤中的残留量（kg/hm²，以 N 计）；N_{NH_4} 或 N_{NO_3} 指肥料来源 NH_4^+ - N 和 NO_3^- - N 的含量（kg/hm²，以 N 计）；N_f或 N_o指肥料来源的固定态铵或有机氮的含量（kg/hm²，以 N 计）；N_m指肥料来源的矿质氮的含量（kg/hm²，以 N 计）。

肥料来源矿质氮、固定态铵和有机氮占土壤中残留肥料氮的比例可通过下列公式计算：

$$N_m - P，N_f - P，N_o - P = N_i/N_{residue} \times 100 \tag{5}$$

式中：N_m - P 指肥料来源矿质氮占残留肥料氮的比例（%）；N_f - P 指肥料来源固定态铵占残留肥料氮的比例（%）；N_o - P 指肥料来源有机氮占残留肥料氮的比例（%）；N_i指土壤中肥料来源的矿质氮、固定态铵或有机氮的含量（kg/hm²，以 N 计）；$N_{residue}$指土壤中残留的肥料氮量（kg/hm²，以 N 计）。

肥料来源的矿质氮、固定态铵和有机氮对土壤相应形态氮库的更新比例可通过下列公式进行计算：

$$N_{j\text{-}fertilizer} - P(\%) = N_{j\text{-}fertilizer}/N_j \times 100 \tag{6}$$

式中：$N_{j\text{-}fertilizer}$指肥料来源的矿质氮、固定态铵和有机氮的含量（kg/hm²，以 N 计）；N_j指土壤总矿质氮、总固定态铵和总有机氮的含量（kg/hm²，以 N 计）。

3.2.5.2 肥料氮在土壤-作物系统中的分配与去向

作物对肥料氮的吸收量可通过下列公式计算：

$$N_{crop} = \sum N_P \times \frac{d - c}{b - c} \tag{7}$$

式中：N_{crop}指玉米籽实、秸秆、根系和玉米芯中所吸收的肥料氮的总量（kg/hm²，以 N 计）；N_P指玉米籽实、秸秆、根系或玉米芯中吸收的氮含量（kg/hm²，以 N 计）；d 指玉米籽实、秸秆、根系和玉米芯的[15]N 丰度值（%）；b 指所施用标记氮肥的[15]N 丰度值（%，即 9.80%）；c 指[15]N 的自然丰度值（%，即 0.366 3%）。

肥料氮的残留率、作物利用率和损失率可通过下列公式计算：

$$肥料氮的土壤残留率(PR-N_{soil},\%)=N_{residue}/N_{fertilizer}\times 100 \quad (8)$$

$$肥料氮的作物利用率(PR-N_{crop},\%)=N_{crop}/N_{fertilizer}\times 100 \quad (9)$$

$$肥料氮的气态损失率(PL-N,\%)=100\%-PR-N_{soil}-PR-N_{crop} \quad (10)$$

3.2.6 数据处理与统计分析

所有图表中的试验数据（平均值+标准差）均采用 Microsoft Excel 2016 进行整理分析，采用 SigmaPlot 10.0 软件作图。不同处理间参数的差异显著性通过 SPSS 16.0 软件中的 One-way variance（ANOVA）进行方差分析，并利用 LSD 方法（$P<0.05$）对不同处理间的差异显著性进行比较。

3.3 结果与分析

3.3.1 东北黑土区农田玉米生育期土壤 N_2O 的排放特征

在玉米整个生育期，免耕不同量秸秆还田覆盖处理土壤 N_2O 的排放通量变化在 −12～284μg/(m² · h)，各处理均呈现先增加后降低的趋势（图 3-3），土壤 N_2O 的排放主要集中在玉米苗期和拔节期。统计分析结果表明，除 6 月 25 日和 9 月 5 日两个采样时间外，其余采样时间各免耕秸秆覆盖还田处理间土壤 N_2O 排放通量的差异均不显著（图 3-3，$P>0.05$），这可能是因为氮肥在玉米播种时作为基肥进行施用，玉米生长前期对氮的需求量较低，致使大量肥料氮通过氨化、硝化、微生物同化或黏土矿物固定等氮转化过程残留于土壤中，或通过氨挥发、N_2O 或 N_2 排放等途径损失掉。7 月 11 日后，各处理土壤所排放的 N_2O 均开始降低，且各处理之间的差异均不显著（图 3-3，$P>0.05$）。

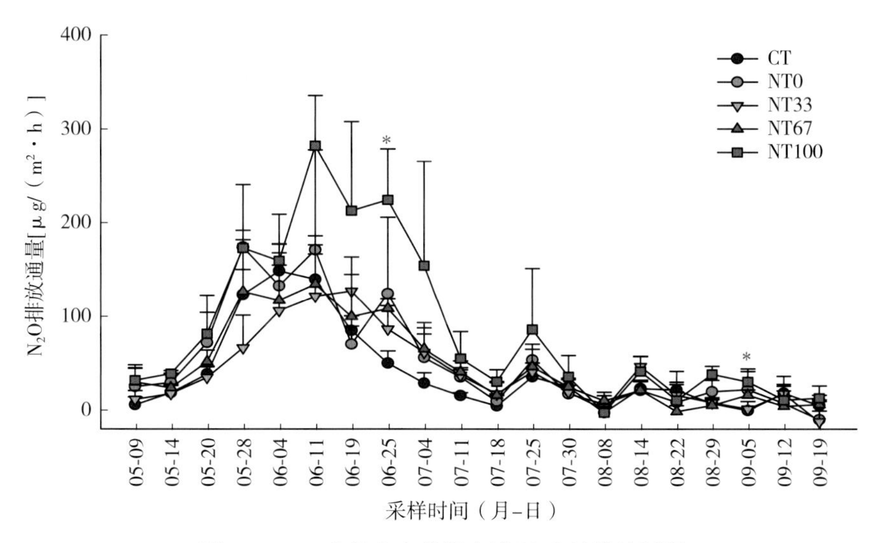

图 3-3 玉米整个生育期土壤 N_2O 的排放通量

综合玉米各个生育时期土壤 N_2O 的排放通量，可以得到玉米整个生育期土壤 N_2O 的累计排放量（表 3-1）。表中数据显示，玉米整个生育期土壤 N_2O 的累计排放量很低，占当季肥料氮施用量的比例不足 1%。常规垄作和免耕不同量秸秆覆盖还田处理土壤 N_2O 的排放主要集中在玉米出苗期和拔节期，平均占玉米整个生育期的 41.0%和 42.0%；其次是抽雄期，平均占整个生育期的 8.0%；抽雄期后，土壤 N_2O 的排放量显著降低。与常规垄作相比，免耕不同量秸秆覆盖还田措施未显著增加土壤 N_2O 的累计排放量（表 3-1，$P>0.05$）。上述结果说明东北黑土区农田土壤 N_2O 的排放损失比例和环境污染风险较低。

表 3-1　玉米不同生育时期土壤 N_2O 的累计排放量（平均值±标准误）

	CT	NT0	NT33	NT67	NT100
N_2O 总排放量（kg/hm^2）	1.4±0.2a	1.8±0.8a	1.4±0.4a	1.6±0.5a	2.9±0.8a
N_2O-N 总排放量（kg/hm^2，以 N 计）	0.9	1.1	0.9	1.0	1.9
出苗期（5 月 9 日—6 月 11 日）所占比例（%）	49.8	44.0	34.6	37.8	38.9
拔节期（6 月 12 日—7 月 18 日）所占比例（%）	33.2	35.5	46.0	48.8	46.4
抽雄期（7 月 19 日—8 月 8 日）所占比例（%）	7.4	11.0	7.5	8.6	5.6
开花—吐丝期（8 月 9 日—8 月 22 日）所占比例（%）	4.3	4.3	7.0	3.0	2.8
成熟期（8 月 23 日—9 月 19 日）所占比例（%）	5.3	5.2	4.9	1.8	6.3

土壤 N_2O 的排放主要来自硝化作用和反硝化作用。土壤底物中的 NH_4^+-N 和 NO_3^--N 的含量是硝化、反硝化作用发生的限制条件，土壤水分、pH、有机碳含量及其有效性等也是影响硝化和反硝化作用强度的主要因素（蔡太义等，2011；蔡延江等，2012）。在土壤底物 NH_4^+-N 和 NO_3^--N 含量不受限制时，土壤水分含量是影响 N_2O 排放的重要因素，土壤含水量可以用土壤孔隙含水量（WFPS）来表示，Skiba 等（1993）的研究表明，通常当 WFPS 低于 70%时，土壤 N_2O 排放主要来自硝化作用；当 WFPS 高于 70%时，土壤 N_2O 则主要来自反硝化作用，在中等孔隙含水量条件下，硝化作用和反硝化作用都是土壤 N_2O 产生的重要途径。在本研究中（图 3-4），玉米整个生育期绝大部分采样时期 0～10cm 土层的孔隙含水量均小于 70%，说明玉米整个生育期，尤其是生育前期土壤 N_2O 的排放有可能主要来自土壤氮的硝化作用过程。图 3-5 显示了玉米整个生育期两个

时间段内土壤 N_2O 的排放通量及其土壤中 NO_3^-－N 含量和孔隙含水量，从图中我们可以看出，5 月 9 日至 7 月 4 日，土壤平均的 N_2O 排放通量和 NO_3^-－N 含量显著高于后一时间段，说明前一时间段内土壤具有较强的硝化作用，在这一过程中发生了 N_2O 的排放。

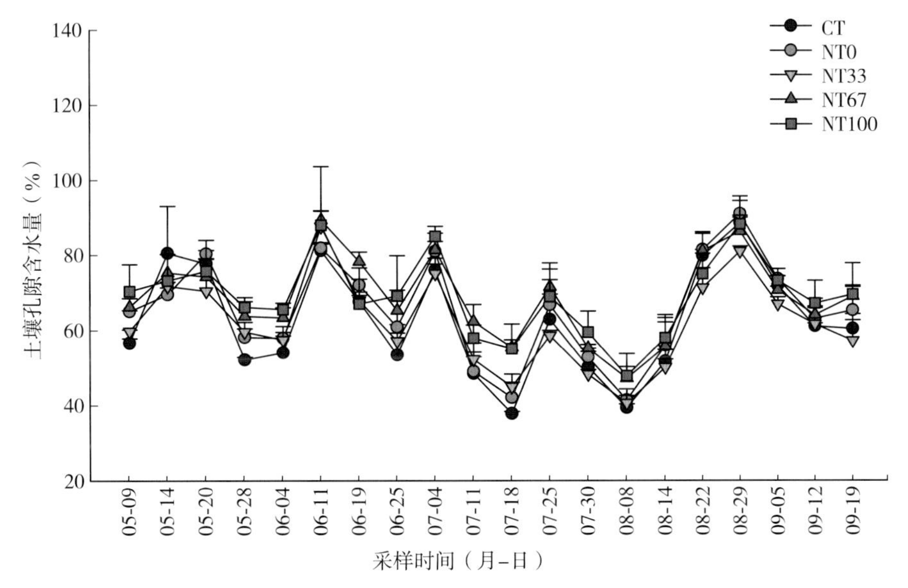

图 3－4　玉米整个生育期 0～10cm 土层中土壤孔隙含水量的动态变化

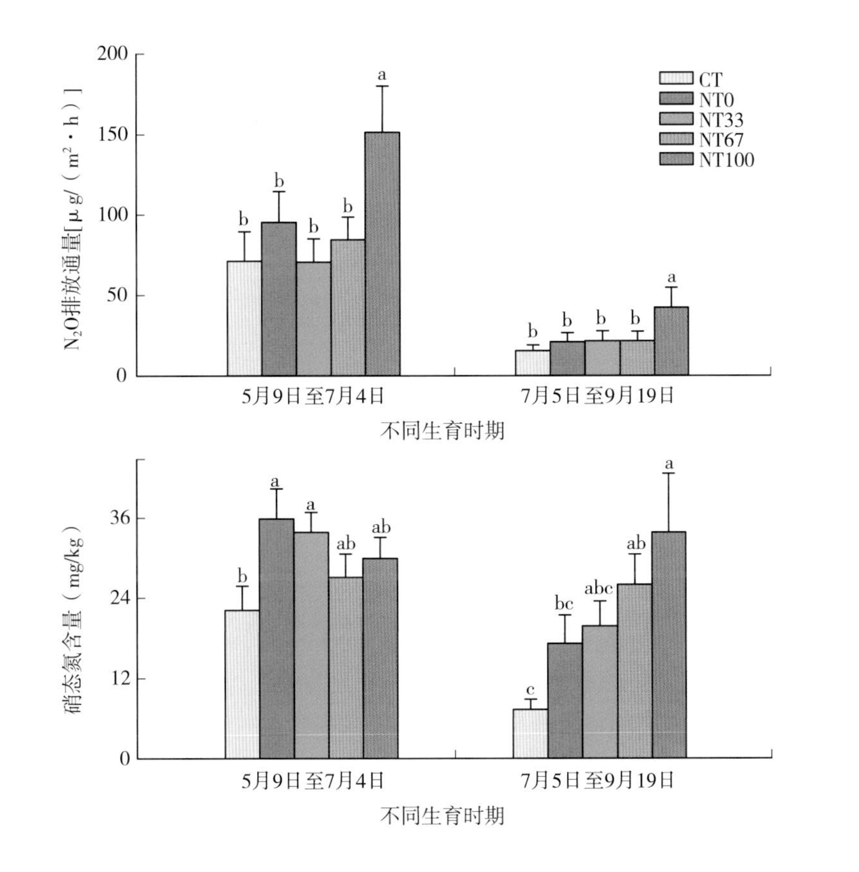

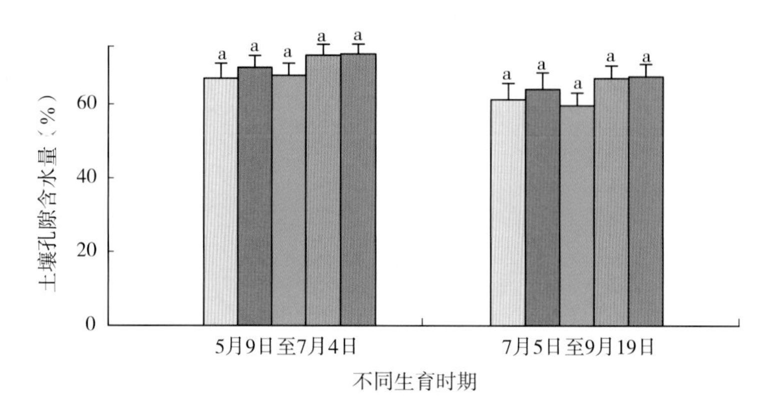

图 3－5　玉米不同生育时期土壤 N_2O、NO_3^-－N 和土壤孔隙含水量的变化

3.3.2　东北黑土区农田土壤剖面矿质氮的累积分布与淋溶损失风险

土壤中所积累的矿质氮（NH_4^+－N 和 NO_3^-－N）既是作物所吸收利用的速效氮源，又是各种氮损失的共同的源（朱兆良，2000）。为此，我们调查了 2015 年东北黑土区农田作物成熟期土壤剖面中氮的累积分布情况。图 3－6 显示了玉米收获后 0～300cm 剖面土壤矿质氮的累积和分布特征。结果表明，在 0～300cm 的土壤剖面中，常规垄作处理（CT）、免耕无秸秆覆盖处理（NT0）和免耕全量秸秆覆盖处理（NT100）在各土层中累积的铵态氮含量基本相当，为 4～8kg/hm^2（以 N 计），300cm 剖面累积的铵态氮总量分别为 73.1kg/hm^2（以 N 计）、92.2kg/hm^2（以 N 计）和 80.7kg/hm^2（以 N 计）（图 3－6A）。与铵态氮含量相比，0～300cm 剖面 CT、NT0 和 NT100 处理各土层中累积的硝态氮含量显著增加，且在整个剖面均呈先降低后增加再降低的趋势，300cm 剖面累积的硝态氮总量分别为 388.5kg/hm^2（以 N 计）、358.4kg/hm^2（以 N 计）和 359.0kg/hm^2（以 N 计）（图 3－6B）。上述结果说明：在农民常规施肥条件下，常规垄作、免耕及其全量秸秆覆盖还田处理均已导致东北黑土区农田深层土壤剖面中累积了相当多的矿质氮，且以硝态氮为主（占 61%～91%），存在着氮的淋溶损失风险。在整个 300cm 剖面中，CT 处理土壤矿质氮含量在 260～280cm 土层达最大值，NT0 和 NT100 处理在 180～200cm 土层达最大值，这一结果说明，与常规垄作处理相比，免耕及全量秸秆覆盖还田处理延缓了土壤矿质氮向深层土壤剖面的淋溶运移速率，但仍存在氮的淋溶损失风险。因此，亟须研发最佳的养分管理措施阻控矿质氮的积累及其迁移转化过程，以提高东北黑土区免耕农田氮的利用效率，降低各种途径造成的氮损失和环境污染风险。

土壤矿质氮既是作物所吸收利用的活性氮源，又是各种形态氮损失的共同的源。因此，土壤中一定数量矿质氮的存在对作物的生长是必需的，但过量矿质氮累积，在条件适宜时会通过各种途径发生氮损失，进而威胁环境安全。土壤中不同形态氮的迁移转化特征与更新过程决定着土壤对氮的截留。施入土壤中的肥料氮可以通过微生物吸收同化、土壤矿物晶格固定和表面吸附等不同的机制被土壤保持，免于氨挥发、硝酸盐淋溶和硝化-反硝化过程的气态氮损失，这就是土壤的保氮功能（Lu et al.，2018a；Lu et al.，2018b）。He 等（2011）、Hu 等（2016）和 Ma 等（2015）进行的室内模拟试验研究结果表明，通

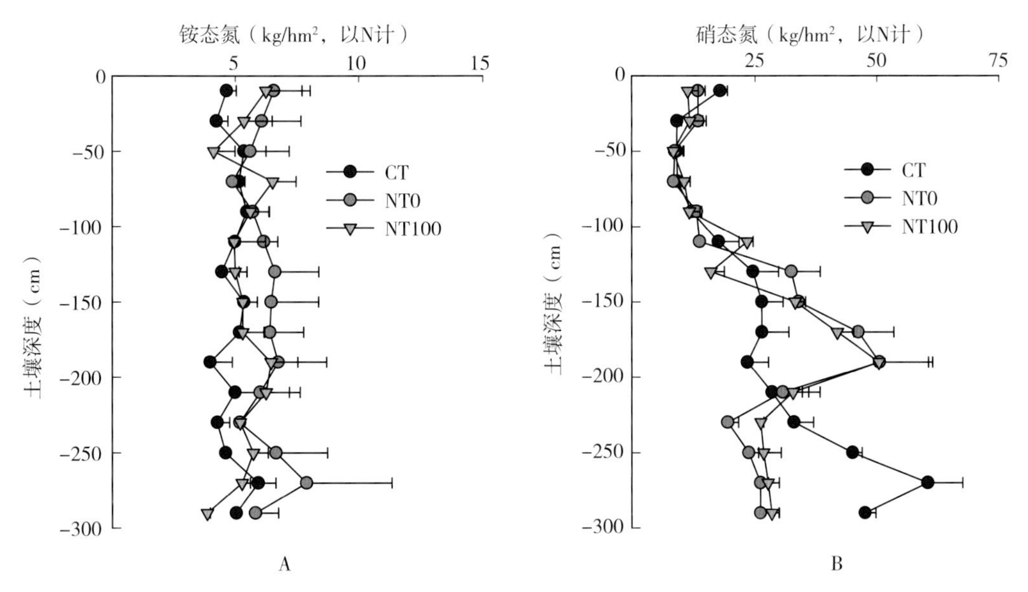

图 3－6 2015 年玉米成熟期 0～300cm 土壤剖面中矿质氮的含量变化
A. 铵态氮 B. 硝态氮

过向土壤中添加葡萄糖作为碳源，可使肥料氮施入土壤后通过微生物同化作用或黏土矿物固定作用快速转化形成过渡态的有机氮化合物（氨基酸和氨基糖）或固定态铵，这些氮转化过程是减少无机氮过度累积和损失，增加土壤氮截获的关键过程（朱兆良，2000）；同时，这种过渡态氮具有较高的活性，可再次被矿化分解或从晶格中释放出来供作物吸收利用，这种反馈调控过程是保证土壤有效氮供应和作物正常生长的关键（Lu et al.，2010；Zhang et al.，2015）。因此，如果我们采用适宜的措施，在作物需氮低峰期调控矿质氮向黏土矿物固定态铵库和有机氮库转化，使其暂存于这两种活性过渡库中；而在作物需氮高峰期再次释放供作物吸收利用，基于这一研究思路就会降低氮损失、提高氮利用效率（图 3－7）。

土壤氮的循环转化主要是由微生物驱动的生物化学过程，不同种类碳源的数量和活性不同，其对微生物数量、活性及群落组成的影响不同，进而对肥料氮的转化和土壤氮截获与更新的影响也不同（Mooshammer et al.，2014）。与葡萄糖相比，免耕秸秆覆盖农田中作物秸秆所提供碳源的有效性显著降低，这种外加碳源和氮源的输入和转化使土壤微生物活性和群落组成发生不同的改变，进而对土壤氮迁移转化特性和更新过程有明显不同的影响（Yadvinder et al.，2005；戴晓琴等，2009；Ding et al.，2010；Shen et al.，2010）。上述研究所采用的室内培养试验的模拟条件与田间气候条件、土壤结构、性能等情况完全不同，不能真实地反映田间原位条件下土壤氮的循环转化特征。因此，基于上述研究思路，通过田间原位试验，开展免耕秸秆覆盖农田土壤氮转化特性、更新过程和去向的系统研究，对于构建免耕农田土壤科学合理的氮养分高效利用技术和耕作管理制度至关重要。为此，我们针对东北黑土区农田提出了相应的调控措施，即免耕和秸秆覆盖还田，调控理念为碳源调控，即以碳促氮、碳氮平衡（图 3－7），通过^{15}N 示踪的田间原位微区试验依托连续 9 年免耕秸秆覆盖还田试验基地，系统研究了免耕秸秆覆盖对肥料氮在土壤不同形态氮库（矿质氮、有机氮和固定态铵）间的转化更新特性及其在作物-土壤系统中分配与去向的影响。

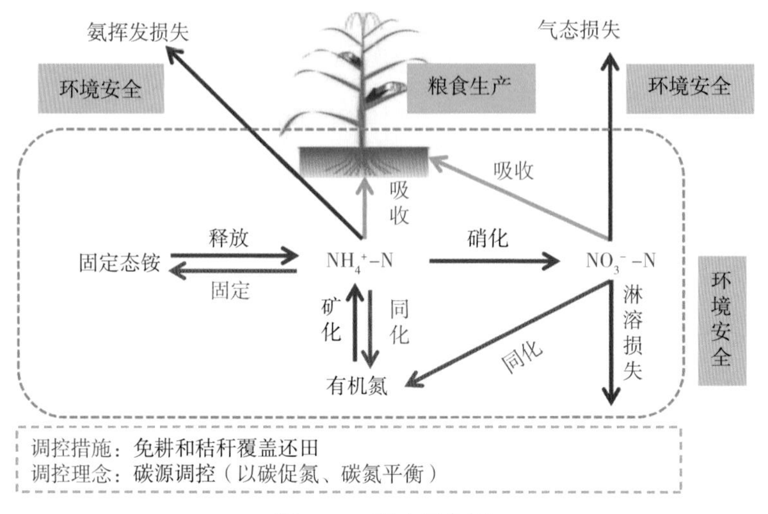

图 3-7　研究思路图

3.3.3　玉米不同生育时期土壤 NH_4^+-N 和 NO_3^--N 的动态变化

2016 年玉米整个生育期土壤铵态氮含量的结果：不同处理和玉米不同生育时期均显著影响不同土层土壤铵态氮含量（图 3-8A、图 3-8B，$P<0.05$）。0～20cm 土层土壤 NH_4^+-N 含量变化在 3.2～8.7kg/hm^2（以 N 计），常规垄作 CT、免耕无秸秆覆盖 NT0 和免耕 33%秸秆覆盖 NT33 土壤 NH_4^+-N 含量随着生育期的延长呈增加的趋势，免耕 67%和免耕 100%秸秆覆盖处理呈先增加后降低的趋势。同一玉米生育时期不同处理间的结果：玉米苗期免耕 33%和免耕 100%秸秆覆盖处理土壤 NH_4^+-N 含量显著高于免耕 67%秸秆覆盖处理，抽雄期免耕 33%秸秆覆盖处理显著高于常规垄作、免耕 67%和免耕 100%秸秆覆盖处理，成熟期常规垄作、免耕无秸秆覆盖和免耕 33%秸秆覆盖处理显著高于免耕 67%和免耕 100%秸秆覆盖处理（图 3-8A，$P<0.05$）。20～40cm 土层土壤 NH_4^+-N含量变化在 1.9～21.6kg/hm^2（以 N 计），玉米苗期免耕 100%秸秆覆盖处理土壤 NH_4^+-N 含量显著高于免耕 67%秸秆覆盖处理，成熟期常规垄作、免耕无秸秆覆盖和免耕 33%秸秆覆盖处理土壤 NH_4^+-N 含量显著高于免耕 67%和免耕 100%秸秆覆盖处理（图 3-8B，$P<0.05$）。各处理不同土层间的结果表明：玉米苗期 0～20cm 土层土壤 NH_4^+-N 含量显著低于 20～40cm 土层，玉米抽雄期结果正好相反，成熟期不同土层间无显著差异（图 3-8A、图 3-8B，$P<0.05$）。

与 NH_4^+-N 含量相比，土壤 NO_3^--N 含量显著增加，其含量约是铵态氮含量的 2～34 倍（图 3-8C、图 3-8D）。玉米不同生育时期和不同处理也显著影响不同土层土壤 NO_3^--N 含量（图 3-8C、图 3-8D，$P<0.05$）。0～20cm 土层土壤 NO_3^--N 含量变化在 13.7～124.6kg/hm^2（以 N 计），各个处理土壤 NO_3^--N 含量随着玉米生育期的延长呈显著降低的趋势；相同玉米生育时期不同处理间的结果表明，玉米苗期常规垄作处理土壤 NO_3^--N

含量显著高于其余 4 个免耕不同量秸秆覆盖处理，抽雄期免耕无秸秆覆盖处理显著高于免耕 67%和免耕 100%秸秆覆盖处理，成熟期免耕 33%和 67%秸秆覆盖处理显著高于常规垄作处理（图 3-8C，P<0.05）。20～40cm 土层土壤 NO_3^--N 含量变化在 11.7～112.1kg/hm²（以 N 计），玉米苗期各个处理土壤 NO_3^--N 含量为 NT0>NT67 或 NT33>NT100 或 CT，抽雄期，免耕无秸秆覆盖处理显著高于常规垄作处理（图 3-8D，P<0.05）；而成熟期各个处理之间差异不显著。

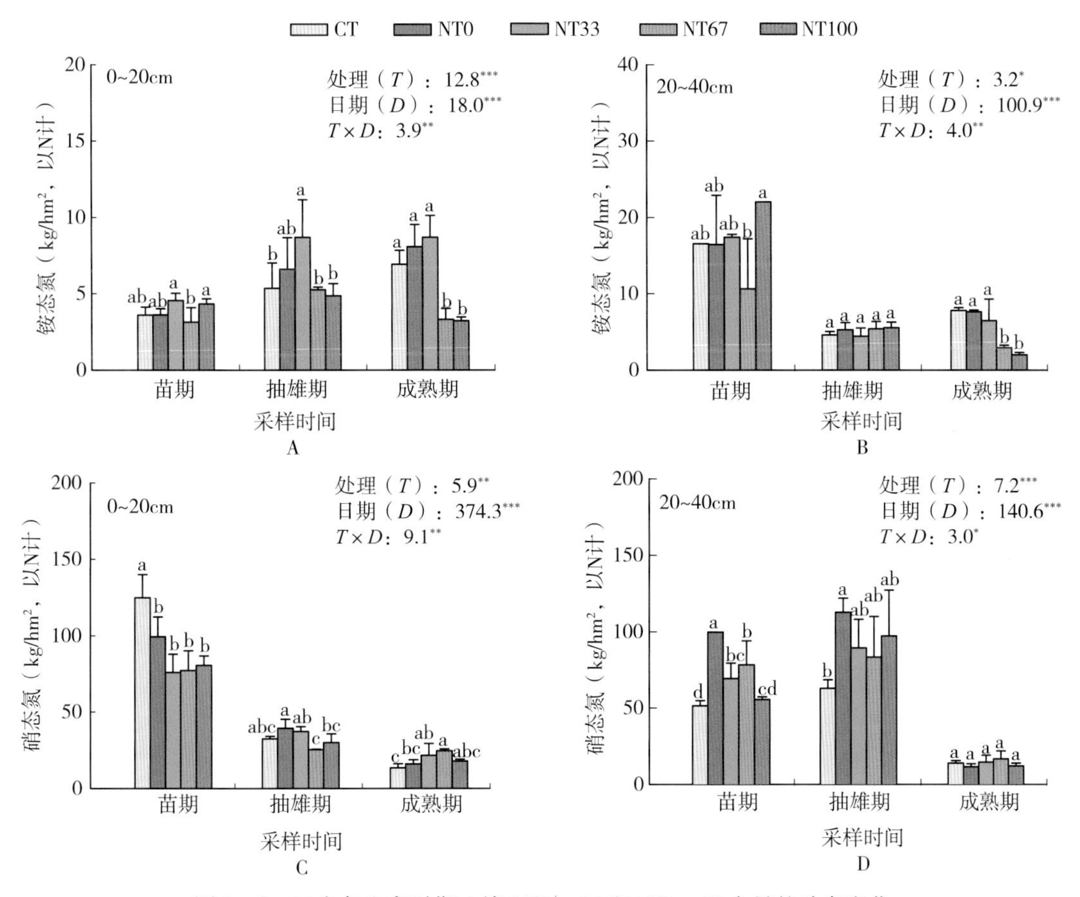

图 3-8　玉米各生育时期土壤 NH_4^+-N 和 NO_3^--N 含量的动态变化

土壤中的 NH_4^+-N 和 NO_3^--N，一部分来自土壤有机氮的矿化作用，一部分来自当季所施用的肥料氮的转化过程。图 3-9 显示，不同处理和玉米不同生育时期也显著影响 0～20cm 和 20～40cm 土层肥料来源铵态氮对土壤总铵态氮库的贡献率，玉米苗期肥料来源铵态氮对土壤总铵态氮库的贡献率比较高，0～20cm 土层各处理的平均贡献率约为 13.7%，20～40cm 土层平均贡献率约为 44.8%，之后随着玉米生育期的延长，各土层不同处理肥料来源铵态氮对土壤总铵态氮库的贡献率显著降低（图 3-9A、图 3-9B，P<0.05），至玉米成熟期，0～100cm 剖面各土层不同处理肥料来源铵态氮对土壤总铵态氮库的贡献率均小于 1%（图 3-10A）。0～20cm 土层，与常规垄作相比，玉米成熟期免耕 67%和 100%秸秆覆盖还田显著增加了肥料来源铵态氮对土壤总铵态氮库的贡献率（图 3-9A，P<0.05）；

在 20～40cm 土层，玉米抽雄期免耕无秸秆覆盖处理肥料来源铵态氮对土壤总铵态氮库的贡献率显著高于其余 4 个处理，玉米成熟期免耕 100%秸秆覆盖处理肥料来源铵态氮对土壤总铵态氮库的贡献率显著高于其余 4 个处理（图 3-9B，$P<0.05$）。

对于硝态氮，不同处理和玉米不同生育时期也显著影响 0～20cm 和 20～40cm 土层肥料来源硝态氮对土壤总硝态氮库的贡献率（图 3-9C、图 3-9D）。在玉米苗期和抽雄期，肥料来源硝态氮对土壤总硝态氮库的贡献率均非常高，0～20cm 土层各处理肥料来源硝态氮对土壤总硝态氮库的平均贡献率分别为 62.6%和 25.7%，20～40cm 土层各处理的平均贡献率分别达 60.0%和 68.9%（图 3-9C、图 3-9D）；至玉米成熟期，0～60cm 各土层不同处理的贡献率基本相当，平均达 8%左右，而 60～80cm 和 80～100cm 土层各处理贡献率显著增加，平均分别达 16.4%和 52.3%（图 3-10B）。上述结果说明，当季所施入肥料氮对玉米整个生育期土壤总硝态氮库的累积及损失风险的贡献率均较高，尤其是在作物氮需求相对较低的玉米苗期，氮肥的损失风险会更高。因此，研究当季所施入肥料氮在土壤不同形态氮库中的转化过程与去向，对于提高肥料氮的利用、减少氮损失显得尤为重要。

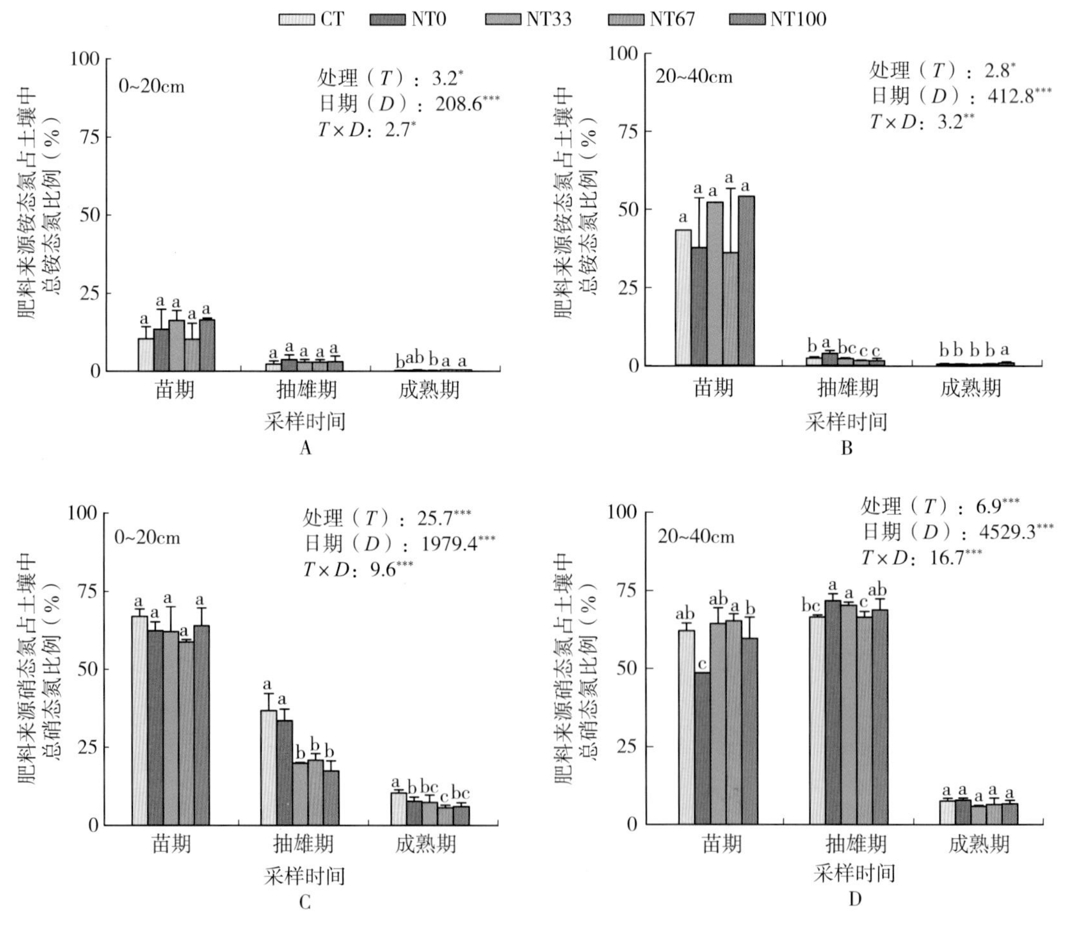

图 3-9 玉米各生育时期肥料来源矿质氮占土壤总矿质氮的比例

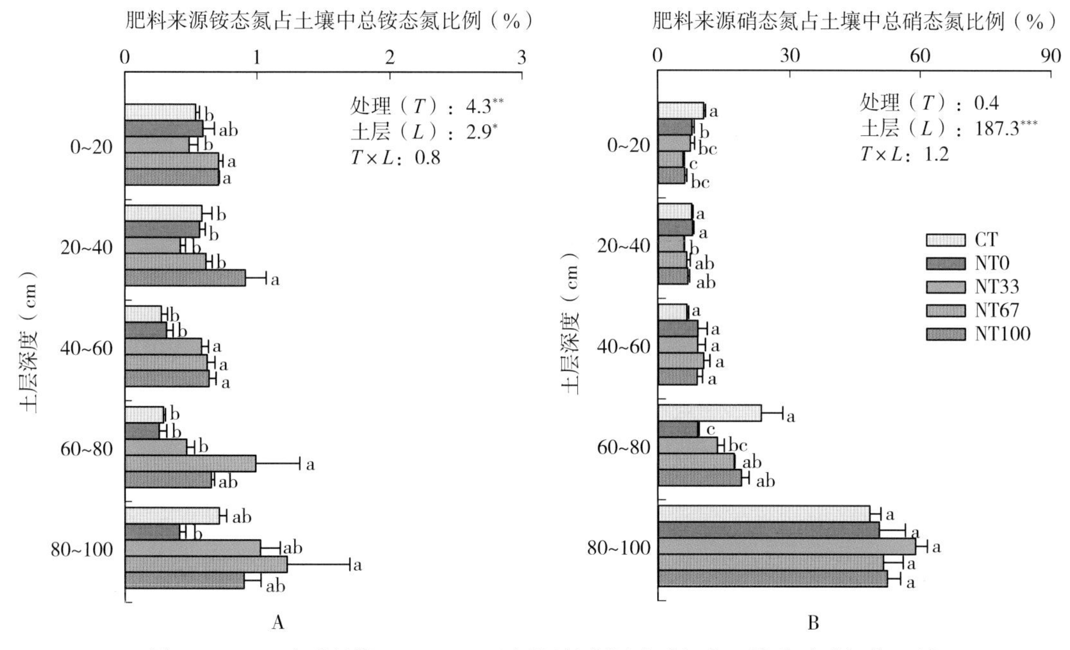

图3-10　玉米成熟期0～100cm土层肥料来源矿质氮占土壤总矿质氮的比例

3.3.4　玉米不同生育时期肥料氮在土壤矿质氮库中的转化分配特征

施入土壤的氮肥将在土壤矿质氮库、固定态铵库以及有机氮库之间迁移转化。土壤矿质氮（铵态氮和硝态氮）可以作为速效养分被作物直接吸收利用。然而，当土壤中矿质氮过量累积超过了作物的生长需求，土壤矿质氮的气态或淋溶损失风险必将增大（Galloway et al.，2008；Chen et al.，2018）。因此，土壤微生物对矿质氮的同化作用以及非生物黏土矿物对铵态氮的固定作用将矿质氮暂存于相对稳定的有机氮库和固定态铵库，避免了土壤矿质氮的过量累积；与此同时，通过有机氮的再矿化作用以及黏土矿物对铵态氮的释放作用，在作物生长旺盛时期起到再次供氮的作用（Lu et al.，2010；Pan et al.，2017），这就是土壤的保氮机制。免耕秸秆覆盖管理方式通过降低土壤扰动以及增加有机质输入改变了土壤微环境，这必将引起土壤氮转化过程的相应变化（Kuypers et al.，2018）。基于此，探究不同耕作管理方式对肥料氮在土壤不同形态氮库的迁移转化和更新特征对于揭示土壤保氮潜力和持续供氮能力具有重要的意义。

通过^{15}N同位素示踪技术系统研究了肥料氮施入土壤后在土壤矿质氮库中的转化分配特征。尿素施入土壤后，首先会发生氨化作用。图3-11A、图3-11B显示了玉米不同生育时期不同土层肥料来源NH_4^+-N含量的动态变化。研究结果表明，玉米生育时期显著影响不同土层肥料来源NH_4^+-N的含量，随着玉米生育期的延长，0～20cm和20～40cm土层肥料来源NH_4^+-N含量显著降低（图3-11A、图3-11B，$P<0.05$）。玉米苗期和抽雄期，0～20cm土层各处理肥料来源NH_4^+-N含量的差异均不显著（图3-11A，$P>0.05$），玉米成熟期，免耕无秸秆覆盖和免耕33%秸秆覆盖处理肥料来源NH_4^+-N含量显著高于免耕67%和免耕100%秸秆覆盖处理（图3-11A，$P<0.05$）。20～40cm土层，玉米苗期免耕100%秸秆覆盖处理肥料来源NH_4^+-N含量显著高于免耕67%秸秆覆盖处理，玉米抽雄期，免耕无秸秆覆盖处理肥料来源NH_4^+-N含量显著高于其余4个处理，玉米成熟期常规垄作和免耕无秸秆覆盖处理肥料来源NH_4^+-N含量显著高于免耕33%、67%和100%秸秆覆盖处理（图3-11B，$P<0.05$）。

与肥料来源NH_4^+-N的含量相比，肥料来源NO_3^--N的含量显著增加（图3-11C、图3-11D）。不同处理和玉米不同生育时期显著影响不同土层中肥料来源NO_3^--N的含量，随着玉米生育期的延长，0～20cm土层肥料来源NO_3^--N的含量显著降低（图3-11C，$P<0.05$），20～40cm土层呈先增加后降低的趋势。玉米不同生育时期不同处理间肥料来源NO_3^--N含量的统计结果表明：玉米苗期和抽雄期，0～20cm土层常规垄作处理肥料来源NO_3^--N含量显著高于其余各免耕不同秸秆覆盖处理（图3-11C，$P<0.05$），玉米成熟期各处理间差异不显著。20～40cm土层，玉米苗期常规垄作处理肥料来源NO_3^--N含量显著低于免耕无秸秆覆盖、免耕33%和67%秸秆覆盖处理；抽雄期，常规垄作处理显著低于免耕无秸秆覆盖处理（图3-11D，$P<0.05$）；成熟期各个处理间差异也不显著（图3-11D，$P>0.05$）。

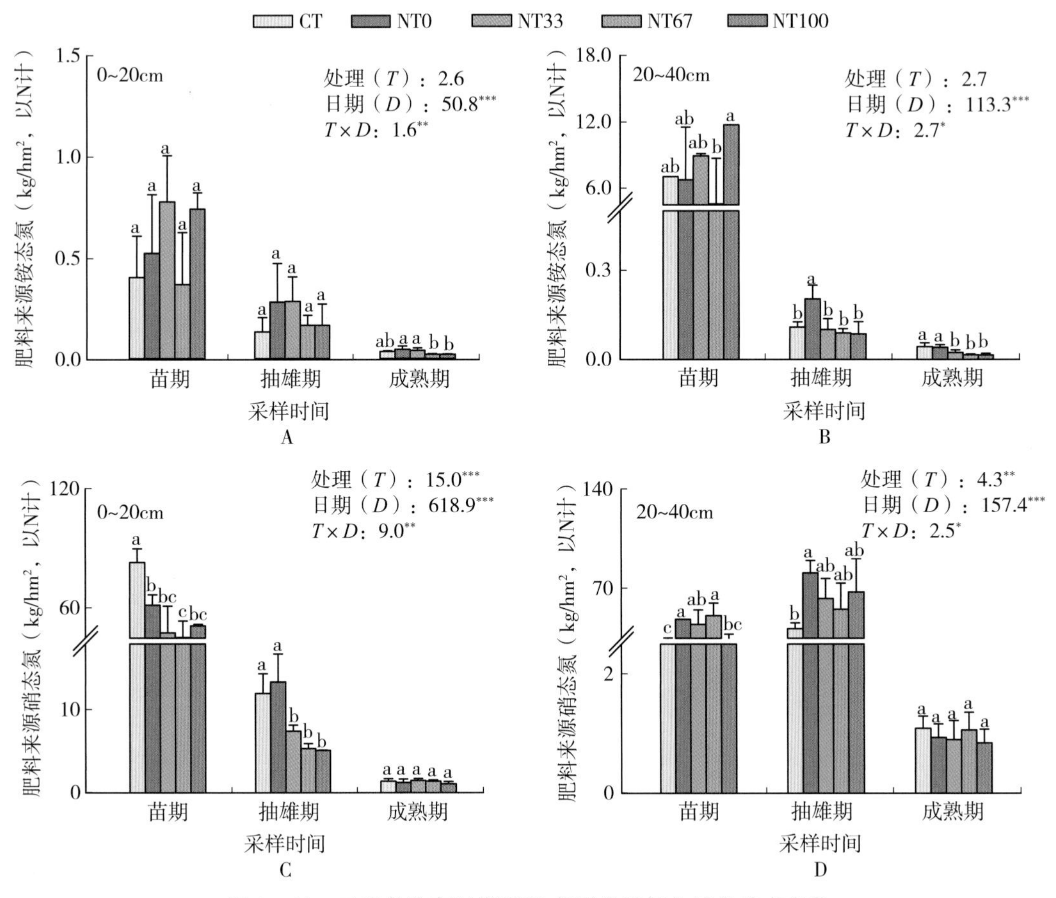

图3-11 玉米各生育时期肥料来源矿质氮含量的动态变化

图 3－12A、图 3－12B 显示了肥料来源 NH_4^+－N 占所施入肥料氮的比例，随着玉米生育期的延长，肥料来源 NH_4^+－N 占所施入肥料氮的比例显著降低（图 3－12A、图 3－12B，$P<0.001$），玉米苗期这一比例最高，0～20cm 土层各处理所占比例的平均值小于 0.3%，20～40cm 土层各处理所占比例的平均值为 3.3%左右。通过硝化作用，肥料来源 NH_4^+－N 会进一步被转化成 NO_3^-－N，图 3－12C、图 3－12D 显示了尿素施入土壤后转化为 NO_3^-－N 的比例，0～20cm 土层肥料来源 NO_3^-－N 占所施入肥料氮的比例随着玉米生育期的延长而显著降低（图 3－12C、图 3－13D，$P<0.001$），20～40cm 土层玉米抽雄期肥料来源 NO_3^-－N 占所施入肥料氮的比例显著高于苗期和成熟期；玉米苗期 0～20cm 土层各处理肥料来源 NO_3^-－N 占所施入肥料氮比例的平均值约为 24.0%，20～40cm 土层各处理所占比例的平均值约为 17.4%，抽雄期 0～20cm 和 20～40cm 土层各处理所占比例平均为 3.6%和 25.6%，成熟期这一比例显著降低，均低于 1%。相同生育时期不同处理间肥料来源矿质氮占所施入肥料氮比例的统计结果与肥料来源矿质氮含量的结果一样，这里不再赘述。

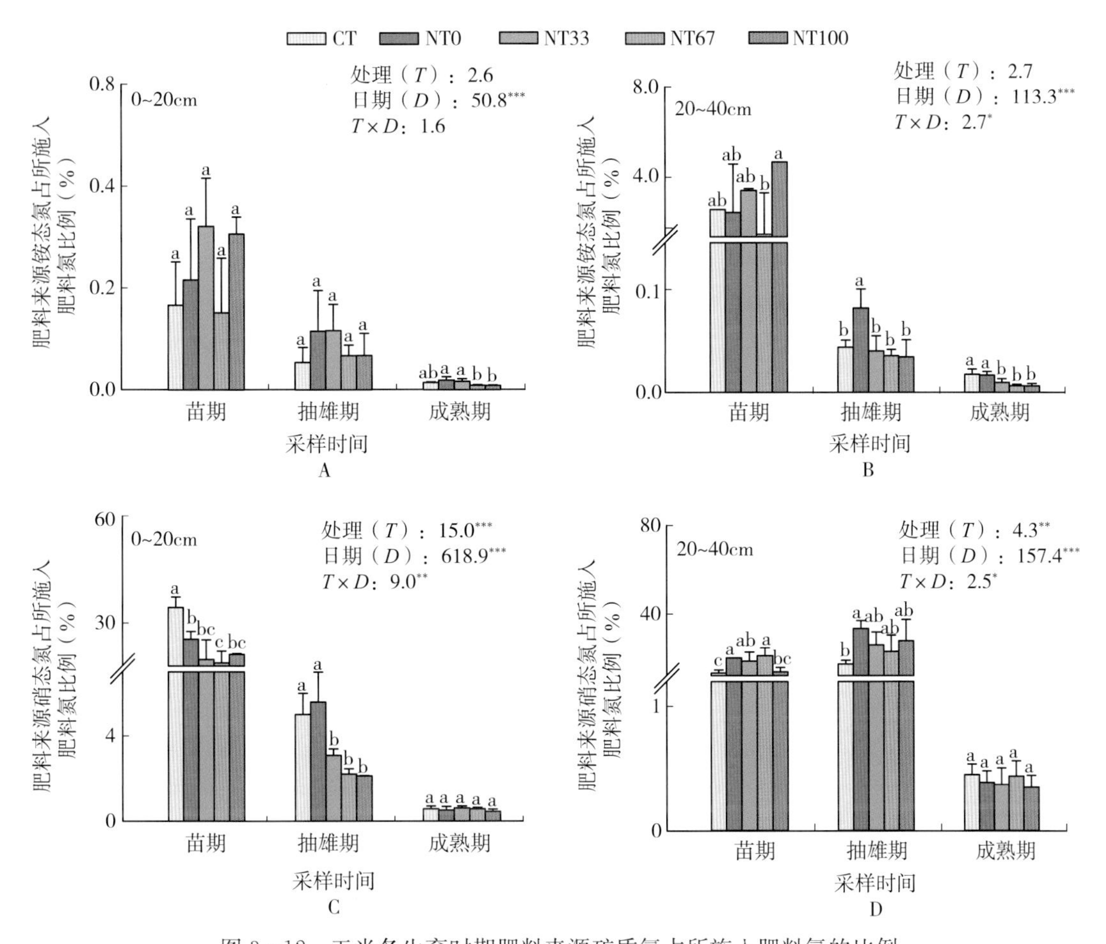

图 3－12　玉米各生育时期肥料来源矿质氮占所施入肥料氮的比例

范霞等（2014）的研究表明，随着玉米植株株高的增加，其对土壤中氮的利用率也逐渐增加。本试验的玉米苗期，玉米植株非常小，其对尿素和土壤来源的矿质氮的吸收利用效率非常低；同时在东北黑土区，自 2016 年 5 月 10 日（播种）至 5 月 17 日这段时间（玉米苗期），土壤温度比较低，平均在 10℃左右，土壤中的微生物活性非常低，土壤对 NH_4^+ - N 和 NO_3^- - N 的同化-固持作用相对比较弱（He et al.，2011；Ma et al.，2015），故来源于尿素和土壤氮的矿质氮在 0～40cm 土层中大量累积。

肥料氮施入土壤后，经过玉米一个生长季的吸收转化后，会在土壤剖面不同土层中残留和分布，玉米成熟期各处理 0～100cm 土壤剖面中肥料来源 NH_4^+ - N 残留量非常低，小于 0.1kg/hm^2（以 N 计），其中 0～20cm、20～40cm 和 80～100cm 土层显著高于 40～60cm 和 60～80cm 土层（图 3 - 13A，$P<0.05$）。常规垄作和免耕无秸秆覆盖处理 0～20cm 和 20～40cm 土层肥料来源 NH_4^+ - N 残留量显著高于免耕 67%和免耕 100%秸秆覆盖处理（图 3 - 13A，$P<0.05$），其余土层中各个处理间差异不显著。与肥料来源 NH_4^+ - N 相比，肥料来源 NO_3^- - N 在 0～100cm 土壤剖面中的残留量明显增加（图 3 - 13C，$P<0.05$）。各个处理 0～80cm 各土层肥料来源 NO_3^- - N 的残留量差异均不显著，但却均显著低于 80～100cm 土层肥料来源 NO_3^- - N 的残留量（图 3 - 13C，$P<0.001$）。对于 0～60cm 和 80～100cm 土壤剖面的 4 个土层，常规垄作和免耕不同量秸秆覆盖处理间差异均不显著（图 3 - 13C，$P>0.05$）；在 60～80cm 土层常规垄作处理肥料来源 NO_3^- - N 的残留量显著高于免耕无秸秆覆盖处理（图 3 - 13C，$P<0.05$），其他处理之间差异不显著（图 3 - 13C，$P>0.05$）。玉米成熟期 0～100cm 土层肥料来源 NH_4^+ - N 和 NO_3^- - N 占所施肥料氮比例的结果表明：肥料来源 NH_4^+ - N 占所施肥料氮的比例非常低，各处理均小于 0.03%；各处理肥料来源 NO_3^- - N 占所施肥料氮的比例在 0.4%～7.8%，这一结果说明，在 0～100cm 土壤剖面中，尿素施入土壤后通过氨化和硝化作用等途径所转化成的矿质氮主要是以 NO_3^- - N 的形态存在，占尿素来源矿质氮的比例高于 96.0%（图 3 - 13B、图 3 - 13D，$P>0.05$）。

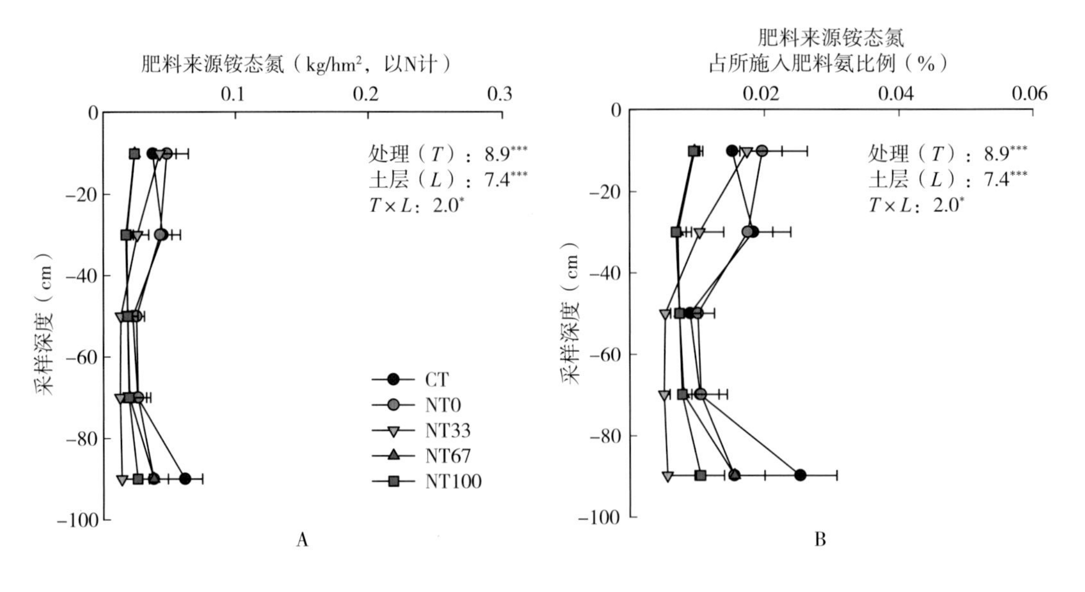

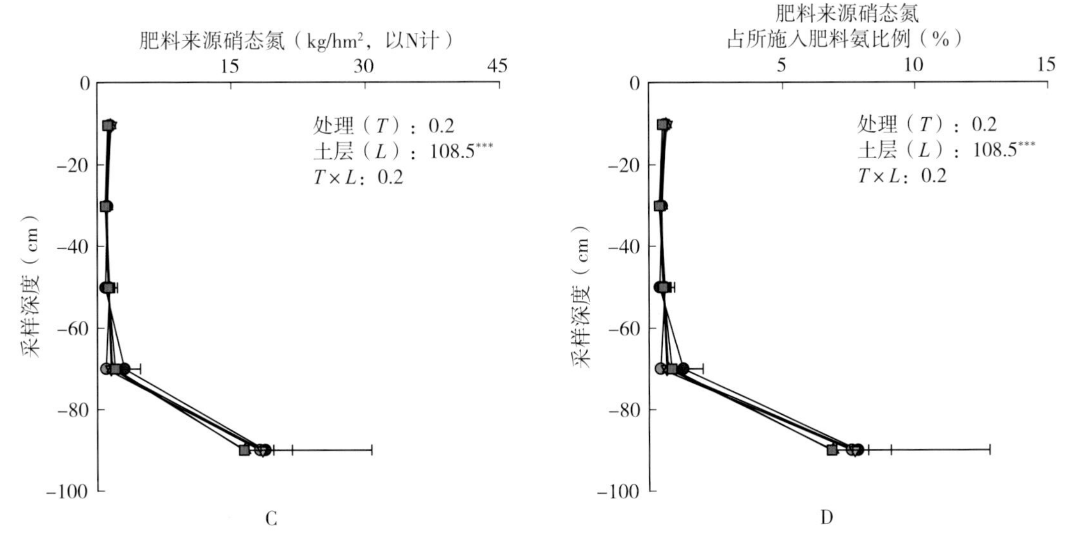

图 3-13 玉米成熟期肥料来源矿质氮在 0～100cm 剖面的分布

时焕秀等（2016）和何传瑞等（2016）的研究结果已表明，免耕秸秆还田条件下发生了 0～60cm 土层硝态氮向 60～100cm 深层土壤剖面垂直运移和富集的现象，存在硝酸盐淋溶损失风险，但其未对当季氮肥施入土壤后的具体迁移转化过程进行详细研究。本试验通过^{15}N 同位素示踪技术进行相关研究的结果表明：氮肥施入土壤经过一个作物生长季的吸收利用及迁移转化后，各个处理平均约有 7.3%的肥料氮以 NO_3^--N 的形式垂直运移至 80～100cm 土层，与常规垄作处理相比，免耕 67%和免耕 100%秸秆覆盖处理降低了肥料来源 NO_3^--N 占所施入肥料氮的比例，但差异未达到显著水平。已有研究结果表明，0～40cm 土层是玉米根系的主要活动和分布区（杨青华等，2000；赵秉强等，2001；周昌明等，2015；张凤杰等，2016），40～100cm 土层也会有一定比例根系的分布，如果肥料氮运移淋溶至 100cm 以下，其被作物再次吸收利用的可能性非常低，继续向深层土壤剖面淋溶运移至地下水，就可能造成地下水硝酸盐污染。本研究一年的试验结果已表明，7%左右的肥料氮已经垂直运移至 80～100cm 土层，被作物再次吸收利用的概率也较低，肥料氮淋失风险较高，本试验会进行连续监测，进而量化多年平均肥料氮来源 NO_3^--N 在深层土壤剖面的运移、累积、扩散速率及淋溶损失潜能。

3.3.5 玉米不同生育时期土壤中残留肥料氮的变化规律

肥料氮被施入土壤后，通过不同的途径迁移转化或残留于土壤中，或被作物吸收，或通过氨挥发、硝化反硝化及淋溶等途径发生损失。首先看一下玉米不同生育时期肥料氮在土壤中的残留量。研究结果表明，不同处理（$F=6$，$P<0.001$）、不同生育时期（$F=3\,269$，$P<0.001$）和不同土壤层次（$F=270$，$P<0.001$）显著影响当季所施氮肥在土壤中的残留，且 3 个因素间存在着显著的交互作用，肥料氮在土壤中的残留量自苗期至成熟期随着玉米生育期的延长而显著降低（图 3-14，$P<0.05$）。玉米苗期和抽雄期，0～20cm土层各处理肥料氮在土壤中的残留量显著低于 20～40cm 土层。

玉米苗期，0～20cm 土层不同处理间的结果表明，与常规垄作处理相比，免耕无秸秆覆盖、免耕 67%秸秆覆盖和免耕 100%秸秆覆盖处理标记肥料氮的残留量显著降低，降低比例分别为 17%、10%和 12%（图 3－14A，$P<0.05$）；与免耕无秸秆覆盖处理相比，免耕 33%秸秆覆盖和免耕 67%秸秆覆盖处理标记肥料氮的残留量显著增加，增加比例分别为 13%和 10%（图 3－14A，$P<0.05$），免耕 100%秸秆覆盖处理标记肥料氮的残留率也增加了 7%，但差异不显著（图 3－14A，$P>0.05$）。20～40cm 土层，与常规垄作处理相比，免耕无秸秆覆盖、免耕 33%秸秆覆盖、免耕 67%秸秆覆盖和免耕 100%秸秆覆盖处理标记肥料氮的残留量均显著增加，增加比例分别为 19%、9%、12%和 20%，且免耕 100%秸秆覆盖处理标记肥料氮的残留量也显著高于免耕 33%秸秆覆盖和免耕 67%秸秆覆盖处理（图 3－14A，$P<0.05$）。

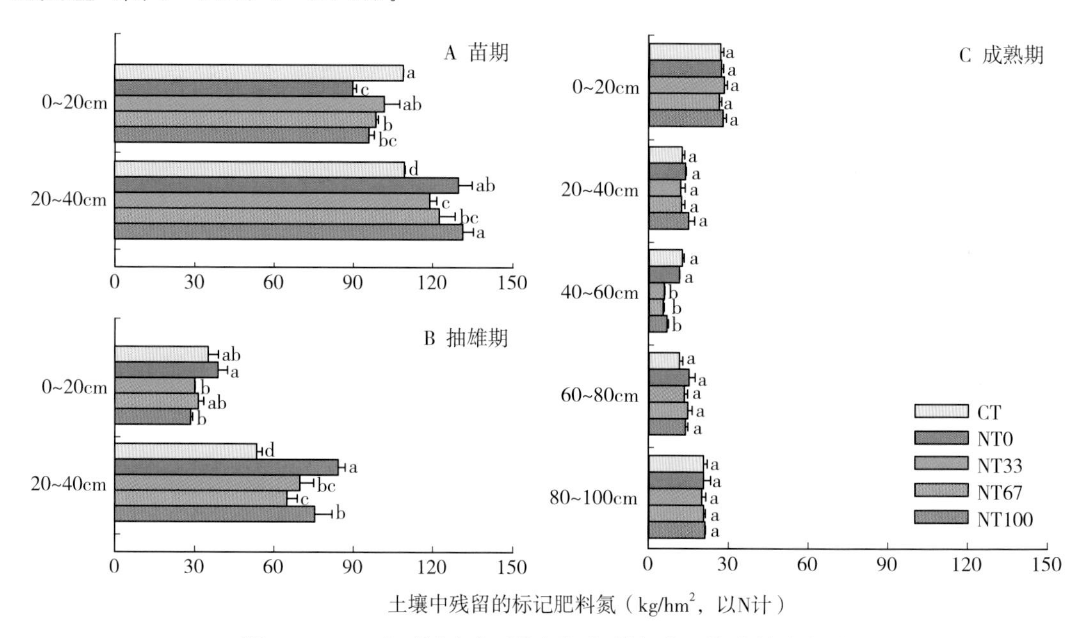

图 3－14　玉米不同生育时期标记肥料氮在土壤中的残留量

玉米抽雄期，0～20cm 土层，与免耕无秸秆覆盖处理相比，免耕 33%秸秆覆盖和免耕 100%秸秆覆盖处理标记肥料氮的残留量显著降低，降低比例分别为 22%和 26%（图 3－14B，$P<0.05$），其余处理间差异均不显著；20～40cm 土层，与常规垄作处理相比，免耕不同量秸秆覆盖处理均显著增加了标记肥料氮在土壤中的残留量，随着秸秆覆盖量的增加，残留量的增加比例分别为 57%、30%、21%和 41%，与免耕无秸秆覆盖处理相比，免耕 33%秸秆覆盖、免耕 67%秸秆覆盖和免耕 100%秸秆覆盖处理标记肥料氮在土壤中的残留量显著降低，降低比例分别为 17%、23%和 11%（图 3－14B，$P<0.05$）。

玉米成熟期，标记肥料氮在 0～100cm 剖面中的残留量随着土层的加深呈先降低后增加的趋势，0～20cm 土层和 80～100cm 土层标记肥料氮的残留量显著高于 20～80cm 各土层（图 3－14C，$P<0.05$）；在 40～60cm 土层，与常规垄作处理和免耕无秸秆覆盖处理相比，免耕 33%秸秆覆盖、免耕 67%秸秆覆盖和免耕 100%秸秆覆盖处理标记肥料氮的残留量显著降低，降低比例分别为 52%、55%和 44%（图 3－14C，$P<0.05$）；其余土层各处理间差异均不显著（图 3－14C，$P>0.05$）。

3.3.6　玉米不同生育时期肥料氮在土壤不同形态氮库中的转化特征

肥料氮进入土壤后，会通过生物和非生物作用残留于土壤矿质氮（NH_4^+－N 和 NO_3^-－N）、有机氮和固定态铵库中。本研究结果表明，玉米不同生育时期，肥料氮在土壤 3 种不同形态氮库中的转化特征明显不同。玉米苗期，0～20cm 土层，各处理肥料来源矿质氮、固定态铵和有机氮含量的均值分别为 58kg/hm²（以 N 计）、16kg/hm²（以 N 计）和 25kg/hm²（以 N 计），与常规垄作处理相比，免耕不同量秸秆覆盖处理均显著降低了肥料来源矿质氮的含量，随着秸秆覆盖量的增加，降低比例分别为 26%、42%、45%和 38%，且免耕 33%秸秆覆盖、免耕 67%秸秆覆盖和免耕 100%秸秆覆盖处理肥料来源矿质氮的含量也显著低于免耕无秸秆覆盖处理，降低比例均值为 21%（图 3－15A，$P<0.05$）。对于肥料来源固定态铵，免耕 100%秸秆覆盖处理肥料来源固定态铵含量显著高于其余 4 个处理，增加比例平均达 50%，免耕 33%秸秆覆盖处理肥料来源固定态铵含量也显著高于免耕 67%秸秆覆盖处理（图 3－15A，$P<0.05$）。对于肥料来源有机氮，与常规垄作处理和免耕无秸秆覆盖处理相比，免耕 33%秸秆覆盖、免耕 67%秸秆覆盖和免耕 100%秸秆覆盖处理中肥料来源有机氮含量均呈现增加的趋势，增加比例分别为 188%、219%和 77%，且免耕 33%秸秆覆盖和免耕 67%秸秆覆盖处理与其余 3 个处理间差异达显著水平（图 3－15A，$P<0.05$）。

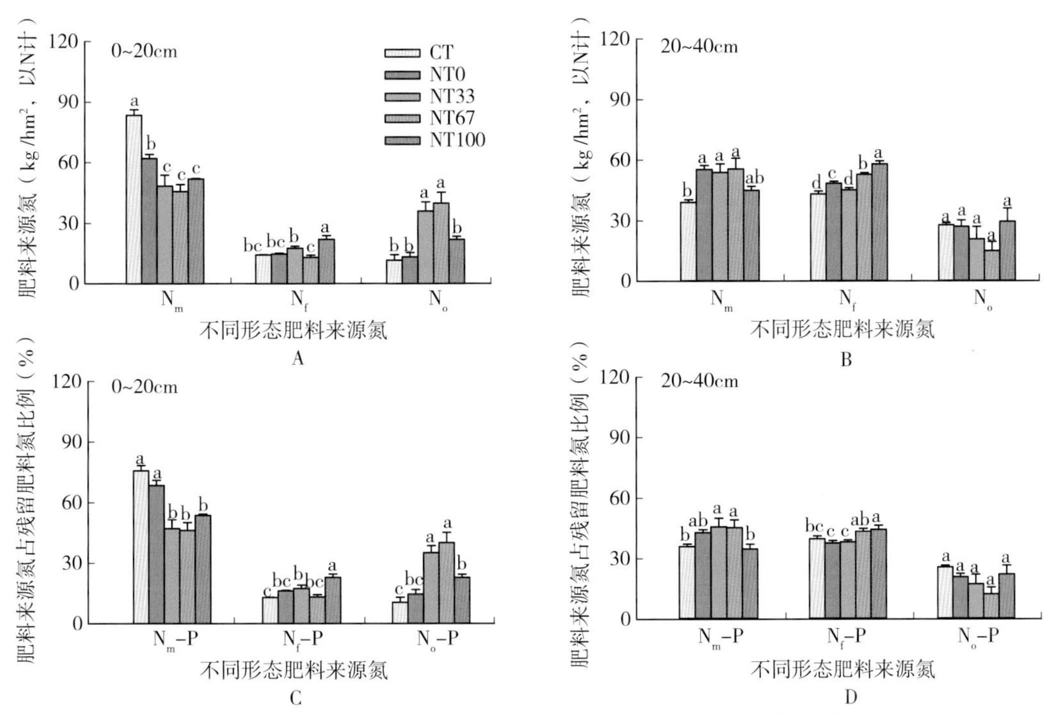

图 3－15　玉米苗期标记肥料氮在土壤不同形态氮库中的转化特征

通过土壤中不同形态肥料来源氮占残留肥料氮的比例，我们可以看到，玉米苗期 0～20cm 土层，肥料氮主要是以矿质氮的形式残留在土壤中，各处理肥料来源矿质氮占残留肥料氮比例的均值为 58%，其次是肥料来源有机氮，其占残留肥料氮的比例为 25%，肥料来源固定态铵占残留肥料氮的比例最低，均值为 17%（图 3－15C）。与常规垄作处理相比，免耕无秸秆覆盖处理并未显著降低肥料来源矿质氮占残留肥料氮的比例，而免耕100%秸秆覆盖处理显著增加了肥料来源有机氮占残留肥料氮的比例（图3-15C，$P<0.05$），其余处理不同形态肥料氮占残留肥料氮比例的统计结果与不同形态肥料氮含量的结果一致。

玉米苗期，20~40cm土层，各处理肥料来源矿质氮、固定态铵和有机氮含量的均值分别为50kg/hm^2（以N计）、49kg/hm^2（以N计）和24kg/hm^2（以N计），与0~20cm土层相比，20~40cm土层肥料来源固定态铵含量显著增加（图3-15B，$P<0.05$），肥料来源矿质氮含量略有降低，而肥料来源有机氮含量几乎未变。与常规垄作处理相比，免耕无秸秆覆盖、免耕33%秸秆覆盖和免耕67%秸秆覆盖处理显著增加了肥料来源矿质氮含量，增加比例为42%、38%和42%（图3-15B，$P<0.05$）。对于肥料来源固定态铵，免耕无秸秆覆盖、免耕67%秸秆覆盖和免耕100%秸秆覆盖处理肥料来源固定态铵的含量显著高于常规垄作处理和免耕33%秸秆覆盖处理，增加比例的均值为23%和18%（图3-15B，$P<0.05$）。对于肥料来源有机氮，各处理间差异均不显著（图3-15B，$P>0.05$）。结果表明，玉米苗期20~40cm土层，肥料氮主要以矿质氮和固定态铵的形式残留在土壤中，各处理肥料来源矿质氮和肥料来源固定态铵占残留肥料氮的比例均为40%，其次是肥料来源有机氮，其占残留肥料氮的比例为20%。与常规垄作处理相比，仅免耕33%秸秆覆盖和免耕67%秸秆覆盖处理肥料来源矿质氮占残留肥料氮的比例显著增加，免耕100%秸秆覆盖处理肥料来源固定态铵占残留肥料氮的比例显著高于常规垄作处理、免耕无秸秆覆盖和免耕33%秸秆覆盖处理（图3-15D，$P<0.05$）。本研究中，玉米苗期作物对氮的需求相对较少，大约为93%（222kg/hm^2，以N计）的施入肥料氮存留于0~40cm土层中（图3-14），其中肥料来源矿质氮占残留肥料氮的比例约为49%，存在较大的氮损失风险（图3-15）。

玉米抽雄期，0~20cm土层，各处理肥料来源矿质氮、固定态铵和有机氮含量的均值分别为9kg/hm^2（以N计）、7kg/hm^2（以N计）和17kg/hm^2（以N计）（图3-16A），说明抽雄期肥料氮主要是以有机氮的形式残留于土壤中，占残留肥料氮的比例为51%，其次是肥料来源矿质氮，所占比例为27%，最低是肥料来源固定态铵，所占比例仅为22%（图3-16A、图3-16C）。与常规垄作处理和免耕无秸秆覆盖处理相比，免耕33%秸秆覆盖、免耕67%秸秆覆盖和免耕100%秸秆覆盖处理均显著降低了肥料来源矿质氮含量及其占残留肥料氮的比例，降低比例的均值为52%和41%（图3-16A、图3-16C，$P<0.05$）；与免耕无秸秆覆盖和免耕67%秸秆覆盖处理相比，免耕33%秸秆覆盖和免耕100%秸秆覆盖处理肥料来源固定态铵占残留肥料氮的比例显著增加（图3-16C，$P<0.05$）；免耕67%秸秆覆盖处理肥料来源有机氮占残留肥料氮的比例显著高于常规垄作、免耕无秸秆覆盖和免耕33%秸秆覆盖处理（图3-16C，$P<0.05$）。20~40cm土层，肥料来源矿质氮的含量及其占残留肥料氮的比例显著增加，分别达6倍和3倍多；与常规垄作处理相比，免耕不同量秸秆覆盖还田处理肥料来源矿质氮含量均表现为增加的趋势，增加比例分别为91%、51%、30%和61%，且免耕无秸秆覆盖、免耕33%秸秆覆盖和免耕100%秸秆覆盖处理肥料来源矿质氮的含量显著高于常规垄作处理（图3-16B，$P<0.05$）。与免耕无秸秆覆盖处理相比，免耕33%秸秆覆盖、免耕67%秸秆覆盖和免耕100%秸秆覆盖处理肥料来源矿质氮含量显著降低，降低比例平均为23%。与0~20cm土层相比，20~40cm土层肥料来源固定态铵和肥料来源有机氮的含量及其占残留肥料氮的比例均显著降低（图3-16B、图3-16D，

$P<0.05$)，含量和比例分别降低了 3 倍和 5 倍，各处理间的差异均不显著。

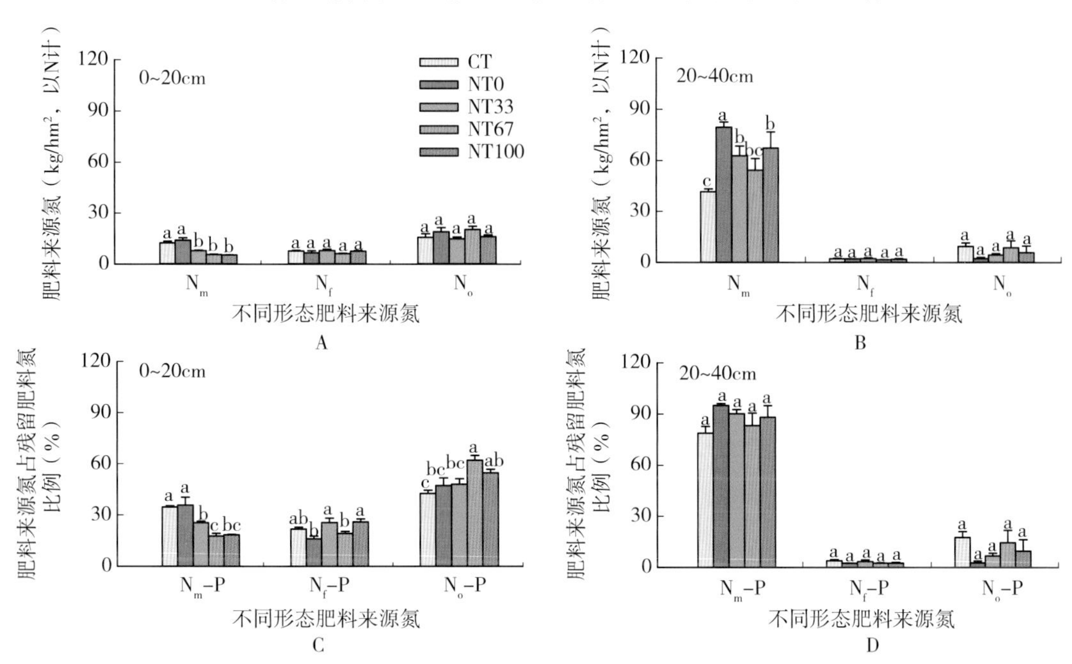

图 3-16　玉米抽雄期标记肥料氮在土壤不同形态氮库中的转化特征

玉米成熟期，0～100cm 土层，肥料来源矿质氮的含量随着剖面的加深呈增加趋势，而肥料来源固定态铵和有机氮的含量随剖面加深而呈降低的趋势，肥料来源矿质氮主要存在于 80～100cm 土层，而肥料来源固定态铵和有机氮主要存在于 0～20cm 和 20～40cm 土层（图 3-17A 至图 3-17E）。在 0～80cm 土层，各处理肥料来源有机氮是残留肥料氮的主要存在形式，各土层肥料来源有机氮占残留肥料氮的比例分别为 84%、84%、76%和 81%，显著高于肥料来源矿质氮和肥料来源固定态铵的含量和所占比例（图 3-17F 至图 3-17I，$P<0.05$）；80～100cm 土层，肥料来源矿质氮是残留肥料氮的主要存在形式，其占残留肥料氮的比例达 87%，显著高于肥料来源固定态铵和有机氮的含量和比例（图 3-17J，$P<0.05$）。0～20cm 土层，肥料来源固定态铵的含量及其占残留肥料氮的比例均显著高于肥料来源矿质氮的含量和比例，与常规垄作和免耕无秸秆覆盖处理相比，免耕 33%秸秆覆盖、免耕 67%秸秆覆盖和免耕 100%秸秆覆盖处理肥料来源固定态铵的含量及其占残留肥料氮的比例显著增加了 58%和 55%；但 3 个处理肥料来源有机氮占残留肥料氮的比例显著降低了 5%（图 3-17A、图 3-17F，$P<0.05$）。20～40cm 土层，肥料来源矿质氮和肥料来源固定态铵的含量及其所占残留肥料氮的比例几乎相当，与常规垄作处理相比，免耕无秸秆覆盖和免耕 100%秸秆覆盖处理肥料来源矿质氮占残留肥料氮的比例显著降低了 25%和 36%（图 3-17B、图 3-17G，$P<0.05$）。40～60cm 土层，肥料来源矿质氮的含量及其所占残留肥料氮的比例显著高于肥料来源固定态铵的含量和比例，与常规垄作和免耕无秸秆覆盖处理相比，免耕 33%秸秆覆盖和免耕 67%秸秆覆盖处理肥料来源固定态铵占残留肥料氮的比例显著增加了 127%，但肥料来源有机氮的含量及其所占残留肥料氮的比例显著降低了 64%和 22%（图 3-17C、图 3-17H，$P<0.05$）。60～80cm 土层，

肥料来源矿质氮的含量及其所占残留肥料氮的比例仍显著高于肥料来源固定态铵，与常规垄作处理相比，免耕不同量秸秆覆盖还田处理肥料来源矿质氮的含量及其所占残留肥料氮的比例均显著降低了55%，而肥料来源有机氮占残留肥料氮的比例显著增加了23%（图3-17D、图3 17I，$P<0.05$）。80～100cm土层，肥料来源有机氮的含量和比例高于肥料来源固定态铵的含量和比例，各处理之间差异不显著（图3-17E、图3-17J，$P>0.05$）。

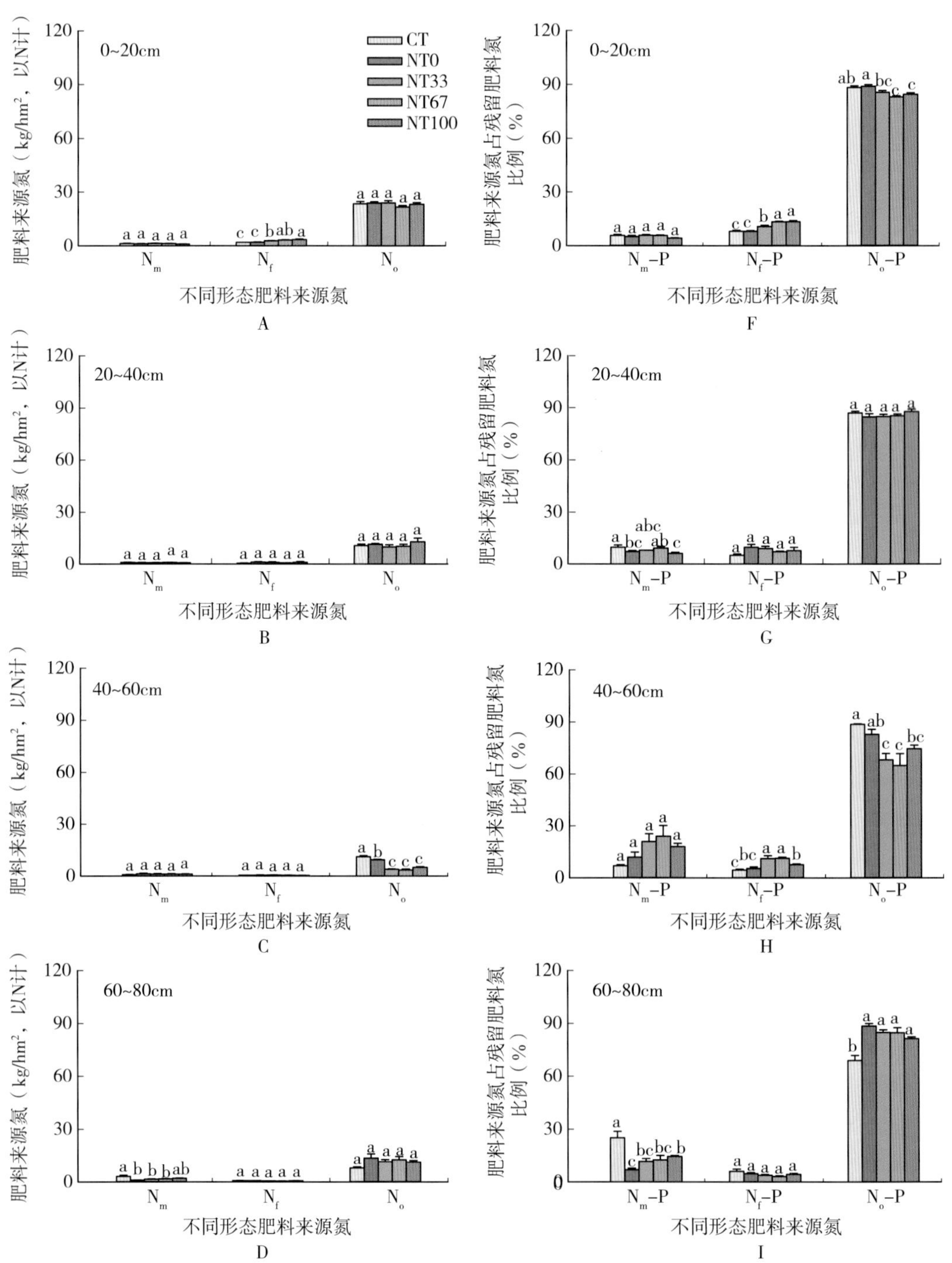

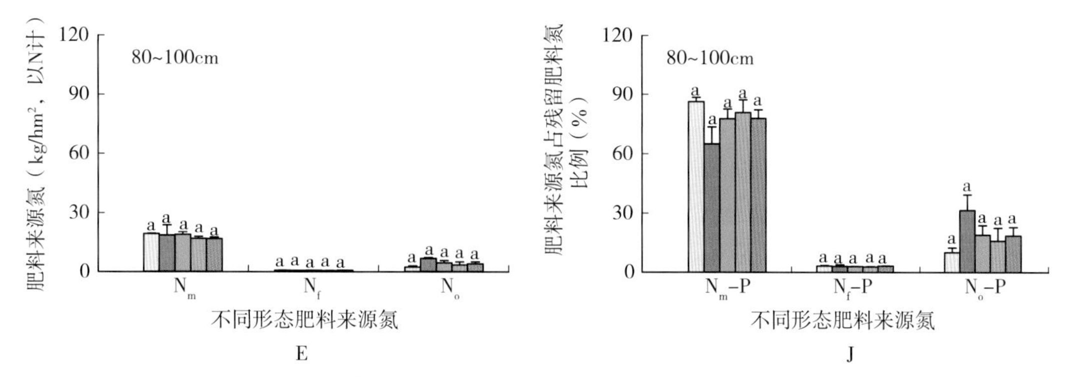

图 3-17　玉米成熟期标记肥料氮在土壤不同形态氮库中的转化特征

土壤中不同形态氮的迁移转化特征决定着土壤对氮的截留能力。土壤微生物对矿质氮的同化作用通过促进矿质氮向有机氮库的转化有效避免矿质氮在土壤中的过量累积（Geisseler et al.，2010）。本研究结果发现，与常规垄作相比，免耕33%秸秆覆盖和免耕67%秸秆覆盖处理显著提高了玉米苗期0～20cm土层肥料来源有机氮的含量及其占残留肥料氮的比例，增加比例分别为225%和253%（图3-15A、图3-15C）。Sugihara等（2012）的研究同样表明：添加高C/N有机物料有利于促进微生物对肥料氮的同化作用，这可能与免耕秸秆覆盖为微生物提供充足的碳源来进行矿质氮的固持作用有关（Sun et al.，2016；Zuber et al.，2016）。然而，在玉米苗期20～40cm土层中，免耕不同秸秆覆盖处理并没有显著增加该土层肥料来源有机氮的含量及其占残留肥料氮的比例（图3-15B、图3-15D），这可能是因为本研究中玉米秸秆还田方式采用的是地表覆盖的形式，免耕管理方式下0～20cm土壤有机碳和微生物生物量氮的含量均显著高于20～40cm土层（Yuan et al.，2021），以往的众多研究也同样表明保护性耕作相对于传统耕作方式提高土壤有机质的含量主要发生在表层土壤中（Briedis et al.，2016；Li et al.，2018），由于不同耕作管理方式下土壤剖面中有机质和营养元素发生的“分层化现象”，导致深层土壤各处理肥料氮向有机氮库的转化比例表现基本相当。此外，Lu等（2018a）和Pan等（2017）的盆栽试验结果发现，通过将玉米秸秆粉碎后与土壤充分混合，可以改变肥料氮在土壤中向不同形态氮库的转化过程，使肥料氮主要通过微生物的同化作用进入有机氮库，进而保持在土壤中供植物持续吸收利用。上述结果表明，免耕秸秆覆盖管理方式可以通过调控肥料氮向有机氮库中转化提高肥料氮在土壤中的保持，而外源碳输入的数量和还田方式共同决定氮在土壤中的保持能力及其高效利用的潜能。因此，在以后的研究中，可以考虑在免耕秸秆覆盖还田实施一段时间后对土壤进行定期深翻，其目的是将地表覆盖的玉米秸秆混入深层土壤，促进深层剖面土壤微生物的活性及其对氮的同化作用，有利于降低土壤矿质氮的过量累积及其向深层土壤剖面运移。

除了微生物对铵态氮的同化作用，非生物黏土矿物对铵的固定作用可以将矿质氮暂存于固定态铵“过渡库”中，有效降低土壤矿质氮的过量累积，同时提高肥料氮利用率以及减少肥料氮的损失（Lu et al.，2018b）。土壤黏土矿物对铵的固定作用通常受到土壤黏土矿物的数量及其组成等多种因素综合影响（Liang et al.，1994；Nieder et al.，2011）。

Lu 等（2010）的盆栽试验结果表明，吉林公主岭的中层黑土具有强烈的固铵能力，在施肥 10d 后 20%～31%的肥料氮进入土壤固定态铵库。本研究结果表明，东北黑土区玉米农田土壤 0～100cm 各土层中的黏粒含量均在 32%以上，其中超过 70%是绿泥石、蒙脱石、水云母和蛭石等 2∶1 型的黏土矿物（表 3-2、表 3-3），这一结果说明本研究供试土壤应该具有一定的固铵能力。通过对玉米不同生育时期肥料氮向土壤固定态铵库的转化特征分析发现，在玉米苗期 0～20cm 和 20～40cm 土层中，各处理肥料来源固定态铵占残留肥料氮的比例分别约为 17%和 40%，进一步印证了东北黑土区春玉米田土壤具有较高的固铵潜能，能将大约 66kg/hm^2（以 N 计）的肥料氮（约占氮肥施用量的 28%）以固定态铵的形态保留于土壤中。与常规垄作方式相比，免耕不同量秸秆还田处理显著提高了 0～20cm（NT100）和 20～40cm 土层（NT0、NT67 和 NT100）土壤黏土矿物对肥料氮的固定比例（图 3-15C、图 3-15D），表明免耕秸秆覆盖管理方式有利于调控肥料氮向黏土矿物固定态铵库的转化，进而降低玉米需氮较低的苗期发生肥料氮损失的风险。

表 3-2　0～100cm 各土层土壤的粒径组成（%）

粒径组成	0～20cm	20～40cm	40～60cm	60～80cm	80～100cm
砂粒	28.5±1.7	29.1±0.1	29.6±1.3	25.4±0.8	22.7±1.1
粉粒	38.6±0.6	38.6±0.4	37.5±0.6	39.7±0.3	41.3±1.6
黏粒	32.9±1.3	32.4±0.5	33.0±0.7	34.9±1.1	36.1±0.5

注：砂粒 2～0.05mm，粉粒 0.05～0.002mm，黏粒<0.002mm。

表 3-3　0～100cm 各土层土壤黏土矿物的组成（%）

矿物成分	0～20cm	20～40cm	40～60cm	60～80cm	80～100cm
绿泥石	30.0±4.5	26.0±8.5	25.5±4.9	27.0±1.4	31.0±5.7
蒙脱石	24.2±3.9	38.0±7.1	31.5±2.1	29.0±4.2	23.5±0.7
伊利石	14.5±2.9	9.5±2.1	10.0±0.0	10.0±2.8	13.0±1.4
蛭石	2.7±0.8	2.0±0.0	2.5±0.7	2.5±0.7	4.0±0.0
高岭石	23.3±4.8	20.5±2.1	26.0±2.8	26.0±1.4	22.0±7.1
石英	5.0±0.9	3.5±0.7	4.5±0.7	5.5±0.7	5.5±0.7
长石	0.3±0.5	0.5±0.7	0.0±0.0	0.0±0.0	0.0±0.0
针铁矿	0.0±0.0	0.0±0.0	0.0±0.0	0.0±0.0	1.0±0.0
2∶1 型	71.3±4.7	75.5±3.5	69.5±3.5	68.5±2.1	71.5±7.8

注：绿泥石、蒙脱石、伊利石和蛭石属于 2∶1 型黏土矿物。

综合上述分析我们发现，在作物对氮需求较弱的苗期，与常规垄作耕作方式相比，免耕不同量秸秆覆盖的管理措施通过增加 0～40cm 土层肥料来源的固定态铵以及有机氮的含量，有效避免了苗期肥料来源矿质氮在土壤中的过量累积，从而可降低苗期肥料氮的损失风险，其中以免耕 100%秸秆覆盖处理效果最佳。

3.3.7　玉米不同生育时期肥料氮对土壤不同形态氮库的更新特征

肥料氮进入土壤后，经过不同的转化途径会以不同形态暂存于土壤中，其对土壤各形态氮库的更新特征也会不同。本研究结果表明，玉米整个生育期，0～20cm 和 20～40cm 土层肥料氮主要是对矿质氮库进行了更新，其次是固定态铵库，有机氮库变化最小。玉米苗期，0～20cm 土层，肥料来源矿质氮对土壤总矿质氮库的更新比例在 57%～65%，肥料来源固定态铵对土壤总固定态铵库的更新比例在 2%～3%，肥料来源有机氮对土壤总有机氮库的更新比例低于 1%（图 3-18）；20～40cm 土层，肥料来源矿质氮对土壤总矿质氮库的更新比例在 48%～63%，肥料来源固定态铵对土壤总固定态铵库的更新比例在 7%～8%，肥料来源有机氮的更新比例仍小于 1%（图 3-18）。玉米抽雄期，0～20cm 土层，肥料来源矿质氮对土壤总矿质氮库的更新比例在 16%～32%，20～40cm 土层，肥料来源矿质氮对土壤总矿质氮库的更新比例在 62%～68%；0～20cm 和 20～40cm 土层，肥料来源固定态铵和肥料来源有机氮对土壤相应形态氮库的更新比例均低于 1%（图 3-19）。

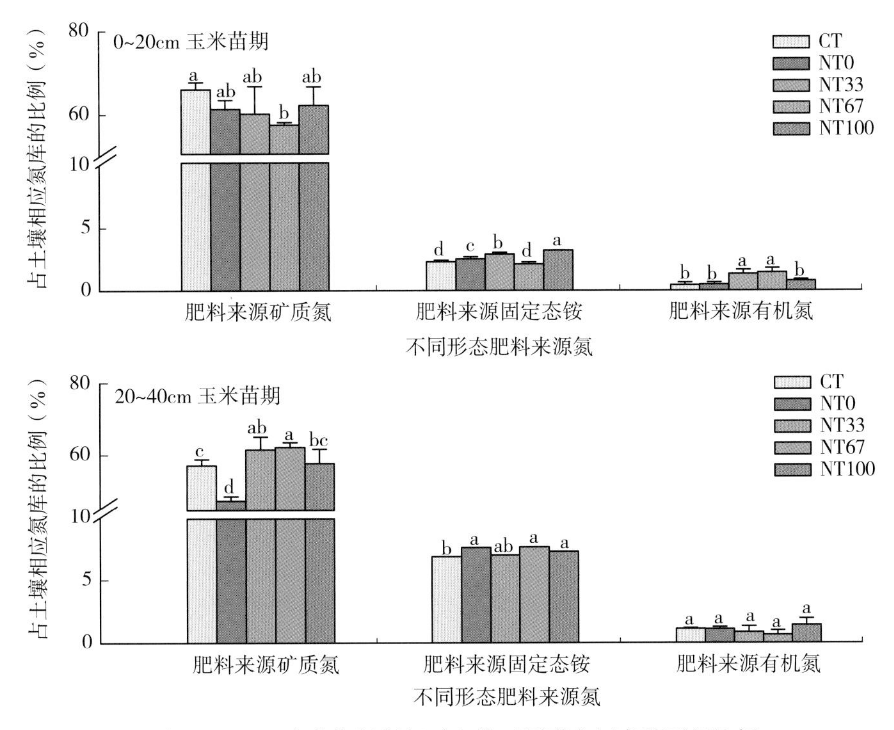

图 3-18　玉米苗期肥料氮对土壤不同形态氮库的更新比例

玉米成熟期，0～100cm 土壤剖面中，肥料来源矿质氮对土壤总矿质氮库的更新贡献比例随剖面的加深基本呈增加的趋势，0～20cm 土层的更新贡献比例均值为 6%，20～40cm 土层平均为 5%，40～60cm 土层平均为 7%，60～80cm 土层平均为 12%，80～100cm 土层平均为 48%；0～100cm 土层肥料来源固定态铵和肥料来源有机氮对土壤相应形态氮库的更新比例均低于 1%（图 3-20）。肥料氮对土壤不同形态氮库更新贡献的结果进一步说明，当季所施用的肥料氮主要是更新了土壤矿质氮库（尤其是硝态氮库），而土

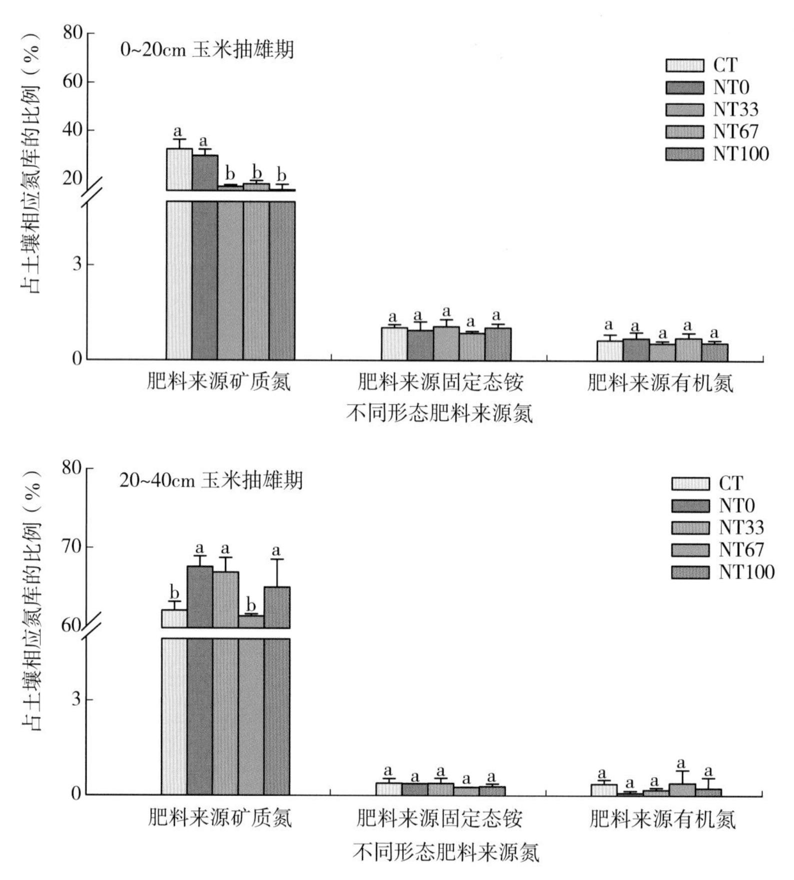

图 3-19　玉米抽雄期肥料氮对土壤不同形态氮库的更新比例

壤矿质氮既是作物可直接吸收利用的速效养分，又是各种形态氮损失的共同的源，因此，采用适宜的措施（保护性耕作），在作物需氮低峰期调控肥料氮向土壤黏土矿物固定态铵库和有机氮库转化，使其暂存于这两种活性氮过渡库中；而在作物需氮高峰期再次释放供作物吸收利用，这对于调控东北黑土区农田土壤氮的科学高效利用、降低氮损失和稳产增产均是非常重要的。

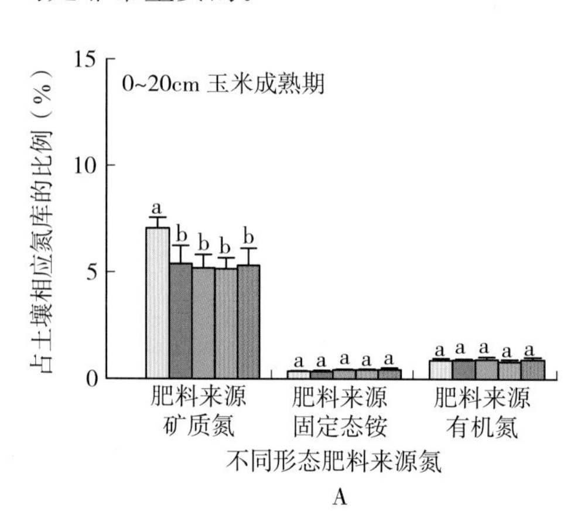

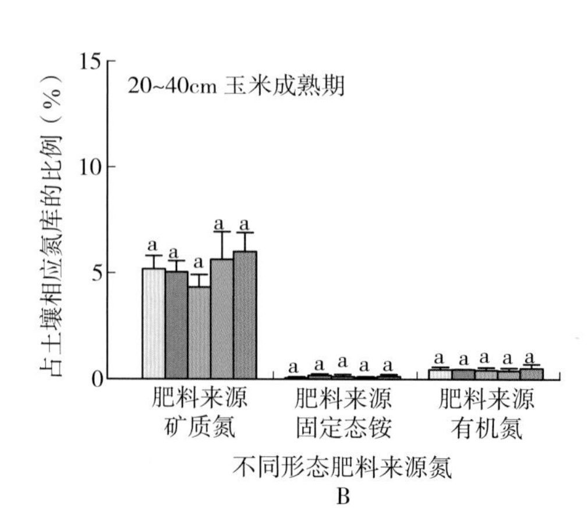

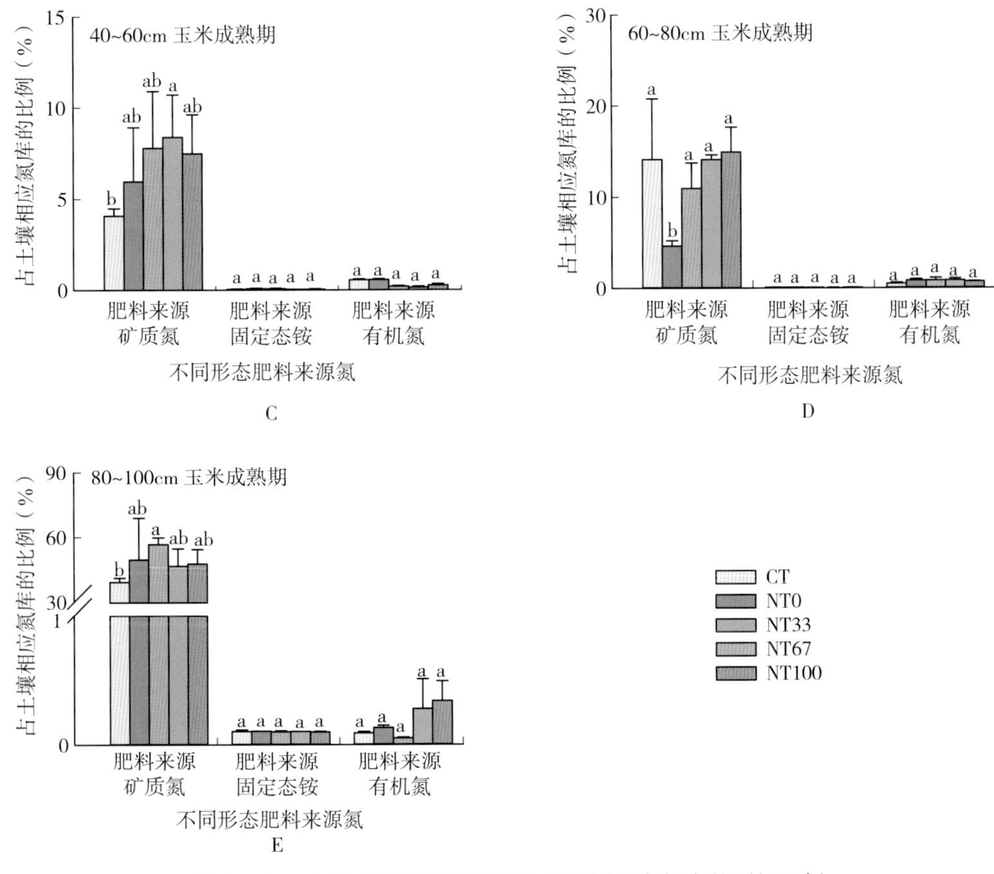

图 3-20　玉米成熟期肥料氮对土壤不同形态氮库的更新比例

3.3.8　玉米生育期肥料氮在土壤-作物系统中的分配与去向

氮是土壤肥力中最活跃的因素，也是农业生产中限制作物产量的主要因子，施用氮肥是当前提高农作物产量最有效的手段之一（Zhu et al.，2002；沈善敏，2002；张福锁等，2002；朱兆良，2002）。本研究结果表明：整个生育期玉米植株所吸收的氮含量在 265～310kg/hm^2（以 N 计），且主要分布在地上部分（吸氮量在 233～276kg/hm^2，以 N 计），占整个植株体吸氮量的 86%以上。统计结果表明，免耕不同量秸秆覆盖还田处理显著影响玉米籽实和秸秆对氮的吸收量。与常规垄作处理相比，免耕 67%秸秆覆盖还田处理作物籽实吸收的氮含量显著增加，增加比例为 15%，且免耕 67%秸秆覆盖和免耕 100%秸秆覆盖处理作物吸收的氮含量也显著高于免耕无秸秆覆盖处理，增加比例分别为 18%和 16%（图 3-21，$P<0.05$）。免耕 33%秸秆覆盖还田处理秸秆的吸氮量显著高于常规垄作、免耕无秸秆覆盖还田和免耕 67%秸秆覆盖还田处理，分别高了 34%、23%和 19%。对于植株各组成部分，其所吸收的氮主要分布在籽实部分，各处理玉米籽实的吸氮量占整个植株吸收氮量的比例平均为 58%，其次是玉米秸秆和根系，比例分别为 29%和 11%，玉米芯吸收的氮量最低，吸收比例为 2%。

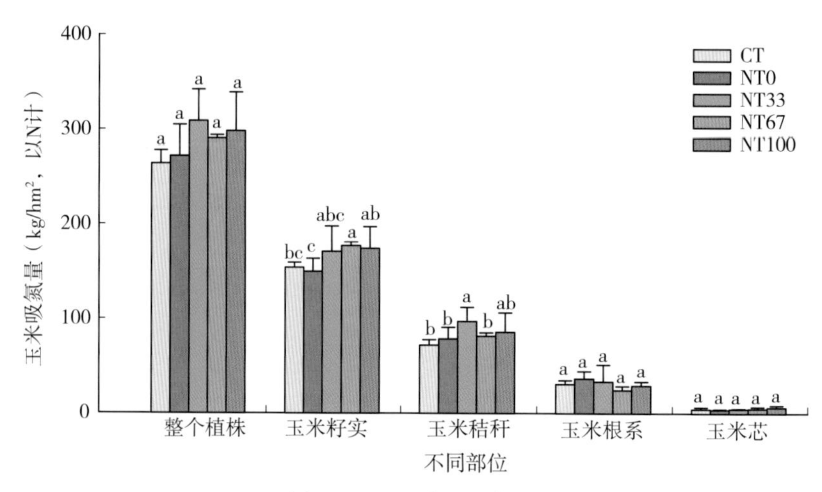

图 3-21　玉米的吸氮量

已有研究表明，植物体内的氮主要有两个来源，一个是肥料氮（朱兆良等，1992）。通过[15]N同位素示踪的田间原位试验，本研究准确量化了玉米对肥料氮的吸收利用。结果表明：肥料氮施入的当季，玉米整个植株吸收的肥料氮量有110～126kg/hm²，占当季肥料氮施用量的46%～53%。免耕不同量秸秆覆盖处理显著影响着玉米植株、籽实和秸秆对肥料氮的吸收量（图3-22，$P<0.05$）。与常规垄作处理相比，免耕100%秸秆覆盖还田处理显著增加了玉米植物所吸收的肥料氮量，增加比例达10%；与免耕无秸秆覆盖还田相比，免耕33%秸秆覆盖、免耕67%秸秆覆盖和免耕100%秸秆覆盖还田也显著增加了玉米植株对肥料氮的吸收量，增加比例分别为13%、10%和15%。其中，玉米籽实所吸收的肥料氮量最多，各处理玉米籽实吸收的肥料氮量占整个植株所吸收肥料氮量的57%，与免耕无秸秆覆盖还田相比，免耕33%秸秆覆盖、免耕67%秸秆覆盖和免耕100%秸秆覆盖还田显著增加了玉米籽实所吸收的肥料氮量，增加比例为15%、22%和23%。其次是玉米秸秆，其所吸收的肥料氮占植株所吸收肥料氮的比例为30%，与常规垄作和免耕无秸秆覆盖还田相比，免耕33%秸秆覆盖还田处理显著增加了玉米秸秆所吸收的肥料氮量，增加比例为29%和25%。各处理玉米根系吸收肥料氮的比例为11%，玉米芯吸收肥料氮的比例最低，约为2%（图3-22）。

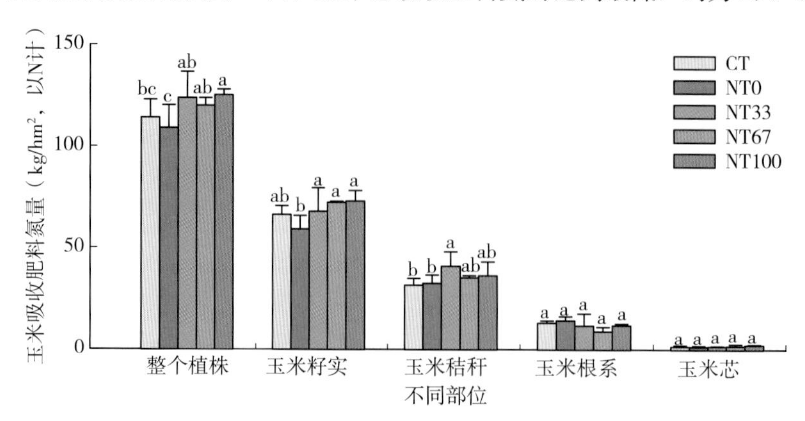

图 3-22　玉米对肥料氮的吸收量

通过玉米植株所吸收的肥料氮量和总吸氮量可计算作物吸收肥料氮占总吸氮量的比例，结果表明，各处理玉米整个植株所吸收的肥料氮量占总吸氮量的比例在40%～44%，与常规垄作处理，免耕不同量秸秆覆盖还田处理所吸收的肥料氮量占总吸氮量的比例略有降低，但差异均不显著，玉米植株体内来自土壤的氮的比例在56%以上，这一结果说明，即使在施入高量氮肥的情况下，作物植株体内的氮主要还是来源于土壤中的氮，这一结果与Blesh等（2014）以及Gardner等（2009）研究发现的55%～63%作物氮供应来源于土壤吻合，尽管不同研究中作物产量变化以及土壤类型等因素有差异，土壤仍是作物吸收氮的主要供应形式（朱兆良等，1992；Smith，1994）。因此，在农田生态系统中，如果外源性氮的补充低于土壤氮的消耗，由于长期过度利用土壤氮，农田生态系统将难以维持土壤氮的持续供给能力，最终可能导致土壤肥力退化和作物减产（Mulvaney et al.，2009），而历年的秸秆还田以及残留肥料氮均能作为重要的外源性氮输入，在维持和改善土壤持续供氮能力方面具有重要的作用（Williams et al.，2000；Glendining et al.，2001；Hu et al.，2015）。本研究的结果表明，免耕100%秸秆覆盖还田处理中每年输入的秸秆质量为7 500kg/hm²，秸秆含氮量为0.8%，折合纯氮含量60kg/hm²（以N计），占每年施入土壤肥料的比例为25%，该长期免耕定位试验研究平台自田间微区试验布置完成已连续运行了9年，这就解释了本研究在玉米生长的苗期、抽雄期以及成熟期免耕秸秆覆盖相对于常规垄作处理均提高了表层0～20cm土壤全氮含量（图3-23），这也是免耕秸秆覆盖稳定或提高作物产量不可忽视的因素（Oldfield et al.，2019）。上述结果也进一步验证了常规垄作耕作方式中秸秆移除或者就地焚烧直接造成土壤氮库的持续亏损，而历年的秸秆覆盖还田管理方式在构建土壤稳定氮库以及维持土壤持续供氮方面均具有重要的作用（Kibet et al.，2016；Kuhn et al.，2016；Powlson et al.，2016）。

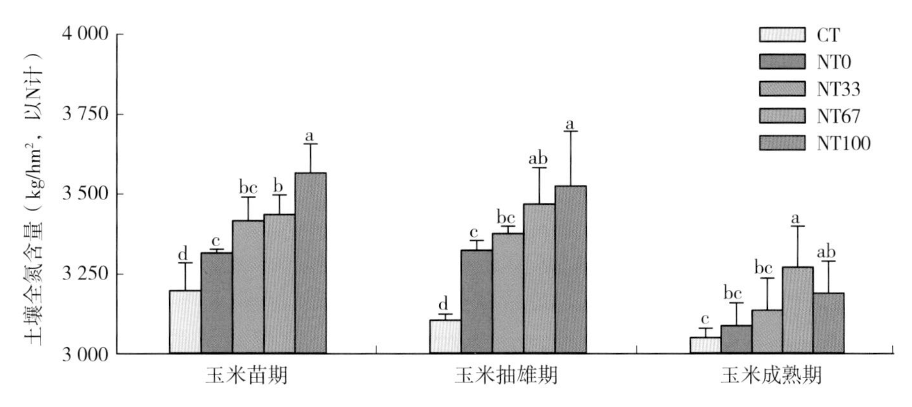

图3-23　玉米不同生育时期0～20cm土层土壤全氮含量

农田耕作管理方式带来的长期生态环境效益，例如增强土壤持水供水能力、提高土壤有机质累积、降低土壤水土流失风险等，这必然是促进其推广过程中不可或缺的关键因素，但是短期可见的增产增收效果更容易让农民接受并使用这种田间管理方式（Giller et al.，2009）。因此，分析肥料氮经过一个完整作物生育期后在土壤残留、作物吸收以及肥料损失之间的分配去向对于定量评价不同耕作管理方式对肥料氮利用效率和损失风险以及优选适宜东北黑土的农田耕作管理方式均具有重要的指导意义。

经过一个完整的生育期，各处理成熟期 0～100cm 剖面残留肥料氮含量为 79～87kg/hm² （以 N 计），占所施入肥料的平均比例约为 34%（图 3-24），与常规垄作 CT 相比，免耕不同秸秆覆盖处理并没有显著改变成熟期残留肥料氮占所施入肥料的比例（图 3-24，$P>0.05$）。各处理植株所吸收的肥料氮含量在 110～126kg/hm²（以 N 计），占所施入肥料的比例平均约为 50%。与常规垄作 CT 相比，免耕不同秸秆覆盖处理（NT33、NT67 和 NT100）提高了植株对肥料氮的利用效率，增加比例在 5%～10%，其中免耕 100%秸秆覆盖还田 NT100 处理达到显著差异，与免耕无秸秆覆盖处理相比，免耕 33%秸秆覆盖还田、免耕 67%秸秆覆盖还田和免耕 100%秸秆覆盖还田处理显著增加了作物对肥料氮的利用效率，增加比例分别为 13%、10%和 15%。各处理肥料氮通过氨挥发、硝化-反硝化等途径发生的气态损失含量变化在 30～43kg/hm²（以 N 计），占所施入肥料的比例为 16%，与常规垄作 CT 相比，免耕不同秸秆覆盖处理（NT33、NT67 和 NT100）降低了肥料氮的气态损失率，平均降低比例约为 14.4%，但各处理之间差异不显著（图 3-20，$P>0.05$）。定量肥料氮在土壤-作物系统中的转化去向并揭示其潜在的影响机制，这对于优化农田生态系统氮养分管理技术至关重要（Chen et al.，2014）。本研究中，经过一个完整生长季，各处理肥料氮在土壤残留、作物吸收与气态损失三方面的比例分别为 34%、50% 和 16%（图 3-20），这与 Quan 等（2020）调查肥料氮在东北玉米种植体系土壤-作物-环境中的分配比例 32%（土壤残留）、47%（作物利用）和 21%（损失）基本相当。

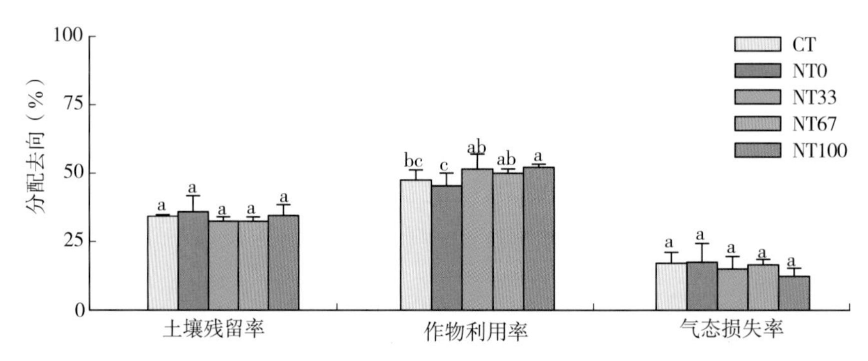

图 3-24　2016 年成熟期肥料氮在土壤-作物系统中的分配去向

不同施肥和耕作措施可通过调控肥料氮的转化过程达到提高氮肥利用率和减少各种途径氮损失的目的，但实现这一目的的前提条件是不降低作物产量。因为如果是以降低作物的产量为代价达到减少氮损失的目的，其实践的指导意义就很小，也很难被农民采用。本研究结果表明，不同试验处理玉米 3 个生长季（2016—2018 年）的平均产量在 12 038～13 904kg/hm²（图 3-25），与常规垄作处理相比，免耕无秸秆覆盖还田未显著增加 3 个生长季玉米的平均产量，但免耕 33%秸秆覆盖还田、免耕 67%秸秆覆盖还田和免耕 100%秸秆覆盖还田显著增加了 3 个生长季玉米的平均产量，增加比例分别为 16%、12% 和 10%（图 3-25，$P<0.05$）。与免耕无秸秆还田处理相比，免耕 33%秸秆覆盖还田和免耕 67%秸秆覆盖还田处理也显著增加了 3 个生长季玉米的平均产量，增加比例分别为 10%和 7%（图 3-25，$P<0.05$）。

农田生态系统氮养分高效管理的挑战在于如何使土壤有效氮的供应与植物的生长吸收

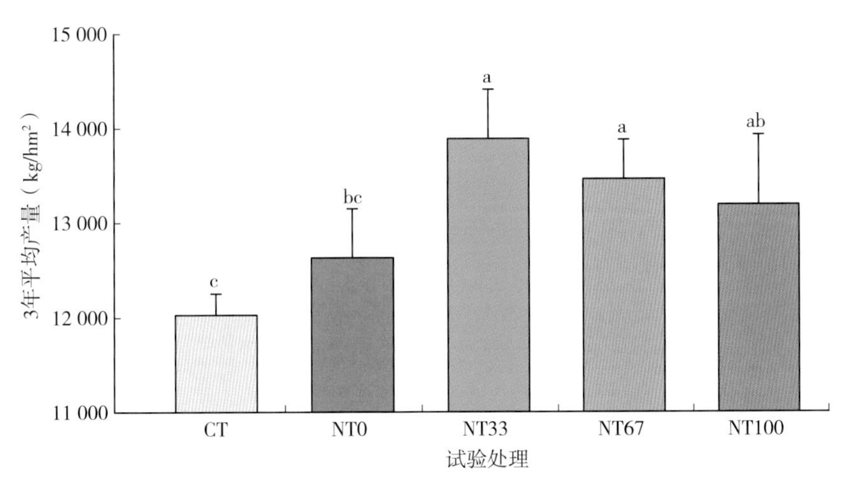

图 3-25　2016—2018 年的玉米平均产量

过程同步，在满足作物对氮需求的同时提高肥料氮的利用效率（Cassman et al.，2002）。土壤相关的保氮和供氮机制在调控肥料氮的转化过程中起着至关重要的作用（Zhang et al.，2015）。上述结果说明本研究所采用的免耕秸秆覆盖还田的调控措施可通过调控玉米不同生育时期（尤其是作物氮需求较低的玉米苗期）肥料氮在土壤不同形态氮库中的转化过程降低肥料氮向土壤矿质氮库的转化及其损失风险，进而实现提高作物产量和氮肥利用效率的双重目标（图 3-24、图 3-25）。在作物对氮需求相对较弱的苗期，0～20cm 土层，免耕秸秆覆盖措施主要是通过微生物同化作用调控肥料氮向土壤有机氮库转化，其次是通过黏土矿物固定作用调控肥料氮向固定态铵库转化，20～40cm 土层，主要是调控肥料氮向固定态铵库转化，其次是有机氮库；免耕不同秸秆覆盖管理方式相对于常规垄作提高了肥料氮向土壤固定态铵和有机氮库的转化比例，相应地避免了肥料来源矿质氮的过量累积，降低了苗期肥料氮的损失风险（图 3-15）。与此同时，在玉米生长旺盛的抽雄期，免耕不同秸秆覆盖提高肥料来源固定态铵和有机氮的释放比例来满足作物生长对氮源的需求（图 3-16），玉米成熟期，免耕秸秆覆盖措施主要是调控肥料氮向土壤有机氮库转化（图 3-17）。所有数据结果说明：作物不同生育时期，通过合理地调控肥料氮在土壤不同形态氮库之间的转化过程，免耕不同量秸秆覆盖管理措施有效地协调了土壤-作物系统中氮的供需关系，通过稳定的“生物同化和非生物黏土矿物固定”作用“双核驱动”东北黑土区农田肥料氮的转化更新与高效利用以及作物的稳产增产。So 等（2009）的研究结果表明，免耕处理 1～5 年的大豆产量与常规耕作处理相当或略低，5 年以上免耕处理大豆产量显著高于常规耕作处理。Dalal 等（2013）进行的田间原位试验研究表明，免耕 6 年以上处理显著增加了作物植株、籽实的氮利用率和小麦产量。Cao 等（2018）和 Pittelkow 等（2015a）的研究同样发现免耕秸秆还田相对于传统耕作方式更有利于提高作物产量以及氮肥的利用效率。Pittelkow 等（2015b）对全球 63 个国家 50 种作物的研究结果进行 Meta 分析后发现，作物种类是影响免耕农田作物产量的最重要因素，其次是干燥度指数、作物残体管理、免耕持续时间和氮肥施用量；对于所研究的谷类作物，免耕对小麦产量的影响最小，对水稻和玉米的影响最大，影响玉米产量的最主要因素是免耕持续的时间和作物残体管理。

3.4 结论

通过田间原位试验，明确了东北黑土区农田土壤氮的 N_2O 排放风险和淋溶损失风险；运用^{15}N同位素示踪技术和田间原位试验相结合的方法，系统研究了不同耕作管理方式下肥料氮经过一个完整生长季在土壤不同形态氮库中的迁移转化特征及其在土壤-作物系统的分配与去向。得出的主要结论如下：

（1）东北黑土区农田玉米整个生育期土壤 N_2O 的总排放量和环境污染风险较低，与常规垄作相比，免耕不同量秸秆覆盖还田措施未显著增加土壤 N_2O 的年排放量。

（2）在农民常规施肥条件下，常规垄作、免耕及全量秸秆覆盖还田处理均已导致东北黑土区农田深层土壤剖面中累积了较大量的矿质氮，且以硝态氮为主（占 61%～91%），存在着氮的淋溶损失风险。在整个 300cm 剖面中，常规垄作 CT 土壤矿质氮含量在 260～280cm 土层达最大值，免耕无秸秆覆盖 NT0 和全量秸秆覆盖 NT100 在 180～200cm 土层达最大值，说明免耕及其全量秸秆覆盖还田处理延缓了土壤矿质氮向深层土壤剖面的淋溶运移速率，但仍存在氮的淋溶损失风险。

（3）利用^{15}N同位素示踪技术以及同位素质量平衡原理，研究发现玉米苗期和抽雄期，土壤中累积了一定量的铵态氮和硝态氮，与铵态氮含量相比，硝态氮含量显著增加，二者相差 10 倍左右。当季施入常规量的化肥后，肥料来源矿质氮占土壤总矿质氮库的比例在 50%以上，说明当季施入常规数量的肥料氮对玉米生育期土壤矿质氮库，尤其是硝态氮库的累积及其损失风险的贡献率均较高。因此，研究当季所施入肥料氮在土壤中的转化过程与去向对于提高黑土区农田氮肥利用效率、减少氮损失非常重要。

（4）免耕秸秆覆盖措施主要是通过调控肥料氮在玉米苗期向土壤不同形态氮库的转化过程降低肥料氮的损失风险。0～20cm 土层，与常规垄作处理相比，免耕秸秆覆盖措施显著降低了肥料氮向矿质氮库的转化；促进了肥料氮向有机氮库和固定态铵库的转化，各处理所施入肥料氮向土壤有机氮库转化比例的增加幅度显著高于向固定态铵库转化比例的增加幅度，说明常规施肥条件下，东北黑土区农田 0～20cm 土层土壤增碳保氮的主要调控机制是微生物的同化作用，其次是非生物的黏土矿物固定作用。20～40cm 土层，肥料氮主要是向固定态铵库转化，免耕秸秆覆盖措施显著增加了肥料来源固定态铵的含量及其占残留肥料氮的比例；其次是向有机氮库转化，但免耕秸秆覆盖措施未显著增加肥料氮向有机氮库的转化比例，说明常规施肥条件下，20～40cm 土层土壤增碳保氮的主要调控机制是非生物的黏土矿物固定作用，其次是微生物的同化作用。

（5）肥料氮进入土壤经过一定时间的迁移转化后，一部分会随土壤中水分的纵向运移发生淋溶损失，进而污染地下水。本研究发现：经过一个作物生育期的迁移转化后，肥料氮（主要是肥料来源硝态氮）已经垂直运移至 80～100cm 土层中，其占所施入肥料氮的比例平均为 7%左右，说明东北黑土区农田土壤氮的淋溶损失风险不容忽视。

（6）通过^{15}N同位素示踪技术，准确量化了东北黑土区农田常规垄作、免耕及不同量秸秆覆盖还田条件下肥料氮的当季利用效率在 46%～53%，肥料氮在当季通过氨挥发及硝化-反硝化途径发生气态损失的比例在 12%～17%；与常规垄作处理相比，免耕不同量秸秆覆盖还田措施增加了肥料氮的利用率，降低了肥料氮的气态损失比例，其中免耕100%秸秆覆盖还田措施的效果最好。

（7）3个生长季玉米的平均产量在12 038～13 904kg/hm^2，与常规垄作处理相比，免耕33%秸秆覆盖还田、免耕67%秸秆覆盖还田和免耕100%秸秆覆盖还田措施均显著增加了3个生长季春玉米的平均产量，增加幅度在10%～16%。综合上述研究结果可知，本研究所采用的免耕秸秆覆盖还田的措施可通过调控玉米苗期肥料氮在土壤不同形态氮库中的转化过程降低肥料氮向矿质氮库的转化及其淋失风险，进而维持作物稳产增产和提高氮肥利用效率的双重目标。

参考文献

蔡太义，黄耀威，黄会娟，等，2011. 不同年限免耕秸秆覆盖对土壤活性有机碳和碳库管理指数的影响 [J]. 生态学杂志，30：1962-1968.

蔡延江，丁维新，项剑，2012. 免耕对农田土壤 N_2O 排放影响及作用机制研究进展 [J]. 土壤通报，43：1013-1018.

代光照，李成芳，曹凑贵，2009. 免耕施肥对稻田甲烷与氧化亚氮排放及其温室效应的影响 [J]. 应用生态学报，20：2166-2172.

戴晓琴，李运生，欧阳竹，2009. 免耕系统土壤氮素有效性及其管理 [J]. 土壤通报，40：691-696.

董智，解宏图，张立军，等，2013a. 东北玉米带秸秆覆盖免耕对土壤性状的影响 [J]. 玉米科学，21：100-103，108.

董智，解宏图，张立军，等，2013b. 不同秸秆覆盖量免耕对土壤氨基糖积累的影响 [J]. 土壤通报，44：1158-1162.

范霞，张吉旺，任佰朝，等，2014，不同株高夏玉米品种的氮素吸收与利用特性 [J]. 作物学报，40：1830-1838.

何传瑞，全智，解宏图，等，2016. 免耕不同秸秆覆盖量对土壤可溶性氮素累积及运移的影响 [J]. 生态学杂志，35：977-983.

秦晓波，李玉娥，万运帆，等，2012. 免耕条件下稻草还田方式对温室气体排放强度的影响 [J]. 农业工程学报，28：210-216.

沈善敏，2002. 氮肥在中国农业发展中的贡献和农业中氮的损失 [J]. 土壤学报，39：12-25.

孙建飞，白娥，戴崴巍，等，2014. ^{15}N 标记土壤连续培养过程中扩散法测定无机氮同位素方法改进 [J]. 生态学杂志，33：2574-2580.

腾珍珍，袁磊，王鸿雁，等，2018. 免耕秸秆覆盖条件下尿素来源铵态氮和硝态氮的累积与垂直运移过程 [J]. 土壤通报，49：919-928.

吴才武，夏建新，2015. 保护性耕作的水土保持机理及其在东北黑土区的推广建议 [J]. 浙江农业学报，27：254-260.

杨青华，高尔明，马新明，2000. 不同土壤类型玉米根系生长发育动态研究 [J]. 华北农学报，15：88-93.

余海英，彭文英，马秀，等，2011. 免耕对北方旱作玉米土壤水分及物理性质的影响 [J]. 应用生态学报，22：99-104.

张凤杰，孙继颖，高聚林，等，2016. 春玉米根系形态及土壤理化性质对深松深度的响应研究 [J]. 玉米科学，24：88-96.

张福锁，巨晓棠，2002. 对我国持续农业发展中氮肥管理与环境问题的几点认识 [J]. 土壤学报，39：41-55.

赵秉强，张福锁，李增嘉，等，2001. 间套作条件下作物根系数量与活性的空间分布及变化规律研究Ⅱ. 间作早春玉米根系数量与活性的空间分布及变化规律 [J]. 作物学报，27：974-979.

周昌明，李援农，银敏华，等，2015. 连垄全覆盖降解膜集雨种植促进玉米根系生长提高产量 [J]. 农业工程学报，31：109-117.

朱兆良，2000. 农田中氮肥的损失与对策 [J]. 土壤与环境，9：1-6.

朱兆良，2002. 氮素管理与粮食生产和环境 [J]. 土壤学报，39：3-11.

朱兆良，文启孝，1992. 中国土壤氮素 [M]. 南京：江苏科学技术出版社.

Blanco-Canqui H，Lal R，2007. Soil structure and organic carbon relationships following 10 years of wheat straw management in no-till [J]. Soil and Tillage Research，95：240-254.

Blesh J，Drinkwater L E，2014. Retention of ^{15}N-labeled fertilizer in an illinois prairie soil with winter rye [J]. Soil Science Society of America Journal，78：496-508.

Briedis C，de Moraes Sa J C，Lal R，et al.，2016. Can highly weathered soils under conservation agriculture be C saturated? [J]. Catena，147：638-649.

Cao Y S，Sun H F，Zhang J N，et al.，2018. Effects of wheat straw addition on dynamics and fate of nitrogen applied to paddy soils [J]. Soil and Tillage Research，178：92-98.

Cassman K G，Dobermann A，Walters D T，2002. Agroecosystems，nitrogen-use efficiency，and nitrogen management [J]. Ambio，31：132-140.

Chen H H，Yang T Y，Xia Q，et al.，2018. The extent and pathways of nitrogen loss in turfgrass systems：age impacts [J]. Science of the Total Environment，637：746-757.

Chen H Q，Hou R X，Gong Y S，et al.，2009. Effects of 11 years of conservation tillage on soil organic matter fractions in wheat monoculture in Loess Plateau of China [J]. Soil and Tillage Research，106：85-94.

Chen X P，Cui Z L，Fan M S，et al.，2014. Producing more grain with lower environmental costs [J]. Nature，514：486-489.

Constantin J，Mary B，Laurent F，et al.，2010. Effects of catch crops，no till and reduced nitrogen fertilization on nitrogen leaching and balance in three long-term experiments [J]. Agriculture Ecosystems and Environment，135：268-278.

Dalal R C，Strong W M，Cooper J E，et al.，2013. Relationship between water use and nitrogen use efficiency discerned by ^{13}C discrimination and ^{15}N isotope ratio in bread wheat grown under no-till [J]. Soil and Tillage Research，128：110-118.

Ding X L，Zhang X D，He H B，et al.，2010. Dynamics of soil amino sugar pools during decomposition processes of corn residues as affected by inorganic N addition [J]. Journal of Soils and Sediments，10：758-766.

Du Z L，Ren T S，Hu C S，2010. Tillage and residue removal effects on soil carbon and nitrogen storage in the North China Plain [J]. Soil Science Society of America Journal，74：196-202.

Galloway J N，Townsend A R，Erisman J W，et al.，2008. Transformation of the nitrogen cycle：recent trends，questions，and potential solutions [J]. Science，320：889-892.

Gardner J B，Drinkwater L E，2009. The fate of nitrogen in grain cropping systems：a meta-analysis of ^{15}N field experiments [J]. Ecological Applications，19：2167-2184.

Garland G M, Suddick E, Burger M, et al., 2011. Direct N_2O emissions following transition from conventional till to no-till in a cover cropped Mediterranean vineyard (*Vitis vinifera*) [J]. Agriculture Ecosystems and Environment, 141: 234-239.

Geisseler D, Horwath W R, Joergensen R G, et al., 2010. Pathways of nitrogen utilization by soil microorganisms: a review [J]. Soil Biology and Biochemistry, 42: 2058-2067.

Giller K E, Witter E, Corbeels M, et al., 2009. Conservation agriculture and smallholder farming in Africa: the heretics' view [J]. Field Crops Research, 114: 23-34.

Glendining M J, Poulton P R, Powlson D S, et al., 2001. Availability of the residual nitrogen from a single application of ^{15}N-labelled fertilizer to subsequent crops in a long-term continuous barley experiment [J]. Plant and Soil, 233: 231-239.

He H B, Zhang W, Zhang X D, et al., 2011. Temporal responses of soil microorganisms to substrate addition as indicated by amino sugar differentiation [J]. Soil Biology and Biochemistry, 43: 1155-1161.

Hu G Q, He H B, Zhang W, et al., 2016. The transformation and renewal of soil amino acids induced by the availability of extraneous C and N [J]. Soil Biology and Biochemistry, 96: 86-96.

Hu G Q, Liu X, He H B, et al., 2015. Multi-seasonal nitrogen recoveries from crop residue in soil and crop in a temperate agro-ecosystem [J]. Plos One, 10: e0133437.

Kanter D R, Searchinger T D, 2018. A technology-forcing approach to reduce nitrogen pollution [J]. Nature Sustainability, 1: 544-552.

Kibet L C, Blanco-Canqui H, Jasa P, 2016. Long-term tillage impacts on soil organic matter components and related properties on a typic Argiudoll [J]. Soil and Tillage Research, 155: 78-84.

Kuhn N J, Hu Y, Bloemertz L, et al., 2016. Conservation tillage and sustainable intensification of agriculture: regional vs. global benefit analysis [J]. Agriculture Ecosystems and Environment, 216: 155-165.

Kuypers M M M, Marchant H K, Kartal B, 2018. The microbial nitrogen-cycling network [J]. Nature Reviews Microbiology, 16: 263-276.

Lafond G P, Walley F, May W E, et al., 2011. Long term impact of no-till on soil properties and crop productivity on the Canadian prairies [J]. Soil and Tillage Research, 117: 110-123.

Lenka N K, Lal R, 2013. Soil aggregation and greenhouse gas flux after 15 years of wheat straw and fertilizer management in a no-till system [J]. Soil and Tillage Research, 126: 78-89.

Li Y, Chang S X, Tian L, et al., 2018. Conservation agriculture practices increase soil microbial biomass carbon and nitrogen in agricultural soils: a global meta-analysis [J]. Soil Biology and Biochemistry, 121: 50-58.

Liang B C, Mackenzie A F, 1994. Fertilization rates and clay fixed ammonium in two Quebec soils [J]. Plant and Soil, 163: 103-109.

Liu Y N, Li Y C, Peng Z P, et al., 2015. Effects of different nitrogen fertilizer management practices on wheat yields and N_2O emissions from wheat fields in North China [J]. Journal of Integrative Agriculture, 14: 1184-1191.

Lu C Y, Chen H H, Teng Z Z, et al., 2018. Effects of N fertilization and maize straw on the dynamics of soil organic N and amino acid N derived from fertilizer N as indicated by ^{15}N labeling [J]. Geoderma, 321: 118-126.

Lu C Y, Wang H Y, Chen H H, et al., 2018. Effects of N fertilization and maize straw on the transformation and fate of labeled $(^{15}NH_4)_2SO_4$ among three continuous crop cultivations [J]. Agricultural Water

Management，208：275 - 283.
Lu C Y，Zhang X D，Chen X，et al.，2010. Fixation of labeled ($^{15}NH_4$)$_2$$SO_4$ and its subsequent release in black soil of Northeast China over consecutive crop cultivation [J]. Soil and Tillage Research，106：329 - 334.
Ma Q，Wu Z J，Shen S M，et al.，2015. Responses of biotic and abiotic effects on conservation and supply of fertilizer N to inhibitors and glucose inputs [J]. Soil Biology and Biochemistry，89：72 - 81.
Menció A，Mas - Pla J，Otero N，et al.，2016. Nitrate pollution of groundwater；all right…，but nothing else? [J]. Science of the Total Environment，539：241 - 251.
Mooshammer M，Wanek W，Haemmerle I，et al.，2014. Adjustment of microbial nitrogen use efficiency to carbon：nitrogen imbalances regulates soil nitrogen cycling [J]. Nature Communications，5：3694.
Mulvaney R L，Khan S A，Ellsworth T R，2009. Synthetic nitrogen fertilizers deplete soil nitrogen：a global dilemma for sustainable cereal production [J]. Journal of Environmental Quality，38：2295 - 2314.
Nieder R，Benbi D K，Scherer H W，2011. Fixation and defixation of ammonium in soils：a review [J]. Biology and Fertility of Soils，47：1 - 14.
Oldfield E E，Bradford M A，Wood S A，2019. Global meta - analysis of the relationship between soil organic matter and crop yields [J]. Soil，5：15 - 32.
Pan F F，Yu W T，Ma Q，et al.，2017. Influence of ^{15}N - labeled ammonium sulfate and straw on nitrogen retention and supply in different fertility soils [J]. Biology and Fertility of Soils，53：303 - 313.
Peña - Haro S，Llopis - Albert C，Pulido - Velazquez M，et al.，2010. Fertilizer standards for controlling groundwater nitrate pollution from agriculture：El Salobral - Los Llanos case study，Spain [J]. Journal of Hydrology，392：174 - 187.
Pittelkow C M，Liang X，Linquist B A，et al.，2015. Productivity limits and potentials of the principles of conservation agriculture [J]. Nature，517：365 - 368.
Pittelkow C M，Linquist B A，Lundy M E，et al.，2015. When does no - till yield more? A global meta - analysis [J]. Field Crops Research，183：156 - 168.
Powlson D S，Stirling C M，Thierfelder C，et al.，2016. Does conservation agriculture deliver climate change mitigation through soil carbon sequestration in tropical agro - ecosystems? [J]. Agriculture Ecosystems and Environment，220：164 - 174.
Quan Z，Li S L，Zhang X，et al.，2020. Fertilizer nitrogen use efficiency and fates in maize cropping systems across China：Field ^{15}N tracer studies [J]. Soil and Tillage Research，197：104498.
Sheehy J，Six J，Alakukku L，et al.，2013. Fluxes of nitrous oxide in tilled and no - tilled boreal arable soils [J]. Agriculture Ecosystems and Environment，164：190 - 199.
Shen W S，Lin X G，Shi W M，et al.，2010. Higher rates of nitrogen fertilization decrease soil enzyme activities，microbial functional diversity and nitrification capacity in a Chinese polytunnel greenhouse vegetable land [J]. Plant and Soil，337：137 - 150.
Silva J A，Bremner J M，1966. Determination and isotope - ratio analysis of different forms of nitrogen in soils：5. Fixed ammonium [J]. Soil Science Society of America Proceedings，30：587 - 594.
Skiba U，Smith K A，Fowler D，1993. Nitrification and denitrification as sources of nitric oxide and nitrous oxide in a sandy loam soil [J]. Soil Biology and Biochemistry，25：1527 - 1536.
Smith J L，1994. Cycling of nitrogen through microbial activity [M]. Iowa：Workshop on Long - Term Soil Management，Advances in Soil Science - Boca Raton，Ames：91 - 120.

So H B, Grabski A, Desborough P, 2009. The impact of 14 years of conventional and no - till cultivation on the physical properties and crop yields of a loam soil at Grafton NSW, Australia [J]. Soil and Tillage Research, 104: 180 - 184.

Stark J M, Hart S C, 1996. Diffusion technique for preparing salt solutions, Kjeldahl digests, and persulfate digests for nitrogen - 15 analysis [J]. Soil Science Society of America Journal, 60: 1846 - 1855.

Sugihara S, Funakawa S, Kilasara M, et al., 2012. Effect of land management on soil microbial N supply to crop N uptake in a dry tropical cropland in Tanzania [J]. Agriculture Ecosystems and Environment, 146: 209 - 219.

Sun B J, Jia S X, Zhang S X, et al., 2016. No tillage combined with crop rotation improves soil microbial community composition and metabolic activity [J]. Environmental Science and Pollution Research, 23: 6472 - 6482.

Tivet F, de Moraes Sa J C, Lal R, et al., 2013. Aggregate C depletion by plowing and its restoration by diverse biomass - C inputs under no - till in sub - tropical and tropical regions of Brazil [J]. Soil and Tillage Research, 126: 203 - 218.

Williams P H, Rowarth J S, Tregurtha R J, 2000. Recovery of ^{15}N - labelled fertiliser by a perennial ryegrass seed crop and a subsequent wheat crop [J]. Nutrient Cycling in Agroecosystems, 56: 117 - 123.

Yadvinder S, Bijay S, Timsina J, 2005. Crop residue management for nutrient cycling and improving soil productivity in rice - based cropping systems in the tropics [M]. Sparks: Advances in Agronomy: 269 - 407.

Yao Z S, Zheng X H, Wang R, et al., 2013. Nitrous oxide and methane fluxes from a rice - wheat crop rotation under wheat residue incorporation and no - tillage practices [J]. Atmospheric Environment, 79: 641 - 649.

Yuan L, Chen X, Jia J C, et al., 2021. Stover mulching and inhibitor application maintain crop yield and decrease fertilizer N input and losses in no - till cropping systems in Northeast China [J]. Agriculture Ecosystems and Environment, 312: 107360.

Zhang H H, Zhang Y Q, Yan C R, et al., 2016. Soil nitrogen and its fractions between long - term conventional and no - tillage systems with straw retention in dryland farming in northern China [J]. Geoderma, 269: 138 - 144.

Zhang J B, Lan T, Müller C, et al., 2015a. Dissimilatory nitrate reduction to ammonium (DNRA) plays an important role in soil nitrogen conservation in neutral and alkaline but not acidic rice soil [J]. Journal of Soils and Sediments, 15: 523 - 531.

Zhang J S, Zhang F P, Yang J H, et al., 2011. Emissions of N_2O and NH_3, and nitrogen leaching from direct seeded rice under different tillage practices in central China [J]. Agriculture Ecosystems and Environment, 140: 164 - 173.

Zhang W, Liang C, Kao - Kniffin J, et al., 2015. Differentiating the mineralization dynamics of the originally present and newly synthesized amino acids in soil amended with available carbon and nitrogen substrates [J]. Soil Biology and Biochemistry, 85: 162 - 169.

Zhang X, Davidson E A, Mauzerall D L, et al., 2015. Managing nitrogen for sustainable development [J]. Nature, 528: 51 - 59.

Zhao M, Tian Y H, Ma Y C, et al., 2015. Mitigating gaseous nitrogen emissions intensity from a Chinese rice cropping system through an improved management practice aimed to close the yield gap [J].

Agriculture Ecosystems and Environment，203：36－45.
Zhu Z L，Chen D L，2002. Nitrogen fertilizer use in China－Contributions to food production，impacts on the environment and best management strategies [J]. Nutrient Cycling in Agroecosystems，63：117－127.
Zuber S M，Villamil M B，2016. Meta－analysis approach to assess effect of tillage on microbial biomass and enzyme activities [J]. Soil Biology and Biochemistry，97：176－187.

第4章　保护性耕作对土壤磷动态的影响

4.1　引言

磷是植物生长必需的大量营养元素之一，既是生命体内核酸、蛋白质、细胞膜等重要有机化合物的组分，又参与能量合成、光合作用、糖酵解、呼吸作用、信号转导等多种细胞功能代谢过程，对于维持生态系统稳定具有关键作用（Filippelli，2008；Turner et al.，2015）。基本上，所有生命体都直接或间接地从土壤中获取磷（McLaren et al.，2020）。因此，土壤磷供应不足会限制生物系统的生长与产量，影响生物多样性组成以及土壤有机质积累、氮固定和碳截存等生物地球化学循环（Frossard et al.，2000；Mackenzie et al.，2002；Vitousek et al.，2010）。

土壤中磷含量为200～2 000mg/kg，常以多种化学形式存在，主要分为有机磷和无机磷两种类型（Vance et al.，2003；Nannipieri et al.，2011；Yang et al.，2011）。根据被生物体吸收的难易程度，将无机磷分为水溶态、吸附态和矿物态三种类型。其中，水溶态无机磷（HPO_4^{2-} 和 $H_2PO_4^-$）是植物和微生物可直接利用的磷。然而，该组分极易与土壤中的金属离子（Ca^{2+}、Mg^{2+}、Fe^{2+}、Al^{3+} 等）反应，通过吸附、沉淀等作用被固定为吸附态或矿物态无机磷，或被土壤微生物固持为有机磷（Holford，1997；Mishima et al.，2006）。有机磷占土壤全磷的20%～80%，根据磷结合键的性质主要分为磷酸酯（磷酸单酯：P—O—C，磷酸二酯：C—O—P—O—C）、膦酸酯（P—C）和磷酸酐（P—O—P）三种类型（Turner et al.，2003；Condron et al.，2005）。其中，磷酸酯类是土壤有机磷的主要形态，特别是磷酸单酯可达有机磷含量的60%～90%，需在土壤磷酸酶的作用下矿化释放无机磷酸盐供生物吸收利用（Nannipieri et al.，2011；McLaren et al.，2020）。因此，土壤中生物可直接利用磷的含量往往低于土壤全磷的1%，成为限制陆地生态系统生产力的主要营养元素之一（Vitousek et al.，2010；Bunemann，2015）。

1949年以前，我国农田磷的补给主要依靠养分再循环，处于严重亏缺的状态（鲁如坤，2003）。伴随着农业现代化的发展，磷肥成为粮食丰产与优质的决定性因素之一。然而，由于土壤的吸附、固定等作用，我国磷肥的当季利用率仅为10%～25%，每年约40kg/hm^2 磷累积在土壤中或通过径流和渗漏流失进入水体（沈善敏，1998；Zhang et al.，2019）。为维持农田生态系统作物生产力，人们持续大量施用磷肥，不仅导致农田土壤磷过度积累，还会造成经济损失、增加磷流失与污染的风险（Chien et al.，2011）。此外，磷肥的主要来源磷矿属于不可再生资源，据估测世界磷矿将在50～100年内被耗竭（Cordell et al.，2009）。因此，在满足粮食需求的农业生产系统调整中，优化磷使用效率对经济成本、资源保护与农业可持续发展都具有重要的作用（Heffer et al.，2013）。

作为国家粮食安全的“压舱石”，东北地区长期面临高强度利用、重用轻养以及不合理耕作与盲目施肥等问题，导致农田土壤退化现象较为严重。2015 年，农业部印发的《到 2020 年化肥使用量零增长行动方案》指出，东北地区在控氮、减磷、稳钾等施肥原则下，采取深松整地和保护性耕作结合、加大秸秆还田力度等措施，建立科学施肥管理和技术体系。保护性耕作模式作为改善土壤质量的合理农业管理措施，在保障国家粮食安全与农业可持续发展中具有重要意义，在国内外得到高度的重视并被广泛应用（Kassam et al.，2014）。免耕和秸秆覆盖条件下，作物残体及其分解相关的微生物对系统中磷的潜在贡献是不容忽视的（Damon et al.，2014）。因此，解析保护性耕作模式下东北地区土壤磷组分赋存形态有助于准确预测作物生长所需的外部磷输入从而实现作物的最佳生长（Damon et al.，2014）。现有研究表明，与传统耕作相比，免耕可以显著提高土壤表层正磷酸盐的积累（Cade - Menun et al.，2010；Abdi et al.，2014），但伴随着秸秆还田量的增加，土壤中正磷酸盐含量呈现下降的趋势（Wei et al.，2014）。然而，相较于秸秆来源的碳、氮组分的研究，作物磷对后续土壤磷保持与供应的贡献尚未被广泛关注（Damon et al.，2014）。在有限的研究中，土壤中磷组分以及磷酸酶活性对耕作方式以及秸秆还田量的响应也不完全一致。比如，Cade - Menun 等（2010）的研究表明免耕处理显著提高土壤表层 myo -肌醇六磷酸酯含量；而 Abdi 等（2014）在类似的研究中却发现免耕增加了 scyllo -肌醇六磷酸酯的含量，对 myo -肌醇六磷酸酯的含量不存在显著影响。此外，有研究认为免耕秸秆覆盖可提供更多的磷酸酶作用底物，从而促进土壤碱性磷酸单酯酶、磷酸二酯酶的活性显著增加（Deng et al.，1997；Wei et al.，2014a）；但 Wang 等（2011）的研究结果却表明磷酸二酯酶活性在免耕秸秆 50%与 100%还田量处理的土壤中均未发生显著变化。研究结果除了气候、土壤类型、保护性耕作实施时间及方式等的差异外，土壤 pH 与有机碳含量对土壤微生物数量与多样性的改变也是影响土壤磷转化的重要原因之一（Deng et al.，1997）。因此，东北地区保护性耕作模式下，土壤磷库及其组成究竟如何响应？该响应与土壤酶活性存在怎样的相互关系？此外，保护性耕作模式下，秸秆覆盖是否可以实现对磷肥的部分替代？替代后对土壤磷库及其组成有什么样的影响？如何替代更合理有效？其酶学与微生物学机制如何？这些都是亟待深入研究的关键问题。

本章以东北地区玉米带农田土壤为研究对象，依托 10 年免耕秸秆覆盖还田试验基地，采用 NaOH - EDTA 浸提与液体 ^{31}P 核磁共振（^{31}P NMR）波谱分析法与土壤酶学测定相结合的方法，研究免耕条件下不同秸秆还田量对土壤磷组分、磷酸酶活性以及两者之间关系的影响。同时设置免耕秸秆覆盖肥料减施试验，应用土壤磷连续浸提、土壤酶学及靶向功能基因组等方法，解析免耕秸秆覆盖对磷肥的替代作用及其酶学与微生物学机制。本研究结果将在东北地区免耕秸秆覆盖农田土壤磷循环转化的理论上具有一定的突破，有助于深入理解该地区免耕农田土壤磷保持与供应的关键问题。旨在为东北地区保护性耕作模式下磷使用效率的优化、免耕科学施肥技术体系的完善与推广提供关键数据支撑，也为其他地区保护性耕作措施的制定提供重要的参考。

4.2　材料与方法

4.2.1　试验地概况

同2.2.1。

4.2.2　试验设计

长期定位试验于2007年4月开始，采用随机区组设计，根据不同秸秆还田量共设置4个处理：①免耕秸秆不还田（No-tillage without corn stover mulching，NT0）；②免耕+2.5t/hm^2 秸秆还田（No-tillage with 33% corn stover mulching，NT33）；③免耕+5.0t/hm^2 秸秆还田（No-tillage with 67% corn stover mulching，NT67）；④免耕+7.5t/hm^2 秸秆还田（No-tillage with 100% corn stover mulching，NT100）。每个试验处理4次重复，共计16个小区，每个小区面积约261.00m^2（8.7m×30.0m）。

为解析秸秆对磷肥的替代作用，于2017年5月设置免耕秸秆覆盖肥料减施试验。根据肥料减施情况共设置4个处理：①免耕秸秆不还田（NPK）；②免耕+7.5t/hm^{2}秸秆还田（NPKStr）；③免耕+7.5t/hm^{2}秸秆还田+磷肥减施20%（NPmKStr）；④免耕+7.5t/hm^{2}秸秆还田+氮磷钾肥均减施20%（mNPKStr）。每个试验处理4次重复，共计16个小区，每个小区面积65.25m^2（8.7m×7.5m）。

每年秋季收获留茬约30cm，按照不同还田量将整株秸秆沿着与垄向垂直的方向均匀覆盖地表，将剩余的秸秆移出，免耕秸秆不还田（NT0）为秸秆全部移走。每年春季用免耕播种机直接进行播种，其余时间均不再扰动土壤。肥料种类为稳定性复合肥（N∶P_2O_5∶K_2O，26-12-12），年施肥量分别为：N 240kg/hm^2，P_2O_5 110kg/hm^2，K_2O 110kg/hm^2。

4.2.3　土壤样品采集

长期定位试验土壤样品于2017年5月玉米播种前进行采集；肥料减施试验土壤样品于2018年10月秋收后采集。在试验处理的每个小区内，除去表层杂物后，按照五点取样法用直径为3cm的土钻采集0～10cm和10～20cm土层的土壤样品。将同一土层的5个采样点的土样混合，去除石子、植物根系等杂质后过2mm筛，并均匀混合成一个土壤样品。每个土壤样品分成三部分：一部分鲜土样品存放在4℃环境条件下用于测定土壤微生物量磷和磷酸酶活性；一部分存放在-80℃冰箱用于磷转化相关功能基因的高通量测序；剩余土壤样品自然风干后测定土壤磷组分。

4.2.4　土壤生物化学性质测定

微生物量磷（B_P）采用氯仿熏蒸提取-钼锑抗比色法测定（Brookes et al.，1982；吴金水等，2011）。具体方法如下：称取 5.00g 鲜土 3 份，室温下用无乙醇氯仿熏蒸 24h；同时设置 3 份无氯仿熏蒸的对照。熏蒸结束后，将土壤分别转移至 120mL 的聚乙烯瓶中。另外称取 3 份等量的土壤放置于 120mL 的聚乙烯瓶中，加入 0.5mL 250μg/mL 的磷酸二氢钾溶液（相当于 25μg/g），测定正磷酸盐无机磷的回收率，用于校正土壤对磷的吸附和固定。向所有聚乙烯瓶中加入 100mL 0.5mol/L 碳酸氢钠溶液，充分振荡 30min，立即用无磷滤纸过滤。采用钼蓝比色法测定磷含量（Murphy et al.，1962）。微生物量磷的计算公式：$B_P=E_{Pi}/(R_{Pi}\times K_P)$，式中 E_{Pi} 为熏蒸与未熏蒸土壤磷的差值，R_{Pi} =[（外加磷酸二氢钾溶液的土壤磷测定值－未熏蒸土壤磷的测定值）/ 25]×100%，即校正系数，K_P 为转换系数，取值 0.4（Brookes et al.，1982）。

土壤全磷采用高氯酸消煮法测定（Kuo et al.，1996）。具体方法如下：称取 1.000 0g 过 0.15mm 筛的风干土，放置于消煮管中，滴入两滴去离子水，加入 15mL 高氯酸，消煮管顶部放一弯颈小漏斗后置于消煮炉中。120℃消煮至管内液体冒白烟（约 25min），温度升至 203℃时继续消煮 30min，最后在 230℃下消煮 90min。将冷却后的消煮液无损转移至 100mL 容量瓶中，定容后静置过夜。吸取上清液用钼蓝比色法测定全磷含量（Murphy et al.，1962）。

土壤无机磷采用 0.5mol/L 硫酸溶液浸提（2.00g 风干土＋50mL 浸提液），室温振荡 16h 后用无磷滤纸过滤，滤液采用钼蓝比色法测定无机磷含量（Murphy et al.，1962）。

土壤全磷与无机磷含量的差值为土壤有机磷含量（Kuo et al.，1996）。

土壤速效磷含量用 Olsen 法测定（Olsen，1954），即用 0.5mol/L 碳酸氢钠溶液（2.00g 风干土＋50mL 浸提液）和一勺无磷活性炭浸提，室温振荡 30min 后用无磷滤纸过滤，采用钼蓝比色法测定速效磷含量（Murphy et al.，1962）。

4.2.5 液体^{31}P 核磁共振（^{31}P NMR）波谱分析法

称取 2.5g 风干土（过 2mm 筛）于离心管中，加入 25mL 0.05mol/L Na_2EDTA＋0.25mol/L NaOH 混合溶液，20℃振荡浸提 6h 后，1 500g 离心 20min（Cade - Menun et al.，2017；Abdi et al.，2019）。吸取 2mL 上清液定容至 50mL，采用电感耦合等离子体发射光谱仪（ICP - OES，Vista - MPX，安捷伦科技有限公司）测定溶液中全磷以及铁、锰、钙、铝等离子的含量（Turner et al.，2005）。将剩余上清液立即转至冻干瓶，用－40℃的酒精浴槽冷冻处理后立刻用冻干机冷冻干燥。称取 100mg 冷冻干燥样品，加入 0.125mL 重水（D_2O）、125μL 10mol/L NaOH、375μL NaOH - EDTA 和 0.25mL 去离子水，涡旋混匀，1 500g 离心 20min，转移至 5mm 核磁管，采用 JEOL ECA 600 光谱仪（日本，东京）测定，参数设置如下：频率 243 MHz，脉冲 30°，延迟时间 1.85s，获取时间 0.675s，扫描次数两万次，没有质子解耦合。其中，延迟时间依据浸提液中 P/(Fe＋Mn) 计算（McDowell et al.，2006；Cade - Menun et al.，2014）。

每个谱图正磷酸盐的化学位移标准化至 $\delta=6.00$，确定磷组分的化学位移。各组分峰值根据前人（Abdi et al.，2014；Cade - Menun et al.，2014；Cade - Menun，2015；Cade - Menun et al.，2015）以及本研究中的标准物质（α -甘油磷酸酯、β -甘油磷酸酯、myo -肌醇六磷酸酯、磷酸胆碱）确定。^{31}P 核磁共振波谱采用 NUTS 软件（Acorn NMR，美国）处理获得各磷组分的浓度。

4.2.6 Hedley 磷组分连续浸提法

采用改进的 Hedley 磷组分连续浸提法测定土壤磷组分的含量（Hedley et al.，1982；Condron et al.，1996）：①称取 0.5g 风干土，采用 30mL 蒸馏水和阴离子交换树脂条（1cm×3cm，551 642S，BDH－PROLABO，VWR 国际有限公司）低速振荡 16h，10mL 0.25mol/L 硫酸振荡 1h 获得生物极易利用的磷（树脂无机磷）；②残留土壤用 30mL 的 0.5mol/L 碳酸氢钠（pH 为 8.5）浸提获得易利用磷（$NaHCO_3$－P）；③随后连续用 0.1mol/L 氢氧化钠、1mol/L 盐酸和 0.1mol/L 氢氧化钠分别浸提获得中等可利用磷（NaOH1－P）以及难利用磷（HCl－P 和 NaOH2－P）；④最后使用过氧化硫酸（H_2SO_4－H_2O_2）消解法测定残渣全磷。其中，$NaHCO_3$、NaOH 浸提液使用 $K_2S_2O_8$ 和 H_2SO_4 氧化后测定全磷含量，另一份未氧化的浸提剂测定无机磷含量，两者差值为浸提剂中有机磷含量。碱性浸提液（$NaHCO_3$ 和 NaOH）和酸性浸提液（蒸馏水和 HCl）提取的无机磷分别采用 He 等（2005）以及 Murphy 等（1962）改进的钼蓝比色法（Dick et al.，1977）进行测定。

4.2.7 土壤磷酸酶活性测定

土壤酸性和碱性磷酸单酯酶（EC 3.1.3.2 和 EC 3.1.3.1，AcP 和 AlP）活性的测定采用对硝基苯磷酸盐法（Tabatabai，1994）。主要步骤如下：将 1.00g（过 2mm 筛）的新鲜土壤样品放入 50mL 三角瓶中，加入 0.2mL 甲苯、4mL 三（羟甲基）氨基甲烷缓冲液（酸性和碱性磷酸单酯酶分别为 pH 为 6.5 和 pH 为 11 的缓冲液）以及 1mL 0.05mol/L 对硝基苯磷酸二钠溶液作为底物，轻摇混合均匀。塞上瓶塞，在 37℃恒温培养箱中培养 1h。另设不加底物的对照相同条件培养。培养结束后，加入 1mL 0.5mol/L $CaCl_2$溶液和 4mL 0.5mol/L NaOH 溶液（对照同时加入 1mL 0.05mol/L 对硝基苯磷酸二钠溶液），轻轻摇匀终止反应，用滤纸过滤。滤液在 400～420nm 处进行比色，测定溶液吸光值。磷酸单酯酶活性单位为 mg/(kg·h)（风干土）。

土壤磷酸二酯酶（EC 3.1.4.1，Phosphodiesterases，PD）活性的测定采用对硝基苯磷酸盐法（Tabatabai，1994）。主要步骤如下：将 1.00g（过 2mm 筛）新鲜土壤样品放入 50mL 三角瓶中，加入 0.2mL 甲苯、4mL 三（羟甲基）氨基甲烷缓冲液（pH 为 8.0）以及 1mL 0.05mol/L 双对硝基苯磷酸二钠溶液作为底物，轻摇混合均匀。塞上瓶塞，37℃恒温培养箱培养 1h。另设不加底物的对照相同条件培养。培养结束后，加入 1mL 0.5mol/L $CaCl_2$溶液和 4mL 0.5mol/L NaOH 溶液（对照同时加入 1mL 0.05mol/L 对硝基苯磷酸二钠溶液），轻轻摇匀终止反应，用滤纸过滤。滤液在 400～420nm 处进行比色，测定溶液吸光值。磷酸单酯酶活性单位为 mg/(kg·h)（风干土）。

无机焦磷酸酶活性根据 Tabatabai（1994）的方法测定。主要步骤：称取 1.00g（过 2mm 筛）的新鲜土壤样品放入 50mL 三角瓶中，加入 3mL 50mmol/L pH 焦磷酸钠底物溶液（pH 为 8.0），置于 37℃恒温培养箱中培养 5h。另设不加底物溶液（用 3mL pH 为 8.0 的通用缓冲液替代）的对照处理，相同条件下培养。培养结束后，立即加入 3mL pH 为 8.0 的通用缓冲液和 25mL 0.5mol/L 硫酸溶液，对照处理加入 3mL 50mmol/L pH 为 8.0 的焦磷酸钠底物溶液和 25mL 0.5mol/L 硫酸溶液，塞上瓶塞，往复振荡 3min，

17 390g 离心 30s。1mL 上清液依次加入 10mL 抗坏血酸-三氯乙酸，2mL 四水合钼酸铵和 5mL 柠檬酸钠-亚砷酸钠-乙酸，定容至 25mL。15min 后在 700nm 处比色，测定溶液吸光值。无机焦磷酸酶的活性单位为 mg/(kg·h)（PO_4^{3-}-P，风干土）。

4.2.8 实时定量 PCR 测定基因丰度

细菌 16S rRNA 和磷酸酶编码基因 *phoD* 与 *phoX* 的丰度由 ABI7500（美国应用生物系统公司）测定，引物序列及扩增条件见表 4-1。PCR 反应体系为 20μL：Power SYBR® Green PCR 预混液 16.5μL，DNA 模板 2.0μL，引物各 0.8μL，超纯水 1.9μL。PCR 反应步骤为：95℃预变性 10min；95℃变性 15s，58℃/55℃退火 1min，72℃后延伸 1min，完成 40 个循环；72℃延伸 1min。PCR 反应一式三份，取平均值。构建带有被检测基因 DNA 序列的质粒，以 10^{-2}～10^{-7} 十倍梯度稀释液作为模板扩增，构建校准曲线，获得每克干土的基因拷贝数。

表 4-1 PCR 扩增引物序列信息

引物名称	引物序列（5′→3′）	参考文献
phoD-F733	TGG GAY GAT CAY GAR GT	（Ragot et al.，2015）
phoD-R1083	CTG SGC SAK SAC RTT CCA	
phoX-F455	CAG TTC GGB TWC AAC AAC GA	（Ragot et al.，2017）
phoX-R1 076	CGG CCC AGS GCR GTG YGY TT	
pqqC-R	CAG GGC TGG GTC GCC AAC C	（Meyer et al.，2011）
pqqC-F	CAT GGC ATC GAG CAT GCT CC	
338-F	CCT ACG GGA GGC AGC AG	（Muyzer et al.，1993）
518-R	ATT ACC GCG GCT GCT GG	

4.2.9 功能基因高通量测序

项目对 *phoD*、*phoX* 和 *pqqC* 进行高通量测序分析。在对应引物 5′端添加合适的接头序列，进行 PCR 反应，反应体系为 20μL，每个模板三次重复。PCR 反应步骤：95℃预变性 5min；95℃变性 30s，55℃退火 30s，72℃延伸 30s，完成 35 个循环；72℃后延伸 5min。AxyPrep DNA 凝胶回收试剂盒纯化 PCR 产物，使用 QuantiFluor™-ST 荧光定量系统（普洛麦格）检测 DNA 浓度与纯度。构建文库后，在 Illumina Miseq 测序仪上机测序。下机数据使用 FLASH 软件合并读取成对序列，使用 USEARCH v7.1 和 QIIME 软件将序列在 75%相似性条件下进行聚类分析，筛选和减少杂质序列，获得最小分类单元（OTUs）信息以及群落 α 多样性指数（Caporaso et al.，2010；Edgar，2013；Tan et al.，2013）。

4.2.10 数据处理与统计分析

测定的所有土壤性质数据均以 105℃烘干土重计。数据为 3 次重复的算术平均值。符合正态分布的数据采用单因素方差分析（One-way ANOVA）或双因素方差分析（Two-way ANOVA）进行检验，并采用邓肯检验进行处理间差异显著性分析；否则采用 Kruskal

Wallis 检验。群落 β 多样性差异采用基于 Bray - Curtis 距离矩阵的主坐标分析（Principal coordinate analysis，PCoA）以及非参数多元置换方差分析（Permutational multivariate analysis of variance，PERMANOVA）。测定参数两两相关分析采用 Pearson 或 Spearman 相关检验，群落组成与土壤参数相互关系采用冗余分析（Redundancy analysis，RDA）。以上数据处理与分析均使用 SPSS 16.0（SPSS）及 R 软件完成（http://www.r-project.org）。结构方程模型的构建采用 Amos 18.0（IBM，SPSS）实现。

4.3 结果与分析

4.3.1 秸秆覆盖量对土壤磷含量的影响

长期定位试验土壤样本不同磷库的双因素方差分析结果显示，秸秆覆盖量显著影响土壤有效磷和微生物量磷含量，土层深度显著影响土壤全磷和微生物量磷的含量，而两者的交互作用对土壤全磷、有机磷、速效磷和微生物量磷均不存在显著的影响（表 4-2）。

表 4-2 秸秆覆盖量、土层深度及其交互作用对土壤磷库的双因素方差分析

土壤指标	秸秆覆盖量（*R*）		土层深度（*D*）		*R*×*D*	
	F	*P*	*F*	*P*	*F*	*P*
全磷	3.006	0.050	10.892	0.003	0.259	0.854
有机磷	1.323	0.290	2.683	0.114	0.154	0.926
速效磷	19.864	0.000	3.690	0.067	0.025	0.995
微生物量磷	3.727	0.025	6.452	0.018	0.233	0.873

进一步分析发现，与秸秆不还田处理（NT0）相比，33%秸秆覆盖量处理（NT33）显著提高了 0～10cm 土层土壤中速效磷的含量及 10～20cm 土层土壤中全磷、速效磷和微生物量磷的含量（表 4-3）。结果表明免耕条件下，33%秸秆覆盖显著增加了农田表层土壤特别是 10～20cm 土层土壤全磷、有效磷和微生物量磷的含量。此外，土壤全磷和微生物量磷含量随土层深度的增加而显著降低（表 4-3）。

表 4-3 秸秆覆盖量对不同土层土壤磷库的影响

土层	秸秆覆盖量	全磷（mg/kg）	有机磷（mg/kg）	速效磷（mg/kg）	微生物量磷（mg/kg）
0～10cm	NT0	504.99±16.88a	252.53±17.34a	10.13±2.18b	8.14±0.25a
	NT33	551.62±23.64a	283.20±28.71a	17.83±0.83a	11.72±2.21a
	NT67	510.76±38.01a	288.55±17.33a	7.59±0.69b	8.32±0.50a
	NT100	512.92±16.45a	278.11±9.82a	7.90±2.00b	9.37±1.11a
10～20cm	NT0	439.49±19.81B	226.67±20.40A	7.60±1.74B	6.44±0.11B
	NT33	516.42±33.34A	273.64±29.42A	15.80±2.20A	9.04±0.78A
	NT67	440.15±13.87B	251.12±6.22A	5.76±0.49B	7.27±0.52AB
	NT100	467.54±7.37AB	255.41±23.69A	6.10±0.32B	7.68±0.73AB

注：同一列不同的小写字母和大写字母分别代表 0～10cm 和 10～20cm 土层秸秆覆盖还田量处理间的显著差异（$P<0.05$）。NT0、NT33、NT67 和 NT100 分别表示免耕秸秆不还田、免耕+33%秸秆覆盖、免耕+67%秸秆覆盖和免耕+100%秸秆覆盖。

4.3.2 秸秆覆盖量对土壤无机磷组分的影响

液体 ^{31}P NMR 波谱分析结果显示，不同秸秆覆盖还田条件下，土壤无机磷组分包括正磷酸盐、焦磷酸盐和多聚磷酸盐（图 4-1）。正磷酸盐化学位移标准化设置为 6.00，焦磷酸盐及多聚磷酸盐化学位移分别为−4.27 和−5.00～−25.00（表 4-4）。在各处理中正磷酸盐为主要组分，含量占提取无机磷总量的 88%～95%，与大多数研究结果一致（Wei et al.，2014；Cade-Menun，2015）。焦磷酸盐及多聚磷酸盐平均各占提取无机磷总量的 2.3% 和 3.3%。

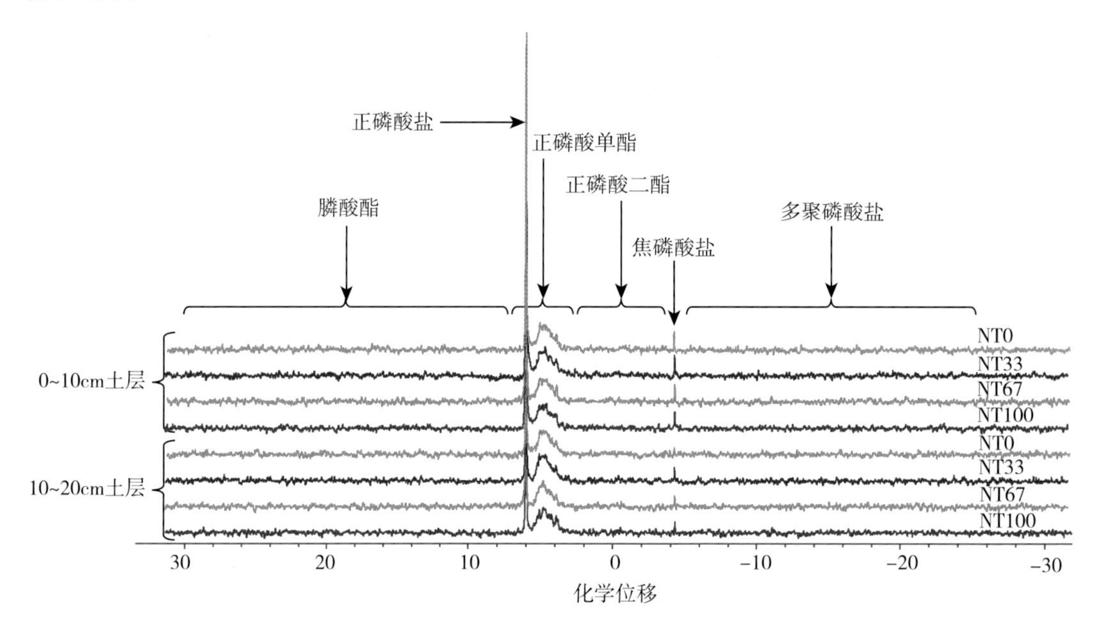

图 4-1 不同秸秆覆盖量处理中 0～10cm 和 10～20cm 土壤 ^{31}P NMR 核磁共振波谱（Wu et al.，2021）

注：NT0 表示免耕秸秆不还田；NT33 表示免耕＋33%秸秆覆盖；NT67 表示免耕＋67%秸秆覆盖；NT100 表示免耕＋100%秸秆覆盖。

表 4-4 秸秆覆盖还田土壤液体 ^{31}P 核磁共振波谱中峰的化学位移

分类	磷组分	化学位移
无机磷	正磷酸盐	6.00
	焦磷酸盐	−4.27±0.02
	多聚磷酸盐	−5.00±0.34～−25.00±0.05
有机磷		
膦酸酯		30.00±0.07～7.00±0.30
正磷酸单酯	myo-肌醇六磷酸酯	5.65±0.05，4.74±0.05，4.36±0.05，4.23±0.06
	scyllo-肌醇六磷酸酯	3.84±0.03
	磷酸胆碱	3.95±0.03

（续）

分类	磷组分	化学位移
正磷酸单酯	单酯 1	6.90±0.01～6.10±0.01
	单酯 2	5.90±0.01～4.00±0.02
	单酯 3	3.90±0.04～2.60±0.01
二酯降解产物	α-甘油磷酸酯	4.95±0.05
	β-甘油磷酸酯	4.64±0.08
	单核苷酸	4.53±0.05，4.51±0.02，4.47±0.01，4.43±0.02
正磷酸二酯	DNA	−0.72±0.05，−0.94±0.04
	二酯 1	2.50±0.35～−0.60±0.04
	二酯 2	−1.20±0.41～−3.70±0.28

双因素方差分析结果表明，秸秆覆盖量显著影响土壤焦磷酸盐的含量，土层深度对土壤正磷酸盐和焦磷酸盐的含量均有显著影响（表 4－5）。进一步分析发现，与无秸秆覆盖处理（NT0）相比，所有秸秆覆盖处理（除 0～10cm 67%秸秆覆盖处理外）土壤正磷酸盐含量均有增加趋势，但差异并不显著。尽管正磷酸盐为秸秆 NaOH－EDTA 可提取磷的主要组分，达提取全磷量的 25%～75%（Noack et al.，2014），但由于土壤中正磷酸盐含量基数较大，在研究期内未对该组分形成显著的影响；而 33%秸秆覆盖量处理（NT33）显著增加了 0～10cm 和 10～20cm 土层土壤中焦磷酸盐含量（表 4－5）。焦磷酸盐主要来源于土壤微生物，可被金属氧化物吸附（Bunemann et al.，2008；Cade－Menun et al.，2015）。因此，在 0～10cm 和 10～20cm 土层土壤中，秸秆覆盖可能通过增加土壤的微生物生长与活性（Bedrock et al.，1994；Wei et al.，2018），从而增加了土壤焦磷酸含量。此外，土壤正磷酸盐和焦磷酸盐含量随土层深度增加而显著降低（表 4－6）。

表 4－5　秸秆覆盖量、土层深度及其交互作用对土壤磷组分影响的双因素方差分析

土壤指标	秸秆覆盖量（R）		土层深度（D）		$R \times D$	
	F	P	F	P	F	P
正磷酸盐	2.335	0.099	41.016	0.000	1.457	0.251
焦磷酸盐	4.104	0.017	35.370	0.000	0.639	0.597
多聚磷酸盐	1.401	0.267	0.724	0.403	1.664	0.201
myo-肌醇六磷酸酯	2.580	0.077	1.169	0.29	5.791	0.004
scyllo-肌醇六磷酸酯	5.175	0.007	0.120	0.732	0.315	0.814
磷酸胆碱	15.483	0.000	7.263	0.013	0.549	0.654
α-甘油磷酸酯	10.458	0.000	13.866	0.001	1.513	0.237
β-甘油磷酸酯	10.458	0.000	13.866	0.001	1.513	0.237
正磷酸单酯	2.550	0.080	11.651	0.002	3.592	0.028
正磷酸二酯	5.248	0.006	5.123	0.033	1.932	0.151
二酯降解产物	1.729	0.188	5.449	0.028	2.025	0.137
正磷酸单酯（校正）	3.681	0.026	11.770	0.002	4.089	0.018
正磷酸二酯（校正）	4.524	0.012	10.032	0.004	2.003	0.140

表 4-6 不同秸秆覆盖量处理液体 ^{31}P 核磁共振波谱法测定的磷组分含量（平均值±标准差，mg/kg）

土层	覆盖量	无机磷组分含量			有机磷组分含量												
		正磷酸盐	焦磷酸盐	多聚磷酸盐	膦酸酯	myo-IHP	scyllo-IHP	磷酸胆碱	α-甘油磷酸酯	β-甘油磷酸酯	单核苷酸	单酯1	单酯2	单酯3	DNA	二酯1	二酯2
0～10cm	NT0	137.89±9.38ab	3.38±0.24b	3.98±0.72a	5.22±1.50a	16.55±1.13b	2.35±0.25b	1.38±0.09b	2.00±0.29b	4.01±0.58b	6.81±0.36b	6.14±1.60b	57.37±1.94b	7.59±0.84b	1.38±0.09c	5.41±0.24ab	2.48±0.73b
	NT33	180.82±19.27a	4.38±0.27a	4.84±1.81a	5.81±1.53a	23.71±1.38a	3.62±0.39a	2.14±0.21a	2.14±0.21b	4.29±0.43b	8.33±0.28a	5.14±0.63b	69.76±3.61a	10.62±0.51a	2.14±0.21ab	6.52±0.24a	4.62±0.73a
	NT67	128.28±15.64b	3.66±0.12ab	3.99±0.43a	5.51±1.27a	16.80±1.26b	2.80±0.21ab	1.52±0.16b	3.03±0.32a	6.07±0.63a	6.90±0.63b	14.28±1.57a	61.13±3.88ab	8.00±1.02b	2.57±0.31a	4.12±0.83b	2.57±0.31b
	NT100	153.12±14.48ab	3.40±0.35b	6.35±2.02a	12.64±4.97a	18.37±1.74b	3.06±0.29ab	1.53±0.14b	1.53±0.14b	3.06±0.29b	6.74±0.48b	6.52±1.05b	62.74±4.57ab	7.86±0.68b	1.53±0.14bc	4.65±0.97ab	2.65±0.43b
10～20cm	NT0	92.16±6.82A	1.84±0.14B	3.21±0.97B	3.01±0.54B	14.95±0.94C	2.25±0.14B	1.11±0.15B	2.49±0.16B	4.98±0.31B	6.54±0.5AB	6.35±0.26B	58.62±3.43A	4.59±0.75B	0.92±0.07B	2.71±0.64B	2.89±0.65B
	NT33	102.57±4.22A	2.81±0.26A	6.12±0.89AB	10.07±1.74A	15.47±2.11BC	3.62±0.44A	2.05±0.08A	2.53±0.2B	5.06±0.41B	7.2±0.85A	4.96±0.95B	53.27±1.96A	6.76±1.48AB	1.52±0.28A	3.34±0.94AB	4.9±0.87A
	NT67	102.53±5.67A	2.75±0.34AB	10.79±2.67A	5.88±0.82AB	20.01±1.89AB	3.10±0.54AB	1.24±0.17B	3.29±0.1A	6.59±0.2A	4.68±0.75B	3.51±1.72B	54.56±1.56A	9.5±1.45A	1.24±0.17AB	5.29±0.77A	3.08±0.17B
	NT100	107.19±7.53A	2.11±0.37AB	5.02±1.57B	8.57±1.92A	20.62±0.77A	2.67±0.36AB	1.07±0.08B	2.62±0.17B	5.24±0.35B	5.57±0.61AB	11.68±1.48A	52.92±2.77A	7.83±1.81AB	1.07±0.08AB	3.83±0.6AB	3.69±0.16AB

注：小写和大写字母分别代表 0～10cm 和 10～20cm 土层秸秆覆盖处理间的显著差异（$P<0.05$）。myo-IHP：myo-肌醇六磷酸酯；scyllo-IHP：scyllo-肌醇六磷酸酯。NT0、NT33、NT67 和 NT100 分别表示免耕秸秆不还田、免耕+33%秸秆覆盖、免耕+67%秸秆覆盖和免耕+100%秸秆覆盖。

4.3.3 秸秆覆盖量对土壤有机磷组分的影响

不同秸秆覆盖量条件下，土壤有机磷组分主要为正磷酸单酯、正磷酸二酯和膦酸酯（图4-1）。根据^{31}P NMR波谱各组分特定化学位移，正磷酸单酯包括myo-肌醇六磷酸酯、scyllo-肌醇六磷酸酯、α-甘油磷酸酯、β-甘油磷酸酯、单核苷酸、磷酸胆碱等（图4-2）。各组分化学位移如下：myo-肌醇六磷酸酯4个化学位移点，依次为5.65、4.74、4.36和4.23；α-甘油磷酸酯、β-甘油磷酸酯和磷酸胆碱的化学位移分别为4.95、4.64和3.95；scyllo-肌醇六磷酸酯的化学位移确定为3.84（表4-4）。

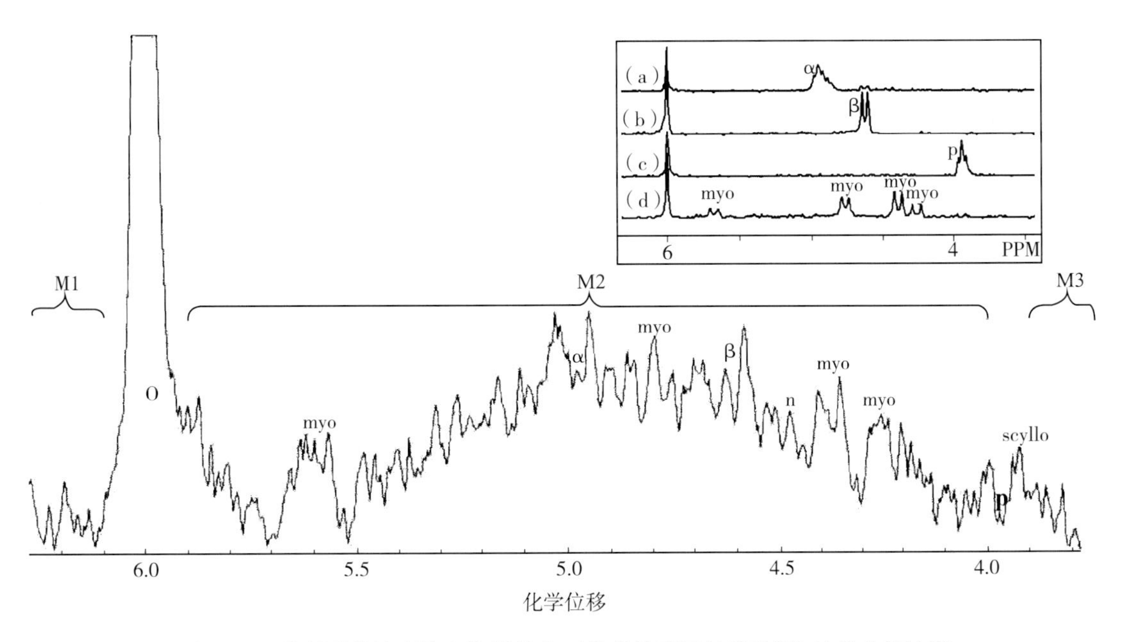

图4-2 秸秆覆盖处理的土壤样品中正磷酸单酯区的液体^{31}P核磁共振波谱

注：O为正磷酸盐；myo为myo-肌醇六磷酸酯；α为α-甘油磷酸酯；β为β-甘油磷酸酯；n为单核苷酸；P为磷酸胆碱；scyllo为scyllo-肌醇六磷酸酯；M1为单酯1；M2为单酯2；M3为单酯3。(a)、(b)、(c)、(d)分别为加入标准物α、β、P和myo的样品。

作为有机磷的重要组成部分，正磷酸单酯含量在各处理中均超过提取有机磷含量的80%，且受到秸秆覆盖量、土层深度以及两者交互作用的影响（表4-7）。近年来，有研究认为α-甘油磷酸酯、β-甘油磷酸酯、单核苷酸和1/2的单酯2是正磷酸二酯的降解产物（Cade-Menun，2015），因此本书对正磷酸单酯和二酯的含量进行了校正。校正后，土壤正磷酸单酯含量平均占提取有机磷总量的53%，受到秸秆覆盖量、土层深度以及二者交互作用的显著影响；正磷酸二酯平均占提取有机磷总量的42%，受到秸秆覆盖量和土层深度的显著影响（表4-7）。具体表现为，与无秸秆覆盖处理（NT0）相比，33%秸秆覆盖量处理（NT33）显著增加了0～10cm土壤正磷酸单酯和二酯的含量，NT100处理显著增加了10～20cm土壤正磷酸单酯含量（表4-7）。土壤正磷酸单酯电荷密度较高且易于被土壤有机质吸附（Turner et al.，2002；Tian et al.，2016），正磷酸二酯在磷酸二酯酶的催化作用下水解释放正磷酸单酯（Turner et al.，2005），均可能是正磷酸单酯增加的原因。此外，磷酸单酯主要来源于微生物（Bunemann et al.，2008；Cade-Menun et al.，2015），磷酸二酯主要由磷脂和核酸组成，可来源于微生物和覆盖的秸秆（Vincent et al.，2013；Noack et al.，2014）。有研究表明，33%秸秆覆盖量处理能够提升土壤结构的稳定性（Roldán et al.，2003），从而增加土壤微生物的数量和活性。有研究人员在该平台的研究中确实发现，33%秸秆覆盖条件下土壤微生物群落发生很大的变化（Wang et al.，2020）。且本研究中，33%秸秆覆盖条件下土壤微生物量磷显著增加，说明该条件下微生物对正磷酸单酯与二酯的增加具有重要作用。综上所述，33%秸秆覆盖量对土壤磷库、组分与含量均有较强的积极作用，有利于土壤磷的保持与供应。

表 4-7　不同秸秆覆盖量下液体^{31}P核磁共振波谱法测定的土壤磷化合物含量

（平均值±标准差，mg/kg）

土层	秸秆覆盖量	正磷酸单酯含量	正磷酸二酯含量	二酯降解物含量	正磷酸单酯含量（校正）	正磷酸二酯含量（校正）
0～10cm	NT0	104.18±3.35b	9.27±0.74b	41.50±1.49b	62.68±2.46b	50.77±1.24b
	NT33	129.75±4.10a	13.29±1.03a	49.64±1.62a	80.11±2.57a	62.93±1.53a
	NT67	120.53±6.84ab	9.25±1.22b	46.57±2.55ab	73.97±4.79ab	55.81±1.9b
	NT100	111.43±7.29b	8.83±1.47b	42.71±2.93ab	68.72±4.66ab	51.54±3.65b
10-20cm	NT0	101.89±3.20A	6.52±0.89B	43.32±1.38A	58.57±1.92B	49.84±1.83A
	NT33	100.93±4.07A	9.76±0.74A	41.43±1.37A	59.51±3.38B	51.19±1.7A
	NT67	106.49±3.70A	9.61±0.68A	41.84±1.60A	64.65±2.66AB	51.45±1.1A
	NT100	110.21±4.01A	8.59±0.54AB	39.89±2.13A	70.32±2.18A	48.49±2.53A

注：小写和大写字母分别代表0～10cm和10～20cm土层秸秆覆盖处理间的显著差异（$P<0.05$）。NT0、NT33、NT67和NT100分别表示免耕秸秆不还田、免耕+33%秸秆覆盖、免耕+67%秸秆覆盖和免耕+100%秸秆覆盖。

双因素方差分析结果表明，myo-肌醇六磷酸酯含量受到秸秆覆盖量与土层深度交互作用的显著影响，而scyllo-肌醇六磷酸酯仅受到秸秆覆盖量的显著影响：与无秸秆覆盖处理（NT0）相比，33%秸秆覆盖量处理（NT33）显著增加了0～10cm土层土壤myo-肌醇六磷酸酯含量，67%和100%秸秆覆盖量处理（NT67和NT100）显著增加了10～20cm土层土壤myo-肌醇六磷酸酯含量；而33%秸秆覆盖量处理（NT33）显著增加了0～10cm和10～20cm土层土壤scyllo-肌醇六磷酸酯含量（表4-7）。肌醇磷酸酯在土壤中与黏土、有机物和金属氧化物相结合而极其稳定，植物与微生物需要分泌植酸酶水解利用，也意味着肌醇磷酸酯的积累在一定程度上独立于其他有机化合物（McGill et al.，1981；Turner et al.，2005）。有研究认为除微生物外，作物秸秆也可作为myo-肌醇六磷酸酯的来源（Abdi et al.，2014；Cade-Menun et al.，2015），因此本书中不同秸秆覆盖量下myo-肌醇六磷酸酯含量均有一定程度的增加。而scyllo-肌醇六磷酸酯作为myo-肌醇六磷酸酯的异构体，由myo-肌醇六磷酸酯转化而来（L'Annunziata，1975），该异构体能够逃脱植酸酶的水解作用，因此更加难以利用（Cosgrove，1966）。另一方面，有研究认为，scyllo-肌醇六磷酸酯的积累表征环境中有足够的磷供植物或微生物生长（Turner et al.，2005），佐证了33%秸秆覆盖量条件下具有较好的供磷能力。

4.3.4　秸秆覆盖量对土壤磷酸酶活性的影响

研究发现，与无秸秆还田的处理（NT0）相比，33%秸秆覆盖量（NT33）显著提高了0～10cm土层土壤酸性磷酸单酯酶、磷酸二酯酶和无机焦磷酸酶的活性；67%与100%秸秆覆盖量处理（NT67和NT100）分别显著提高了10～20cm土层土壤的碱性磷酸单酯酶和酸性磷酸单酯酶的活性（图4-3）。并且，土壤酸性磷酸单酯酶和磷酸二酯酶活性随土壤深度的增加而降低（图4-3）。

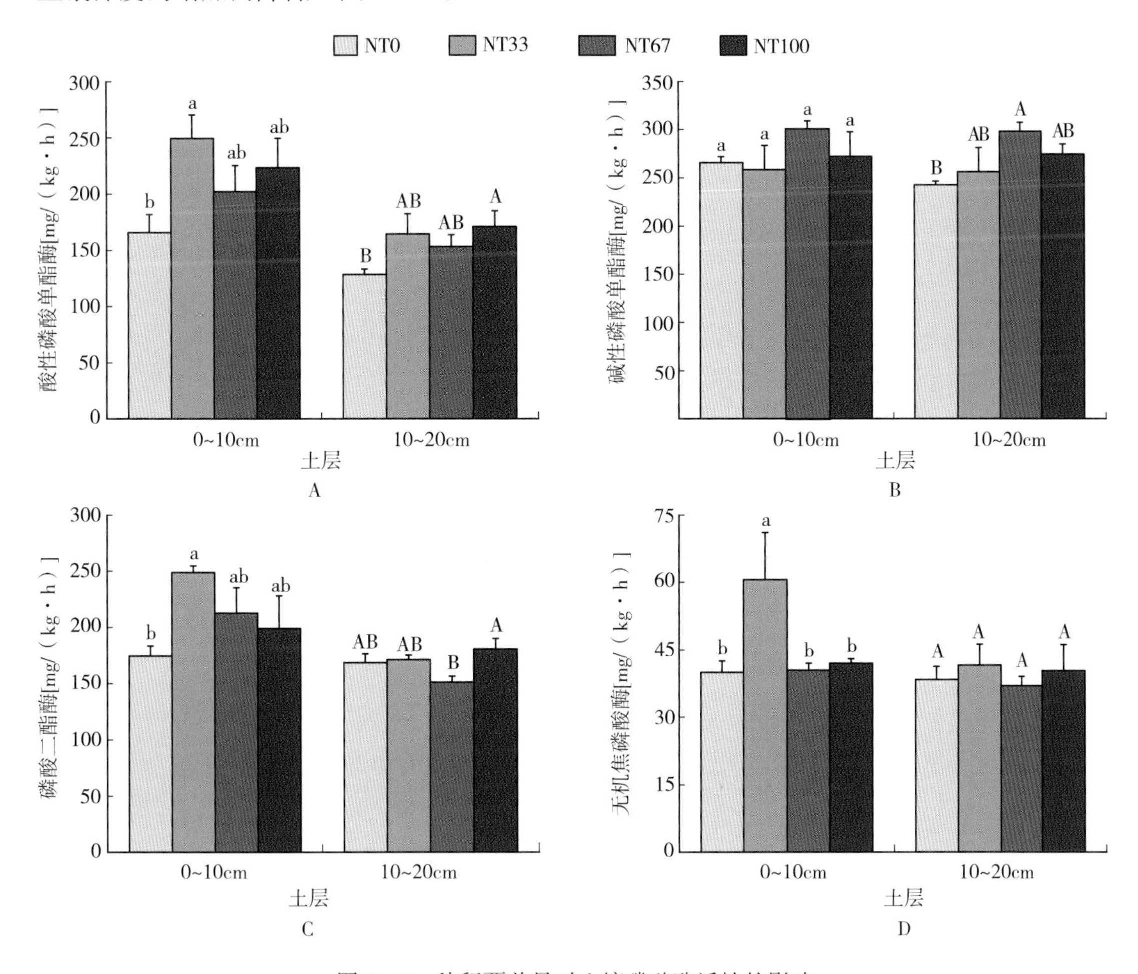

图4-3　秸秆覆盖量对土壤磷酸酶活性的影响

注：小写和大写字母分别代表0～10cm和10～20cm土层秸秆覆盖处理间的显著差异（$P<0.05$）。NT0、NT33、NT67和NT100分别表示免耕秸秆不还田、免耕+33%秸秆覆盖量、免耕+67%秸秆覆盖量和免耕+100%秸秆覆盖量。

土壤磷酸酶活性与土壤性质之间的相互关系（表4-8）分析表明，秸秆覆盖条件下，酸性磷酸单酯酶活性与土壤 pH 呈极显著负相关关系（$P<0.01$），而与有机碳和微生物量碳的含量呈极显著正相关关系（$P<0.01$）；碱性磷酸单酯酶活性与土壤速效磷含量呈显著负相关关系（$P<0.05$）；磷酸二酯酶活性与有机碳和微生物量碳的呈极显著正相关关系（$P<0.01$），与土壤 pH 呈显著负相关关系（$P<0.05$）；无机焦磷酸酶活性与微生物量碳的含量呈显著正相关关系（$P<0.05$）。

表 4-8　不同秸秆覆盖量处理下土壤磷酸酶活性与土壤性质的相关关系（$n=32$）

	酸性磷酸单酯酶	碱性磷酸单酯酶	磷酸二酯酶	无机焦磷酸酶
土壤 pH	−0.523**	0.288	−0.389*	−0.456
有机碳	0.501**	0.288	0.488**	0.114
微生物量碳	0.452**	0.039	0.620**	0.430*
速效磷	0.429*	−0.412*	0.213	0.409

注：* 表示在 $P<0.05$ 水平上的显著性；**表示在 $P<0.01$ 水平上的显著性。

土壤 pH 通常与磷酸酶活性密切相关（Masto et al.，2006），普遍认为微生物群落对土壤 pH 变化的响应是主要原因之一（Rousk et al.，2010）。然而，当土壤 pH 变化范围较小时，土壤 pH 与磷酸酶活性的关系可能不再显著（Deng et al.，1997）。本研究中，土壤 pH 为 6.91～7.84，在该范围内，酸性磷酸单酯酶与磷酸二酯酶对 pH 的变化更为敏感。此外，酸性磷酸单酯酶与磷酸二酯酶活性与土壤有机碳含量呈极显著的正相关关系，证明了有机质在保护和维持土壤酶活性方面的重要性。同时，有机碳作为磷酸酶底物与能量的主要来源，其矿化在一定程度上与有机磷的矿化相耦合，可能微生物对碳的需求驱动磷酸酶的作用（Luo et al.，2019）。而碱性磷酸酶活性仅与土壤有效磷存在负反馈调节机制，即速效磷含量的增加会抑制碱性磷酸单酯酶的活性（Chen et al.，2019）。

4.3.5　不同秸秆覆盖条件下磷组分与土壤磷酸酶的关系

上述结果表明，土层深度对土壤磷库、磷组分及磷酸酶活性都表现出显著的影响，主要结果见表 4-9。磷在土壤中的移动主要靠扩散，由于土壤固定等作用移动系数小，且免耕对土壤扰动较小，均是保护性耕作模式下表层土壤磷与微生物活性相对较高的原因。

表 4-9　土层深度对土壤磷库、磷组分及磷酸酶活性的显著性影响分析

土层深度	全磷	微生物量磷	正磷酸盐	焦磷酸盐	正磷酸二酯（校正）	酸性磷酸单酯酶	磷酸二酯酶
0～10cm	520.1±49.1a	9.4±2.7a	150.0±33.9a	3.7±0.6a	55.3±6.4a	210.3±50.3a	208.9±44.0a
10～20cm	465.9±49.4b	7.6±1.4b	101.1±12.4b	2.4±0.7b	50.2±3.5b	154.3±28.4b	168.1±16.7b

注：组分含量单位均为 mg/kg；酶活性单位为 mg/(kg·h)。

因此，本书采用结构方程模型分析不同秸秆覆盖条件下磷组分与磷酸酶活性在各土层的相互关系：0～10cm 土层，模型分别解释了正磷酸单酯和正磷酸二酯变异度的 84%和 72%，10～20cm 土层，模型解释了正磷酸单酯变异度的 73%（图 4-4）。结构方程模型结果显示，不同秸秆覆盖条件下磷的转化机制在两个土层中的确不完全相同。相同之处主要在于正磷酸二酯对正磷酸单酯的直接正向效应显著，且正磷酸单酯对正磷酸盐的直接正向效应显著。然而，0～10cm 土层，秸秆覆盖量对正磷酸二酯含量具有显著的正向效应（通径系数＝0.39，$P<0.05$），而 10～20cm 土层，秸秆覆盖量对正磷酸单酯含量的直接正向效应极显著（通径系数＝0.85，$P<0.001$）。并且，不同秸秆覆盖条件下磷酸酶对有机磷组分的影响在两个土层中也存在差异：0～10cm 土层，磷酸二酯酶活性和酸性磷酸单酯酶活性分别对正磷酸二酯和正磷酸单酯含量的直接正向效应显著（图 4-4A）。作为磷酸酶的底物，在 0～10cm 的模型中，正磷酸单酯与二酯均与磷酸酶活性呈显著的正相关关系，说明随着秸秆覆盖量的增加，0～10cm 土层土壤中底物增加，诱导植物和/或微生物产生的磷酸酶增加，从而间接增加土壤速效磷含量。然而，10～20cm 土层，碱性磷酸单酯酶对正磷酸单酯含量的直接负向效应显著（图 4-4B），说明随着秸秆覆盖量的增加，10～20cm 土层土壤中磷酸单酯酶活性增加，导致底物正磷酸单酯矿化从而含量降低。

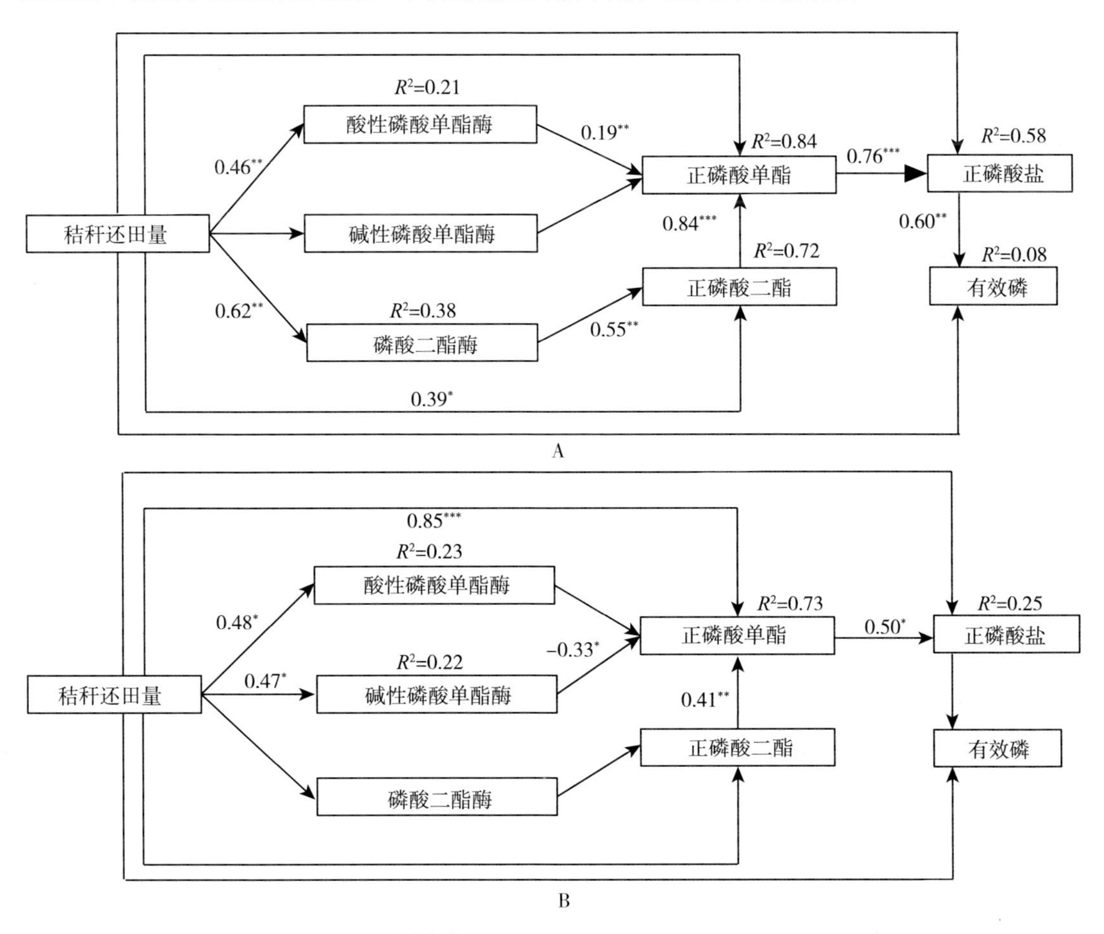

图 4-4　秸秆覆盖条件下 0～10cm（A）和 10～20cm（B）土壤磷酸酶活性与磷组分间关系的结构方程模型

注：a 模型参数，$\chi^2=18.188$，$df=17$，$P=0.377$，$CFI=0.986$，$GFI=0.791$，$RMSEA=0.068$；b 模型参数，$\chi^2=19.279$，$df=21$，$P=0.567$，$CFI=1.000$，$GFI=0.790$，$RMSEA=0.000$。R^2 表示模型解释的变异量；箭头上的数字表示标准化路径系数；箭头粗细表示路径显著程度；虚线指不显著路径；*、**和***分别表示 0.05、0.01 和 0.001 显著性水平。

4.3.6 保护性耕作模式下磷肥减施对土壤磷组分的影响

保护性耕作模式下，磷肥减施 20%以及氮磷钾肥均减施 20%经过 5 个生长季，作物产量并无显著变化（图 4－5，$P>0.5$）。面对未来磷矿资源短缺的问题，可持续农业管理应该包括在保证作物产量的条件下增加磷循环，释放土壤中固定态磷、减少矿物磷肥的施用（Menezes－Blackburn et al.，2018）。作为最丰富和最易于获得的有机物质，作物秸秆有利于农田生态系统磷的补给（Noack et al.，2012）。

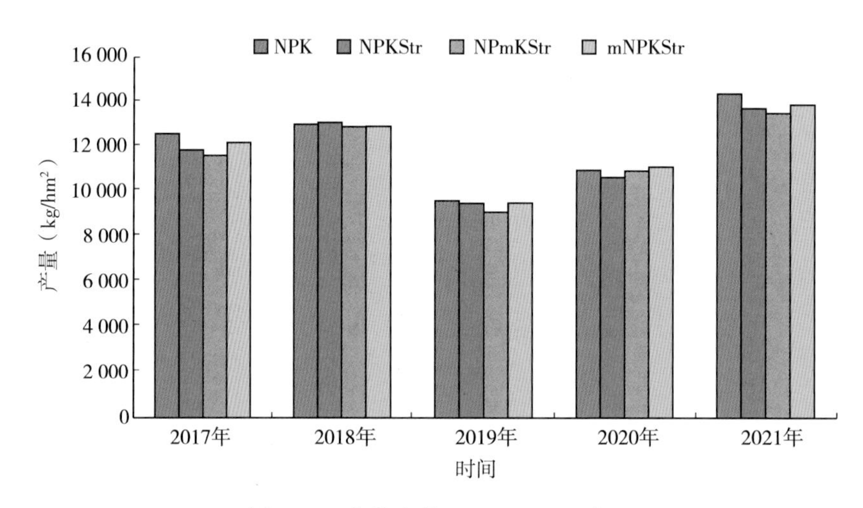

图 4－5 作物产量（2017—2021 年）

注：NPK 为免耕秸秆不还田；NPKStr 为免耕＋7.5t/hm² 秸秆覆盖；NPmKStr 为免耕＋7.5t/hm² 秸秆覆盖＋磷肥减施 20%；mNPKStr 为免耕＋7.5t/hm² 秸秆覆盖＋氮磷钾肥均减施 20%。

本研究中，保护性耕作模式下，肥料减施（磷肥减施 20%以及氮磷钾肥均减施 20%）并没有显著影响土壤全磷含量，全磷含量范围从免耕秸秆不覆盖处理（NPK）中的 562.5mg/kg 增至免耕加秸秆全量覆盖处理（NPKStr）的 603.6mg/kg。类似的结果在我们以及其他研究中也有报道，说明玉米秸秆能够在一定程度上有效补充土壤磷（Cong et al.，2012；Chen et al.，2017）。此外，本研究还发现玉米秸秆的覆盖会显著影响土壤磷的组分。主成分分析显示，免耕秸秆全量覆盖处理（NPKStr）与免耕秸秆不覆盖处理（NPK）、秸秆全量覆盖磷肥减施 20%处理（NPmKStr）以及秸秆全量覆盖氮磷钾肥均减施 20%处理（mNPKStr）存在显著差异（图 4－6A，$P<0.05$）。

土壤 Hedley 浸提的磷组分及含量如图 4－6B 所示。具体来看，与免耕秸秆不覆盖处理（NPK）相比，生物易利用无机磷（$NaHCO_3$－IP）在秸秆全量覆盖处理（NPKStr）以及秸秆全量覆盖磷肥减施 20%处理（NPmKStr）的土壤中显著增加，生物难利用有机磷组分（NaOH2－OP）在秸秆全量覆盖（NPKStr）以及秸秆全量覆盖氮磷钾肥均减施 20%处理（mNPKStr）的土壤中显著增加，而其他磷组分在处理间不存在显著差异（图 4－6B）。

这些结果与早期的预测模型一致：秸秆添加后，可利用磷会快速释放到土壤中，这一过程几乎不需要微生物的参与；随后难利用的有机磷组分缓慢释放，该过程需要微生物的参与（Damon et al.，2014）。正磷酸盐为玉米秸秆磷的主要组分，秸秆添加后会增加土

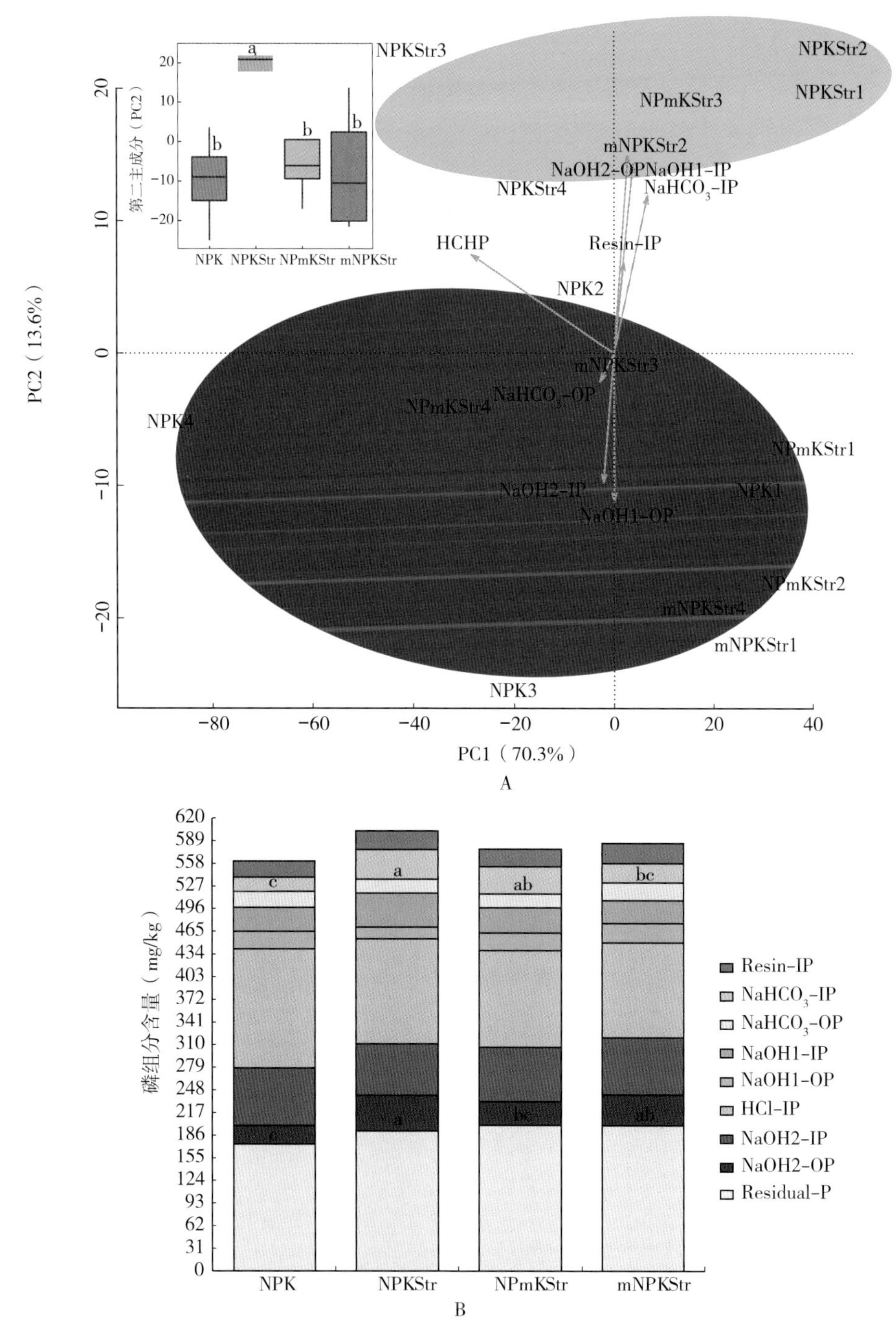

图 4-6　保护性耕作模式下磷肥减施各处理中磷组分含量（Jiang et al.，2021）

注：A 为各处理土壤中磷组分的主成分分析。椭圆表示 NPK（大）和 NPKStr（小）处理 0.95 置信区间。A 中的箱线图为 PCA 第二轴各处理间的显著性差异分析（One-way ANOVA，邓肯检验，$P<0.05$）。B 为各处理中磷组分及其含量。小写字母表示组分在处理间存在显著差异（One-way ANOVA，邓肯检验，$P<0.05$）。NPK 为免耕秸秆不还田；NPKStr 为免耕＋7.5t/hm^2 秸秆覆盖；NPmKStr 为免耕＋7.5t/hm^2 秸秆覆盖＋磷肥减施 20%；mNPKStr 为免耕＋7.5t/hm^2 秸秆覆盖＋氮磷钾肥均减施 20%。

壤中活跃磷的含量（He et al.，2009；Noack et al.，2012）。满足作物需求的同时，可能会增加磷损失的风险（Sharpley et al.，2001）。而 NaOH2－OP 作为稳定态的有机磷组分，参与土壤磷的长效转化过程，该组分的积累可能有益于农田土壤磷的可持续性供应（Damon et al.，2014）。因此，常规施肥结合免耕秸秆全量覆盖对土壤磷循环的作用是有两面性的，可通过减少秸秆覆盖量（之前章节内容）以及化肥施用量进行调整，这也是亟待研究的关键问题。

本研究发现减少化肥的施用量能够在不影响作物产量的情况下改变磷组分对秸秆覆盖的响应。与免耕秸秆不覆盖处理（NPK）相比，仅磷肥减施 20％的处理（NPmKStr）土壤中稳定态有机磷组分（NaOH2－OP）并未发生显著变化。养分的均衡对于微生物的生长至关重要，养分平衡的破坏会抑制土壤微生物对秸秆的腐解作用，从而影响有机磷的释放（Thirukkumaran et al.，2000；Mo et al.，2006；Nguyen et al.，2017）。而易利用磷组分（$NaHCO_3$－IP）不需要微生物参与（Noack et al.，2012），仅磷肥减施 20％的处理（NPmKStr）与免耕秸秆全量覆盖处理（NPKStr）土壤中易利用磷组分（$NaHCO_3$－IP）含量一致。换句话说，仅磷肥减施 20％的处理在保持了较高易利用磷组分含量的同时，减少了稳定态有机磷的积累，既增加了磷损失的风险，又降低了磷长期供应的能力。然而，免耕秸秆全量覆盖氮磷钾肥均减施 20％处理（mNPKStr）与之截然相反。在该情况下，相对较低的氮输入伴随有机物料的添加会加速微生物对秸秆的腐解从而增加有机磷的释放（Li et al.，2017）。氮磷钾肥均衡减施可能是兼顾产量与环境健康的合理途径。当然，本研究还需要通过长期的跟踪监测，才能进行更为有效与可靠的评估。

4.3.7 保护性耕作模式下磷肥减施对土壤溶磷菌的影响

溶磷菌能够有效地将土壤固定态磷溶解并释放生物可利用磷，同时可进一步防止释放的磷被重新固定（Zheng et al.，2019）。本书对该类群微生物的功能基因进行了高通量测序分析。高通量测序共获得 565 536 条序列（35 346/样本），进一步聚类分析共获得 5 672 个 OTUs。与免耕秸秆不覆盖处理（NPK）相比，秸秆全量覆盖磷肥减施 20％处理（NPmKStr）土壤中功能基因 *pqqC* 的 α 多样性丰度指数 Chao1 和 Faith's PD 显著降低（$P<0.05$，图 4－7A、图 4－7B），而香农多样性指数在处理间不存在显著差异（One－way ANOVA，$P=0.81$，图 4－7C）。溶磷菌多样性丰度的降低也佐证了仅减施磷肥 20％不利于维持土壤磷养分。

基于 Bray－Curtis 距离矩阵的非参数多元方差分析（PERMANOVA）结果说明各处理间的 *pqqC* 功能基因群落存在显著差异（$R^2=0.30$，$P<0.01$）。应用主坐标分析（PCoA）以及群落相似性分析（ANOSIM）进一步发现，免耕秸秆不覆盖处理（NPK）与免耕秸秆全量覆盖处理（NPKStr）以及秸秆全量覆盖氮磷钾肥均减施 20％处理（mN-PKStr）的土壤中 *pqqC* 基因群落 β 多样性存在显著差异（图 4－7D）。结果表明，在免耕秸秆覆盖条件下，化肥减施除了改变某些细菌的相对丰度外，并未影响 *pqqC* 基因群落的 β 多样性。类似的结果在无秸秆覆盖的磷素梯度试验中也有报道，说明仅矿物磷的减少可能并不影响溶磷菌的群落关系（Zheng et al.，2017；Long et al.，2018）。

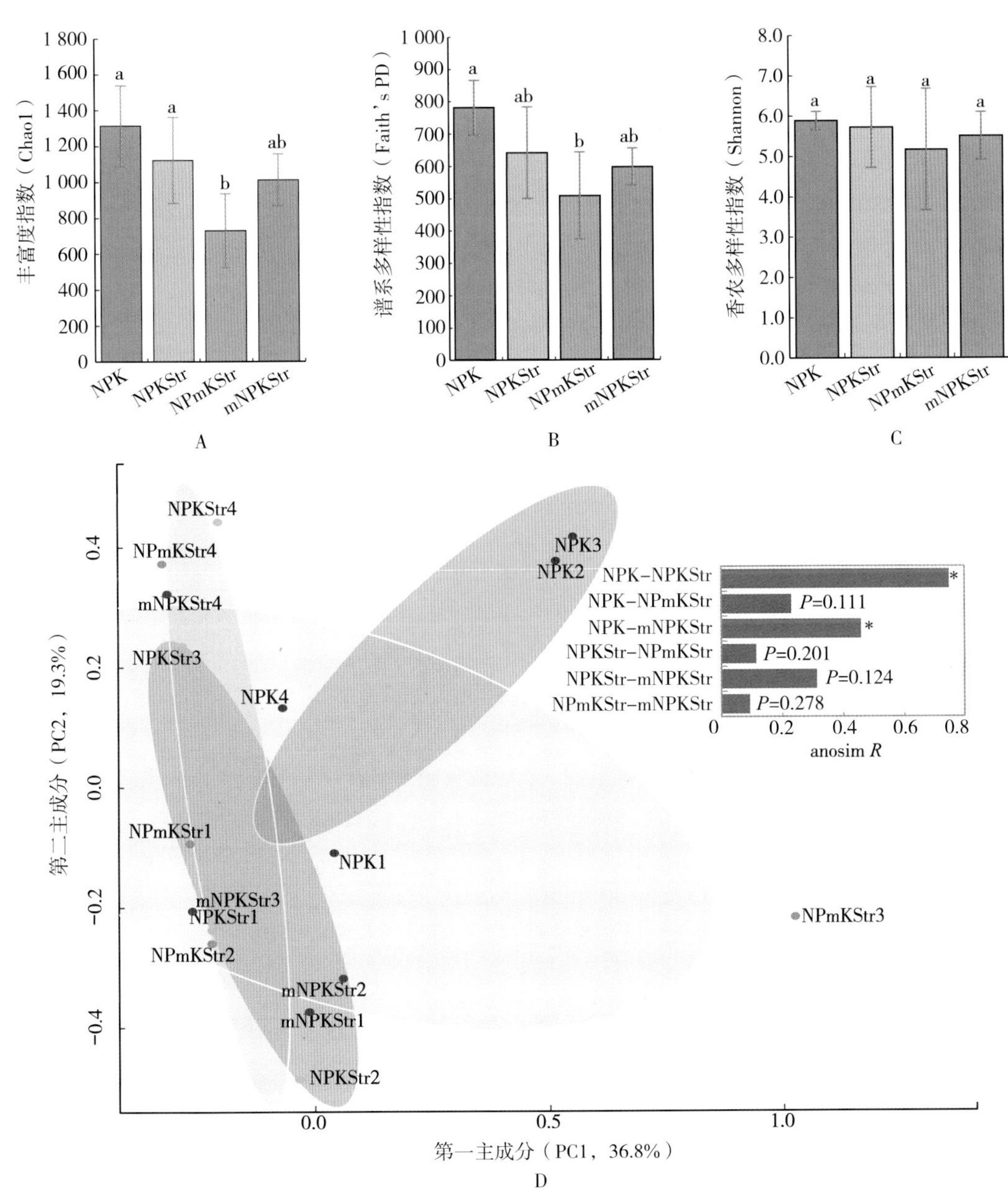

图 4-7　不同处理间 *pqqC* 基因群落 α 多样性（A～C）和 β 多样性（D）比较（Jiang et al.，2021）

注：α 多样性采用 Chao1（A）、谱系多样性指数（Faith's PD，B）和香农多样性指数（C）表示。小写字母表示数据在不同处理间的显著差异性（One-way ANOVA，邓肯检验，$P<0.05$）。D 中不同处理间 β 多样性通过主坐标分析比较，椭圆为处理组 0.95 置信区间。D 中的柱状图为各处理间成对的相似性分析（排列=999），anosim R 值表示各处理间的差异性。NPK 为免耕秸秆不还田；NPKStr 为免耕+7.5t/hm² 秸秆覆盖；NPmKStr 为免耕+7.5t/hm² 秸秆覆盖+磷肥减施 20%；mNPKStr 为免耕+7.5t/hm² 秸秆覆盖+氮磷钾肥均减施 20%。

pqqC 基因序列的 67.2%都来源于 3 个细菌门：变形菌门（Proteobacteria）、放线菌门（Actinobacteria）和酸杆菌门（Acidobacteria），平均相对丰度均超过 5%（图 4-8A）。

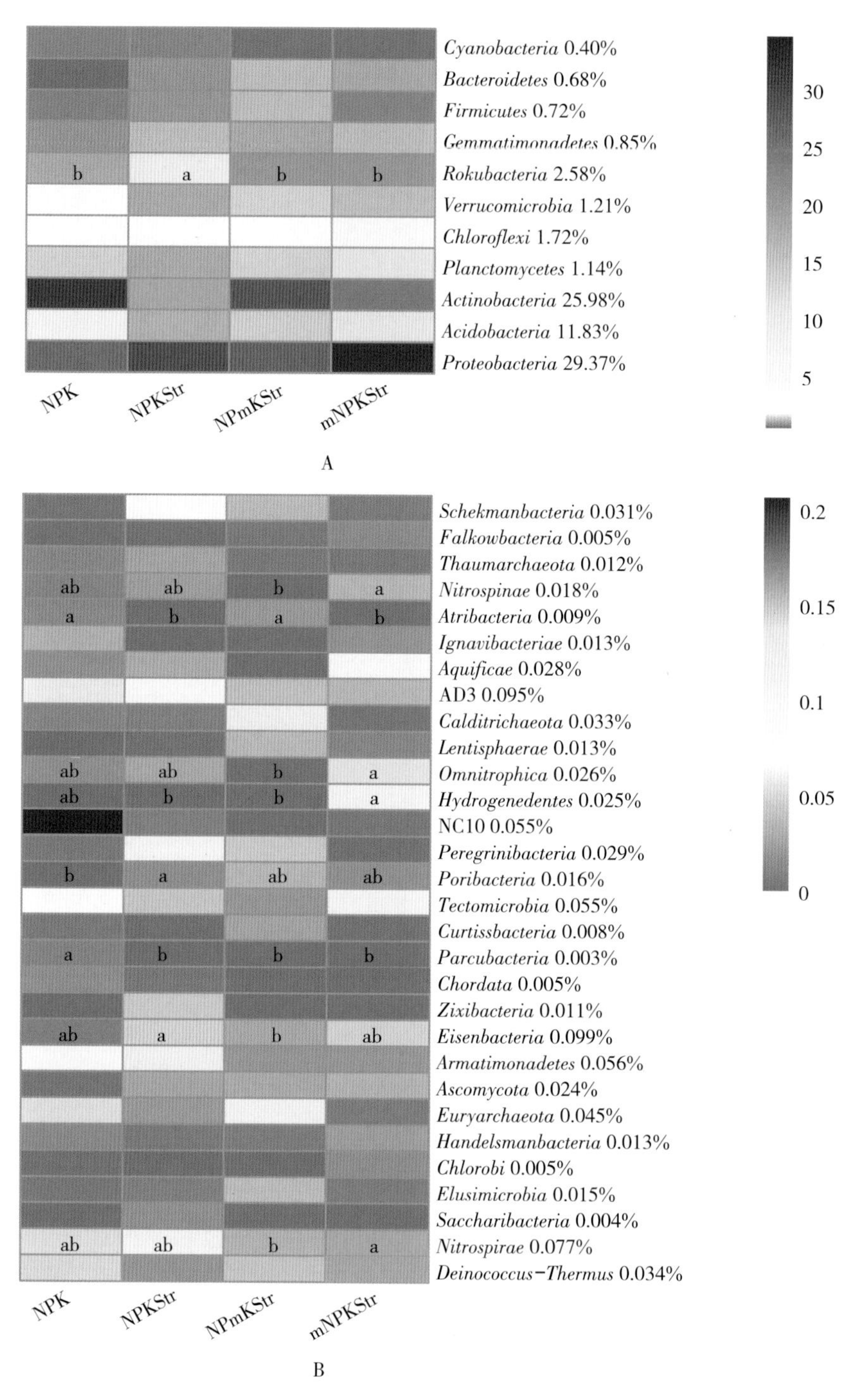

图 4-8　功能基因 *pqqC* 基因主要（A，相对丰度 0.1%～5.0%）及微量（B，相对丰度小于 0.1%）细菌门来源分布热图

注：小写字母表示数据在不同处理间的差异显著性（Kruskal Wallis 检验，$P<0.05$）。NPK 为免耕秸秆不还田；NPKStr 为免耕+7.5t/hm² 秸秆覆盖；NPmKStr 为免耕+7.5t/hm² 秸秆覆盖+磷肥减施 20%；mNPKStr 为免耕+7.5t/hm² 秸秆覆盖+氮磷钾肥均减施 20%。

在变形菌门（Proteobacteria）和放线菌门（Actinobacteria）中均发现大量具有溶磷功能的菌株（Khan et al.，2014；Alori et al.，2017），且在这两个细菌门菌株的基因组中也检测到溶磷功能基因（Bergkemper et al.，2016；Long et al.，2018）。此外，*pqqC* 基因还来源于棒状杆菌门（Rokubacteria）、绿弯菌门（Chloroflexi）、疣微菌门（Verrucomicrobia）、浮霉菌门（Planctomycetes）、蓝菌门（Cyanobacteria）、拟杆菌门（Bacteroidetes）、厚壁菌门（Firmicutes）以及芽单胞菌门（Gemmatimonadetes）8 个菌门，相对丰度为 0.1%～5.0%（图 4－8A）。另外还检测出 30 个细菌门，平均相对丰度均小于 0.1%（图 4－8B）。

通过差异分析发现，免耕秸秆全量覆盖处理（NPKStr）土壤中棒状杆菌门（Rokubacteria）的相对丰度比其他处理高 10～13 倍（图 4－8A）；亚硝酸盐氧化菌门（Nitrospinae）、暗黑菌门（Atribacteria）、杂食菌门（Omnitrophica）、食氢菌门（Hydrogenedentes）、俭菌总门（Parcubacteria）、螺旋菌门（Nitrospirae）以及未知菌门 Eisenbacteria 的相对丰度在组间存在显著差异（图 4－8B）。其中，棒状杆菌门（Rokubacteria）在免耕秸秆全量还田处理土壤中相对丰度高达 8.1%，而在其他处理土壤中还不足 0.8%。该细菌门是一种多功能的混合营养菌，在碳、氮、硫循环和能量代谢中发挥作用（Hug et al.，2016；Becraft et al.，2017；Altshuler et al.，2019；Fones et al.，2019），但在磷循环中的作用鲜有报道。近期有研究发现，棒状杆菌门（Rokubacteria）参与了铁的竞争（Crits－Christoph et al.，2018），而铁对于土壤无机磷固定与有机磷矿化都具有重要的作用。此外，与免耕秸秆全量覆盖处理（NPKStr）相比，未知菌门 Eisenbacteria 相对丰度在免耕秸秆全量覆盖磷肥减施 20%处理（NPmKStr）土壤中降低了 5 倍。有研究发现未知菌门 Eisenbacteria 具有产生铁螯合分子的潜力（Sharrar et al.，2020），因此，免耕秸秆覆盖条件下，该细菌门溶磷功能基因 *pqqC* 相对丰度的变化说明微生物对铁元素的竞争能力可能对溶磷过程起到关键的作用，也可为将来溶磷的研究提供新的线索与方向。

进一步分析发现 *pqqC* 基因主要来源于地嗜皮菌属（*Geodermatophilus*）、生丝微菌属（*Hyphomicrobium*）、假单胞菌属（*Pseudomonas*）以及中村氏菌属（*Nakamurella*）4 个细菌属，平均相对丰度均大于 1%（图 4－9）。与免耕秸秆不覆盖处理（NPK）相比，假单胞菌属（*Pseudomonas*）的相对丰度在秸秆全量覆盖氮磷钾肥均减施 20%处理（mNPKStr）中显著增加，而中村氏菌属（*Nakamurella*）相对丰度在所有秸秆覆盖的处理中均显著降低（图 4－9）。中村氏菌属（*Nakamurella*）属于放线菌门（Actinobacteria），是免耕秸秆不还田处理（NPK）土壤中 *pqqC* 功能基因的主要菌属来源，而在秸秆覆盖的 3 个处理中转变为放线菌门的地嗜皮菌属（*Geodermatophilus*）以及变形菌门（Proteobacteria）的假单胞菌属（*Pseudomonas*）。前人（Damon et al.，2014）及本研究均发现秸秆覆盖对于土壤磷及微生物等指标的影响主要发生在土壤表层（表 4－9）。地嗜皮菌属（*Geodermatophilus*）和假单胞菌属（*Pseudomonas*）具有更为活跃的溶磷能力以及细菌的趋化性（Stover et al.，2000；Sharma et al.，2013；Sghaier et al.，2016；Kamutando et al.，2019），而中村氏菌属（*Nakamurella*）缺乏相应的运动机制（Nouioui et al.，2017）。因此，免耕覆盖条件下，前两菌门更易于在土壤表层发挥溶磷作用，而不受矿物肥料减少的影响。

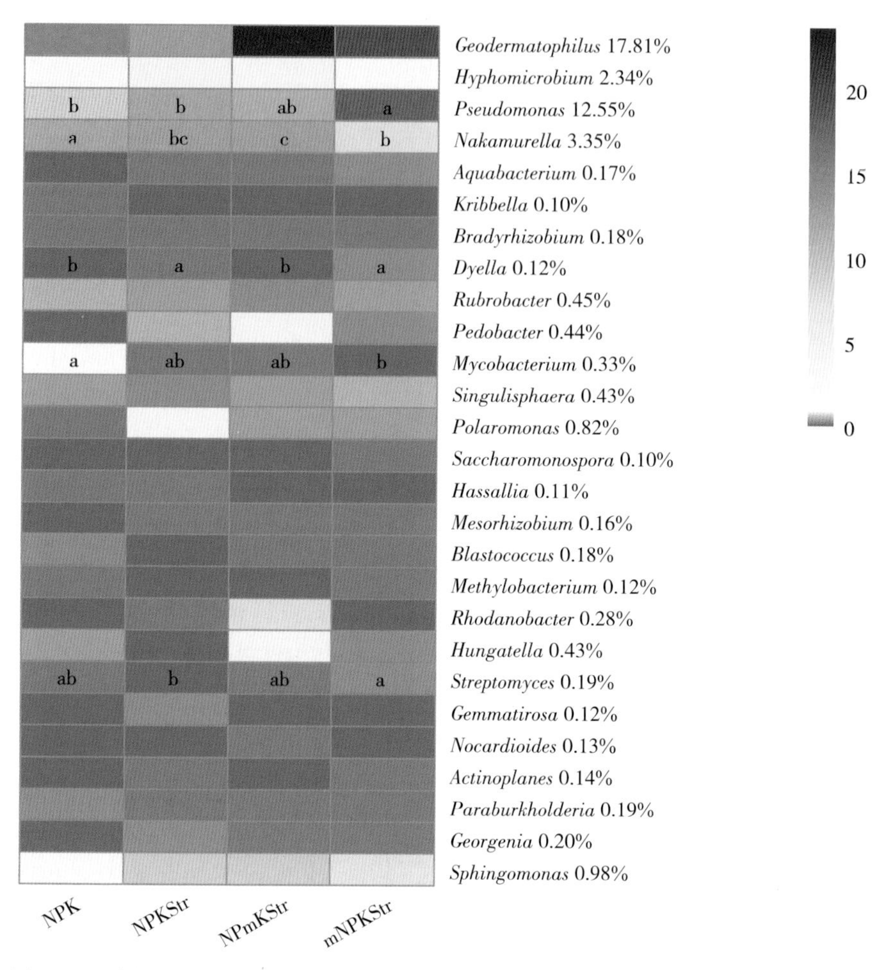

图 4-9　功能基因 *pqqC* 基因主要细菌属（平均相对丰度小于 0.1%）来源分布热图

注：小写字母表示数据在不同处理间的差异显著性（Kruskal Wallis 检验，$P<0.05$）。NPK 为免耕秸秆不还田；NPKStr 为免耕+7.5t/hm² 秸秆覆盖；NPmKStr 为免耕+7.5t/hm² 秸秆覆盖+磷肥减施 20%；mNPKStr 为免耕+7.5t/hm² 秸秆覆盖+氮磷钾肥均减施 20%。

4.3.8　保护性耕作模式下磷肥减施对土壤磷组分与溶磷菌相互关系的影响

土壤中植物极易利用磷（树脂无机磷）与溶磷菌功能基因 *pqqC* 的 α 多样性指数 Faith's PD 和 Shannon 均呈显著的负相关关系（Spearman 相关系数分别为 −0.58 和 −0.60，$P<0.05$）；中等可利用无机磷（NaOH1-IP）与溶磷菌功能基因 *pqqC* 的 α 多样性指数 Shannon 存在显著的负相关关系（Spearman 相关系数为 −0.58，$P<0.05$）。这些结果说明土壤溶磷菌的多样性对土壤磷的有效性具有至关重要的作用（Sharma et al.，2013）。非参数多元方差分析结果显示，土壤树脂无机磷、$NaHCO_3$-IP、NaOH1-IP、NaOH2-OP 和土壤全磷均对 *pqqC* 基因群落的 β 多样性组成变化具有显著作用，而土壤 pH 作用并不显著（图 4-10）。土壤磷组分解释 *pqqC* 功能基因群落变异度的 70%以上，

其中生物易利用磷组分（树脂磷以及 $NaHCO_3$－IP）、中等可利用无机磷组分（NaOH1－IP）以及稳定有机磷组分（NaOH2－OP）解释度分别达到10%。

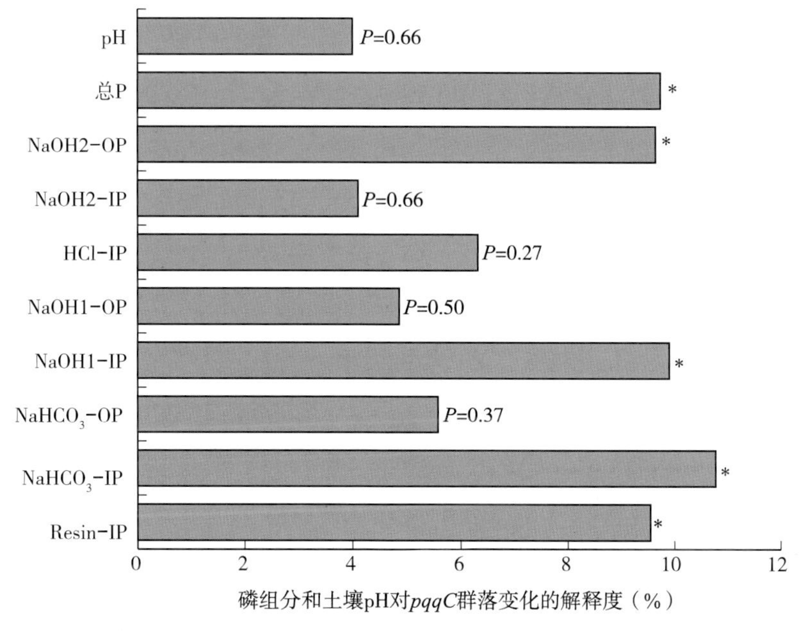

图4－10 非参数多元方差分析磷组分和土壤 pH 对 *pqqC* 群落β多样性变化的贡献

普氏分析（Procrustean analysis）进一步分析证实了土壤磷组分与 *pqqC* 功能基因群落之间存在显著的相关关系（图4－11A）。与免耕秸秆不覆盖处理（NPK）相比，普氏分析的残差在秸秆全量覆盖磷肥减施20%处理（NPmKStr）及秸秆全量覆盖氮磷钾肥均减施20%处理（mNPKStr）中显著降低，说明该条件下磷组分与 *pqqC* 基因群落的相互关

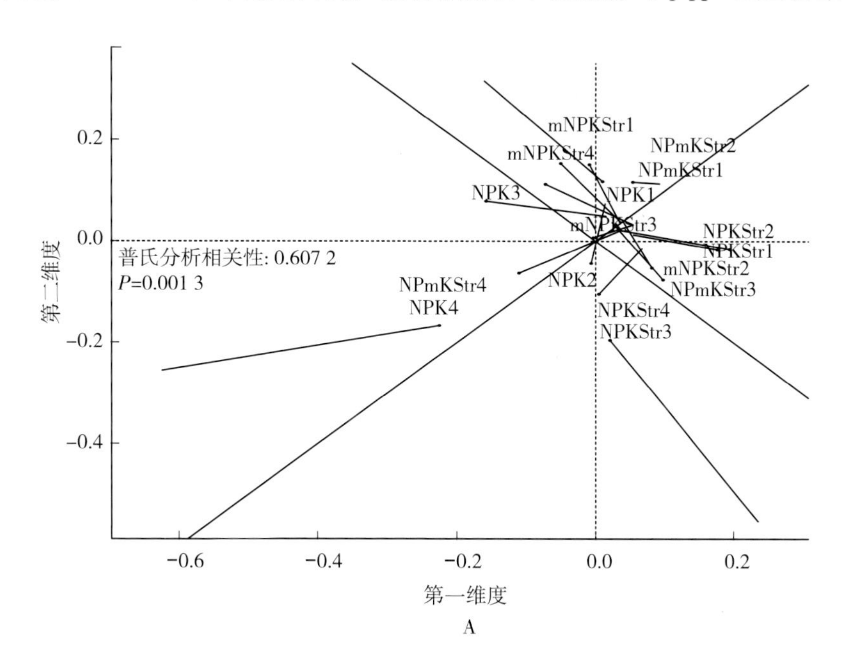

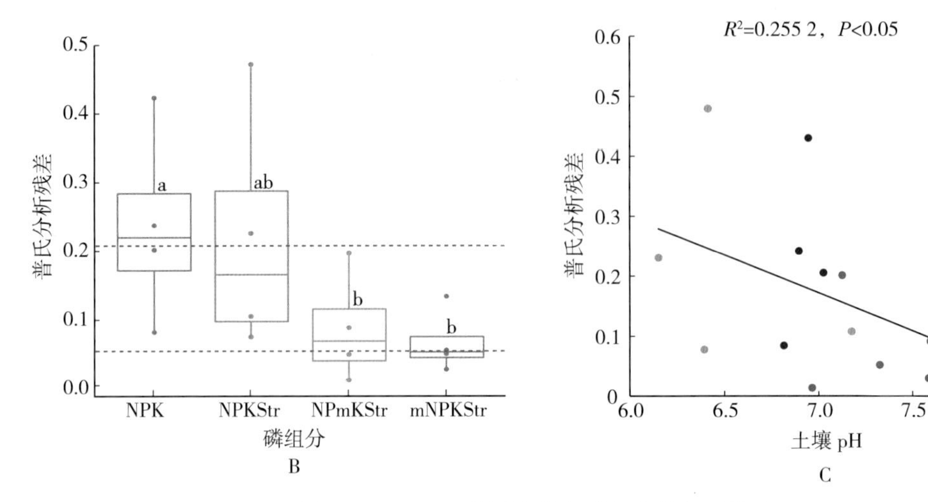

图 4-11　*pqqC* 基因群落与磷组分的相互关系

注：A 为 *pqqC* 基因群落（实心点）与磷组分（实线终点）的普氏叠加图。实线表示两组数据的普氏残差。B 为各秸秆覆盖处理 *pqqC* 基因群落（OTU 水平）与磷组分的普氏残差。小写字母表示处理间的差异显著性（Kruskal Wallis 检验，$P<0.05$）。所有土壤样本普氏残差与土壤 pH 的线性回归分析在 B 图中展示。NPK 为免耕秸秆不还田；NPKStr 为免耕＋7.5t/hm² 秸秆覆盖；NPmKStr 为免耕＋7.5t/hm² 秸秆覆盖＋磷肥减施 20%；NPKStr 为免耕＋7.5t/hm² 秸秆覆盖＋氮磷钾肥均减施 20%。

系增强（图 4-11B）。秸秆覆盖会释放中等以及易利用磷作为溶磷菌的底物是毋庸置疑的（Damon et al.，2014）。然而，仅减少化学磷肥的施用会提高添加物的氮磷比，较高的氮磷比可能会抑制秸秆的腐解从而减少磷的释放（Gusewell et al.，2009；Nguyen et al.，2017）。而氮磷钾肥同时减少施用并不影响细菌的生长速率以及底物的释放，还会增强微生物对磷的需求从而使磷组分与 *pqqC* 功能基因群落的关系增强。

此外，磷组分与 *pqqC* 基因群落普氏分析的残差与土壤 pH 呈显著的负相关关系（$P<0.05$，图 4-11C）。土壤 pH 被广泛认为是影响微生物功能的一个重要因素（Fierer et al.，2006；Lauber et al.，2008），基于 16S rRNA 比对的几项研究表明，无机溶磷细菌群落的组成与土壤 pH 有关（Zheng et al.，2017；Zheng et al.，2019）。然而，尽管我们的研究中并未发现土壤 pH 与 *pqqC* 群落的显著相互关系（图 4-10），但是有 11 个 *pqqC* 序列与 pH 呈现显著的相关关系（图 4-12A）。酸性环境含有更多可以释放磷的质子，而高碱性土壤（pH>9）会抑制细菌的生长（Jayandra et al.，1999；Shekhar et al.，2000；Vyas et al.，2009）。因此，接近中性的土壤更利于无机溶磷细菌的生长，也有研究发现 pH 为 7～8 的土壤中溶磷菌群落组成相似（Zheng et al.，2019）。本研究中土壤 pH 的变化范围在 6.5～7.8，也不会直接影响含有细菌群落组成的 *pqqC*。但是普氏残差与土壤 pH 的负相关关系表明在相对较高的土壤 pH 下，磷组分与 *pqqC* 细菌之间的相关性将更密切。当土壤 pH 增加时，质子减少，磷离子释放减少（Sharma et al.，2013），从而增强了无机溶磷细菌在磷组分中的作用。

含有 *pqqC* 功能基因细菌的相对丰度、土壤 pH 以及不同磷组分间共检测出 315 对显著相关关系（图 4-12A，$P<0.05$）。作为重要的生物易利用磷组分，$NaHCO_3$-IP 在不

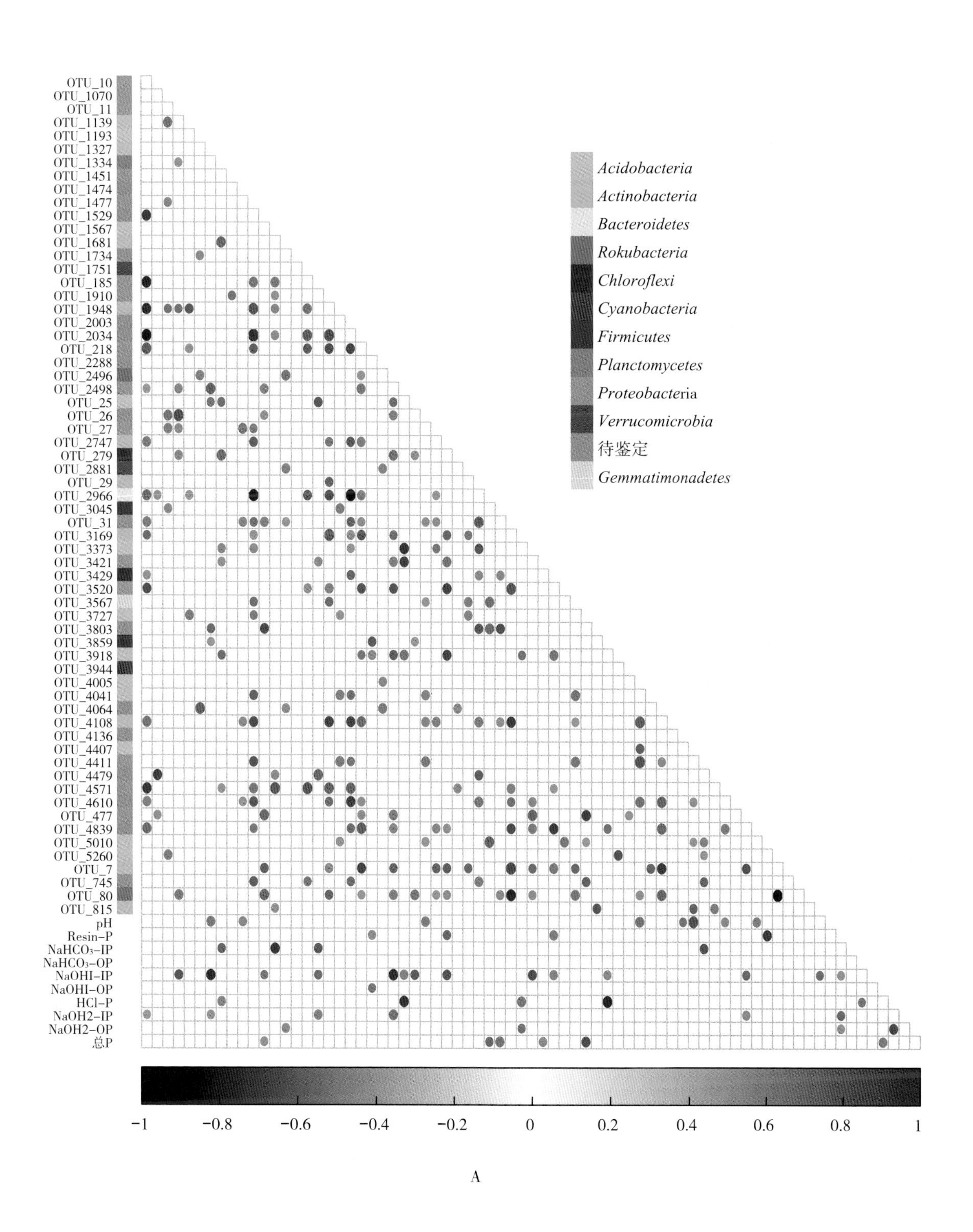

OTU_10
OTU_1070
OTU_11
OTU_1139
OTU_1193
OTU_1327
OTU_1334
OTU_1451
OTU_1474
OTU_1477
OTU_1529
OTU_1567
OTU_1681
OTU_1734
OTU_1751
OTU_185
OTU_1910
OTU_1948
OTU_2003
OTU_2034
OTU_218
OTU_2288
OTU_2496
OTU_2498
OTU_25
OTU_26
OTU_27
OTU_2747
OTU_279
OTU_2881
OTU_29
OTU_2966
OTU_3045
OTU_31
OTU_3169
OTU_3373
OTU_3421
OTU_3429
OTU_3520
OTU_3567
OTU_3727
OTU_3803
OTU_3859
OTU_3918
OTU_3944
OTU_4005
OTU_4041
OTU_4064
OTU_4108
OTU_4136
OTU_4407
OTU_4411
OTU_4479
OTU_4571
OTU_4610
OTU_477
OTU_4839
OTU_5010
OTU_5260
OTU_7
OTU_745
OTU_80
OTU_815
pH
Resin-P
NaHCO3-IP
NaHCO3-OP
NaOHI-IP
NaOHI-OP
HCl-P
NaOH2-IP
NaOH2-OP
总P
Acidobacteria
Actinobacteria
Bacteroidetes
Rokubacteria
Chloroflexi
Cyanobacteria
Firmicutes
Planctomycetes
Proteobacteria
Verrucomicrobia
待鉴定
Gemmatimonadetes
-1
-0.8
-0.6
-0.4
-0.2
0
0.2
0.4
0.6
0.8
1

A

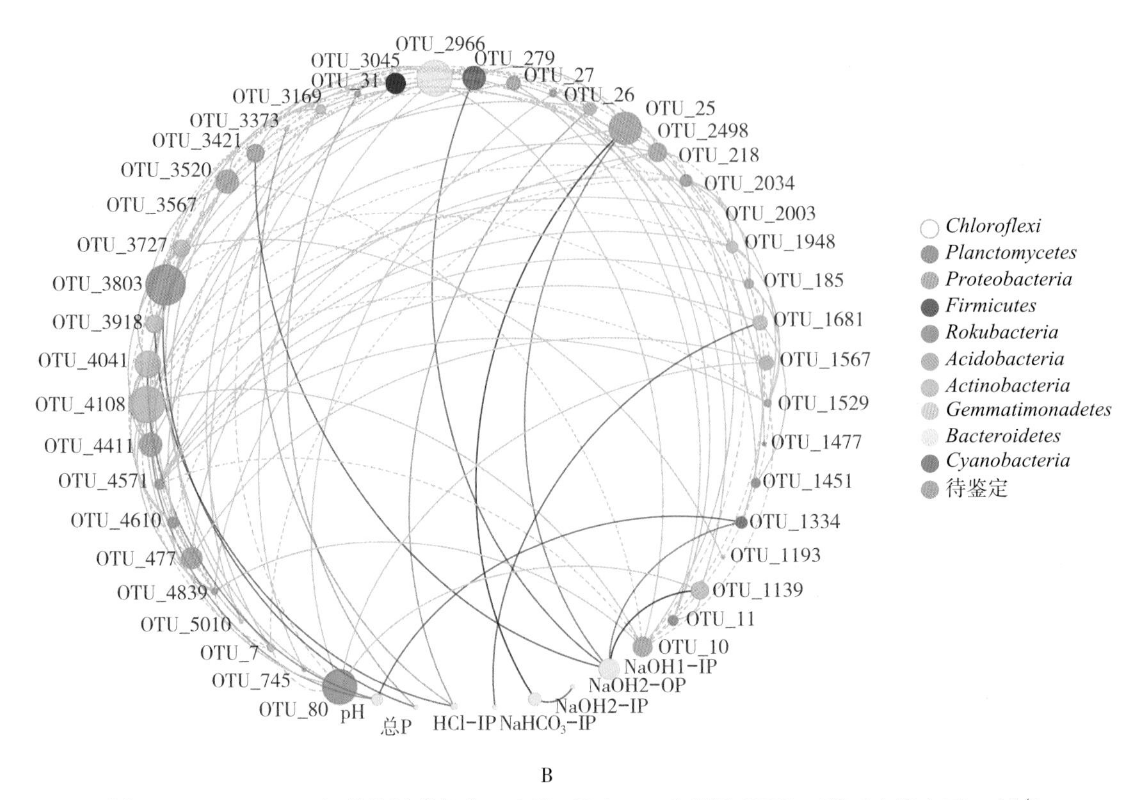

B

图 4-12 Spearman 相关分析磷组分、土壤 pH 与 *pqqC* 基因 OTUs（相对丰度大于 0.1%）

注：A 中圆圈大小表示相关系数的绝对值。图中仅展示显著相关关系（$P<0.05$）。每个 OTU 的细菌门在图中左侧标注。B 中相互关系网络仅展示较强的极显著相关关系（Spearman 相关系数绝对值大于 0.6，$P<0.01$）。正负相互关系分别用实线和虚线表示。红色和蓝色的线分别表示与磷组分和土壤 pH 的相关关系。节点的不同颜色表示不同的细菌门。

同处理间存在显著差异，从而影响 *pqqC* 基因群落。而树脂磷在各处理间并无显著差异，其含量与 63 个主要 *pqqC* 序列（相对丰度>0.1%）中的 4 个有显著相关性，却与 135 个微量的 *pqqC* 序列显著相关（数据未显示），说明该类易利用磷组分与微量的磷溶微生物关系更密切。随后将强相关关系（Spearman 相关系数>0.6 且 $P<0.01$）应用相关关系网络呈现（图 4-12B）。具有较高中介中心性的成员可以更频繁地控制网络中的信息流（Abbasi et al.，2012），在本书中可用于量化在不同覆盖管理措施下连接功能基因及磷组分的关键因素（OTU 及磷组分信息）。根据网络的中介中心性（Betweenness centrality）进行排序，发现未知细菌来源的 OTU3803 在网络中具有重要作用，是响应不同覆盖措施从而连接生物因素（*pqqC* 功能基因群落）和非生物因素（磷组分）的关键成员。其次是分别来源于放线菌门（Actinobacteria）、拟杆菌门（Bacteroidetes）、棒状杆菌门（Rokubacteria）和变形菌门（Proteobacteria）的 OTU4108、OTU2966、OTU80 和 OTU2498，主要与其他 *pqqC* 序列显著相关，说明主要在生物关联（*pqqC* 基因群落）中起到重要作用。对于磷组分而言，中等可利用无机磷（NaOH1-IP）在网络中也具有较高的中介中心性，其含量与 12 个含有 *pqqC* 功能基因的 OTUs 相对丰度具有显著的相互关系（图 4-12B）。特别是与来源于变形菌门（Proteobacteria）的 OTU3421 和 OTU2498 以及

拟杆菌门（Bacteroidetes）的 OTU279 显著相关，二者均在 *pqqC* 基因序列以及磷组分的相互关系中起到关键的桥梁作用。然而，稳定性有机磷组分（NaOH2－OP）仅与 2 个主要 *pqqC* 序列、NaOH2－IP 含量和 $NaHCO_3$－IP 含量显著相关（图 4－12A），表明该组分对土壤溶磷微生物群落的影响主要通过易利用和稳定态无机磷介导。有研究发现，无机溶磷细菌的增加可促进有机磷的矿化，包括产生磷酸酶和植酸磷；从微生物矿化中获得的磷可能反过来有益于无机溶磷细菌的生长（Alori et al.，2017）。因此，我们认为，保护性耕作条件下，改善有效磷的两个重要微生物过程（即无机磷增溶和有机磷矿化）可能是相互依存的。

4.3.9 保护性耕作模式下磷肥减施对土壤有机磷水解的影响

与免耕秸秆不覆盖处理（NPK）相比，免耕秸秆全量覆盖磷肥减施 20%处理（NPmKStr）的土壤中碱性磷酸单酯酶活性显著降低；与免耕秸秆全量覆盖处理（NPKStr）相比，土壤磷酸二酯酶活性在免耕秸秆全量覆盖磷肥减施 20%处理（NPmKStr）土壤中显著增加了 85%（表 4－10）。*phoD* 和 *phoX* 磷酸酶在细菌中广泛存在，可水解磷酸单酯和磷酸二酯，通常与磷酸酶活性显著相关（Ragot et al.，2017）。本研究发现，与免耕秸秆不覆盖处理（NPK）相比，*phoD* 基因丰度在免耕秸秆全量覆盖＋磷肥减施 20%处理（NPmKStr）以及免耕秸秆全量覆盖＋氮磷钾肥均减施 20%处理（mNPKStr）的土壤中均显著增加，而 *phoX* 基因以及细菌 16S rRNA 丰度在各处理间不存在显著差异（表 4－10）。

表 4－10 土壤磷酸酶活性及基因（*phoD*、*phoX* 和 16S rRNA）**丰度**（平均值±标准差）

	NPK	NPKStr	NPmKStr	mNPKStr
ALP	219.55±44.27a	206.36±49.06a	140.88±23.60b	203.81±26.60a
PDE	62.55±12.74ab	50.28±9.12b	79.26±12.65ab	92.94±10.80a
phoD（$\times10^7$）	1.10±0.61b	0.47±0.03b	3.75±0.82a	3.50±1.31ab
phoX（$\times10^3$）	5.19±0.65a	4.43±0.35a	5.33±1.20a	6.24±1.58a
16S rRNA（$\times10^9$）	1.40±0.30a	1.30±0.15a	1.20±0.14a	1.20±0.09a
Chao1（*phoD*）	1 698.02±165.54b	1 806±171.03ab	2 156.62±170.72a	1 909.55±415.19ab
Chao1（*phoX*）	186.79±8.00a	168.09±27.01a	191.69±14.61a	191.00±12.47a
Faith's PD（*phoD*）	458.46±64.91b	498.72±89.41ab	644.78±76.76a	548.16±117.14ab
Faith'sPD（*phoX*）	42.49±4.37a	38.71±7.58a	47.61±9.46a	41.93±5.34a
Shannon（*phoD*）	7.44±0.40a	7.52±0.45a	7.3±0.50a	7.87±0.46a
Shannon（*phoX*）	6.00±0.23a	5.54±0.54a	5.56±0.80a	5.88±0.21a

注：ALP 为碱性磷酸单酯酶活性［mg/(kg・h)］；PDE 为磷酸二酯酶活性［mg/(kg・h)］；*phoD* 或 *phoX* 基因丰度［拷贝数/g，干土］。小写字母表示处理间差异显著性（$P<0.05$，邓肯检验的单因素方差分析）。NPK 为免耕秸秆不还田；NPKStr 为免耕＋7.5t/hm^2 秸秆覆盖；NPmKStr 为免耕＋7.5t/hm^2 秸秆覆盖＋磷肥减施 20%；mNPKStr 为免耕＋7.5t/hm^2 秸秆覆盖＋氮磷钾肥均减施 20%。

研究普遍认为土壤磷匮乏会导致磷酸酶活性及其编码基因 *phoD* 丰度的增加（Sakurai et al.，2008；Acuña et al.，2016）。实际上，秸秆对 *phoD* 基因丰度的影响常因时空差异而不同。比如，与常规施肥相比，玉米秸秆还田 25 年显著增加了酸性土壤 *phoD* 基因丰度（Chen et al.，2017），而大豆秸秆还田 10 年对于土壤 *phoD* 基因丰度并无显著影响（Hu et al.，2018）。此外，荟萃分析发现在有机物料添加的情况下，有效磷的含量与磷酸酶存在正相关关系（Luo et al.，2019）。在这些研究中，通常认为所有细菌的生长而并非特定功能菌群对于磷酸酶活性或者 *phoD* 基因丰度的贡献更大。正如本研究中，免耕秸秆不覆盖（NPK）与免耕秸秆全量覆盖（NPKStr）处理中磷酸酶活性与 *phoD* 基因丰度相似。

保护性耕作模式下，化学磷肥减施（包括 NPmKStr 与 mNPKStr）显著增加了土壤 *phoD* 基因的丰度，约为免耕秸秆全量覆盖处理（NPKStr）的 8 倍。*phoD* 基因丰度通常与磷酸酶活性显著正相关（Acuña et al.，2016；Chen et al.，2017；Chen et al.，2019）。然而，免耕秸秆全量覆盖＋氮磷钾肥均减施 20%处理（mNPKStr）土壤中磷酸二酯酶活性显著增加，而碱性磷酸单酯酶活性不变。本研究中土壤可利用磷含量为 42.2～66.1mg/kg，高于作物生长所需的磷量。磷酸盐能够抑制 *phoD* 基因的转录，甚至与磷酸单酯底物竞争 *phoD* 活性位点，从而抑制碱性磷酸单酯酶活性（Rodriguez et al.，2014）。此外，其他磷酸二酯酶，如 *glpQ* 或者 *ugpQ* 编码的甘油磷酸二酯酶可能增加磷酸二酯酶活性（Lidbury et al.，2017），也是未来要研究的方向之一。更令人惊讶的是，碱性磷酸单酯酶活性在免耕秸秆全量覆盖＋磷肥均减施 20%处理（NPmKStr）土壤中甚至显著降低。换言之，在该条件下，增加的 *phoD* 宿主细菌并未行使功能。一个可能的原因是养分元素之间的平衡对微生物生长与活动具有重要作用，其中氮磷供应比决定了氮或磷是否限制微生物活性以及秸秆的腐解（Gusewell et al.，2009；Nguyen et al.，2017）。在本研究中，单独减少磷肥导致的较高氮磷比导致有机磷水解能力较低，同时造成缺磷的假象刺激 *phoD* 基因丰度增加。因此，保护性耕作模式下，氮磷钾肥均衡减施的处理更利于保持土壤磷的供应能力，这与 4.3.7 中有关溶磷菌的结论一致。

4.3.10 保护性耕作模式下磷肥减施对有机磷酶解微生物的影响

本研究对各土壤样本中磷酸酶编码基因 *phoD* 和 *phoX* 完成高通量测序与分析，分别获得 978 352 和 344 096 条序列，进一步聚类分析分别获得 5 574 和 323 个 OTUs。与免耕秸秆不覆盖处理（NPK）相比，免耕秸秆全量覆盖＋磷肥减施 20%处理（NPmKStr）土壤中 *phoD* 的 α 多样性指数 Chao1 和 Faith's PD 显著增加，而多样性指数 Shannon 在各处理间无显著差异（表 4－10）。此外，功能基因 *phoX* 的 α 多样性指数 Chao1、Faith's PD 和 Shannon 在各处理间均不存在显著差异（表 4－10）。主坐标分析（PCoA）与相似性分析（ANOSIM）结果都显示 *phoD* 基因群落 β 多样性在各处理间不存在显著差异（图 4－13A），而 *phoX* 基因群落 β 多样性在免耕秸秆全量覆盖（NPKStr）和免耕秸秆全量覆盖＋磷肥减施 20%处理（NPmKStr）间存在显著差异（图 4－13B）。

约有 77.6%的 *phoD* 基因序列来源于 5 个细菌门（图 4－14A）：变形菌门（Proteobacteria）、蓝菌门（Cyanobacteria）、浮霉菌门（Planctomycetes）、放线菌门（Actinobacteria）和厚壁菌门（Firmicutes）。其中，与免耕秸秆不覆盖处理相比（NPK），免耕秸秆全量覆盖＋磷肥减施 20%处理（NPmKStr）中蓝菌门（Cyanobacteria）相对丰度显著降低 33.2%（图 4－14A）。类似地，超过 96.7%的 *phoX* 基因序列来源于 5 个细菌门，在各处理间均不存在显著差异（图 4－14B）：放线菌门（Actinobacteria）、变形菌门

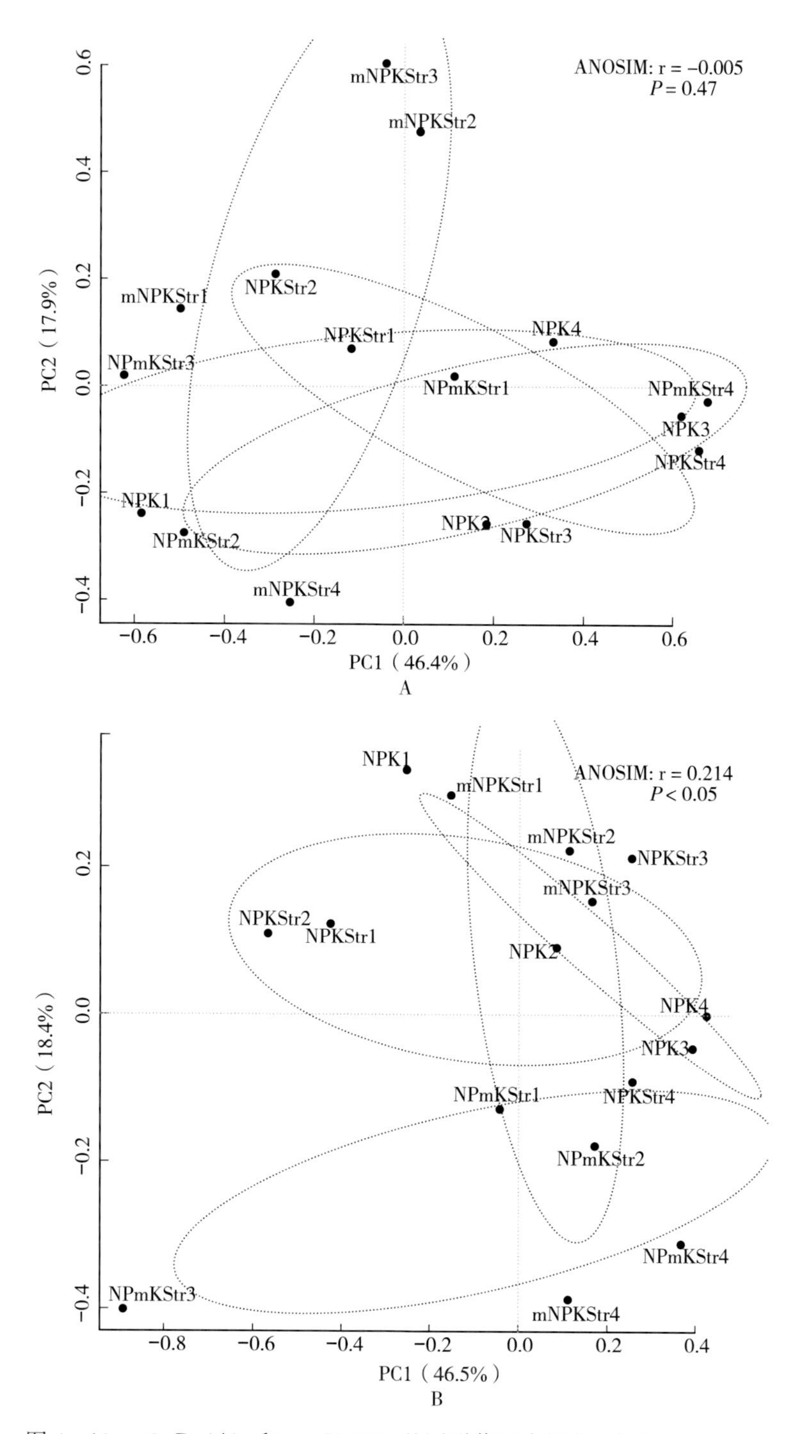

图 4-13 *phoD*（A）和 *phoX*（B）基因群落组成的主坐标分析（PCoA）

注：椭圆表示每个处理下的 95%置信区间（依据标准误）。相似性分析（排列数=9 999）结果在图中标注。NPK 为免耕秸秆不还田；NPKStr 为免耕+7.5t/hm² 秸秆覆盖；NPmKStr 为免耕+7.5t/hm² 秸秆覆盖+磷肥减施 20%；mNPKStr 为免耕+7.5t/hm² 秸秆覆盖+氮磷钾肥均减施 20%。

(Proteobacteria)、浮霉菌门（Planctomycetes)、酸杆菌门（Acidobacteria）和绿弯菌门（Chloroflexi)。与之前的研究结果相一致，相同环境土壤中 *phoD* 和 *phoX* 功能基因的细菌来源并不完全一致（Neal et al.，2017；Ragot et al.，2017)。

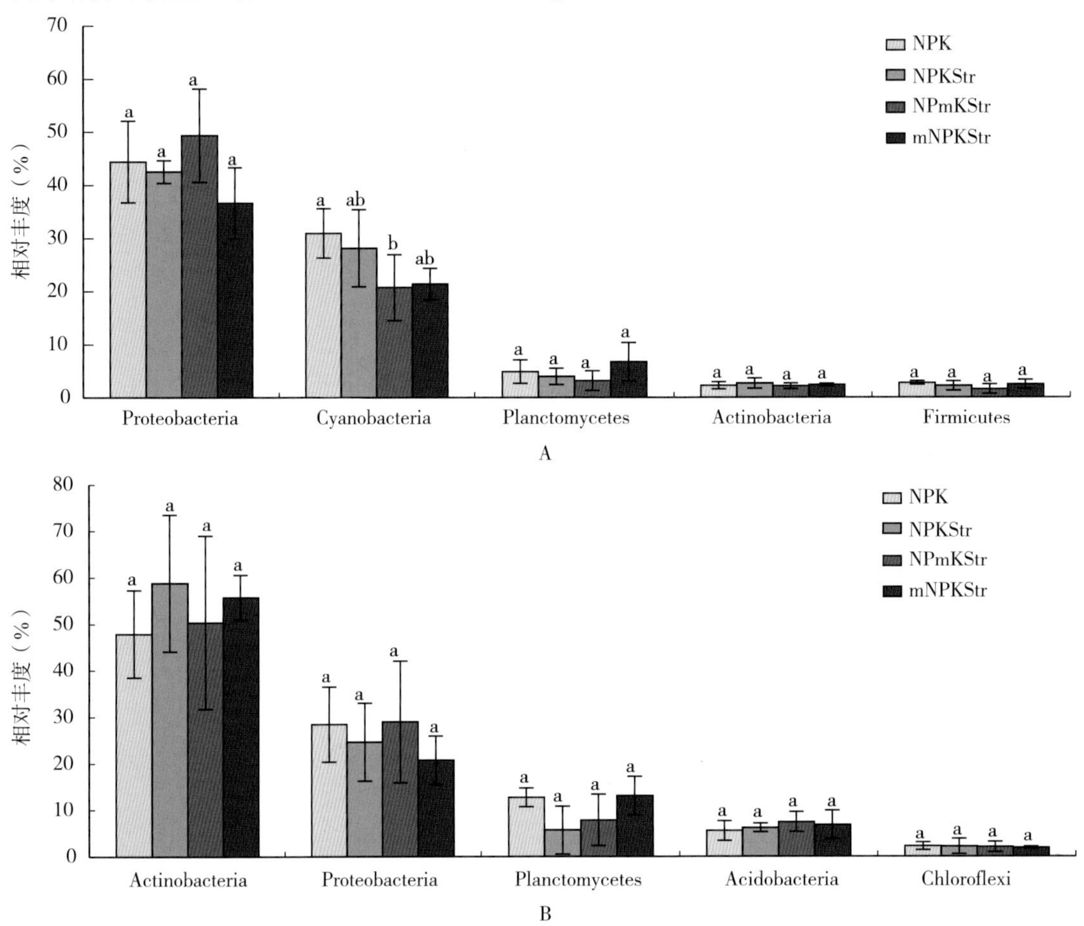

图 4-14 *phoD*（A）和 *phoX*（B）基因主要细菌门组成

注：小写字母表示处理间显著差异（Kruskal-Wallis 检验，$P<0.05$)。NPK 为免耕秸秆不还田；NPKStr 为免耕+7.5t/hm^2 秸秆覆盖；NPmKStr 为免耕+7.5t/hm^2 秸秆覆盖+磷肥减施 20%；mNPKStr 为免耕+7.5t/hm^2 秸秆覆盖+氮磷钾肥均减施 20%。

曼特尔检验（Mantel r：0.510 9）和普氏相关分析（Procrustes 相关性：0.735 4）结果显示 *phoD* 和 *phoX* 群落组成具有极显著的相关关系（$P<0.001$)。两两相关分析显示 *phoD* 和 *phoX* 序列间共有 136 对显著相关（图 4-15A)。*phoX* 序列中，来源于变形菌门（Proteobacteria）的 xOTU8 和 xOTU33 分别与超过一半的 *phoD* 序列存在显著相关关系（图 4-15A)。随后将强相关关系（相关系数>0.6 且 $P<0.01$）应用相关关系网络呈现（图 4-15B)。除 xOTU8 和 xOTU33 外，*phoD* 序列中来源于蓝菌门（Cyanobacteria）的 dOTU1849 和 dOTU3089 在相关网络中也具有重要作用（图 4-15B)。xOTU8 比对结果为菌种 *Hyphomicrobium zavarzinii*，是反硝化作用的主要参与者（Martineau et al.，2015)。xOTU33 比对结果为 *Afipia* sp.，可为固氮菌的生长提供磷与能量（Shi et al.，2009）。而蓝菌门（Cyanobacteria）具有明显的固氮能力，甚至可以在模拟的无氮或无磷条件下存活（Seckbach，2007）。因此，这些物种尽管在相对丰度上没有显著的变化，但是在应对保护性耕作模式下肥料减施造成的氮磷养分变化的群落关系中具有关键的作用。

结构方程模型显示：生物可利用磷的含量通过影响 *phoX* 基因群落组成负调控磷酸二酯酶活性；同时 *phoD* 基因丰度对磷酸二酯酶活性的直接正向效应显著；此外，*phoX* 基因群落通过影响 *phoD* 基因群落组成间接影响碱性磷酸单酯酶的活性（图 4 - 16）。在整个

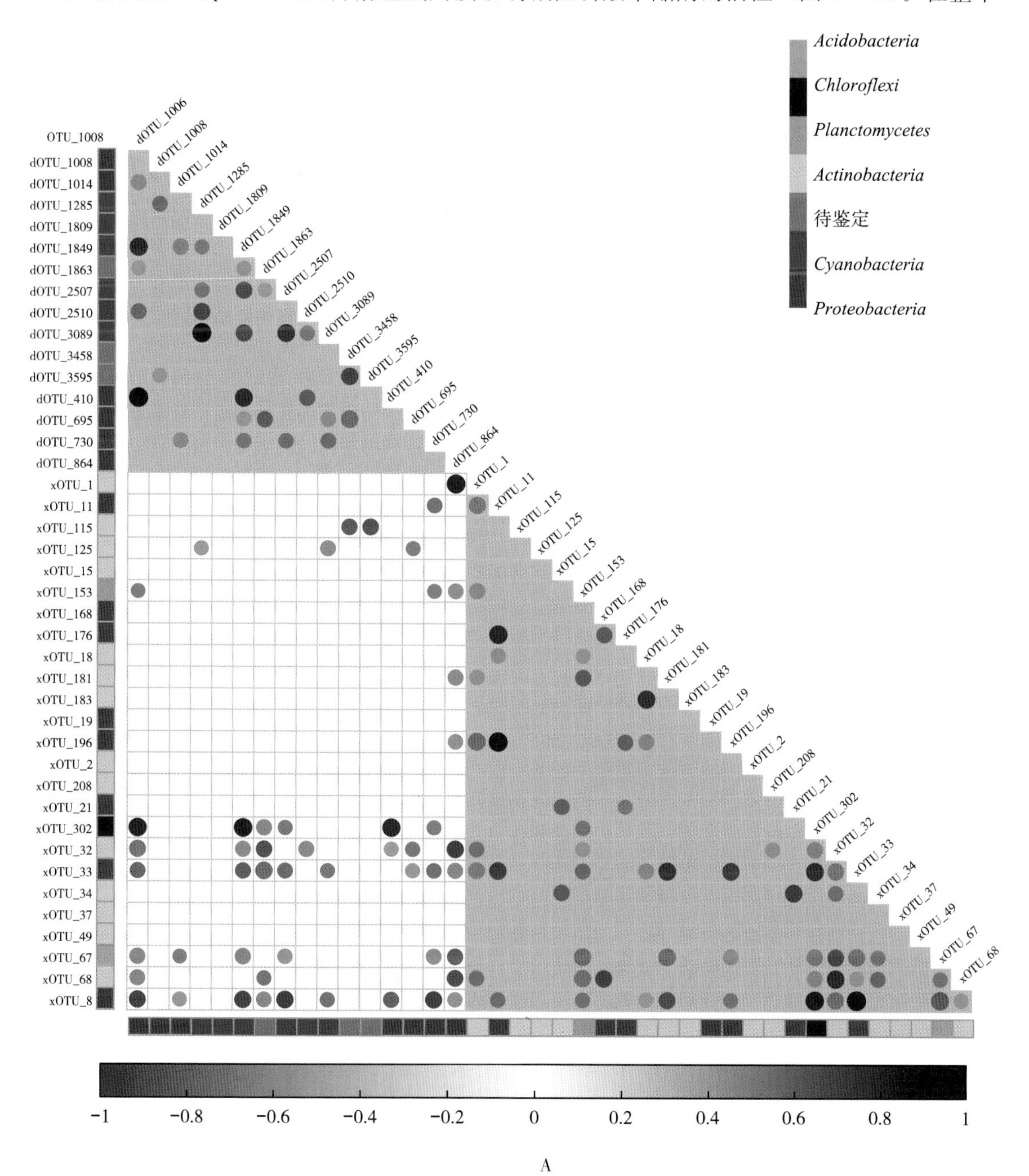

A

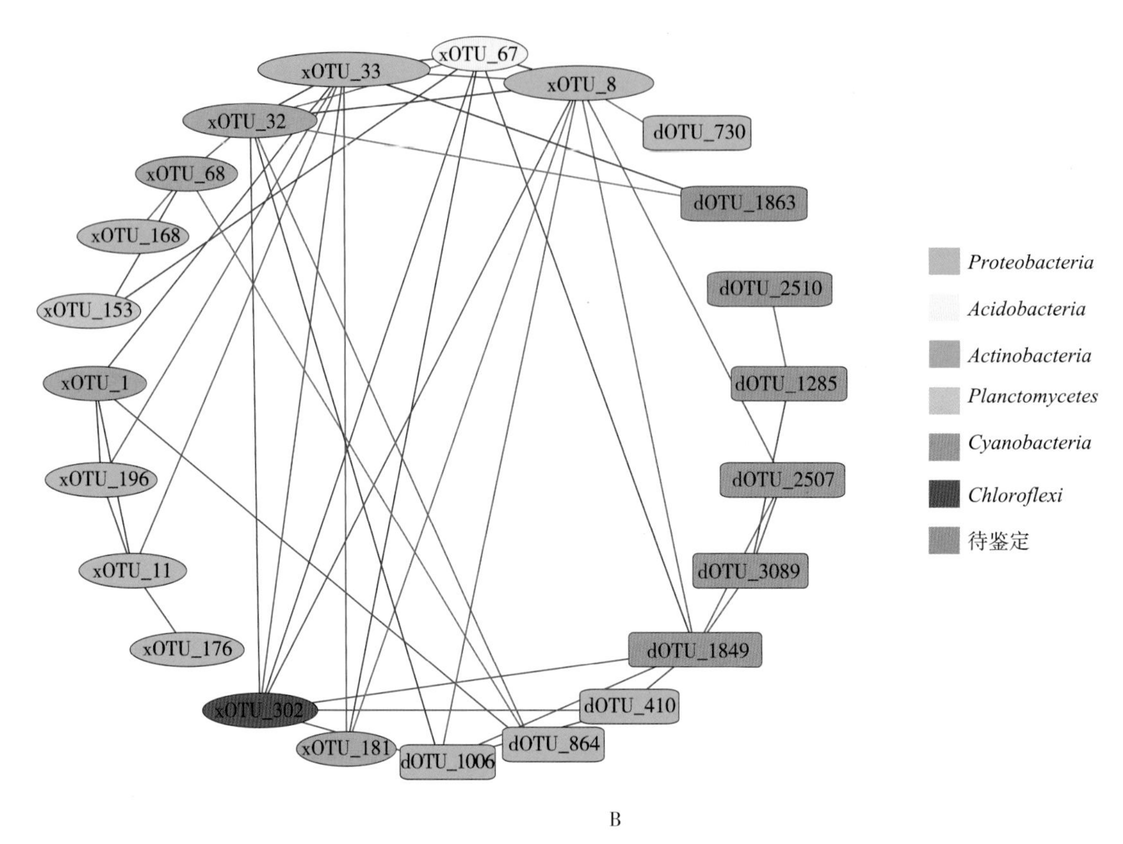

B

图 4-15　*phoD* 和 *phoX* 主要 OTU 序列（相对丰度>1%）的相互关系

注：OTUs 前面的“d”和“x”字母分别表示 *phoD* 和 *phoX* 基因。A 为皮尔森相关关系分析。仅显示显著相关关系（$P<0.05$）。灰色背景表示 *phoD* 或 *phoX* 基因内的相互关系，白色背景表示 *phoD* 与 *phoX* 之间的相互关系。OTU 来源的细菌门标注在左侧。B 为极显著的较强相关关系（相关系数的绝对值>0.6 且 $P<0.01$）构建相互关系网络图。红线和蓝线分别表示正负相互关系。三角和椭圆分别表示 *phoD* 和 *phoX* 的 OTU 序列。图形的颜色表示细菌门，根据中介中心进行排序。

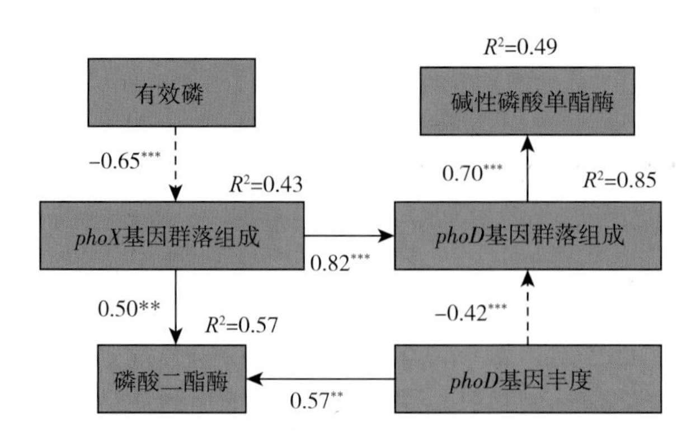

图 4-16　结构方程模型分析基因（*phoD* 和 *phoX*）丰度与群落、磷酸酶活性及有效磷之间的关系

注：$x^2=4.040$，$df=9$，$P=0.909$，$CFI=1.000$，$GFI=0.912$，$RMSEA=0.000$；PDE 为磷酸二酯酶活性，ALP 为碱性磷酸单酯酶活性。箭头上的数字表示标准化的通径系数。实线和虚线箭头分别表示正负的显著相关路径。**和***分别表示 $P<0.01$ 和 $P<0.001$ 的显著性差异。

模型中，*phoX* 基因群落至关重要。早期研究认为 *phoX* 磷酸酶对磷吸收更重要，而 *pohD* 磷酸酶更依赖细胞内的磷。因此，在相应土壤磷有效性上，*phoX* 可能优先于 *phoD*。并且，不同 *phoX* 宿主细菌物种之间的影响比某些物种的个体生长繁殖作用更快，可能介导 *phoD* 磷酸酶和有效磷之间的响应关系。

4.4　小结

本章依托田间定位试验平台，明确了保护性耕作模式下东北黑土区土壤磷组分及其含量特征。结合液体^{31}P 核磁共振波谱分析法、Hedley 分级浸提法、土壤酶学测定以及高通量测序技术，系统研究了免耕秸秆覆盖量以及免耕秸秆全量覆盖条件下化肥减量施用对土壤磷组成与含量的影响，并解析了酶学与微生物学机制。获得主要结论如下：

东北黑土区保护性耕作模式下，33%的秸秆覆盖量更利于土壤磷的保持与供应，而更高量的秸秆覆盖不能进一步提升土壤磷量或转化能力。

东北黑土区保护性耕作模式下，表层（0～10cm）土壤磷酸二酯酶和酸性磷酸单酯酶主导有机磷的水解；而次表层（10～20cm）土壤中，碱性磷酸单酯酶在有机磷的水解中发挥了主要作用。

东北黑土区保护性耕作模式下，化学磷肥减施 20%或氮磷钾肥均减施 20%都不显著影响田间作物产量以及土壤全磷含量。

东北黑土区保护性耕作模式下，氮磷钾肥均衡减施促进土壤稳定性磷库积累，且降低速效磷含量过高造成的淋溶风险，有利于土壤磷的保持。

东北黑土区保护性耕作模式下，氮磷钾肥均衡减施有助于提高土壤无机磷溶解以及有机磷矿化的能力，有利于土壤磷的供应。

参考文献

董智，解宏图，张立军，等，2013. 东北玉米带秸秆覆盖免耕对土壤性状的影响［J］. 玉米科学，21：100-103，108.

鲁如坤，2003. 土壤磷素水平和水体环境保护［J］. 磷肥与复肥，18：3.

沈善敏，1998. 中国土壤肥力［M］. 北京：中国农业出版社.

吴金水，林启美，黄巧云，等，2011. 土壤微生物生物量测定方法及其应用［J］. 土壤通报，44（4）：1010-1016.

Abbasi A，Hossain L，Leydesdorff L，2012. Betweenness centrality as a driver of preferential attachment in the evolution of research collaboration networks ［J］. Journal of Informetrics，6：403-412.

Abdi D，Cade-Menun B J，Ziadi N，et al.，2019. A ^{31}P-NMR spectroscopic study of phosphorus forms in two phosphorus-fertilized grassland soils in eastern Canada ［J］. Canadian Journal of Soil Science，99：161-172.

Abdi D，Cade-Menun B J，Ziadi N，et al.，2014. Long - term impact of tillage practices and phosphorus fertilization on soil phosphorus forms as determined by ^{31}P nuclear magnetic resonance spectroscopy ［J］. Journal of Environmental Quality，43：1431-1441.

Acuña J J, Durán P, Lagos L M, et al., 2016. Bacterial alkaline phosphomonoesterase in the rhizospheres of plants grown in Chilean extreme environments [J]. Biology and Fertility of Soils, 52: 763-773.

Alori E T, Glick B R, Babalola O O, 2017. Microbial phosphorus solubilization and its potential for use in sustainable agriculture [J]. Frontiers in Microbiology, 8: 971.

Altshuler I, Hamel J, Turney S, et al., 2019. Species interactions and distinct microbial communities in high Arctic permafrost affected cryosols are associated with the CH_4 and CO_2 gas fluxes [J]. Environmental Microbiology, 21: 3711-3727.

Becraft E D, Woyke T, Jarett J, et al., 2017. Rokubacteria: genomic giants among the uncultured bacterial phyla [J]. Frontiers in Microbiology, 8: 2264.

Bedrock C N, Cheshire M V, Chudek J A, et al., 1994. Use of ^{31}P-NMR to study the forms of phosphorus in peat soils [J]. Science of the Total Environment, 152: 1-8.

Bergkemper F, Scholer A, Engel M, et al., 2016. Phosphorus depletion in forest soils shapes bacterial communities towards phosphorus recycling systems [J]. Environmental Microbiology, 18: 1988-2000.

Brookes P, Powlson D, Jenkinson D, 1982. Measurement of microbial biomass phosphorus in soil [J]. Soil Biology and Biochemistry, 14: 319-329.

Bunemann E K, 2015. Assessment of gross and net mineralization rates of soil organic phosphorus-A review [J]. Soil Biology and Biochemistry, 89: 82-98.

Bunemann E K, Smernik R J, Marschner P, et al., 2008. Microbial synthesis of organic and condensed forms of phosphorus in acid and calcareous soils [J]. Soil Biology and Biochemistry, 40: 932-946.

Cade-Menun B, Liu C W, 2014. Solution phosphorus-31 nuclear magnetic resonance spectroscopy of soils from 2005 to 2013: a review of sample preparation and experimental parameters [J]. Soil Science Society of America Journal, 78: 19-37.

Cade-Menun B J, 2015. Improved peak identification in ^{31}P-NMR spectra of environmental samples with a standardized method and peak library [J]. Geoderma, 257: 102-114.

Cade-Menun B J, He Z Q, Zhang H L, et al., 2015. Stratification of phosphorus forms from long-term conservation tillage and poultry litter application [J]. Soil Science Society of America Journal, 79: 504-516.

Cade-Menun B J, Carter M R, James D C, et al., 2010. Phosphorus forms and chemistry in the soil profile under long-term conservation tillage: a phosphorus-31 nuclear magnetic resonance study [J]. Journal of Environmental Quality, 39: 1647-1656.

Cade-Menun B J, Doody D G, Liu C W, et al., 2017. Long-term changes in grassland soil phosphorus with fertilizer application and withdrawal [J]. Journal of Environmental Quality, 46: 537-545.

Caporaso J G, Kuczynski J, Stombaugh J, et al., 2010. QIIME allows analysis of high-throughput community sequencing data [J]. Nature Methods, 7: 335-336.

Chen X, Jiang N, Condron L M, et al., 2019. Impact of long-term phosphorus fertilizer inputs on bacterial *phoD* gene community in a maize field, Northeast China [J]. Science of the Total Environment, 669: 1011-1018.

Chen X D, Jiang N, Chen Z H, et al., 2017. Response of soil *phoD* phosphatase gene to long-term combined applications of chemical fertilizers and organic materials [J]. Applied Soil Ecology, 119: 197-204.

Chien S H, Prochnow L I, Tu S, et al., 2011. Agronomic and environmental aspects of phosphate fertilizers varying in source and solubility: an update review [J]. Nutrient Cycling in Agroecosystems, 89: 229 - 255.

Condron L M, Davis M R, Newman R H, et al., 1996. Influence of conifers on the forms of phosphorus in selected New Zealand grassland soils [J]. Biology and Fertility of Soils, 21: 37 - 42.

Condron L M, Turner B L, Cade - Menun B J, 2005. Chemistry and dynamics of soil organic phosphorus [J]. Phosphorus: Agriculture and the Environment, 46: 87 - 121.

Cong R H, Xu M G, Wang X J, et al., 2012. An analysis of soil carbon dynamics in long - term soil fertility trials in China [J]. Nutrient Cycling in Agroecosystems, 93: 201 - 213.

Cordell D, Drangert J O, White S, 2009. The story of phosphorus: global food security and food for thought [J]. Global Environmental Change, 19: 292 - 305.

Cosgrove D, 1966. Synthesis of the hexaphosphates of myo -, scyllo -, neo - and D - inositol [J]. Journal of the Science of Food and Agriculture, 17: 550 - 554.

Crits - Christoph, A, Diamond S, Butterfield C N, et al., 2018. Novel soil bacteria possess diverse genes for secondary metabolite biosynthesis [J]. Nature, 558: 440 - 444.

Damon P M, Bowden B, Rose T, et al., 2014. Crop residue contributions to phosphorus pools in agricultural soils: a review [J]. Soil Biology and Biochemistry, 74: 127 - 137.

Deng S, Tabatabai M, 1997. Effect of tillage and residue management on enzyme activities in soils: III. Phosphatases and arylsulfatase [J]. Biology and Fertility of Soils, 24: 141 - 146.

Dick W A, Tabatabai M A, 1977. Determination of orthophosphate in aqueous - solutions containing labile organic and inorganic phosphorus - compounds [J]. Journal of Environmental Quality, 6: 82 - 85.

Edgar R C, 2013. UPARSE: highly accurate OTU sequences from microbial amplicon reads [J]. Nature Methods, 10: 996 - 998.

Fierer N, Jackson R B, 2006. The diversity and biogeography of soil bacterial communities [J]. Proceedings of the National Academy of Sciences of the United States of America, 103: 626 - 631.

Filippelli G M, 2008. The global phosphorus cycle: past, present, and Future [J]. Elements, 4: 89 - 95.

Fones E M, Colman D R, Kraus E A, et al., 2019. Physiological adaptations to serpentinization in the Samail Ophiolite, Oman [J]. ISME Journal, 13: 1750 - 1762.

Frossard E, Condron L M, Oberson A, et al., 2000. Processes governing phosphorus availability in temperate soils [J]. Journal of Environmental Quality, 29: 15 - 23.

Gusewell S, Gessner M O, 2009. N : P ratios influence litter decomposition and colonization by fungi and bacteria in microcosms [J]. Functional Ecology, 23: 211 - 219.

He Z Q, Honeycutt C W, 2005. A modified molybdenum blue method for orthophosphate determination suitable for investigating enzymatic hydrolysis of organic phosphates [J]. Communications in Soil Science and Plant Analysis, 36: 1373 - 1383.

He Z Q, Mao J D, Honeycutt C W, et al., 2009. Characterization of plant - derived water extractable organic matter by multiple spectroscopic techniques [J]. Biology and Fertility of Soils, 45: 609 - 616.

Hedley M J, Stewart J W B, Chauhan B S, 1982. Changes in inorganic and organic soil - phosphorus fractions induced by cultivation practices and by laboratory incubations [J]. Soil Science Society of America Journal, 46: 970 - 976.

Heffer P, Prud'homme M, 2013. Nutrients as limited resources: global trends in fertilizer production and use [J]. Improving Water and Nutrient - use Efficiency in Food Production Systems, 16: 57 - 78.

Holford I C R, 1997. Soil phosphorus: its measurement, and its uptake by plants [J]. Australian Journal of Soil Research, 35: 227 - 239.

Hu Y, Xia Y, Sun Q, et al., 2018. Effects of long - term fertilization on *phoD* - harboring bacterial community in Karst soils [J]. Science of the Total Environment, 628: 53 - 63.

Hug L A, Thomas B C, Sharon I, et al., 2016. Critical biogeochemical functions in the subsurface are associated with bacteria from new phyla and little studied lineages [J]. Environmental Microbiology, 18: 159 - 173.

Jayandra K J, Sanjay S C, Shekhar N, 1999. Occurrence of salt, pH, and temperature - tolerant, phosphate - solubilizing bacteria in alkaline soils [J]. Current Microbiology, 39 (2): 89 - 93.

Jiang N, Wei K, Pu J, et al., 2021. A balanced reduction in mineral fertilizers benefits P reserve and inorganic P - solubilizing bacterial communities under residue input [J]. Applied Soil Ecology, 159: 103833.

Kamutando C N, Vikram S, Kamgan - Nkuekam G, et al., 2019. The functional potential of the rhizospheric microbiome of an invasive tree species, acacia dealbata [J]. Microbial Ecology, 77: 191 - 200.

Kassam A, Derpsch R, Friedrich T, 2014. Global achievements in soil and water conservation: the case of conservation agriculture [J]. International Soil and Water Conservation Research, 2: 5 - 13.

Khan M S, Zaidi A, Musarrat J, 2014. Role of phosphate - solubilizing actinomycetes in plant growth promotion: current perspective [M]. Berlin: Springer International Publishing.

Kuo S, 1996. Phosphorus [M]. //Sparks. D L, Page A L, Helme P A, et al., Methods of Soil Analysis: 869 - 919.

L'Annunziata M F, 1975. The origin and transformations of the soil inositol phosphate isomers [J]. Soil Science Society of America Journal, 39 (2): 377 - 379.

Lauber C L, Strickland M S, Bradford M A, et al., 2008. The influence of soil properties on the structure of bacterial and fungal communities across land - use types [J]. Soil Biology and Biochemistry, 40: 2407 - 2415.

Li X G, Jia B, Lv J T, et al., 2017. Nitrogen fertilization decreases the decomposition of soil organic matter and plant residues in planted soils [J]. Soil Biology and Biochemistry, 112: 47 - 55.

Lidbury I D, Murphy A R, Fraser T D, et al., 2017. Identification of extracellular glycerophosphodiesterases in *Pseudomonas* and their role in soil organic phosphorus remineralisation [J]. Scientific Reports, 7: 1 - 11.

Long X E, Yao H Y, Huang Y, et al., 2018. Phosphate levels influence the utilisation of rice rhizodeposition carbon and the phosphate - solubilising microbial community in a paddy soil [J]. Soil Biology and Biochemistry, 118: 103 - 114.

Luo G, Sun B, Li L, et al., 2019. Understanding how long - term organic amendments increase soil phosphatase activities: insight into *phoD* - and *phoC* - harboring functional microbial populations [J]. Soil Biology and Biochemistry, 139: 107632.

Mackenzie F T, Vera L M, Lerman A, 2002. Century - scale nitrogen and phosphorus controls of the carbon cycle [J]. Chemical Geology, 190: 13 - 32.

Martineau C, Mauffrey F, Villemur R, 2015. Comparative analysis of denitrifying activities of *Hyphomicrobium nitrativorans*, *Hyphomicrobium denitrificans*, and *Hyphomicrobium zavarzinii* [J]. Applied and Environmental Microbiology, 81: 5003-5014.

Masto R E, Chhonkar P, Singh D, et al., 2006. Changes in soil biological and biochemical characteristics in a long-term field trial on a sub-tropical inceptisol [J]. Soil Biology and Biochemistry, 38: 1577-1582.

McDowell R W, Stewart I, Cade-Menun B J, 2006. An examination of spin-lattice relaxation times for analysis of soil and manure extracts by liquid state phosphorus-31 nuclear magnetic resonance spectroscopy [J]. Journal of Environmental Quality, 35: 293-302.

McGill W, Cole C, 1981. Comparative aspects of cycling of organic C, N, S and P through soil organic matter [J]. Geoderma, 26: 267-286.

McLaren T I, Smernik R J, McLaughlin M J, et al., 2020. The chemical nature of soil organic phosphorus: a critical review and global compilation of quantitative data [J]. Advances in Agronomy, 160, 51-124.

Menezes-Blackburn D, Giles C, Darch T, et al., 2018. Opportunities for mobilizing recalcitrant phosphorus from agricultural soils: a review [J]. Plant and Soil, 427: 5-16.

Meyer J B, Frapolli M, Keel C, et al., 2011. Pyrroloquinoline quinone biosynthesis gene *pqqC*, a novel molecular marker for studying the phylogeny and diversity of phosphate-solubilizing pseudomonads [J]. Applied and Environmental Microbiology, 77: 7345-7354.

Mishima S, Taniguchi S, Komada M, 2006. Recent trends in nitrogen and phosphate use and balance on Japanese farmland [J]. Soil Science and Plant Nutrition, 52: 556-563.

Mo J M, Brown S, Xue J, et al., 2006. Response of litter decomposition to simulated N deposition in disturbed, rehabilitated and mature forests in subtropical China [J]. Plant and Soil, 282: 135-151.

Murphy J, Riley J P, 1962. A modified single solution method for the determination of phosphate in natural waters [J]. Analytica Chimica Acta, 27: 31-36.

Muyzer G, de Waal E C, Uitterlinden A, 1993. Profiling of complex microbial populations by denaturing gradient gel electrophoresis analysis of polymerase chain reaction-amplified genes coding for 16S rRNA [J]. Applied and Environmental Microbiology, 59: 695-700.

Nannipieri P, Giagnoni L, Landi L, et al., 2011. Role of phosphatase enzymes in soil phosphorus in action [M]. Soil Biology: 215-243.

Neal A L, Rossmann M, Brearley C, et al., 2017. Land-use influences phosphatase gene microdiversity in soils [J]. Environmental Microbiology, 19: 2740-2753.

Nguyen T T, Marschner P, 2017. Soil respiration, microbial biomass and nutrient availability in soil after addition of residues with adjusted N and P concentrations [J]. Pedosphere, 27: 76-85.

Noack S R, McLaughlin M J, Smernik R J, et al., 2012. Crop residue phosphorus: speciation and potential bio-availability [J]. Plant and Soil, 359: 375-385.

Noack S R, Smernik R J, Mcbeath T M, et al., 2014. Assessing crop residue phosphorus speciation using chemical fractionation and solution ^{31}P nuclear magnetic resonance spectroscopy [J]. Talanta, 126: 122-129.

Nouioui I, GöKer M, Carro L, et al., 2017. High quality draft genome of Nakamurella lactea type strain, a rock actinobacterium, and emended description of Nakamurella lactea [J]. Standards in Genomic Sciences, 12 (1): 1-6.

Olsen S R, 1954. Estimation of available phosphorus in soils by extraction with sodium bicarbonate [M]. Washington: Department of Agriculture.

Ragot S A, Kertesz M A, Bunemann E K, 2015. *PhoD* alkaline phosphatase gene diversity in Soil [J]. Applied and Environmental Microbiology, 81: 7281 - 7289.

Ragot S A, Kertesz M A, Mészáros É, et al., 2017. Soil *phoD* and *phoX* alkaline phosphatase gene diversity responds to multiple environmental factors [J]. FEMS Microbiology Ecology, 93: 212.

Rodriguez F, Lillington J, Johnson S, et al., 2014. Crystal structure of the *Bacillus subtilis* phosphodiesterase *phoD* reveals an iron and calcium - containing active site [J]. Journal of Biological Chemistry, 289: 30889 - 30899.

Roldán A, Caravaca F, Hernández M, et al., 2003. No - tillage, crop residue additions, and legume cover cropping effects on soil quality characteristics under maize in Patzcuaro watershed (Mexico) [J]. Soil and Tillage Research, 72: 65 - 73.

Rousk J, Brookes P C, Bååth E, 2010. The microbial PLFA composition as affected by pH in an arable soil [J]. Soil Biology and Biochemistry, 42: 516 - 520.

Sakurai M, Wasaki J, Tomizawa Y, et al., 2008. Analysis of bacterial communities on alkaline phosphatase genes in soil supplied with organic matter [J]. Soil Science and Plant Nutrition, 54: 62 - 71.

Seckbach J, 2007. Algae and cyanobacteria in extreme environments [M]. Berlin: Springer Science & Business Media.

Sghaier H, Hezbri K, Ghodhbane - Gtari F, et al., 2016. Stone - dwelling actinobacteria *Blastococcus saxobsidens*, *Modestobacter marinus* and *Geodermatophilus obscurus* proteogenomes [J]. ISME Journal, 10: 21 - 29.

Sharma S B, Sayyed R Z, Trivedi M H, et al., 2013. Phosphate solubilizing microbes: sustainable approach for managing phosphorus deficiency in agricultural soils [J]. Springerplus, 2 (1): 1 - 14.

Sharpley A N, McDowell R W, Kleinman P J A, 2001. Phosphorus loss from land to water: integrating agricultural and environmental management [J]. Plant and Soil, 237: 287 - 307.

Sharrar A M, Crits - Christoph A, Meheust R, et al., 2020. Bacterial secondary metabolite biosynthetic potential in soil varies with phylum, depth, and vegetation type [J]. Cold Spring Harbor Laboratory, 11 (3): e00416 - 20.

Shekhar N C, Shipra B, Pradeep K, et al., 2000. Stress induced phosphate solubilization in bacteria isolated from alkaline soils [J]. FEMS Microbiology Letters: 291 - 296.

Shi L, Cai Y, Li P, et al., 2009. Molecular identification of the colony - associated cultivable bacteria of the cyanobacterium Microcystis aeruginosa and their effects on algal growth [J]. Journal of Freshwater Ecology, 24: 211 - 218.

Stover C K, Pham X Q, Erwin A L, et al., 2000. Complete genome sequence of *Pseudomonas aeruginosa* PAO1, an opportunistic pathogen [J]. Nature, 406: 959 - 964.

Tabatabai M, 1994. Soil enzymes: Part 2. Microbiological and biochemical properties [M]. Madison: Soil science society of America: 775 - 833.

Tan H, Barret M, Mooij M J, et al., 2013. Long - term phosphorus fertilisation increased the diversity of the total bacterial community and the *phoD* phosphorus mineraliser group in pasture soils [J]. Biology and Fertility of Soils, 49: 661 - 672.

Thirukkumaran C M, Parkinson D, 2000. Microbial respiration, biomass, metabolic quotient and litter decomposition in a lodgepole pine forest floor amended with nitrogen and phosphorous fertilizers [J]. Soil Biology and Biochemistry, 32: 59 - 66.

Tian J, Wei K, Condron L M, et al., 2016. Impact of land use and nutrient addition on phosphatase activities and their relationships with organic phosphorus turnover in semi - arid grassland soils [J]. Biology and Fertility of Soils, 52: 675 - 683.

Turner B L, Cheesman A W, Condron L M, et al., 2015. Introduction to the special issue: developments in soil organic phosphorus cycling in natural and agricultural ecosystems [J]. Geoderma, 257 - 258: 1 - 3.

Turner B L, Haygarth P M, 2005. Phosphatase activity in temperate pasture soils: potential regulation of labile organic phosphorus turnover by phosphodiesterase activity [J]. Science of the Total Environment, 344: 27 - 36.

Turner B L, Mahieu N, Condron L M, 2003. Phosphorus - 31 nuclear magnetic resonance spectral assignments of phosphorus compounds in soil NaOH - EDTA extracts [J]. Soil Science Society of America Journal, 67: 497 - 510.

Turner B L, Mahieu N, Condron L M, et al., 2005. Quantification and bioavailability of scyllo - inositol hexakisphosphate in pasture soils [J]. Soil Biology and Biochemistry, 37: 2155 - 2158.

Turner B L, Newman S, 2005. Phosphorus cycling in wetland soils: the importance of phosphate diesters [J]. Journal of Environmental Quality, 34 (5): 1921 - 1929.

Turner B L, Papházy M J, Haygarth P M, et al., 2002. Inositol phosphates in the environment [J]. Philosophical Transactions of the Royal Society of London, 357: 449 - 469.

Vance C P, Uhde - Stone C, Allan D L, 2003. Phosphorus acquisition and use: critical adaptations by plants for securing a nonrenewable resource [J]. New Phytologist, 157: 423 - 447.

Vincent A G, Vestergren J, Gröbner G, et al., 2013. Soil organic phosphorus transformations in a boreal forest chronosequence [J]. Plant and Soil, 367: 149 - 162.

Vitousek P M, Porder S, Houlton B Z, et al., 2010. Terrestrial phosphorus limitation: mechanisms, implications, and nitrogen - phosphorus interactions [J]. Ecological Applications, 20: 5 - 15.

Vyas P, Gulati R A, 2009. Stress tolerance and genetic variability of phosphate - solubilizing fluorescent Pseudomonas from the cold deserts of the trans - himalayas [J]. Microbial Ecology, 58: 425 - 434.

Wang H, Li X, Li X, et al., 2020. Long - term no - tillage and different residue amounts alter soil microbial community composition and increase the risk of maize root rot in northeast China [J]. Soil and Tillage Research, 196: 104452.

Wang J, Chen Z, Chen L, et al., 2011. Surface soil phosphorus and phosphatase activities affected by tillage and crop residue input amounts [J]. Plant, Soil and Environment, 57: 251 - 257.

Wei K, Chen Z, Zhang X, et al., 2014a. Tillage effects on phosphorus composition and phosphatase activities in soil aggregates [J]. Geoderma, 217: 37 - 44.

Wei K, Chen Z, Zhu A, et al., 2014b. Application of ^{31}P NMR spectroscopy in determining phosphatase activities and P composition in soil aggregates influenced by tillage and residue management practices [J]. Soil and Tillage Research, 138: 35 - 43.

Wei K, Sun T, Tian J H, et al., 2018. Soil microbial biomass, phosphatase and their relationships with phosphorus turnover under mixed inorganic and organic nitrogen addition in aLarix gmelinii plantation [J]. Forest Ecology and Management, 422: 313 - 322.

Wu G, Wei K, Chen Z, et al., 2021. Crop residue application at low rates could improve soil phosphorus cycling under long - term no - tillage management [J]. Biology and Fertility of Soils, 57: 499 - 511.

Yang X, Post W M, 2011. Phosphorus transformations as a function of pedogenesis: a synthesis of soil phosphorus data using Hedley fractionation method [J]. Biogeosciences, 8: 2907 - 2916.

Zhang W, Tang X, Feng X, et al., 2019. Management strategies to optimize soil phosphorus utilization and alleviate environmental risk in China [J]. Journal of Environmental Quality, 48: 1167 - 1175.

Zheng B X, Hao X L, Ding K, et al., 2017. Long - term nitrogen fertilization decreased the abundance of inorganic phosphate solubilizing bacteria in an alkaline soil [J]. Scientific Reports, 7 (1): 1 - 10.

Zheng B X, Zhang D P, Wang Y, et al., 2019. Responses to soil pH gradients of inorganic phosphate solubilizing bacteria community [J]. Scientific Reports, 9 (1): 1 - 8.

第5章　保护性耕作对土壤微生物的影响

5.1　引言

土壤微生物在土壤有机质和养分循环过程中起着非常关键的作用（Sherwood et al.，2000）。土壤微生物群落能对土壤生态系统变化做出快速反应，已被很好地用作土壤质量评价指标来预测农业土壤健康，并且可以通过调控土壤微生物来保护和改善土壤（Nielsen et al.，2002；周丽霞等，2007；朱永官等，2021）。

有研究表明，与传统耕作方式相比，少免耕处理下革兰氏阳性菌增加 30.0%，革兰氏阴性菌增加 11.6%，真菌增加 71.7%，放线菌减少 45.4%。免耕显著增加了土壤真菌与细菌比值，对 0～5cm 土层的微生物的影响最大，对深层土壤的土壤真菌细菌比值作用不显著（Lehman et al.，2014）。秸秆覆盖能显著影响微生物量碳和氮，微生物量碳和氮分别增加了 96%和 61%（Spedding et al.，2004）。秸秆覆盖下 0～5cm 土层的真菌、细菌和总的微生物生物量均增加，但真菌细菌的比值没有增加，并且深层的真菌细菌比值比翻耕低。说明长期秸秆覆盖增加了土壤表层微生物量但并没有改变微生物群落结构（Sun et al.，2016b）。免耕加秸秆覆盖增加了表层总微生物量、革兰氏阳性细菌、革兰氏阴性细菌和丛植菌根真菌的生物量（Sun et al.，2016a）。

秸秆还田增加了土壤微生物多样性，并改变了微生物群落结构（Ceja - Navarro et al.，2010；Navarro - Noya et al.，2013；Ramirez - Villanueva et al.，2015）。免耕和秸秆覆盖增加了土壤微生物丰富度和多样性，改变了微生物群落结构（Ceja - Navarro et al.，2010）。当玉米秸秆被添加到土壤中时，变形菌门表现为富营养菌增加，而浮霉菌表现为相反模式（Ortiz - Cornejo et al.，2017）。玉米秸秆添加处理中的节细菌属（放线菌）和芽孢杆菌目是未添加的 2 倍。有机物质添加降低了很多微生物种群的相对丰度，如酸杆菌门、拟杆菌门、浮霉菌门和疣微菌门（Ramirez - Villanueva et al.，2015）。免耕处理的放线菌门、厚壁菌门、浮霉菌门相对丰度高，在传统耕作中拟杆菌门和变形菌门的相对丰度更高（Smith et al.，2016）。而有的研究表明免耕对微生物多样性和群落结构无影响（Degrune et al.，2016）。还有研究表明免耕对细菌和真菌的群落多样性有不同的影响，增加了土壤细菌的多样性，而对真菌的多样性没有显著的影响。免耕显著增加了酸杆菌门的相对丰度，降低了放线菌门的相对丰度，对变形菌门、绿弯菌门和拟杆菌门的影响很小（Li et al.，2020）。

土壤细菌群落与土壤中残留秸秆的组成密切相关，秸秆中既包含易被微生物分解和利用的简单化合物又含有大量复杂化合物，如木质素和半木质素等（Pimentel et al.，2019）。具体而言，富营养微生物（r-策略者，具有高增长率）利用易分解的作物残留物化合物来迅速生长，而寡营养微生物（K-策略者，生长速度缓慢）与秸秆复杂化合物成分的分解过程更相关（Fierer et al.，2007；Trivedi et al.，2013；Ortiz-Cornejo et al.，2017；徐英德等，2020）。秸秆还田的频率和数量会改变外源可利用碳源的数量和质量（Nguyen et al.，2015；Zhang et al.，2015），但它们对微生物群落组成的影响尚未得到很好的研究。微生物网络分析和功能预测可以为微生物群落内部共现模式和对土壤相关功能提供新的见解（Nielsen et al.，2002；Ma et al.，2018），有助于预测微生物群落的功能作用、养分亲和性和群落稳定性等（Jiang et al.，2017）。

目前对免耕和秸秆还田下土壤微生物生物量和群落结构的研究比较多，但有关秸秆还田对微生物群落的组成和多样性的影响规律尚未得到统一的结论，亟待从对秸秆还田下土壤微生物群落物种组成特征的研究深入到对其内在群落的共发生模式和构建机制等的挖掘。有关秸秆还田量和频率的研究很少，对其微生物调控机制进行研究将有助于实现平衡玉米秸秆还田和提升经济价值，促进土壤健康和经济效益的双赢，进一步优化秸秆的使用和管理。

5.2 免耕秸秆还田对土壤微生物的影响

5.2.1 试验样地及样品采集

试验样地概况同2.2.1。

试验为随机区组设计，包括3个处理，每个处理4次重复。每个小区面积为261.00m^2（8.7m×30.0m）。①常规耕作不覆盖秸秆（CT）：每年春季在种植前不久将地块犁至25～30cm深度，收获后将全部秸秆移出田间；②免耕不覆盖秸秆（NT0）：地块不受干扰，收获后将全部秸秆移出田间；③免耕全量秸秆覆盖（NT100）：所有秸秆完全人工收获（留茬15～25cm）并均匀覆盖在土壤表面。所有处理的施肥量为N 240kg/hm^2、P_2O_5 110kg/hm^{2}和K_2O 110kg/hm^2。

2017年4月27日，在播种前，对每个处理进行3点采样。此时取样可以最大限度地减少作物的影响（尤其是根系周转），并确定在生长季节开始时土壤可以提供什么（例如有效氮），这可能反映了长期秸秆覆盖的遗留影响。去除表面秸秆后，我们使用不锈钢手动螺旋钻（直径为4.18cm）取土壤，并分为10层：0～10cm、10～20cm、20～40cm、40～60cm、60～90cm、90～120cm、120～150cm、150～200cm、200～250cm和250～300cm。总计90个土壤样品，并在3h内运送到实验室，然后过2mm筛，去除所有可见根、作物残留物或石头。每个土壤样品分为3份：一份立即储存在−80℃条件下，用于DNA提取和土壤盐溶解有机碳（salt-extractable organic carbon，SEOC）测定；一份直接用于测量铵态氮（NH_4^+-N）和硝态氮（NO_3^--N）；一份风干，用于测定其他土壤理化性质。

5.2.2 指标测试与分析方法

使用 MoBio PowerSoil DNA 试剂盒从冷冻土壤样品（0.5g）中提取土壤 DNA。通过1%琼脂糖凝胶电泳检测 DNA 质量。使用带有识别码的引物 338F 和 806R 通过 PCR 扩增细菌 16S rRNA 基因的 V3～V4 区域。PCR 在总体积为 50μL 的体系中进行，其中包含模板 DNA 30 ng、上下游引物各 1μL、dNTPs 10mmol/L、Pyrobest 缓冲液（10×）5μL 和 Pyrobest 聚合酶（Takara）0.3 U。PCR 扩增条件包括 95℃预变性 5min，随后循环 25 次：95℃变性 30s、56℃退火 30s 和 72℃延伸 1min，最后在 72℃条件下延伸 10min。同时做试剂空白对照。每个样品重复扩增 3 次，混合同一样品的 PCR 产物，通过 1%琼脂糖凝胶电泳检查质量，然后使用 AxyPrepDNA 试剂盒（AXYGEN）进行 DNA 纯化。最后，纯化的 PCR 产物在 Illumina MiSeq PE300 平台测序仪（Illumina，USA）上进行测序。

通过以下方法进一步分析原始序列数据。使用 Trimmomatic（Bolger et al.，2014）过滤平均质量得分低于 20 的低质量序列。用 FLASH 软件合并重叠端并将它们视为单端读取（Derakhshani et al.，2016）。使用 Usearch 和 Mothur（Mysara et al.，2016）去除未扩增的区域序列、嵌合体和较短的标签。使用 Usearch（版本 8.1.1861，http://www.drive5.com/usearch/）将得到的高质量序列以 97%的相似性分成操作分类单元（OTU）。然后根据 Silva 数据库（Release－0119，http://www.arb－silva.de）对 OTU 进行比对，并且每个代表性 OTU 序列的分类信息使用 RDP 分类器进行注释（Wang et al.，2007）。从所有土壤样品中总共获得了 3 255 693 个高质量的短读序列（reads），它们以 97%的序列相似性聚集成 9 573 个独特的 OTUs。

土壤性质数据是在 R 软件中进行分析和可视化的。微生物群落的 α 多样性指数（Chao 1、Shannon、Faith's PD）和 β 多样性（Bray－Curtis 距离或 Weighted Unifrac 距离）是通过 Qiime 计算完成的。α 多样性指数用于反映不同样本中微生物群落的多样性和丰富度，β 多样性经主坐标分析（principal coordinates analysis，简称 PCoA）进行降维，用于反映各处理群落组成和结构的差异。通过 R 中的“vegan”程序包计算基于 Bray－Curtis 距离和 Weighted UniFrac 距离的 PERMANOVA（多元方差分析），用于检验各处理之间的 Beta 多样性差异。使用 R 软件的 indicspecies 包对各土层进行属水平的指示物种分析，分析时 permutation 参数设定为 9 999，并使用 qvalue 包对分析获得的 P 进行多重检验矫正（Zhang et al.，2017）。使用 Tax4fun 工具预测了微生物群落的功能特征（Alahmad et al.，2019），并进一步使用 STAMP 软件（v2.1.3）进行双尾 Welch's t 检验，同时计算 95%置信区间（Parks et al.，2014）。使用 R 中的 vegan 包进行 MDS（multidimensional scaling）分析，以描述样本之间微生物群落结构的差异。对 Bray－Curtis 距离进行 PERMANOVA（Permutational multivariate analysis of variance）分析，以测试 3 种耕作方式之间以及每种耕作方式下土壤深度之间土壤微生物群落的差异。采用 Canoco 5 软件进行 RDA（redundancy analysis）分析，以确定微生物群落组成与环境变量之间的相关性。土壤特性和微生物变量之间的相关性（Pearson 和 Spearman）分析均在 R 中进行。使用 Sigmaplot 12.5 软件对土壤性质进行绘图，未指定作图软件的数据可视化均通过 R 软件中“ggplot2”包实现。

5.2.3 结果与讨论

耕作方式和土壤深度均显著影响了土壤微生物的多样性指数，但耕作方式与土壤深度的相互作用对它们没有显著影响（表5-1）。具体来看，免耕处理增加了群落的丰富度、观测的物种数量和香农多样性指数，其中对0～40cm土层的影响尤为显著（图5-1）。在不同耕作方式下，土壤微生物的α多样性指数呈现相似的垂直变化模式，首先在0～20cm范围内增加，在20～90cm（或120cm）土层范围内下降，然后在更深的土壤层次中呈现波动式增加，只不过在免耕无秸秆覆盖处理下，各层次内的α多样性指数差异不显著（表5-2）。在不同耕作方式下，土壤微生物的α多样性指数呈现相似的垂直变化模式，首先在0～20cm土层范围内增加，在20～90cm（或120cm）土层范围内下降，然后在更深的土壤层次中呈现波动式增加，只不过在免耕无秸秆覆盖处理下，各层次内的α多样性指数差异不显著（图5-1）。传统耕作方式（CT）下，耕作常常翻动表层土壤，使得被土壤颗粒固持的养分得以释放，表层的土壤微生物可能倾向于迅速利用这些可利用性高的养分（如NH_4^+-N）（Ramirez-Villanueva et al.，2015），从而导致微生物群落多样性较低，而这可能会进一步导致土壤对环境压力或干扰的抵抗力降低（Kremen，2005）。

表5-1 不同耕作方式和土壤深度对微生物变量影响的双因素方差分析结果

变量		耕作处理（*T*）		深度（*D*）		*T*×*D*	
		F	*P*	*F*	*P*	*F*	*P*
α多样性指数	Chao1	7.091	0.002	3.385	0.002	0.460	0.965
	Observed species	8.850	<0.001	5.435	<0.001	0.667	0.829
	Shannon	7.555	0.001	14.016	<0.001	1.294	0.225
主要门类	Acidobacteria	1.779	0.178	6.656	<0.001	1.543	0.107
	Actinobacteria	6.074	0.004	23.243	<0.001	0.870	0.615
	Chloroflexi	1.633	0.204	18.128	<0.001	0.903	0.577
	Gemmatimonadetes	0.938	0.397	7.150	<0.001	0.362	0.990
	Nitrospirae	2.932	0.061	23.810	<0.001	0.916	0.563
	Planctomycetes	5.789	0.005	13.044	<0.001	1.387	0.172
	Proteobacteria	1.541	0.223	12.258	<0.001	1.782	0.049
次要门类	Bacteroidetes	5.665	0.006	2.850	0.007	0.787	0.706
	Firmicutes	2.511	0.090	1.933	0.064	0.562	0.913
	Latescibacteria	2.086	0.133	10.140	<0.001	1.330	0.203
	Microgenomates	4.299	0.018	18.941	<0.001	0.692	0.805
	Parcubacteria	0.064	0.938	29.463	<0.001	0.920	0.558
	Saccharibacteria	2.536	0.088	5.791	<0.001	1.329	0.204
	Verrucomicrobia	6.251	0.003	19.120	<0.001	0.962	0.512

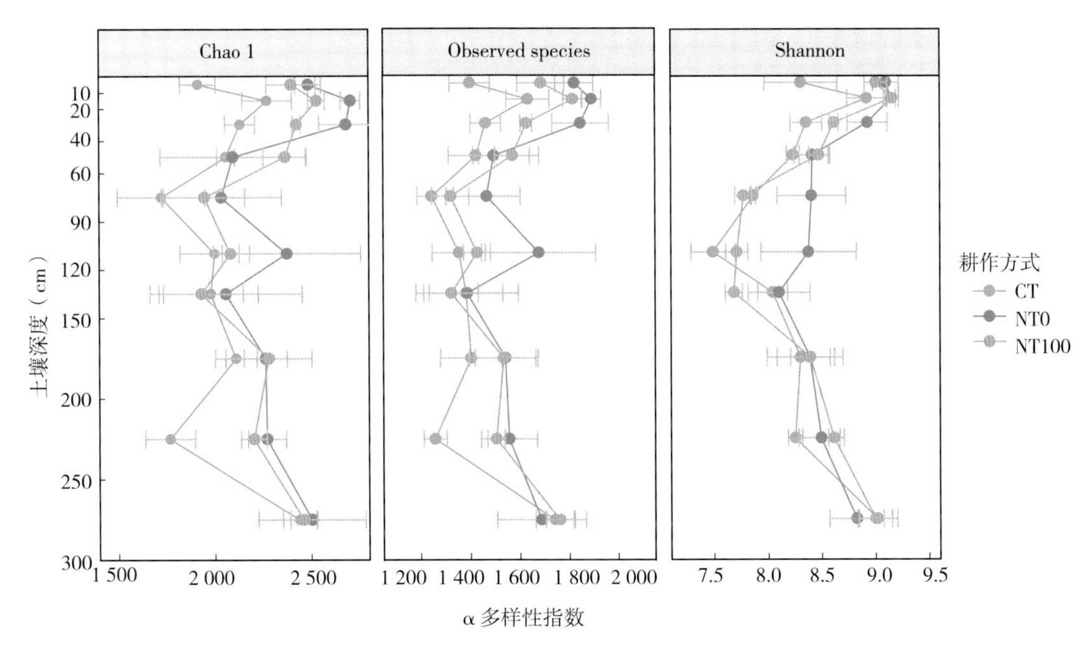

图 5－1　不同耕作方式下各土壤层次的微生物 α 多样性指数

注：图中折线图代表平均值±标准误。

表 5－2　不同耕作方式下各土壤层次的微生物 α 多样性指数

多样性	土层（cm）	CT	NT0	NT100
Chao1	0～10	1 912. 8±93. 1Bbc	2 487. 40±67. 0Aa	2 398. 2±127. 5Aa
	10～20	2 273. 6±129. 0Bab	2 705. 57±50. 1Aa	2 530. 8±43. 7ABa
	20～40	2 133. 1±78. 3Babc	2 682. 10±139. 0Aa	2 425. 6±21. 4ABa
	40～60	2059. 3±46. 5Aabc	2095. 40±377. 6Aa	2 365. 6±112. 9Aab
	60～90	1 722. 7±227. 2Ac	2035. 30±312. 4Aa	1 945. 7±211. 3Ab
	90～120	1 999. 7±181. 9Aabc	2 375. 40±381. 7Aa	2082. 9±44. 5Aab
	120～150	1 980. 0±246. 9Aabc	2058. 40±395. 9Aa	1 929. 4±219. 4Ab
	150～200	2 110. 8±108. 6Aabc	2 263. 70±111. 8Aa	2 280. 8±223. 7Aab
	200～250	1 766. 9±129. 4Bc	2 271. 50±99. 0Aa	2 204. 0±67. 4Aab
	250～300	2 439. 4±87. 0Aa	2 502. 80±277. 7Aa	2 459. 9±69. 4Aa
Observed species	0～10	1 398. 4±81. 6Bbc	1 821. 10±77. 6Aa	1 685. 1±94. 9ABab
	10～20	1 633. 0±86. 9Bab	1 890. 90±40. 2Aa	1 814. 5±39. 0ABa
	20～40	1 462. 6±61. 5Bbc	1 846. 10±115. 6Aa	1 626. 1±23. 9ABabc
	40～60	1 423. 7±11. 2Abc	1 495. 00±182. 8Aa	1 569. 7±70. 3Aabcd
	60～90	1 244. 9±57. 5Ac	1 467. 00±135. 0Aa	1 320. 8±74. 6Ad
	90～120	1 354. 1±107. 2Abc	1 676. 50±230. 6Aa	1 427. 1±55. 0Acd
	120～150	1 383. 0±148. 4Abc	1 387. 20±206. 1Aa	1 322. 4±109. 7Ad

（续）

多样性	土层（cm）	CT	NT0	NT100
Observed species	150～200	1 402.8±123.5Abc	1 541.40±122.7Aa	1 534.2±139.2Abcd
	200～250	1 258.2±46.2Bc	1 556.40±113.1Aa	1 504.3±34.7ABbcd
	250～300	1 742.1±78.8Aa	1 687.10±180.4Aa	1 760.5±56.1Aab
Shannon	0～10	8.3±0.3Bc	9.10±0.1Aa	9.1±0.1ABa
	10～20	8.9±0.2Aab	9.15±0.1Aa	9.2±0.1Aa
	20～40	8.4±0.2Bbc	8.93±0.2Aab	8.6±0.1ABb
	40～60	8.2±0.1Ac	8.41±0.2Aab	8.5±0.1Ab
	60～90	7.9±0.1Acd	8.41±0.3Aab	7.8±0.1Ac
	90～120	7.5±0.2Ad	8.38±0.5Aab	7.7±0.1Ac
	120～150	8.0±0.1Acd	8.10±0.3Ab	7.7±0.1Ac
	150～200	8.3±0.3Ac	8.39±0.3Aab	8.4±0.2Ab
	200～250	8.3±0.1Ac	8.49±0.2Aab	8.6±0.1Ab
	250～300	9.0±0.2Aa	8.82±0.3Aab	9.0±0.2Aa

注：表中数值为平均值±标准误差；不同的大写字母表示每个土层内3种耕作方式间存在显著差异（$P<0.05$）；不同的小写字母表示同一耕作方式下不同土壤间存在显著差异（$P<0.05$）。事后多重比较方法为邓肯检验法。

应用多维尺度分析（Multidimensional scaling，MDS）对微生物的群落结构进行了可视化，并使用基于Bray－Curtis距离的PERMANOVA进行显著性分析。整体上，不同土壤深度具有显著不同的细菌群落结构，而不同耕作方式之间的差异则较小（图5－2A），仅在10～20cm和250～300cm土壤深度显示出边缘显著差异（PERMANOVA，$P<0.1$）。但是，不同耕作方式影响了微生物群落结构的垂直分布规律，具体看，在CT处理下，不同土层分成3个明显的簇（图5－2B），即0～20cm、20～150cm、150～300cm 3个簇（PERMANOVA－$F=9.57$，$P=0.000\,1$）；在NT0处理下，0～10cm形成了一个独立的簇，其他土层的Bray－Curtis距离较近，未形成明显的分离簇，但随深度增加在MDS图上也显示出距离之间的差异，PERMANOVA检验说明不同层次间微生物群落结构差异显著（PERMANOVA－$F=8.18$，$P=0.000\,1$）（图5－2C）；在NT100处理下，0～10cm和10～20cm土层聚为一类，120～150cm、150～200cm、200～250cm、250～300cm土层各自单独分离为一类，其他土壤层次距离较近但也展示出一定的分离（图5－2D）。

分类学注释结果显示在所有土壤样品中共有54个细菌门，其中优势门（在所有土壤样品中的相对丰度>1%）包括变形菌门（Proteobacteria）、放线菌门（Actinobacteria）、绿弯菌门（Chloroflexi）、酸杆菌门（Acidobacteria）、硝化螺旋菌门（Nitrospirae）、芽单胞菌门（Gemmatimonadetes）和浮霉菌门（Planctomycetes），这些优势门占土壤样品总微生物丰度的60%～91%（图5－3A）。相对丰度大于0.1%的次要细菌门包括拟杆菌门

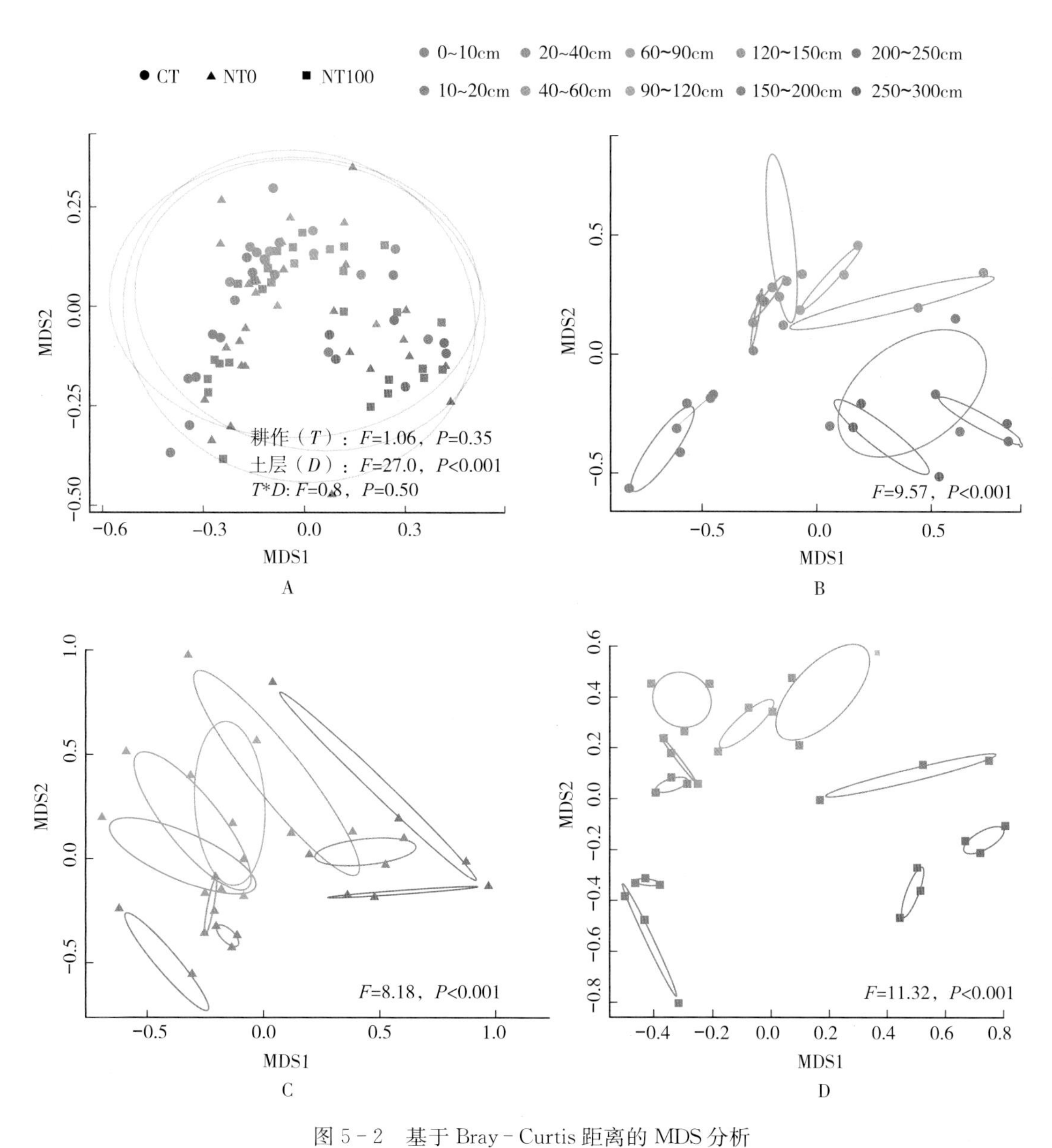

图 5-2　基于 Bray-Curtis 距离的 MDS 分析

注：A 为所有样本的 MDS 分析结果；B～D 为 CT、NT0 和 NT100 处理下的 MDS 分析结果。PERMANOVA 分析的结果显示在每个图的右下角。圆形、三角形和正方形分别代表 CT、NT0 和 NT100 处理下的样品。

(Bacteroidetes)、疣微菌门（Verrucomicrobia)、匿杆菌门（Latescibacteria)、Parcubacteria、厚壁菌门（Firmicutes)、糖化细菌门（Saccharibacteria）和 Microgenomates（图 5-3A)。双因素方差分析结果显示（表 5-2)，除厚壁菌门外，这些细菌门的相对丰度均受到土壤深度的显著影响，其中放线菌门、浮霉菌门、拟杆菌门、Microgenomates 和疣微菌门也受到耕作方式的显著影响。此外，我们发现在免耕处理中也存在更多的具有较高相对丰度的非优势门（图 5-3B)。

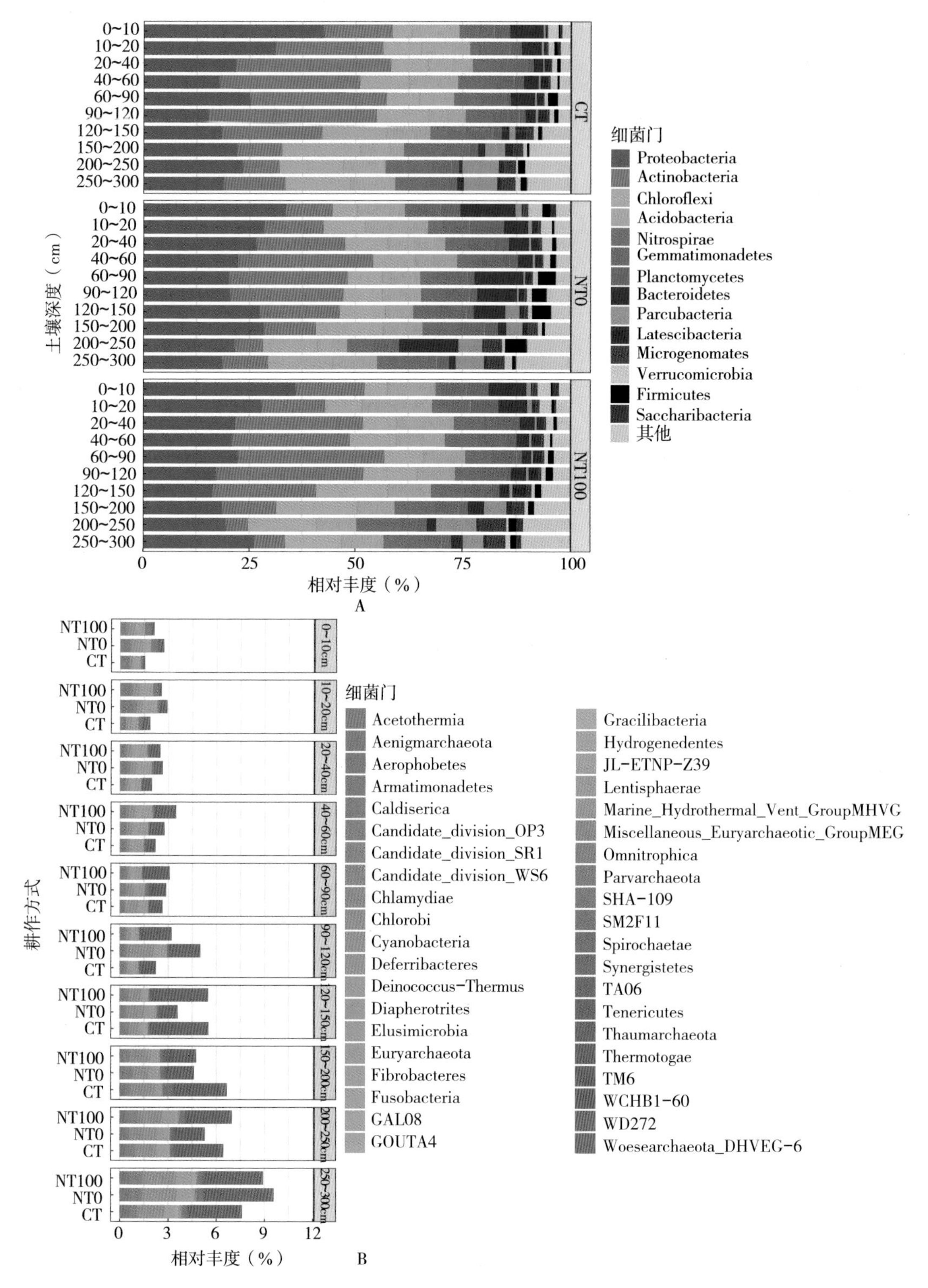

图 5-3　不同耕作方式下土壤细菌群落门水平的相对丰度

注：A 为土壤样品中相对丰度大于 0.1%的细菌门的相对丰度；B 为在 A 中其他细菌门的组成和相对丰度（小于 0.1%）。

进一步进行指示属分析，分别在 NT0 和 NT100 处理中发现 16 个和 51 个明确分类的细菌属（相对丰度大于 0.005%），而在传统耕作处理中未发现指示属（图 5-4）。NT0 处理下指示属主要来自拟杆菌门、绿弯菌门、芽单胞菌门和浮霉菌门，且大部分出现在表层土壤中（0～20cm），仅有 1 个指示属来自 150cm 土层以下。NT100 处理中的指示属来自拟杆菌门、酸杆菌门、厚壁菌门、疣微菌门、螺旋菌门、绿藻门（Chlorobi）和脱铁杆菌门（Deferribacteres），在 150cm 土层以下观察到 7 个指示属（图 5-4）。这些不同层次中的指示属可能会增强土壤的抵抗力。例如，反硝化细菌-暖发菌属（Caldithrix）和假单胞菌属（Pseudomonas）（Koike et al.，1975；Miroshnichenko et al.，2003）分别是 150～200cm 和 250～300cm 土层土壤的指示属（图 5-4），它们可能是 NT100 处理下深层土壤中 NO_3^--N 含量低的原因；Ignavibacteria 和 Spirochaeta 也是深层土壤的指示属，它们分别具有在严格厌氧条件下（Iino et al.，2010）和营养严重受限的条件下（Terracciano et al.，1984）生长的能力；再如，来自拟杆菌门（Bacteroidetes）的表层土壤指示物种可能具有降解难以分解的有机物的能力（Thomas et al.，2011）。

我们应用冗余分析（Redundancy analysis，RDA）的前置选择法筛选了显著影响细菌群落的环境因子（图 5-5），结果发现土壤深度（F=48，P=0.002）、SOC（F=11.5，P=0.002）、土壤含水量（F=3.4，P=0.012）、土壤 pH（F=2.3，P=0.018）和土壤 NH_4^+-N（F=2.7，P=0.026）均显著影响了群落的垂直分布（图 5-5A）。但不同耕作方式下影响群落分布的环境因子不同，在传统耕作中，土壤微生物群落主要受土壤 NH_4^+-N

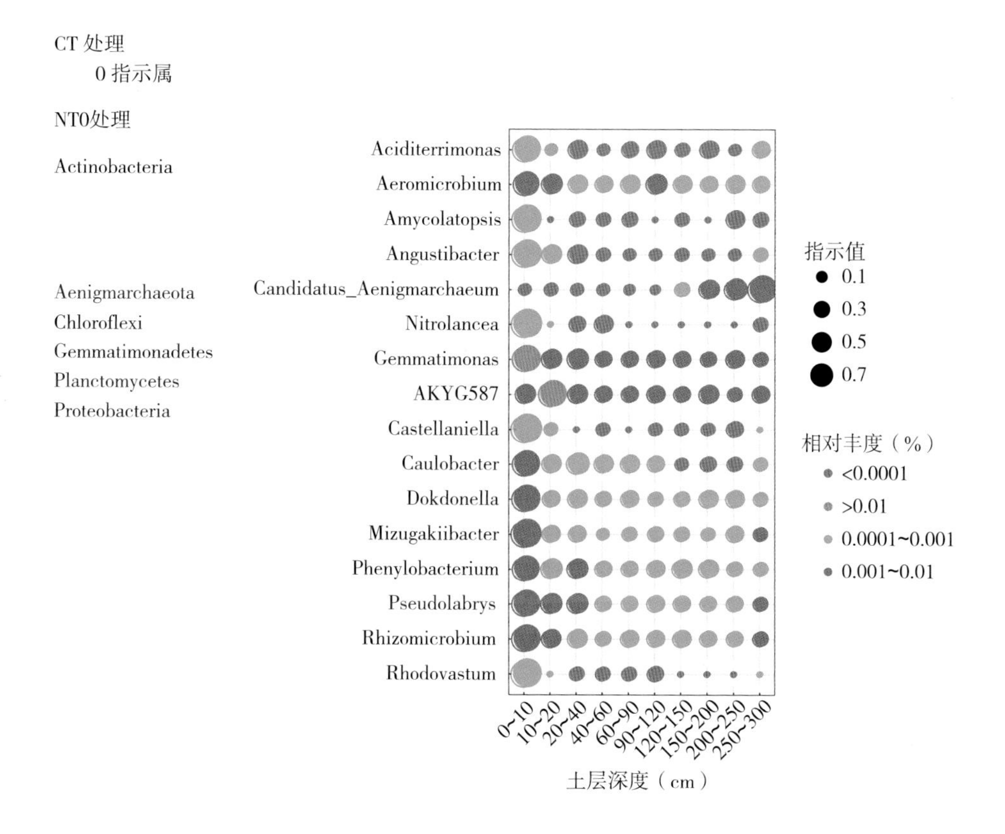

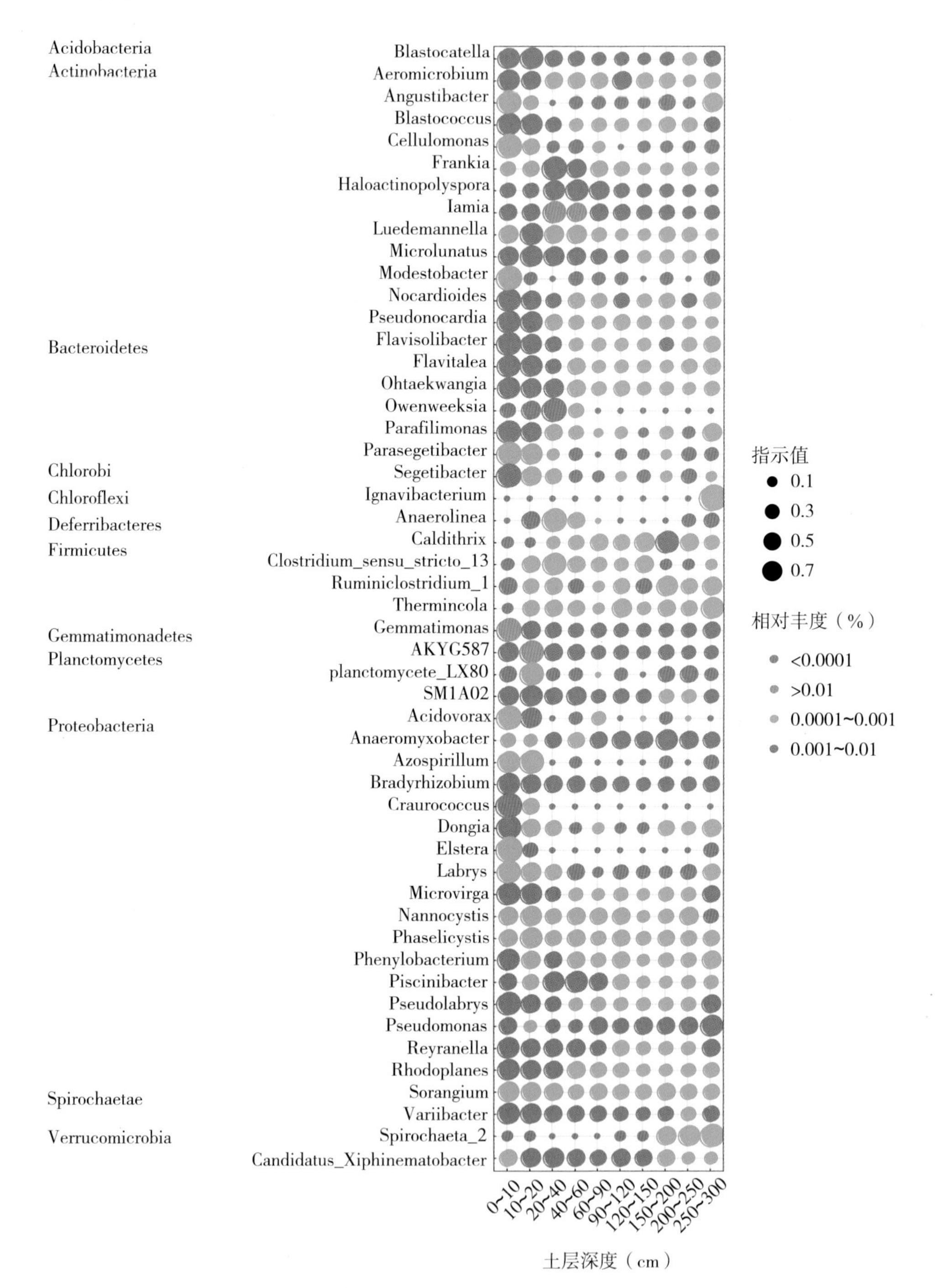

图 5-4 与不同耕作方式显著相关的指示属

注：$q<0.1$ 为显著相关；圆圈的大小代表指示值的大小，灰度深浅代表指示属的相对丰度；CT 处理中未鉴定出任何指示属。

(F=4，P=0.002）和土壤NO_3^--N（F=2.3，P=0.012）的影响（图5-5B）。具体来看，0～20cm土层的样本与土壤NH_4^+-N显著正相关，20～150cm土层的样本与土壤NO_3^--N显著负相关，150～300cm土层的样本与土壤NO_3^--N显著正相关（图5-5B）。在较深的土层中，由于传统耕作下作物根系较浅（Kemper et al.，2011），NO_3^--N可以快速向下移动并在较深的土层中严重积累，从而成为影响深层微生物群落的主要因素（图5-5B）。由于NH_4^+-N和NO_3^--N是土壤矿质氮的主要形式，表明CT处理下的微生物群落可能主要受化肥的影响（Wood et al.，2015）。CT处理下微生物群落受肥料影响强烈可能有以下原因：①传统耕作下的土壤较为松散，松散的土壤一方面使施用的肥料更好地在土壤中扩散，导致更大体积的土壤和其中的微生物受到肥料的影响，另一方面增加了土壤中的氧气含量，使得微生物能够对此做出响应。对于免耕的土壤，肥料条带周围会发生更大的分层效应（横向和纵向），因此肥料直接影响的土壤体积较小（Lupwayi et al.，2001）；②相比于传统耕作，地表秸秆的分解一方面可能使部分肥料氮固定在近地表土壤中（Grageda-Cabrera et al.，2011），另一方面为微生物同化作用提供了能量，使得更多的肥料氮同化为有机氮（Lu et al.，2018；Yuan et al.，2021）。

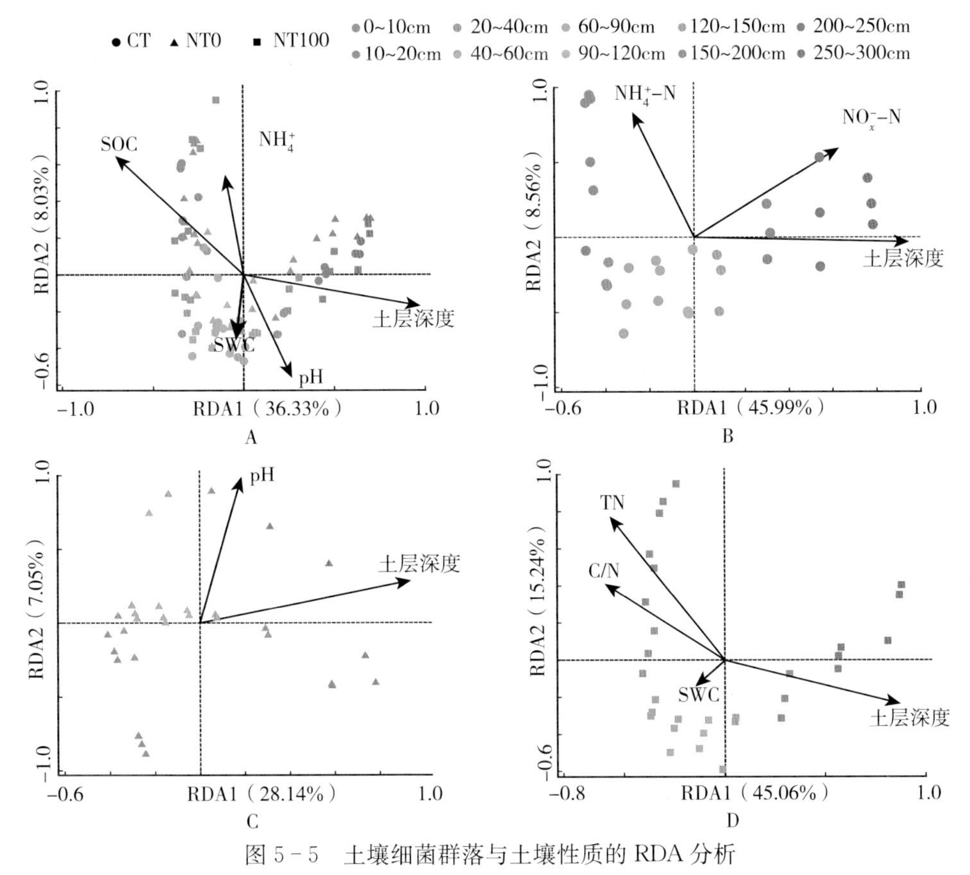

图5-5 土壤细菌群落与土壤性质的RDA分析

注：A包含所有样本的RDA分析结果；B～D为CT、NT0和NT100不同耕作方式下的细菌群落与土壤性质的RDA分析结果。仅对在前置选择过程中显著解释了土壤微生物群落结构的土壤性质进行排序分析。圆形、三角形和正方形分别代表CT、NT0和NT100处理下的样本。

根据细菌群落的多样性、组成和结构变化，使用 Tax4Fun 预测了整个 3m 土壤剖面微生物群落的代谢能力（图 5－6）。结果表明，与常规垄作相比，保护性耕作（NT0 和 NT100）显著增加了与碳水化合物代谢、核苷酸代谢、聚糖生物合成和代谢、脂质代谢以及与辅因子和维生素相关代谢功能基因的相对丰度（图 5－6A）。对比 NT0 和 NT100（图 5－6B），发现 NT0 使氨基酸代谢和脂质代谢功能潜势增强，而 NT100 增强了能量代谢、碳水化合物代谢、次级代谢产物生物合成、聚糖生物合成和代谢，辅因子和维生素代谢等过程的潜在功能，表明 NTSM 处理的土壤微生物具有更高的代谢活性，暗示着底物的质量发生了变化。

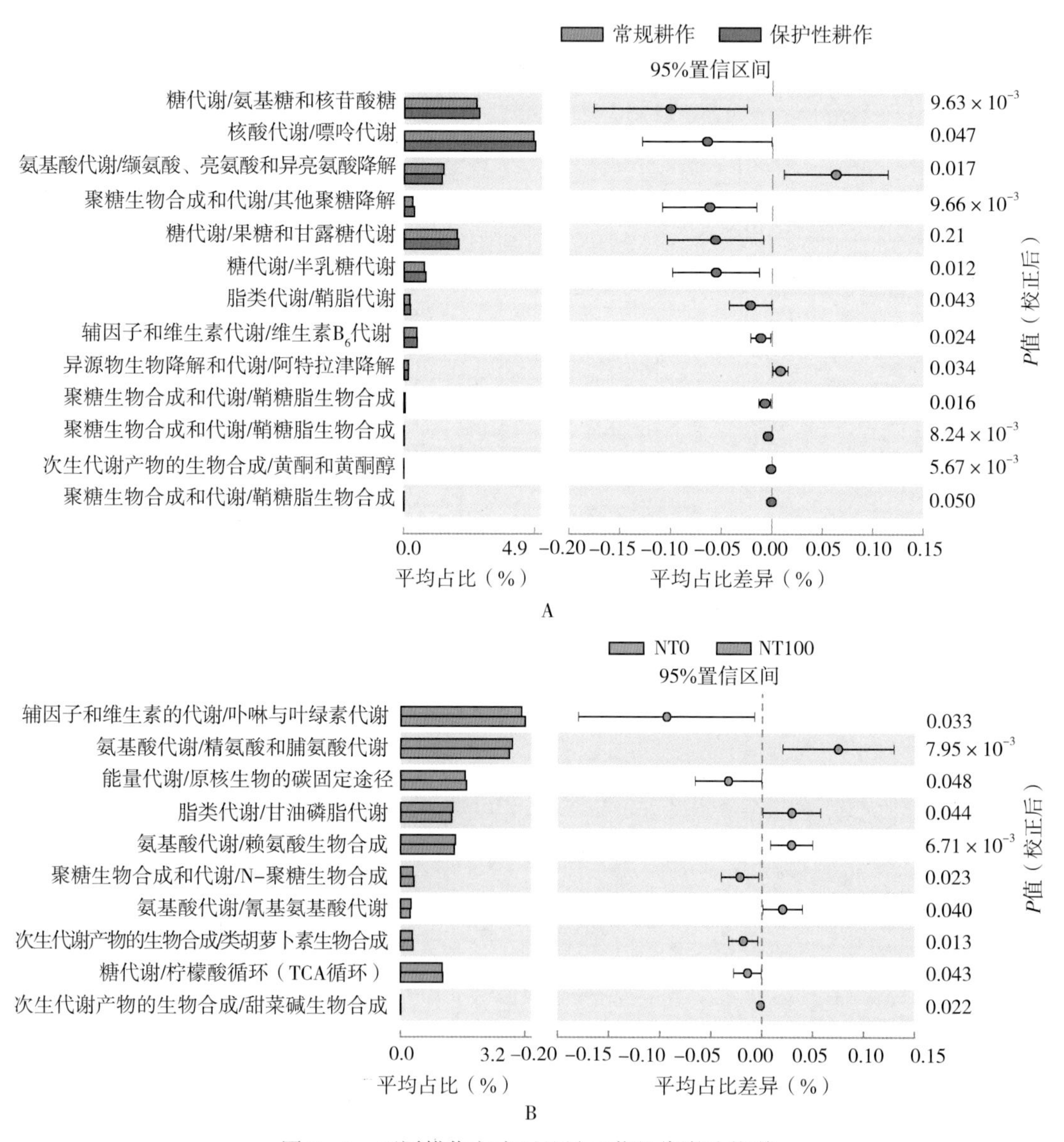

图 5－6　不同耕作方式下差异显著的代谢功能谱

注：A 为传统耕作与保护性耕作间差异显著的代谢通路；B 为 NT0（免耕无秸秆覆盖）和 NT100（免耕 100%秸秆覆盖）之间差异显著的代谢通路。微生物群落功能为 Tax4Fun 工具依据样品 16S rRNA 基因丰度进行预测的结果。平均比例（Mean proportion）代表平均相对丰度。图中仅显示了 Welch's t 检验具有统计学显著差异的 L2/L3 级别通路。

此外，我们对参与硝酸盐同化还原、硝酸盐异化还原以及硝化过程的基因相对丰度进行了分析，并将在不同土层的耕作处理间差异显著的基因列在表 5－3 中。为了便于理解，我们将结果整理成图 5－7。结果表明，在保护性耕作条件下土壤中编码硝酸盐同化还原的功能基因相对丰度高于常规垄作条件下的土壤。而且在保护性耕作条件下，微生物群落更倾向于将硝酸盐/亚硝酸盐转化为铵。

表 5－3 参与氮转化相关功能基因相对丰度在不同耕作处理间的差异

土壤深度	基因	CT－NTNS		CT－NTSM		NTNS－NTSM	
		平均值间的差值	*P*	平均值间的差值	*P*	平均值间的差值	*P* 值
0～10cm	*narI*	0.262*	0.021*	0.029	0.855	－0.233	0.221
	nrfH	－0.110**	0.025**	－0.042	0.197	0.068	0.068
10～20cm	*amoA*	－0.094	0.167	－0.095**	0.013**	－0.001	0.981
	amoB	－0.139	0.168	－0.141**	0.011**	－0.002	0.975
	amoC	－0.132	0.189	－0.141**	0.012**	－0.009	0.909
	hao	－0.214	0.16	－0.211**	0.012**	0.004	0.975
	narI	0.695*	0.031*	0.625*	0.040*	－0.070	0.623
	nirB	1.254*	0.003 1*	0.638	0.121	－0.616	0.130
	nirD	－0.050	0.088	－0.146*	0.035**	－0.096	0.068
	NirS	－0.945**	0.017**	－0.073	0.009	－0.215	0.373
	nrfB	－0.751	0.179	－0.898**	0.050**	－0.148	0.750
	nrfA	－0.469**	0.0062**	－0.243**	0.013**	0.226	0.064
	nrfH	－0.099**	0.0082**	－0.067**	0.006**	0.032	0.148
20～40cm	*napA*	－0.569**	0.04**	－0.114	0.467	0.456	0.070
	napB	－0.738**	0.042**	－0.057	0.686	0.681**	0.048**
40～60cm	*narG*	1.058	0.37	0.416	0.047*	－0.642	0.511
	narH	0.172	0.695	0.444*	0.029*	0.272	0.551
60～90cm	—	—	—	—	—	—	—
90～120cm	*nirD*	－0.385	0.234	－0.109**	0.043**	0.276	0.352
	nirB	－1.196**	0.012**	－0.352	0.459	0.844	0.141
120～150cm	*nasA*	－0.895**	0.037**	－0.025	0.946	0.870	0.065
	nirK	－0.494	0.601	－0.620**	0.032**	－0.127	0.889
150～200cm	*nrfA*	0.711	0.208	0.002	0.997	－0.71**	0.024**
	nrfH	0.170	0.239	0.003	0.982	－0.167**	0.027**
200～250cm	*AnfG*	－0.034	0.39	－0.004**	0.010**	0.030	0.433
250～300cm	*narB*	－0.714**	0.046**	－0.249	0.557	0.466	0.297
	NosZ	－0.714**	0.046**	－0.249	0.557	0.466	0.297

注：只展示了与硝酸盐同化还原、异化还原和硝化过程相关，且在不同处理间显著差异的基因（显著性差异是通过 STAMP 软件中的 Welch's *t* 检验统计分析确定的）。*代表该基因在保护性耕作（NT0 和 NT100）下的丰度更高；**代表该基因在传统耕作下的丰度更高（CT）。

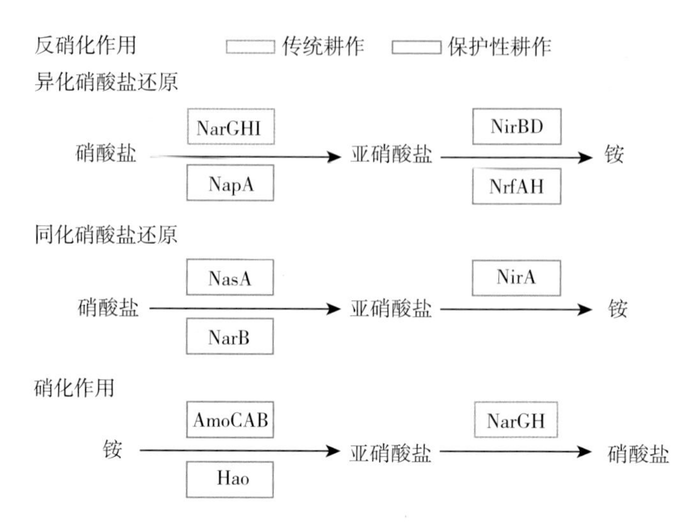

图 5-7 不同耕作方式对硝化和反硝化功能基因的影响

注：虚线矩形中的基因表示在保护性耕作下的丰度更高；实线矩形中的基因表示在传统耕作下的丰度更高。使用双尾 Welch's t 检验进行统计检验。具体的 P 值和多重比较结果见表 5-3。

5.3 秸秆还田量对土壤微生物的影响

5.3.1 试验设计及样品采集

试验依托中国科学院保护性耕作研发基地的免耕不同玉米秸秆还田量试验平台（详见 2.2.2），于 2015 年 10 月秋收后采集 0～5cm、20～40cm 和 60～100cm 深度的土壤样品。各处理小区随机五点取样混合，总计 4 个处理、4 个区组、3 个土壤层次，共 48 个样品。鲜土冷冻保存迅速转移至－80℃冰箱待后续 DNA 的提取和分析。

5.3.2 测试指标与分析方法

土壤 DNA 使用 MoBio PowerSoil DNA 试剂盒来提取。称取冷冻在－80℃冰箱中的新鲜土样 0.25g 放入带能量珠的管中，前后经历细胞破碎裂解、DNA 吸附以及洗脱过程获得土壤 DNA。在 Nanodrop 分光光度计（美国赛默飞科技）上测出 DNA 浓度，DNA 纯度的标准为 A260/A280 接近 1.8。

将 DNA 样品稀释至 10ng/L，原核微生物特异引物为带有条码（12 个碱基对）的 515F（5-GTGYCAGCMGCCGCGGTA-3′）和 909R（5′-CCCCGYCAATTCMTTTRAGT-3′），扩增区域为细菌和古菌 16S rRNA 的 V4～V5 区。PCR 扩增反应混合物共 25μL，包括 10×Ex *Taq* 酶缓冲液 2.5μL、2.5mmol/L dNTP 混合物（TaKaRa）2μL，10μmol/L 引物 515F 和 909R 各 1μL、5μmol/L *Taq* DNA 聚合酶（TaKaRa）0.125μL、DNA 模板 1μL 和无菌 PCR 水 17.375μL。PCR 扩增条件：94℃ DNA 变性（2min），随后 94℃变性（30s）、55℃退火（30s）以及 72℃延伸（60s），循环 30 次，最后在 72℃条件下进行延伸（10min）。PCR 扩增产物用 1%的琼脂糖进行凝胶电泳分离、试剂盒纯化，获得待测 DNA。

构建文库，将 DNA 混合样品浓度均一化至 10 ng/L，于 Illumina Miseq 测序仪（美国因美纳生物科技公司）上测定基因序列。测序数据下机后，进行原始数据质量控制，序列拼接，并根据 Barcode 序列区分样本，过滤掉低质量和无法匹配数据库的序列与嵌合体，16S rDNA 过滤原则为去掉＜300 bp 的序列和质量得分≤20 的序列。获得的优化序列，按照 97%相似性进行 OTU 聚类，去除单体，并筛选出 OTU 的代表性序列，获得可用于后续分析使用的 OTU 表。计算 α 多样性指数：物种丰富度（Chao1）、物种均匀度（Pielou evenness，简称 Pielou）和香农多样性指数（Shannon H index，简称 Shannon）。Beta 多样性基于样品间的 Bray－Curtis 距离进行分析。

基于 Bray－Curtis 距离将各土壤层次内基因水平的原核微生物群落结构的差异（beta 多样性）通过主坐标分析（Principal coordinates analysis，PCoA）绘图进行展示，并利用 Past v2.16 软件对各层次内处理间的群落结构差异进行非参数多元方差分析（Permutational multivariate analysis of variance，PERMANOVA），其中主坐标 1 轴（PCo1）值用来代表基因水平微生物群落结构指标，用于后续章节相关分析和结构方程模型的构建。基于欧氏距离将各土壤层次内门水平的原核微生物群落物种组成的差异通过主成分分析（Principal components analysis，PCA）绘图进行展示，并利用 Past v2.16 软件对各层次内处理间的物种组成差异进行 PERMANOVA 分析。通过 Canoco 5.0 软件采用冗余分析（Redundancy analysis，RDA）探究土壤理化性质对土壤微生物基因水平群落结构的影响，并通过前置选择和蒙特卡洛置换检验对土壤理化性质影响程度和显著性进行分析（$P<0.05$），之后通过 RDA 排序图将土壤理化性质对微生物群落的影响可视化。

5.3.3　结果与讨论

具体来看，在 0～5cm 土层，与 NT0 相比，NT100 显著提高了土壤原核微生物和真菌群落丰富度 Chao1 指数（表 5－4）。在 20～40cm 土层，尽管不同秸秆还田量与 NT0 间没有显著差异，但是 NT100 处理下的真菌群落丰富度显著低于 NT67 处理（表 5－4）。在 60～100cm 土层，与 NT0 相比，NT100 显著降低了土壤原核微生物香农多样性指数和均匀度 Pielou 指数（表 5－4）。

表 5－4　各层次不同秸秆还田量处理土壤原核微生物 α 多样性差异

土层 (cm)	α 多样性	NT0	NT33	NT67	NT100
0～5	Chao1	13 705.67±1 708.47bc	11 042.83±847.08c	15 688.77±1 351.17ab	16 593.45±626.62a
	Pielou	1.33±0.04a	1.34±0.02a	1.37±0.01a	1.39±0.00a
	Shannon	10.69±0.35a	10.73±0.23a	10.92±0.13a	11.17±0.06a
20～40	Chao1	13 623.71±1 096.13a	11 778.28±471.13a	11 440.15±638.84a	11 277.20±756.11a
	Pielou	1.26±0.03a	1.22±0.01a	1.24±0.01a	1.23±0.03a
	Shannon	10.05±0.33a	9.66±0.09a	9.80±0.13a	9.73±0.28a
60～100	Chao1	9 173.58±307.64a	8 798.65±922.52a	8 999.43±1 353.04a	8 493.28±448.85a
	Pielou	1.24±0.01a	1.23±0.03a	1.26±0.01a	1.17±0.02b
	Shannon	9.74±0.13a	9.54±0.30ab	9.71±0.14a	8.96±0.18b

通过 PCoA 将微生物群落间差异的 β 多样性结果可视化成图 5－8，再通过基于距离矩阵进行计算的 PERMANOVA 对不同层次土壤各处理间微生物群落差异的显著性进行分析形成了表 5－5。从图上看，0～5cm 土壤原核微生物群落各处理间并没有明显分开（图 5－8A），基于 Bray－Curtis 距离矩阵的 PERMANOVA 结果也显示，表层各处理间微生物群落结构没有显著差异（表 5－5）。在 20～40cm 土层，NT67 分别与 NT0 和 NT33 明显分开（图 5－8B），PERMANOVA 结果也显示，NT67 分别与 NT0 和 NT33 的原核微生物群落结构具有显著差异（表 5－5）。在 60～100cm 土层，NT100 的原核微生物群落在 PCoA 图上尽管与其他处理的部分样点相距较近（图 5－8C），但通过 PerMANOVA 发现，整体上 NT100 与其他处理的土壤原核微生物群落结构具有显著差异（表 5－5）。

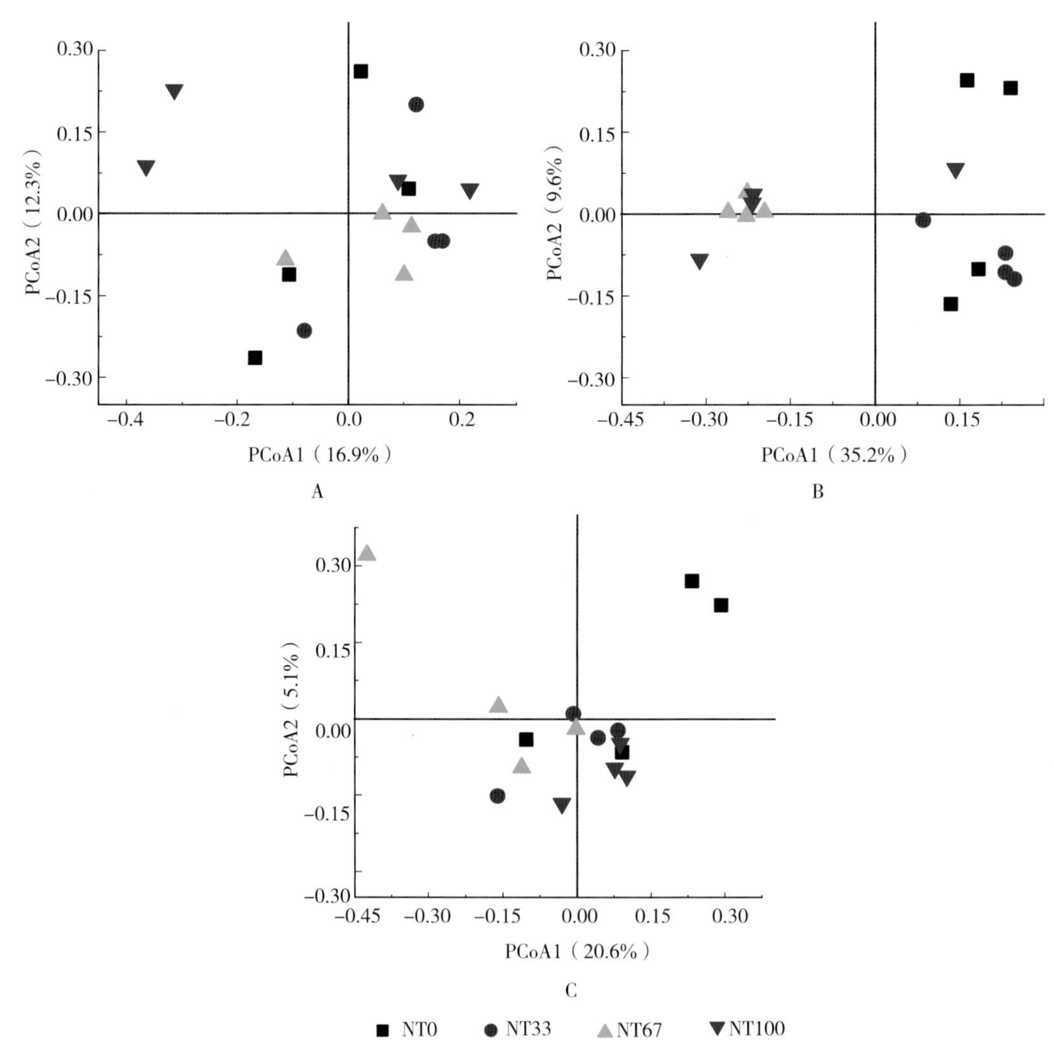

图 5－8　秸秆还田量对各层次土壤微生物群落结构影响的主坐标分析

A. 0～5cm　B. 20～40cm　C. 60～100cm

表 5-5 秸秆还田量对各层次土壤微生物群落结构影响的非参数多元方差分析

土层（cm）	处理	NT0	NT33	NT67
0～5	NT0	—	—	—
	NT33	1.09	—	—
	NT67	1.18	1.05	—
	NT100	1.21	1.49	1.95
20～40	NT0	—	—	—
	NT33	0.91	—	—
	NT67	13.04*	25.25*	—
	NT100	4.45	7.03	0.78
60～100	NT0	—	—	—
	NT33	1.69	—	—
	NT67	0.97	0.80	—
	NT100	4.05*	1.68*	1.96*

注：表中数值为方差分析的 F 值，* 表示各土层秸秆还田量处理间差异显著，$P<0.05$。

综上，与 NT0 相比，秸秆还田主要影响中层和深层土壤原核微生物群落结构。其中，NT67 和 NT100 分别显著改变了中层和深层土壤原核微生物群落结构，而 NT33 对各土层微生物群落结构没有显著影响。

土壤原核微生物群落高通量数据处理归类后，48 个土壤样品共获得：古菌 4 个门，10 个纲，17 个目，19 个科和 24 个属；细菌 47 个门，163 个纲，320 个目，512 个科 和 803 个属。在 48 个土壤样品中，在门水平占优势的原核微生物有泉古菌门（Crenarchaeota，22.5%），变形菌门（Proteobacteria，15.7%），酸杆菌门（Acidobacteria，13.1%），拟杆菌门（Bacteroidetes，12.6%），放线菌门（Actinobacteria，12.0%），绿弯菌门（Chloroflexi，6.2%），芽单胞菌门（Gemmatimonadetes，3.1%），浮霉菌门（Planctomycetes，2.9%）和硝化螺旋菌门（Nitrospirae，2.9%）（图 5-9）。

对于原核微生物群落来说，在 0～5cm 土层，与 NT0 相比，秸秆还田显著提高了拟杆菌门的相对丰度（图 5-10C）。所有秸秆还田量处理均提高了拟杆菌门的相对丰度，这与前人的研究结果一致（Navarro-Noya et al.，2013）。前期研究表明，秸秆分解过程中的优势细菌多来自拟杆菌门（王春芳等，2016；王秀红等，2018；杨艳华等，2019），因此本研究的结果表明玉米秸秆的添加促进了微生物对外源秸秆的分解利用。尽管拟杆菌门的相对丰度在不同还田量处理间没有明显差别，但 NT100 的提升效果最大，其通过对拟杆菌门相对丰度的提升显著影响了表层原核微生物群落组成。除此之外，NT33 显著降低了酸杆菌门和绿弯菌门的相对丰度（图 5-10D、图 5-10F）。绿弯菌门在山洞等一些养分贫瘠的地方存活能力相对较强（Barton et al.，2014），是相对较寡营养的细菌，它在低量秸秆还田处理时下降也在一定程度上说明 NT33 的底物可利用性是

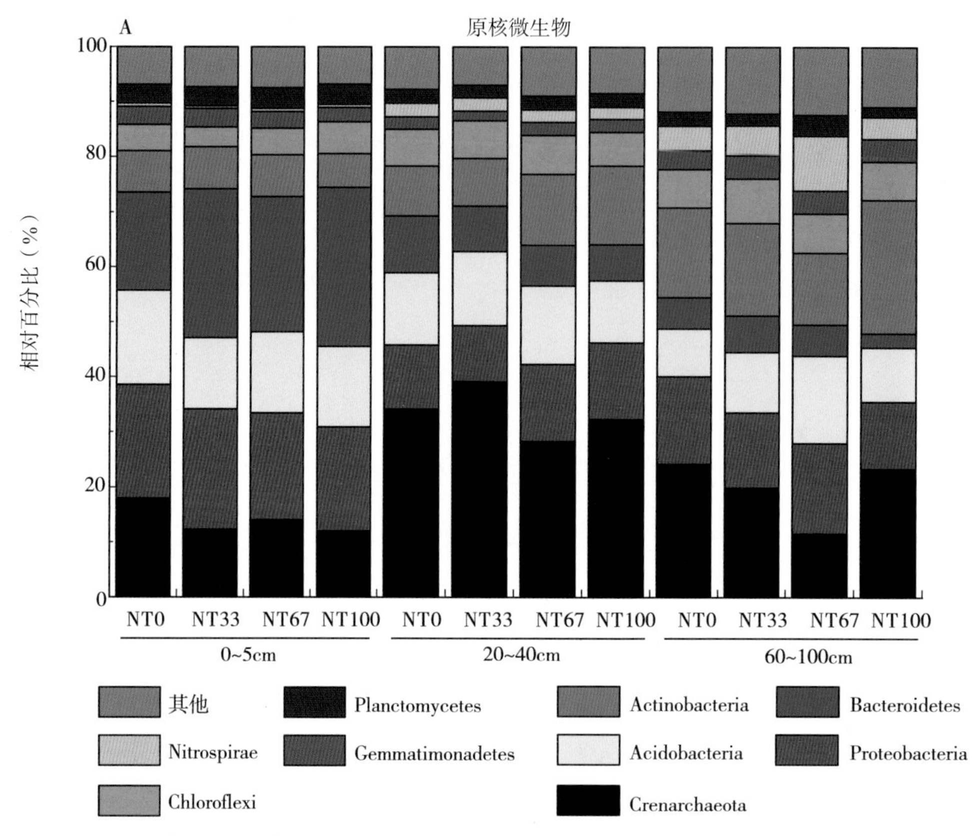

图 5－9　各土层不同秸秆还田量处理土壤微生物门水平相对丰度均值百分比堆积图

最高的。通过相关分析我们没有发现与酸杆菌门具有相关性的土壤理化指标，这可能是由于酸杆菌门细菌会同时受到许多环境因子的影响（Naether et al.，2012），因而未表现出对某一种理化性质的依赖。同时，酸杆菌门在贫营养的北极冻土里可以很好地存活，也表明它是一种养分适应能力很强的寡营养细菌（Rawat et al.，2012），酸杆菌门相对丰度的降低很可能也与绿弯菌门的降低一样，表明低量秸秆处理下碳源和氮源富足的表层土壤环境。

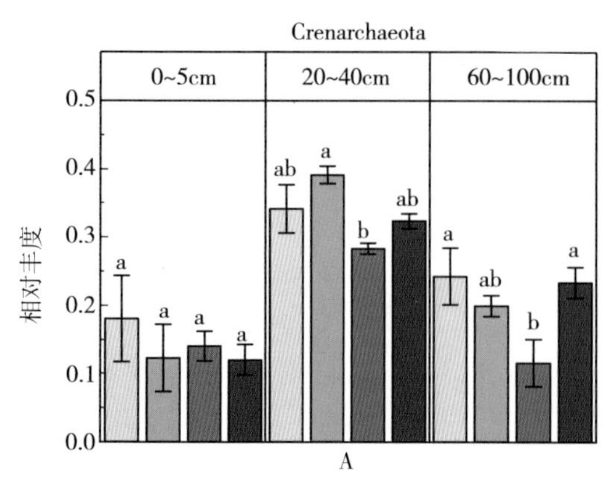

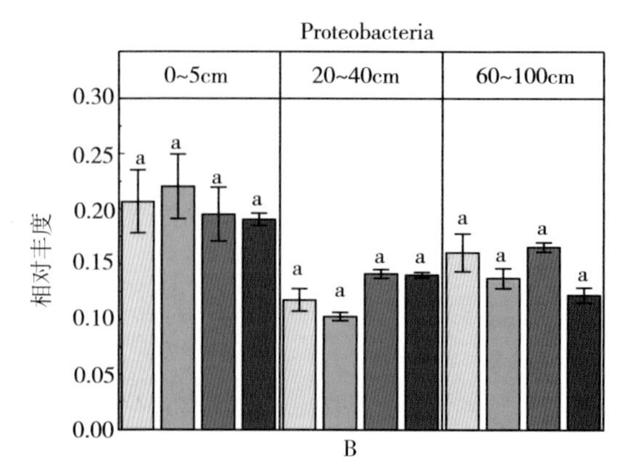

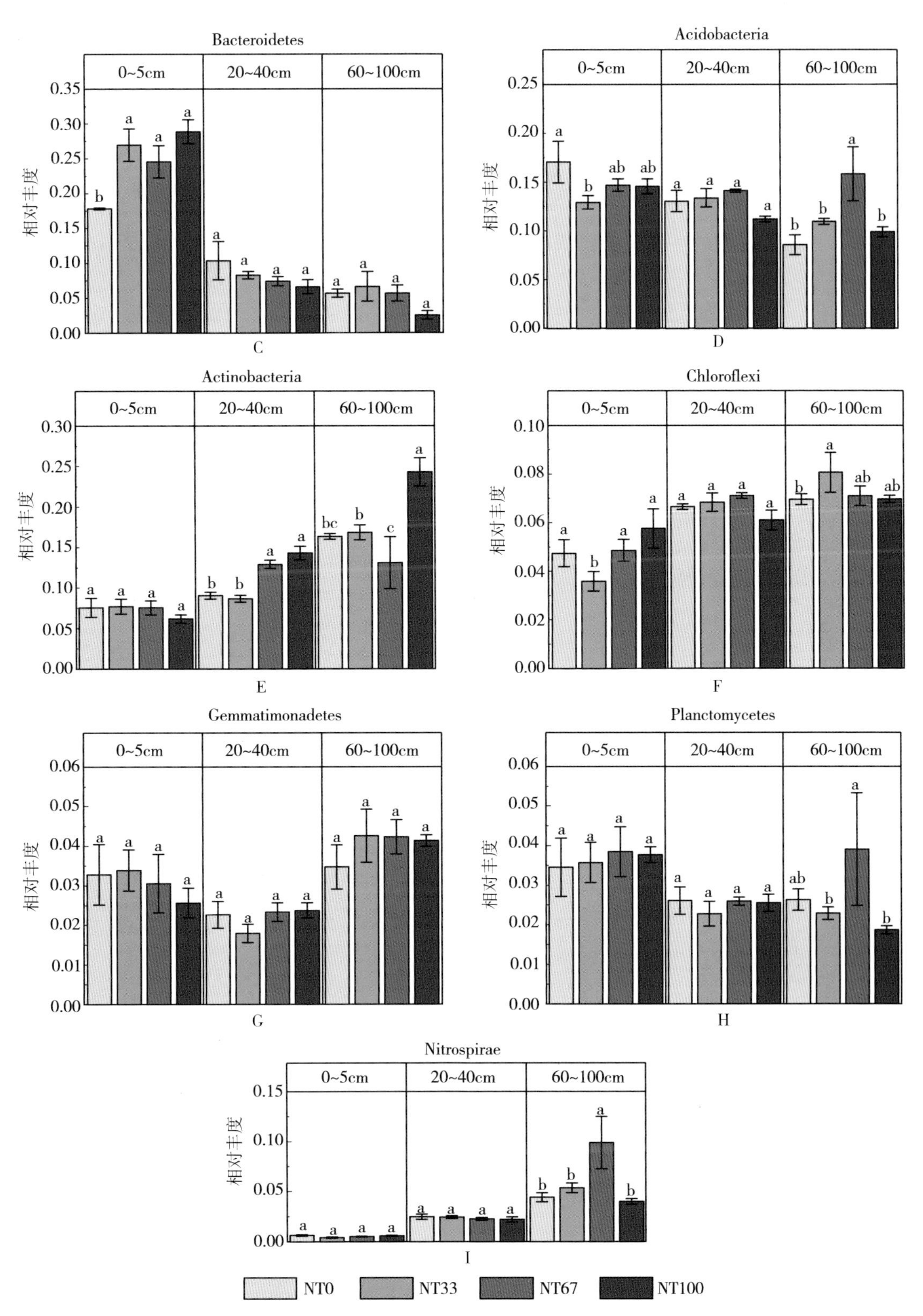

图 5-10　各土层不同秸秆还田量处理原核微生物优势门相对丰度

在20～40cm土层，与NT0相比，NT67和NT100显著提高了放线菌门的相对丰度（图5-10E）。在60～100cm土层，与NT0相比，NT33显著提高了绿弯菌门的相对丰度（图5-10F）；NT67提高了酸杆菌门和硝化螺旋菌门的相对丰度（图5-10D、图5-10I），并降低了泉古菌门的相对丰度（图5-10A）；NT100提高了放线菌门的相对丰度（图5-10E）。与NT0相比，NT67降低了深层土壤泉古菌门的相对丰度，提高了酸杆菌门与硝化螺旋菌门的相对丰度。泉古菌门相对丰度的降低提示了土壤有机质含量的下降（沈菊培等，2011），寡营养群落酸杆菌门相对丰度的提升暗示了碳、氮相对贫瘠的土壤环境（Catao et al.，2014）。前期研究指出，氨氧化细菌更适宜在高铵态氮含量的情况下生长繁殖，而氨氧化古菌在铵态氮含量较低时也能较好适应（Verhamme et al.，2011）。因此，本研究观察到的硝化螺旋菌的增加和泉古菌的降低，可能也与土壤铵态氮的含量变化有关。与NT0相比，NT100提高了放线菌门的相对丰度、降低了原核微生物群落的均匀度和多样性，同时还改变了原核微生物群落的结构。放线菌门作为分解能力较强的细菌，对土壤难分解有机质具有较强的底物利用能力（Eisenlord et al.，2010）。

5.4 秸秆还田频率对土壤微生物的影响

5.4.1 试验样地和样品采集

本研究在中国科学院保护性耕作研发基地的免耕不同秸秆还田频率试验平台开展（详见2.2.2）。本研究的处理包括：①传统耕作，翻耕且无秸秆还田（CT）；②免耕无秸秆还田（NT0）；③免耕+低频率秸秆还田（第一年秸秆覆盖还田100%，第二、三年不还田，NT1/3）；④免耕+中频率秸秆还田（第一、二年秸秆覆盖还田100%，第三年不还田，NT2/3）；⑤免耕+高频率秸秆还田（每年100%秸秆覆盖还田，NT3/3）。于2017年4月播种前利用5点采样法采集0～5cm、5～10cm、10～20cm和20～40cm土层的土壤样品。分别将5个取样点的土壤样品进行简单混合，轻轻掰碎大土块，去除根系等有机残体，过5mm筛，置于冰盒中4℃保存并尽快带回实验室。土壤样品混合过2mm筛，一部分于−80℃冰箱中保存，用于土壤DNA的提取；一部分于−20℃冰箱中保存，用于土壤PLFA的测定。

5.4.2 测试指标和分析方法

土壤DNA提取及细菌16S rRNA扩增和测序同5.1.2。

真菌ITS扩增和测序利用具有条形码的引物ITS1F（5′-CTTGGTCATTTAGAGGAAGTAA-3′）和ITS1R（5′-TGCGTTCTTCATCGATGC-3′）对真菌ITS1区进行扩增。ITS的PCR扩增体系为1μL每种引物（5μM）、3μL BSA（2 ng/μL^{-1}）、12.5μL 2× *Taq* Plus Master Mix（Vazyme）、30 ng DNA模板和7.5μL双蒸水。扩增条件为94℃ 5min，然后94℃ 30s、55℃ 30s、72℃ 60s进行32个循环，最后72℃扩增7min。使用Illumina Miseq PE300测序平台（美国因美纳生物科技公司）对PCR产物进行高通量测序。保留质量得分>20以及长度>120bp的序列。使用Usearch根据97%的相似度水平对所有序列进行OTU划分（Edgar，2013）。ITS序列数据比对注释使用数据库Unite 7.0。

磷脂脂肪酸（Phospholipid fatty acid，PLFA）分析（Bossio et al.，1998）。称取冻

干土壤（0～5cm 和 5～10cm 深度称取 4g，10～20cm 和 20～40cm 深度称取 8g）到特氟龙（Teflon）离心管中，加入氯仿、甲醇和磷酸缓冲液进行提取（三者比例为 1∶2∶0.8），通过振荡将土壤与液体充分混匀，离心，将上清液避光静置过夜并收集氯仿相。通过固相萃取柱（Supelco Inc.，Bellefonte，PA，SPE）分离纯化 PLFA。使用甲醇分解甲酯化将磷脂转化为脂肪酸甲酯。通过 Agilent 7890B GC（美国安捷伦科技有限公司）使用 MIDI 峰识别软件（4.5 版；MIDI Inc.，Newark，DE）测试分析甲酯。使用内标峰（19：0）将峰面积转换为 μg/g 或 nmol/g。

磷脂脂肪酸分类如下：革兰氏阳性（G^+）细菌（15：0iso、15：0anteiso、15：1isoω6c、16：0iso、17：0iso 和 17：0anteiso）、革兰氏阴性菌（G^-）细菌（16：1ω7c、16：1ω9c、17：1ω8c、18：1ω5c、18：1ω7c、21：1ω3c、17：0cyclow7c 和 19：0cyclow7c）、放线菌（10Me16：0：0、10Me17：0、10MeC17：1ω7c、10Me18：0 和 10MeC18：1ω7c）和真菌（18：1ω9c 和 18：2ω6c）。G^+、G^-和非特异性细菌（14：0、15：0、15：0DMA、16：0、17：0、18：0 和 20：0）的总和为总细菌（nmol/g）。

根据 Zhang 等的方法提取测定 3 种类型的氨基糖，包括氨基葡萄糖（GluN）、氨基半乳糖（GalN）和胞壁酸（MurA）（Zhang et al.，1996）。详细步骤见 2.2.4。

使用方差分析（ANOVA）来检验土壤氨基糖和 PLFA 含量对处理的响应。使用 LSD 检验对不同处理之间的显著性差异进行比较。ANOVA 和 LSD 检验使用 SPSS19 统计软件进行。我们基于 Bray－Curtis 距离进行了非度量多维标度分析（Non－metric multidimensional scaling，NMDS）以及 PCoA 分析（Principal coordinates analysis，PCoA），以描述不同处理和土壤层次之间微生物群落结构的变化。以上两种分析借助 R.4.0.2 中的 vegan 包进行（Oksanen et al.，2007），并分别使用置换多元方差分析（Permutational multivariate analysis of variance，PERMANOVA）和 Anosim 分析来检验处理微生物群落结构的差异。使用 R.4.0.2 的 indicspecies 包进行指示物种分析（de Cáceres et al.，2010），以检测每个处理中的特征细菌或真菌属。我们使用 R.4.0.2 中的 vegan 包进行了约束冗余分析（Constrained redundancy analyses，RDA）以检验土壤理化性质与土壤微生物群落之间的关系。

5.4.3　结果与讨论

与传统耕作相比，免耕增加了 0～5cm 土层土壤中革兰氏阳性细菌、革兰氏阴性细菌、总的细菌、放线菌及总微生物生物量（$P<0.05$），但降低了它们在 20～40cm 土层土壤中的量（图 5－11）。与免耕无秸秆还田相比，秸秆还田均显著增加了土壤表层 0～5cm 土层的革兰氏阳性细菌、革兰氏阴性细菌、总的细菌、真菌、放线菌及总微生物生物量（$P<0.05$），但不同秸秆还田量之间差异不显著（图 5－11A）。秸秆还田处理增加了 5～10cm 土层土壤细菌及总微生物生物量，但差异不显著（图 5－11B）。10～20cm 和 20～40cm 土层土壤中秸秆还田对微生物各类群生物量均无影响（图 5－11C、图 5－11D）。免耕和秸秆还田增加了表层土壤中细菌和真菌的生物量，这与先前在同一类型农田中的研究结果一致（Sun et al.，2020）。在 20～40cm 土层，与表层土壤相比，微生物群落特征对处理的响应不同，有时甚至相反。例如，与秸秆还田相比，耕作对微生物群落特征的影响更大。免耕降低了 20～40cm 土层的细菌和真菌生物量。这是因为免耕增加了土壤的硬度

和容重（Luo et al.，2010），导致孔隙减少进而减少了根系在深层的生长，并减少了深层土壤中微生物生长可利用的氧气等（Erktan et al.，2020）。

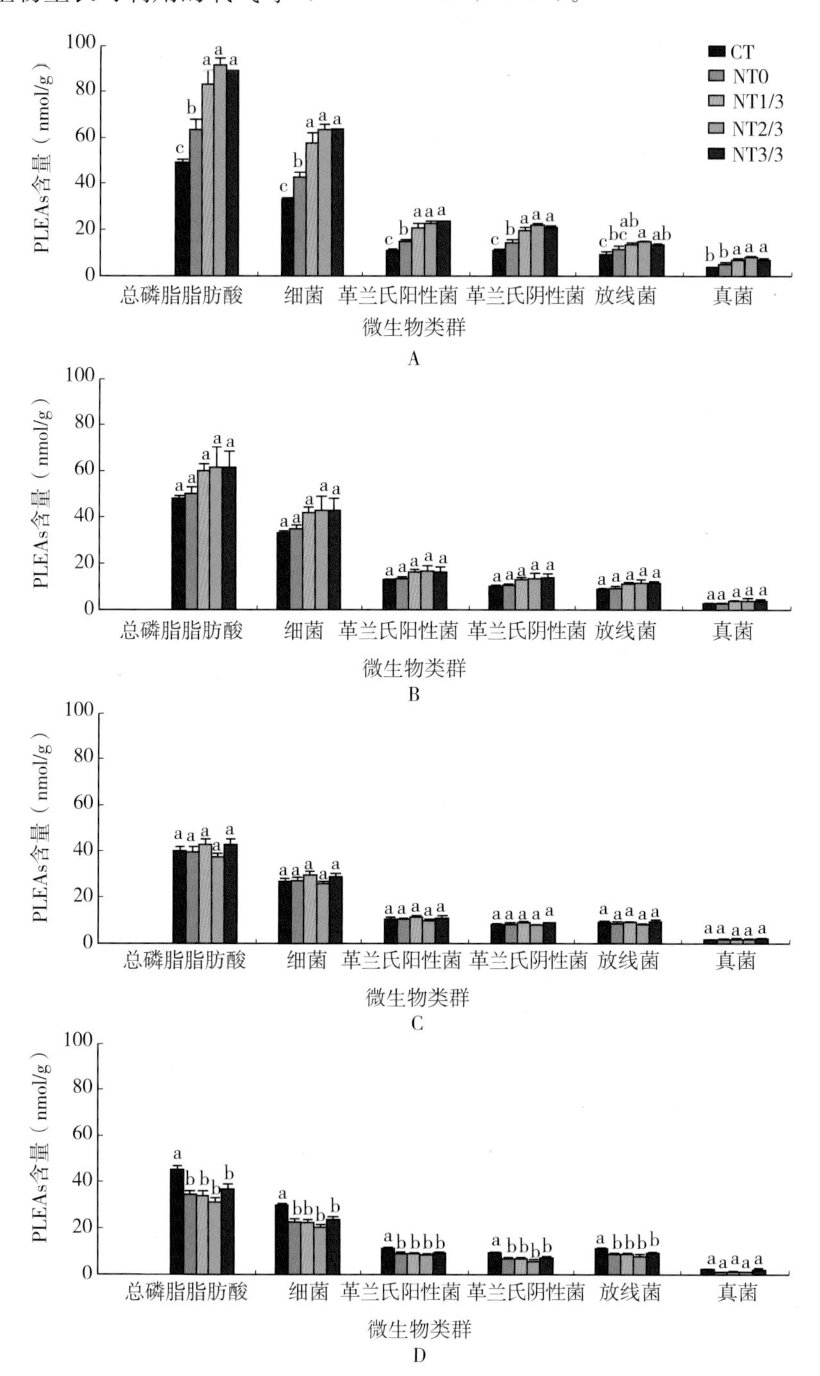

图 5-11　免耕及不同秸秆还田量下各土层微生物类群生物量（磷脂脂肪酸含量）

A. 0～5cm　B. 5～10cm　C. 10～20cm　D. 20～40cm

注：数值代表平均值±标准误差（$n=3$）；不同字母表示各土层处理间差异显著（$P<0.05$）。

尽管免耕及秸秆还田能显著增加各类微生物的生物量，但对真细菌比值和革兰氏阳性菌和革兰氏阴性菌的比值影响基本均不显著。只有在 20～40cm 土层，免耕加中量和高量秸秆还田显著增加了革兰氏阳性菌与革兰氏阴性菌的比值（图 5－12）。

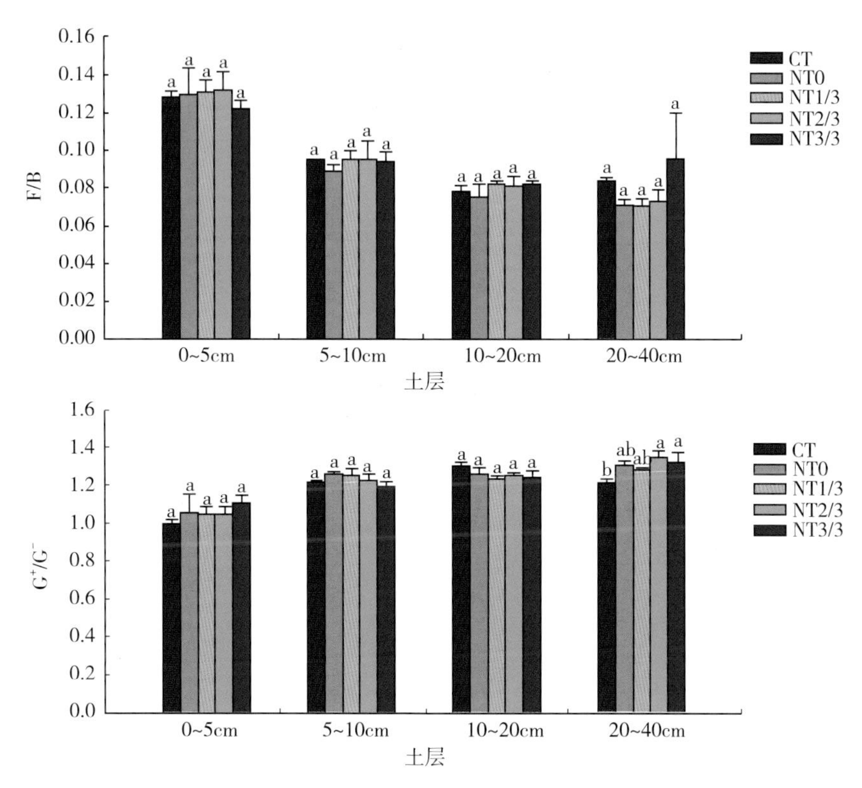

图 5－12 免耕及不同秸秆还田量下各土层微生物类群生物量比值

注：数值代表平均值±标准误差（$n=3$）；不同字母表示各土层处理间差异显著（$P<0.05$）。

土壤微生物群落 α 多样性和 β 多样性

免耕及秸秆还田对土壤微生物的丰富度（Chao1）的影响大于对微生物多样性（Shannon）的影响，对 0～40cm 土层的真菌群落丰富度有影响，而对细菌群落丰富度的影响仅在 0～5cm（表 5－6）。免耕及秸秆还田显著增加了 0～40cm 土层真菌群落的丰富度（$P<0.05$），对真菌的多样性无影响。免耕及秸秆还田降低了表层 0～5cm 土层土壤中细菌群落的丰富度，其中 NT2/3 和 NT3/3 是显著降低（$P<0.05$），其余处理不显著。免耕及秸秆还田对细菌群落的多样性无影响（表 5－6）。在 0～5cm 土层，免耕和秸秆还田对微生物群落特征有显著影响。与 CT 相比，免耕处理对细菌和真菌的 α 多样性（Chao 1）具有相反的影响，增加了真菌多样性但降低了细菌多样性。与传统耕作土壤相比，长时间免耕显著增加了土壤紧实度并降低了土壤中氧气的浓度，使得活性细菌的选择性环境条件变少，所以降低了表层土壤细菌的丰富度（Pastorelli et al.，2013），而细菌活体生物量并未降低。与传统耕作土壤相比，免耕减少了对土壤中真菌菌丝的破坏，有利于真菌菌丝网络的形成，从而增加了土壤真菌群落多样性（Gottshall et al.，2017）。真菌和细菌丰富度对免耕的响应呈相反的趋势，也可能是由于真菌群落和细菌群落之间存在着竞争的关系。

表 5-6 免耕及不同秸秆还田量对土壤微生物群落 α 多样性的影响分析

土层	处理	Chao1		Shannon	
		细菌	真菌	细菌	真菌
0～5cm	CT	2 790.57±67.94a	672.47±81.83b	9.30±0.02a	6.68±0.07a
	NT0	2 550.83±75.37ab	933.51±9.47a	9.12±0.11a	6.53±0.14a
	NT1/3	2 468.24±49.48ab	942.68±9.79a	8.96±0.05a	6.44±0.22a
	NT2/3	2 405.07±71.75b	925.52±35.03a	9.05±0.02a	6.33±0.26a
	NT3/3	2 402.95±213.93b	947.35±6.48a	8.98±0.22a	6.38±0.23a
5～10cm	CT	2 767.61±34.54a	519.09±20.32b	9.33±0.06a	6.32±0.13a
	NT0	2 529.3±189.98a	878.85±33.55a	8.86±0.28a	6.05±0.39a
	NT1/3	2 427.65±222.21a	892.89±16.75a	8.78±0.23a	6.22±0.06a
	NT2/3	2 479.13±218.21a	847.38±72.44a	8.83±0.23a	6.18±0.09a
	NT3/3	2 347.83±197.85a	905.07±27.91a	8.89±0.18a	6.15±0.38a
10～20cm	CT	2 506.64±67.41a	507.34±35.73c	9.20±0.07a	6.10±0.09a
	NT0	2 563.82±56.44a	1 049.34±38.26a	9.07±0.14a	6.45±0.15a
	NT1/3	2 550.75±118.29a	821.48±70.25b	8.99±0.17a	5.90±0.31a
	NT2/3	2 683.78±54.19a	789.41±20.15b	9.08±0.03a	6.15±0.18a
	NT3/3	2 627.99±84.14a	895.96±68.27ab	9.19±0.04a	6.33±0.15a
20～40cm	CT	2 383.01±70.82a	528.01±28.79b	9.02±0.09a	6.46±0.07a
	NT0	2 229.52±78.69a	747.93±133.75ab	8.59±0.18a	6.24±0.04a
	NT1/3	2 310.34±144.76a	758.91±77.01a	8.73±0.19a	5.66±0.63a
	NT2/3	2 370.74±78.36a	738.36±15.55ab	8.85±0.10a	6.15±0.57a
	NT3/3	2 441.48±244.43a	866.45±43.97a	8.79±0.27a	6.45±0.13a

注：表中数值为平均值±标准误，不同字母代表同一土层不同处理之间差异显著，为 LSD 检验，显著性水平为 $P<0.05$。

通过基于 Bray-Curtis 距离的 NMDS 分析及 PERMANOVA 检验对真细菌群落结构进行分析和展示（图 5-13）。土壤细菌群落受土层的影响显著，不同土层的微生物群落结构具有显著差异（图 5-13A）。免耕秸秆还田处理对土壤细菌群落结构的影响在整个 0～40cm 土层不能明显分开，说明处理对土壤细菌群落的影响在不同土层之间没有相同规律（图 5-13B）。土壤真菌群落受土层的影响显著，不同土层之间的真菌群落结构具有显著差异（图 5-13C）。免耕秸秆还田处理对真菌群落结构的影响在整个0～40cm 土层显著，整体上 CT、NT0 与其他处理的真菌群落具有显著差异（图 5-13D）。说明免耕和有无秸秆还田均会造成真菌群落结构的显著不同，但不同秸秆还田量（1/3，2/3，3/3）之间无显著差异。

土壤细菌群落各个土层的 NMDS 分析，基于 Bray-Curtis 距离矩阵对不同层次土壤各处理细菌群落进行 PERMANOVA 多元方差分析，发现免耕及秸秆还田对 0～5cm、10～20cm及 20～40cm 土层土壤的细菌群落有显著影响（图 5-14）。CT 与免耕的所有处理在 0～5cm 及 10～40cm 土层有差异，有无秸秆还田的影响主要在 0～5cm，而秸秆还田量对细菌群落无显著影响（图 5-14）。Zhu 等（2018）也发现耕作和秸秆还田显著影响

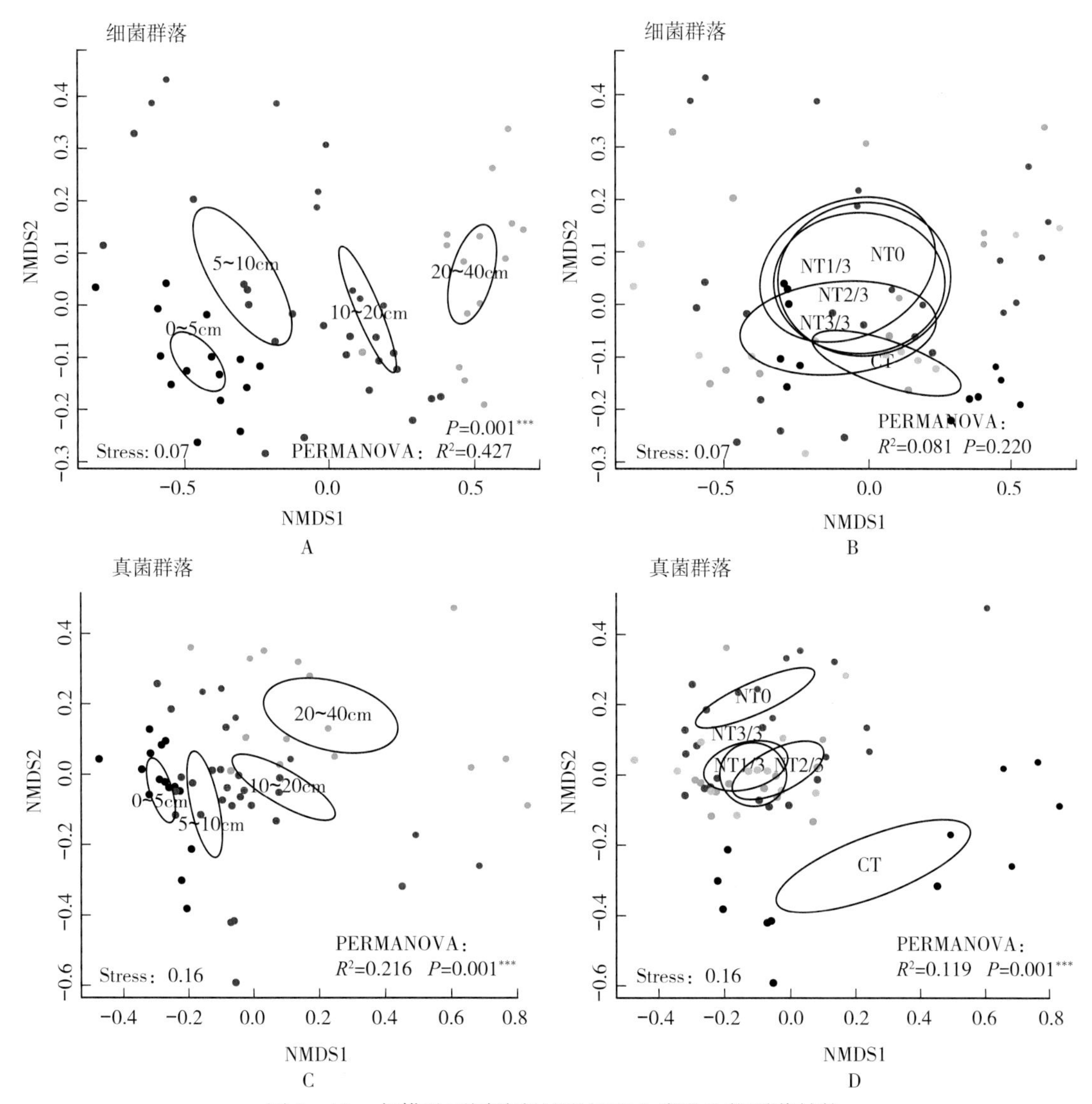

图 5－13　免耕及不同秸秆还田量下土壤微生物群落结构
基于 Bray－Curtis 距离的 NMDS 分析

A. 细菌群落按土层划分　B. 细菌群落按处理划分　C. 真菌群落按土层划分　D. 真菌群落按处理划分。

注：椭圆由 R 中的 vegan 包计算，置信区间为 0.95。置换多元方差分析（PERMA NOVA）检验群落组成结构差异是否显著，显著性水平：* 表示 $P<0.05$，** 表示 $P<0.01$，*** 表示 $P<0.001$。

了我国东北地区的土壤细菌和真菌群落组成（Zhu et al.，2018）。

土壤真菌群落各个土层的 NMDS 分析，基于 Bray－Curtis 距离矩阵对不同层次土壤各处理间真菌群落进行 PERMANOVA 多元方差分析，发现免耕及秸秆还田对 0～40cm 土层土壤的真菌群落均有显著影响，且所有土层规律相似（图 5－15）。CT 与其他所有免耕处理在第一轴上分开，说明免耕导致真菌群落显著不同（图 5－15）。NT0 与其他秸秆还田的处理在第二轴上分开，说明秸秆还田也会导致真菌群落结构显著不同，但不同秸秆还田量之间无显著差异（图 5－15）。从整体群落来看，真菌比细菌群落更容易受到免耕

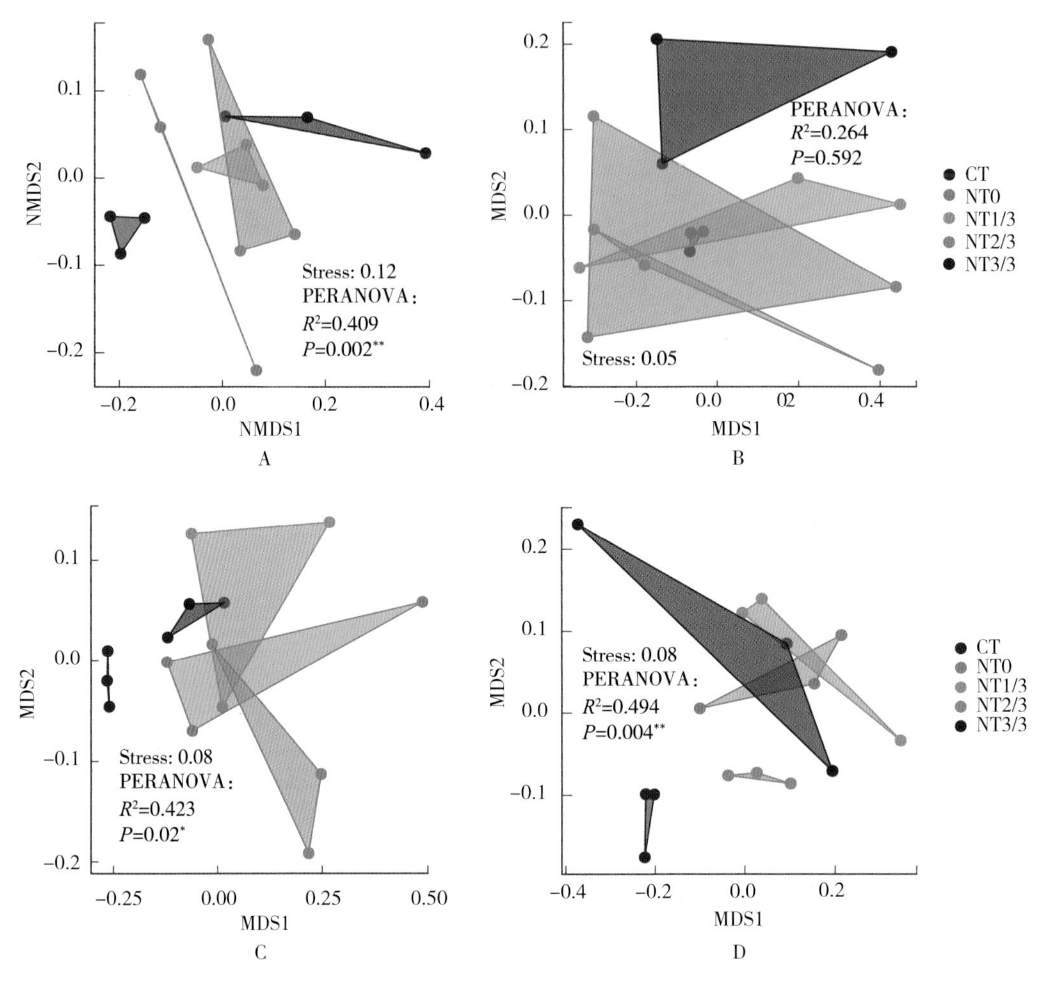

图 5-14　免耕及不同秸秆还田量下各土层细菌群落结构基于 Bray-Curtis 距离的 NMDS 分析

A. 0～5cm　B. 5～10cm　C. 10～20cm　D. 20～40cm

注：用置换多元方差分析（PERMANOVA）检验群落组成结构差异是否显著；显著性水平：* 表示 $P<0.05$，**表示 $P<0.01$，***表示 $P<0.001$。

及秸秆还田的影响，且秸秆还田对真菌群落的影响能到更深的土层。

土壤微生物群落组成及影响因子

在所有样品中土壤细菌群落占优势的门类有变形菌门（Proteobacteria，34.26%）、酸杆菌门（Acidobacteria，19.41%）、放线菌门（Actinobacteria，18.65%）、绿弯菌门（Chloroflexi，7.82%）、芽单胞菌门（Gemmatimonadetes，6.22%）、拟杆菌门（Bacteroidetes，5.13%）、疣微菌门（Verrucomicrobia，1.71%）、硝化螺旋菌门（Nitrospirae，1.39%）、浮霉菌门（Planctomycetes，1.24%）、Latescibacteria（0.96%）、厚壁菌门（Firmicutes，0.50%）和糖杆菌门（Saccharibacteria，0.47%）（图 5-16）。

在所有样品中土壤真菌群落中占优势的门类有子囊菌门（Ascomycota，50.61%）、担子菌门（Basidiomycota，17.55%）、被孢霉门（Mortierellomycota，13.09%），壶菌（Chytridiomycota，0.76%）和球囊菌门（Glomeromycota，0.73%）（图 5-17）。

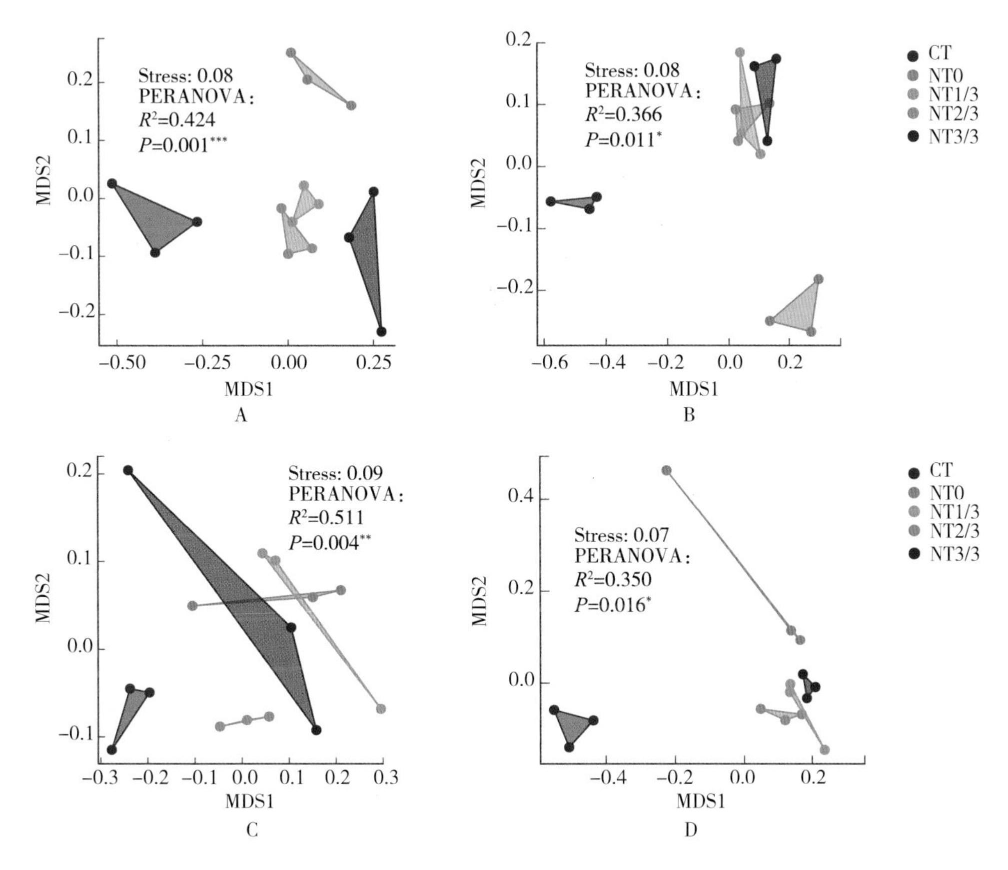

图 5-15　免耕及不同秸秆还田量下各土层真菌群落结构基于 Bray-Curtis 距离的 NMDS 分析

A. 0～5cm　B. 5～10cm　C. 10～20cm　D. 20～40cm。

注：用置换多元方差分析（PERMANOVA）检验群落组成结构差异是否显著；显著性水平：* 表示 $P<0.05$，**表示 $P<0.01$，***表示 $P<0.001$。

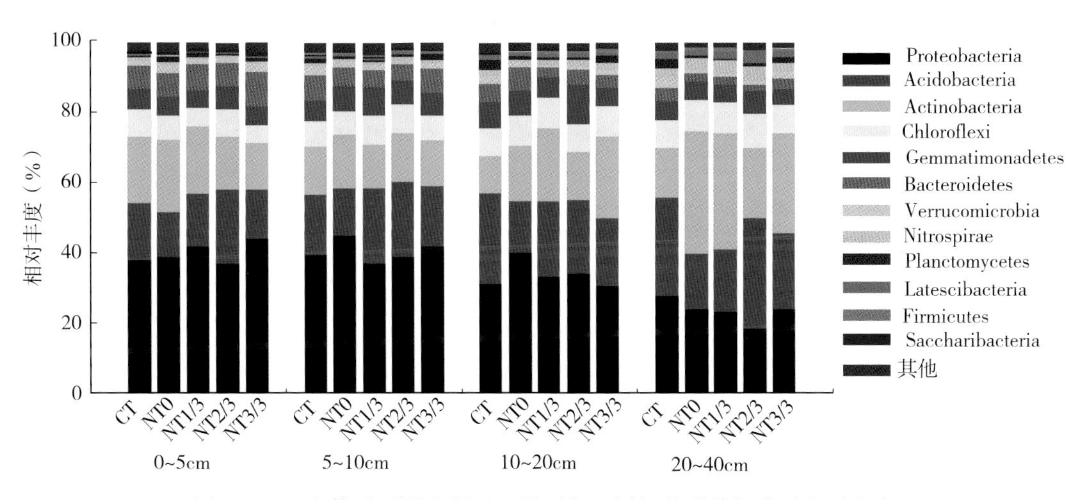

图 5-16　免耕及不同秸秆还田量下各土层细菌群落门水平相对丰度

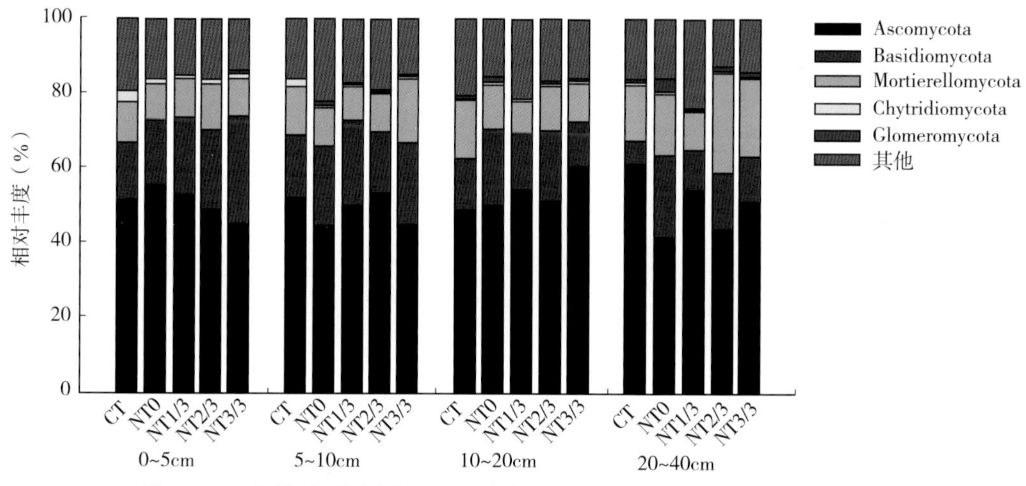

图 5-17　免耕及不同秸秆还田量条件下各土层真菌群落门水平相对丰度

在真细菌属水平进行指示物种分析，CT 与其他处理相比具有更多的指示属，说明 CT 与其他处理差异最大。在 0～5cm 土层，*Arthrobacter*、*Actinoplanes*、*Rhodoplanes*（Rhizobiales）和 *Byssovorax* 是 NT1/3 的细菌指示属；*Nocardioides* 和 *Agaricicola*（Rhizobiales）是 NT0 的细菌指示属；*Labrys*（Rhizobiales）、*Rhizomicrobium*（Rhizobiales）、*Devosia*（Rhizobiales）和 *Asticcacaulis* 是 NT3/3 的细菌指示属；*Gaiella*、*Hymenobacter*、*Pontibacter*、*Phormidium*、*Nitrospira*、*Sphingobium*、*Massilia* 和 *Nitrosococcus* 是 CT 的细菌指示属（图 5-18A）。在 20～40cm 土层，*Luedemannella*、*Chryseolinea*、*Parafilimonas*、*AKYG587*、*SM1A02*、*OM27 _ clade*、*BD1 _ 7 _ clade*、*Arenimonas*、*Verrucomicrobia _ bacterium _ OR _ 59* 和 *Candidatus _ Xiphinematobacter* 为 CT 的细菌指示属；*Citrobacter* 为 NT2/3 的细菌指示属；*Streptomyces*、*Rhizobacter* 和 *Pseudospirillum* 为 NT1/3 的细菌指示属；*Oxobacter* 和 *Bauldia* 为 NT0 的细菌指示属（图 5-18D）。

本研究中土壤真菌普遍比细菌有更多的指示属，表明属水平真菌的变化大于细菌。在 0～5cm 土层，*Epicoccum*、*Plenodomus*、*Curvularia*、*Bipolaris*、*Colletotrichum*、*Volutella*、*Scopulariopsis*、*Lachnella*、*Erythrobasidium*、*Clydaea*、*Spizellomyces*、*Acaulospora* 和 *Penicillium* 为 CT 的真菌指示属；*Pyrenula*、*Xylographa*、*Purpureocillium* 和 *Clitopilus* 为 NT2/3 的真菌指示属；*Stachybotrys*、*Cladorrhinum* 和 *Lysurus* 为 NT1/3 的真菌指示属；*Paraconiothyrium*、*Cadophora*、*Pulvinula*、*Acremonium*、*Ilyonectria*、*Rosasphaeria*、*Cercophora*、*Microdochium*、*Conocybe* 和 *Basidioascus* 为 NT0 的真菌指示属；*Phyllosticta*、*Spegazzinia*、*Cylindrocarpon*、*Amanita*、*Boletus*、*Mrakia*、*Glomus* 和 *Vishniacozyma* 为 NT3/3 的真菌指示属（图 5-19A）。在 20～40cm 土层，*Archaeorhizomyces*、*Neophaeosphaeria*、*Paraphoma*、*Septoriella*、*Lepraria*、*Isaria*、*Torrubiella*、*Escovopsis*、*Acremonium*、*Neoidriella*、*Angulomyces*、*Operculomyces* 和 *Ceroophora* 为 CT 的真菌指示属；*Sordaria* 和 *Sarcodontia* 为 NT1/3 的真菌指示属；*Tumularia*、*Gibbosporina*、*Sticta*、*Melanoleuca*、*Trechispora*、*Cryptococcus* 和 *Cladophialophora* 为

NT3/3 的真菌指示属，*Oidiodendron*、*Purpureocillium* 和 *Tremella* 为 NT2/3 的真菌指示属；*Sebacina* 和 *Kamienskia* 为 NT0 的真菌指示属（图 5－19D）。

0～5cm 土层的细菌群落（门水平）主要受秸秆还田影响，而 5～10cm、10～20cm 和 20～40cm 土层的细菌群落主要受免耕的影响（表 5－7）。在 0～5cm 土层，显著影响细菌群落组成的土壤理化因子有 SOC、TN、pH 和含水量，除了 pH 与秸秆还田负相关外，其他因子均与秸秆还田正相关（$P<0.05$）（图 5－20A）。变形菌门和拟杆菌门与秸秆还田正相关，厚壁菌门、硝化螺旋菌门及芽单胞菌门与秸秆还田负相关；免耕与酸杆菌门、硝化螺旋菌门及芽单胞菌门负相关。说明免耕及秸秆还田增加了表层土壤中富营养菌的相对丰度而降低了寡营养菌的相对丰度（图 5－20A）。与 NT0 相比，秸秆还田增加了表层（0～5cm）土壤中的富营养细菌（例如变形菌门和拟杆菌门）丰度，但降低了寡营养细菌（例如厚壁菌门和绿弯菌门）丰度。这可能是因为秸秆还田提高了微生物可利用性碳源及养分的含量（Shao et al.，2016）。以往的研究已经证实，在养分利用率高的条件下，富

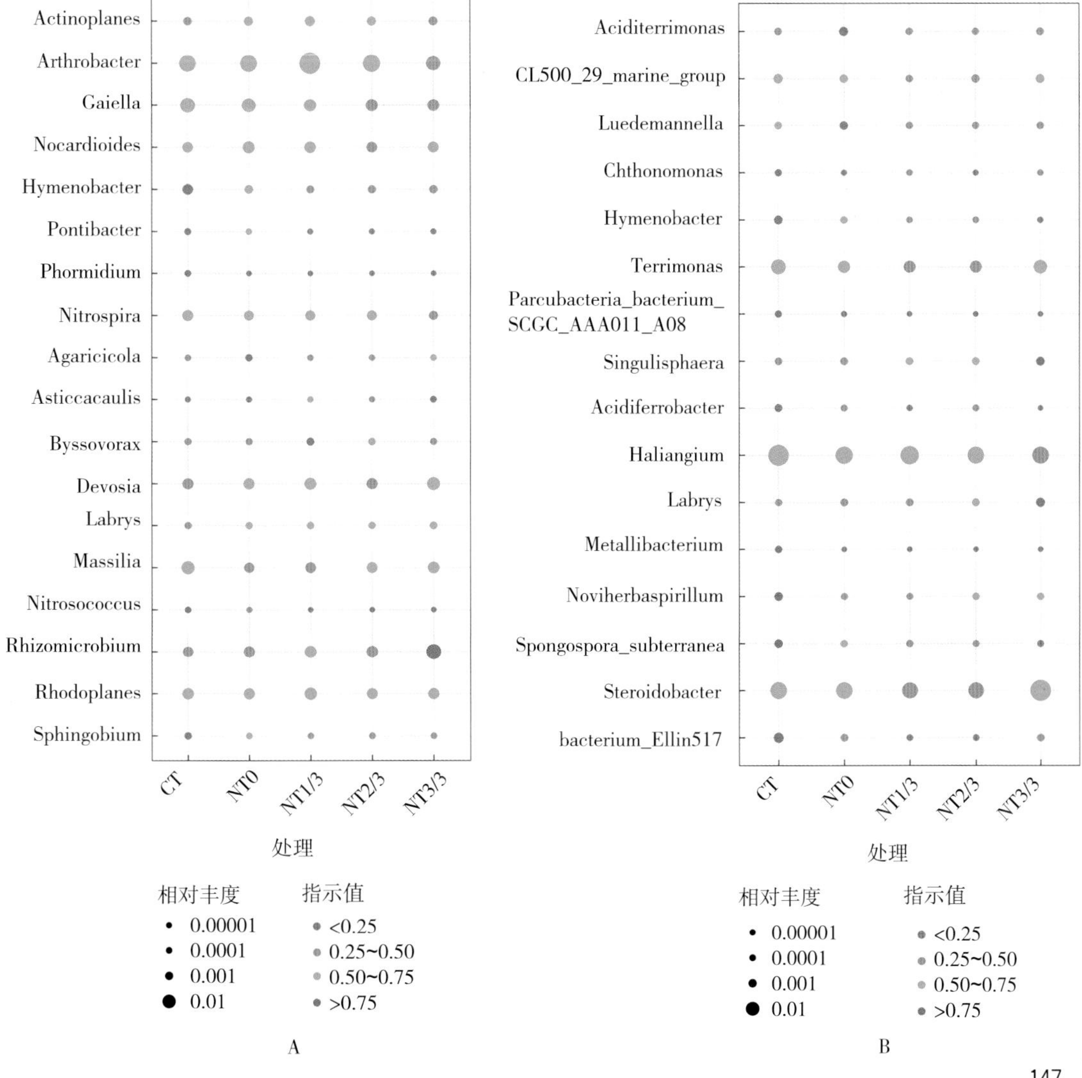

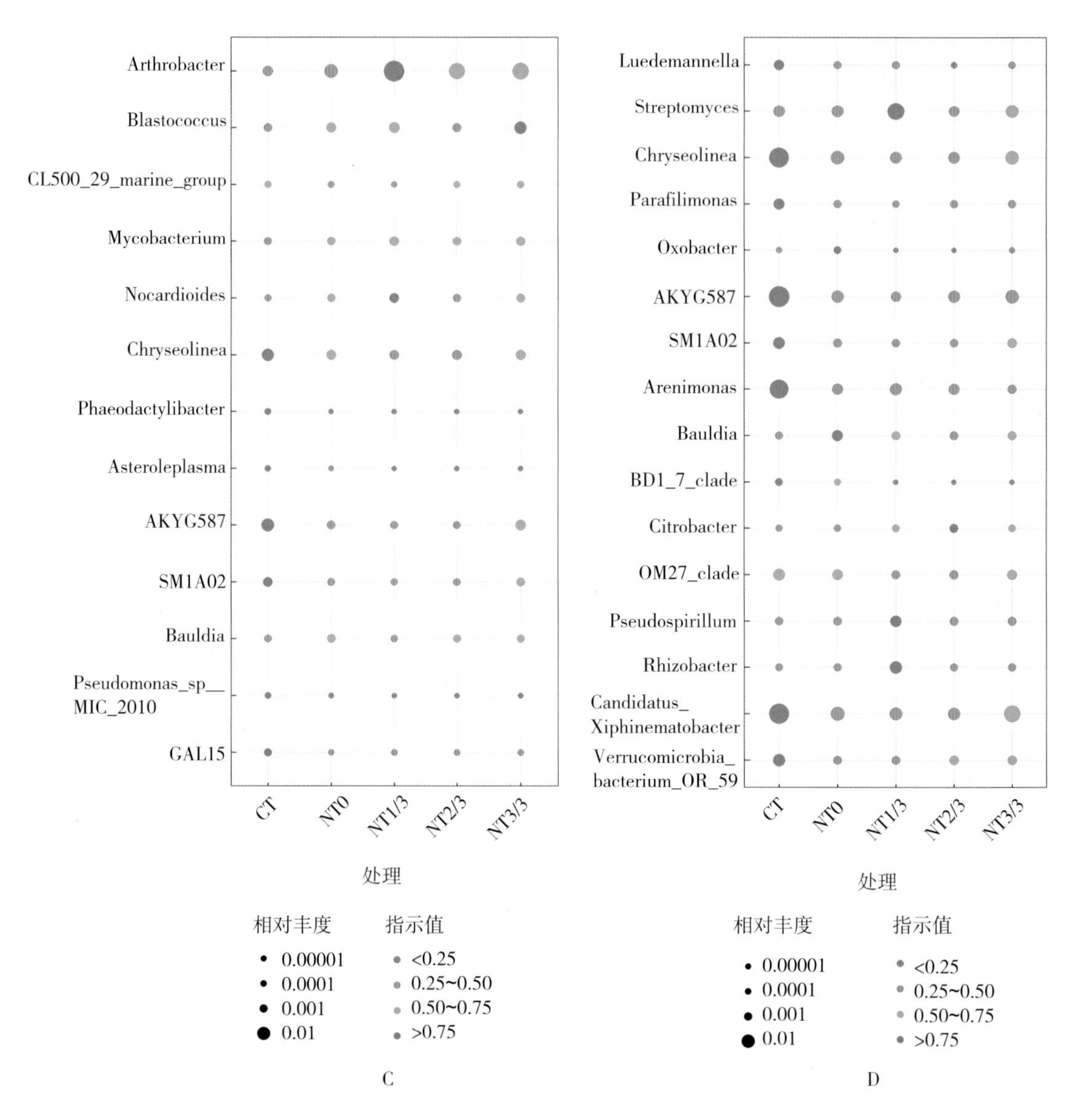

图 5-18　免耕及不同秸秆还田量下各土层细菌属水平显著差异的指示物种分析（$P<0.05$）

A. 0～5cm　B. 5～10cm　C. 10～20cm　D. 20～40cm

注：圆圈的颜色代表特定属的指示值大小，大小表示每个属的相对丰度。

营养菌占优势，而在养分利用率低的土壤中，寡营养细菌更为丰富（Sul et al.，2013；Trivedi et al.，2013）。在5～10cm土层，显著影响细菌群落的土壤理化因子为含水量且与免耕正相关（$P<0.05$）（图5-20B）。在10～20cm土层，我们所选的土壤理化因子对细菌群落均无显著影响（图5-20C）。在20～40cm土层，SOC和TN显著影响了细菌群落组成（$P<0.05$），与免耕负相关（图5-20D）。拟杆菌门、浮霉菌门和疣微菌门与免耕负相关，硝化螺旋菌门与免耕正相关。说明免耕具有减少深层（20～40cm）土层中富营养菌的趋势（图5-20D）。与0～5cm土层相比，20～40cm土层各处理的细菌组成表现

出与表层土壤中相反的趋势：免耕导致 20～40cm 土层中比传统耕作有更多的寡营养细菌，这与 20～40cm 土层较低的 SOC 含量一致。根据其他研究，可能的原因是在免耕处理下深层土壤中根系带来的养分量较少（Baker et al.，2007；Luo et al.，2010）。因此，寡营养细菌在这种低营养条件下可能更丰富（Fierer et al.，2007；Sul et al.，2013）。

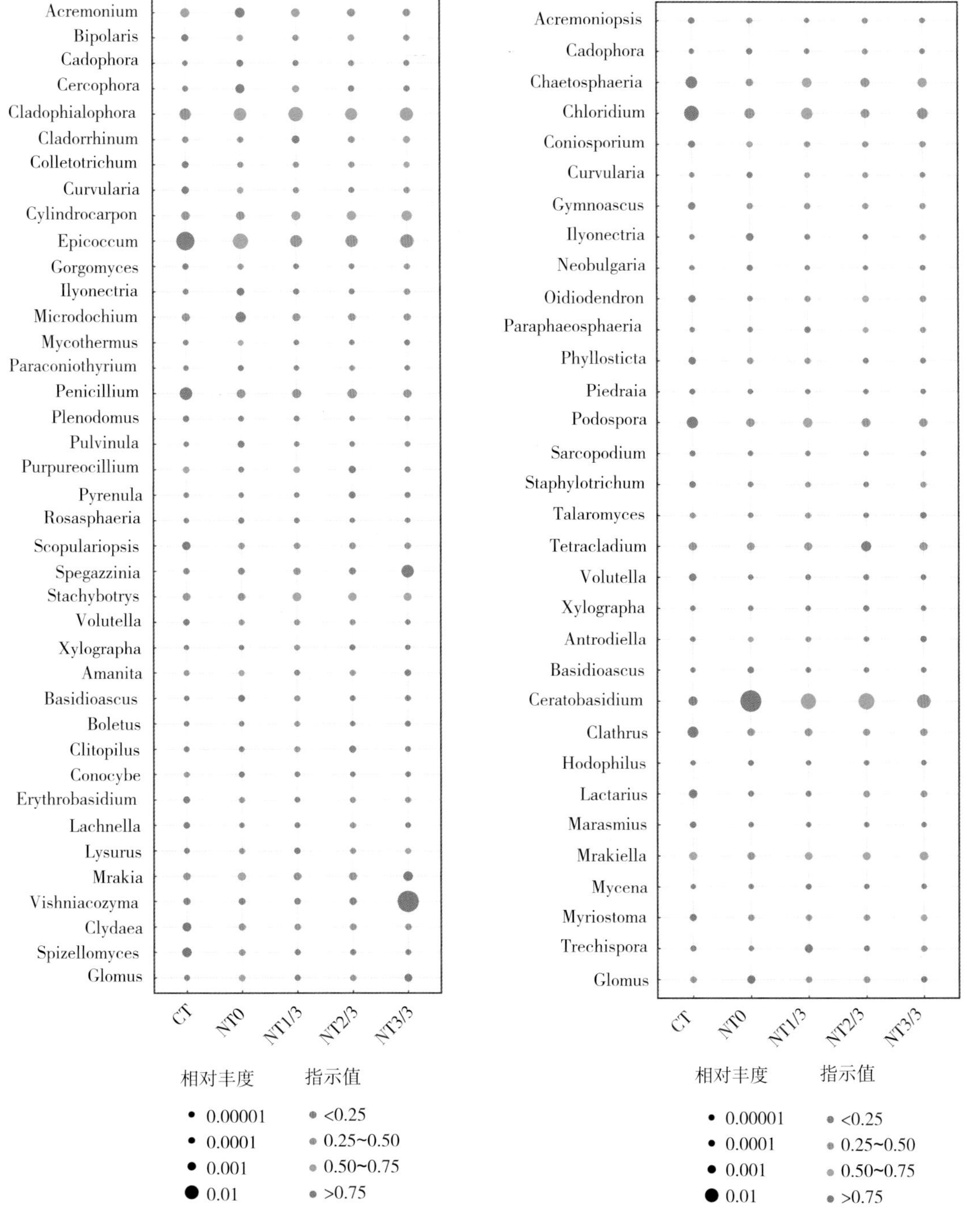

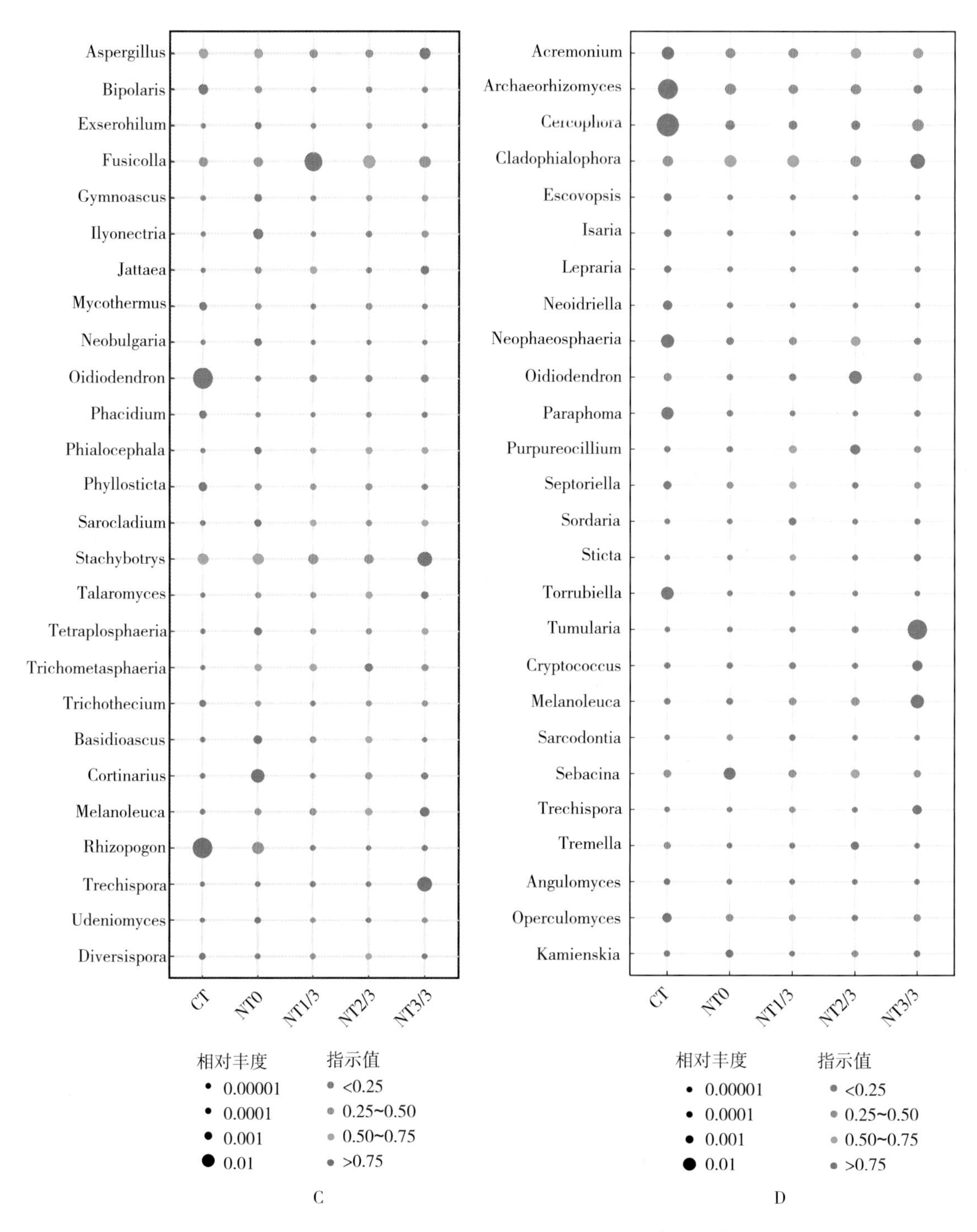

图 5-19 免耕及不同秸秆还田量条件下各土层真菌属水平显著差异的指示物种分析（$P<0.05$）

A. 0～5cm B. 5～10cm C. 10～20cm D. 20～40cm

注：圆圈的颜色代表特定属的指示值大小，大小表示每个属的相对丰度。

表 5-7　冗余分析中土壤理化性质和处理变量解释各土层细菌组成变异的蒙特卡罗检验

土层	SOC	TN	C/N	pH	DOC	WC	秸秆	耕作
0～5cm	0.42*	0.48*	0.38	0.41*	0.03	0.46*	0.51*	0.25
5～10cm	0.06	0.13	0.23	0.16	0.21	0.75***	0.07	0.50*
10～20cm	0.09	0.01	0.25	0.35	0.10	0.08	0.18	0.77**
20～40cm	0.58*	0.64**	0.12	0.22	0.11	0.22	0.13	0.76**

注：SOC 为土壤有机碳；TN 为全氮；C/N 为碳氮比；WC 为土壤含水量；DOC 为土壤可溶性有机碳。表中数值为蒙特卡罗检验的 R^2 值，* 表示 $P<0.05$，**表示 $P<0.01$，***表示 $P<0.001$。

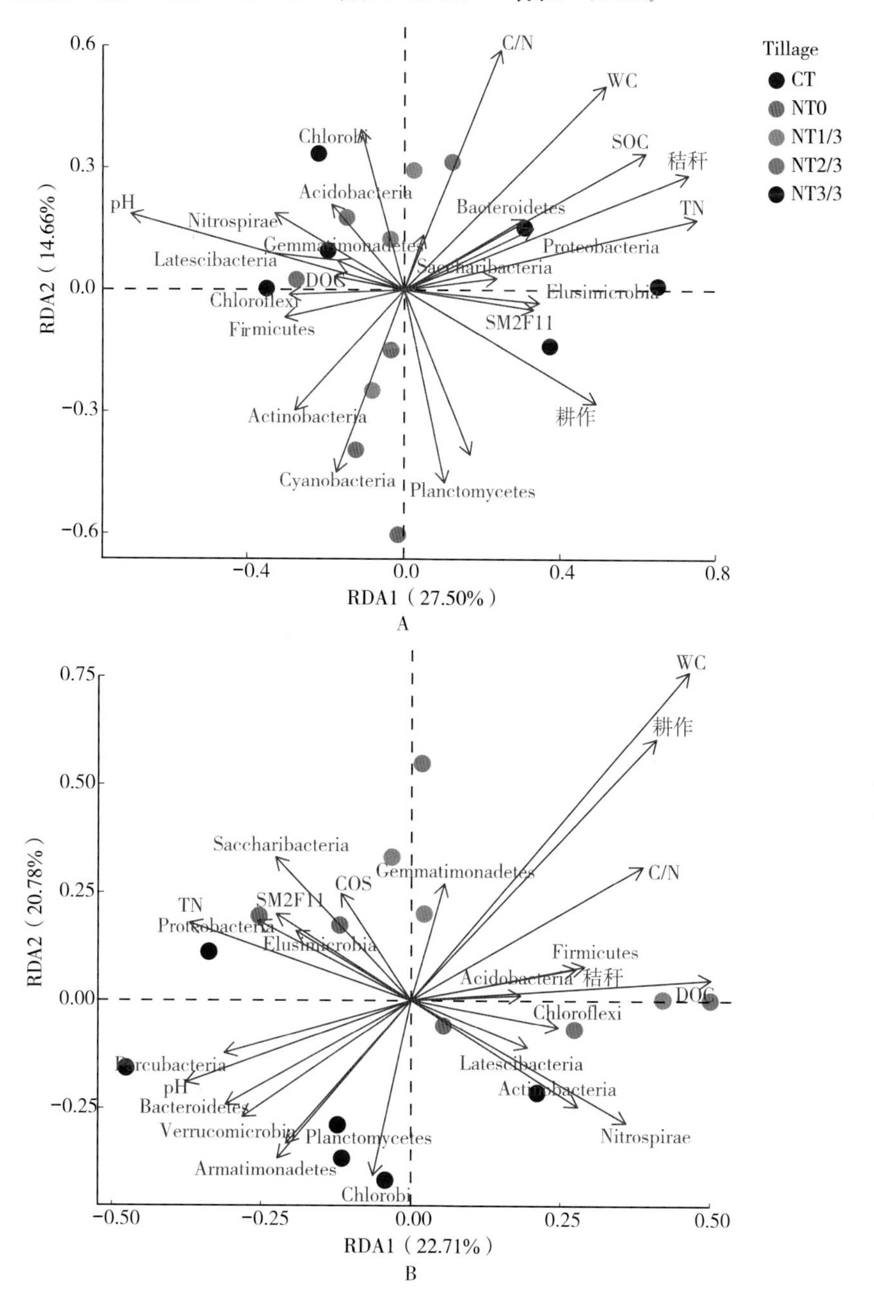

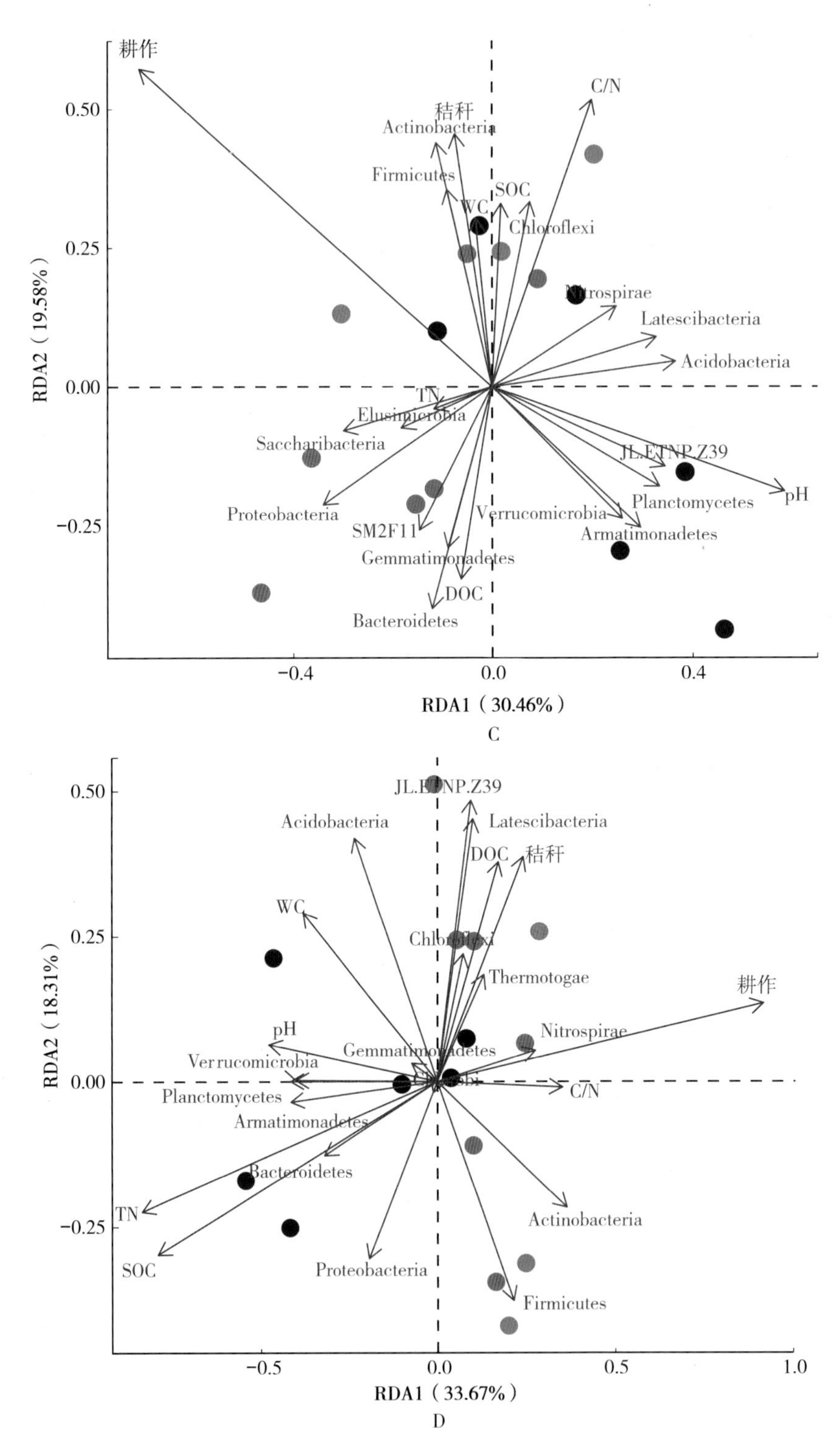

图 5－20　各土层细菌门相对丰度与土壤理化性质及处理的冗余分析

A. 0～5cm　B. 5～10cm　C. 10～20cm　D. 20～40cm

注：箭头颜色紫色代表细菌门，蓝色代表土壤理化性质和土壤管理措施。

0～5cm 和 20～40cm 土层的真菌群落（纲水平）受免耕和秸秆还田的影响，而 5～10cm 土层真菌群落主要受免耕的影响，10～20cm 土层真菌群落主要受秸秆还田的影响（表 5-8）。在 0～5cm 土层，显著影响真菌群落组成的土壤理化因子有 SOC、TN 和 pH，除了 pH 与免耕和秸秆还田负相关外，SOC 和 TN 与免耕和秸秆还田正相关（$P<0.05$）（图 5-21A）。免耕与酵母纲（Saccharomycetes）负相关；秸秆还田与球囊菌纲（Glomeromycetes）和银耳纲（Tremellomycetes）正相关，与壶菌纲（Spizellomycetes）和 Dothideomycetes 负相关（图 5-21A）。秸秆还田增加了真菌纲 Glomeromycetes 的相对丰度。Schüßler 等（2001）发现 Glomeromycetes 可以与植物根形成丛枝菌根，有利于植物生长。我们还发现秸秆还田降低了真菌 Dothideomycetes 的相对丰度。这可能有益于作物健康和生产力的维持及提高，因为几乎所有主要感染单子叶和双子叶作物的常见植物病原体都属于 Dothideomycetes（Goodwin et al.，2009）。免耕秸秆还田对真菌属的影响大于对细菌属的影响。然而，由于我们对这些属的功能及其相互作用的了解仍然很少，微生物分类学组成的这种变化对土壤功能的影响在很大程度上是未知的。在 5～10cm 土层，我们所选的土壤理化因子对真菌群落均无显著影响（图 5-21B）。在 10～20cm 土层，显著影响真菌群落组成的土壤理化因子有 DOC 和含水量，DOC 与免耕和秸秆还田负相关，含水量与免耕和秸秆还田正相关（$P<0.05$）（图 5-21C）。在 20～40cm 土层，显著影响真菌群落组成的土壤理化因子有 SOC、TN、DOC 和 pH，SOC、TN 和 pH 与免耕和秸秆还田负相关，DOC 与秸秆还田正相关（$P<0.05$）（图 5-21D）。免耕与古根菌纲（Archaeorhizomycetes）负相关；秸秆还田与盘菌纲（Pezizomycetes）和 Ascomycota _ cls _ Incertae _ sedis 正相关，与 Kickxellomycete 负相关（图 5-21D）。

表 5-8 冗余分析中土壤理化性质和处理变量解释各土层真菌组成变异的蒙特卡罗检验

土层	SOC	TN	C/N	pH	DOC	WC	秸秆	耕作
0～5cm	0.46*	0.60***	0.17	0.66***	0.31	0.19	0.42*	0.84**
5～10cm	0.43	0.54	0.13	0.10	0.09	0.05	0.09	0.45*
10～20cm	0.37	0.18	0.18	0.06	0.52**	0.37*	0.56**	0.32
20～40cm	0.67**	0.45*	0.02	0.51*	0.40*	0.37	0.52*	0.89**

注：SOC 为土壤有机碳；TN 为全氮；C/N 为碳氮比；WC 为土壤含水量；DOC 为土壤可溶性有机碳。表中数值为蒙特卡罗检验的 R^2 值，* 表示 $P<0.05$，** 表示 $P<0.01$，*** 表示 $P<0.001$。

相比于传统耕作，所有免耕处理均显著增加了表层土壤中的氨基葡萄糖和总氨基糖含量（$P<0.05$），免耕降低了深层土壤中的氨基葡萄糖、氨基半乳糖及总氨基糖含量（图 5-22）。在 0～5cm 土层，传统耕作处理的总氨基糖含量为 781.77mg/kg，氨基葡萄糖为 500.32mg/kg，与其相比，免耕增加了 18.61%的总氨基糖和 18.62%的氨基葡萄糖含量，但差异不显著（图 5-22A）。在 20～40cm 土层，传统耕作处理的总氨基糖含量为 906.10mg/kg，氨基葡萄糖为 577.75mg/kg，与其相比，免耕降低了 22.71%的总氨基糖和 28.52%的氨基葡萄糖含量（图 5-22D）。相比于免耕无秸秆还田，秸秆还田仅在表层土壤中显著影响氨基糖含量，在其他土层均无显著影响（图 5-22）。只有中、高量秸秆还田才能显著增加各类氨基糖及总氨基糖含量，低量秸秆覆盖仅显著增加了细菌来源的胞

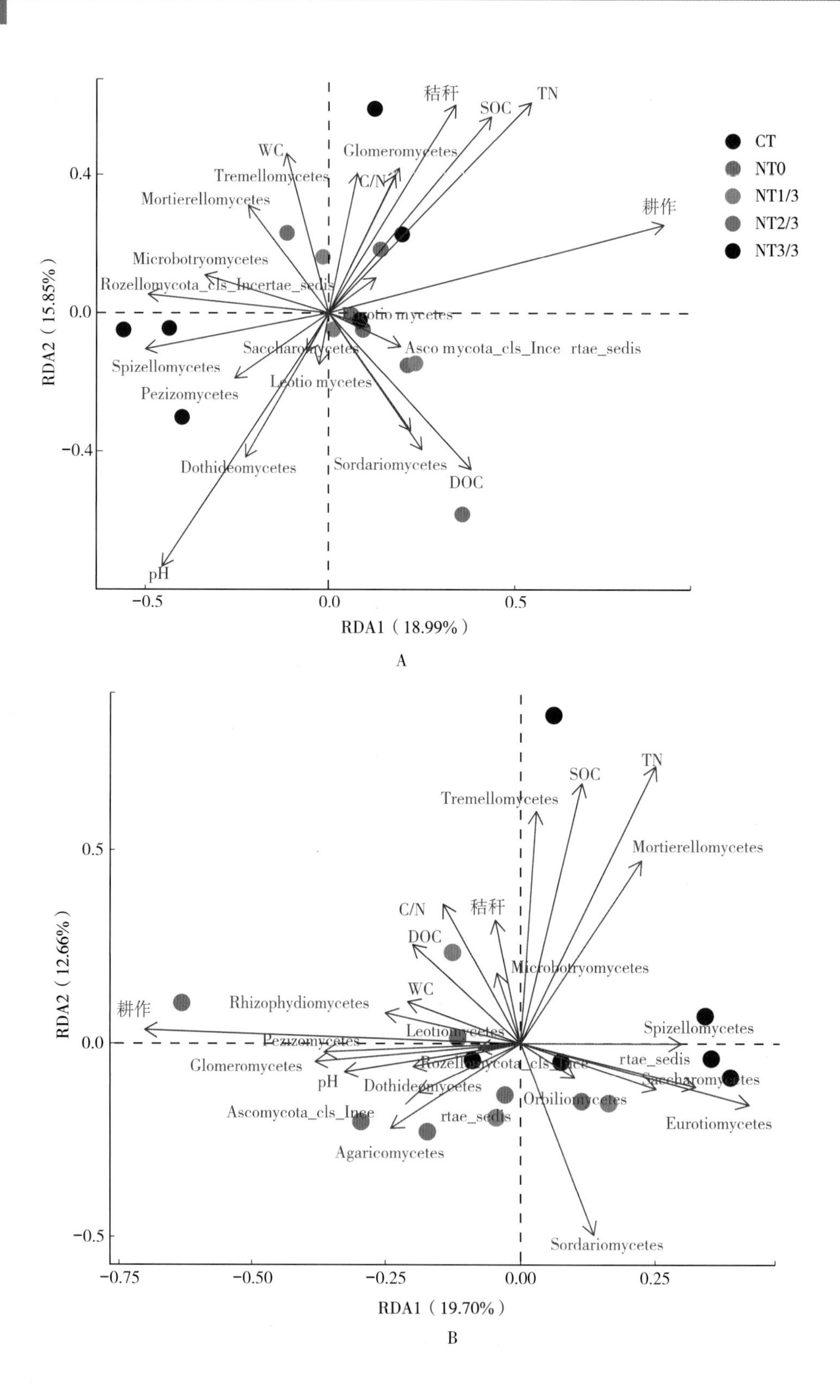
CT
NT0
NT1/3
NT2/3
NT3/3
秸秆
SOC
TN
耕作
WC
Glomeromycetes
Tremellomycetes
C/N
Mortierellomycetes
Microbotryomycetes
Rozellomycota_cls_Incertae_sedis
Eurotio mycetes
Saccharomycetes
Asco mycota_cls_Ince rtae_sedis
Spizellomycetes
Leotio mycetes
Pezizomycetes
Dothideomycetes
Sordariomycetes
DOC
pH
RDA1（18.99%）
RDA2（15.85%）
A
Tremellomycetes
SOC
TN
Mortierellomycetes
C/N
秸秆
DOC
Microbotryomycetes
WC
耕作
Rhizophydiomycetes
Spizellomycetes
Leotiomycetes
Pezizomycetes
Glomeromycetes
Rozellomycota_cls_Ince
rtae_sedis
Saccharomycetes
pH
Dothideomycetes
Orbiliomycetes
Eurotiomycetes
Ascomycota_cls_Ince
rtae_sedis
Agaricomycetes
Sordariomycetes
RDA1（19.70%）
RDA2（12.66%）
B

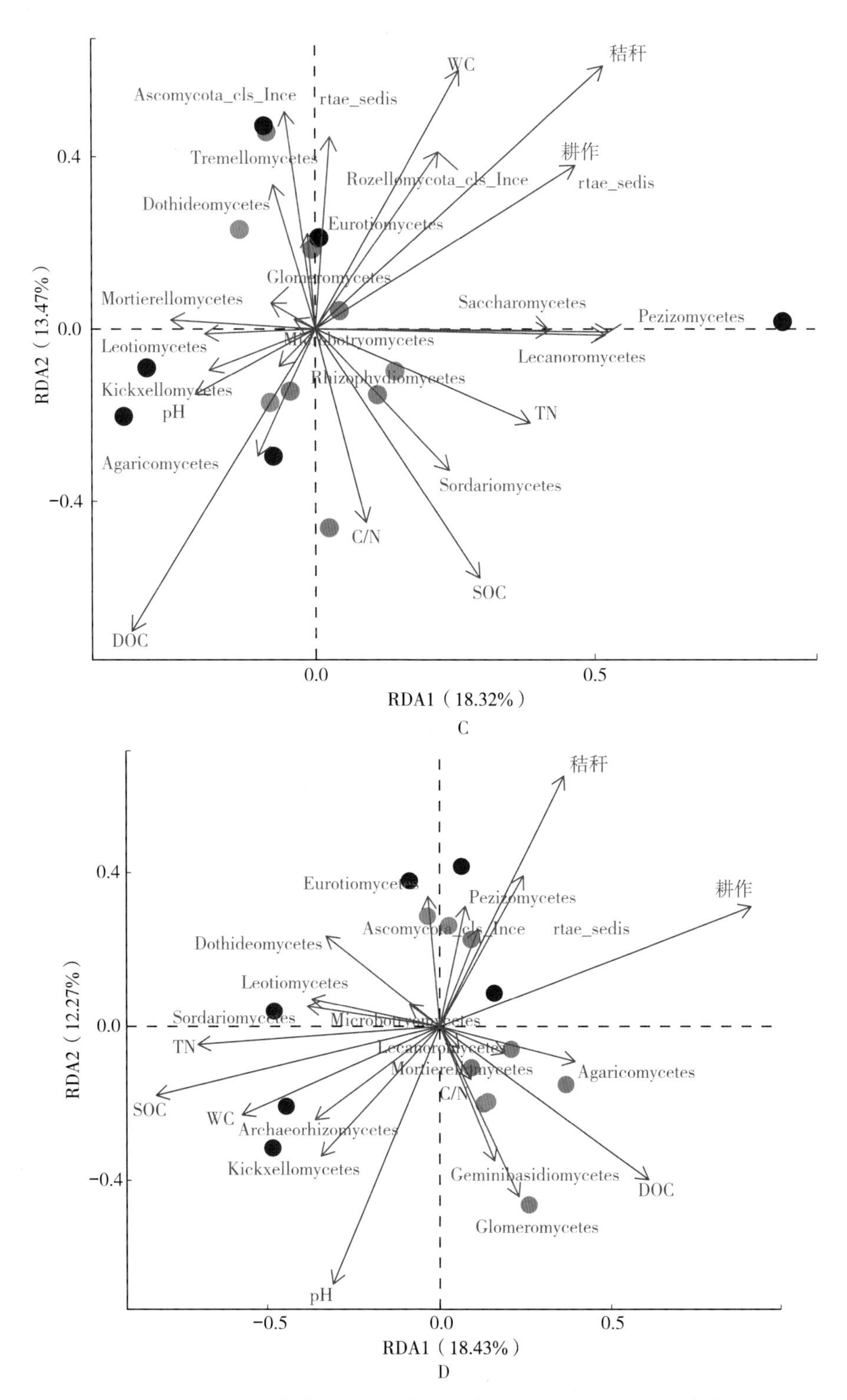

图5-21　各土层真菌纲相对丰度与土壤理化性质及处理的冗余分析

A. 0～5cm　B. 5～10cm　C. 10～20cm　D. 20－40cm

箭头颜色：紫色代表真菌纲；蓝色代表土壤理化性质和土壤管理措施。

壁酸含量。在 0～5cm 土层，相比于无秸秆还田，低量秸秆还田显著增加了 24.29％的胞壁酸含量（P＜0.05）；中量秸秆还田显著增加了 33％～37％的各类氨基糖及其总量（P＜0.05）；高量秸秆还田显著增加了 33％的总氨基糖、氨基葡萄糖和氨基半乳糖含量以及 24.36％的胞壁酸含量（P＜0.05）（图 5－22A）。所有免耕处理都促进了土壤微生物残体积累，且促进作用主要发生在 0～5cm 土层。这一发现证实了免耕和秸秆还田在增加表土中微生物残留物方面的积极作用（Guggenberger et al.，1999；van Groenigen et al.，2010；Ding et al.，2011）。免耕减少了土壤干扰，因此有利于表层土壤中真菌菌丝的生物量增长（Six et al.，2006）。与 CT 相比，免耕条件下的微生物群落更适合同化低质量的植物残体（例如根和叶），这部分可以被土壤真菌有效利用并产生真菌残体（Bai et al.，2013）。秸秆还田为细菌和真菌提供了更多的可利用碳源，进而促进了微生物残留物的产生和积累（Ding et al.，2011）。免耕处理中土壤总微生物生物量显著增加了 13.96～39.90nmol/g，证明了活体微生物生物量的增加是其残体增加的必要条件。

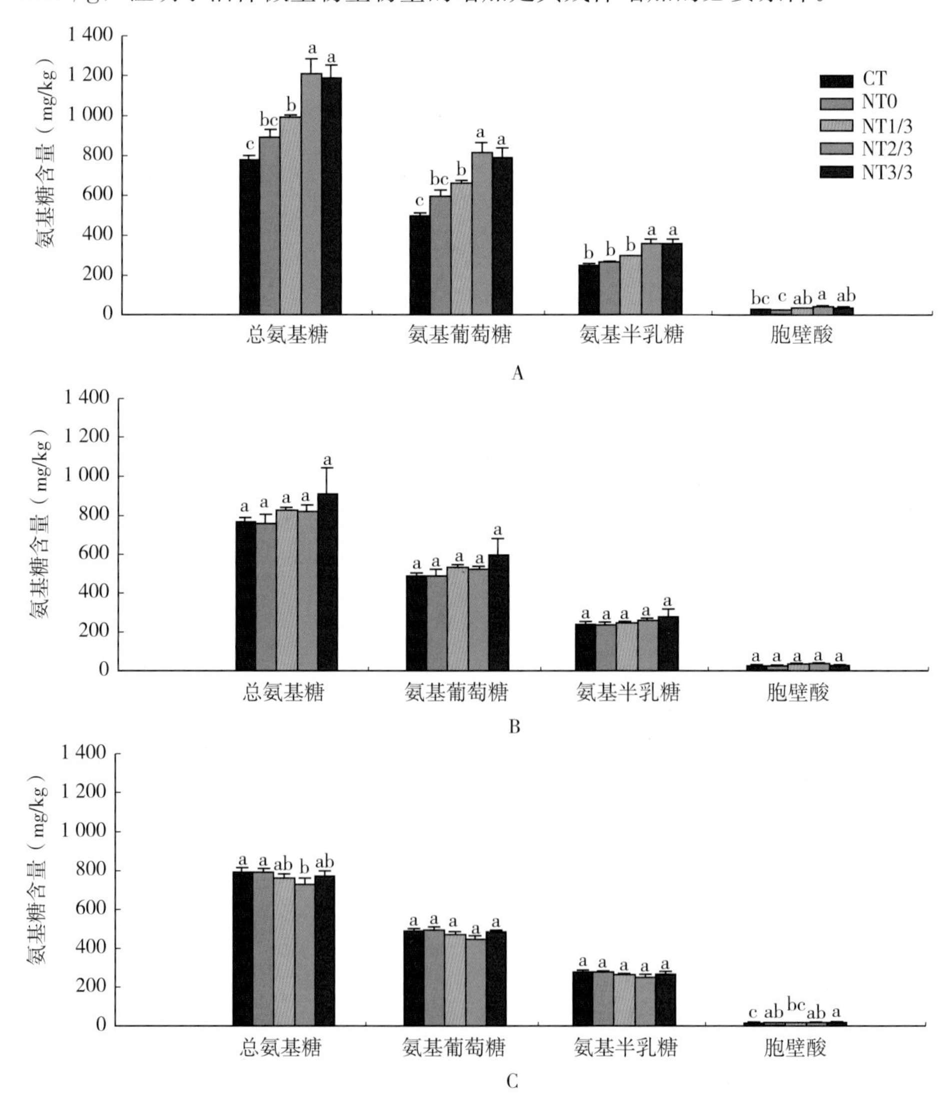

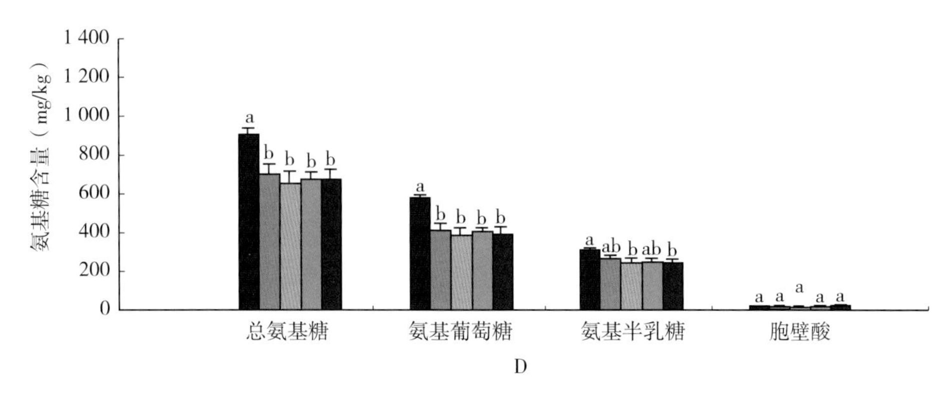

图 5-22 免耕及不同秸秆还田量条件下各土层氨基糖含量

A. 0～5cm B. 5～10cm C. 10～20cm D. 20～40cm

注：数值代表平均值±标准误（n=3）；不同字母表示各土层处理间差异显著（P<0.05）。

5.5 综合比较秸秆还田量及还田频率对土壤微生物的影响

5.5.1 试验样地和样品采集

对比不同秸秆还田量（NT33 和 NT67）和不同秸秆还田频率（NT1/3 和 NT2/3）对土壤微生物网的影响。本研究依托中国科学院保护性耕作研发基地的免耕秸秆还田量及还田频率综合研究试验平台（详见 2.2.2），于 2017 年 4 月播种前利用 5 点采样法采集 0～5cm、5～10cm 和 10～20cm 土层的土壤样品。

5.5.2 测试指标和分析方法

土壤 DNA 提取及细菌 16S rRNA 扩增和测序同 5.1.2。

使用 AMOS 软件（AMOS 17.0.2 学生版，美国克劳福德维尔）进行了结构方程模型分析，以探究秸秆还田数量和频率对微生物群落结构和功能的直接和间接影响。模型中选择最大似然估计方法进行拟合。使用 P 值、χ^2 值、拟合优度指数（Goodness of fit index，GFI）和近似均方根误差（Root mean square error of approximation，RMSEA）评估所得模型的拟合度。所有上述检验均基于 P<0.05 的显著性水平。

我们使用开放平台（http://ieg2.ou.edu/），基于随机矩阵理论（Random matrix theory，RMT）的方法进行分子生态网络分析（Zhou et al.，2011；Deng et al.，2012）。计算分子网络的平均聚集系数（Average clustering coefficient，avgCC）、平均路径长度（Average path distance，GD）、平均连通度（Average degree，avgK）、模块性（Modularity）。为了评估分类群在网络中可能的拓扑作用，根据节点的模块内连通性（Zi）和模块间连通性（Pi）将节点分为四类：peripherals（$Zi \leqslant 2.5$，$Pi \leqslant 0.62$）、connectors（$Zi \leqslant 2.5$，$Pi > 0.62$）、module hubs（$Zi > 2.5$，$Pi \leqslant 0.62$）和 network hubs（$Zi > 2.5$，$Pi > 0.62$）（Olesen et al.，2007）。以上步骤均在平台完成，最后，用 Cytoscape 3.6.1 软件进行网络可视化。

我们在开放平台（http://huttenhower.sph.harvard.edu/galaxy/）使用 PICRUSt

(Phylogenetic investigation of communities by reconstruction of unobserved states) 对细菌群落进行了功能预测。使用 STAMP 软件中的双尾 Welch's *t* 检验分析并展示差异功能 (Parks et al., 2014)。

5.5.3 结果与讨论

秸秆还田频率对 5～10cm 土层细菌群落 α 多样性有显著影响（$P<0.05$），但秸秆还田量在 3 个土层均没有显著影响。在 5～10cm 土层，高频秸秆还田下的细菌丰富度 (Chao1) 和多样性指数（Shannon 和 Simpson）显著高于低频秸秆还田（$P<0.05$）（表 5-9）。不同土层的微生物群落不同（图 5-23）。秸秆还田的频率而非数量对土壤细菌群落（细菌 α 多样性和 β 多样性）有显著影响。秸秆还田量对土壤细菌多样性没有显著影响可能是因为 33%和 67%的秸秆还田都为细菌群落提供了足够的可利用营养。一些研究表明，当秸秆还田量增加到一定限度时，其对微生物生物量和活性的影响不再有显著差异 (Zhang et al., 2015; Kou et al., 2020)。高频还田条件下的更高的细菌 α 多样性表明土壤健康状态良好，对作物生产力有很强的积极影响 (Nielsen et al., 2002)。秸秆还田频率和还田量对 3 个土层（0～5cm、5～10cm、10～20cm）细菌群落结构的影响不同（图 5-23）。在 0～5cm 土层处理之间没有显著差异。在 5～10cm 和 10～20cm 土层，不同秸秆还田频率之间的细菌群落有显著差异，但不同秸秆还田量之间没有差异（图 5-23）。所以，在我们的研究中，细菌群落结构受土壤深度和秸秆还田频率的影响，而不受秸秆还田量的影响。

表 5-9 秸秆还田量和还田频率对土壤细菌群落 α 多样性的影响

土层	处理	Chao1	Simpson	Shannon	Phylogenetic diversity
0～5cm	LF33%	1 840.38±9.32	0.993±0.000 9	8.77±0.06	121.89±3.37
	HF33%	1 846.09±29.67	0.993±0.001 0	8.81±0.09	128.80±1.67
	LF67%	1 801.19±15.04	0.994±0.000 3	8.86±0.01	127.49±2.49
	HF67%	1 846.27±24.57	0.993±0.001 2	8.77±0.11	125.27±2.83
	F	1.436	0.121	0.066	0.777
	Q	0.846	0.234	0.133	0.151
	F×*Q*	0.862	1.123	0.675	2.944
5～10cm	LF33%	1 669.07±98.45	0.991±0.002 1	8.51±0.20	115.99±6.32
	HF33%	1 829.44±23.64	0.995±0.000 3	8.94±0.05	126.59±2.13
	LF67%	1 670.87±83.66	0.990±0.001 8	8.56±0.20	117.69±6.36
	HF67%	1 857.58±35.21	0.994±0.000 8	8.94±0.12	127.83±2.15
	F	6.515*	6.736*	7.008*	4.802
	Q	0.048	0.180	0.016	0.097
	F×*Q*	0.038	0.005	0.029	0.002

（续）

土层	处理	Chao1	Simpson	Shannon	Phylogenetic diversity
10～20cm	LF33%	1 649.47±44.26	0.993±0.001 6	8.68±0.17	121.67±2.95
	HF33%	1 718.25±48.45	0.995±0.000 1	8.85±0.02	126.85±2.12
	LF67%	1 722.85±31.70	0.993±0.000 7	8.76±0.03	126.75±1.77
	HF67%	1 650.24±19.85	0.995±0.000 3	8.80±0.05	125.32±2.70
F		0.003	2.604	1.303	0.597
Q		0.005	0.066	0.037	0.531
$F\times Q$		3.504	0.103	0.490	1.843

注：双因素方差分析秸秆还田频率（F）和数量（Q）及其相互作用（$F\times Q$）的 F 值，* 表示 $P<0.05$。

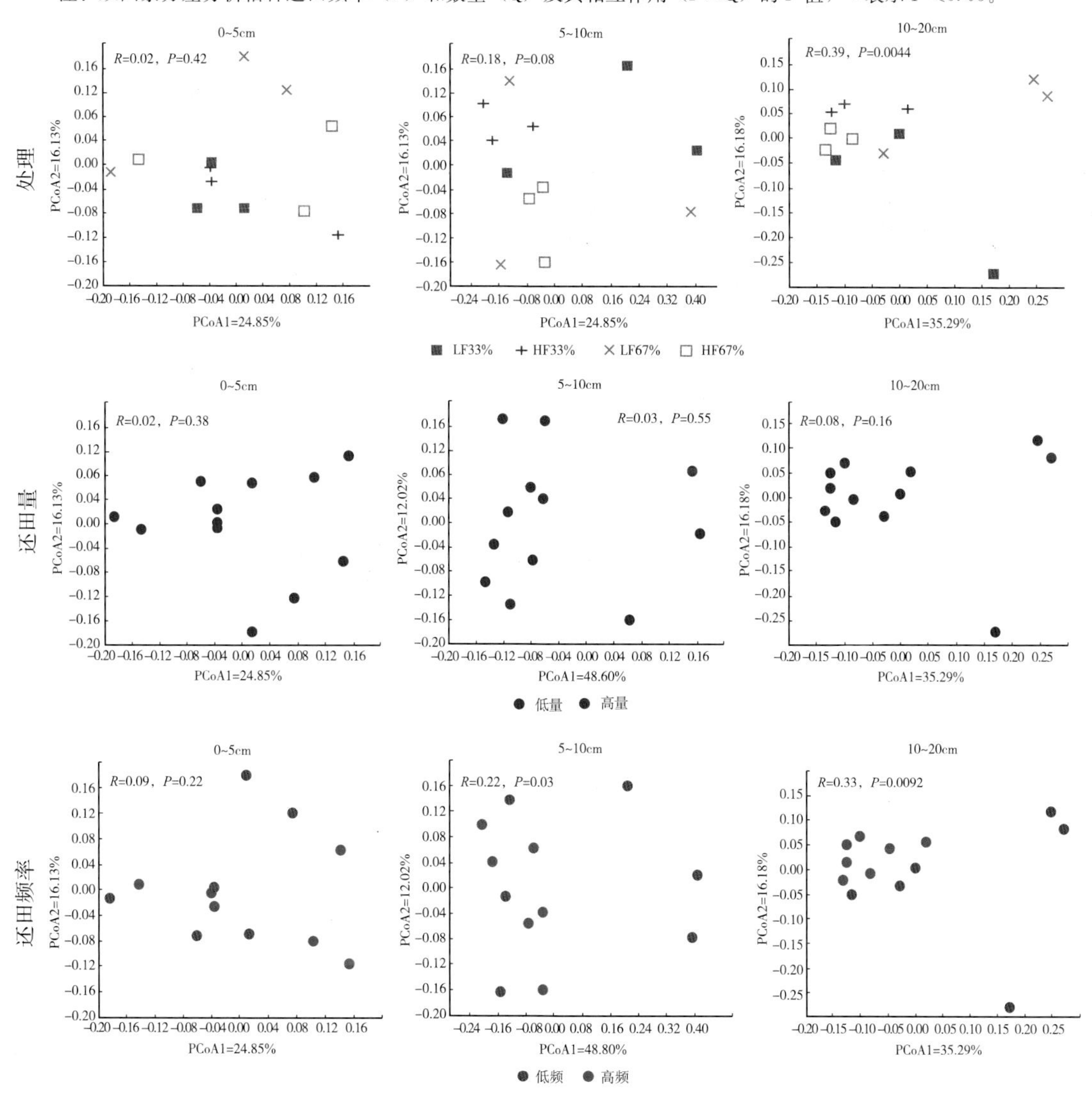

图 5－23　按处理、秸秆还田量和秸秆还田频率区分的各土层细菌群落的主坐标分析

注：Anosim 分析检验群落组成结构差异。

在所有样品中，土壤细菌群落中占优势的门有变形菌门（Proteobacteria，37.83%）、酸杆菌门（Acidobacteria，17.70%）、放线菌门（Actinobacteria，18.44%）、绿弯菌门（Chloroflexi，7.71%）、芽单胞菌门（Gemmatimonadetes，6.78%）、拟杆菌门（Bacteroidetes，5.43%）、疣微菌门（Verrucomicrobia，1.30%）、硝化螺旋菌门（Nitrospirae，0.88%）、浮霉菌门（Planctomycetes，0.71%）。在5～10cm和10～20cm土层不同处理下优势门相对丰度不同，但在0～5cm土层没有显著差异（图5-24）。在5～10cm土层，放线菌门、拟杆菌门和浮霉菌门受频率影响显著（$P<0.05$），且在高频秸秆还田处理中它们的相对丰度高于低频处理。在10～20cm土层，还田频率对α变形菌门和拟杆菌门相对丰度的影响在低秸秆还田量下显著（HF33%>LF33%），但在高秸秆还田量下不显著。高频秸秆还田处理下放线菌门、疣微菌门和浮霉菌门的相对丰度高于高秸秆还田量的低频处理

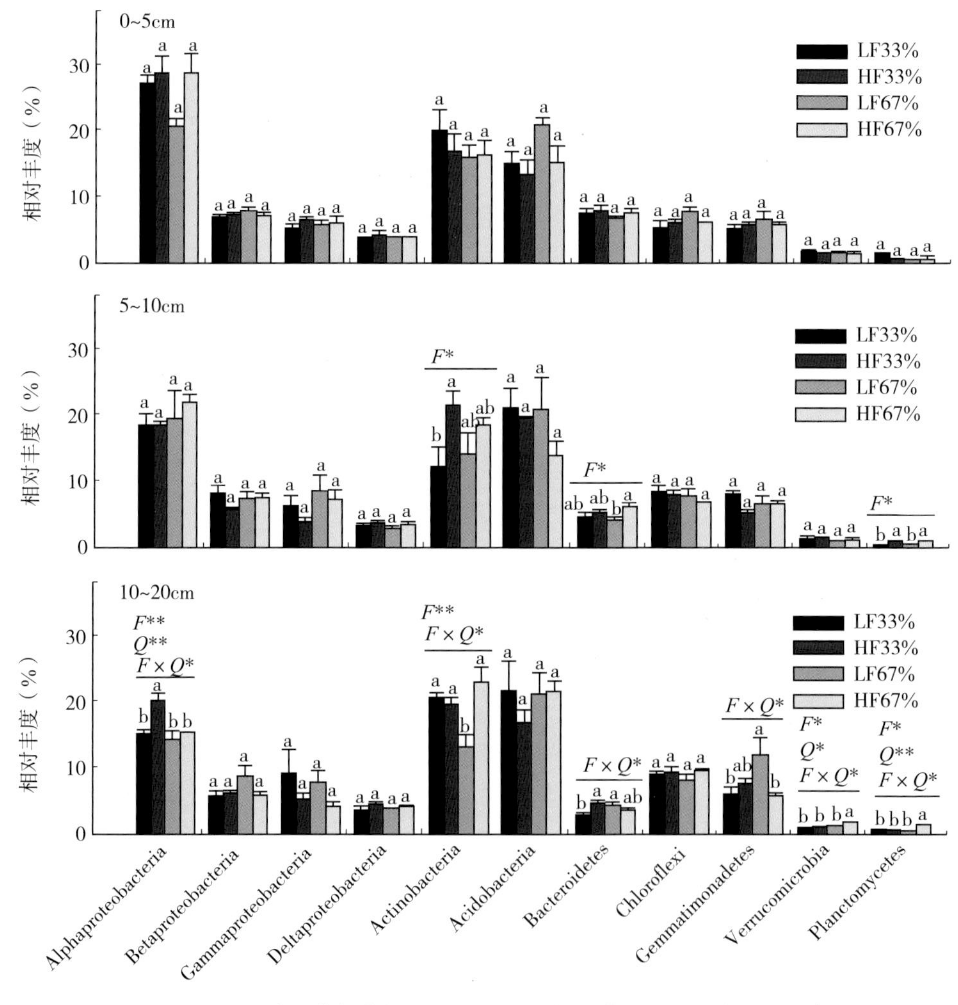

图5-24　土壤细菌优势门的相对丰度（优势菌门相对丰度>0.5%）

注：双因素方差分析秸秆还田频率（F）和数量（Q）及其相互作用（$F\times Q$）的F值。*表示$P<0.05$，**表示$P<0.01$，***表示$P<0.001$。数值代表平均值±标准误（$n=3$）；不同字母代表同一土层内处理间差异显著（LSD检验，$P<0.05$）。

(HF67%>LF67%)，但芽单胞菌门表现出相反的趋势（HF67%<LF67%）（图 5-24）。细菌门（即放线菌门、变形菌门、酸杆菌门和拟杆菌门）是我们的研究中最丰富的门，因为它们在耕地土壤中最常见（Navarro - Noya et al., 2013; Ortiz - Cornejo et al., 2017），但它们的相对丰度在不同的秸秆管理措施下有所不同。与低频秸秆还田相比，高频还田下的拟杆菌门和 α 变形菌门的相对丰度更高，属于富营养菌，在营养丰富的条件下占优势且生长快速，主要利用较易分解利用的活性碳库（Trivedi et al., 2013; Ramirez - Villanueva et al., 2015; Zhou et al., 2018）。低频秸秆还田下节杆菌属（*Arthrobacter*）和芽单胞菌属（*Gemmatimonas*）的相对丰度高于高频还田。*Arthrobacter* 可形成"囊状"静息细胞以抵抗饥饿、干燥和氧化环境刺激，因此能适应贫营养条件（Mongodin et al., 2006）。寡营养生物在营养贫乏的环境中占主导地位，主要针对难分解的碳库（Fierer et al., 2007; Goldfarb et al., 2011）。*Gemmatimonas* 与复杂有机物的分解和缓慢的生长速度有关（Guo et al., 2018）；该属在 Gemmatimonadetes 中也被认为是偏好较高 C/N 的寡营养类群（Yao et al., 2017）。土壤细菌群落与还田秸秆成分的变化密切相关（Pimentel et al., 2019）。低频率还田不能持续提供可利用性碳源，因此在一个还田周期的后期留下的是更多的秸秆抗分解组分。

根据细菌属相对丰度热图，0～5cm 土层的 *Reyranella*、*Arthrobacter* 和 5～10cm 土层的 *Skermanella*、*Gaiella* 的相对丰度受秸秆还田频率的显著影响（$P<0.05$）（图 5-25）。*Reyranella*、*Skermanella* 和 *Gaiella* 在高频还田下的相对丰度高于低频还田，但 *Arthrobacter* 在低频还田下更丰富。在 10～20cm 土层，与低频还田相比，高频还田显著增加了 *Variibacter*、*Gaiella*、*Nordella* 和 *Microvirga* 的相对丰度，但减少了 *Acidibacter* 和 *Gemmatimonas* 的相对丰度，尤其是在高还田量下的两个处理（HF67%>LF67%）（图 5-25）。与低秸秆还田量相比，高秸秆还田量下 *Variibacter*、*Bradyrhizobium* 和 *Gaiella* 更丰富。整体来看，秸秆还田频率对细菌门和属水平相对丰度的影响大于秸秆还田量。一些特定的细菌属对细菌群落组成有很大影响，并能够将细菌结构和功能联系起来。具体而言，高频秸秆还田下 *Reyranella*、*Skermanella*、*Variibacter*、*Nordella* 和 *Microvirga* 的相对丰度较高。它们隶属于红螺菌目（Rhodospirillales）和根瘤菌目（Rhizobiales），由于它们具有固氮、促进植物生长和生产的能力，它们在农业和环境上具有非常重要的意义（Ceja - Navarro et al., 2010）。有研究发现 *Gaiella*（目：Gaiellales）的相对丰度与玉米产量正相关（Ma et al., 2017）。大量频繁地添加作物残留物为土壤提供了连续的新鲜有机物质和易利用的碳化合物（Duong et al., 2009），这与本研究中高频秸秆还田下的高 DOC 一致。此外，高频秸秆还田导致土壤表面被覆盖时间更长，这可能会为植物根系活动和分泌物提供更有利的土壤物理条件（如土壤温度和含水量）（Yeboah et al., 2017），进而衍生出更活跃的根系相关微生物物种（如红螺菌目和根瘤菌目）并提高作物产量。

使用冗余和偏冗余分析探究土壤细菌群落和土壤理化指标之间的关系。RDA1 和 RDA2 分别占方差的 39.92%和 16.32%（图 5-26A）。我们的结果显示土壤细菌群落主要受土层深度（$P<0.01$）和秸秆还田频率（$P<0.05$）的显著影响。土壤理化指标 SOC、TN、pH 和含水量（WC）是影响 RDA 1 轴的主要变量。将土层深度作为协变量来研究其他因子如何影响细菌群落（图 5-26C），我们发现土壤细菌群落受秸秆还田频率

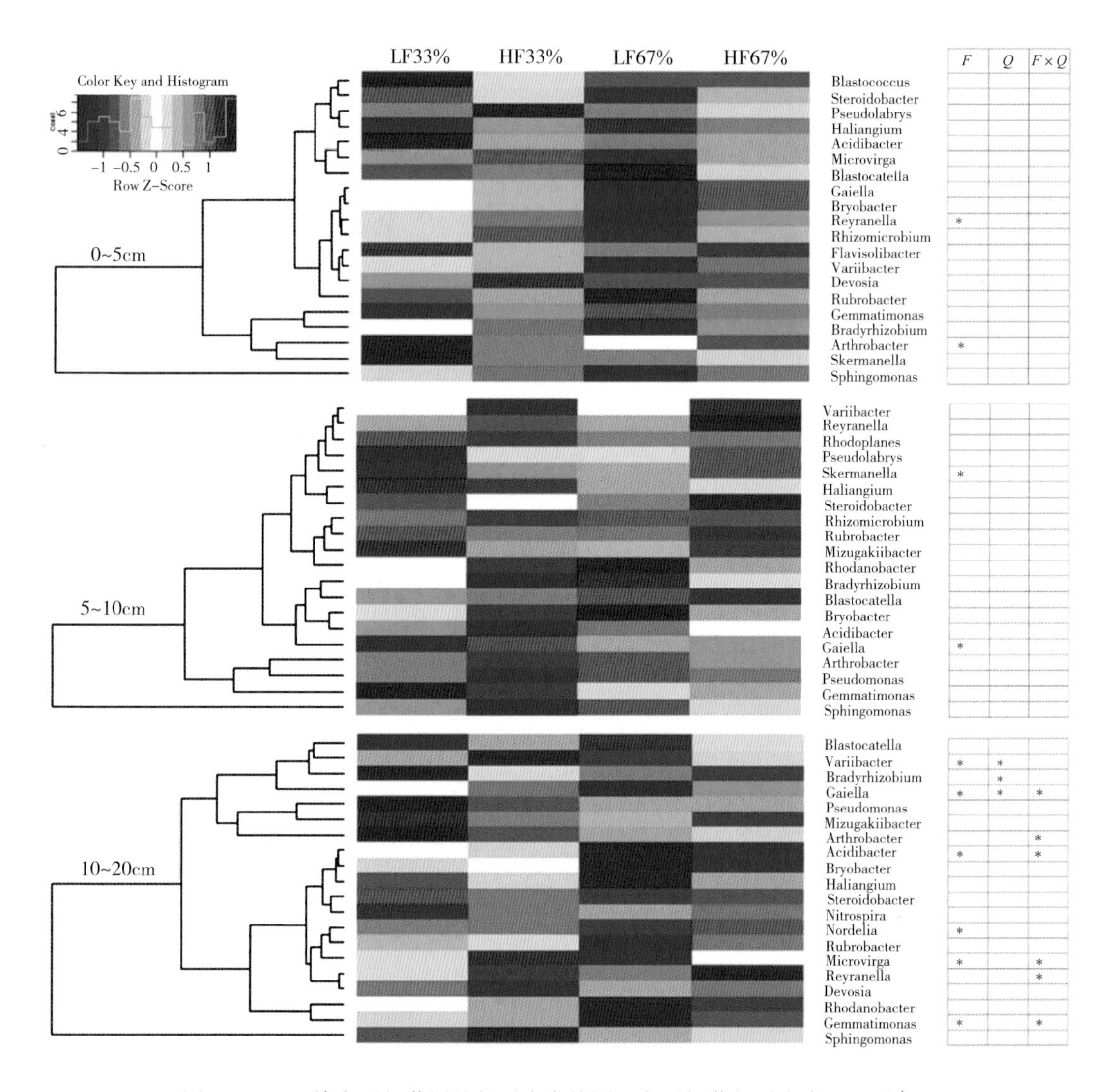

图 5-25 土壤主要细菌属的相对丰度热图（主要细菌相对丰度>0.3%）

注：使用 Z-Score 对数据进行标准化。双因素方差分析秸秆还田频率（F）和数量（Q）及其相互作用（$F\times Q$）的 F 值。* 表示 $P<0.05$。

（$P<0.05$）而不是秸秆还田量的显著影响。此外，DOC 一般与还田频率正相关，而 C/N 则相反。疣微菌门、浮霉菌门和放线菌门与秸秆还田频率及 DOC 正相关，但酸杆菌门和芽单胞菌门表现出相反的趋势（图 5-26D）。RDA 分析表明 DOC 是土壤细菌群落结构的关键决定因素。Wu 等（2018）也得到了类似的结果，微生物组成的变化与 DOC 的周转密切相关（Wu et al.，2018）。此外，秸秆还田频率对 DOC 有显著影响，这意味着高频率连续秸秆还田保持较高的碳源可利用性，并且 DOC 比总 SOC 更重要，是维持土壤细菌多样性和结构的重要因素。

土壤细菌群落的共发生网络和潜在功能：

共发生模式无处不在，在理解微生物群落结构方面尤为重要，它们为潜在的相互作用

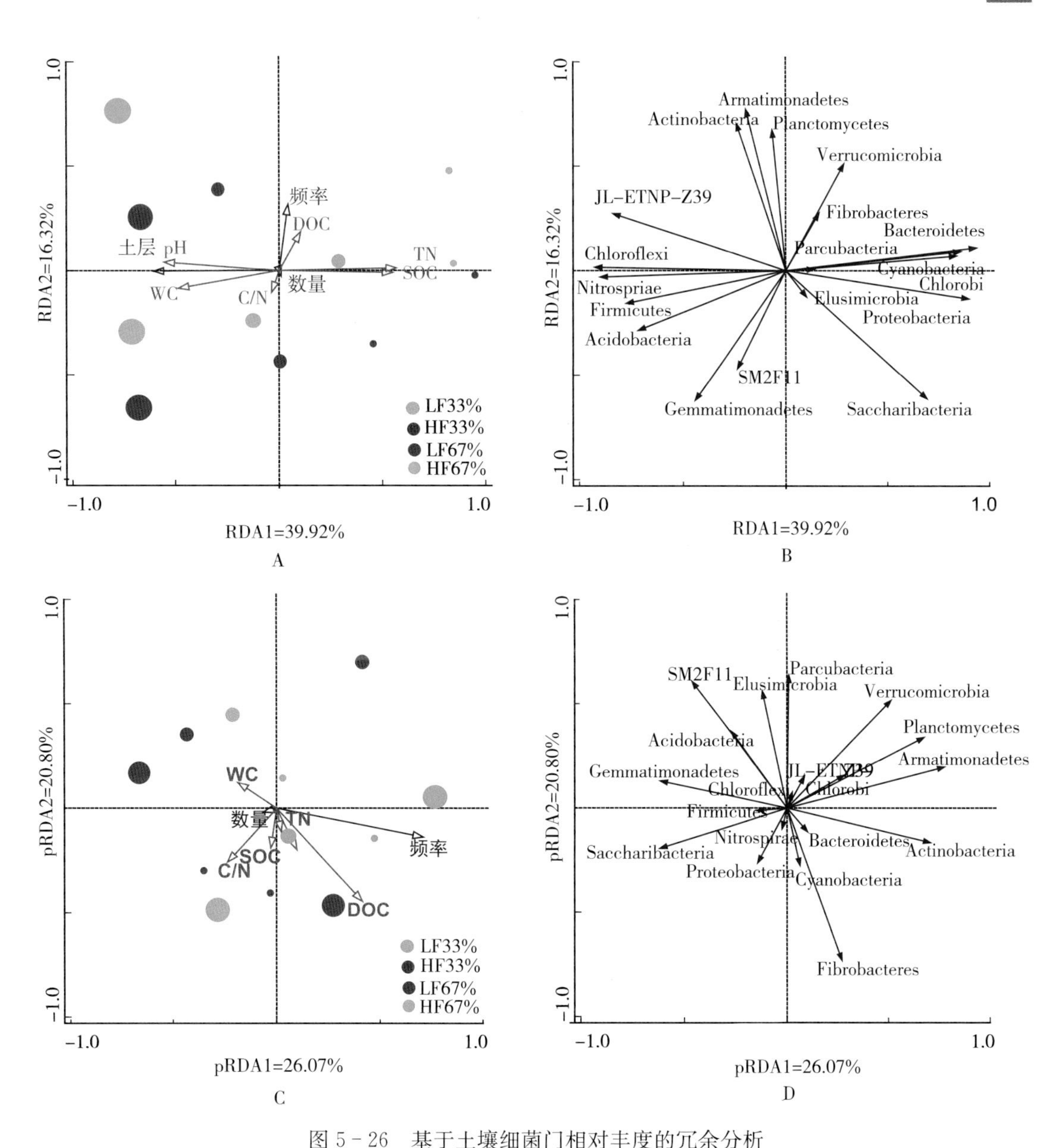

图 5-26 基于土壤细菌门相对丰度的冗余分析

注：A 和 B 及偏冗余分析 C 和 D。偏冗余分析将土壤层次作为协变量，以研究其他因素对微生物群落的影响。圆圈由小到大的梯度表示土壤样本从土壤表层到深层。

网络提供了新的见解（Nielsen et al.，2002；Ma et al.，2018）。研究土壤中微生物之间的共存模式，可能有助于预测它们的功能、养分亲和性和群落稳定性（Jiang et al.，2017）。网络分析表明，不同秸秆还田频率之间的土壤细菌网络存在差异（图 5-27）。与低频秸秆还田相比，高频率的秸秆还田增加了细菌网络的复杂性和紧密度，表现为更高的平均连通度、平均聚集系数值和更低的平均路径长度（表 5-10）。更加复杂的网络改善了营养物质和信息的流动，这意味着微生物活动和相互作用更加活跃和密集（Hou et al.，2019）。在高频秸秆还田网络中，正负相互作用的比例大致相等，这表明细菌群落之间的竞争与合作平衡在微生物群落稳定和土壤碳和养分循环中起着至关重要的作用。在低频秸秆还田网络中，正相互作用占主导地位，这意味着细菌类群共生或具有相似的功能（Feng et al.，2017）。这可能是由于低频秸秆还田条件下复杂性底物的降解需要多种细菌物种来协同发挥它们的功能（Barta et al.，2017）。

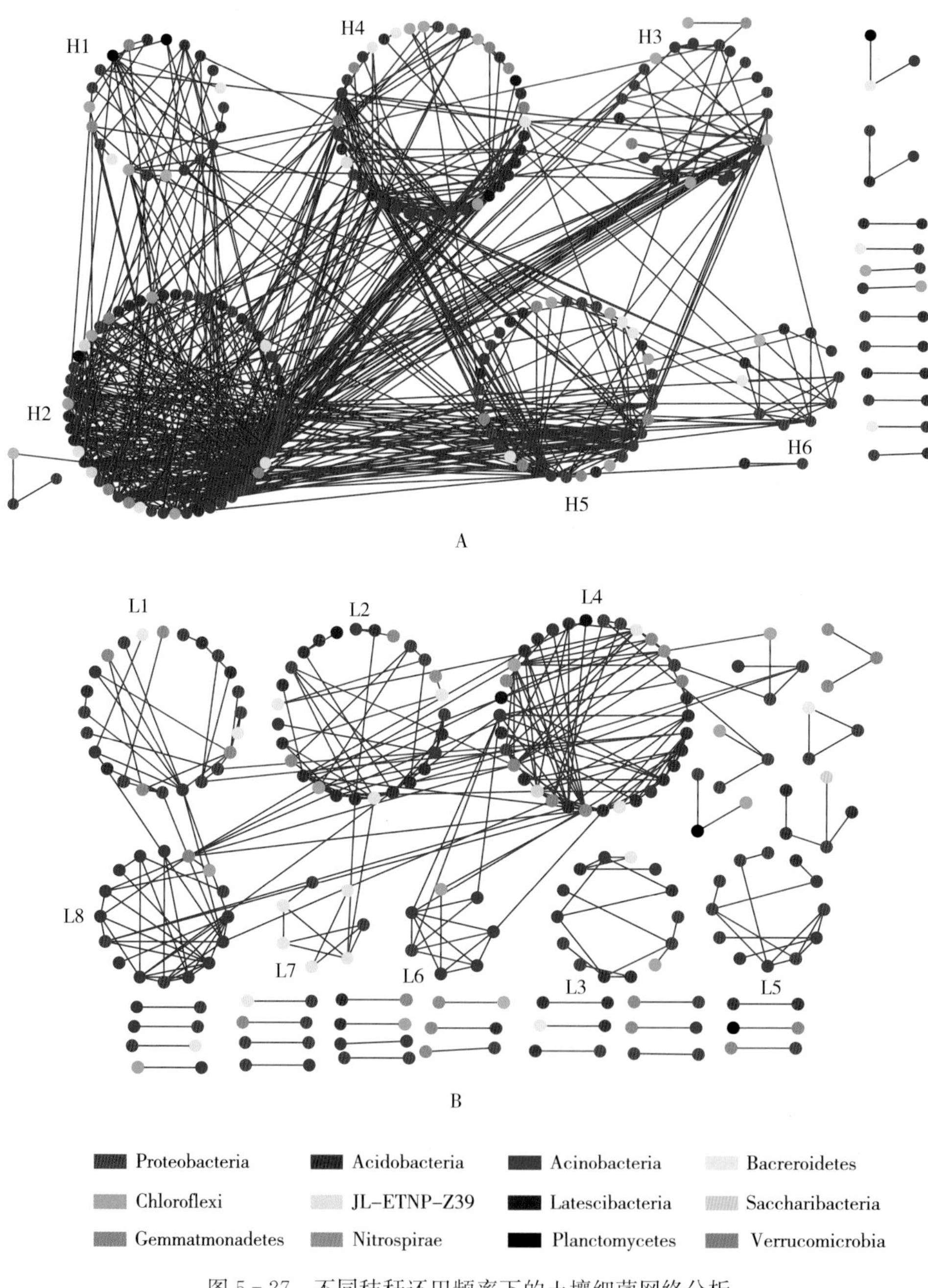

图 5-27　不同秸秆还田频率下的土壤细菌网络分析

A. 高频秸秆还田　B. 低频秸秆还田

注：点的颜色代表不同的细菌门，红线代表负相关，蓝线代表正相关。

表 5－10　高频和低频秸秆还田条件下土壤细菌群落网络的拓扑特征及其相关随机网络

	特征网络								随机网络		
	相似阈值	网络点（n）[a]	总连接数	R^2	平均连接度（avgK）	平均路径长度（GD）	平均聚集系数（avgCC）	模块化程度	平均路径长度（GD）	平均聚集系数（avgCC）	模块化程度
高频	0.9	223	734	0.771	6.583	3.413[Ab]	0.276[Ab]	0.375[Ab]	3.045±0.040	0.110±0.011	0.309±0.007
低频	0.9	210	293	0.842	2.97	4.728[Ab]	0.187[Ab]	0.723[Ab]	4.460±0.108	0.016±0.007	0.624±0.010

注：a 表示网络中 OTU（即节点）的数量。b 表示网络中的特征值与随机网络中的特征值显著不同，$P<0.001$。A 表示在同一列内两组网络下的特征值显著不同，$P<0.001$。

高频秸秆还田条件下网络具有 6 个子模块，223 个节点和 734 条边，低频秸秆还田条件下网络具有 8 个子模块，210 个节点和 293 条边（表 5－10）。在高频秸秆还田条件下，负相互作用（实线，41.09%）几乎等于正相互作用（虚线，58.91%），但在低频秸秆还田条件下的网络中正相互作用（77.82%）占主导地位。我们对网络中模块间的连通度（Pi）和网络中模块内的连通度（Zi）进行分析，$Pi\geq 0.62$ 或者 $Zi\geq 2.5$ 的节点为关键物种（表 5－11）。微生物关键物种在微生物共发生网络中起着决定性作用，能够与其他物种高度连接，并对微生物的结构和功能产生相当大的影响（Banerjee et al.，2018）。细菌群落的关键物种已被证明与农业土壤中群落组成的变化和有机物质的分解有关（Banerjee et al.，2016）。高频秸秆还田具有更多的关键物种，所以通过与其他节点广泛连接的关键物种，在高频还田条件下的网络可能更容易被影响和调控（表 5－11）。高频率的秸秆还田显著增加了属于变形菌门的关键物种的数量，使其占总关键物种的 53.85%（表 5－11）。这与高频还田条件下的优势类群一致，并在网络拓扑和相互作用方面表现出主要功能。更多的模块间关键物种可以将一系列模块组织成一个完整的网络，从而使营养循环和物质转化更加有效（Xun et al.，2017）。高频还田条件下有 26 个关键物种，其中一半属于根瘤菌目（表 5－11），在某些特定功能中发挥了重要作用。OTU _ 57（*Rhizobiales*）为网络中的关键物种，在子模块 H5 和不同子模块之间的连接中均起着重要作用。根瘤菌已被确定为促进植物生长的关键分类群（Jiang et al.，2017；Banerjee et al.，2018）。更多的模块间关键物种表明更高的细菌群落活性，从而保持了较高养分可利用性和更好的土壤质量（Schloter et al.，2003）。总之，高频率秸秆还田增加了细菌网络中的关键物种，且关键物种由富营养菌主导。相比之下，低频还田条件下仅有 4 个关键物种，例如 *Gemmatimonas*（Gemmatimonadales）（表 5－11）。

表 5－11　高频和低频秸秆还田条件下土壤细菌网络中的关键物种

还田频率	名称	拓扑角色	Pi	Zi	所属模块	连接度	相对丰度（%）	所属门
高频	OTU _ 4	模块枢纽	0.000	3.245	H3	8	1.204	放线菌门
	OTU _ 38	模块枢纽	0.346	2.788	H4	18	0.459	放线菌门

（续）

还田频率	名称	拓扑角色	Pi	Zi	所属模块	连接度	相对丰度（%）	所属门
高频	OTU _ 15	模块枢纽	0.341	2.591	H2	36	0.52	变形菌门
	OTU _ 151	连接器	0.764	−0.040	H4	15	0.118	拟杆菌门
	OTU _ 74	连接器	0.726	0.913	H3	19	0.246	绿湾菌门
	OTU _ 1	连接器	0.719	−0.254	H3	8	1.634	变形菌门
	OTU _ 81	连接器	0.700	1.011	H2	10	0.093	变形菌门
	OTU _ 68	连接器	0.688	0.612	H6	8	0.284	变形菌门
	OTU _ 20	连接器	0.684	2.361	H5	23	0.436	放线菌门
	OTU _ 272	连接器	0.667	−0.834	H5	3	0.073	放线菌门
	OTU _ 846	连接器	0.667	−0.951	H1	3	0.018	变形菌门
	OTU _ 297	连接器	0.667	−0.951	H1	3	0.035	变形菌门
	OTU _ 702	连接器	0.657	1.939	H4	22	0.035	酸杆菌门
	OTU _ 59	连接器	0.647	0.385	H2	23	0.679	变形菌门
	OTU _ 155	连接器	0.642	0.612	H6	9	0.09	变形菌门
	OTU _ 480	连接器	0.640	0.357	H1	10	0.02	绿湾菌门
	OTU _ 10	连接器	0.639	1.656	H4	21	0.391	变形菌门
	OTU _ 208	连接器	0.630	1.939	H4	21	0.039	放线菌门
	OTU _ 78	连接器	0.627	0.242	H4	13	0.205	芽单胞菌门
	OTU _ 134	连接器	0.627	−0.264	H2	13	0.184	芽单胞菌门
	OTU _ 51	连接器	0.625	0.444	H5	12	0.105	酸杆菌门
	OTU _ 124	连接器	0.625	−0.136	H6	4	0.557	变形菌门
	OTU _ 2018	连接器	0.625	−0.254	H3	4	0.027	变形菌门
	OTU _ 442	连接器	0.625	−0.254	H3	4	0.136	变形菌门
	OTU _ 277	连接器	0.625	−0.951	H1	4	0.026	酸杆菌门
	OTU _ 57	网络枢纽	0.660	3.000	H5	31	0.268	变形菌门
低频	OTU _ 279	模块枢纽	0.000	2.834	L1	8	0.086	芽单胞菌门
	OTU _ 135	模块枢纽	0.375	2.834	L1	6	0.136	放线菌门
	OTU _ 787	连接器	0.625	1.000	L9	4	0.322	变形菌门
	OTU _ 1129	连接器	0.625	−0.426	L2	4	0.07	酸杆菌门

我们发现在5～10cm和10～20cm土层，不同秸秆还田频率之间具有差异潜在功能（图5-28）。低量秸秆还田处理，高频还田条件下与细胞生长和死亡、萜类化合物、聚酮化合物和脂质代谢相关的细菌功能基因显著增加（$P<0.05$）。低频还田条件下的细菌表现出更多与细胞运动和遗传信息过程相关的基因（$P<0.05$）（图5-28A）。在高量秸秆还田中，高频还田条件下细菌代谢功能，如碳水化合物、氨基酸、萜类化合物、聚酮化合物和脂质的代谢以及异生物质的生物降解功能显著增加（$P<0.05$）。然而，低频还田显

著增加了与细胞运动和遗传信息相关的潜在功能（$P<0.05$）（图 5-28B）。由此说明，高频秸秆还田增加了土壤细菌群落潜在功能的多样性，低频秸秆还田条件下土壤细菌群落的潜在功能以自身生长为主。

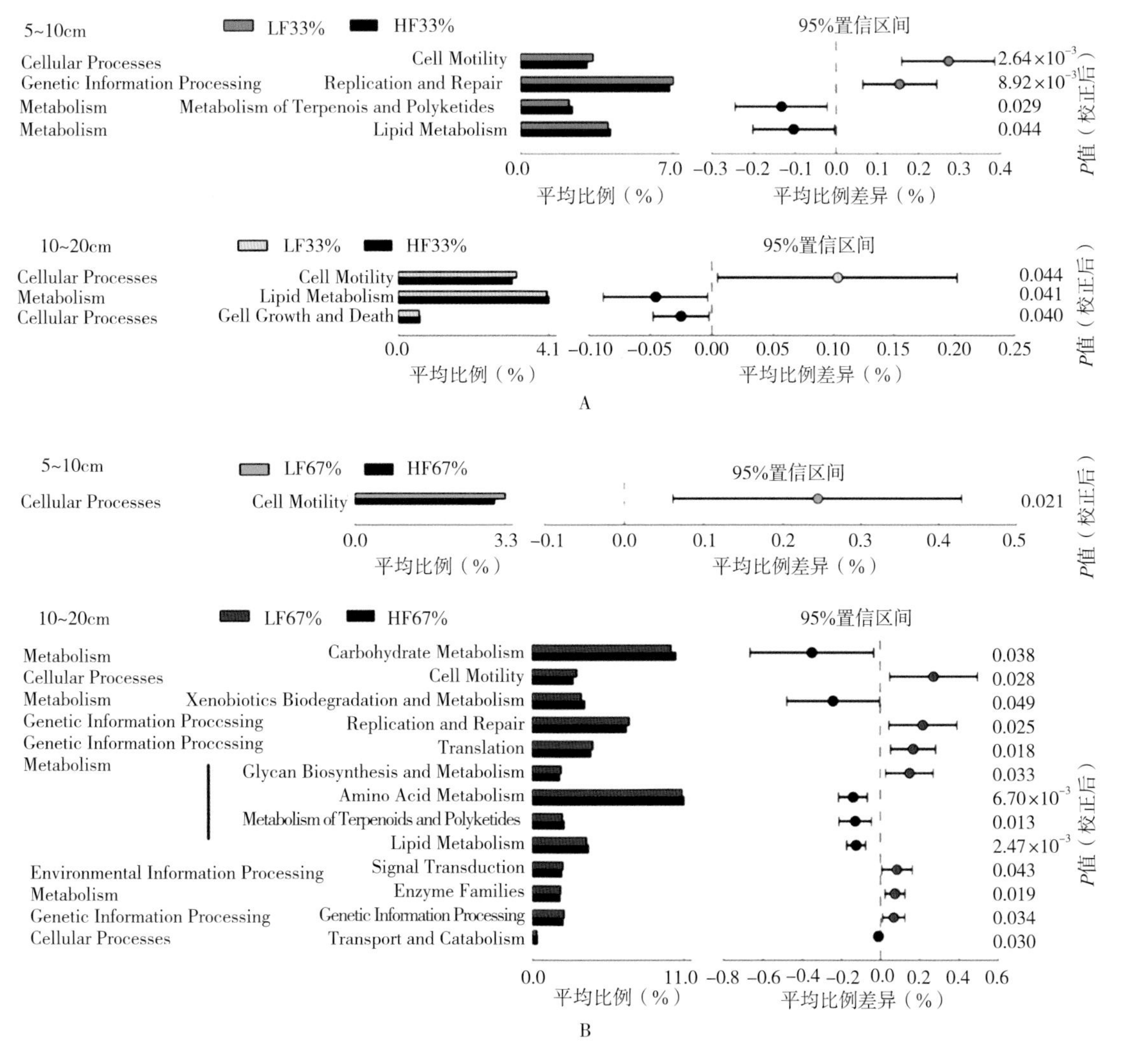

图 5-28 不同秸秆还田频率条件下土壤细菌群落的潜在功能

A. 低量秸秆还田条件下的不同频率 B. 高量秸秆还田条件下的不同频率

结构方程模型揭示了秸秆还田频率和还田量、土壤化学性质和土壤细菌群落之间的关系（图 5-29）。秸秆还田频率对土壤细菌多样性、丰富度和潜在功能有直接的积极影响。秸秆还田频率主要是通过影响 DOC/SOC 和 C/N 间接影响细菌群落的潜在功能。也就是说，DOC/SOC 和 C/N 动态变化影响了细菌群落的组成，从而改变了细菌群落的潜在功能（图 5-29）。秸秆还田频率通过影响土壤中碳源可利用性来改变细菌群落结构及其潜在功能。秸秆还田量对土壤细菌多样性、丰富度和潜在功能都没有直接的影响，仅可通过改变 DOC/SOC 来影响细菌群落结构和功能（图 5-29）。结构方程模型（SEM）表明，

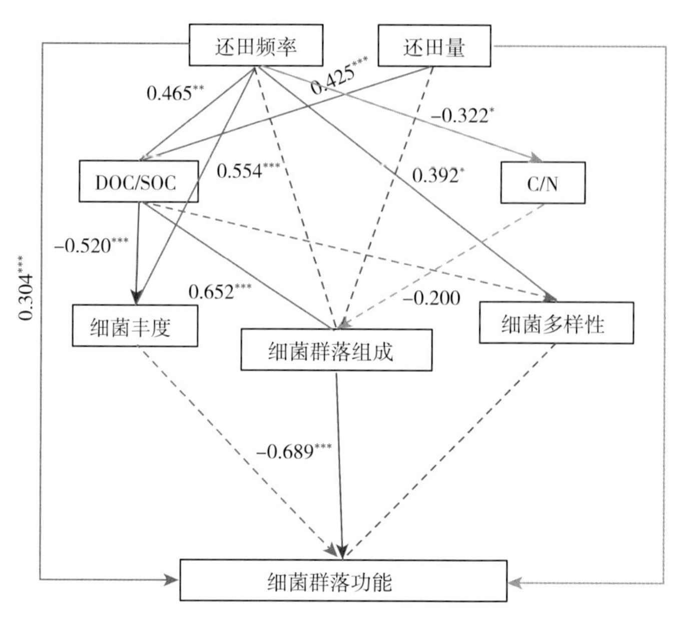

图 5-29　不同秸秆还田量和还田频率条件下土壤理化指标和细菌群落之间因果关系的结构方程模型

注：模型拟合，$\chi^2=7.185$，$P=0.708$，$GFI=0.952$，$RMSEA<0.001$。实线和虚线分别表示显著（$P<0.05$）和不显著（$P>0.05$）效果。每条路径旁边都列出了标准化路径系数（深色线和浅色线分别代表正路径和负路径；线宽表示因子贡献的比例）。R^2值表示自变量解释的强度。* 表示 $P<0.05$，** 表示 $P<0.01$，*** 表示 $P<0.001$。细菌丰富度用 Chao1 表示；细菌多样性用 Simpson 表示；细菌群落组成和功能由其主成分分析的第一轴表示。

不同秸秆还田频率首先改变了 DOC/SOC 和 C/N，进而改变了细菌群落结构和功能。高 C/N 和低 DOC/SOC 可能表明在低还田频率条件下更难分解的有机化合物（Qiu et al.，2016）会优先选择更多的寡营养细菌类群（Barta et al.，2017；Ortiz-Cornejo et al.，2017；Zhou et al.，2018）。其他研究也发现微生物群落结构与土壤碳和氮的可利用性有关（Zhou et al.，2017；Wu et al.，2018）。因此，秸秆还田频率改变了细菌群落的组成：高频秸秆还田条件下富营养微生物较多，低频秸秆还田条件下寡营养微生物较多。SEM 结果表明细菌 α 多样性和群落组成共同改变了细菌群落的潜在功能。高频秸秆还田提高了细菌群落的 α 多样性，更多的富营养微生物消耗了不稳定的土壤碳源并快速生长（Fontaine et al.，2007），并且可能比低频秸秆还田能诱导除了细胞生长和死亡外更多的脂质代谢和碳水化合物合成等代谢功能。高频秸秆还田条件下占主导的变形菌门具有更多的代谢物转运蛋白，可产生丰富的代谢功能（Trivedi et al.，2013）。有研究发现，富营养菌拟杆菌门和 α 变形菌门显著增加了土壤碳分解速率，并以较高增长率刺激微生物活动（Zhou et al.，2018）。同时，微生物活性高的土壤碳周转速度更快，从而提高了农业生产力（Sanderman et al.，2017）。低频秸秆还田条件下细菌群落中的细胞过程（细胞运动和遗传信息处理）明显比高频还田条件下更活跃，这可能意味着此时细菌群落更关注它们的生存问题。细胞运动通过感知环境中的化学物质梯度促进其迁移到更有利的环境中（Miller et al.，2009）。在贫营养条件下发生的信息过程的基因组与适应环境、降低代谢和繁殖成本有关（Okie et al.，2020）。微生物通过土壤 MCP，即体内周转途径直接促进土壤碳库积累，这是一个细胞生成、生长和死亡的迭代周转过程（Liang et al.，2017）。低频秸秆还田条件下寡营养菌的相对丰度更高，它们的生长速度慢、代谢活动低，这导致土壤碳在活体微生物和微生物死亡残体中的保留时间更长，从而导致碳的保留时间更长、更稳定（Barta et al.，2017）。但目前基于测序数据的PICRUSt功能预测正在发展中，功能预测的准确性有待进一步的研究和验证（Douglas et al.，2020）。

5.6　结论

与常规耕作（CT）相比，免耕无秸秆覆盖（NT0）和免耕秸秆覆盖（NT100）提高了土壤细菌群落的多样性和丰富度，改变了细菌群落结构的垂直分布规律，增加了生态系统功能潜势。与CT相比，NT100显著增加了0～40cm土层土壤含水量和0～10cm、120～150cm土层盐溶性有机碳的含量，降低了90～300cm土壤pH；在120cm土层以上，NT0和NT100处理下的矿质氮含量高于CT，但150cm土层以下刚好相反，表明免耕能增加水分和养分的持有能力，减缓肥料氮向深层剖面的淋溶速度。

在不同秸秆还田量试验中，分析玉米秸秆还田量对不同层次免耕土壤微生物群落动态的影响发现，与NT0相比，NT33仅在门水平上对表层（0～5cm）和深层（60～100cm）个别细菌相对丰度有影响，即提高了表层拟杆菌门和深层绿弯菌门的相对丰度，并降低了表层酸杆菌门和绿弯菌门的相对丰度，而对各层次微生物群落多样性、结构和物种组成均无显著影响；NT67显著改变了中层（20～40cm）土壤原核微生物群落结构和物种组成，提高了中层放线菌门、深层酸杆菌门和硝化螺旋菌门的相对丰度，降低了表层被孢霉门和深层泉古菌门的相对丰度；NT100对表层和深层原核微生物群落影响较大，显著提高了表层原核微生物群落丰富度以及拟杆菌门的相对丰度，改变了表层原核微生物群落组成，提高了中、深层放线菌门相对丰度，降低了深层原核微生物群落的多样性和均匀度，并改变了深层原核微生物群落结构。

在不同秸秆还田频率试验中，免耕和秸秆还田均增加了表层土壤（0～5cm）的真菌、细菌和总微生物生物量，而不同秸秆还田量之间无显著差异。免耕增加了表层土壤（0～5cm）的真菌丰富度却降低了细菌群落的丰富度，秸秆还田无影响。免耕影响0～40cm土层的土壤真、细菌群落结构，对表层和深层土壤的影响不同，增加了表层土壤富营养菌的相对丰度，但增加了深层土壤寡营养菌的相对丰度。秸秆还田只影响表层土壤中的细菌结构，但能够影响0～40cm土层的真菌群落结构，秸秆还田增加了植物有益真菌Glomeromycetes的相对丰度。不同秸秆还田量之间土壤微生物群落结构无显著差异。

综合比较秸秆还田量和还田频率，发现秸秆还田频率显著影响了细菌群落结构，而不同秸秆还田量（33%与67%）间无显著差异。等量高频率的秸秆还田持续为土壤微生物提供可利用性碳源，土壤细菌群落以富营养菌为主（如拟杆菌门和α变形菌门），共发生网络复杂而紧密，网络关系竞争与协同相当并具有大量以富营养菌为主的关键物种，且潜在代谢功能多样化（如碳水化合物、氨基酸、萜类化合物、聚酮化合物和脂质的代谢）；而低频率的秸秆还田条件下，在秸秆还田周期的后期难分解碳源更多，土壤细菌群落以寡营养菌为主（如*Arthrobacter*），共发生网络简单而松散，网络关系中以协同作用为主导，但关键物种很少，且潜在功能以细胞过程为主。

我们的结果揭示了免耕和秸秆还田对不同土壤深度微生物群落的复杂影响。实践中，当秸秆量少时（如 33%），可以考虑分为少量多次的还田方式，更有助于土壤微生物固碳；当秸秆量允许时（如 67%），选择较低的还田频率更有利于土壤微生物固碳。这两种还田方式既可以满足我们对土壤固碳的需求，又能够将部分秸秆用作再生能源来增加经济价值，是能够双赢的保护性耕作措施。因此，我们的研究结果为保护性耕作和农业可持续发展提供了理论依据和实践指导，具有重要的意义。

参考文献

沈菊培，张丽梅，贺纪正，2011. 几种农田土壤中古菌、泉古菌和细菌的数量分布特征 [J]. 应用生态学报，22 (11)：2996-3002.

王春芳，马诗淳，黄艳，等，2016. 降解水稻秸秆的复合菌系及其微生物群落结构演替 [J]. 微生物学报，56 (12)：1856-1868.

王秀红，李欣欣，史向远，等，2018. 玉米秸秆不同发酵时期理化性状和细菌群落多样性 [J]. 华北农学报，33 (3)：144-152.

徐英德，孙良杰，王阳，等，2020. 土壤微生物群落对玉米根茬和茎叶残体碳的利用特征 [J]. 中国环境科学，40 (10)：4504-4513.

杨艳华，苏瑶，何振超，等，2019. 还田秸秆碳在土壤中的转化分配及对土壤有机碳库影响的研究进展 [J]. 应用生态学报，30 (2)：668-676.

周丽霞，丁明懋，2007. 土壤微生物学特性对土壤健康的指示作用 [J]. 生物多样性，15 (2)：162-171.

朱永官，彭静静，韦中，等，2021. 土壤微生物组与土壤健康 [J]. 中国科学：生命科学，51 (1)：1-11.

Alahmad A，Decocq G，Spicher F，et al.，2019. Cover crops in arable lands increase functional complementarity and redundancy of bacterial communities [J]. Journal of Applied Ecology，56 (3)：651-664.

Bai Z，Bodé S，Huygens D，et al.，2013. Kinetics of amino sugar formation from organic residues of different quality [J]. Soil Biology and Biochemistry，57：814-821.

Baker J M，Ochsner T E，Venterea R T，et al.，2007. Tillage and soil carbon sequestration：what do we really know? [J]. Agriculture，Ecosystems and Environment，118 (1-4)：1-5.

Banerjee S，Kirkby C A，Schmutter D，et al.，2016. Network analysis reveals functional redundancy and keystone taxa amongst bacterial and fungal communities during organic matter decomposition in an arable soil [J]. Soil Biology and Biochemistry，97：188-198.

Banerjee S，Schlaeppi K，van der Heijden M G A，2018. Keystone taxa as drivers of microbiome structure and functioning [J]. Nature Reviews：Microbiology，16 (9)：567-576.

Barta J，Tahovska K，Santruckova H，et al.，2017. Microbial communities with distinct denitrification potential in spruce and beech soils differing in nitrate leaching [J]. Scientific Reports，7 (1)：1-15.

Barton H A，Giarrizzo J G，Suarez P，et al.，2014. Microbial diversity in a Venezuelan orthoquartzite cave is dominated by the *Chloroflexi* (Class *Ktedonobacterales*) and *Thaumarchaeota* Group I. 1c [J]. Frontiers in Microbiology，5：615.

Bernal B, McKinley D C, Hungate B A, et al., 2016. Limits to soil carbon stability; deep, ancient soil carbon decomposition stimulated by new labile organic inputs [J]. Soil Biology and Biochemistry, 98: 85-94.

Bossio D A, Scow K M, Gunapala N, et al., 1998. Determinants of soil microbial communities: effects of agricultural management, season, and soil type on phospholipid fatty acid profiles [J]. Microbial Ecology, 36 (1): 1-12.

Catão E C, Lopes F A, Araujo J F, et al., 2014. Soil acidobacterial 16S rRNA gene sequences reveal subgroup level differences between savanna-like cerrado and Atlantic forest Brazilian biomes [J/OL]. International Journal of Microbiology, 2014 [2023-04-10]. http://dx. doj. org/10. 1155/20141156341.

Ceja-Navarro J A, Rivera-Orduna F N, Patino-Zuniga L, et al., 2010. Phylogenetic and multivariate analyses to determine the effects of different tillage and residue management practices on soil bacterial communities [J]. Applied and Environmental Microbiology, 76 (11): 3685-3691.

de Cáceres M, Legendre P, Moretti M, 2010. Improving indicator species analysis by combining groups of sites [J]. Oikos, 119 (10): 1674-1684.

Degrune F, Theodorakopoulos N, Dufrêne M, et al., 2016. No favorable effect of reduced tillage on microbial community diversity in a silty loam soil (Belgium) [J]. Agriculture, Ecosystems and Environment, 224: 12-21.

Derakhshani H, Tun H M, Khafipour E, 2016. An extended single-index multiplexed 16S rRNA sequencing for microbial community analysis on MiSeq illumina platforms [J]. Journal of Basic Microbiology, 56 (3): 321-326.

Ding X, Zhang B, Zhang X, et al., 2011. Effects of tillage and crop rotation on soil microbial residues in a rainfed agroecosystem of Northeast China [J]. Soil and Tillage Research, 114 (1): 43-49.

Douglas G M, Maffei V J, Zaneveld J R, et al., 2020. PICRUSt2 for prediction of metagenome functions [J]. Nature Biotechnology, 38 (6): 685-688.

Duong T T T, Baumann K, Marschner P, 2009. Frequent addition of wheat straw residues to soil enhances carbon mineralization rate [J]. Soil Biology and Biochemistry, 41 (7): 1475-1482.

Edgar R C, 2013. UPARSE: highly accurate OTU sequences from microbial amplicon reads [J]. Nature Methods, 10 (10): 996-998.

Eisenlord S D, Zak D R, 2010. Simulated atmospheric nitrogen deposition altersactinobacterial community composition in forest soils [J]. Soil Science Society of America Journal, 74 (4): 1157-1166.

Erktan A, Or D, Scheu S, 2020. The physical structure of soil: determinant and consequence of trophic interactions [J]. Soil Biology and Biochemistry, 148. [2023-04-10]. http://doi. org/10. 1016/j. soilbio. 2020. 107876.

Feng K, Zhang Z, Cai W, et al., 2017. Biodiversity and species competition regulate the resilience of microbial biofilm community [J]. Molecular Ecology, 26 (21): 6170-6182.

Fierer N, Bradford M A, Jackson R B, 2007. Toward an ecological classification of soil bacteria [J]. Ecology, 88 (6): 1354-1364.

Fontaine S, Barot S, Barre P, et al., 2007. Stability of organic carbon in deep soil layers controlled by fresh carbon supply [J]. Nature, 450 (7167): 277-280.

Goldfarb K C, Karaoz U, Hanson C A, et al., 2011. Differential growth responses of soil bacterial taxa to carbon substrates of varying chemical recalcitrance [J]. Frontiers in Microbiology, 2: 94.

Goodwin S B, Kema G H, 2009. Gearing up for comparative genomics: analyses of the fungal class *Dothideomycetes* [J]. The New Phytologist, 183: 250 - 253.

Gottshall C B, Cooper M, Emery S M, 2017. Activity, diversity and function of arbuscular mycorrhizae vary with changes in agricultural management intensity [J]. Agriculture, Ecosystems and Environment, 241: 142 - 149.

Grageda - Cabrera O, Vera - Núñez J, Aguilar - Acuña J, et al., 2011. Fertilizer dynamics in different tillage and crop rotation systems in a Vertisol in Central Mexico [J]. Nutrient Cycling in Agroecosystems, 89 (1): 125 - 134.

Guggenberger G, Frey S D, Six J, et al., 1999. Bacterial and fungal cell - wall residues in conventional and no - tillage agroecosystems [J]. Soil Science Society of America Journal, 63 (5): 1188 - 1198.

Guo J, Liu W, Zhu C, et al., 2018. Bacterial rather than fungal community composition is associated with microbial activities and nutrient - use efficiencies in a paddy soil with short - term organic amendments [J]. Plant and Soil, 424 (1): 335 - 349.

Hou J, Liu W, Wu L, et al., 2019. *Rhodococcus* sp. *NSX2* modulates the phytoremediation efficiency of a trace metal - contaminated soil by reshaping the rhizosphere microbiome [J]. Applied Soil Ecology, 133: 62 - 69.

Iino T, Mori K, Uchino Y, et al., 2010. *Ignavibacterium album* gen. nov., sp. nov., a moderately thermophilic anaerobic bacterium isolated from microbial mats at a terrestrial hot spring and proposal of *Ignavibacteria* classis nov., for a novel lineage at the periphery of green sulfur bacteria [J]. International Journal of Systematic and Evolutionary Microbiology, 60 (6): 1376 - 1382.

Jiang Y, Li S, Li R, et al., 2017. Plant cultivars imprint the rhizosphere bacterial community composition and association networks [J]. Soil Biology and Biochemistry, 109: 145 - 155.

Kemper W D, Schneider N N, Sinclair T R, 2011. No - till can increase earthworm populations and rooting depths [J]. Journal of Soil and Water Conservation, 66 (1): 13A - 17A.

Koike I, Hattori A, 1975. Growth yield of a denitrifying bacterium, *Pseudomonas* denitrificans, under aerobic and denitrifying conditions [J]. Microbiology, 88 (1): 1 - 10.

Kou X, Ma N, Zhang X, et al., 2020. Frequency of stover mulching but not amount regulates the decomposition pathways of soil micro - foodwebs in a no - tillage system [J]. Soil Biology and Biochemistry, 144. [2023 - 04 - 10]. https://doi. org/10. 1016/j: soilbio. 2020. 107789.

Kremen C, 2005. Managing ecosystem services: what do we need to know about their ecology? [J] Ecology Letters, 8 (5): 468 - 479.

Li Y, Song D, Liang S, et al., 2020. Effect of no - tillage on soil bacterial and fungal community diversity: a meta - analysis [J]. Soil and Tillage Research, 204. [2023 - 04 - 10]. https://doi. org/10. 1016/j. still. 2020. 104721.

Liang C, Schimel J P, Jastrow J D, 2017. The importance of anabolism in microbial control over soil carbon storage [J]. Nature microbiology, 2 (8): 1 - 6.

Lu C, Chen H, Teng Z, et al., 2018. Effects of N fertilization and maize straw on the dynamics of soil organic N and amino acid N derived from fertilizer N as indicated by ^{15}N labeling [J]. Geoderma, 321: 118 - 126.

Luo Z, Wang E, Sun O J, 2010. Can no - tillage stimulate carbon sequestration in agricultural soils? A meta - analysis of paired experiments [J]. Agriculture, Ecosystems and Environment, 139 (1 - 2): 224 - 231.

Lupwayi N, Monreal M, Clayton G, et al., 2001. Soil microbial biomass and diversity respond to tillage and sulphur fertilizers [J]. Canadian Journal of Soil Science, 81: 577-589.

Ma B, Zhao K, Lv X, et al., 2018. Genetic correlation network prediction of forest soil microbial functional organization [J]. The ISME Journal, 12 (10): 2492-2505.

Ma Z, Xie Y, Zhu L, et al., 2017. Which of soil microbes is in positive correlation to yields of maize (*Zea mays* L.)? [J]. Plant, Soil and Environment, 63 (12): 574-580.

Miller L D, Russell M H, Alexandre G, 2009. Diversity in bacterial chemotactic responses and niche adaptation [J]. Advances in Applied Microbiology, 66: 53-75.

Miroshnichenko M L, Kostrikina N A, Chernyh N A, et al., 2003. *Caldithrix abyssi* gen. nov., sp. nov., a nitrate-reducing, thermophilic, anaerobic bacterium isolated from a Mid-Atlantic Ridge hydrothermal vent, represents a novel bacterial lineage [J]. International Journal of Systematic and Evolutionary Microbiology, 53 (1): 323-329.

Mongodin E F, Shapir N, Daugherty S C, et al., 2006. Secrets of soil survival revealed by the genome sequence of *Arthrobacter* aurescens TC1 [J]. PLoS Genetics, 2 (12): e214.

Naether A, Foesel B U, Naegele V, et al., 2012. Environmental factors affect Acidobacterial communities below the subgroup level in grassland and forest soils [J]. Applied and Environmental Microbiology, 78 (80): 7398-7406.

Navarro-Noya Y E, Gómez-Acata S, Montoya-Ciriaco N, et al., 2013. Relative impacts of tillage, residue management and crop-rotation on soil bacterial communities in a semi-arid agroecosystem [J]. Soil Biology and Biochemistry, 65: 86-95.

Nguyen T T, Marschner P, 2015. Soil respiration, microbial biomass and nutrient availability in soil after repeated addition of low and high C/N plant residues [J]. Biology and Fertility of Soils, 52 (2): 165-176.

Nielsen M N, Winding A, Binnerup S, 2002. Microorganisms as indicators of soil health [R]. Risø: NERI Technical Report, 388.

Okie J G, Poret-Peterson A T, Lee Z M, et al., 2020. Genomic adaptations in information processing underpin trophic strategy in a whole-ecosystem nutrient enrichment experiment [J]. Elife, 9. [2023-03-28]. https://doi.org/10.7554/elife.49816.

Oksanen J, Kindt R, Legendre P, et al., 2007. The vegan package [J]. R Package, version 1: 1-190.

Ortiz-Cornejo N L, Romero-Salas E A, Navarro-Noya Y E, et al., 2017. Incorporation of bean plant residue in soil with different agricultural practices and its effect on the soil bacteria [J]. Applied Soil Ecology, 119: 417-427.

Parks D H, Tyson G W, Hugenholtz P, et al., 2014. STAMP: statistical analysis of taxonomic and functional profiles [J]. Bioinformatics, 30 (21): 3123-3124.

Pastorelli R, Vignozzi N, Landi S, et al., 2013. Consequences on macroporosity and bacterial diversity of adopting a no-tillage farming system in a clayish soil of Central Italy [J]. Soil Biology and Biochemistry, 66: 78-93.

Pimentel L G, Gumiere T, Oliveira D M S, et al., 2019. Soil bacterial community changes in sugarcane fields under straw removal in Brazil [J]. Bioenergy Research, 12 (4): 830-842.

Qiu S, Gao H, Zhu P, et al., 2016. Changes in soil carbon and nitrogen pools in a Mollisol after long-term fallow or application of chemical fertilizers, straw or manures [J]. Soil and Tillage Research, 163: 255-265.

Ramirez - Villanueva D A, Bello - López J M, Navarro - Noya Y E, et al., 2015. Bacterial community structure in maize residue amended soil with contrasting management practices [J]. Applied Soil Ecology, 90: 49 - 59.

Rawat S R, Mannisto M K, Bromberg Y, et al., 2012. Comparative genomic and physiological analysis provides insights into the role of Acidobacteria in organic carbon utilization in Arctic tundra soils [J]. FEMS Microbiology Ecology, 82 (2): 341 - 355.

Sanderman J, Creamer C, Baisden W T, et al., 2017. Greater soil carbon stocks and faster turnover rates with increasing agricultural productivity [J]. Soil, 3 (1): 1 - 16.

Schloter M, Dilly O, Munch J C, 2003. Indicators for evaluating soil quality [J]. Agriculture, Ecosystems and Environment, 98 (1 - 3): 255 - 262.

Schüßler A, Schwarzott D, Walker C, 2001. A new fungal phylum, the *Glomeromycota*: phylogeny and evolution [J]. Mycological Research, 105 (12): 1413 - 1421.

Shao Y, Xie Y, Wang C, et al., 2016. Effects of different soil conservation tillage approaches on soil nutrients, water use and wheat - maize yield in rainfed dry - land regions of North China [J]. European Journal of Agronomy, 81: 37 - 45.

Sherwood S, Uphoff N, 2000. Soil health: research, practice and policy for a more regenerative agriculture [J]. Applied Soil Ecology, 15 (1): 85 - 97.

Six J, Frey S D, Thiet R K, et al., 2006. Bacterial and fungal contributions to carbon sequestration in agroecosystems [J]. Soil Science Society of America Journal, 70 (2): 555 - 569.

Smith C R, Blair P L, Boyd C, et al., 2016. Microbial community responses to soil tillage and crop rotation in a corn/soybean agroecosystem [J]. Ecology and Evolution, 6 (22): 8075 - 8084.

Spedding T A, Hamel C, Mehuys G R, et al., 2004. Soil microbial dynamics in maize - growing soil under different tillage and residue management systems [J]. Soil Biology and Biochemistry, 36: 499 - 512.

Sul W J, Asuming - Brempong S, Wang Q, et al., 2013. Tropical agricultural land management influences on soil microbial communities through its effect on soil organic carbon [J]. Soil Biology and Biochemistry, 65: 33 - 38.

Sun B, Chen X, Zhang X, et al., 2020. Greater fungal and bacterial biomass in soil large macropores under no - tillage than mouldboard ploughing [J]. European Journal of Soil Biology, 97. [2023 - 03 - 28]. https://doi.org/10.1016/j.ejsobi.2020.103155.

Sun B, Jia S, Zhang S, et al., 2016a. No tillage combined with crop rotation improves soil microbial community composition and metabolic activity [J]. Environmental Science and Pollution Research International, 23 (7): 6472 - 6482.

Sun B, Jia S, Zhang S, et al., 2016b. Tillage, seasonal and depths effects on soil microbial properties in black soil of Northeast China [J]. Soil and Tillage Research, 155: 421 - 428.

Terracciano J, Canale - Parola E, 1984. Enhancement of chemotaxis in Spirochaeta aurantia grown under conditions of nutrient limitation [J]. Journal of Bacteriology, 159 (1): 173 - 178.

Thomas F, Hehemann J H, Rebuffet E, et al., 2011. Environmental and gut bacteroidetes: the food connection [J]. Frontiers in Microbiology, 2: 93.

Trivedi P, Anderson I C, Singh B K, 2013. Microbial modulators of soil carbon storage: integrating genomic and metabolic knowledge for global prediction [J]. Trends in Microbiology, 21 (12): 641 - 651.

van Groenigen K J, Bloem J, Bååth E, et al., 2010. Abundance, production and stabilization of microbial biomass under conventional and reduced tillage [J]. Soil Biology and Biochemistry, 42 (1): 48 - 55.

Verhamme D T, Prosser J I, Nicol G W, 2011. Ammonia concentration determines differential growth of ammonia - oxidising archaea and bacteria in soil microcosms [J]. The ISME Journal, 5 (6): 1067 - 1071.

Wang Q, Garrity G M, Tiedje J M, et al., 2007. Naive Bayesian classifier for rapid assignment of rRNA sequences into the new bacterial taxonomy [J]. Applied and Environmental Microbiology, 73 (16): 5261 - 5267.

Wood S A, Bradford M A, Gilbert J A, et al., 2015. Agricultural intensification and the functional capacity of soil microbes on smallholder African farms [J]. Journal of Applied Ecology, 52 (3): 744 - 752.

Wu X, Wu L, Liu Y, et al., 2018. Microbial interactions with dissolved organic matter drive carbon dynamics and community succession [J]. Frontiers in Microbiology, 9. [2023 - 03 - 20]. https://doi.org/10.3389/fmicb.2018.01234.

Xun W, Huang T, Li W, et al., 2017. Alteration of soil bacterial interaction networks driven by different long - term fertilization management practices in the red soil of South China [J]. Applied Soil Ecology, 120: 128 - 134.

Yao F, Yang S, Wang Z, et al., 2017. Microbial taxa distribution is associated with ecological trophic cascades along an elevation gradient [J]. Frontiers in Microbiology, 8. [2023 - 04 - 12]. https://doi.org/10.3389/fmicb.2017.02071.

Yeboah S, Lamptey S, Zhang R, et al., 2017. Conservation tillage practices optimizes root distribution and straw yield of spring wheat and field pea in dry areas [J]. Journal of Agricultural Science, 9: 37.

Yuan L, Chen X, Jia J, et al., 2021. Stover mulching and inhibitor application maintain crop yield and decrease fertilizer N input and losses in no - till cropping systems in Northeast China [J]. Agriculture, Ecosystems and Environment, 312. [2023 - 03 - 18]. https://doi.org/10.1016/j.agee.2021.107360.

Zhang B, Penton C R, Xue C, et al., 2017. Soil depth and crop determinants of bacterial communities under ten biofuel cropping systems [J]. Soil Biology and Biochemistry, 112: 140 - 152.

Zhang X, Qian Y, Cao C, 2015. Effects of straw mulching on maize photosynthetic characteristics and rhizosphere soil micro - ecological environment [J]. Chilean Journal of Agricultural Research, 75 (4): 481 - 486.

Zhang X D, Amelung W, 1996. Gas chromatographic determination of muramic acid, glucosamine, mannosamine, and galactosamine in soils [J]. Soil Biology and Biochemistry, 28 (9): 1201 - 1206.

Zhou Z, Wang C, Luo Y, 2018. Effects of forest degradation on microbial communities and soil carbon cycling: a global meta - analysis [J]. Global Ecology and Biogeography, 27 (1): 110 - 124.

Zhou Z, Wang C, Zheng M, et al., 2017. Patterns and mechanisms of responses by soil microbial communities to nitrogen addition [J]. Soil Biology and Biochemistry, 115: 433 - 441.

Zhu X C, Sun L Y, Song F B, et al., 2018. Soil microbial community and activity are affected by integrated agricultural practices in China [J]. European Journal of Soil Science, 69 (5): 924 - 935.

第6章　保护性耕作对土壤酶活性的影响

6.1　引言

6.1.1　土壤酶的来源、分类和功能

土壤酶是一类具有特殊生物催化功能和蛋白质性质的高分子活性物质，主要来源于土壤微生物、植物和动物的分泌物以及动植物残体（周礼恺，1987）。大部分土壤酶来源于土壤微生物。土壤微生物数量大，繁殖快，死亡细胞的胞壁溃裂，胞膜破裂，原生质成分携带酶类进入土壤，或细胞的胞膜渗透性改变时将酶从细胞中释放到土壤中。不同的微生物种群释放的酶种类不同。微生物向土壤中释放糖酶、磷酸酶、蛋白酶和过氧化物酶（Crewther et al.，1953）；真菌和细菌能向土壤中释放纤维素酶、果胶酶和淀粉酶等胞外酶，真菌中的尖镰孢能产生脂肪酶，库尔萨诺夫链霉菌产生葡萄糖苷酶和壳多糖酶等水解酶（Ilyina et al.，1999）。植物根系分泌、根细胞溶解、根系表皮细胞脱落或者植物死亡后的根系都向土壤释放各种酶类。半分解和分解的根茬、茎秆、落叶、树枝和藻类等都不断地向土壤中释放多种酶类。土壤动物区系也能释放酶，如蚯蚓分泌转化酶、磷酸酶等，蚂蚁、节肢动物和软体动物等的分泌物或死亡残体也对土壤酶有一定的贡献（Kiss，1957；Garcıa－Gil et al.，2000）。

土壤胞外酶主要由微生物产生和分泌（van Bodegom et al.，2005）。微生物群落结构和活性的变化对有机碳库有很大的影响，因为不同的微生物表达和分泌不同的酶来参与土壤碳循环（Balser et al.，2005；Sardans et al.，2008）。

基于土壤酶的催化类型和功能，国际酶学委员会在1961年提出分类系统，把酶分为六大类型，即氧化还原酶、水解酶、转移酶、裂合酶、连接酶和异构酶，土壤酶类主要为前四类。土壤氧化还原酶主要包括过氧化氢酶、过氧化物酶、酚氧化酶、尿酸氧化酶等，酶促氧化还原反应。土壤水解酶主要包括脲酶、磷酸酶、蔗糖酶、淀粉酶、麦芽糖酶、纤维素酶和蛋白酶等。土壤转移酶主要包括转氨酶、果聚糖蔗糖酶、转糖苷酶等，酶促化学基团在同一分子内或者不同分子之间的转移产生化学键中的能量传递反应。土壤裂合酶主要包括天冬氨酸脱羧酶、谷氨酸脱羧酶等，酶促有机化合物的各种化学基在双键处的非水解裂解或加成反应（关松荫等，1986）。

酶进入土壤后，以自由态、吸附态和结合态三种不同的状态存在，在土壤溶液、死亡细胞、细胞碎屑或土壤基质中起作用。根据酶在土壤中的分布，一般将其分为两类。土壤中自由态的酶相对较少，主要是与游离增殖细胞相关的生物酶，包括分布在细胞质里面的胞内酶、分布在外周质空间的酶以及分布在细胞表面的酶，自由态的酶游离于土壤溶液中，活性大，在一定程度上容易失活。绝大多数土壤酶以酶-腐殖质、酶-无机矿物胶体、酶-有机无机复合体的形式存在，是与活细胞无关的非生物酶，这部分已经积累于土壤中的土壤酶被称为“贮积酶”。该类酶被黏粒吸附在内外表面或者通过吸附而包含和聚合存在于土壤腐殖质胶体内，主要包括细胞生长和分泌过程中的酶、细胞碎屑和死亡细胞中包含的酶以及从活细胞或细胞溶剂中进入土壤溶液中的酶。吸附在土壤有机质和无机胶体上的酶较稳定，且活性较大；与土壤腐殖质的基团结合在一起的酶是最稳定的，活性较小（周礼恺，1987）。

土壤酶活性的初始研究就与土壤肥力的研究紧密结合在一起，如用土壤过氧化氢酶活性评价土壤肥力（Waksman et al.，1926）。20 世纪 50 年代 Hofmann 明确提出用土壤酶活性衡量土壤生物学活性和生产力，Lsjudie 和 Pochon 根据蛋白酶活性将土壤分类，反映土壤的表观肥力（周礼恺，1987）。我国从新中国成立后才引进方法开展土壤酶学的研究，20 世纪 80 年代中期，土壤酶学与土壤学、植物营养学、农学、林学及水土保持学等各学科相互渗透，研究范畴几乎涉及所有的陆地生态系统，研究日益增多（周礼恺，1987）。周礼恺（1987）用聚类的方法证明了土壤酶活性的总体在评价土壤肥力水平中的重要作用，土壤酶活性的高低可以表征土壤碳、氮循环转化的强弱与方向，研究土壤酶活性变化能够探明养分元素周转能力转变并衡量土壤健康（Deng et al.，1994）。但是，不少学者提出土壤酶活性不能全面反映土壤生物学状况或者土壤酶活性与土壤养分水平之间不存在紧密的相关性，产生这种争议可能与土壤酶的专属性和土壤的异质性有关。

6.1.2　保护性耕作对土壤碳、氮、磷元素转化相关酶活性的影响

相比于长期以来的传统耕作方式，保护性耕作是近些年被广泛推广的一种耕作方式，以减少土壤扰动和增加秸秆覆盖为主要特点。耕作通过改变土壤的物理性状和有机质的输入影响作物根系的生长发育，进而改变作物对营养元素的吸收利用效率，而根际土壤酶的种类和活性是影响土壤养分有效性的主要因素（赵士诚等，2014）。另外，根际作为植物、微生物和土壤相互交汇的重要场所，是土壤中生物化学性质最活跃的微域。

不同的长期耕作措施通过改变土壤生境和营养元素的供应来影响土壤微生物的活动，从而对碳、氮、磷等元素循环酶产生反馈，改变土壤酶的活性。与碳和氮转化相关的酶是细胞生长和能量过程的核心，如蔗糖酶活性与土壤中腐殖质、有机质、氮磷和黏粒的含量、微生物数量以及呼吸强度正相关，随着土壤腐熟程度的提高而增强，可用于评价土壤腐熟程度和肥力水平。

氮是植物的必需营养元素之一，是作物产量的主要限制因子之一，是农业生产中最主要的限制因子（任金凤等，2017）。土壤氮包括无机氮和有机氮。无机氮包括速效氮和矿

物固定态氮，铵态氮和硝态氮是能被作物直接吸收利用的速效氮，而矿物晶格固定态铵则很难被植物直接利用（赵士诚等，2014）。无机氮仅占土壤全氮的一小部分（小于10%），90%以上的土壤氮以有机态形式存在，是植物所需矿质氮的源和汇（Stevenson，1982；彭令发等，2003；Lu et al.，2018）。因此，土壤有机氮库的含量和组成直接影响土壤氮的有效性和土壤供氮能力。大部分有机氮需通过矿化作用成为无机态氮才能供植物吸收利用，也有小部分有机氮可直接为植物所吸收。

根据酸水解-蒸馏法，可将土壤有机氮分为水解成铵态氮、氨基酸态氮、氨基糖态氮、酸解未知氮和酸不溶态氮等组分（Stevenson，1996）。水解成铵态氮主要来源于交换性铵、酰胺类化合物、氨基酸和氨基糖的水解、嘌呤和嘧啶的脱氨基作用以及固定态铵的释放，其含量约占土壤全氮的20%～35%（Schnitzer et al.，1980；Stevenson，1994；吴汉卿等，2018）。水解成铵态氮通常被认为是土壤中能够快速释放的、可被植物和微生物直接吸收利用的有效氮库（Qiu et al.，2012；Lu et al.，2013）。氨基酸态氮与微生物代谢活动密切相关，是微生物固持氮的重要存储库（Amelung，2001；Lu et al.，2013），同时也是土壤中有效氮的“过渡库”（Werdin－Pfisterer et al.，2009；Zhang et al.，2015；Lu et al.，2018）。氨基酸态氮通常是土壤有机氮库中含量最高的组分，约占土壤全氮的30%～50%，主要来源于土壤中的蛋白质和多肽等的分解（Stevenson，1982）。氨基糖态氮来源于微生物，其主要成分为氨基葡萄糖、氨基半乳糖和胞壁酸，是微生物细胞壁的组成成分（Stevenson，1982；Amelung，2001；Olk，2008）。因此，土壤中氨基糖态氮的含量与土壤微生物活性、数量和群落结构密切相关（吴汉卿等，2018）。虽然氨基糖态氮只占土壤全氮的一小部分（5%～10%），但其周转速度快，是土壤有机氮库中最活跃的组分之一（Stevenson，1996）。酸解未知态氮被认为是非α氨基酸，部分来源于核酸，是土壤中稳定的化合物（Stevenson，1994；Nannipieri et al.，2009）。酸解未知态氮含量占土壤全氮的10%～20%，但迄今为止，由于其复杂性，其特征还没有被完全确定（Stevenson，1982；Schulten et al.，1997；Qiu et al.，2012；Tian et al.，2017）。酸不溶态氮被鉴定为包含蛋白质的杂环化合物（Piper et al.，1972），是形成腐殖质的主要结构成分（Nannipieri et al.，2009），其含量一般占土壤全氮的20%～35%。在耕地土壤中，氮循环会受到免耕和秸秆还田等农业管理措施的影响。大量研究表明，与常规耕作秸秆不还田相比，免耕秸秆还田显著提高了土壤全氮的含量（Chen et al.，2009；Dikgwatlhe et al.，2014；Wang et al.，2020）。在全球尺度下，秸秆还田使土壤氮库显著提高了10.7%（Wang et al.，2018）。同样，在全球农业生态系统中，秸秆还田显著减少了淋溶和径流形式的氮损失（8.7%～25.6%），这是由微生物对氮的固持能力增强导致的（Xia et al.，2018）。此外，Lu等（2018）研究发现，玉米秸秆的施用显著提高了肥料来源的有机氮和氨基酸态氮的含量，表明秸秆添加促进了肥料氮向有机氮的转化。这可能是因为秸秆可以为微生物提供丰富的能量和养分，从而刺激微生物对氮的需求，进而导致土壤矿质态氮的微生物固持，促进了肥料氮向有机氮的转化（Cao et al.，2010；Lu et al.，2018）。Bending等（2002）研究了秸秆与土壤有机质质量和土壤微生物群落功能多样性的相互作用，结果表明，秸秆在腐解过程中可以提高土壤氮的有效性，从而促进土壤氮循环。相反，秸秆焚烧或移除的常规耕作会导致土壤养分流失和土壤退化，进而对环境和人类健康造成威胁（Wang et al.，2007；Xia et al.，2014；Zhang et al.，2016）。

土壤有机氮在植物生长中起着关键的作用（Ichihashi et al.，2020），大多数有机氮需要被矿化分解成有效氮才能供植物和微生物吸收利用（Geisseler et al.，2010；Omar et al.，2020）。土壤有机氮的矿化分解是由一系列氮矿化水解酶调控的（图6-1），包括土壤蛋白酶、酰胺酶、脲酶和*N*-乙酰-β-D-氨基葡萄糖苷酶等。蛋白酶将土壤中的蛋白质物质水解成多肽和氨基酸（Geisseler et al.，2008）。研究表明，土壤中约40%的全氮是蛋白质物质，包括蛋白质、糖蛋白、肽和氨基酸（Sowden et al.，1977；Schulten et al.，1997）。因此，蛋白酶通常是有机氮矿化过程中的限速酶（Fujii et al.，2020）。酰胺酶和脲酶均属酰胺水解酶类，分别催化酰胺类化合物和尿素水解释放氨（Kandeler et al.，2011）。*N*-乙酰-β-D-氨基葡萄糖苷酶与土壤中氨基糖（如几丁质和其他葡萄糖胺聚合物等）的降解有关（Ekenler et al.，2002；Liu et al.，2019）。

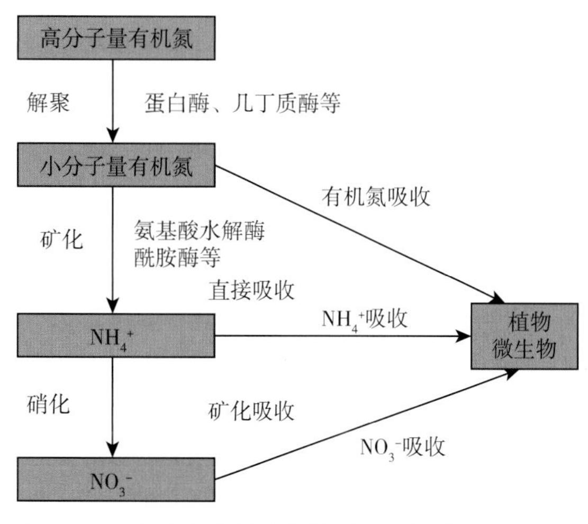

图6-1　土壤有机氮矿化模型（田纪辉，2017）

土壤有机氮的矿化是在一系列矿化酶的调控下进行的，其中，最重要的矿化酶主要包括蛋白酶、酰胺酶、脲酶和*N*-乙酰-β-D-氨基葡萄糖苷酶等。土壤有机氮矿化酶的活性可被用来表征有机氮的矿化潜力。在农田土壤中，有机氮转化相关矿化酶的活性往往会受到免耕秸秆还田等农田管理措施的影响。近几十年来，免耕秸秆还田已被广泛认为是能够改善土壤质量的合理农业管理措施（Karlen et al.，1994；Kassam et al.，2014；Zhang et al.，2017）。研究表明，免耕双倍秸秆覆盖显著增加了土壤酰胺酶、脲酶和*N*-乙酰-β-D-氨基葡萄糖苷酶的活性以及有机碳的含量，这3种酶活性均与土壤有机碳含量显著正相关，原因是受到了土壤有机碳增加的诱导；脲酶活性与土壤pH（pH为4.1～6.5）也呈现显著的正相关关系（Deng et al.，1996；Ekenler et al.，2003）。与秸秆不还田相比，4 500kg/hm^{2}和9 000kg/hm^{2}的玉米秸秆还田显著提高了土壤*N*-乙酰-β-D-氨基葡萄糖苷酶的活性，这可能与真菌丰度的增加有关（Zhao et al.，2016）。在豌豆秸秆还田条件下，土壤蛋白酶活性显著增加，这是因为豌豆秸秆中具有较高的蛋白质含量，秸秆的添加是蛋白质进入土壤的主要途径，而且土壤蛋白酶活性可能主要受其底物可利用性的调控（Romillac et al.，2019）。综上，这些不同的关于秸秆还田对土壤有机氮组分及氮矿化酶活性的研究结果可能与试验地的气候、土壤类型、农业管理措施、秸秆质量和试验周期的长短等因素有关。

土壤磷是植物生长发育必需的大量营养元素之一，在农田生产力提高和农产品品质改善中起着至关重要的作用（Turner et al.，2015；汪洪等，2017）。植物可吸收利用的磷主要来源于土壤（Zicker et al.，2018）。根据其在土壤中的形态，可将土壤磷分为无机磷和有机磷两大类（Quiquampoix et al.，2005）。根据被植物吸收的难易程度，可将无机磷分为水溶态、吸附态和矿物态3种类型，其中，水溶态无机磷（即 HPO_4^{2-} 和 $H_2PO_4^-$）是可以被植物和微生物直接吸收利用的形态（Quiquampoix et al.，2005），但这部分磷（HPO_4^{2-} 和 $H_2PO_4^-$）会与土壤中的 Ca^{2+}、Fe^{2+}、Al^{3+} 等离子结合形成难溶性的磷酸盐沉淀，或迅速地被土壤矿物吸附固定，或被微生物固持（王飞等，2020）。而有机磷是土壤磷的主要存在形态，约占土壤磷的30%～65%，在土壤微生物的作用下，其可水解为供植物和微生物吸收利用的无机磷酸盐，被认为是生物可利用磷的重要潜在来源（Condron et al.，2005）。

土壤有机磷只有在磷酸酶的催化作用下被矿化分解为无机正磷酸盐才能被植物和微生物吸收利用。参与有机磷矿化分解的磷酸酶主要有磷酸二酯酶、磷酸单酯酶（酸性磷酸单酯酶和碱性磷酸单酯酶）等（Nannipieri et al.，2011）。不同的磷酸酶对土壤磷化合物具有专一的作用。简言之，磷酸二酯酶将土壤中的正磷酸二酯水解成正磷酸单酯，正磷酸单酯在磷酸单酯酶的催化作用下进一步水解生成正磷酸盐，正磷酸盐可被植物和微生物吸收利用（Turner et al.，2005）。另外，土壤中的无机焦磷酸盐可以在无机焦磷酸酶的作用下水解为正磷酸盐（Tabatabai，1994；Dai et al.，1996）。由此可以看出，土壤磷酸酶是调节土壤磷库、衡量有效磷水平的一个重要指标。农田土壤中，磷组分和磷酸酶活性会受到免耕和秸秆还田等农业管理措施的影响。研究表明，与传统耕作相比，在5～10cm土层免耕处理显著提高了正磷酸盐和myo-肌醇六磷酸酯的浓度；且在所有土层，免耕条件下的myo-肌醇六磷酸酯的浓度均高于传统耕作处理，这表明耕作可能影响了该形态的磷组分的降解与吸附（Cade-Menun et al.，2010）。然而，Abdi等（2014）在耕作方式和磷肥对 ^{31}P 核磁共振测定的土壤磷组分的影响研究中却发现免耕促进了正磷酸盐和scyllo-肌醇六磷酸酯在土壤表层和深层的积累，但耕作并未对myo-肌醇六磷酸酯产生显著影响。Wei等（2014）研究了在耕作和秸秆还田条件下，^{31}P 核磁共振技术在测定土壤团聚体磷酸酶活性和磷组分中的应用，结果发现，随着秸秆还田量的增加，酸性磷酸单酯酶、碱性磷酸单酯酶和磷酸二酯酶的活性逐渐增加，这可能是由于秸秆还田增加了磷酸酶底物，提高了微生物活性；但正磷酸盐和无机焦磷酸盐的浓度随秸秆还田量的增加而降低，原因是秸秆还田促进了微生物对无机磷的固持。同时，Wei等（2014）也研究了耕作对土壤团聚体中磷组分和磷酸酶活性的影响，结果表明在免耕土壤中，碱性磷酸单酯酶和磷酸二酯酶的活性显著升高，这是因为免耕土壤覆盖了秸秆，为磷酸酶提供了更多的底物，从而促进了磷酸酶活性的增加。此外，免耕双倍秸秆覆盖显著提高了酸性磷酸单酯酶、碱性磷酸单酯酶、磷酸二酯酶和无机焦磷酸酶的活性（Deng et al.，1997）。Wang等（2011）探讨了耕作和秸秆还田量对表层土壤磷和磷酸酶活性的影响，结果表明，在免耕条件下，碱性磷酸单酯酶和无机焦磷酸酶的活性随着秸秆还田量的增加而增加，但酸性磷酸单酯酶和磷酸二酯酶的活性在50%和100%还田量条件下均无显著差异。

上述研究结果的不一致可能是由于试验地的气候、土壤类型、农业管理措施和秸秆质量等存在差异，不同的土壤pH和有机碳含量对微生物数量和多样性的改变也是土壤磷酸酶活性不同的原因之一（Deng et al.，1997）。前人的研究表明，秸秆的添加提高了土壤的 pH，秸秆中的有机阴离子是 pH 升高的主要原因（Mandal et al.，2004；Xu et al.，2006）。Halpern 等（2010）和 Qin 等（2010）研究发现，免耕秸秆还田促进了有机碳在表层土壤的积累。另外，与传统耕作相比，保护性耕作增加了土壤微生物的数量和活性（Madejon et al.，2007；Omidi et al.，2008）。陈冬林等（2010）探讨了不同耕作方式下秸秆还田量对晚稻土壤养分与微生物的影响，结果表明在少耕和免耕条件下，微生物活性在 1/3 还田量处理中最高。再者，Erinle 等（2020）的研究结果显示，作物秸秆的碳、磷比也会影响各种形态的土壤磷库的浓度，向土壤中施入碳、磷比大于 200 的作物秸秆会导致微生物对土壤无机磷的固持，而低碳、磷比的秸秆会提高土壤磷的有效性。综上所述，土壤有机磷的转化受到土壤中多种因素的共同影响。

6.1.3 保护性耕作对土壤氮、磷计量比与酶计量比的影响

土壤酶计量比，即与土壤碳、氮、磷循环相关酶活性的比值，能够指示微生物生长的养分限制状况以及土壤养分的有效性（Sinsabaugh et al.，2008；Sinsabaugh et al.，2009）。土壤酶计量比作为衡量微生物群落养分需求的重要指标，能够在一定程度上反映土壤养分的有效性及限制状况（Sinsabaugh et al.，2008）。微生物通过产生大量的胞外酶从复杂的基质中获取限制性养分，这一过程受非生物和生物因素控制。

通常认为，微生物用于获取碳、氮和磷养分的胞外酶主要包括 β-1，4-葡萄糖苷酶（碳水解酶）、*N*-乙酰-β-D-氨基葡萄糖苷酶（氮水解酶）、亮氨酸氨基肽酶（氮水解酶）和酸性（碱性）磷酸单酯酶（磷水解酶）（Sinsabaugh et al.，2009）。之所以测定这 4 种酶是因为这些酶的潜在活性往往与微生物代谢速率和生物地球化学过程有关，常被用作微生物养分需求的指标（Sinsabaugh et al.，2009；Peng et al.，2016）。同时，也有其他研究仅选择 *N*-乙酰-β-D-氨基葡萄糖苷酶作为氮循环的特征酶（Cui et al.，2018；Zhao et al.，2018；Zhang et al.，2019；Bai et al.，2021）。微生物通过表达和分泌胞外酶从复杂的基质中获取其生长所需的养分，这一过程受土壤非生物和生物因素的控制。

Yang 等（2020）基于结构方程模型和方差分解分析研究了土壤酶计量比对微生物资源利用及养分限制的调控，分析了非生物和生物因素对土壤胞外酶计量比变异的相对贡献。结果表明，非生物和生物因素能够解释土壤胞外酶计量比的大部分变异，其中，生物因素的解释度高于非生物因素，原因可能是土壤微生物等生物因子直接参与了土壤有机质的分解，增加了胞外酶的表达和分泌（Chen et al.，2018）。Cleveland 等（2007）研究指出，土壤酶计量比受微生物量计量比的影响，原因可能是微生物量碳、氮、磷比值不同的微生物群落能够通过分泌特定的胞外酶从复杂的基质中获取限制性养分，从而改变土壤酶计量比（Allison et al.，2005）。张星星等（2018）研究了中亚热带不同母质和森林类型土壤酶计量特征，结果表明，土壤氮、磷酶计量比与微生物量碳、氮比和碳、磷比显著负相关。Peng 等（2016）研究发现，土壤氮、磷酶计量比与微生物量碳、氮、磷显著正相关，与微生物量碳、磷比和氮、磷比显著负相关。相比于生物因素，非生物因素对土壤酶

计量比的影响较大，其中土壤全碳、全氮和全磷含量对酶计量比变异的解释度最高（Peng et al.，2016）。

除了生物因素外，非生物因素也会影响土壤酶计量比。土壤 pH，碳、氮、磷化学计量比和养分有效性也是影响土壤酶计量比的重要因素（Sinsabaugh et al.，2008；Stark et al.，2014；Zhao et al.，2018；Zheng et al.，2020；Zhou et al.，2020）。Feng 等（2019）研究了我国北方草地土壤碳、氮、磷酶计量比沿干旱梯度的变化及其对环境因子（气候和土壤因子）的响应，结果表明，极端干旱地区（干旱度>0.7）的土壤氮、磷酶计量比高于干旱地区（干旱度<0.7），这与较高的土壤磷有效性（较高的有机磷含量和较低的铵态氮、速效磷比值）有关。另一项在我国北方温带草原气候样带中进行的土壤胞外酶计量比研究发现，土壤非生物因子比气候因子和土壤生物因子能更好地解释土壤酶计量比的变化，其中，土壤全碳、氮和磷含量是主要的影响因素（Peng et al.，2016）。在该研究中，土壤氮、磷酶计量比与土壤全碳、氮和磷含量呈现显著的正相关关系，与土壤碳、氮比存在显著的负相关关系。Zhou 等（2020）研究了我国森林土壤胞外酶活性及其酶计量比特征，结果表明，土壤碳氮比是解释酶计量比的重要因素。此外，土壤酶活性及酶计量比受到土壤速效养分的影响，因为速效养分会影响微生物的养分利用效率，导致酶计量比发生变化（袁萍等，2018；曾泉鑫等，2021）。土壤养分含量可能会对土壤有效底物浓度和土壤碳、氮、磷计量比产生影响，从而影响土壤酶活性及其计量比，说明土壤酶计量比在很大程度上受土壤养分计量比的调控（Peng et al.，2016；Zhao et al.，2018）。另外，其他研究表明土壤养分计量比也可以通过改变土壤酶的生化性质和调控酶的分泌来影响土壤胞外酶活性（Sinsabaugh et al.，2009；Nannipieri et al.，2012）。反过来说，土壤胞外酶计量比反映了微生物群落如何投资能量和营养来应对养分限制。Bowles 等（2014）指出，土壤微生物通过调节胞外酶的产生来摄取其限制性养分，因此，酶活性的变化反映了微生物的养分限制和养分的有效性。土壤 pH 是影响酶计量比的一个重要非生物因子。前人的研究表明，土壤氮、磷酶计量比与土壤 pH 存在显著的负相关关系，pH 可能通过影响土壤溶液中酶抑制剂或激活剂的浓度、底物的有效浓度、微生物生物量和群落组成、酶的空间构象以及酶与土壤颗粒之间的结合状态等来调控土壤酶活性及酶计量比（Peng et al.，2016；张星星等，2018）。

在秸秆还田条件下，外源碳、氮和磷等养分的输入势必会影响土壤养分含量或土壤养分计量比，最终可能导致土壤氮、磷酶计量比发生变化。在秸秆还田（即外源碳、氮和磷输入）背景下，土壤氮、磷酶计量比的变化及其影响因素尚不明确。另外，从土壤氮、磷酶计量比角度来探讨秸秆还田条件下土壤微生物的氮、磷养分相对限制状况的研究尚待深入。为此，本项目研究不同秸秆还田量对土壤氮、磷酶计量比的影响，并比较土壤生物和非生物因素对土壤氮、磷酶计量比变异的贡献，旨在阐明秸秆还田条件下土壤氮、磷酶计量比特征及其影响因素。

6.1.4 存在问题和研究目的

广阔而肥沃的黑土是我国东北重要的土壤资源，是指在温带半干旱半湿润气候条件下，经腐殖质化过程形成较厚腐殖质表层而形成的土壤。黑土土质松软，腐殖质层较厚，土壤表层有机质含量高，氮、磷、钾等养分丰富，因而具有很高的肥力（范昊明等，2004）。依托富饶的土地资源，东北地区已成为保障国家粮食安全的重要“粮仓”。然而，近年来由于自然条件的恶化（气候变化、地形和植被等的破坏）和不合理的人为因素（工业污染、化肥滥施、过度开垦和长期连作等）的影响，黑土正面临着前所未有的、严峻的退化和流失问题（陆继龙，2001）。退化后的黑土表层变薄，质地黏重，有机质含量降低，氮、磷等含量低下。Yao 等（2013）的研究表明，从时间维度来看，自 2003 年起东北地区耕地的有机质含量呈下降趋势，原因主要包括人类活动和土壤侵蚀。从空间分布来看，有机质降低的种植区主要分布在吉林省和辽宁省。黑土的退化直接影响土壤生产力，威胁粮食安全，制约农业可持续发展。因此，提高黑土有机质含量，改善其养分（氮、磷等）状况迫在眉睫。东北黑土质量提升、化肥减施和农田生物质处理问题日趋凸显（Zhang et al.，2011；杨滨娟等，2014）。随着保护黑土地意识的增强，免耕秸秆还田越来越被广泛认为是一种可以改善土壤质量和肥力的耕作制度，能够有效缓解黑土退化带来的氮、磷养分含量低下等问题（Sun et al.，2020），有必要深入研究秸秆还田是否能维持作物的稳产/高产并提升土壤养分库容及其转化能力。

研究不同长期耕作措施对作物根际和非根际土壤碳、氮元素含量和土壤酶活性的影响以及土壤碳、氮元素与碳、氮转化相关酶之间的相互联系，对认识土壤酶对土壤碳、氮变化的响应机制和选择合理有效的耕作技术具有重要的理论和实践意义。以往关于耕作措施对土壤酶的影响的研究大多局限于蔗糖酶、脲酶、过氧化氢酶和磷酸酶，而对直接参与碳氮转化的β-葡萄糖苷酶（BG）、β-纤维二糖苷酶（CBH）、β-木糖苷酶（BXYL）、乙酰氨基葡萄糖苷酶（NAG）和亮氨酸氨基肽酶（LAP）研究较少。已有研究表明，免耕秸秆还田可以显著提高土壤碳、氮、磷组分含量和相关矿化酶活性，但针对组分与矿化酶的关系还缺少系统而深入的研究（张彬等，2010；Wang et al.，2011；蔡丽君等，2015；Zhang et al.，2016）。对我国东北地区冷凉的环境下的免耕系统来说，高量秸秆还田是否会进一步提高土壤氮、磷储量和相关矿化酶活性目前尚不明确。另外，秸秆还田条件下土壤氮、磷化学计量比及酶计量比特征及其影响因素还需深入研究。

综上，作者所在团队开展了三方面的研究：①研究不同秸秆还田方式结合氮肥减少施用条件下土壤基本理化性质和土壤酶活性的变化。②研究免耕秸秆还田量对黑土氮、磷组分和氮、磷矿化酶活性的影响以及土壤氮、磷组分与氮、磷矿化酶活性之间的关系，揭示免耕秸秆还田对土壤碳、氮、磷转化相关酶活性的潜在影响，揭示免耕秸秆还田条件下土壤有机氮的保持和酶促转化机制。③研究秸秆还田条件下土壤氮、磷化学计量比与酶计量比特征及其影响因素，探索该区域土壤养分平衡和微生物生长的相对限制因子。综合几方面的工作结果，明确和完善免耕秸秆还田农业技术措施下土壤碳、氮、磷元素转化相关酶活性的保持或增强和对土壤氮、磷供应的影响机理，从而为制定合理的农田管理措施提供科学依据。

6.2 试验设计与测试方法

6.2.1 秸秆还田结合氮肥减施对土壤酶活性的影响试验

以稳产为前提，将秸秆还田释放的氮作为作物生育期总供氮量的一部分，在吉林黑土区玉米田布置了秸秆覆盖免耕、粉碎翻埋、炭化翻埋和促腐翻埋等多种处理，降低氮肥投入量，探究各还田方式结合氮肥减施处理对作物产量、土壤理化性质、营养元素的供应与酶促周转的影响，为作物秸秆的资源化利用和黑土质量提升提供理论基础。

6.2.1.1 试验设计

样地概况同2.2.1。供试土壤（耕层0～20cm）基础理化性质见表6-1。

表6-1 耕层（0～20cm）土壤和秸秆等材料的理化性质

指标	pH (1∶2.5)	有机碳 (g/kg)	总氮 (g/kg)	总磷 (P_2O_5, g/kg)	总钾 (K_2O, g/kg)	速效磷 (mg/kg)	有效钾 (mg/kg)	砂∶黏∶粉	灰分 (%)	施用量 (kg/hm²)
土壤	7.10	11.30	1.20	0.534	24.30	13.6	218	24.81∶47.65∶27.54	—	—
秸秆	6.75	423.00	4.15	3.710	20.32	—	—	—	—	10 000
秸秆生物炭	8.79	460.00	13.97	2.240	34.55	—	—	—	50.8	3 000
秸秆促腐物	6.89	325.00	5.14	1.370	32.21	—	—	—	—	3 500

试验设计：2015年4月至2016年10月匀田两年以尽量消除原有耕作管理措施导致的土壤状况差异。2016年11月布置秸秆还田处理（春天秸秆还田会造成跑墒漏风影响作物出苗和生长，因此于秋收后布置秸秆还田处理，翌年春季播种）。供试材料：①秸秆直接还田材料，用粉碎机将立地秸秆（10 000kg/hm²）于原地粉碎（长度小于10cm）后即旋耕翻埋（0～20cm）混合均匀。秸秆C/N为50，其中纤维素、半纤维素和木质素含量分别为38.7%、21.7%和19.3%。②秸秆腐熟物，秋季收集小区全量秸秆（10t/hm²）并粉碎后堆放，加水添加腐熟剂混匀。腐熟剂主要成分为枯草芽孢杆菌（2.03×10^8cfu/g）、米曲霉（0.31×10^8cfu/g）、黑曲霉（0.64×10^8cfu/g）、白地霉（1.21×10^8cfu/g）和酿酒酵母（0.27×10^8cfu/g），能产生大量的纤维素酶、半纤维素酶和木质素酶等物质，可高效分解秸秆中的纤维素、半纤维素和木质素等。发酵过程中不时翻动秸秆，好氧发酵1个月左右后装袋备用，产率约为35%。③玉米秸秆生物炭，由辽宁金和福农业开发有限公司制备，小区全量秸秆（10t/hm²）在500℃左右低氧炭化2～3h，产率约为30%。秸秆及其炭化物和促腐物的基本理化指标见表6-1。

试验小区采用裂区设计，主区布置6个秸秆还田处理，面积分别为195.0m²（6.5m×30m），分别为：①CK，对照，常规垄作无秸秆还田。②NT，免耕覆盖（No tilloge）秸秆10t/hm²。③SD，秸秆粉碎直接还田（Straw return directly）10t/hm²。④BC，秸秆炭化后还田（Biochar）3t/hm^2。⑤秸秆腐熟还田（Straw compost，SC），用量 3.5t/hm^2。⑥ SDC，9/10 秸秆与 1/10 秸秆腐熟物混合还田（9t 秸秆+0.35t 腐熟物）。副区布置 3 个肥料水平处理，为当地农户习惯施肥量和 2 个氮肥减量处理（表 6-2）；每小区面积 65.0m^2（6.5m×10m），分别为常规施肥（N100，氮肥 240kg/hm^2）、氮肥减量 20%（N80，氮肥 192kg/hm^2）和氮肥减量 40%（N60，氮肥 144kg/hm^2）；共计 18 个处理，每个处理 4 次重复。化肥作为基肥在每年春季播种时施入，玉米品种为先玉 335。

表 6-2 各处理施肥量（kg/hm^2）

主区处理	副区处理	N		P_2O_5		K_2O	
		F	OM	F	OM	F	OM
CK	N100	240	0	90	0	75	0
	N80	192	0	90	0	75	0
	N60	144	0	90	0	75	0
NT	N100	240	41.50	90	37.10	75	203.20
	N80	192	41.50	90	37.10	75	203.20
	N60	144	41.50	90	37.10	75	203.20
SD	N100	240	41.50	90	37.10	75	203.20
	N80	192	41.50	90	37.10	75	203.20
	N60	144	41.50	90	37.10	75	203.20
BC	N100	240	41.91	90	6.72	75	103.65
	N80	192	41.91	90	6.72	75	103.65
	N60	144	41.91	90	6.72	75	103.65
SC	N100	240	17.99	90	4.80	75	112.74
	N80	192	17.99	90	4.80	75	112.74
	N60	144	17.99	90	4.80	75	112.74
SDC	N100	240	42.49	90	34.76	75	215.09
	N80	192	42.49	90	34.76	75	215.09
	N60	144	42.49	90	34.76	75	215.09

注：F 为化学肥料；OM 为有机物料。肥料采用缓控释尿素（含 N 46%）、磷酸二铵（含 P_2O_5 46%和 N 18%）和氯化钾（含 K_2O 50%），对照施肥量根据调研获得的当地农民习惯施肥水平确定，氮肥施用量分别减少 20%和 40%，即 2 个 N80 和 N60 处理。

6.2.1.2 样品采集与测定

2017 年 10 月上旬玉米收获后测定秸秆生物量和玉米产量，并采集土壤样品。

生物量（干物质积累）测定：将整个植株地上部不同部位分类切段装入纸袋，置于烘箱内，105℃杀青 1h，85℃烘干至恒重，称重记录重量，即得玉米地上部干重。

玉米产量测定：玉米完熟后，每个试验小区均划定测产区和取样区，每个测产小区取 20m^2 样方，记录穗数，装袋带回室内。每个小区选 20 个具有代表性的果穗考种分析。将果穗于室外风干至含水量为14%左右时脱粒后称重；取部分籽粒在80℃烘箱中烘至恒重，根据实际水分含量换算为13%含水量条件下的产量。根据籽粒和秸秆产量计算收获指数，根据测产区籽粒产量和收获指数计算秸秆产量。

土壤样品采集：利用土钻取土。在每个小区内按照5点采样法采集，采样深度为0～20cm。将土样混合装在自封袋中，带回实验室后去除石块和根系等有机残体，将土壤样品分为2份，1份冷藏（4℃）用于土壤酶活性的测定（14d内完成测定），1份风干。将风干土样再次分为2份，其中1份过筛（2mm）用于pH等的测定，另外1份用球磨仪粉碎后过筛（0.15mm）用于全碳、全氮、全磷的测定。

土壤样品的测定：采用烘干法测定土壤和供试材料含水量；采用电位法测定土壤和供试材料的pH（土液比为1∶2.5，炭液比为1∶15）；采用外加热法测定土壤有机质；采用元素分析仪（Elementar Analysen systeme Vario MACRO cube，德国）测定土壤全氮；采用硫酸消煮后钼蓝比色法测定全磷；采用氯化三苯基四氮唑（TTC）-分光可见光谱法测定脱氢酶活性：以2，3，5-氯代三苯基四氮唑（TTC）为底物，土壤于37℃条件下培养24h，用比色法（485nm）测定生成的三苯基甲臜（TPF）；采用荧光光度法测定α-葡萄糖苷酶、β-葡萄糖苷酶、*N*-乙酰-β-D-氨基葡萄糖苷酶、酸性磷酸单酯酶和碱性磷酸单酯酶活性，生成物4-甲基伞形酮（4-methylumbelliferone，MUB）的释放速率为酶活性单位。土壤酶活性参照Deng等的*Bench scale and microplate for mat assay of soil enzyme activities using spectroscopic and fluor smetric approaches*中的方法测定。

6.2.1.3 数据统计分析方法

运用Microsoft Excel 2010和SPSS 16.0软件对数据进行统计分析。不同秸秆还田处理和施氮水平的交互作用采用双因素方差分析，不同氮处理间和不同秸秆还田方式之间差异显著性比较采用单因素方差分析和最小显著差数法进行（$P<0.05$），酶活性及其与化学性质之间的关系采用Pearson相关分析。使用Origin 8.0进行图形绘制。图表中的数据均为平均值±标准差。

6.2.2 免耕秸秆还田对土壤有机氮组分转化相关土壤酶活性的影响试验

6.2.2.1 试验设计

试验地概况同2.2.1。

试验依托中国科学院保护性耕作研发基地的不同秸秆还田量试验平台开展，详见2.2.2。

6.2.2.2 样品采集与测定

于2017年5月在玉米播种前进行土壤样品的采集。在试验地共4个处理的16个小区中，每个小区内随机选取5个样点，除去表层杂质后，用直径为3cm的土钻在每个样点采集0～10cm和10～20cm深度的土壤样品。然后，将每个深度下5个采样点的土样混合成一个土壤样品，去除可见的植物根系、石子等杂质后过 2mm 筛。将每个土壤样品分成两部分，一部分鲜土样品存放在 4℃环境条件下用于测定土壤铵态氮、硝态氮、微生物量碳、微生物量氮和氮矿化酶（蛋白酶、酰胺酶、脲酶、*N*-乙酰-β-D-氨基葡萄糖苷酶）活性；剩余土壤样品自然风干后测定土壤 pH、有机碳、全氮和有机氮组分。

土壤 pH 采用电位法测定。即向过 2mm 筛的风干土中加入去除二氧化碳的去离子水（土液比 1∶2.5），将土壤悬液搅拌混匀，静置 30min，然后用 pH 计测定。

土壤有机碳采用高温外热重铬酸钾氧化-滴定法测定。即在加热的条件下，土壤有机碳被过量的重铬酸钾氧化产生二氧化碳，剩余的重铬酸钾用硫酸亚铁标准溶液滴定，根据消耗的重铬酸钾量计算有机碳量（Nelson et al.，1983）。土壤全碳、全氮含量利用元素分析仪测定（Vario MACRO cube，德国）。

土壤铵态氮和硝态氮采用氯化钾（2mol/L）浸提，并用连续流动分析仪测定（Mulvaney，1996）。具体步骤：称取 10.00g 过 2mm 筛的鲜土于 250mL 三角瓶中，加入 2mol/L氯化钾溶液 100mL，塞紧瓶塞，置于振荡器上振荡 1h，过滤后用连续流动分析仪（Bran & Luebbe，德国）测定滤液中铵态氮和硝态氮含量。土壤微生物量碳、微生物量氮采用氯仿熏蒸法测定（Joergensen，1996）。具体试验步骤：称取 10.00g 过 2mm 筛的鲜土于培养皿中，将培养皿置于装有无乙醇氯仿（加沸石）和 10mol/L 氢氧化钠的真空干燥器中，用真空泵抽真空并保持氯仿沸腾 3min，将真空干燥器置于室温下熏蒸 24h，同时，设置未用氯仿熏蒸的土壤样品作为对照。之后将熏蒸和未熏蒸的土壤用 40mL 0.5mol/L 的硫酸钾溶液浸提，在往复振荡机上振荡 30min 后，用滤纸过滤，所得滤液用 TOC 分析仪（VarioTOC Analyzer，德国）测定其碳、氮含量。微生物量碳通过熏蒸与未熏蒸样品提取碳浓度的差值并除以校正系数 0.45 来计算，微生物量氮通过计算熏蒸与未熏蒸样品提取氮浓度的差值并除以校正系数 0.54 计算。

土壤蛋白酶活性测定方法（Ladd et al.，1972）具体步骤如下：向 1.00g 鲜土（<2mm）中加入 5mL 0.05 mol/L 三羟甲基氨基甲烷（pH 为 8.1）和 5mL 2%酪蛋白钠底物溶液（*W*/*V*），另设不加底物溶液的对照处理，于 50℃条件下振荡培养 2h。培养结束后，向所有反应体系中加入 5mL 0.92mol/L 三氯乙酸终止反应，之后向对照中加入 5mL 2%酪蛋白钠底物溶液，摇匀后立即过滤。取 5mL 滤液和 7.5mL 碱试剂于试管中，混匀后加入 5mL 福林酚试剂，混匀显色后在 700nm 下比色测定生成的酪氨酸量，土壤蛋白酶活性用 μg/g（2h）表示。

土壤酰胺酶活性测定方法（Frankenberger et al.，1980）具体步骤：称取过 2mm 筛的鲜土 2.00g，加入 3.6mL 0.1mol/L 硼酸钠缓冲液（pH 为 8.5）和 0.4mL 0.5mol/L 甲酰胺溶液，另设不加底物溶液的对照，在 37℃条件下培养 2h。培养结束后，加入 16mL 氯化钾（2mol/L）-硫酸银（0.01mol/L）溶液，之后向对照中加 0.4mL 0.5mol/L 甲酰胺溶液，摇匀振荡 30min 后立即过滤。吸取 0.6mL 滤液、5.4mL 去离子水、3mL 试剂 A（体积比为 1∶1∶1 的 0.3mol/L 氢氧化钠、1.06mol/L 水杨酸钠、去离子水）、1.2mL 二氯异氰脲酸钠溶液（3.91mmol/L）于试管中混匀，室温条件下显色 30min，在 660nm 波长下比色测定滤液中的铵态氮浓度，土壤酰胺酶活性以 mg/(kg·h）为单位。

土壤 N-乙酰-β-D-氨基葡萄糖苷酶活性测定方法（Parham et al.，2000）：称取过 2mm 筛的鲜土 1.00g，加入 4mL 0.1mol/L 醋酸缓冲液（pH 为 5.5）和 1mL 10mmol/L 对硝基苯-N-乙酰-β-D-氨基葡萄糖苷溶液，另设不加底物溶液的对照，在 37℃条件下培养 1h。培养结束后，向所有体系中加入 1mL 0.5mol/L 氯化钙和 4mL 0.5mol/L 氢氧化钠溶液终止反应，然后向对照中加入 1mL 10mmol/L 对硝基苯-N-乙酰-β-D-氨基葡萄糖苷溶液，摇匀后过滤，滤液用分光光度计在 400nm 处比色测定其中的对硝基酚浓度。土壤 N-乙酰-β-D-氨基葡萄糖苷酶活性以 mg/(kg·h) 为单位。

土壤脲酶活性测定（Deng et al.，1994）采用尿素残留量法，具体步骤：称取 5.0g 过 2mm 筛的鲜土于三角瓶中，加入 5mL 2g/L 的尿素底物溶液（含尿素 10mg），混匀，塞上瓶塞，在 37℃条件下培养 5h。培养结束后，向三角瓶中加入 50mL 的氯化钾（2mol/L）-乙酸苯汞（14.8nmol/L）溶液，摇匀振荡 1h 后立即过滤。取滤液 1mL 于 50mL 容量瓶中，用氯化钾（2mol/L）-乙酸苯汞（14.8nmol/L）溶液调节体积至 10mL，再加入显色剂 30mL，混匀后将容量瓶放于沸水浴中 30min，冷却后定容至 50mL，用分光光度计在 527nm 处比色测定残留的尿素含量（Douglas et al.，1970）。土壤脲酶活性用 mg/kg（5h）表示。

土壤有机氮组分采用酸水解-蒸馏法进行测定（Stevenson，1996）。操作步骤：称取约含 10mg N 的土壤样品于密闭的玻璃瓶中，加入 2 滴正辛醇（防止产生不易处理的泡沫）和 20mL 6mol/L 的盐酸溶液，封口后在高压灭菌锅内（15kg/m^2）消解 6h。消解结束冷却后，用 30～50μm 孔径的砂芯抽滤装置对消解液进行抽滤，将滤液 pH 调至 6.5 左右，之后将滤液全部转移至 100mL 容量瓶中并定容。土壤有机氮各组分的测定方法如下：

（1）水解性全氮

取 5mL pH 为 6.5 的水解液于 100mL 消煮管中，加入 0.5g 的混合催化剂（100g 硫酸钾＋10g 五水硫酸铜＋1g 硒）和 2mL 浓硫酸，将消煮管置于消煮炉上消煮直至混合物澄清，并平稳煮沸 1h。待消煮液冷却后，在凯氏定氮仪上进行蒸馏定氮，选择的程序：加 10mL 10mol/L 氢氧化钠、10mL 去离子水，蒸馏时间为 4min。

（2）氨基酸态氮

取 5mL pH 为 6.5 的水解液于 100mL 消煮管中，加入 1mL 0.5mol/L 氢氧化钠溶液，将消煮管置于沸水浴中加热（约 20min），待溶液蒸发至剩 2～3mL。冷却后，加入 0.5g 柠檬酸和 0.1g 茚三酮，于沸水浴中加热 10min，冷却后加入 10mL 磷酸盐-硼酸盐缓冲液（pH 为 11.2）和 1mL 5mol/L 氢氧化钠溶液，在凯氏定氮仪上进行蒸馏定氮，选择的程序：加 10mL 去离子水，蒸馏时间为 4min。

（3）水解成铵态氮

取 10mL pH 为 6.5 的水解液于 100mL 消煮管中，加入 0.07g 氧化镁，在凯氏定氮仪上进行蒸馏定氮，选择的程序：加 10mL 去离子水，蒸馏时间为 2min。

（4）水解成铵态氮＋氨基糖态氮

取 10mL pH 为 6.5 的水解液于 100mL 消煮管中，加入 10mL 磷酸盐-硼酸盐缓冲液（pH 为 11.2），在凯氏定氮仪上进行蒸馏定氮，选择的程序：加 10mL 10mol/L 氢氧化钠，蒸馏时间为 4min。

(5) 氨基糖态氮

氨基糖态氮＝水解成铵态氮＋氨基糖态氮－水解成铵态氮。

(6) 酸解未知态氮

酸解未知态氮＝水解性全氮－氨基酸态氮－水解成铵态氮－氨基糖态氮。

(7) 酸不溶态氮

酸不溶态氮＝土壤全氮－水解性全氮。

6.2.2.3 数据统计分析方法

所有数据均以105℃烘干土重计，数据为4次重复的平均值，误差为标准误差。在进行统计分析之前，使用Shapiro－Wilks正态性检验检验数据的正态性，对数据进行对数转换以实现数据标准化。采用双因素方差分析（Two－way ANOVA）检验秸秆还田、土层深度和两者的交互作用对土壤指标的影响，并采用邓肯检验法（$P=0.05$水平）进行处理间差异的显著性分析。土壤指标间的相关关系采用Pearson相关检验。所有统计分析均通过SPSS 16.0实现。用Origin 8.6绘制土壤氮矿化酶活性和有机氮组分有关图形。采用冗余分析分析不同秸秆还田量下土壤有机氮组分与解释变量间的关系，通过CANOCO 5.0软件实现。在进行冗余分析之前，土壤有机氮组分通过log转换［$Y'=\log(A\times Y+B)$，$A=1$，$B=1$］实现数据标准化，用蒙特卡洛检验检验因子之间变异的显著程度。

6.2.3 秸秆还田条件下的土壤氮磷酶计量比特征及其影响因素试验

6.2.3.1 试验设计

研究地点概况和试验设计同6.2.2.1。

6.2.3.2 数据处理与统计分析

本研究选取N－乙酰－β－D－氨基葡萄糖苷酶（NAG）和碱性磷酸单酯酶（Halpern et al.，2010）分别代表微生物氮和磷需求的特征酶，氮磷酶计量比以NAG∶AlP来计算。土壤生物因素包括微生物量碳、微生物量氮、微生物量磷、微生物量碳氮比、微生物量碳磷比和微生物量氮磷比；土壤非生物因素包括土壤pH、有机碳、全氮、全磷、碳氮比（有机碳∶全氮）、碳磷比（有机碳∶全磷）、氮磷比（全氮∶全磷）、速效氮（铵态氮与硝态氮之和）、速效磷和速效氮磷比。以上数据均来源于武国慧的《黑钙土有机C、N、P积累和酶解特性及其对免耕秸秆还田的响应》。所有数据为4次重复的平均值，误差为标准误差。在进行统计分析之前，使用Shapiro－Wilks正态性检验检验数据的正态性，对数据进行对数转换以实现数据标准化。采用双因素方差分析（Two－way ANOVA）检验秸秆还田、土层深度和两者的交互作用对土壤性质的影响，采用邓肯检验法（$P=0.05$水平）进行处理间差异的显著性分析。土壤指标间的相关关系采用Pearson相关检验。采用方差分解的方法评估生物和非生物因素对土壤氮磷酶计量比变异的相对贡献，然后通过逐步回归分析筛选对土壤氮磷酶计量比变异有显著贡献的土壤因子。进行方差分解和逐步回归分析之前，对生物和非生物因素进行共线性诊断，将方差膨胀因子（Variance inflation factor，VIF）大于 10 的变量剔除。所有统计分析均通过 SPSS 16.0 实现。

6.3 结果与讨论

6.3.1 秸秆还田结合氮肥减施对土壤酶活性的影响

6.3.1.1 结果分析

不同秸秆还田方式结合氮肥减施处理对作物、土壤理化性质及酶活性的影响见表 6-3。结果表明不同方式的秸秆还田和不同氮水平对所有理化指标和酶活性均表现出明显的交互作用。不同方式的秸秆还田对作物生物量和产量、土壤 pH、土壤碳氮比（C/N）、土壤 α-葡萄糖苷酶、土壤 β-葡萄糖苷酶、土壤酸性磷酸单酯酶和土壤碱性磷酸单酯酶活性解释度较高，且相关性显著，但各测定指标与各氮肥减施处理没有显著的相关性。

表 6-3 玉米产量、生物量、土壤理化性质、酶活性受秸秆还田处理和氮减施水平变化影响双因素方差分析

指标	影响因子及交互作用					
	秸秆还田		减氮处理		秸秆还田×减氮处理	
	F	*P*	*F*	*P*	*F*	*P*
产量	7.603	0.003	1.036	0.390	1.393×10^{4}	0.000
生物量	5.128	0.014	0.494	0.624	3.046×10^{3}	0.000
pH	62.437	0.000	0.454	0.647	1.155×10^{6}	0.000
总有机碳	3.351	0.077	1.802	0.200	8.027×10^{3}	0.000
全氮	1.259	0.353	0.057	0.941	708.012	0.000
碳氮比	6.179	0.007	0.289	0.755	578.760	0.000
全磷	1.427	0.295	0.154	0.859	1.114×10^{4}	0.000
脱氢酶	3.039	0.063	1.639	0.230	1.975×10^{3}	0.000
α-葡萄糖苷酶	7.477	0.004	0.175	0.842	306.311	0.000
β-葡萄糖苷酶	29.642	0.000	0.651	0.542	1.188×10^{3}	0.000
N-乙酰-β-D-氨基葡萄糖苷酶	1.586	0.205	1.867	0.250	3.119×10^{3}	0.000
酸性磷酸单酯酶	22.454	0.000	0.979	0.409	1.024×10^{4}	0.000
碱性磷酸单酯酶	6.352	0.007	1.134	0.360	5.015×10^{3}	0.000

与化肥单施常规用量相比，氮肥减量处理 CK-N80 和 CK-N60 生物量降低（图 6-2），但差异不显著。双因素方差分析表明，秸秆还田方式对玉米秸秆生物量有一定正影响（表 6-3），SC 处理（含结合减肥处理）显著增加了生物量，其他处理略高于常规施肥，但差异不显著（图 6-2）。在常规施肥结合秸秆还田处理中，仅 SC-N100 处理显著提高了秸秆生物量（$P<0.05$），其他秸秆还田处理条件下的秸秆生物量均与对照接近，但与常规化肥单施处理差异不显著。化肥单施氮肥减量处理 CK-N80 和 CK-N60 与常规施肥 CK-N100 的生物量相近，分别低于同等减量配合秸秆还田处理，但各处理间差异不显著。由此可知，化肥单施氮肥减量降低了作物生物量，而秸秆还田条件下氮肥减量对作

物生物量没有负影响。

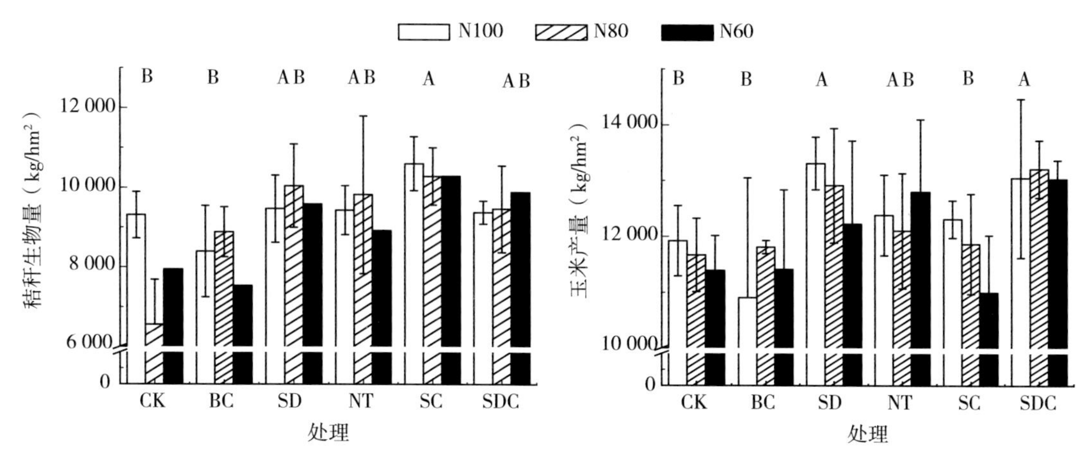

图6-2 不同秸秆还田方式下补碳减氮对玉米生物量和产量的影响

注：不同秸秆还田方式下的不同施肥量间差异均不显著（$P>0.05$）；不同大写字母表示不同秸秆还田方式间差异显著（$P\leqslant0.05$）。

玉米产量（籽粒重）对各处理的反应与生物量不同（图6-2）。化肥单施处理及其氮肥减量处理产量有下降趋势，但差异不显著。产量的双因素方差分析结果与生物量一致，即肥料影响较小，秸秆还田方式影响较大（表6-3），其中，仅秸秆直接还田SD和秸秆组合促腐物SDC处理显著增加了作物产量，其他处理与化肥单施差异不显著。

结合秸秆生物量和玉米产量分析发现，与常规化肥单施相比，秸秆还田结合氮肥减量20%施用没有显著降低玉米生物量和产量，但氮减施40%时有少量处理的玉米生物量（BC）或产量（SC）下降。氮肥减施40%时秸秆生物量和玉米籽粒重有降低趋势，但与常规化肥单施处理间差异不显著。

氮肥水平对土壤pH、总有机碳（SOC）、全氮（TN）、全磷（TP）含量影响不显著，而土壤秸秆还田方式对这些指标有一定正影响（表6-2），显著提升了土壤pH（$P<0.05$），对土壤有机碳、全氮和全磷含量影响不显著（图6-3）。与常规化肥单施相比，几种秸秆还田处理以及结合氮肥减施处理的黑土有机碳和氮、磷元素含量变化都不显著，但均有小幅提升。化肥单施氮肥减施处理（CK-N80、CK-N60）对pH、有机碳和全氮影响不显著，却使全磷含量略有升高。

秸秆还田方式显著影响土壤脱氢酶、α-葡萄糖苷酶、β-葡萄糖苷酶、酸性和碱性磷酸单酯酶活性，对N-乙酰-β-D-氨基葡萄糖苷酶活性没有显著影响；氮肥水平对所测的几种土壤酶活性均没有显著影响，双因素方差分析结果表明，秸秆还田与氮肥减施的交互作用显著影响土壤酶活性（$P<0.05$）（表6-3、图6-4）。化肥单施氮减施处理增强了脱氢酶、β-葡萄糖苷酶和酸性磷酸酶活性，对α-葡萄糖苷酶、N-乙酰-β-D-氨基葡萄糖苷酶和碱性磷酸酶活性影响不显著，秸秆还田常规氮肥用量处理对脱氢酶、α-葡萄糖苷酶和酸性磷酸单酯酶活性有一定的增强作用，NT结合3个氮肥水平处理均提升了β-葡萄糖苷酶和酸性磷酸酶，SC处理3个氮肥水平显著提升了β-葡萄糖苷酶、酸性磷酸酶和碱性磷酸酶活性，SDC处理3个氮肥水平显著增强了β-葡萄糖苷酶和碱性磷酸酶活性。

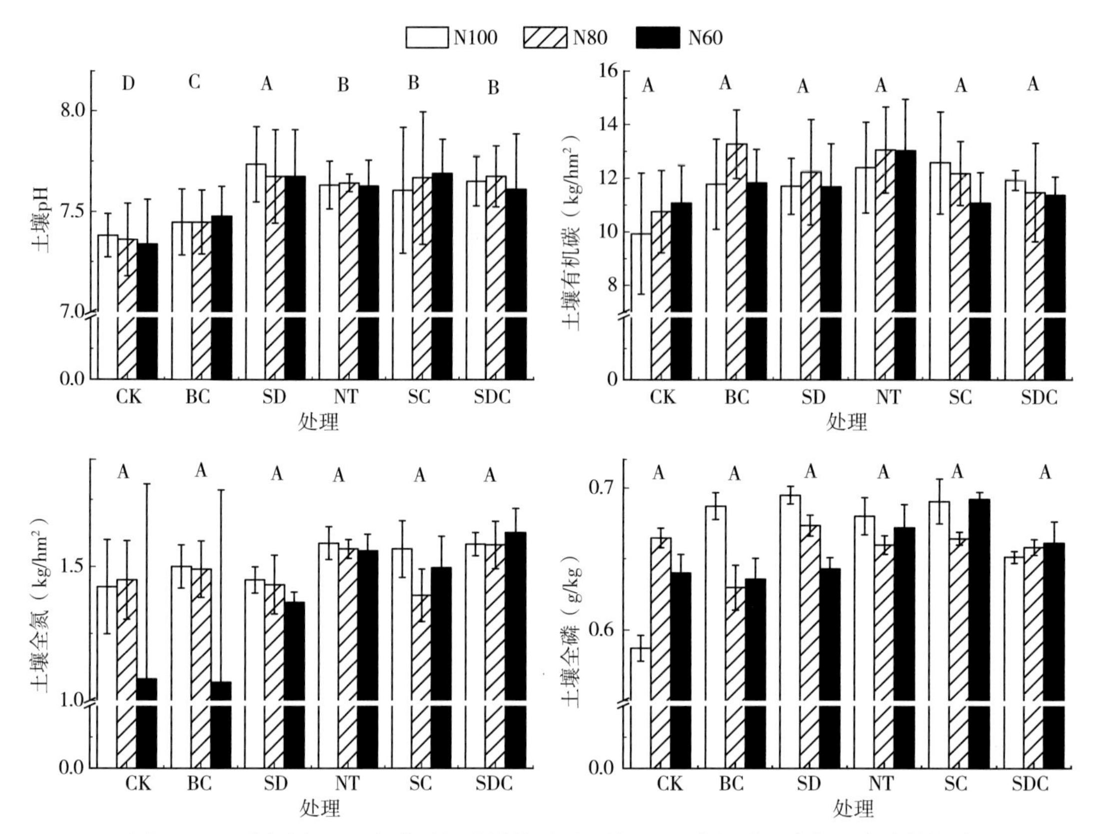

图 6-3　不同秸秆还田方式下氮减量施用对土壤 pH、有机碳、全氮和全磷的影响

注：不同秸秆还田方式下的不同施肥量间差异均不显著（$P>0.05$）；不同大写字母表示不同秸秆还田方式间差异显著（$P\leqslant0.05$）。

6.3.1.2 讨论

本研究中化肥单施氮肥减量处理降低了玉米生物量，常规施肥结合秸秆还田处理的秸秆生物量与对照（CK-N100）接近，只有 SC-N100 处理显著提高了秸秆生物量（$P<0.05$），双因素方差分析结果也表明秸秆还田方式对玉米秸秆生物量有一定正影响。因此，本研究表明，秸秆还田条件下进行氮减施措施对秸秆生物量没有负影响。本研究结果表明，SD 和 SDC 处理显著增加了玉米产量，可能是秸秆还田使得土壤中有机物质增加，直接或间接地刺激了微生物的活动，加速了有机质分解为土壤有效养分，为作物生长提供了充足的营养物质，进而增加了玉米秸秆的生物量和籽粒产量（刘学军等，2004）。BC 和 SC 处理产量与无秸秆还田处理（CK）接近，其他处理如 SD 和 NT 在氮肥减施 20%至 192kg/hm² (N80）即化肥氮有机替代的产量高于对照，在氮肥减少至 144kg/hm²（N60）时仍能稳产，接近朱兆良（1997）针对全国提出的平均适宜施氮量数值。刘学军等（2004）两年的试验结果表明，每季施氮 120kg/hm² 即可满足夏玉米获得 6 000kg/hm² 左右的干物质产量的氮需要。结合秸秆生物量和玉米产量分析发现，秸秆还田配施减量氮肥没有降低玉米生物量和产量，跟前人的研究结果一致，即秸秆还田需配施适量的氮肥才可以稳定或者提高作物产量（Tejada et al.，2009）。本研究所在黑土区秸秆还田氮肥减施量需进一步验证。

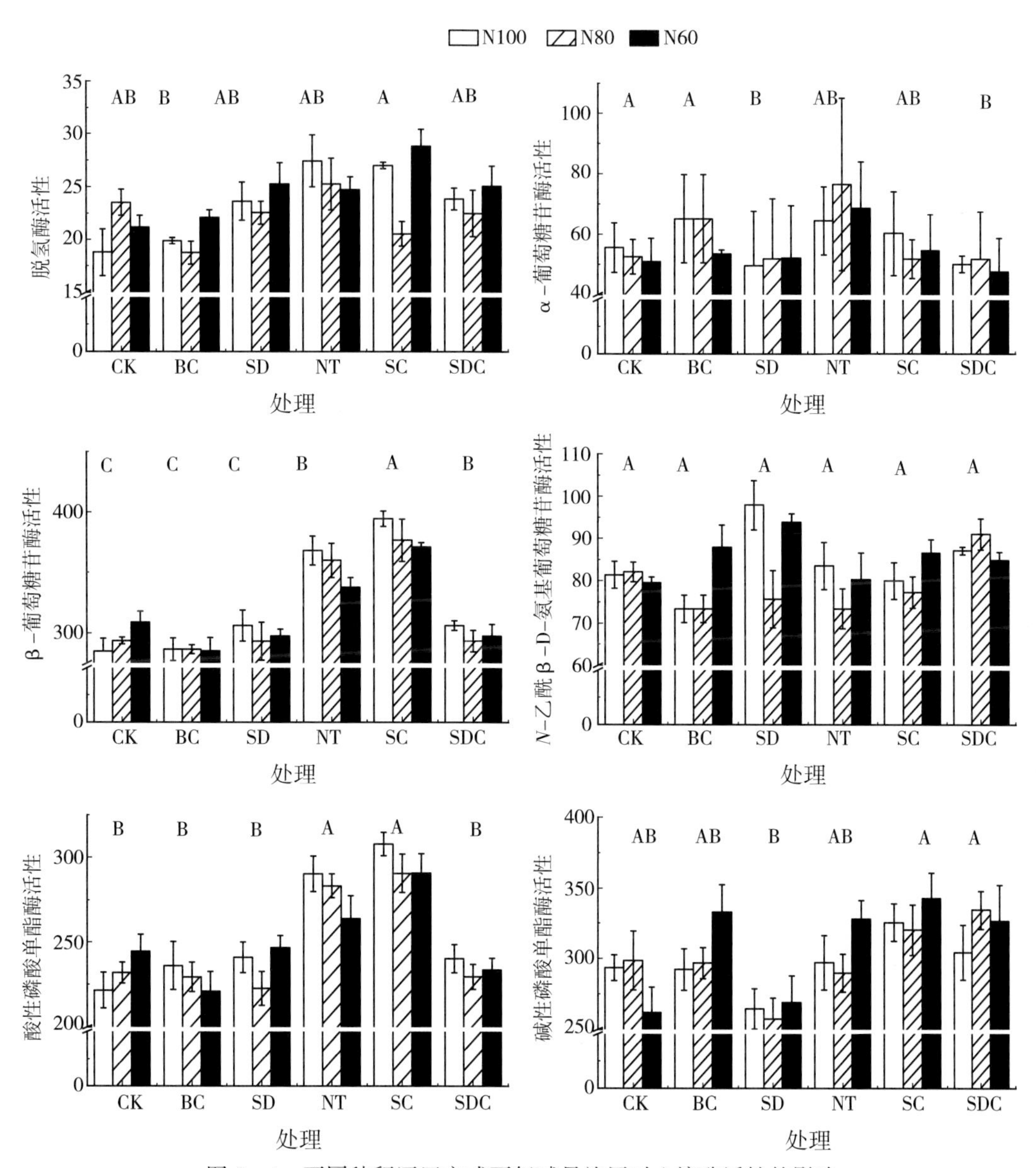

图 6-4 不同秸秆还田方式下氮减量施用对土壤酶活性的影响

注：脱氢酶活性单位为 mg/kg（24h）；α-葡萄糖苷酶、β-葡萄糖苷酶、*N*-乙酰β-D-氨基葡萄糖苷酶、酸性磷酸单酯酶、碱性磷酸单酯酶活性单位为 mg/(kg·h)；不同秸秆还田方式下的不同施肥量间差异均不显著（$P>0.05$）；不同大写字母表示不同秸秆还田方式间差异显著（$P\leqslant 0.05$）。

本研究中不同方式下的秸秆还田及各水平下的氮肥减施均显著提高了土壤 pH（$P<0.05$），与其他研究结果一致（黄容等，2016），对 SOC、TN 和 TP 含量有小幅提升，但对土壤 TN 提升效果不显著。秸秆还田后腐化分解的浸出液呈碱性，可以提高土壤 pH，生物质炭化后富含碱性物质以及盐基离子，进入土壤后交换出 H^{+} 和 Al^{3+} 从而提高土壤 pH（van Zwieten et al.，2010）。BC、NT 和 SDC 处理在减施氮 20%（N80）水平下的 TN 含量增加，在 SDC（N60）水平下的 TN 含量增加，各种方式秸秆还田也提升了土壤

TP 含量，但有部分处理如 SD-N80 与对照差异不显著。杨滨娟等（2014）报道秸秆还田配施适量化肥增加了 SOC、TP 含量，氮肥减施 15%时秸秆还田增加了 SOC 含量。SOC、TN 和 TP 含量增加与秸秆及其腐熟物或炭化物自身有机碳、氮、磷等营养元素的输入有直接关系。人们通过试验发现，秸秆还田能够显著提高氮的保留率，可能是因为秸秆具有较强的吸附能力；秸秆还田还能促进土壤中有机氮的矿化、加速土壤氮循环，增大土壤通透性从而促进硝化作用，提高氮肥的利用率，秸秆分解产生的有机酸有助于土壤中磷元素的释放（张雅洁等，2015）。但在作物吸收和微生物分解等多因素的作用下，土壤氮、磷元素含量也可能不显著增加或有所降低，原因可能是秸秆还田后残余物的磷含量低于土壤中磷的总量，或秸秆还田增加了作物生物量或者产量而使得磷的吸收利用增加，所以应结合作物磷吸收进一步分析土壤中磷含量的变化。在适量氮肥能够满足微生物降解所需氮的前提下，作物秸秆分解释放的氮、磷等元素能够发挥部分肥料作用，从而可以减少化肥的施用（Zaller et al.，2004；Zhang et al.，2009）。

化肥单施减氮处理增强了表征微生物代谢活性的细胞内酶脱氢酶的活性。除免耕处理外，多种秸秆还田方式 N80 水平下的脱氢酶活性变化不显著，但 N60 水平下的脱氢酶活性均有所增加。适量氮输入缓解植物与微生物对氮的竞争，为微生物提供必需的氮，有利于提高微生物的活性和数量，为分泌土壤酶提供能量和良好的环境，而高量氮输入对微生物产生一定的抑制作用（Sinsabaugh et al.，1993；Keeler et al.，2009；Jiao et al.，2011）。SD 和 SDC 处理显著降低了 α-葡萄糖苷酶的活性，其他处理与单施化肥处理差异不显著，推测可能是土壤 pH（均略有升高）、温度（BC 处理略高而其他处理略低）、水分（均略增高）底物数量等因素综合作用的结果，需进一步深入研究。NT、SC 和 SDC 处理显著增强了 β-葡萄糖苷酶活性（$P<0.05$），在减氮 N80 和 N60 水平下仍高于化肥单施处理，一定程度上是因为高碳高氮水平下土壤微生物活性或数量增加而分泌更多 β-葡萄糖苷酶，进而加快降解土壤和秸秆纤维素（Tiemann et al.，2011）。Zhao 等（2016）（Zhao et al.，2016）认为降解几丁质为氨基糖的 NAG 能从秸秆有机质中释放氮增加土壤有机氮，进而诱导了 NAG 活性的增强，但本研究中各种还田方式结合不同氮水平对 NAG 影响不显著。本研究中各种还田方式低氮（N60）处理下 NAG 活性增强，如 Sinsabaugh 等（1993）认为高量有效氮可能会抑制 NAG 活性，但也有研究者得到了与上述结果相反的结论（Michel et al.，2003）。土壤磷酸酶能够促进土壤有机磷向无机磷转化，产物能被作物吸收利用。SC、SDC 处理均显著提高了碱性磷酸单酯酶活性（$P<0.05$），与高大响等（2017）的稻麦秸秆旋耕还田研究结果类似。NT、SC 处理显著提高了酸性磷酸单酯酶活性（$P<0.05$），前人也发现秸秆还田免耕对酸性磷酸单酯酶的活性的影响大于翻耕，可能与碳源和气热条件改善增加了土壤表层微生物有关。BC、NT、SC 和 SDC 结合氮肥减施处理的酸性磷酸单酯酶活性有降低趋势，但差异不显著，这可能与有机物料还田使得土壤磷供应充足则磷酸酶没有增加分泌有关（Shi et al.，2016）。在今后的研究中应关联磷酸酶活性与土壤有效磷含量展开深入研究。土壤酶对各还田方式的响应规律及其机理比较复杂，例如真菌来源 NAG 最适 pH 为 4.0～5.5，而细菌来源的则偏酸偏碱的都有，且该酶的最适温度差异比较大，因此有关土壤元素与其转化能力需长期试验进行探究。

6.3.2　免耕秸秆还田对土壤有机氮组分转化相关土壤酶活性的影响

6.3.2.1　结果分析

（1）秸秆还田对土壤性质的影响

双因素方差分析结果（表 6-4）表明，秸秆还田量和土层深度的交互作用未对土壤pH、有机碳、全氮、铵态氮、硝态氮、微生物量碳和微生物量氮产生显著影响。秸秆还田量和土层深度均显著影响了土壤 pH、有机碳、全氮和微生物量碳。土层深度显著影响了土壤硝态氮和微生物量氮。

表 6-4　秸秆还田量、土层深度及其交互作用对土壤性质影响的双因素方差分析结果

土壤指标	秸秆还田量（*R*）		土层深度（*D*）		*R*×*D*	
	F	*P*	*F*	*P*	*F*	*P*
土壤 pH	7.494	0.001	34.314	0.000	0.097	0.961
有机碳	23.107	0.000	45.433	0.000	2.718	0.067
土壤全氮	11.161	0.000	23.395	0.000	2.113	0.125
铵态氮	0.547	0.655	0.008	0.929	1.031	0.397
硝态氮	0.697	0.563	9.352	0.005	0.285	0.836
微生物量碳	14.477	0.000	54.857	0.000	1.848	0.165
微生物量氮	2.840	0.059	32.309	0.000	1.758	0.182
N-乙酰-β-D-氨基葡萄糖苷酶	3.728	0.025	87.167	0.000	1.049	0.389
酰胺酶	10.036	0.000	65.527	0.000	4.359	0.014
脲酶	6.253	0.003	23.896	0.000	1.259	0.311
蛋白酶	2.019	0.138	30.519	0.000	3.447	0.033
水解成铵态氮	4.629	0.011	7.948	0.009	1.317	0.292
氨基酸态氮	1.691	0.196	3.351	0.080	3.642	0.027
氨基糖态氮	11.732	0.000	223.167	0.000	4.920	0.008
酸解未知氮	8.139	0.001	45.623	0.000	1.571	0.222
酸不溶态氮	1.237	0.318	13.087	0.001	1.572	0.222
活性有机氮	5.603	0.005	32.562	0.000	1.536	0.231
稳定有机氮	5.838	0.004	0.043	0.838	1.063	0.383
水解成铵态氮比例	1.052	0.388	0.185	0.671	1.373	0.275
氨基酸态氮比例	2.705	0.068	1.369	0.253	2.897	0.056
氨基糖态氮比例	8.403	0.001	140.782	0.000	3.428	0.033
酸解未知氮比例	5.457	0.005	58.731	0.000	1.394	0.269
酸不溶态氮比例	0.484	0.697	10.721	0.003	1.369	0.276
活性有机氮比例	4.394	0.013	4.147	0.053	1.100	0.369
稳定有机氮比例	4.394	0.013	4.147	0.053	1.100	0.369

进一步分析秸秆还田对土壤性质的影响，在0～10cm土层，NT67处理的土壤pH显著高于NT0处理，秸秆还田量未对10～20cm土壤pH产生显著影响（表6－5）。与NT0处理相比，NT33、NT67和NT100处理显著增加了0～10cm土层土壤有机碳和全氮的含量，但处理间无显著差异。在10～20cm土层，与秸秆不还田相比，秸秆还田处理显著提高了土壤有机碳含量；NT100处理的土壤全氮含量显著高于其他处理。秸秆还田量未对0～10cm和10～20cm土壤的铵态氮和硝态氮含量产生显著影响。与NT0处理相比，NT33显著提高了0～10cm土层土壤的微生物量碳和微生物量氮含量，但秸秆还田量未对10～20cm土层土壤的微生物量碳和微生物量氮产生显著影响。

表6－5　秸秆还田量对不同土层土壤性质的影响

土壤深度（cm）	处理	pH	有机碳（g/kg）	全氮（g/kg）	铵态氮（mg/kg）	硝态氮（mg/kg）	微生物量碳（mg/kg）	微生物量氮（mg/kg）
0～10	NT0	7.09±0.16b	13.41±0.47b	1.38±0.03b	14.06±1.35a	9.34±1.03a	123.56±4.37b	30.60±1.94b
	NT33	6.91±0.22b	16.44±0.85a	1.61±0.03a	15.30±0.51a	7.70±0.32a	175.75±9.62a	39.41±2.15a
	NT67	7.45±0.10a	17.63±0.11a	1.58±0.03a	13.50±0.33a	8.68±0.53a	134.90±11.24b	31.81±1.60b
	NT100	7.21±0.29ab	17.58±0.17a	1.57±0.06a	14.29±1.07a	8.59±0.11a	109.34±7.91b	30.37±3.51b
10～20	NT0	7.54±0.30AB	12.40±0.29B	1.28±0.01B	14.61±0.32A	7.42±1.34A	93.50±8.68AB	23.93±1.84A
	NT33	7.40±0.17B	14.92±0.47A	1.40±0.03B	13.52±0.27A	6.82±0.35A	114.57±7.86A	24.60±1.96A
	NT67	7.83±0.19A	14.47±0.57A	1.37±0.03B	13.91±0.94A	6.39±0.87A	88.94±7.10B	26.46±2.65A
	NT100	7.64±0.18AB	14.65±0.17A	1.53±0.07A	15.32±1.30A	6.67±1.06A	80.44±3.87B	21.34±1.51A

注：同一列中不同的小写字母和大写字母分别代表0～10cm和10～20cm土层各处理间的显著差异（$P<0.05$）。NT0表示免耕秸秆不还田；NT33表示免耕＋33％秸秆还田量；NT67表示免耕＋67％秸秆还田量；NT100表示免耕＋100％秸秆还田量。

（2）秸秆还田对土壤有机氮组分的影响

双因素方差分析结果（表6－4）表明，秸秆还田量和土层深度的交互作用对土壤氨基酸态氮的含量以及氨基糖态氮的含量和比例产生了显著影响。秸秆还田量和土层深度均显著影响了土壤水解成铵态氮的含量以及酸解未知态氮的含量和占比。土层深度显著影响了土壤酸不溶态氮的含量和占比。进一步分析发现，与NT0相比，NT33处理显著增加了0～10cm土层土壤水解成铵态氮的浓度以及氨基糖态氮的浓度和占比，但显著降低了酸解未知态氮的占比（表6－6、图6－5）。在10～20cm土层土壤中，与NT0相比，NT67处理显著增加了酸解未知态氮的浓度和占比，但显著降低了氨基酸态氮的占比；NT100处理显著降低了氨基糖态氮的浓度和占比以及水解成铵态氮的占比，但显著增加了酸解未知态氮的浓度。

表6－6　不同秸秆还田量处理对不同土层土壤有机氮组分含量（mg/kg）的影响

土壤深度（cm）	处理	酸解态氮				酸不溶态氮
		水解成铵态氮	氨基酸态氮	氨基糖态氮	酸解未知态氮	
0～10	NT0	386.23±42.89b	515.04±20.3a	95.26±5.61b	131.11±10.26ab	252.35±30.63a
	NT33	490.44±10.26a	539.37±25.93a	137.95±8.95a	87.55±3.82b	352.19±60.74a

（续）

土壤深度（cm）	处理	酸解态氮				酸不溶态氮
		水解成铵态氮	氨基酸态氮	氨基糖态氮	酸解未知态氮	
0～10	NT67	444.82±18.33ab	556.93±32.55a	112.06±3.47b	179.24±16.65a	286.96±13.78a
	NT100	452.42±3.45ab	512.69±15.99a	114.03±6.31b	170.9±36.21a	317.46±14.41a
10～20	NT0	387.27±7.81A	476.85±16.80AB	44.66±15.13AB	181.11±12.85B	187.61±10.22A
	NT33	417.86±11.28A	539.93±14.47A	65.48±3.17A	224.58±18.30AB	154.65±9.47A
	NT67	406.19±5.69A	442.71±26.25B	33.99±4.31B	281.59±29.31A	208.02±37.75A
	NT100	414.75±15.36A	543.98±27.56A	8.04±1.30C	295.13±26.13A	268.11±70.80A

注：同一列中不同的小写字母和大写字母分别代表 0～10cm 和 10～20cm 土层不同处理间的显著差异（$P<0.05$）。NT0 表示免耕秸秆不还田；NT33 表示免耕＋33%秸秆还田量；NT67 表示免耕＋67%秸秆还田量；NT100 表示免耕＋100%秸秆还田量。

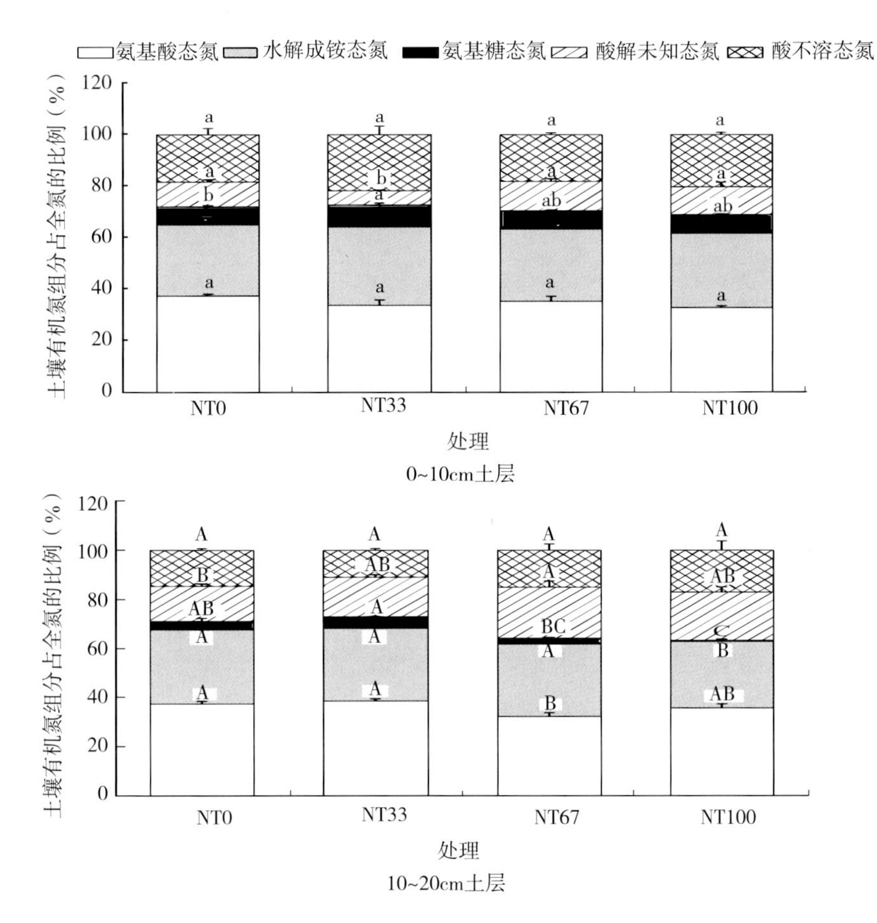

图 6-5　秸秆还田量对土壤有机氮组分分布的影响

注：不同小写字母和大写字母分别代表 0～10cm 和 10～20cm 土层不同处理间的显著差异（$P<0.05$）。NT0 表示免耕秸秆不还田；NT33 表示免耕＋33%秸秆还田量；NT67 表示免耕＋67%秸秆还田量；NT100 表示免耕＋100%秸秆还田量。

由于土壤水解成铵态氮、氨基酸态氮和氨基糖态氮相比于酸解未知态氮和酸不溶态氮更易被植物和微生物利用（Qiu et al.，2012），故本研究将土壤有机氮组分分成两部分：活性有机氮（水解成铵态氮、氨基酸态氮和氨基糖态氮之和）和稳定有机氮（酸解未知态氮和酸不溶态氮之和）。划分后，我们发现，秸秆还田量显著影响了土壤活性有机氮和稳定有机氮的含量和占比（图 6-5、图 6-6）。土层深度显著影响了土壤活性有机氮的含量（表 6-6）。进一步分析发现，与 NT0 相比，NT33 处理显著增加了 0～10cm 和10～20cm 土层土壤活性有机氮的含量；NT67 和 NT100 处理显著增加了 10～20cm 土层土壤稳定有机氮的含量和占比，但降低了活性有机氮的占比。

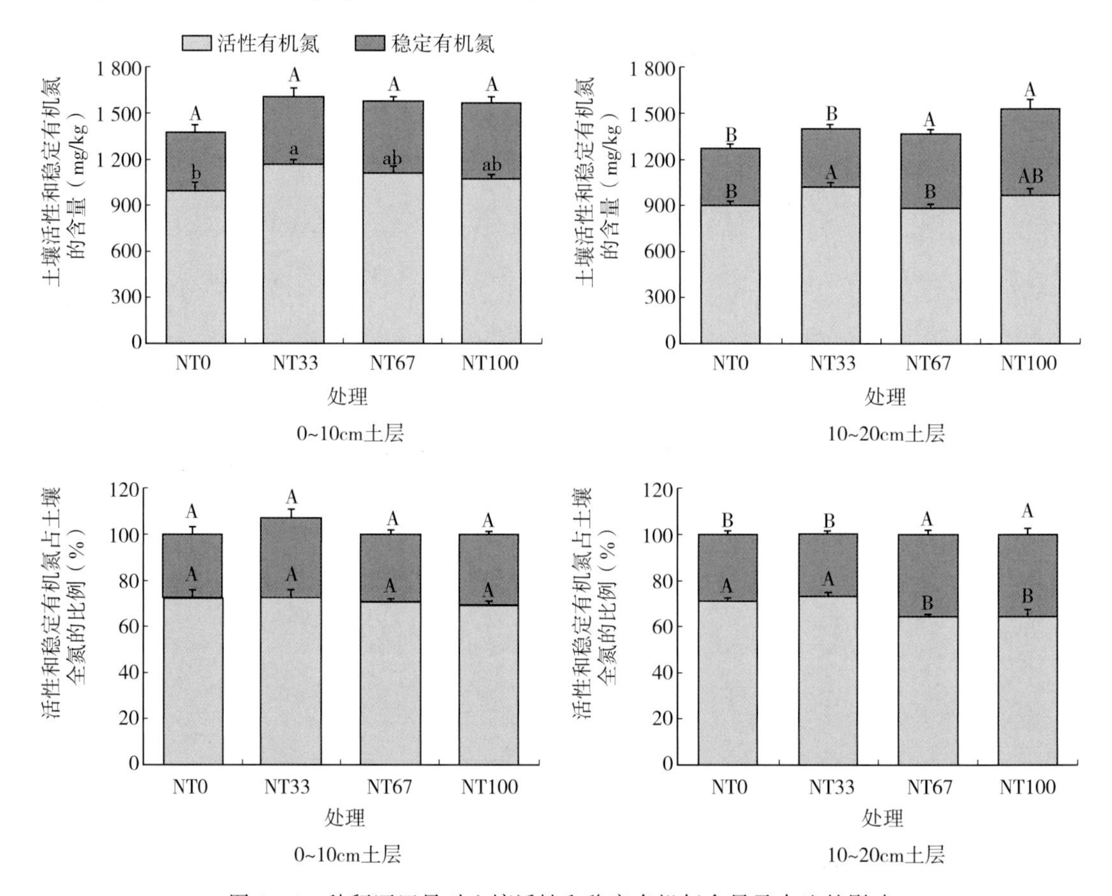

图 6-6 秸秆还田量对土壤活性和稳定有机氮含量及占比的影响

注：不同小写字母和大写字母分别代表 0～10cm 和 10～20cm 土层不同处理间的显著差异（$P<0.05$）。NT0 表示免耕秸秆不还田；NT33 表示免耕+33%秸秆还田量；NT67 表示免耕+67%秸秆还田量；NT100 表示免耕+100%秸秆还田量。

不同秸秆还田条件下，土壤有机氮组分与土壤性质的相关关系表明（表 6-7），水解成铵态氮与氨基酸态氮、氨基糖态氮和矿质铵态氮显著正相关（$P<0.05$）；土壤氨基糖态氮与微生物量碳和微生物量氮呈现极显著的正相关关系（$P<0.01$）；土壤活性有机氮含量与微生物量碳和微生物量氮极显著正相关（$P<0.01$）；活性有机氮占比与微生物量氮间存在显著的正相关关系（$P<0.05$）。

表 6-7　秸秆还田条件下土壤有机氮组分与土壤性质间的相关关系（$n=32$）

氨基酸态氮	氨基糖态氮	活性有机氮含量	活性有机氮比例	土壤铵态氮	微生物量碳	微生物量氮
0.402*	0.475**	0.801**	0.335	0.410*	0.390*	0.485**
1	0.289	0.769**	0.485**	0.305	0.185	0.11
0.289	1	0.736**	0.530**	−0.04	0.763**	0.689**
0.769**	0.736**	1	0.586**	0.303	0.556**	0.529**
0.485**	0.530**	0.586**	1	0.088	0.429*	0.292
0.305	−0.04	0.303	0.088	1	−0.061	0.06
0.185	0.763**	0.556**	0.429*	−0.061	1	0.746**
0.11	0.689**	0.529**	0.292	0.06	0.746**	1

注：* 表示在 $P<0.05$ 水平上的显著性；** 表示在 $P<0.01$ 水平上的显著性。

（3）秸秆还田对土壤氮矿化酶活性的影响

双因素方差分析结果显示，还田量和土层深度的交互作用显著影响土壤酰胺酶和蛋白酶活性；还田量和土层深度均显著影响土壤 *N*-乙酰-β-D-氨基葡萄糖苷酶和脲酶活性（表 6-4）。进一步分析秸秆还田对土壤氮矿化酶活性的影响，在 0～10cm 土层，与 NT0 相比，NT33 和 NT100 处理分别显著提高了土壤 *N*-乙酰-β-D-氨基葡萄糖苷酶和酰胺酶活性（图 6-7）；所有还田量处理显著增加了土壤脲酶活性，但未对蛋白酶活性产生显著影响（图 6-7）。在 10～20cm 土层，与 NT0 处理相比，NT67 处理显著提高了土壤酰胺酶和脲酶活性，NT33 处理显著提高了土壤脲酶和蛋白酶活性（图 6-7、表 6-8）。

表 6-8　不同秸秆还田量下土壤氮水解酶活性与微生物量、有机碳间的相关关系（$n=32$）

氮水解酶	微生物量碳	微生物量氮	土壤有机碳
酰胺酶	0.402*	0.513**	0.608**
N-乙酰-β-D-氨基葡萄糖苷酶	0.665**	0.612**	0.533**
脲酶	0.469**	0.486**	0.608**
蛋白酶	0.495**	0.506**	0.436*

注：* 表示在 $P<0.05$ 水平上的显著性；** 表示在 $P<0.01$ 水平上的显著性。

（4）有机氮组分与土壤性质间的关系

不同秸秆还田量条件下土壤有机氮组分含量和土壤氮水解酶活性间的相关关系如表 6-9 所示，在 0～10cm 土层，土壤 *N*-乙酰-β-D-氨基葡萄糖苷酶（NAG）活性与水解成铵态氮、氨基糖态氮和酸不溶态氮含量间呈现显著的正相关关系（$P<0.05$）。在 10～20cm 土层，土壤 *N*-乙酰-β-D-氨基葡萄糖苷酶活性与氨基糖态氮含量显著正相关（$P<0.05$）；土壤蛋白酶活性与氨基糖态氮含量极显著正相关（$P<0.01$），与酸解未知态氮含量极显著负相关（$P<0.01$）。

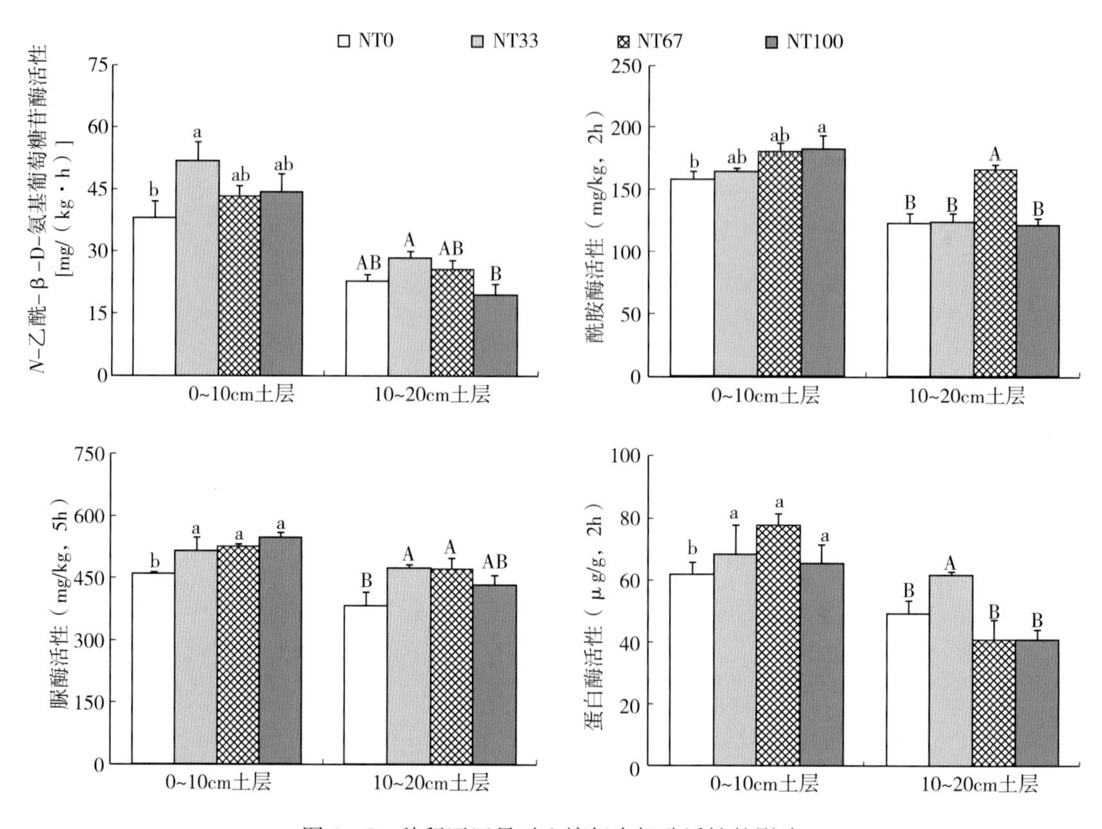

图 6-7　秸秆还田量对土壤氮水解酶活性的影响

注：不同小写字母和大写字母分别代表 0～10cm 和 10～20cm 土层不同处理间的显著差异（$P<0.05$）。NT0 表示免耕秸秆不还田；NT33 表示免耕＋33%秸秆还田量；NT67 表示免耕＋67%秸秆还田量；NT100 表示免耕＋100%秸秆还田量。

表 6-9　不同秸秆还田量下土壤有机氮组分含量与氮水解酶活性间的相关关系（$n=16$）

土层深度（cm）		酰胺酶	N-乙酰-β-D-氨基葡萄糖苷酶	脲酶	蛋白酶
0～10	水解成铵态氮	0.322	0.563*	0.358	0.366
	氨基酸态氮	−0.243	−0.079	0.266	0.308
	氨基糖态氮	0.017	0.554*	0.497	−0.083
	酸解未知态氮	0.145	−0.124	0.214	0.224
	酸不溶态氮	0.218	0.501*	−0.178	0.047
10～20	水解成铵态氮	−0.023	0.407	0.336	0.153
	氨基酸态氮	−0.473	0.007	−0.117	0.235
	氨基糖态氮	0.055	0.517*	0.204	0.784**
	酸解未知态氮	0.259	−0.046	0.109	−0.631**
	酸不溶态氮	0.063	−0.191	0.085	−0.008

注：* 表示在 $P<0.05$ 水平上的显著性；**表示在 $P<0.01$ 水平上的显著性。

不同秸秆还田量下土壤有机氮组分与土壤性质间的冗余分析结果显示，在 0～10cm 土层，轴 1 和轴 2 分别解释了土壤有机氮组分变异的 42.91%和 2.68%（图 6-8）；在解释变量中，微生物量碳和土壤 pH 对有机氮组分变异的解释度最高且显著，分别为 28.7%和 27.6%。在 10～20cm 土层，轴 1 和轴 2 分别解释了土壤有机氮组分变异的 44.67%和 5.43%；土壤蛋白酶和 *N*-乙酰-β-D-氨基葡萄糖苷酶对有机氮组分的变异有显著的解释度，分别为 36.0%和 25.9%（图 6-8、表 6-10）。

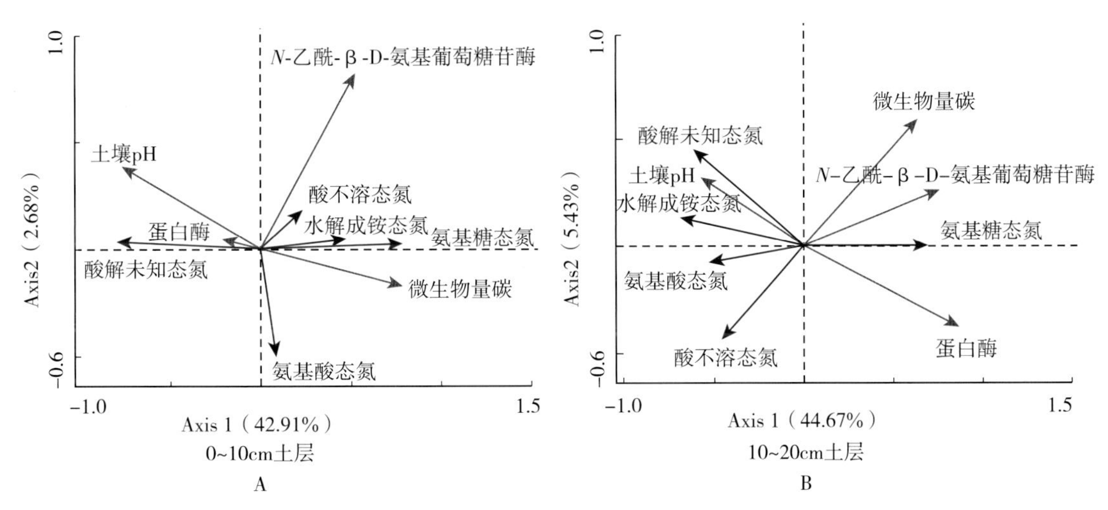

图 6-8　不同秸秆还田量下土壤有机氮组分和土壤性质间的冗余分析

表 6-10　土壤有机氮组分与土壤性质间冗余分析的统计结果

土层深度（cm）	解释变量	解释度（%）	*F*	*P*
0～10	微生物量碳	28.7	5.6	0.012
	pH	27.6	5.3	0.010
	N-乙酰-β-D-氨基葡萄糖苷酶	14.0	2.3	0.108
	蛋白酶	2.8	0.4	0.708
10～20	蛋白酶	36.0	7.9	0.004
	N-乙酰-β-D-氨基葡萄糖苷酶	25.9	4.9	0.036
	微生物量碳	20.7	3.7	0.050
	pH	15.9	2.6	0.112

6.3.2.2　讨论

（1）秸秆还田对土壤性质和有机氮组分的影响

本研究结果表明，表层（0～10cm）土壤的 pH 显著低于次表层（10～20cm）土壤，这可能和化学氮肥（240kg/hm^2）的施用有关。尿素被施入土壤后，在脲酶作用下水解成铵，而后发生硝化作用释放 H^+，从而降低了土壤 pH（陈晓东，2019）。而在免耕系统中，NTR67%处理显著缓解了表层土壤 pH 的降低，原因是随着秸秆碳源的输入，一部分土壤氮发生了微生物固持，减少了无机氮的硝化作用，从而缓解了土壤酸化。与秸秆不还田相比，免耕秸秆还田显著增加了土壤有机碳和全氮的含量，与前人的研究结果一致（Liu et al.，2014；Zhang et al.，2016；Xia et al.，2018）。这是因为秸秆中含有丰富的碳源，免耕秸秆覆盖增加了土壤中碳的输入（Wang et al.，2020）。一般来说，具有较高碳氮比（大于 30）的秸秆中富含难分解的酚类/木质素类化合物，这类化合物在土壤团聚体的形成中起到结合剂的作用，从而促进了有机碳的长期积累（Xia et al.，2018）。在免耕系统中，对土壤扰动的减少会减缓土壤有机碳的分解，从而增加有机碳的含量（Mishra et al.，2010）。同样地，长期秸秆还田会增加土壤氮的积累，这部分氮一部分来源于秸秆，一部分来源于由秸秆引起的微生物对氮的固持（Thomsen，1995；Power et al.，1998）。研究表明，在全球农业生态系统中，秸秆还田显著减少了氮淋溶和径流形式的氮损失（8.7%～25.6%），这是由于微生物对氮的固持能力增强（Xia et al.，2018）。另外，Zhang 等（2016）研究发现秸秆还田增加了土壤全氮含量，原因是秸秆还田改善了土壤性质，促进了作物生长和根系发育，向土壤中返还了更多的根系残留物。土壤微生物量碳、微生物量氮在 NTR33%处理中的显著增加可能与该处理下秸秆还田为微生物提供的有利生长条件有关（Daryanto et al.，2018；Kim et al.，2020）。在 F2/3 和 F3/3 处理中，0～10cm 土层土壤铵态氮含量显著增加，这是因为秸秆在还田后的腐解过程中会释放低分子量有机物质，这类物质可有效阻止 NH_4^+ 的矿物晶格固定，提高土壤氮有效性及供氮能力（Porter et al.，1970；赵士诚等，2014）。

土壤氨基酸态氮与微生物的代谢密切相关，是微生物固持态氮的重要储存库（Amelung，2001；Lu et al.，2013），同时也是植物和微生物所需的过渡态有效氮（Werdin Pfisterer et al.，2009；Zhang et al.，2015；Lu et al.，2018）。在本研究中，氨基酸态氮是土壤中含量最大的有机氮组分，占土壤全氮的 32.21%～38.51%，与之前的研究一致（Xu et al.，2003）。但秸秆还田量未对表层和次表层土壤氨基酸态氮含量产生显著影响，产生该结果的原因可能是秸秆还田增加了植株地上生物量，植株对氨基酸态氮的吸收利用间接导致了土壤中氨基酸态氮减少。研究表明，植物对氨基酸的吸收与土壤中无机氮的浓度无关，即使在肥料投入量很高的情况下，氨基酸态氮也会占到植物吸收土壤氮的很大一部分（Jones et al.，1994）。

土壤氨基糖态氮来源于微生物，是微生物细胞壁的组成成分（Stevenson，1982；Olk，2008），可以几丁质或其他复杂多糖的形式存在（Stevenson，1994）。表层土壤氨基糖态氮含量在 NTR33%处理中的显著增加与该秸秆还田量下显著增加的微生物数量（微生物量碳和微生物量氮）有关。由于氨基糖态氮和氨基酸态氮均与微生物有关，故本研究对氨基糖态氮、氨基酸态氮含量和微生物量碳、微生物量氮的关系进行了 Pearson 相关检验。结果发现，土壤氨基酸态氮、氨基糖态氮含量均与微生物量碳极显著正相关（表 3-8，$P<0.01$）；氨基糖态氮与微生物量氮显著正相关（表 3-8，$P<0.05$），从而证实了氨基糖态氮和氨基酸态氮的微生物来源。

土壤水解成铵态氮来源于交换性铵、酰胺类化合物、氨基酸和氨基糖的水解、嘌呤和嘧啶的脱氨基作用以及固定态铵的释放（Schnitzer et al.，1980；Stevenson，1994；Xu et al.，2003；吴汉卿等，2018），是一类可快速释放的有效氮库（Qiu et al.，2012；Lu et al.，2013）。本研究结果显示，NT33 处理显著增加了 0～10cm 土层土壤的水解成铵态氮含量，但与 NT67 和 NT100 处理的水解成铵态氮含量无显著差异。这是由于秸秆在腐解过程中会释放低分子量有机物质，这类物质可有效阻止 NH_4^+ 向黏土矿物夹层中扩散（Porter et al.，1970）。另外，该研究结果也与土壤 pH 有关。NT33 处理的土壤呈微酸性（pH 为 6.9），这会导致质子置换某些特定的阳离子或中和负电荷，从而减少 NH_4^+ 的吸附位点（Sparks et al.，1982；Qiu et al.，2012）。再者，NT33 处理的微生物固持的微生物量氮较多，可以与黏土矿物竞争 NH_4^+，从而减少 NH_4^+ 的固定（Burger et al.，2003；Qiu et al.，2012）。我们发现，土壤水解成铵态氮含量与矿质铵态氮、氨基酸态氮和氨基糖态氮含量显著正相关（表 3－6，$P<0.05$），证明了水解成铵态氮可来源于土壤矿质铵态氮以及氨基酸和氨基糖的水解。

土壤酸解未知态氮被认为是土壤中稳定的化合物（Stevenson，1994；Nannipieri et al.，2009）。但迄今为止，由于其复杂性，其特征还没有被完全确定（Schulten et al.，1997；Qiu et al.，2012；Tian et al.，2017）。在我们的研究中，NT67 和 NT100 处理显著增加了 10～20cm 土层土壤的酸解未知态氮含量，这与 Qiu 等（2012）的研究结果一致，即与单施尿素相比，尿素配施秸秆处理显著增加了始成土和冲积土中酸解未知态氮的含量。但在 Xu 等（2003）的长期试验中，单施化肥和化肥秸秆配施处理的酸解未知态氮含量无显著差异。部分酸不溶态氮被鉴定为杂环态化合物，也可能包括蛋白质物质（Piper et al.，1972），是腐殖质的主要结构成分（Nannipieri et al.，2009）。前人的研究结果表明，腐殖质最重要的来源是植物地上和地下残体的输入（Howarth，2007），而且酸不溶态氮以秸秆来源的氮为主（Qiu et al.，2012）。因此，秸秆还田条件下 0～10cm 土层土壤酸不溶态氮含量较高与覆盖在地表的作物秸秆有关。

由于增加的氮量在各组分中的分配比例不同，各有机氮组分在土壤中的累积速率也不一样，导致各有机氮组分占土壤全氮的比例也发生变化。本研究发现，长期秸秆还田条件下耕层土壤有机氮组分的分配发生了变化，但在表层（0～10cm）和次表层（10～20cm）土壤中，氨基酸态氮、水解成铵态氮和酸解未知氮均是有机氮的主体形态。在 0～10cm 土层，氨基酸态氮、氨基糖态氮、水解成铵态氮、酸解未知氮和酸不溶态氮占土壤全氮的比例分别为 32.7%～37.3%、6.9%～8.6%、27.9%～30.5%、5.5%～11.3%和 18.2%～21.7%。统计分析结果表明，NT33 处理显著增加了 0～10cm 土层土壤氨基糖态氮占土壤全氮的比例。由于氨基糖态氮主要来源于土壤微生物细胞壁，其含量与土壤微生物数量与群落结构等密切相关（吴汉卿等，2018）。同时，NT33 处理显著增加了 0～10cm 土层土壤微生物量。因此，该处理下氨基糖态氮比例的升高与增加的微生物量有关。有研究表明，秸秆残留氮主要转化为氨基酸态氮和氨基糖态氮，这可能是对氨基糖态氮比例上升的另一个解释（富东英等，2005）。本研究还发现，NT33 处理显著降低了 0～10cm 土层土壤酸解未知氮的比例。这表明，NT33 处理促进了 0～10cm 土层土壤酸解未知态氮向易矿化态氮转化。这与前人的研究结果一致，即施用有机肥可以促进酸解未知态氮向有效态氮转化（高晓宁等，2009）。但也有研究指出，秸秆还田对酸解未知态氮占全氮的比例并无显著影响（赵士诚等，2014）。在 10～20cm 土层，土壤氨基酸态氮、氨基糖态氮、水解成铵态氮、酸解未知氮和酸不溶态氮占土壤全氮的比例分别为 32.2%～38.5%、0.5%～4.7%、27.2%～30.3%、14.2%～20.6% 和 11.0%～17.1%。统计分析结果表明，NT67 处理显著增加了土壤酸解未知态氮的占比，但降低了氨基酸态氮的占比；NT100 处理显著降低了土壤水解成铵态氮和氨基糖态氮占全氮的比例，说明 NT67 和 NT100 处理促进了 10～20cm 土层土壤有机氮组分由易矿化形态向难分解形态的转化，维持了氮库的稳定性。

NT33 处理增加了土壤活性有机氮的含量和占比，而 NT67 和 NT100 处理提升了土壤稳定有机氮的含量和占比。NT33 处理中活性有机氮含量和占比的增加可能与该还田量下显著增加的微生物量有关，因为活性有机氮中的氨基酸态氮和氨基糖态氮与微生物合成密切相关（Qiu et al.，2012）。事实上，活性有机氮的含量和占比与微生物量间呈现了显著的正相关关系（表 3-6，$P<0.05$），验证了上述猜想。秸秆的添加显著增加了土壤氨基酸态氮和氨基糖态氮的含量，这归因于秸秆氮和稳定有机氮向氨基酸态氮和氨基糖态氮的转化（Tripathi et al.，2002）。而 NT67 和 NT100 处理覆盖的作物秸秆较多，可能导致土壤与大气间的气体交换受阻，同时使土壤中保留了较高的温湿度（Zhu et al.，2015；Jiang et al.，2018），阻碍了土壤微生物的生长和作物秸秆的分解。因此，秸秆氮和稳定有机氮向活性有机氮的转化在一定程度上受到了限制，从而促进了稳定有机氮在土壤中的积累。

（2）秸秆还田对土壤氮矿化酶活性的影响

土壤酶活性是土壤质量的重要指示指标，因为它们参与养分循环和有机质分解；同时，酶活性是植物养分供应的关键驱动因素（Wei et al.，2015；Zhang et al.，2016）。蛋白酶、酰胺酶、*N*-乙酰-β-D-氨基葡萄糖苷酶和脲酶分别催化土壤中蛋白质、酰胺类含氮化合物、氨基糖和尿素的水解。与之前的研究结果一致，本研究发现，与秸秆不还田相比，不同数量秸秆还田显著增加了土壤蛋白酶、酰胺酶、*N*-乙酰-β-D-氨基葡萄糖苷酶和脲酶活性（Deng et al.，1996；Zhang et al.，2016；Zhao et al.，2016；Romillac et al.，2019）。原因可能包括以下 3 个方面：①普遍认为，土壤中的蛋白酶、酰胺酶、*N*-乙酰-β-D-氨基葡萄糖苷酶和脲酶主要来源于微生物（Kandeler et al.，2011；Landi et al.，2011）。因此，秸秆还田条件下土壤氮矿化酶活性的增加可归因于微生物量的提高。Pearson 相关分析结果表明，在不同秸秆还田量条件下，土壤氮矿化酶活性与微生物量显著正相关（表 3-9，$P<0.05$）。这是因为秸秆被返还到土壤后，增加了土壤中外源碳、氮养分，为微生物生长提供了能量，导致微生物群体产生了大量的胞内酶，因而增加了土壤中酶的积累（Jiao et al.，2011）。其他研究也证明了秸秆覆盖可以显著增加土壤微生物的丰度、活性和多样性（Kim et al.，2020）。②土壤氮矿化酶活性与土壤有机碳含量间显著的正相关关系（表 3-9，$P<0.05$）表明，土壤有机碳可为氮矿化酶提供丰富的底物，这类底物的增加诱导了氮矿化酶的表达和分泌。该结果与前人的研究结果一致（Deng et al.，1996；Ekenler et al.，2002；Ekenler et al.，2003）。Guan 等（2020）发现，秸秆在腐解过程中释放的养分会诱导土壤酶活性的升高。③前人的研究表明，由于减少了对土壤的扰动，免耕秸秆还田可以改善土壤性质，增强其结构及稳定性，使土壤环境更有利于

微生物的生存（Iovieno et al.，2009；Tejada et al.，2009；Kahlon et al.，2013）。因此本研究中土壤氮矿化酶活性提高的原因也有可能与适宜的土壤性质有关。另外，从整体来看，表层（0～10cm）土壤氮矿化酶的活性高于次表层（10～20cm）土壤，这是由秸秆覆盖在土壤表面所致。

（3）土壤有机氮组分与土壤性质间的关系

相关分析结果表明，在两个土层中，土壤 *N*-乙酰-β-D-氨基葡萄糖苷酶活性均与氨基糖态氮含量显著正相关，与 0～10cm 土层土壤水解成铵态氮含量也呈现显著的正相关关系，该结果可归因于两个方面：土壤 *N*-乙酰-β-D-氨基葡萄糖苷酶与氨基糖态氮的水解密切相关以及水解成铵态氮为有机氮矿化的终端产物。本研究进一步采用了冗余分析来探究秸秆还田条件下土壤有机氮组分与土壤性质之间的关系，结果表明，在 0～10cm 和 10～20cm 土层，土壤有机氮组分与土壤性质之间的关系显著不同，表明微生物对不同土层中有机氮转化的调控途径不同。在 0～10cm 土层，土壤氮矿化酶活性对有机氮组分的变异没有显著的解释度，而微生物量碳和土壤 pH 对有机氮组分变异的解释度最高，表明微生物通过酶促矿化途径对有机氮转化的调控作用较弱，这主要与秸秆覆盖在地表有关。前人研究指出，施入土壤的作物秸秆的碳氮比高于 35 时，将促进微生物对土壤氮的固持（Khalil et al.，2005）。在我们的研究中，玉米秸秆的碳氮比为 58.6～66.9，在这种高碳氮比的情况下，秸秆还田会刺激土壤微生物对氮的需求，使其从土壤中吸收无机氮来满足自身生长所需，致使更多的土壤无机态氮被微生物同化利用进入有机氮库，因而促进了 0～10cm 土层土壤中微生物对氮的固持。本书 0～10cm 土层土壤微生物量碳的显著增加也支持了这一观点。尽管施用高碳氮比的作物秸秆会导致土壤矿质氮的微生物固持，但这部分氮可以被释放供作物吸收利用（Xia et al.，2018）。另外，我们的研究结果与其他研究一致，即土壤 pH 的变化会显著影响土壤微生物群落结构和活性以及土壤氮循环（Kemmitt et al.，2006；Rousk et al.，2010）。

然而，在 10～20cm 土层，土壤蛋白酶和 *N*-乙酰-β-D-氨基葡萄糖苷酶是影响有机氮组分的重要因子，且对土壤有机氮的变异有显著的解释度，这说明该层微生物通过酶促矿化途径对有机氮转化有相对较强的调控作用。蛋白酶和 *N*-乙酰-β-D-氨基葡萄糖苷酶分别参与土壤有机氮组分中氨基酸态氮和氨基糖态氮的转化，且此两种组分已被证实是有机氮中易矿化的组分（Li et al.，2019）。10～20cm 土层土壤中氮的有效性（水解成铵态氮的浓度）相对较低，土壤微生物必须通过分泌胞外酶来分解易矿化的有机氮来满足其对氮的需求，从而促进了有机氮的酶促矿化过程。通常认为，土壤氮矿化的限速步骤是胞外蛋白酶将蛋白质解聚形成寡肽和氨基酸的过程，正如我们的结果所示，这揭示了土壤蛋白酶的重要性（Vranova et al.，2013；Mooshammer et al.，2014）。除了氨基酸态氮之外，与 *N*-乙酰-β-D-氨基葡萄糖苷酶有关的氨基糖态氮也是土壤中可矿化氮的重要来源（Ekenler et al.，2002）。因此，*N*-乙酰-β-D-氨基葡萄糖苷酶也积极地参与了 10～20cm 土层土壤有机氮的转化。之前的研究表明，当土壤氮有效性较低时，土壤氨基糖是微生物可选的氮源，但氨基酸比氨基糖优先被利用（Li et al.，2019）。同样，本研究结果显示，与 *N*-乙酰-β-D-氨基葡萄糖苷酶相比，蛋白酶对 10～20cm 土层土壤有机氮组分变异的解释度更高。综上，与表层土壤相比，次表层土壤的有机氮周转以酶促过程为主。

6.3.3 秸秆还田条件下土壤氮磷酶计量比特征及其影响因素

6.3.3.1 结果分析

（1）秸秆还田对土壤性质的影响

双因素方差分析结果（表6-11）表明，秸秆还田量和土层深度的交互作用均未对土壤碳氮磷化学计量比、速效氮磷比、微生物量碳氮磷计量比和氮磷酶计量比产生显著影响。还田量显著影响土壤碳氮磷计量比和速效氮磷比。土层深度显著影响土壤氮磷酶计量比。进一步分析发现，与NT0相比，NT67和NT100处理显著提高了0～10cm土层土壤碳氮比和碳磷比；NT33处理显著降低了10～20cm土层土壤速效氮磷比（表6-12）。

表6-11 秸秆还田量、土层深度及其交互作用对土壤性质影响的双因素方差分析结果

土壤性质	秸秆还田量（*R*）		土层深度（*D*）		*R*×*D*	
	F	*P*	*F*	*P*	*F*	*P*
土壤碳氮比	3.350	0.036	3.062	0.093	2.788	0.062
土壤碳磷比	5.992	0.003	0.711	0.407	0.737	0.540
土壤氮磷比	3.123	0.045	0.245	0.625	0.759	0.528
速效氮磷比	6.271	0.003	0.782	0.385	0.243	0.865
微生物量碳氮比	2.150	0.120	0.415	0.526	0.979	0.419
微生物量碳磷比	1.660	0.202	3.492	0.074	0.510	0.679
微生物量氮磷比	1.324	0.290	1.780	0.195	0.448	0.721
氮磷酶计量比	2.487	0.085	27.688	0.000	0.775	0.520

表6-12 秸秆还田量对不同土层土壤性质的影响

土层（cm）	秸秆还田量	土壤碳氮比	土壤碳磷比	土壤氮磷比	速效氮磷比	微生物量碳氮比	微生物量碳磷比	微生物量氮磷比	氮磷酶计量比
0～10	NT0	9.71±0.12b	26.59±0.89b	2.74±0.07a	2.72±0.68ab	4.11±0.38a	15.21±0.66a	3.76±0.23a	0.14±0.01a
	NT33	10.24±0.59ab	30.03±2.33ab	2.93±0.14a	1.3±0.06b	4.48±0.24a	17.03±4.15a	3.74±0.77a	0.21±0.04a
	NT67	11.17±0.2a	35.07±2.52a	3.14±0.21a	3±0.29ab	4.31±0.52a	16.47±1.96a	3.83±0.1a	0.15±0.01a
	NT100	11.26±0.45a	34.41±1.47a	3.06±0.14a	3.62±1.01a	3.71±0.39a	11.88±0.74a	3.32±0.42a	0.17±0.03a
10～20	NT0	9.7±0.13A	28.33±0.93A	2.92±0.12AB	3.49±0.87A	3.93±0.3AB	14.59±1.63A	3.73±0.34A	0.09±0.01AB
	NT33	10.64±0.24A	29.38±2.52A	2.75±0.19B	1.34±0.14B	4.79±0.65A	12.78±0.75A	2.82±0.41A	0.12±0.02A

（续）

土层（cm）	秸秆还田量	土壤碳氮比	土壤碳磷比	土壤氮磷比	速效氮磷比	微生物量碳氮比	微生物量碳磷比	微生物量氮磷比	氮磷酶计量比
10～20	NT67	10.56±0.50A	32.93±1.28A	3.13±0.15AB	3.67±0.58A	3.39±0.13B	12.45±1.32A	3.68±0.39A	0.09±0.01AB
	NT100	9.63±0.42A	31.35±0.44A	3.27±0.10A	3.60±0.23A	3.79±0.13AB	10.79±1.26A	2.85±0.33A	0.07±0.01B

注：同一列中不同的小写字母和大写字母分别代表0～10cm和10～20cm土层不同处理间的显著差异（$P<0.05$）。NT0表示免耕秸秆不还田；NT33表示免耕+33%秸秆还田量；NT67表示免耕+67%秸秆还田量；NT100表示免耕+100%秸秆还田量。

（2）土壤氮磷酶计量比与土壤性质间的相关关系

相关分析结果表明，在不同秸秆还田量条件下，土壤氮磷酶计量比与土壤pH和速效氮磷比呈极显著的负相关关系（图6-9，$P<0.01$）；与土壤有机碳、全氮、全磷和速效磷含量以及微生物量碳、氮呈现显著的正相关关系（$P<0.05$）；与土壤碳氮磷化学计量比和微生物量碳氮磷计量比均没有显著的相关关系（$P<0.05$）。

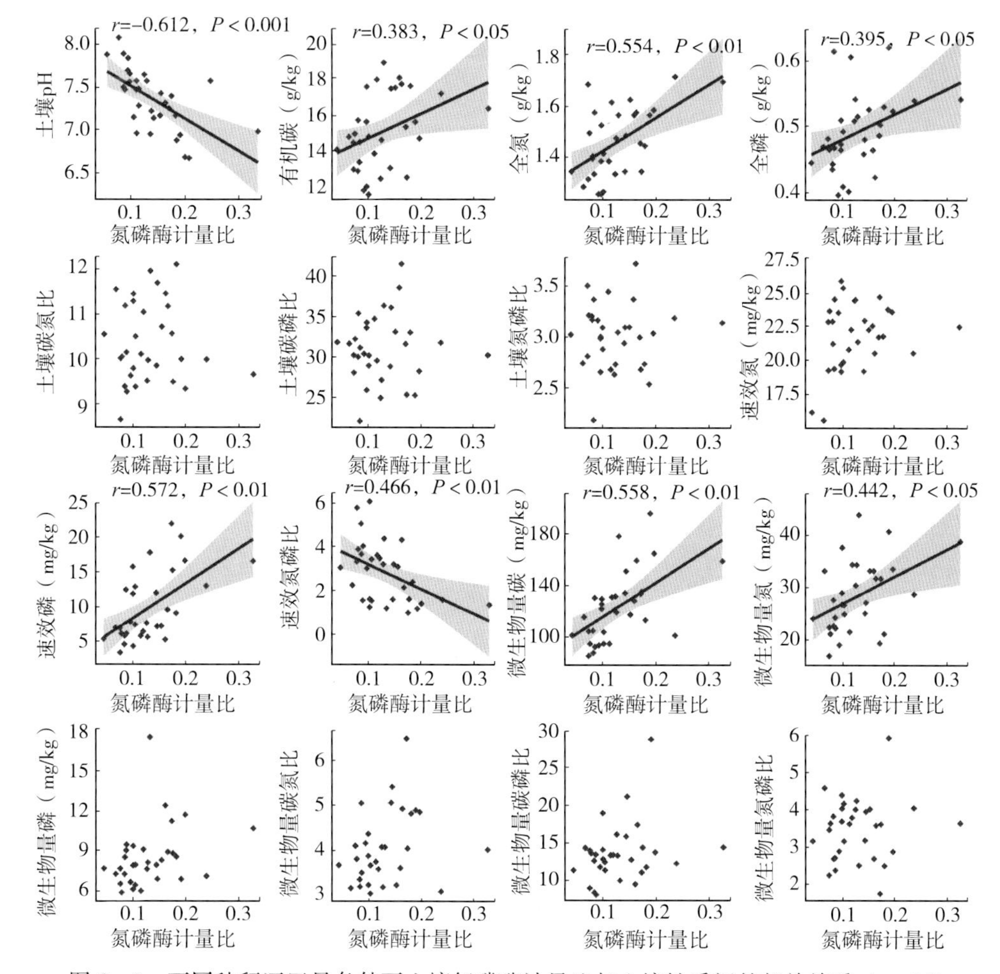

图6-9 不同秸秆还田量条件下土壤氮磷酶计量比与土壤性质间的相关关系（$n=32$）

(3) 土壤氮磷酶计量比变异的影响因素

方差分解分析结果表明，在不同秸秆还田量条件下，从整体来看，非生物因素对土壤氮磷酶计量比变异的解释度均高于生物因素（图 6 - 10）。在不同秸秆还田量条件下，非生物因素和生物因素显著解释了土壤氮磷酶计量比变异的 47.3%（图 6 - 10）；其中，非生物因素显著解释了 29.6%，生物因素没有显著的解释度，二者的相互作用显著解释了 22.0%。

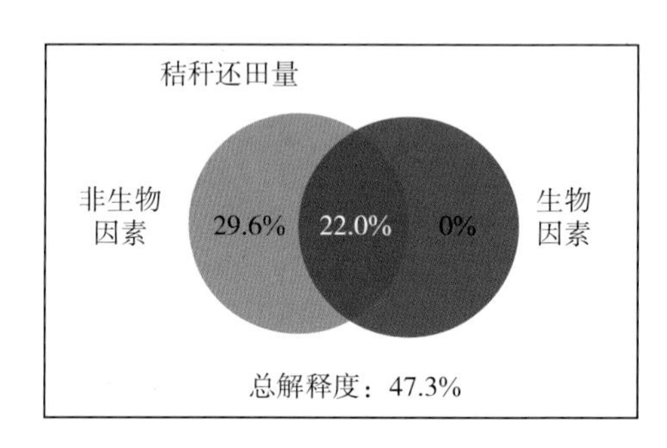

图 6 - 10　土壤生物和非生物因素对土壤氮磷酶计量比的方差分解

注：在剔除方差膨胀因子大于 10 的变量后，在不同还田量的分析中，生物因素包括微生物量磷、微生物量碳氮比和微生物量碳磷比，非生物因素包括土壤 pH、全氮、碳氮比、氮磷比、速效氮、速效磷和速效氮磷比。

进一步的逐步回归分析结果显示（表 6 - 13），在不同秸秆还田量条件下，土壤 pH、全氮和速效氮磷比共同解释了土壤氮磷酶计量比 58.1%的变异，其中土壤 pH、全氮和速效氮磷比依次解释了 34.81%、37.82%和 27.37%的变异。

表 6 - 13　土壤氮磷酶计量比与土壤生物和非生物因素的逐步回归分析

处理	应变量	校正 R^2	P 值	有显著解释度的因子（%）		
				pH	全氮	速效氮磷比
还田量	氮磷酶计量比	0.581	<0.001	34.81	37.82	27.37

6.3.3.2 讨 论

(1) 秸秆还田对土壤化学和酶计量性质的影响

不同秸秆还田量处理均显著增加了 0～10cm 土层土壤有机碳和全氮的含量，但有机碳含量增加的幅度大于全氮，具体表现为，有机碳含量每增加 1 个单位，全氮含量增加 0.05 个单位（$y=0.05x+0.706$，x 为有机碳，y 为全氮，$P<0.001$）。秸秆还田量处理并未对 0～10cm 土壤全磷含量产生显著影响。因此，以上结果导致了秸秆还田量处理下 0～10cm 土层土壤碳氮比和碳磷比显著升高。该结果与前人的研究结果一致（丛萍等，2020；Zhang et al.，2021）。另外，10～20cm 土壤速效氮磷比在 NT33 处理中的显著降低可归因于该处理下显著增加的土壤速效磷含量。

土壤氮磷酶计量比可以表征微生物氮、磷养分的相对限制（Waring et al.，2014；Yang et al.，2020）。本研究中，在不同秸秆还田量条件下，NAG∶AlP 的平均值均为

0.13，与其他研究结果基本一致（Waring et al.，2014；张星星等，2018），但低于全球平均水平0.44。土壤酶活性反映的是微生物为获取养分资源而进行的一种功能发挥，磷酸酶活性的“相对升高”说明微生物将更多的功能发挥转向了磷的摄取上（王冰冰等，2015）。根据资源的“最优配置”理论，微生物会将更高的投资放在其最需求的资源上（Sinsabaugh et al.，1994；Allison et al.，2010）。该结果表明，相对于氮来说，本区域土壤微生物可能存在一定的磷限制，微生物受磷限制时，会相应地分泌更多的磷酸酶来矿化土壤有机磷，从而增加土壤有效态磷的来源以缓解其自身生长的磷限制（孙思怡等，2021）。此外，双因素方差分析结果表明，在不同秸秆还田量条件下，土层深度显著影响土壤氮磷酶计量比，表现为10～20cm土层土壤的氮磷酶计量比显著低于0～10cm土层土壤，表明在10～20cm土层，相比于氮，土壤微生物受磷限制的程度更高。这是因为在免耕系统中作物秸秆的覆盖增加了表层土壤中磷的输入，而次表层土壤中磷相对匮乏，从而刺激了微生物对磷酸酶的表达和分泌，这一结果从0～10cm和10～20cm土层中差异不显著的土壤碱性磷酸单酯酶活性中也能得到佐证。另一方面，秸秆的表施会导致表层土壤的温度和湿度发生变化，而土壤温度和湿度对土壤酶计量比均有显著影响（Peng et al.，2016）。

（2）土壤氮磷酶计量比与土壤性质间的相关关系

相关分析结果表明，在不同秸秆还田量条件下，土壤氮磷酶计量比均与土壤pH呈现显著的负相关关系，与其他研究结果一致（Peng et al.，2016；张星星等，2018；Yang et al.，2020）。研究证实，磷酸酶活性与土壤pH密切相关，表现为酸性磷酸单酯酶和碱性磷酸单酯酶分别在酸性和碱性土壤中占主导地位（Eivazi et al.，1977；Masto et al.，2006）。因此，在一定范围内，随着土壤pH的升高，碱性磷酸单酯酶的活性增强，导致NAG∶AlP减小，从而与土壤pH呈显著的负相关关系。但Waring等（2014）在热带土壤中进行的关于酶计量的Meta分析表明，土壤氮磷酶计量比与土壤pH呈正相关关系。这可能是因为该研究中50%的土壤pH在4.3～6.3范围内，较低的土壤pH表明土壤的风化程度较高，磷与土壤中的铁、铝离子结合形成难溶性的磷酸盐沉淀，而降低了磷的移动性和有效性，而随着土壤pH的升高，磷因固定减少而有效性相对提高，磷酸酶活性负反馈性降低，从而导致氮磷酶计量比与土壤pH呈正相关关系。另外，在不同秸秆还田量条件下土壤氮磷酶计量比均与土壤速效氮磷比呈现显著的负相关关系。这是因为在土壤速效氮磷比高的条件下，相比于氮，微生物生长更易受到磷的限制，因而微生物群落会通过增加与磷获取相关胞外酶（即磷酸酶）的合成来实现元素之间的相对平衡，从而导致土壤氮磷酶计量比降低。本研究结果在一定程度上支持了微生物的资源分配理论（Allison et al.，2005）。

在不同秸秆还田量条件下，土壤氮磷酶计量比与土壤速效磷含量显著正相关。该正相关关系的存在可能是基于碱性磷酸单酯酶活性与有效磷含量间的负反馈调节机制，即有效磷含量的增加会抑制碱性磷酸单酯酶的活性（Chen et al.，2019）。相关研究也发现，土壤酶计量受到土壤有效性养分的驱动（袁萍等，2018；王博等，2020；曾泉鑫等，2021）。土壤养分含量可能会对土壤有效底物浓度和土壤碳氮磷计量比产生影响，从而影响土壤酶活性及其计量，表明土壤酶计量在很大程度上受土壤养分化学计量的调控（Peng et al.，

2016)。事实上,土壤化学计量(尤其是碳、氮、磷)可以通过改变土壤酶的生化性质和调控酶的分泌来影响土壤胞外酶活性(Sinsabaugh et al.,2009;Nannipieri et al.,2012;Zhao et al.,2018)。在土壤生物因素中,土壤氮磷酶计量比与微生物量碳、氮(秸秆还田条件下)呈现显著的正相关关系,与前人的研究结果一致(Peng et al.,2016)。这可能是因为土壤微生物等生物因素直接参与了土壤有机质的分解,增加了胞外酶的表达和分泌(Yang et al.,2020b)。

(3)土壤氮磷酶计量比变异的影响因素

在不同秸秆还田量条件下,土壤非生物因素对土壤氮磷酶计量比变异的解释度显著高于土壤生物因素,与其他研究结果一致(Peng et al.,2016;张星星等,2018)。同时,两者的相互作用对土壤氮磷酶计量比的变异也有显著的解释度,这表明土壤氮磷酶计量比的变异是非生物因素和生物因素共同作用的结果,但非生物因素起主导作用。土壤非生物因素(即土壤性质)决定了土壤微生物的生存环境,影响了微生物生物量和活性,进而对土壤酶及其计量具有调控作用。进一步的逐步回归分析显示,土壤pH、全氮和速效氮磷比(仅在秸秆还田条件下)是影响土壤氮磷酶计量比变异的主要因子。研究证实,土壤pH是影响微生物活性和酶动力学的主要因素(Rousk et al.,2009;Wang et al.,2014),它可能通过影响微生物的代谢条件、凋落物和有机质的质量和分解、养分的有效性、土壤溶液中酶抑制剂或激活剂的浓度和底物的浓度等调控土壤酶活性和酶计量比(Anderson et al.,1993;Dick et al.,2000;Pal et al.,2007;Sawada et al.,2009;Li et al.,2014)。作为生物催化剂,土壤酶主要来源于土壤微生物、根系分泌物和动植物残体的分解,其活性的变化通常与微生物代谢速率以及生物地球化学过程有关,并在很大程度上受养分平衡的影响(Zhao et al.,2018)。在秸秆还田背景下,外源碳、氮和磷等养分的输入势必造成土壤养分含量及其化学计量比的改变,从而导致土壤酶计量比的变异。因此,本研究中,除土壤pH外,土壤全氮和速效氮磷比对土壤氮磷酶计量比的变异具有较大的贡献。该结果表明,在本试验区域,不同量的秸秆还田可能主要通过改变土壤pH、全氮含量和速效氮磷比影响土壤氮磷酶计量比。

6.4 结论

(1)秸秆还田方式与氮水平处理的交互作用显著影响了作物生物量、产量和土壤理化指标及酶活性。化肥单施减量施氮处理降低了玉米生物量,并有减产趋势,差异不显著,而不同方式的秸秆还田配合氮肥减量施用处理当年就显著提高了土壤pH和SOC含量,不同程度提高了TN和TP的含量,对秸秆的生物量和玉米产量以及土壤酶活性也产生了积极的促进作用,即对土壤养分氮磷元素库容有增大作用,并增强了养分元素转化能力和微生物学活性。秸秆还田氮肥减施20%处理有增加产量的趋势。综合分析可预期作物秸秆全量还田增产,长期秸秆还田适量减施氮肥可以稳产,补充土壤养分替代部分氮肥用量,能够使土壤肥力逐年提升,在保证经济效益的同时有效改善土壤质量并获得环境效益。秸秆不同方式还田带入田中的氮、磷、钾等元素含量不同,且有机物料在田间的分解特征不同,其对作物和土壤的影响有待长期实验加以验证。

（2）在不同秸秆还田量试验中，不同量的秸秆还田显著增加了土壤有机氮组分的含量、改变了两个土层中有机氮组分的分布，提高了表层和次表层土壤氮矿化酶的活性。在秸秆还田量的3个水平中，NT33处理在增加土壤活性有机氮供应方面有更大的潜力，而NT67和NT100处理在提高土壤稳定有机氮库中发挥了更高效的作用。此外，免耕秸秆还田引起微生物对不同土层中有机氮转化的调控途径不同：在表层土壤中，土壤氮矿化酶活性对有机氮组分的变异没有显著影响，而微生物量碳和土壤pH对有机氮组分变异的解释度最高，表明微生物通过酶促矿化途径对有机氮转化的调控作用较弱，这主要与秸秆表施诱导的氮的微生物固持有关；而在次表层土壤中，土壤蛋白酶和*N*-乙酰-β-D-氨基葡萄糖苷酶是影响有机氮组分的重要因子，说明微生物通过酶促矿化途径对有机氮转化有相对较强的调控作用，这是由次表层相对较低的氮的有效性引起的。

（3）在秸秆还田条件下土壤酶计量研究表明，相对于氮来说，本区域土壤微生物可能存在一定的磷限制。与表层土壤相比，次表层土壤微生物受磷限制的程度更高。土壤氮磷酶计量比的变异是非生物和生物因素共同作用的结果，但土壤非生物因素的解释度显著高于生物因素。在本试验区域，不同量的秸秆还田可能主要通过改变土壤pH、全氮含量和速效氮磷比影响土壤氮磷酶计量比。

①免耕秸秆还田提高了表层和次表层土壤氮矿化酶的活性，增加了土壤有机氮组分的含量，改变了两个土层中有机氮组分的分布。NT33处理在增加土壤活性有机氮供应方面有更大的潜力，而NT67和NT100处理在提高土壤稳定有机氮库中发挥了更高效的作用。免耕秸秆还田引起微生物对不同土层中有机氮转化调控途径的不同，即在0～10cm土层，微生物量碳和土壤pH对有机氮组分变异的解释度最高；在10～20cm土层，土壤蛋白酶和*N*-乙酰-β-D-氨基葡萄糖苷酶是影响有机氮组分的重要因子。土壤氮矿化酶与有机氮组分的关系在两个土层中存在差异。在0～10cm土层，蛋白酶和*N*-乙酰-β-D-氨基葡萄糖苷酶与水解成铵态氮呈显著的正相关关系，这与水解成铵态氮是有机氮矿化的终端产物有关；在10～20cm土层，酰胺酶与氨基酸态氮呈极显著的正相关关系，该结果为底物诱导机制所驱动。

②在秸秆还田条件下，相对于氮来说，本区域土壤微生物可能存在一定的磷限制。与表层土壤相比，次表层土壤微生物受磷限制的程度更高。土壤氮磷酶计量比的变异是非生物因素和生物因素共同作用的结果，但土壤非生物因素的解释度显著高于生物因素。在本试验区域，不同量的秸秆还田可能主要通过改变土壤pH、全氮含量和速效氮磷比影响土壤氮磷酶计量比。

综上所述，免耕结合不同量秸秆还田促进了土壤有机碳、氮、磷的累积，提高了土壤氮、磷矿化酶的活性，影响了有机氮、磷的酶促转化过程，并通过改变土壤化学性质调控了土壤氮磷酶计量比，表明免耕秸秆还田能够作为一种可行的耕作制度改善土壤质量和肥力。

6.5　展望

作者所在团队已初步研究了土壤有机氮、磷肥力保持和供应问题，研究结果表明免耕秸秆还田可作为一项环境友好型和资源节约型农田管理措施来缓解传统耕作导致的土壤养分流失。作者所在团队下一步的研究将从以下几个方面开展：

（1）土壤肽酶和植酸酶分别在有机氮和磷的转化中起到重要的作用，应该在未来的研究中受到重视。

（2）土壤微生物群落（尤其是在氮、磷矿化酶功能基因水平）对长期免耕秸秆还田的响应尚不明确，这也是未来研究的目标之一。

参考文献

蔡丽君，张敬涛，盖志佳，等，2015. 免耕条件下秸秆还田量对土壤酶活性的影响［J］. 土壤通报，5：1127-1132.

陈冬林，易镇邪，周文新，等，2010. 不同土壤耕作方式下秸秆还田量对晚稻土壤养分与微生物的影响［J］. 环境科学学报，30（8）：1722-1728.

陈晓东，2019. 长期施肥对土壤碱性磷酸酶基因多样性的影响及其与磷形态的关系［D］. 中国科学院大学：34.

丛萍，逄焕成，王婧，等，2020. 粉碎与颗粒秸秆高量还田对黑土亚耕层土壤有机碳的提升效应［J］. 土壤学报，57：811-823.

范昊明，蔡强国，王红闪，2004. 中国东北黑土区土壤侵蚀环境［J］. 水土保持学报，18（2）：66-70.

富东英，田秀平，薛菁芳，等，2005. 长期施肥与耕作对白浆土有机态氮组分的影响［J］. 农业环境科学学报，24：1127-1131.

高晓宁，韩晓日，刘宁，等，2009. 长期定位施肥对棕壤有机氮组分及剖面分布的影响［J］. 中国农业科学，42：2820-2827.

关松荫，张德生，张志明，1986. 土壤酶及其研究法［M］. 北京：农业出版社.

黄容，高明，万毅林，等，2016. 秸秆还田与化肥减量配施对稻—菜轮作下土壤养分及酶活性的影响［J］. 环境科学，37：4446-4456.

刘学军，巨晓棠，张福锁，2004. 减量施氮对冬小麦—夏玉米种植体系中氮利用与平衡的影响［J］. 应用生态学报，15（3）：458-462.

陆继龙，2001. 我国黑土的退化问题及可持续农业［J］. 水土保持学报，15：53-55.

彭令发，郝明德，来璐，2003. 土壤有机氮组分及其矿化模型研究［J］. 水土保持研究（10）：46-49.

任金凤，周桦，马强，等，2017. 长期施肥对潮棕壤有机氮组分的影响［J］. 应用生态学报，28（5）：1661-1667.

孙思怡，卢胜旭，陆宇明，等，2021. 杉木林下套种阔叶树对土壤生态酶活性及其化学计量比的影响［J］. 林业科学研究，34：106-113.

田纪辉，2017. 水肥添加对不同利用方式草地土壤氮、磷组分及酶促周转的影响［D］. 北京：中国科学院大学：8.

汪洪，宋书会，张金尧，等，2017. 土壤磷形态组分分级及^{31}P-NMR技术应用研究进展［J］. 植物营养与肥料学报，23：512-523.

王冰冰，曲来叶，马克明，等，2015. 岷江上游干旱河谷优势灌丛群落土壤生态酶化学计量特征［J］. 生态学报，35（18）：6078-6088.

王博，周志勇，张欢，等，2020. 针阔混交林中兴安落叶松比例对土壤化学性质和酶化学计量比的影响［J］. 浙江农林大学学报，37：611-622.

王飞，李清华，林诚，等，2020. 长期不同供磷水平下南方黄泥田生产力及磷组分特征 [J]. 中国生态农业学报（中英文），28：960 - 968.

吴汉卿，张玉龙，张玉玲，等，2018. 土壤有机氮组分研究进展 [J]. 土壤通报，49：1240 - 1246.

武国慧，2021. 黑钙土有机 C、N、P 积累和酶解特性及其对免耕秸秆还田的响应 [D]. 北京：中国科学院大学.

杨滨娟，黄国勤，徐宁，等，2014. 秸秆还田配施不同比例化肥对晚稻产量及土壤养分的影响 [J]. 生态学报，34：3779 - 3787.

袁萍，周嘉聪，张秋芳，等，2018. 中亚热带不同森林更新方式生态酶化学计量特征 [J]. 生态学报，38：6741 - 6748.

曾泉鑫，张秋芳，林开淼，等，2021. 酶化学计量揭示 5 年氮添加加剧毛竹林土壤微生物碳磷限制 [J]. 应用生态学报，32 (2)：521 - 528.

张彬，何红波，赵晓霞，等，2010. 秸秆还田量对免耕黑土速效养分和玉米产量的影响 [J]. 玉米科学，18 (2)：81 - 84.

张星星，杨柳明，陈忠，等，2018. 中亚热带不同母质和森林类型土壤生态酶化学计量特征 [J]. 生态学报，38：5828 - 5836.

张雅洁，陈晨，陈曦，等，2015. 小麦-水稻秸秆还田对土壤有机质组成及不同形态氮含量的影响 [J]. 农业环境科学学报，2155 - 2161.

赵士诚，曹彩云，李科江，等，2014. 长期秸秆还田对华北潮土肥力、氮库组分及作物产量的影响 [J]. 植物营养与肥料学报，1441 - 1449.

周礼恺，1987. 土壤酶学 [M]. 北京：科学出版社.

朱兆良，1997. 我国氮肥的使用现状、存在问题和对策 [M]. 南昌：江西科学技术出版社.

Abdi D，Cade - Menun B J，Ziadi N，et al.，2014. Long - term impact of tillage practices and phosphorus fertilization on soil phosphorus forms as determined by P - 31 nuclear magnetic resonance spectroscopy [J]. Journal of Environmental Quality，43：1431 - 1441.

Allison S D，Vitousek P M，2005. Responses of extracellular enzymes to simple and complex nutrient inputs [J]. Soil Biology and Biochemistry，37：937 - 944.

Allison S D，Weintraub M N，Gartner T B，et al.，2010. Evolutionary - economic principles as regulators of soil enzyme production and ecosystem function [M]. Springer：Soil Enzymology：229 - 243.

Amelung W，2001. Methods using amino sugars as markers for microbial residues in soil [M] //Kimble M，Follett R F，Stewart B A，Boca Raton：Lewis Publishers Assessment Methods for Soil Carbon：233 - 270.

Anderson T H，Domsch K H，1993. The metabolic quotient for CO_2 (qCO_2) as a specific activity parameter to assess the effects of environmental conditions，such as pH，on the microbial biomass of forest soils [J]. Soil Biology and Biochemistry，25：393 - 395.

Bai X，Dippold M A，An S，et al.，2021. Extracellular enzyme activity and stoichiometry：the effect of soil microbial element limitation during leaf litter decomposition [J]. Ecological Indicators，121：107200.

Balser T C，Firestone M K，2005. Linking microbial community composition and soil processes in a California annual grassland and mixed - conifer forest [J]. Biogeochemistry，73：395 - 415.

Bending G D，Turner M K，Jones J E，2002. Interactions between crop residue and soil organic matter quality and the functional diversity of soil microbial communities [J]. Soil Biology and Biochemistry，34：1073 - 1082.

Bowles T M, Acosta - Martínez V, Calderón F, et al., 2014. Soil enzyme activities, microbial communities, and carbon and nitrogen availability in organic agroecosystems across an intensively - managed agricultural landscape [J]. Soil Biology and Biochemistry, 68: 252 - 262.

Burger M, Jackson L E, 2003. Microbial immobilization of ammonium and nitrate in relation to ammonification and nitrification rates in organic and conventional cropping systems [J]. Soil Biology and Biochemistry, 35: 29 - 36.

Cade - Menun B J, Carter M R, James D C, et al., 2010. Phosphorus forms and chemistry in the soil profile under long - term conservation tillage: a phosphorus - 31 nuclear magnetic resonance study [J]. Journal of Environmental Quality, 39: 1647 - 1656.

Cao Y, Fu S, Zou X, et al., 2010. Soil microbial community composition under Eucalyptus plantations of different age in subtropical China [J]. European Journal of Soil Biology, 46: 128 - 135.

Chen H, Hou R, Gong Y, et al., 2009. Effects of 11 years of conservation tillage on soil organic matter fractions in wheat monoculture in Loess Plateau of China [J]. Soil and Tillage Research, 106: 85 - 94.

Chen H, Li D, Xiao K, et al., 2018. Soil microbial processes and resource limitation in karst and non - karst forests [J]. Functional Ecology, 32: 1400 - 1409.

Chen X, Jiang N, Condron L M, et al., 2019. Impact of long - term phosphorus fertilizer inputs on bacterial *phoD* gene community in a maize field, Northeast China [J]. Science of the Total Environment, 669: 1011 - 1018.

Cleveland C C, Liptzin D, 2007. C : N : P stoichiometry in soil: is there a "redfield ratio" for the microbial biomass? [J]. Biogeochemistry, 85: 235 - 252.

Condron L M, Turner B L, Cade - Menun B J, 2005. Chemistry and dynamics of soil organic phosphorus [J]. Phosphorus: Agriculture and the Environment, 46: 87 - 121.

Crewther W, Lennox F, 1953. Enzymes of aspergillus oryzae Ⅲ. The sequence of appearance and some properties of the enzymes liberated during growth [J]. Australian Journal of Biological Sciences, 6: 410 - 427.

Cui Y, Fang L, Guo X, et al., 2018. Ecoenzymatic stoichiometry and microbial nutrient limitation in rhizosphere soil in the arid area of the northern Loess Plateau, China [J]. Soil Biology and Biochemistry, 116: 11 - 21.

Dai K'o H, David M B, Vance G F, et al., 1996. Characterization of phosphorus in a spruce - fir spodosol by phosphorus - 31 nuclear magnetic resonance spectroscopy [J]. Soil Science Society of America Journal, 60: 1943 - 1950.

Daryanto S, Fu B, Wang L, et al., 2018. Quantitative synthesis on the ecosystem services of cover crops [J]. Earth - Science Reviews, 185: 357 - 373.

Deng S, Popova I E, Dick L, et al., 2013. Bench scale and microplate format assay of soil enzyme activities using spectroscopic and fluorometric approaches [J]. Applied Soil Ecology, 64: 84 - 90.

Deng S, Tabatabai M, 1994. Cellulase activity of soils [J]. Soil Biology and Biochemistry, 26: 1347 - 1354.

Deng S, Tabatabai M, 1996. Effect of tillage and residue management on enzyme activities in soils [J]. Biology and Fertility of Soils, 22: 202 - 207.

Deng S, Tabatabai M, 1997. Effect of tillage and residue management on enzyme activities in soils: III. Phosphatases and arylsulfatase [J]. Biology and Fertility of Soils, 24: 141 - 146.

Dick W A, Cheng L, Wang P, 2000. Soil acid and alkaline phosphatase activity as pH adjustment indicators [J]. Soil Biology and Biochemistry, 32: 1915-1919.

Dikgwatlhe S B, Chen Z D, Lal R, et al., 2014. Changes in soil organic carbon and nitrogen as affected by tillage and residue management under wheat-maize cropping system in the North China Plain [J]. Soil and Tillage Research, 144: 110-118.

Douglas L, Bremner J, 1970. Extraction and colorimetric determination of urea in soils [J]. Soil Science Society of America Journal, 34: 859-862.

Eivazi F, Tabatabai M, 1977. Phosphatases in soils [J]. Soil Biology and Biochemistry, 9: 167-172.

Ekenler M, Tabatabai M, 2002. β-Glucosaminidase activity of soils: effect of cropping systems and its relationship to nitrogen mineralization [J]. Biology and Fertility of Soils, 36: 367-376.

Ekenler M, Tabatabai M A, 2003. Tillage and residue management effects on beta-glucosaminidase activity in soils [J]. Soil Biology and Biochemistry, 35: 871-874.

Erinle K O, Doolette A, Marschner P, 2020. Changes in phosphorus pools in the detritusphere induced by removal of P or switch of residues with low and high C/P ratio [J]. Biology and Fertility of Soils, 56: 1-10.

Feng J, Wei K, Chen Z, et al., 2019. Coupling and decoupling of soil carbon and nutrient cycles across an aridity gradient in the drylands of northern China: evidence from ecoenzymatic stoichiometry [J]. Global Biogeochemical Cycles, 33: 559-569.

Frankenberger Jr W T, Tabatabai M, 1980. Amidase activity in soils: I. Method of assay [J]. Soil Science Society of America Journal, 44: 282-287.

Fujii K, Yamada T, Hayakawa C, et al., 2020. Decoupling of protein depolymerization and ammonification in nitrogen mineralization of acidic forest soils [J/OL]. Applied Soil Ecology, 153. https: doi. org/10. 1016/j. apsoic. 2020. 103572.

Garcıa-Gil J, Plaza C, Soler-Rovira P, et al., 2000. Long-term effects of municipal solid waste compost application on soil enzyme activities and microbial biomass [J]. Soil Biology and Biochemistry, 32: 1907-1913.

Geisseler D, Horwath W R, 2008. Regulation of extracellular protease activity in soil in response to different sources and concentrations of nitrogen and carbon [J]. Soil Biology and Biochemistry, 40: 3040-3048.

Geisseler D, Horwath W R, Joergensen R G, et al., 2010. Pathways of nitrogen utilization by soil microorganisms: a review [J]. Soil Biology and Biochemistry, 42: 2058-2067.

Guan X K, Wei L, Turner N C, et al., 2020. Improved straw management practices promote in situ straw decomposition and nutrient release, and increase crop production [J/OL]. Journal of Cleaner Production, 250. https://doi. org/10. 1016/j. jclepro. 2019. 119514.

Halpern M T, Whalen J K, Madramootoo C A, 2010. Long-term tillage and residue management influences soil carbon and nitrogen dynamics [J]. Soil Science Society of America Journal, 74: 1211-1217.

Howarth W, 2007. Carbon cycling and formation of organic matter [M]. 3rd ed. Oxford, Elsevier: Soil Microbiology, Ecology, and Biochemistry: 303-340.

Ichihashi Y, Date Y, Shino A, et al., 2020. Multi-omics analysis on an agroecosystem reveals the significant role of organic nitrogen to increase agricultural crop yield [J]. Proceedings of the National Academy of Sciences of the United States of America, 117 (25): 14552-14560.

Ilyina A V, Tatarinova N Y, Varlamov V P, 1999. The preparation of low-molecular-weight chitosan using chitinolytic complex from *Streptomyces kurssanovii* [J]. Process Biochemistry, 34: 875-878.

Iovieno P，Morra L，Leone A，et al.，2009. Effect of organic and mineral fertilizers on soil respiration and enzyme activities of two Mediterranean horticultural soils [J]. Biology and Fertility of Soils，45：555-561.

Jiang Y，Ma N，Chen Z，et al.，2018. Soil macrofauna assemblage composition and functional groups in no-tillage with corn stover mulch agroecosystems in a mollisol area of Northeastern China [J]. Applied Soil Ecology，128：61-70.

Jiao X G，Gao C S，Lue G H，et al.，2011. Effect of long-term fertilization on soil enzyme activities under different hydrothermal conditions in Northeast China [J]. Agricultural Sciences in China，10：412-422.

Joergensen R G，1996. The fumigation-extraction method to estimate soil microbial biomass：calibration of the kEC value [J]. Soil Biology and Biochemistry，28：25-31.

Jones D，Darrah P，1994. Amino-acid influx at the soil-root interface of *Zea mays* L. and its implications in the rhizosphere [J]. Plant and Soil，163：1-12.

Kahlon M S，Lal R，Ann-Varughese M，2013. Twenty two years of tillage and mulching impacts on soil physical characteristics and carbon sequestration in Central Ohio [J]. Soil and Tillage Research，126：151-158.

Kandeler E，Poll C，Frankenberger Jr W T，et al.，2011. Nitrogen cycle enzymes [M] //Dick R P，Methods of Soil Enzymology：211-245.

Karlen D，Wollenhaupt N C，Erbach D，et al.，1994. Crop residue effects on soil quality following 10-years of no-till corn [J]. Soil and Tillage Research，31：149-167.

Kassam A，Derpsch R，Friedrich T，2014. Global achievements in soil and water conservation：the case of conservation agriculture [J]. International Soil and Water Conservation Research，2：5-13.

Keeler B L，Hobbie S E，Kellogg L E，2009. Effects of long-term nitrogen addition on microbial enzyme activity in eight forested and grassland sites：implications for litter and soil organic matter decomposition [J]. Ecosystems，12：1-15.

Kemmitt S J，Wright D，Goulding K W T，et al.，2006. pH regulation of carbon and nitrogen dynamics in two agricultural soils [J]. Soil Biology and Biochemistry，38：898-911.

Khalil M I，Hossain M B，Schmidhalter U，2005. Carbon and nitrogen mineralization in different upland soils of the subtropics treated with organic materials [J]. Soil Biology and Biochemistry，37：1507-1518.

Kim N，Zabaloy M C，Guan K，et al.，2020. Do cover crops benefit soil microbiome? A meta-analysis of current research [J/OL]. Soil Biology and Biochemistry，142. https://doi.org/10.1016/j.soilbio.2019.107701.

Kiss I，1957. The invertase activity of earthworm casts and soils from ant-hills [J]. Agrokem Talajtan，6：65-85.

Ladd J，Butler J，1972. Short-term assays of soil proteolytic enzyme activities using proteins and dipeptide derivatives as substrates [J]. Soil Biology and Biochemistry，4：19-30.

Landi L，Renella G，Giagnoni L，et al.，2011. Activities of proteolytic enzymes [M] //Dick，R P，Methods of Soil Enzymology：247-260.

Li L，Wilson C B，He H，et al.，2019. Physical，biochemical，and microbial controls on amino sugar accumulation in soils under long-term cover cropping and no-tillage farming [J]. Soil Biology and Biochemistry，135：369-378.

Li P，Yang Y，Han W，et al.，2014. Global patterns of soil microbial nitrogen and phosphorus stoichiometry in forest ecosystems [J]. Global Ecology and Biogeography，23：979-987.

Liu C, Lu M, Cui J, et al., 2014. Effects of straw carbon input on carbon dynamics in agricultural soils: a meta-analysis [J]. Global Change Biology, 20: 1366-1381.

Liu X, Zhou F, Hu G, et al., 2019. Dynamic contribution of microbial residues to soil organic matter accumulation influenced by maize straw mulching [J]. Geoderma, 333: 35-42.

Lu C, Chen H, Teng Z, et al., 2018. Effects of N fertilization and maize straw on the dynamics of soil organic N and amino acid N derived from fertilizer N as indicated by N-15 labeling [J]. Geoderma, 321: 118-126.

Lu C, Wang H, Chen H, et al., 2018. Effects of N fertilization and maize straw on the transformation and fate of labeled $(^{15}NH_4)_2SO_4$ among three continuous crop cultivations [J]. Agricultural Water Management, 208: 275-283.

Lu H, He H, Zhao J, et al., 2013. Dynamics of fertilizer-derived organic nitrogen fractions in an arable soil during a growing season [J]. Plant and Soil, 373: 595-607.

Madejon E, Moreno F, Murillo J M, et al., 2007. Soil biochemical response to long-term conservation tillage under semi-arid Mediterranean conditions [J]. Soil and Tillage Research, 94: 346-352.

Mandal K G, Misra A K, Hati K M, et al., 2004. Rice residue-management options and effects on soil properties and crop productivity [J]. Journal of Food Agriculture and Environment, 2: 224-231.

Masto R E, Chhonkar P K, Singh D, et al., 2006. Changes in soil biological and biochemical characteristics in a long-term field trial on a sub-tropical inceptisol [J]. Soil Biology and Biochemistry, 38: 1577-1582.

Michel K, Matzner E, 2003. Response of enzyme activities to nitrogen addition in forest floors of different C-to-N ratios [J]. Biology and Fertility of Soils, 38: 102-109.

Mishra U, Ussiri D A N, Lal R, 2010. Tillage effects on soil organic carbon storage and dynamics in Corn Belt of Ohio USA [J]. Soil and Tillage Research, 107: 88-96.

Mooshammer M, Wanek W, Haemmerle I, et al., 2014. Adjustment of microbial nitrogen use efficiency to carbon: nitrogen imbalances regulates soil nitrogen cycling [J]. Nature Communications, 5. https: pubmed. ncbi. nlm. nih. gov/247392361.

Mulvaney R L, 1996. Nitrogen-inorganic forms [M]. Methods of Soil Analysis: 1123-1184.

Nannipieri P, Eldor P, 2009. The chemical and functional characterization of soil N and its biotic components [J]. Soil Biology and Biochemistry, 41: 2357-2369.

Nannipieri P, Giagnoni L, Landi L, et al., 2011. Role of phosphatase enzymes in soil [M]. Springer: Phosphorus in Action, 48 (7): 215-243.

Nannipieri P, Giagnoni L, Renella G, et al., 2012. Soil enzymology: classical and molecular approaches [J]. Biology and Fertility of Soils, 48: 743-762.

Nelson D A, Sommers L E, 1983. Total carbon, organic carbon, and organic matter [M]. Methods of Soil Analysis: Part 2. Chemical and Microbiological Properties: 539-579.

Olk D C, 2008. Organic forms of soil nitrogen [M]. //Schepers J S, Raun W R. Madison Nitrogen in Agricultural Systems: 57-100.

Omar L, Ahmed O H, Jalloh M B, et al., 2020. Soil nitrogen fractions, nitrogen use efficiency and yield of *Zea mays* L. grown on a tropical acid soil treated with composts and clinoptilolite zeolite [J]. Applied Sciences-Basel, 10 (12): 4139.

Omidi H，Tahmasebi Z，Torabi H，et al.，2008. Soil enzymatic activities and available P and Zn as affected by tillage practices，canola（*Brassica napus* L.）cultivars and planting dates [J]. European Journal of Soil Biology，44：443－450.

Pal R，Bhattacharyya P，Das P，et al.，2007. Relationship between acidity and microbiological properties in some tea soils [J]. Biology and Fertility of Soils，44：399－404.

Peng X，Wang W，2016. Stoichiometry of soil extracellular enzyme activity along a climatic transect in temperate grasslands of Northern China [J]. Soil Biology and Biochemistry，98：74－84.

Piper T，Posner A，1972. Humic acid nitrogen [J]. Plant and Soil，36：595－598.

Porter L，Stewart B，1970. Organic interferences in the fixation of ammonium by soils and clay minerals [J]. Soil Science，109：229－233.

Power J F，Koerner P，Doran J W，et al.，1998. Residual effects of crop residues on grain production and selected soil properties [J]. Soil Science Society of American Jounal，62 (5)：1393.

Qin S，He X，Hu C，et al.，2010. Responses of soil chemical and microbial indicators to conservational tillage versus traditional tillage in the North China Plain [J]. European Journal of Soil Biology，46：243－247.

Qiu S J，Peng P Q，Li L，et al.，2012. Effects of applied urea and straw on various nitrogen fractions in two Chinese paddy soils with differing clay mineralogy [J]. Biology and Fertility of Soils，48：161－172.

Quiquampoix H，Mousain D，2005. Enzymatic hydrolysis of organic phosphorus [M] //Tuner B L，Frssard E，Baldwin D S，Wallingford：CABl Pwblishin：Organic Phosphorus in the Environment：89－112.

Romillac N，Piutti S，Amiaud B，et al.，2019. Effects of organic inputs derived from pea and wheat root functional traits on soil protease activities [J]. Pedobiologia，77：150576.

Rousk J，Brookes P C，Baath E，2009. Contrasting soil pH effects on fungal and bacterial growth suggest functional redundancy in carbon mineralization [J]. Applied and Environmental Microbiology，75：1589－1596.

Rousk J，Brookes P C，Bååth E，2010. The microbial PLFA composition as affected by pH in an arable soil [J]. Soil Biology and Biochemistry，42：516－520.

Sardans J，Penuelas J，Estiarte M，2008. Changes in soil enzymes related to C and N cycle and in soil C and N content under prolonged warming and drought in a Mediterranean shrubland [J]. Applied Soil Ecology，39：223－235.

Sawada K，Funakawa S，Kosaki T，2009. Different effects of pH on microbial biomass carbon and metabolic quotients by fumigation－extraction and substrate－induced respiration methods in soils under different climatic conditions [J]. Soil Science and Plant Nutrition，55：363－374.

Schnitzer M，Hindle D，1980. Effect of peracetic acid oxidation on N－containing components of humic materials [J]. Canadian Journal of Soil Science，60：541－548.

Schulten H R，Schnitzer M，1997. The chemistry of soil organic nitrogen：a review [J]. Biology and Fertility of Soils，26：1－15.

Shi Y，Sheng L，Wang Z，et al.，2016. Responses of soil enzyme activity and microbial community compositions to nitrogen addition in bulk and microaggregate soil in the temperate steppe of Inner Mongolia [J]. Eurasian Soil Science，49：1149－1160.

Sinsabaugh R, Moorhead D, 1994. Resource allocation to extracellular enzyme production: a model for nitrogen and phosphorus control of litter decomposition [J]. Soil Biology and Biochemistry, 26: 1305 - 1311.

Sinsabaugh R L, Antibus R, Linkins A, et al., 1993. Wood decomposition: nitrogen and phosphorus dynamics in relation to extracellular enzyme activity [J]. Ecology, 74: 1586 - 1593.

Sinsabaugh R L, Hill B H, Shah J J F, 2009. Ecoenzymatic stoichiometry of microbial organic nutrient acquisition in soil and sediment [J]. Nature, 462: 795 - 798.

Sinsabaugh R L, Lauber C L, Weintraub M N, et al., 2008. Stoichiometry of soil enzyme activity at global scale [J]. Ecology Letters, 11: 1252 - 1264.

Sowden F J, Chen Y, Schnitzer M, 1977. The nitrogen distribution in soils formed under widely differing climatic conditions [J]. Geochimica et Cosmochimica Acta, 41: 1524 - 1526.

Sparks D, Liebhardt W, 1982. Temperature effects on potassium exchange and selectivity in Delaware soils [J]. Soil Science, 133: 10 - 17.

Stark S, Mannisto M K, Eskelinen A, 2014. Nutrient availability and pH jointly constrain microbial extracellular enzyme activities in nutrient - poor tundra soils [J]. Plant and Soil, 383: 373 - 385.

Stevenson F, 1982. Organic forms of soil nitrogen [J]. Nitrogen in Agricultural Soils, 22: 67 - 122.

Stevenson F, 1996. Nitrogen - organic forms [M] //Black C A. Methods of Soil Analysis. Madison: American Society of Agronomy: 1185 - 1200.

Stevenson F J, 1994. Humus chemistry: genesis, composition, reactions [M] //John Wiley and Sons. 2dn. New York: John Wiley and Sons lnc.

Sun C, Wang D, Shen X, et al., 2020. Effects ofbiochar, compost and straw input on root exudation of maize (*Zea mays* L.): from function to morphology [J/OL]. Agriculture Ecosystems and Environment, 297. https: doi. org/10. 1016/j. agee. 2020. 106952.

Tabatabai M, 1994. Soil enzymes. Methods of soil analysis [M]. Part 2. Microbiological and Biochemical Properties, 5: 775 - 833.

Tejada M, Hernandez M T, Garcia C, 2009. Soil restoration using composted plant residues: effects on soil properties [J]. Soil and Tillage Research, 102: 109 - 117.

Thomsen I K, 1995. Catch crop and animal slurry in spring barley grown with straw incorporation [J]. Acta Agriculturae Scandinavica B - Plant Soil Sciences, 45: 166 - 170.

Tian J, Wei K, Condron L M, et al., 2017. Effects of elevated nitrogen and precipitation on soil organic nitrogen fractions and nitrogen - mineralizing enzymes in semi - arid steppe and abandoned cropland [J]. Plant and Soil, 417: 217 - 229.

Tiemann L K, Billings S A, 2011. Indirect effects of nitrogen amendments on organic substrate quality increase enzymatic activity driving decomposition in a mesic grassland [J]. Ecosystems, 14: 234 - 247.

Tripathi K, Aggarwal R, 2002. Influence of crops, crop residues and manure on amino acid and amino sugar fractions of organic nitrogen in soil [J]. Biology and Fertility of Soils, 35: 210 - 213.

Turner B L, Cheesman A W, Condron L M, et al., 2015. Introduction to the special issue: developments in soil organic phosphorus cycling in natural and agricultural ecosystems [J]. Geoderma, 257: 1 - 3.

Turner B L, Haygarth P M, 2005. Phosphatase activity in temperate pasture soils: potential regulation of labile organic phosphorus turnover by phosphodiesterase activity [J]. Science of the Total Environment, 344: 27 - 36.

van Bodegom P M, Broekman R, van Dijk J, et al., 2005. Ferrous iron stimulates phenol oxidase activity and organic matter decomposition in waterlogged wetlands [J]. Biogeochemistry, 76: 69 - 83.

van Zwieten L, Kimber S, Morris S, et al., 2010. Effects of biochar from slow pyrolysis of papermill waste on agronomic performance and soil fertility [J]. Plant and Soil, 327: 235 - 246.

Vranova V, Rejsek K, Formanek P, 2013. Proteolytic activity in soil: a review [J]. Applied Soil Ecology, 70: 23 - 32.

Waksman S A, Dubos R J, 1926. Microbiological analysis of soils as an index of soil fertility: X. The catalytic power of the soil [J]. Soil Science, 22: 407.

Wang H, Li X, Li X, et al., 2020. Long - term no - tillage and different residue amounts alter soil microbial community composition and increase the risk of maize root rot in Northeast China [J]. Soil and Tillage Research, 196: 104452.

Wang J B, Chen Z H, Chen L J, et al., 2011. Surface soil phosphorus and phosphatase activities affected by tillage and crop residue input amounts [J]. Plant Soil and Environment, 57: 251 - 257.

Wang M, Pendall E, Fang C, et al., 2018. A global perspective on agroecosystem nitrogen cycles after returning crop residue [J]. Agriculture Ecosystems and Environment, 266: 49 - 54.

Wang R, Filley T R, Xu Z, et al., 2014. Coupled response of soil carbon and nitrogen pools and enzyme activities to nitrogen and water addition in a semi - arid grassland of Inner Mongolia [J]. Plant and Soil, 381: 323 - 336.

Wang X B, Cai D X, Hoogmoed W B, et al., 2007. Developments in conservation tillage in rainfed regions of North China [J]. Soil and Tillage Research, 93: 239 - 250.

Waring B G, Weintraub S R, Sinsabaugh R L, 2014. Ecoenzymatic stoichiometry of microbial nutrient acquisition in tropical soils [J]. Biogeochemistry, 117: 101 - 113.

Wei K, Chen Z, Zhu A, et al., 2014. Application of P - 31 NMR spectroscopy in determining phosphatase activities and P composition in soil aggregates influenced by tillage and residue management practices [J]. Soil and Tillage Research, 138: 35 - 43.

Wei K, Chen Z H, Zhang X P, et al., 2014. Tillage effects on phosphorus composition and phosphatase activities in soil aggregates [J]. Geoderma, 217: 37 - 44.

Wei T, Zhang P, Wang K, et al., 2015. Effects of Wheat Straw Incorporation on the Availability of Soil Nutrients and Enzyme Activities in Semiarid Areas [J/OL]. Plos One, 10 (4) . https://doi. org/10. 1371/journal. pone. 0120994.

Werdin - Pfisterer N R, Kielland K, Boone R D, 2009. Soil amino acid composition across a boreal forest successional sequence [J]. Soil Biology and Biochemistry, 41: 1210 - 1220.

Xia L, Lam S K, Wolf B, et al., 2018. Trade - offs between soil carbon sequestration and reactive nitrogen losses under straw return in global agroecosystems [J]. Global Change Biology, 24: 5919 - 5932.

Xia L, Wang S, Yan X, 2014. Effects of long - term straw incorporation on the net global warming potential and the net economic benefit in a rice - wheat cropping system in China [J]. Agriculture Ecosystems and Environment, 197: 118 - 127.

Xu J M, Tang C, Chen Z L, 2006. The role of plant residues in pH change of acid soils differing in initial pH [J]. Soil Biology and Biochemistry, 38: 709 - 719.

Xu Y C, Shen Q R, Ran W, 2003. Content and distribution of forms of organic N in soil and particle size fractions after long - term fertilization [J]. Chemosphere, 50: 739 - 745.

Yang H, Wu G, Mo P, et al., 2020. The combined effects of maize straw mulch and no - tillage on grain yield and water and nitrogen use efficiency of dry - land winter wheat (*Triticum aestivum* L.) [J]. Soil and Tillage Research, 197. https://doi. org/10. 1016/j. stiu. 2019. 104485.

Yang Y, Liang C, Wang Y, et al., 2020. Soil extracellular enzyme stoichiometry reflects the shift from P - to N - limitation of microorganisms with grassland restoration [J]. Soil Biology and Biochemistry, 149. https://doi. org/10. 1016/j. soilbio. 2020. 107928.

Yao Y, Tang H, Tang P, et al., 2013. Soil organic matter spatial distribution change over the past 20 years and its causes in Northeast [C]. IEEE 2013 Second International Conference on Agro - Geoinformatics (Agro - Geoinformatics): 433 - 438.

Zaller J G, Kopke U, 2004. Effects of traditional and biodynamic farmyard manure amendment on yields, soil chemical, biochemical and biological properties in a long - term field experiment [J]. Biology and Fertility of Soils, 40: 222 - 229.

Zhang F, Cui Z, Fan M, et al., 2011. Integrated soil - crop system management: reducing environmental risk while increasing crop productivity and improving nutrient use efficiency in China [J]. Journal of Environmental Quality, 40: 1051 - 1057.

Zhang J, Ai Z, Liang C, et al., 2019. How microbes cope with short - term N addition in a Pinus tabuliformis forest - ecological stoichiometry [J]. Geoderma, 337: 630 - 640.

Zhang P, Chen X, Wei T, et al., 2016. Effects of straw incorporation on the soil nutrient contents, enzyme activities, and crop yield in a semiarid region of China [J]. Soil and Tillage Research, 160: 65 - 72.

Zhang S, Lovdahl L, Grip H, et al., 2009. Effects of mulching and catch cropping on soil temperature, soil moisture and wheat yield on the Loess Plateau of China [J]. Soil and Tillage Research, 102: 78 - 86.

Zhang W, Liang C, Kao - Kniffin J, et al., 2015. Differentiating the mineralization dynamics of the originally present and newly synthesized amino acids in soil amended with available carbon and nitrogen substrates [J]. Soil Biology and Biochemistry, 85: 162 - 169.

Zhang X, Xin X, Zhu A, et al., 2017. Effects of tillage and residue managements on organic C accumulation and soil aggregation in a sandy loam soil of the North China Plain [J]. Catena, 156: 176 - 183.

Zhang Z, Wang H, Wang Y, et al., 2021. Organic input practice alleviates the negative impacts of elevated ozone on soil microfood - web [J]. Journal of Cleaner Production, 290: 125773.

Zhao F Z, Ren C J, Han X H, et al., 2018. Changes of soil microbial and enzyme activities are linked to soil C, N and P stoichiometry in afforested ecosystems [J]. Forest Ecology and Management, 427: 289 - 295.

Zhao S, Li K, Zhou W, et al., 2016. Changes in soil microbial community, enzyme activities and organic matter fractions under long - term straw return in north - central China [J]. Agriculture Ecosystems and Environment, 216: 82 - 88.

Zheng H, Liu Y, Chen Y, et al., 2020. Short - term warming shifts microbial nutrient limitation without changing the bacterial community structure in an alpine timberline of the eastern Tibetan Plateau [J]. Geoderma, 360. https://doi. org/10. 1016/j. geoderma. 2019. 113985.

Zhou L, Liu S, Shen H, et al., 2020. Soil extracellular enzyme activity and stoichiometry in China's forests [J]. Functional Ecology, 34: 1461 - 1471.

Zhu L，Hu N，Zhang Z，et al.，2015. Short - term responses of soil organic carbon and carbon pool management index to different annual straw return rates in a rice - wheat cropping system [J]. Catena，135：283 - 289.

Zicker T，von Tucher S，Kavka M，et al.，2018. Soil test phosphorus as affected by phosphorus budgets in two long - term field experiments in Germany [J]. Field Crops Research，218：158 - 170.

第7章　保护性耕作对农田大、中型土壤动物的影响

土壤生物是农田生态系统的重要组成部分，通过消费者-资源关系的土壤食物网而彼此紧密地联系在一起（图 7-1）。其中，土壤动物种类丰富、数量繁多，具有广泛的生活史策略和摄食类型，占据食物网多个营养级，在病虫害控制，土壤结构调节，有机物质分解和养分循环、存储、时空再分布以及高等植物的营养供给等方面都起着不可替代的作用（Lavelle et al.，2006；Ekschmitt et al.，2005；Culliney，2013；Domínguez et al.，2018），影响农田生态系统对非生物干扰和胁迫的抵抗和恢复能力（Brussaard et al.，2007），是维护土壤生态平衡、提高农业生产潜力的重要生态因子之一。同时，土壤动物对土壤环境变化敏感，易在土壤理化性状之前被人们发现。生态学界已将其个体数量、种类组成和多样性列为评价土壤质量的重要指标（Yan et al.，2012）。

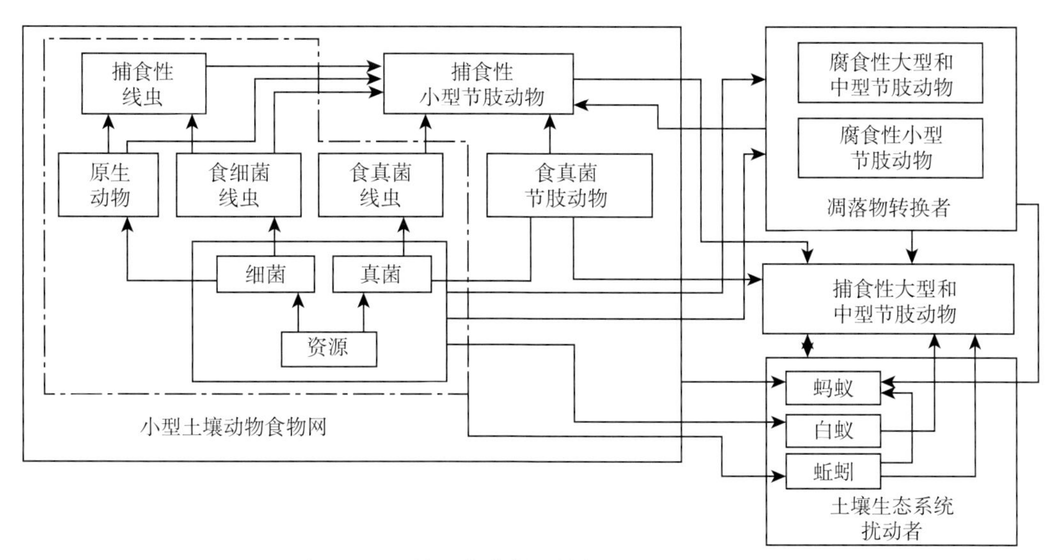

图 7-1　土壤生物食物网结构（Wardle，2002）

耕种方式和作物秸秆管理是农田重要的生产活动，影响土壤物理、化学和生物学特征。为合理利用和保护农田土壤，确保农业可持续发展，以少免耕和作物秸秆覆盖还田为主要措施的保护性耕作越来越受到重视且被广泛使用。与传统耕作相比，保护性耕作减少了对土壤的扰动，增加了地表有机残留物的累积，可降低土壤侵蚀、缓和土壤温度波动，

保持土壤水分、提高土壤固碳能力等（Turmel et al.，2014；Sharma et al.，2018）。耕作方式转变引起土壤环境的变化必然会对生存在其中的土壤动物群落产生影响，从而进一步影响土壤环境（图 7-2）。已有研究表明，农田管理措施能够通过改变干扰强度、有机物料输入等直接或间接影响土壤动物群落及其调控的生态过程（Stubbs et al.，2004；Melman et al.，2019）。因此，为全面了解保护性耕作对土壤环境的影响，营造健康的农田生态系统，有必要了解土壤动物群落对保护性耕作的响应。本章主要介绍保护性耕作对土壤动物群落组成及其功能类群的影响。

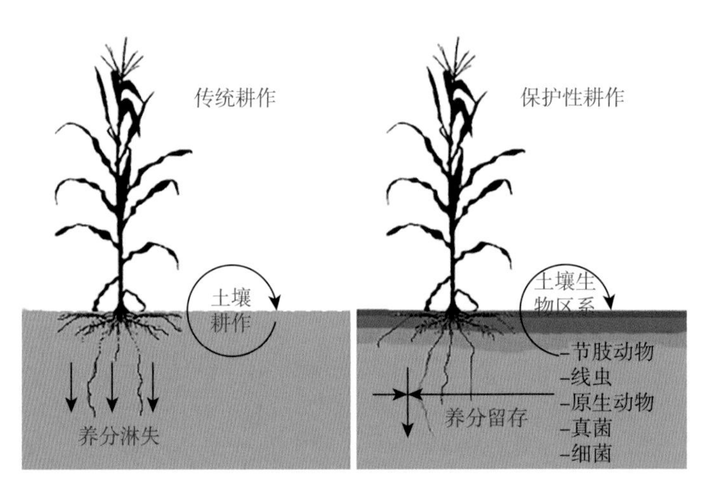

图 7-2　保护性耕作改善土壤生物区系示意图（House and Parmelee，1985）

7.1　土壤动物及其生态作用

土壤是自然界最复杂的生态系统之一，也是地球上最为多样化的栖息地之一，它包含无数种不同的生物。1g 土壤中可以有数以百万计细菌、放线菌和真菌，上万个原生动物，几十到上百条线虫，还有众多的螨类、弹尾类、白蚁和蚯蚓等。除此之外，还有许多陆地昆虫至少在其生命周期的某些阶段栖息于土壤中。这些生物不仅是土壤中的居住者，更是土壤环境的营造者（Zanella et al.，2018）。正是土壤中无数有机体的存在和活动使土壤能给大地披上绿色的外衣（Carson，1962）。

7.1.1　土壤动物的定义

土壤动物的定义通常有广义和狭义之分。土壤动物广义的定义为生活史中的一个时期（或季节中某一时期）接触土壤表面或者在土壤中生活的动物，包括大多数的无脊椎动物，也包括两栖动物、爬行动物和哺乳动物中的食虫目和啮齿目等脊椎动物；狭义土壤动物是指生活史的全部时间都在土壤中度过的动物，如软体类、寡毛类、多足类、蜘蛛、螨类及昆虫当中的某些类群和线虫等（青木淳一，1980）。但在实际研究中人们还是更多采用如下定义：土壤动物是指那些在其生命周期中存在一段在土壤中生活的时期，并且会对生活的土壤和凋落物造成一定影响的无脊椎动物（尹文英，2001）。

7.1.2　土壤动物的分类

依据土壤动物定义可知，土壤动物涉及的门类繁多，几乎包含了陆地生态系统大多数无脊椎动物类群。而且不同的土壤动物类群物种丰富度相差较大。土壤动物个体数量众多，体型、大小差异悬殊，功能和作用也不尽相同。从不同的角度可分成不同的类别。根据在土壤中滞留的时间可分为全期土壤动物、周期土壤动物、暂时土壤动物、过渡土壤动物、交替土壤动物和部分土壤动物 6 类；根据其在土壤中栖息的层次又可分为真土居土壤动物、半土居土壤动物、地表土居土壤动物和上方土居土壤动物 4 类；根据其食性可分为根食性土壤动物、枯食性土壤动物、尸食性土壤动物、粪食性土壤动物、菌食性土壤动物、捕食性土壤动物和杂食性土壤动物 7 类（忻介六，1986）。Brussaard（1998）根据土壤动物在土壤生态系统不同时空尺度对土壤生态过程影响的差异，将其划分为食根动物、生态系统分解者和土壤生态系统扰动者（生态系统工程师）3 个土壤生物功能群。

在实际研究工作中，为采集和研究方便，更多还是依据土壤动物身体大小，根据其体宽将其划分为小型土壤动物、中型土壤动物、大型土壤动物以及巨型土壤动物（图 7－3）。其中，小型土壤动物为体宽在 0.1mm 以下的微小动物，生活在土壤或凋落物的充水孔隙中，主要是原生动物和部分线虫类土壤动物。中型土壤动物为体宽在 0.1～2.0mm 的动物，生活在土壤和凋落物的充气孔隙中，以螨类、弹尾目以及部分鞘翅目、双翅目、寡毛纲等小型无脊椎动物为主。大型土壤动物为体宽在 2mm 以上，一般栖息在地表凋落物中或土壤中，主要包括唇足纲、等足目、倍足目以及部分鞘翅目、蜘蛛纲和寡毛纲等。

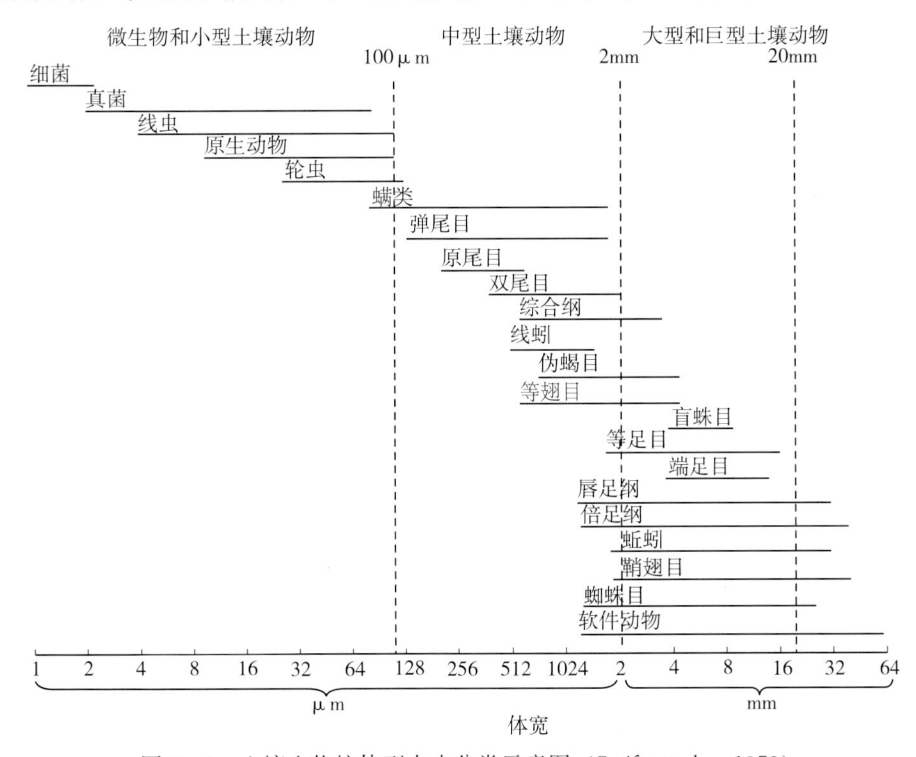

图 7－3　土壤生物按体型大小分类示意图（Swift et al.，1979）

7.1.3 土壤动物在生态系统中的作用

在土壤的形成与发展及生态系统的物质循环中，土壤动物起着重要的作用（图 7－4）。土壤动物对土壤环境的影响因其体型大小而存在差异。中小型土壤动物在土壤中的迁移能力有限，主要通过取食活动调控微生物种群作用于养分循环和植物生长。大型土壤动物不仅可以通过直接取食和肠道过程等影响其他生物，进而影响生态系统功能，还可以通过自身活动改变土壤结构、透气性、pH 等影响土壤生态过程。此外，捕食者还可以通过基于取食作用的级联效应（Trophic cascade）来影响生态系统功能（邵元虎等，2015）。

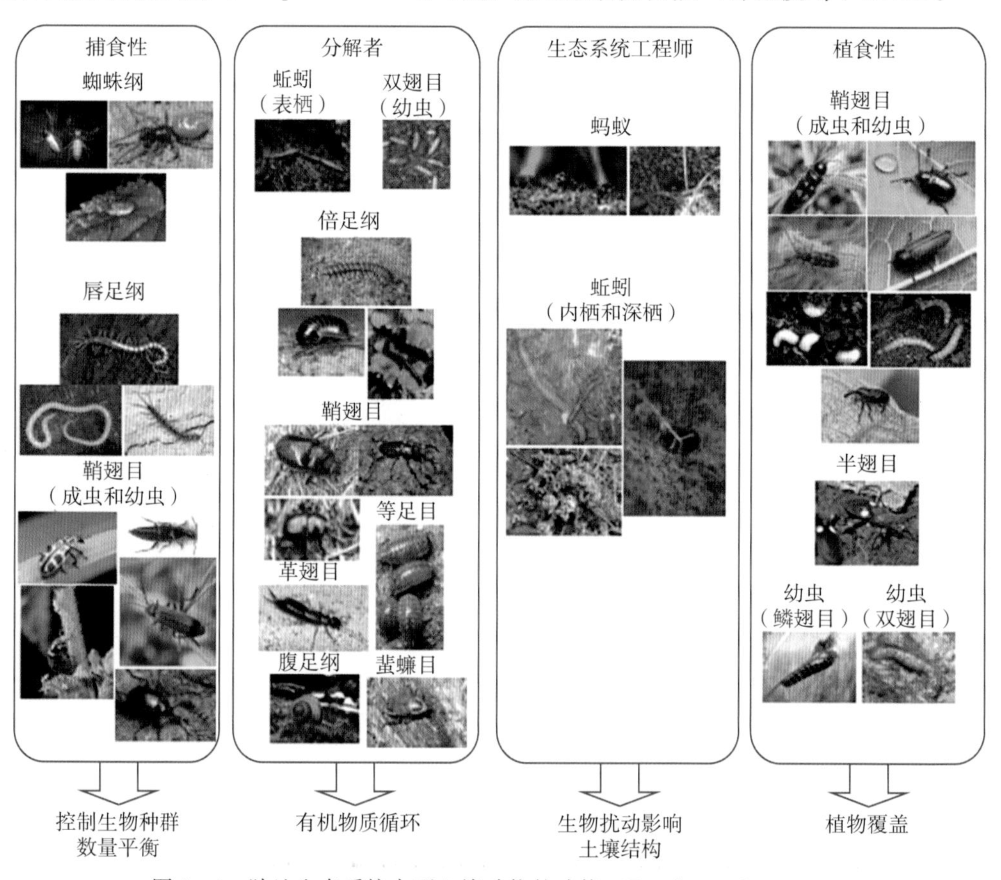

图 7－4 陆地生态系统大型土壤动物的功能（Zanella et al.，2018）

7.1.3.1 促进凋落物分解与养分循环

植物凋落物产生后，很快进入分解过程。土壤动物是调控凋落物分解的一个重要生物因素，通过对凋落物的混合、湿润、破碎和采食等直接作用以及调控土壤微生物种类、数量与活性等间接作用影响凋落物的分解动态和养分释放过程（Coleman et al.，2005）。

大量研究显示，土壤无脊椎动物群落多样性与凋落物的周转期之间存在显著的负相关性，即动物多样性越高，凋落物的周转期越短，分解越快，反之亦然（徐国良等，2002；Yang et al.，2009）。但土壤无脊椎动物对凋落分解速率的影响主要体现在分解的前期。

大型土壤动物通过碎化凋落物使物质发生淋溶、下渗，增加后续中小型土壤动物以及微生物活动的接触面积，促进凋落物的分解。马陆是陆地生态系统中以凋落物为食的一类大型土壤动物，马陆取食凋落物不仅可以提高凋落物的分解速率，还可以改变凋落物的物理结构，增加凋落物的比表面积，从而使微生物更容易接触凋落物，提高微生物活性和碳排放速率（王梦茹等，2018）。但也有观点认为马陆取食大量的凋落物，可其同化率较低，凋落物多转化为质量较小（难分解化合物比例较高）的粪球被排放于土壤表面，加之粪球的结构能使大部分有机质不易与微生物接触，因此粪球的分解速率较低（Suzuki et al.，2013）。基于此，有研究者提出马陆可能会提高土壤有机质的稳定性（Suzuki et al.，2013；Joly et al.，2015），不过这一观点需要更多的研究支持。蚯蚓是土壤生态系统中的重要分解者，它的存在既能促进碳矿化，又能提高土壤碳的稳定性，两者是同一过程的两个方面。蚯蚓是否促进土壤碳的固存取决于其对“碳矿化-碳稳定”平衡的影响。两个过程并不对称，一般后者增强的幅度远高于前者，最终导致生态系统碳的净固存（Zhang et al.，2013）。

土壤动物和微生物种类、数量和活动是氮矿化最直接的因素，它们的生物量也是重要的氮库（李贵才等，2001）。土壤动物的多样性及巨大的生物量决定了其在氮循环中的重要地位。中、大型土壤动物对氮矿化也具有显著的促进作用。线蚓的生物量与土壤中铵态氮的数量显著正相关（Sulkava et al.，1996）。蚯蚓能够促进氮从凋落物层回归土壤，对土壤氮的积累有贡献，对生态系统的氮平衡还发挥着重要作用（Knight et al.，1992）。

7.1.3.2　改良土壤结构

自然土壤的疏松与混合历来都是由土壤动物承担的，特别是较大型的、有较强挖掘能力的动物，如大型土壤动物中被称为“生态系统工程师”的蚯蚓和白蚁可以通过掘穴和搬运活动构建土壤结构。VandenBygaart 等（2000）通过图像分析法定量研究蚯蚓对土壤结构的影响，结果表明在免耕土壤中大于 1mm 的孔隙数量比对照土壤高 2 倍多，这可能缘于免耕土壤中存在大量的蚯蚓种群。大型土壤动物建造的结构不但能增加土壤孔隙度和渗透性，还为微生物和小型土壤动物提供了生存空间。此外，蚯蚓和白蚁还会把深层土壤搬运到地表，同时又把地面上的落叶或其他有机物拖到穴中，实现对土壤有机物质的转化和再分布（张卫信等，2007）。除了蚯蚓、白蚁外，许多马陆也具有掘穴能力（王梦茹等，2018）。跳虫虽不及大型土壤动物有强大的掘穴能力，但某些跳虫类群的活动可以在土壤中形成大量的微孔隙，如土栖型棘跳虫科物种腹部具有显著的臀刺，这是挖掘孔洞的专用工具（Rusek，1998）。

在土壤团聚体形成方面，土壤动物也有一定的促进作用。如蚯蚓以植物残体为食，产生的蚓粪中含有大量的大团聚体。甲螨可产生大量的粪便颗粒促进团聚体的形成，并通过调控微生物群落组成、携带并传播微生物等间接作用影响土壤团聚体的形成（邵元虎等，2015）。

因此，在缺少机械扰动的免耕农田中，某些土壤动物的活动可发挥“自然犁”的功能，改善土壤质地、结构、通气透水性，使土壤腐殖质与土壤矿物质混合，为作物生长创造有利的环境条件。

7.1.3.3　捕食者的生态功能

土壤生态系统中的捕食者类群也具有较高的物种丰富度和多样性，其中体形较大的捕食者有蜘蛛、蜈蚣、肉食性的甲虫、蚂蚁、伪蝎等；体形较小的捕食者包括部分螨类和线虫。捕食者在土壤生态系统中主要通过下行效应（Top-down effect），即捕食或调节碎屑食物网中营养级较低的土壤动物类群，抑制其数量增长（密度调节）或改变其行为、外部形态及生活史等（性状调节）影响土壤动物群落的物种组成，进而影响土壤食物网结构，最终影响凋落物分解和养分循环等生态过程（Miyashita et al.，2006；Liu et al.，2014；傅声雷等，2019）。在捕食强度适中的情况下，捕食者刺激被捕食者生长的现象在土壤生态系统中经常存在（Fu et al.，2005）。捕食者通过被捕食者对生态系统过程的影响在一定程度上还受环境条件（水分和养分条件）制约，如在营养贫乏的地区，顶级捕食者对土壤小型动物的级联效应显著，而在营养丰富的地区则不显著（邵元虎等，2015）。Wardle（2002，2006）指出土壤生物之间的资源竞争、大型土壤动物的取食作用和非取食作用对小型土壤生物的扩散等控制着局域尺度上的土壤生物多样性。

因此，在土壤孔隙和液相中，个体大小不同、生态功能不同的各类生物的活动可改变其生存的土壤环境结构，而环境结构的改变又反过来影响土壤生物的活动。土壤生物与土壤环境形成了一个密不可分的结构组织，在不同的空间尺度上各自独立而又相互作用，共同维持土壤生态系统的功能和可持续发展（傅声雷等，2019）。所以，土壤被认为是一个自组织系统（Young et al.，2004；Lavelle et al.，2006）。在这个系统内，土壤生物之间通过对理化环境的调控而彼此促进对方对环境的适应，共同决定其在土壤中的生态功能（Crawford et al.，2005）。尽管土壤动物在生态系统物质循环和能量传递中的贡献日益得到重视，但土壤动物在持续农业中的关键地位以及对土壤生物多样性的保护却没有得到足够的重视和认可（Decaëns et al.，2006）。因此，构建保护性耕作农田复杂的土壤自组织系统，充分发挥土壤生物的作用，对于农业可持续性具有重要意义。

7.1.4 保护性耕作对土壤环境的影响

土壤动物的数量和多样性不仅关乎土壤生态系统功能的正常发挥，同时还受到土地利用方式的影响（Bouma，2014）。长期传统耕作制度下，大部分光合作用固定的碳以植物残体的形式被收获移走，使土壤中储存的有机物质显著减少，减少了土壤动物的食物资源（Janzen，2006）。此外，强烈的物理干扰破坏了土壤结构，使表土层易于暴露在干燥环境中和被侵蚀，改变了土壤动物的生存环境（图7-5）。作为一种能够兼顾生产和生态的农田耕作技术模式，保护性耕作（少免耕秸秆覆盖）在提高土壤结构稳定性的同时截获了更多的有机物料输入土壤（Powlson et al.，2014；Shama et al.，2018），减缓了土壤温度和水分波动强度，为土壤动物生存提供了相对稳定的空间（Hobbs et al.，2008）

少免耕秸秆覆盖对土壤环境（如土壤结构、孔隙度、持水能力和有机质水平）的影响很大程度是通过秸秆覆盖来实现的（Turmel et al.，2014；Ranaivoson et al.，2017；Kader et al.，2017）。土壤水分是制约农业生产十分重要的因素之一，不同土壤水分条件下保护性耕作技术的适应性存在差异。地表覆盖物的存在为土壤提供了物理保护，在降低土壤水分蒸发的同时减少了土壤结皮效应，增加了土壤持水量和入渗量（Lal，2008；Balwinder-Singh et al.，2011；Basche et al.，2016），从而影响土壤水分的再分布过程。

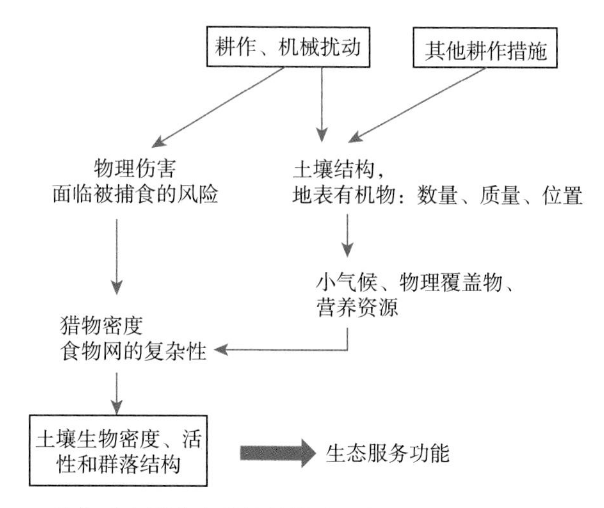

图 7－5　耕作对土壤生态系统的影响（Roger－Estrade et al.，2010）

秸秆覆盖对土壤温度调节具有“降温”和“增温”效应。冬季降低地面有效辐射，起到一定保温作用；而春季阻隔太阳能到达地表，使地温回暖较慢，冷湿地区表现尤其明显（Swanson et al.，1996）。秸秆覆盖通过缓和土壤温度波动、减少土壤水分蒸发调节土壤的水热状况（Arora et al.，2011），可增强土壤微生物活性，进而促进土壤中有机物质的分解（Wang et al.，2016），将养分释放到土壤中，长期累积可改善土壤养分含量。此外，秸秆覆盖还可通过改变土壤水热条件、土壤表面透光率或化感效应干扰杂草的生长（Chauhan et al.，2012）（图 7－6）。因此，保护性耕作作为一种保持或改善土壤质量和提高作物生产力的措施而得到广泛推广。

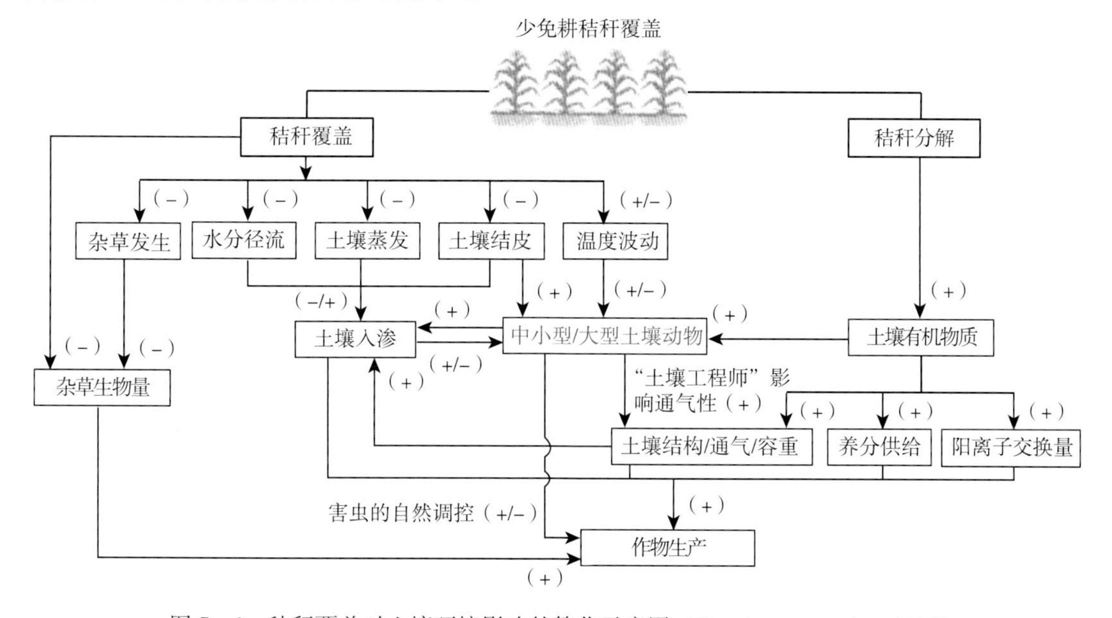

图 7－6　秸秆覆盖对土壤环境影响的简化示意图（Ranaivoson et al.，2017）

注：“＋”和“－”代表正效应和负效应。

耕作技术转变引起土壤环境的变化，对生活在土壤中的土壤生物产生影响，进而影响土壤食物网结构与生态功能（Kladivko，2001）。研究显示相比于传统耕作，少免耕秸秆覆盖显著改变了土壤食物网的结构组成，使以传统耕作细菌和植食性线虫为主的群落转变为以真菌和捕食性线虫为主的群落，并通过下行效应/捕食效应有效提升土壤食物网对有机碳固持的生态功能（Zhang et al.，2015）。免耕能够使土壤的养分层次明显分化，使地表养分富集程度增加，从而调控了土壤食物网中的弹尾目、蜱螨目、鞘翅目和双翅目动物在不同土壤层次的分布，使它们在土层间的分布存在显著的差异（Tsiafouli et al.，2015）。但各类土壤动物在食物网中的相对优势随土壤类型、气候条件、秸秆属性等的变化而变化。因此，在大力开展少免耕秸秆覆盖还田技术推广和应用的同时，需加强不同区域地下生态系统对此耕作技术的响应研究。

我国东北地区是世界黑土主要分布区之一，也是我国粮食主产区之一。经过百余年的垦殖与耕作，土壤已出现明显的退化现象。近年来，为保护黑土资源，保证农业持续而稳定的生产，我国东北黑土区已逐渐实施以少免耕、秸秆覆盖为主要措施的保护性耕作。该区关于保护性耕作对农田生态系统影响的研究多集中于土壤理化性质方面，如减少土壤侵蚀、调节土壤温湿度、增加土壤碳汇等，而在土壤动物方面的研究却相对薄弱。因此，开展少免耕秸秆覆盖对农田土壤动物群落组成、结构、多样性和功能类群影响的研究，不仅可为黑土区农田生态系统生物多样性的保护提供科学依据，还可为开展农田生态系统土壤动物功能研究提供基础。同时，对农田的科学管理、维持农田生态系统良性的物质循环、营造健康的具有自我调控能力的农田生态系统具有指导意义。

7.2 试验区概况及试验设计

7.2.1 试验区概况

同 2.2.1。

7.2.2 试验设计

试验在中国科学院保护性耕作研发基地的不同秸秆还田量试验平台进行（详见 2.2.2）。

7.2.3 土壤动物样品采集

大、中型土壤动物分别在 2015 年和 2016 年的春季（4 月底）、夏季（7 月中旬）和秋季（9 月底、10 月初）取样，对应玉米生长的 VE、V12 和 R6 阶段，在传统耕作样地、免耕秸秆不同覆盖量样地采集土壤动物样品。每次采样，在每个小区内沿对角线选取 3 个取样点，每个采样点分 3 层取样，即 0～5cm、5～10cm 和 10～15cm 土层。大型土壤动物取样规格为 25cm×25cm，中型土壤动物取样规格为 10cm×10cm。

根据 TSBF 方法，手工分类收集大型动物群。除蚯蚓被固定并保存在 4%甲醛溶液中外，大型动物样本均保存在 75%的乙醇溶液中。之后，在体式显微镜下进行鉴定和计数。

将大型土壤动物进一步基于它们已知的进食行为分为捕食性、植食性和腐食性＋杂食性（分解者）等主要功能群。

中型土壤动物通过改进的Berlese Tullgren漏斗（配备25W灯泡）提取。采集的所有中型土壤动物都保存在75%的乙醇溶液中。之后，同样在体式显微镜下鉴定和计数。标本的鉴定主要依据尹文英编写的《中国土壤动物检索图鉴》、郑乐怡和归鸿编写的《昆虫学》、钟觉民编写的《幼虫分类学》、梁来荣和杨庆爽等编写的《蜱螨分科手册》、忻介六编写的《应用蜱螨学》和Janssens的《跳虫分类图鉴》等工具书。

7.2.4　试验数据处理

将每个小区各采样点分层（0～5cm、5～10cm和10～15cm）得到的土壤动物个体数相加，计算各采样点土壤动物个体密度后求得每个小区平均个体密度（只/m^2）。同时，将在每个小区3个采样点发现的类群汇集以确定各小区物种丰富度。利用类群数、个体密度、香农多样性指数（H′）和Pielou均匀度指数（E）分析各处理对土壤动物群落的影响。

香农多样性指数（H′）：

$$H' = -\sum_{t=1}^{S} P_i \ln P_i \tag{1}$$

式中：S为土壤动物总类群数；$P_i = \frac{N_i}{N}$，为第i个类群的多度比例；N_i为第i个类群的个体数；N为土壤动物个体总数。

Pielou均匀度指数（E）：

$$E = \frac{H'}{\ln S} \tag{2}$$

式中：H′为香农多样性指数，其他符号意义（1）。

为分析各土壤类群对不同耕作处理的响应，将大型土壤动物为7个分类群，即寡毛纲（Oligochaeta）、鞘翅目（Coleoptera）、双翅目幼虫（Diptera larvae）、地蜈蚣目（Geophilomorpha）、膜翅目（Hymenoptera）、蜘蛛目（Araneae）和其他分类群；将中型土壤动物分为11个分类群，即甲螨亚目（Oribatida）、中气门亚目（Mesostigmata）、前气门亚目（Prostigmata）、等节跳科（Isotomidae）、球角跳科（Hypogastruridae）、疣跳虫科（Neanuridae）、长角跳科（Entomobryidae）和其跳虫目（other Collembola）、鞘翅目、双翅目幼虫和其他分类群。之后利用V值分析主要动物类群对免耕不同秸秆覆盖量的耕作的响应程度。

$$V = \frac{2M_{CT}}{M_{CT} - M_{NT}} - 1 \tag{3}$$

式中：M_{CT}和M_{NT}分别表示某类土壤动物在传统耕作和保护性耕作（耕秸秆不同覆盖量）条件下的个体数量。当$V=-1$时，动物只在保护性耕作条件下出现；当$V=1$时，动物只在传统耕作条件下出现；当$V<-0.67$时，动物受耕作重度抑制；当$-0.67<V<-0.33$时，动物受耕作中度抑制；当$-0.33<V<0$时，动物受耕作轻度抑制；当$V=0$时，传统耕作与保护性耕作条件下土壤动物数量无差别；当$0<V<0.33$时，动物受耕作轻度

激发；当 $0.33<V<0.67$ 时，动物受耕作中度激发；当 $V>0.67$ 时，动物受耕作重度激发。

7.3 保护性耕作对农田中型土壤动物的影响

生活在土壤或凋落物中的中型土壤动物是一类种类丰富、个体众多的土壤动物，典型代表如跳虫和螨类。中型土壤动物可通过直接（如取食等）或间接（如分泌代谢产物、协助扩散等）的方式消耗凋落物、调节土壤微生物数量与活性以及分解大型土壤动物的粪便促进有机物质的分解和养分循环（Kampichler et al.，2009；Wang et al.，2017；孙新等 2021），有助于提升土壤肥力。保护性耕作引起的土壤环境的变化会对中型土壤中的动物群产生影响，从而影响其生态功能。一般而言，与传统耕作相比，少免耕和作物秸秆覆盖还田可增加中型土壤动物的种类和数量（Kladivko，2001；Stubbs et al.，2004；Coulibaly et al.，2017）。但程度却因气候条件、土壤类型、秸秆属性和覆盖量而有差异。因此，系统研究东北黑土区中型土壤动物对免耕秸秆覆盖的响应可为黑土农耕区建立合理的秸秆还田措施、提升土壤生物多样性并改善耕地土壤生态系统的功能提供数据支撑。

2016 年在中国科学院保护性耕作研发基地，以免耕为基础，研究秸秆覆盖还田对中型土壤动物的影响。在春季（4 月底）、夏季（7 月中旬）和秋季（9 月底）采集中型土壤动物样品，通过与传统耕作样地对比，分析中型土壤动物群落及主要类群对免耕秸秆不同覆盖量还田的响应，确定不同季节免耕秸秆不同覆盖量对中型土壤动物群落组成及多样性的调节作用，阐明免耕秸秆覆盖驱动的生物（食物资源的数量和质量等）和非生物环境因子（土壤结构、土壤温度和湿度等）对土壤动物群落的影响。

7.3.1 免耕秸秆覆盖对主要中型土壤动物类群的影响

研究期间，在 5 种处理样地（CT、NT0、NT33、NT67 和 NT100）共获中型土壤动物 27 类（表 7-1）。3 次取样，螨类（Acari）在各样地中占有绝对优势，可占到总个体数量的 50%以上，其中甲螨亚目（Oribatida）是数量最多的螨类，占螨类总数量的 80%以上。其次是弹尾类（Collembola），等节跳科（Isotomidae）和球角跳科（Hypogastruridae）数量较多，两者占到弹尾类总数量的 85%。鞘翅目（Coleoptera）和双翅目幼虫（Diptera larvae）分别为第 3 和第 4 丰富的动物类群。3 次取样，各处理中型土壤动物的个体密度均为春季低、秋季高；其中春季免耕无秸秆覆盖条件下（NT0）中型土壤动物的平均个体密度仅为 70.00×10^2 只/m^2，秋季免耕秸秆 67%覆盖条件下（NT67%）的平均个体密度达 $1\,324.17\times10^2$ 只/m^2（表 7-1）。

通过对比不同季节不同处理各类中型土壤动物的个体密度发现，甲螨亚目、中气门亚目（Mesostigmata）、等节跳科、球角跳科和长角跳科（Entomobryidae）受处理、季节及两者的交互影响显著；前气门亚目（Prostigmata）和疣跳科（Neanuridae）受季节影响更显著；而鞘翅目在不同处理间差异显著（表 7-2）。春季，多数中型土壤

表 7-1 不同季节各处理样地中型土壤动物的组成及个体密度（$\times 10^2$只/m^2）

项目	类群组成	春季					夏季					秋季				
		CT	NT0	NT33	NT67	NT100	CT	NT0	NT33	NT67	NT100	CT	NT0	NT33	NT67	NT100
蜱螨亚纲（Acari）	甲螨亚目（Oribatida）	53.6±15.0b	46.0±10.6b	94.8±14.9b	82.6±3.7b	196.0±29.6a	54.3±11.8c	202.4±42.1ab	240.6±59.1a	241.2±59.5a	89.4±1.8bc	96.0±16.8b	479.7±35.2ab	482.1±152.4ab	650.3±35.7a	182.8±19.8b
	中气门亚目（Mesostigmata）	10.0±3.7ab	6.2±3.1b	11.2±3.9ab	8.2±0.6ab	14.7±2.4a	18.7±4.6ab	17.0±6.1ab	36.3±8.5a	28.8±10.5ab	5.4±2.2b	6.3±1.5b	23.2±5.8ab	38.1±7.1a	28.1±10.7ab	15.0±5.8ab
	前气门亚目（Prostigmata）	1.7±0.6b	1.7±0.5b	4.2±1.1ab	3.6±0.9ab	4.7±1.0a	7.2±1.6a	6.2±0.5a	10.1±3.3a	12.1±4.4a	8.8±3.7a	5.1±2.2a	4.9±1.7a	10.8±4.4a	10.2±4.9a	5.7±1.6a
弹尾目（Collembola）	等节跳科（Isotomidae）	6.8±4.3b	5.7±1.9b	11.4±5.9ab	16.3±2.2ab	21.2±6.1a	9.8±2.9ab	10.7±4.7ab	24.9±6.6a	26.5±7.2a	5.7±3.6b	12.6±3.3b	26.0±3.1b	27.0±4.9b	114.7±33.7a	24.9±6.4b
	球角跳科（Hypogastruridae）	5.1±1.8b	5.7±1.8b	13.6±3.1ab	17.6±1.1ab	33.5±12.7a	3.6±0.8c	5.3±1.0c	44.5±12.6a	23.0±4.9b	1.3±0.8c	31.8±8.7c	154.9±54.5b	184.2±11.9b	483.8±42.7a	148.8±38.2b
	疣跳科（Neanuridae）	0.9±0.3b	0.9±0.5ab	0.3±0.3b	2.1±1.1ab	4.3±2.2a	0.9±0.4b	0.3±0.0b	5.1±2.9a	0.1±0.1b	0.7±0.2b	7.2±2.9b	83.8±31.2a	32.0±10.9b	31.0±22.0b	18.3±6.5b
	长角跳科（Entomobryidae）	0.1±0.1a	0.1±0.1a	0.8±0.6a	0.5±0.3a	0.9±0.3a	1.8±0.8ab	0.7±0.2b	6.5±1.95a	7.3±2.4a	0.6±0.3b	0.2±0.1b	1.7±1.2ab	2.2±0.6ab	2±0.98ab	8.7±3.8a
	圆跳科（Sminthuridae）	0.2±0.1a	0.2±0.1a	1.0±0.8a	1.5±1.4a	0.7±0.3a	0.1±0.1a	0.3±0.3a	0.3±0.3a	0.2±0.2a	0a	0.1±0.1a	0a	0a	0a	0.1±0.1a
	短角跳科（Neelidae）						0a	0a	0.1±0.1a	0a	0a					
翅鞘目（Coleoptera）	隐翅甲科成虫（Staphylinidae adult）	0.1±0.1a	0.7±0.7a	1.3±0.4a	1.1±0.3a	1.1±0.6a	0.1±0.1a	0.8±0.7a	1.2±0.8a	1.7±1.1a	0.1±0.1a	0.1±0.1a	0.3±0.2a	0.6±0.2a	1.0±0.6a	0.2±0.1a
	隐翅甲科幼虫（Staphylinidae larvae）	0b	0b	0b	0b	0.2±0.2a	0.1±0.1a	0.7±0.5a	0.8±0.3a	1.1±0.7a	0.1±0.1a	0a	0.2±0.1a	0a	0.1±0.1a	0.1±0.1a
	步甲科成虫（Carabidae adult）	0.2±0.1a	0b	0b	0.1±0.1b	0b						0a	0.1±0.1a	0.1±0.1a	0.3±0.3a	0a

(续)

项目	类群组成	春季					夏季					秋季				
		CT	NT0	NT33	NT67	NT100	CT	NT0	NT33	NT67	NT100	CT	NT0	NT33	NT67	NT100
翅鞘目 (Coleoptera)	步甲科幼虫 (Carabidae larvae)	0a	0.1±0.1a	0a	0a	0a	0a	0a	0.1±0.1a	0.1±0.1a	0a	0a	0.5±0.4a	0.1±0.1a	0.2±0.2a	0.2±0.2a
	出尾草甲科成虫 (Scaphidiidae adult)	0b	0b	0.2±0.1b	0.4±0.1ab	0.7±0.3a	0a	0.2±0.1a	0.3±0.2a	0.3±0.2a	0.1±0.1a	0.1±0.1a	0.1±0.1a	0.2±0.1a	0.1±0.1a	0.1±0.1a
	叩甲科成虫 (Elateridae adult)						0a	0a	0.1±0.1a	0a	0a	0a	0a	0.1±0.1a	0.1±0.1a	0a
	叩甲科幼虫 (Elateridae larvae)	0a	0a	0a	0a	0.1±0.1a						0a	0.1±0.1a	0a	0a	0.1±0.1a
	蚁甲科成虫 (Pselaphidae adult)	0a	0a	0a	0a	0.1±0.1a	0a	0a	0.1±0.1a	0a	0a	0.1±0.1a	0a	0a	0a	0a
	苔甲科成虫 (Scydmaenidae adult)	0a	0a	0.1±0.1a	0a	0a										
	象甲科成虫 (Curculionidae adlut)						0a	0a	0a	0.1±0.1a	0a					
	象甲科幼虫 (Curculionidae larvae)											0a	0.1±0.1a	0a	0.1±0.1a	0a
	金龟子科幼虫 (Scarabaeidae larvae)	0.1±0.1a	0a	0a	0a	0a	0a	0a	0a	0.1±0.1a	0a					
膜翅目 (Hymenoptera)	蚁科 (Formicidae)	0a	1.6±1.5a	0a	0.5±0.3a	0a	0a	0.1±0.1a	0.7±0.5a	1.2±0.7a	0.2±0.2a	0a	0a	0.2±0.2a	0.3±0.3a	0a
综合纲 (Symphyla)	地幺蚣目 (Geophilellidae)	0.1±0.1a	0a	0.1±0.1a	0a	0.1±0.1a	0a	0.2±0.1a	0.9±0.6a	1.7±1.1a	0.5±0.4a	0a	0.2±0.2a	0.2±0.2a	0.8±0.5a	1.2±1.1a
双尾目 (Diplura)	铗尾虫科 (Japygidae)						2.9±0.9a	0.9±0.3a	3.3±1.9a	1.7±0.6a	0.3±0.2a					

（续）

项目	类群组成	春季					夏季					秋季				
		CT	NT0	NT33	NT67	NT100	CT	NT0	NT33	NT67	NT100	CT	NT0	NT33	NT67	NT100
	管蓟马科（Tubulidae）	0b	0.2±0.1a	0b	0b	0b	0a	0.1±0.1a	0a	0.2±0.1a	0a					
缨翅目（Thysanoptera）	双翅目幼虫（Diptera larvae）	0.1±0.1b	0.7±0.4ab	0.8±0.3ab	0.4±0.3ab	1.5±0.2a	0b	0.2±0.1b	1.5±0.4a	0.8±0.5ab	0b	0.6±0.3a	3.3±2.9a	1.6±0.4a	0.6±0.4a	1.5±0.5a
	伪蝎目（Pseudoscorpiones）															
												0a	0a	0a	0a	0.1±0.1a
	地蜈蚣目（Geophilomorpha）	0.1±0.1a	0a	0.1±0.1a	0.1±0.1a	0.1±0.1a	0a	0a	0.1±0.1a	0.1±0.1a	0a	0.1±0.1a	0.1±0.1a	0.1±0.1a	0.1±0.1a	0a
蜃足纲（Chthonidae）	蜘蛛目（Araneae）	0a	0.2±0.1a	0.1±0.1a	0.1±0.1a	0.1±0.1a	0a	0a	0.1±0.1a	0a	0a	0.1±0.1a	0a	0a	0a	0a
	古虫元目（Eosentomata）						0a	0a	0.2±0.2a	0.2±0.2a	0a	0.1±0.1a	0.1±0.1a	0.1±0.1a	0.2±0.2a	0a
	啮目（Pscocoptera）											0a	0.5±0.5a	0.2±0.1a	0.2±0.2a	0a
总个体密度		79.1±25.6bc	70.0±11.2c	140.1±21.2b	135.1±5.3b	280.0±28.7a	99.4±23.2b	246.1±40.9ab	377.8±48.1a	348.5±88.1a	113.2±17.1b	160.5±34.3c	779.8±50.3b	779.5±204.5b	1 324.2±17.2a	407.8±43.1bc

注：季节内不同小写字母表示各处理间的显著差异（$P<0.05$）；CT 为传统耕作，NT0 为免耕无玉米秸秆覆盖，NT33 为免耕＋每年 33％玉米秸秆覆盖，NT67％为免耕＋每年 67％玉米秸秆覆盖，NT100 为免耕＋每年 100％玉米秸秆覆盖。

表 7-2　处理和季节对土壤动物群落的影响

	df	总密度	类群数	多样性指数	均匀度指数	甲螨亚目	中气门亚目	前气门亚目	等节跳科	球角跳科	疣跳科	长角跳科	其他跳虫	鞘翅目	双翅目幼虫	其他类群
季节（S）	2	58.46***	0.36	13.46***	14.39***	16.59***	6.45**	6.18**	12.09***	126.76***	8.24***	6.28**	3.45*	0.69	2.14	8.19***
处理（T）	4	13.44***	1.88	10.99***	5.67**	4.66**	4.53**	1.76	8.51***	23.23***	1.225	2.99*	0.48	2.29*	1.12	1.25
S×T	8	7.84***	1.02	19.94***	9.16***	2.53*	1.99	0.26	4.83***	19.45***	1.36	4.11**	0.57	0.94	0.94	1.56

注：处理（T）分别为 CT、NT0、NT33、NT67 和 NT100；季节（S）为春季（4 月底）、夏季（7 月中旬）和秋季（9 月底）；T×S 表示 5 个处理与季节的交互作用。* 表示 $P<0.05$；** 表示 $P<0.01$；*** 表示 $P<0.001$。

动物类群的密度随秸秆覆盖量的增加而增加，最高值出现在全量秸秆覆盖样地（NT100），而低值出现在 CT 和 NT0 处理，且两样地并无显著差异。但夏、秋季，多数中型土壤动物类群的个体密度最高值出现在部分秸秆还田量的样地中（NT33 或 NT67），如甲螨亚目、中气门亚目、前气门亚目、等节跳科、球角跳科、鞘翅目等（图 7-7）。相关分析结果显示，春季多数动物类群的密度与秸秆覆盖量之间存在明显的正相关关系，如甲螨亚目、等节跳科、球角跳科、疣跳科和鞘翅目。而夏、秋季，中气门亚目、球角跳科、长角跳科和双翅目幼虫的密度与玉米秸秆覆盖量具有显著的二次多项式关系。因此，中型土壤动物对秸秆覆盖量增加的响应程度因类群和季节而有变化。

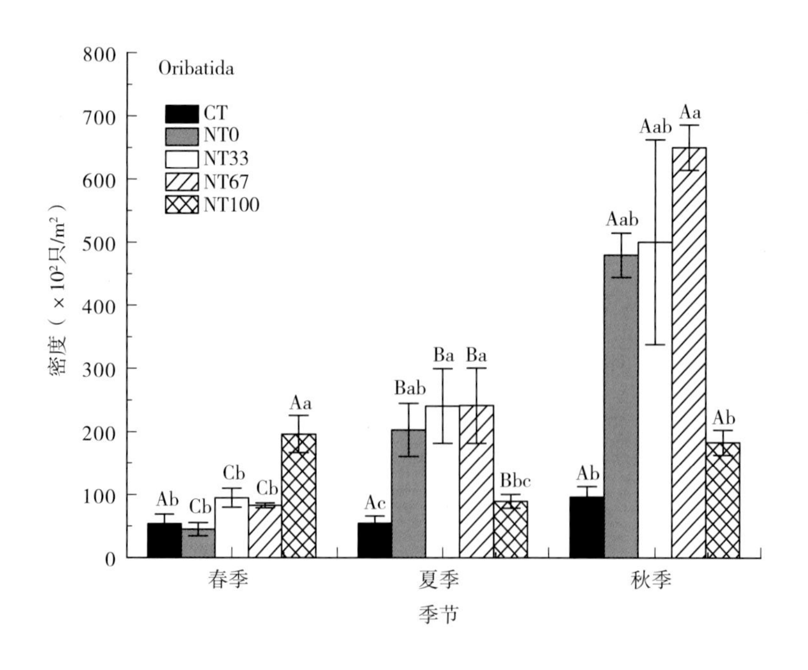

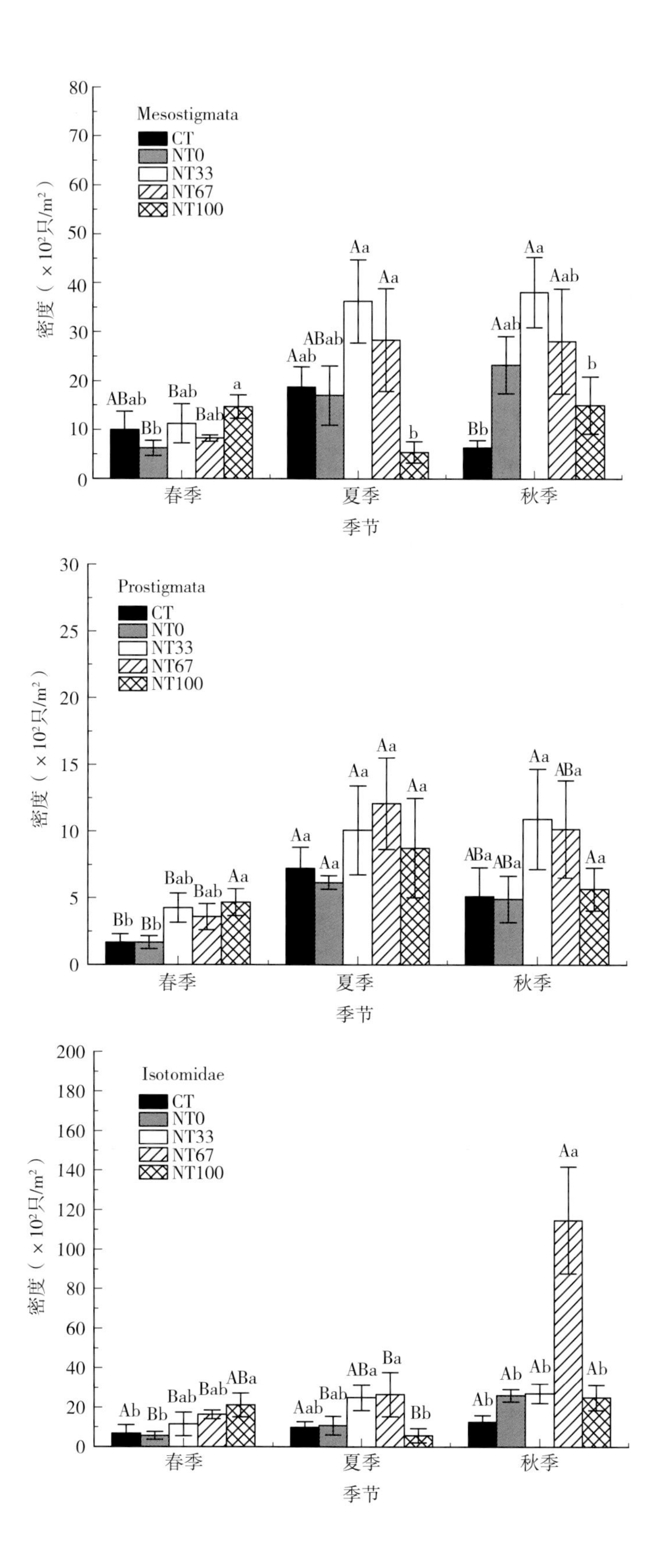
Mesostigmata
CT
NT0
NT33
NT67
NT100
密度（×10²只/m²）
ABab
Bb
Bab
Bab
a
Aab
ABab
Aa
Aa
b
Bb
Aab
Aa
Aab
b
春季
夏季
秋季
季节
Prostigmata
CT
NT0
NT33
NT67
NT100
密度（×10²只/m²）
Bb
Bb
Bab
Bab
Aa
Aa
Aa
Aa
Aa
Aa
ABa
ABa
Aa
ABa
Aa
春季
夏季
秋季
季节
Isotomidae
CT
NT0
NT33
NT67
NT100
密度（×10²只/m²）
Ab
Bb
Bab
Bab
ABa
Aab
Bab
ABa
Ba
Bb
Ab
Ab
Ab
Aa
Ab
春季
夏季
秋季
季节

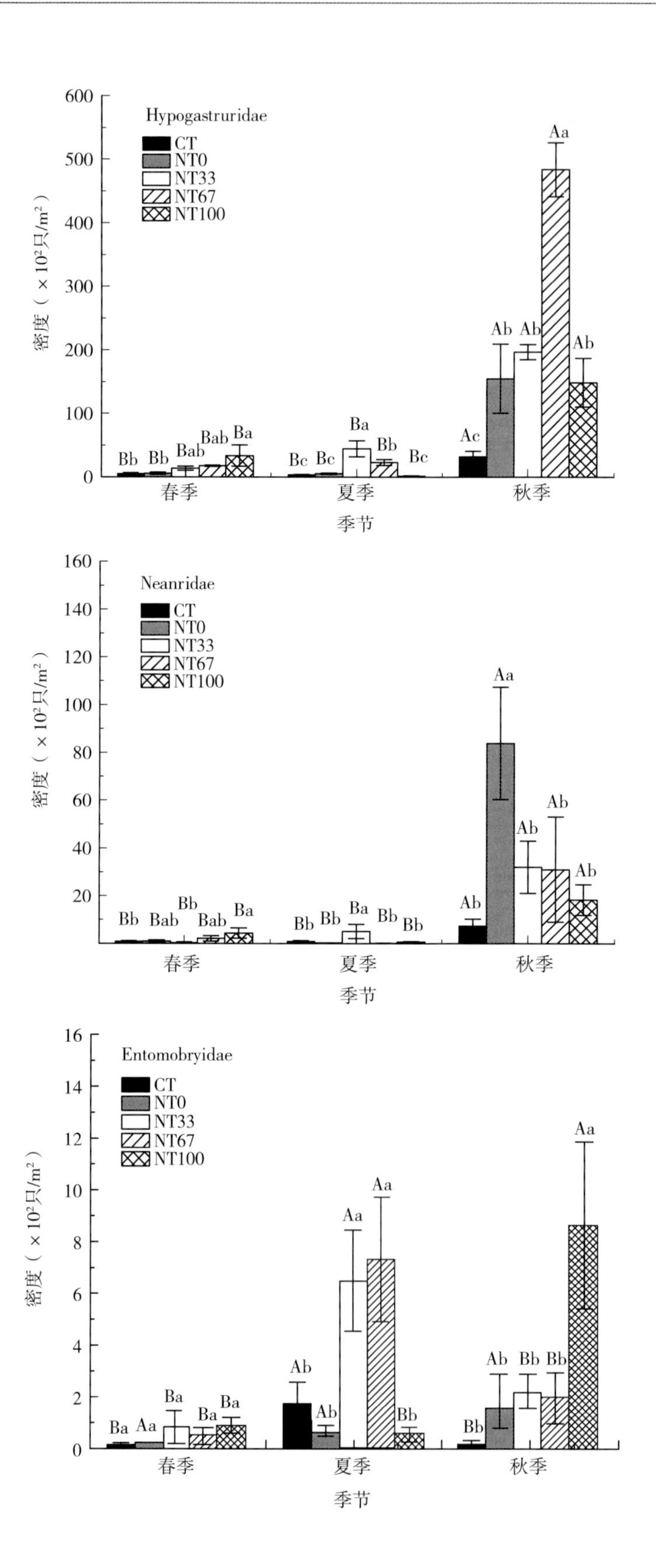

Hypogastruridae
CT
NT0
NT33
NT67
NT100
密度（×10²只/m²）
600
500
400
300
200
100
0
Bb Bb Bab Bab Ba
Bc Bc Ba Bb Bc
Ac Ab Ab Aa Ab
春季
夏季
秋季
季节
Neanridae
CT
NT0
NT33
NT67
NT100
密度（×10²只/m²）
160
140
120
100
80
60
40
20
Bb Bab Bb Bab Ba
Bb Bb Ba Bb Bb
Ab Aa Ab Ab Ab
春季
夏季
秋季
季节
Entomobryidae
CT
NT0
NT33
NT67
NT100
密度（×10²只/m²）
16
14
12
10
8
6
4
2
0
Ba Aa Ba Ba Ba
Ab Ab Aa Aa Bb
Bb Ab Bb Bb Aa
春季
夏季
秋季
季节

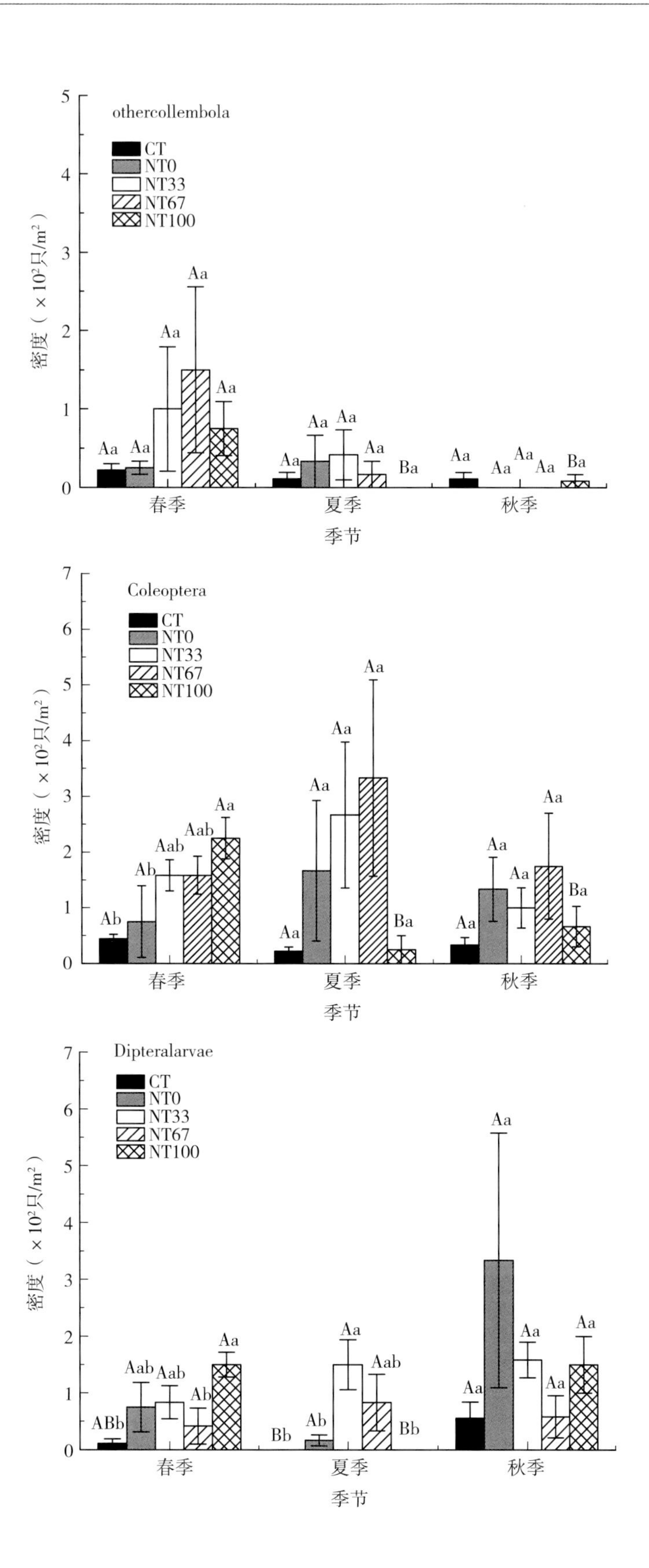
othercollembola
CT
NT0
NT33
NT67
NT100
密度（×10²只/m²）
春季
夏季
秋季
季节
Coleoptera
Dipteralarvae

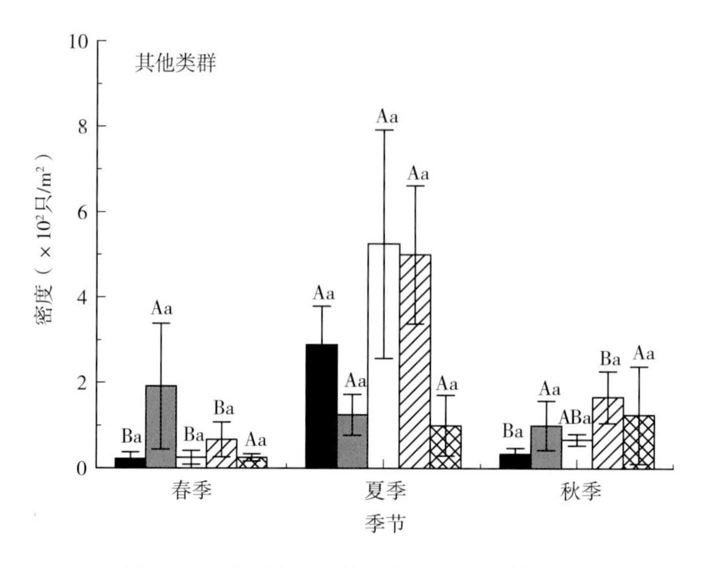

图 7－7　主要中型土壤动物类群的个体密度

注：图中数据为平均值±标准误。大、小写字母分别表示同一处理不同季节间和同一季节各处理间土壤动物群落特征差异（$P<0.05$）。CT 为传统耕作；NT0 为免耕无玉米秸秆覆盖；NT33 为免耕＋每年 33%玉米秸秆覆盖；NT67 为免耕＋每年 67%玉米秸秆覆盖；NT100 为免耕＋每年 100%玉米秸秆覆盖。

7.3.2　免耕秸秆覆盖对中型土壤动物群落结构的影响

与传统耕作（CT）相比，免耕秸秆覆盖改变了中型动物群落结构。相比于 CT，秸秆覆盖支持数量更多的中型土壤动物生存。春季，全量秸秆还田（NT100）显著提高了中型土壤动物的个体数量；而夏、秋季部分秸秆覆盖还田（NT33 和 NT67）样地的中型动物数量显著高于其他处理样地。中型动物的多样性和均匀性在夏季各处理间有显著差异，表现为 CT 的中型土壤动物群落多样性和均匀性显著高于 NT0 和 NT100（图 7－8）。

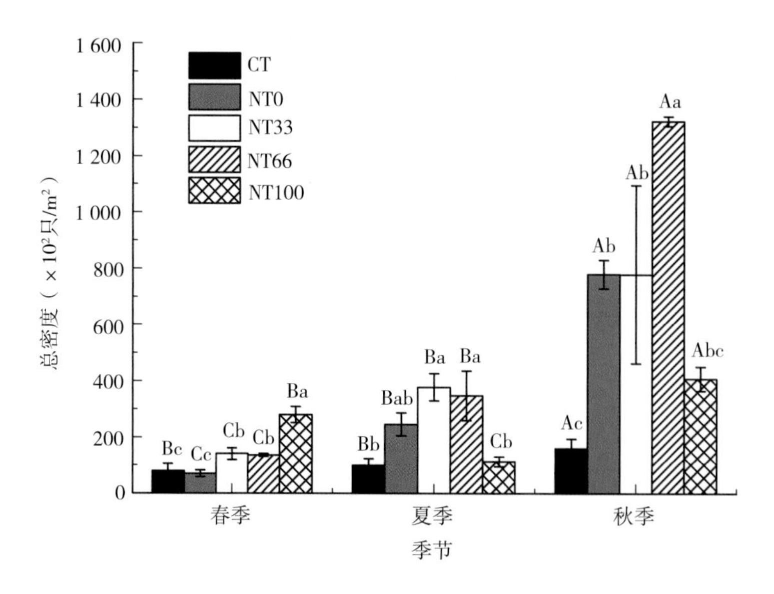

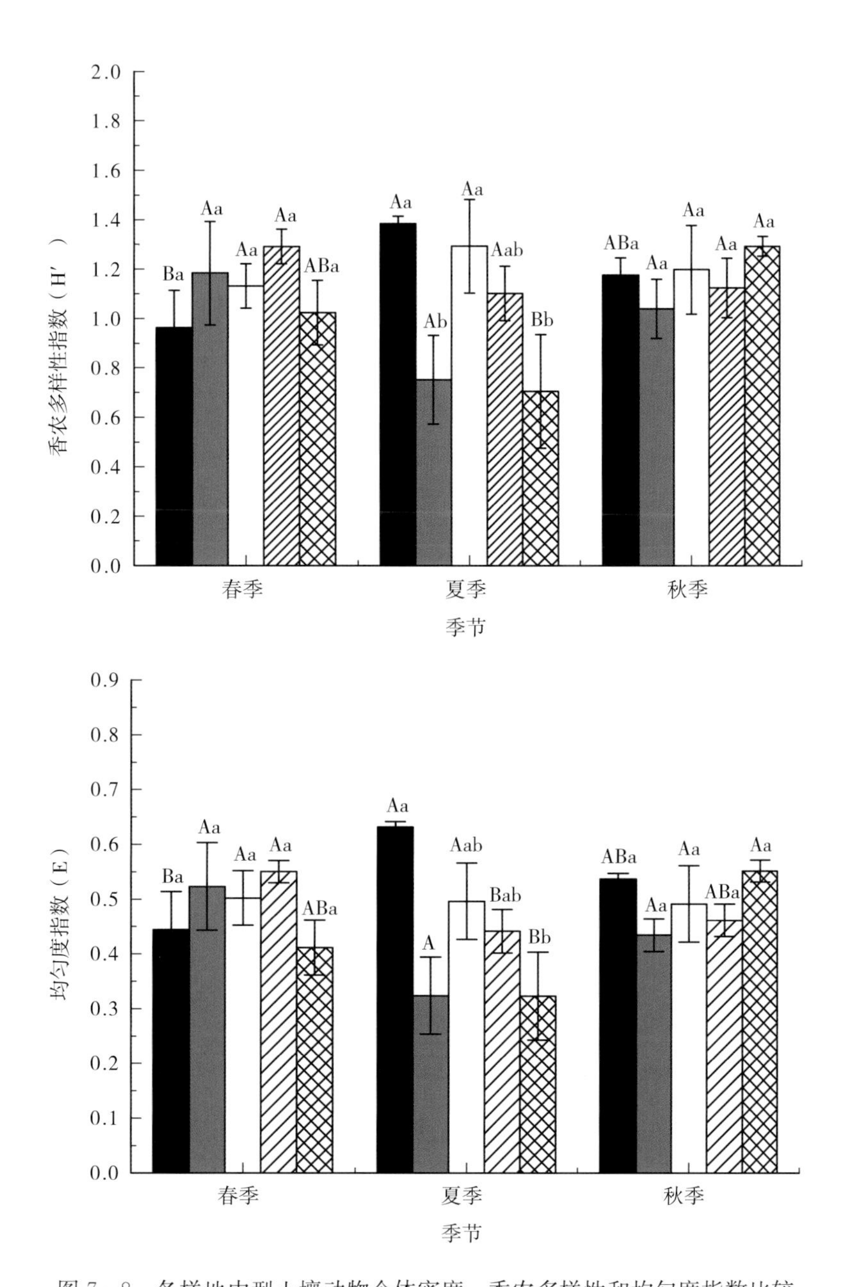

图7-8　各样地中型土壤动物个体密度、香农多样性和均匀度指数比较

注：图中数据为平均值±标准误。大、小写字母分别表示同一处理不同季节间和同一季节各处理间土壤动物群落特征差异（$P<0.05$）。CT为传统耕作；NT0为免耕无玉米秸秆覆盖；NT33为免耕+每年33%玉米秸秆覆盖；NT67为免耕+每年67%玉米秸秆覆盖；NT100为免耕+每年100%玉米秸秆覆盖。

春季，NT100的中型土壤动物群落结构与其他处理差异显著，且NT0与NT67也显著不同；夏季，NT100处理中型土壤动物群落与NT33和NT67均具有显著差异，但CT和NT100差异却不显著；秋季，除NT33外，所有处理中型土壤动物群落均具有显著差异（表7-3、图7-9）。

表 7-3　各季节不同处理中型动物群落置换多元（因素）方差分析（PERMANOVA）

	春季		夏季		秋季	
	F	*P*	*F*	*P*	*F*	*P*
总体	5.576 1	0.000 8	5.070 3	0.000 4	9.437 7	0.000 2
CT VS. NT0	0.419 1	0.971 6	2.654 4	0.030 0	4.085 7	0.030 0
CT VS. NT33	1.670 6	0.115 0	3.184 3	0.027 2	2.732 7	0.031 4
CT VS. NT67	2.110 5	0.087 6	2.743 6	0.027 8	5.636 8	0.025 4
CT VS. NT100	3.039 6	0.029 0	1.752 3	0.065 0	2.638 7	0.023 4
NT0 VS. NT33	2.122 8	0.056 2	1.198 2	0.257 8	1.504 7	0.116 0
NT0 VS. NT67	2.694 0	0.030 8	0.801 2	0.509 0	2.826 0	0.029 8
NT0 VS. NT100	3.667 8	0.026 0	2.287 6	0.084 6	2.955 0	0.030 6
NT33 VS. NT67	1.123 6	0.363 6	0.396 9	0.966 8	2.298 3	0.051 8
NT33 VS. NT100	2.180 7	0.027 8	3.202 6	0.027 6	1.306 1	0.057 4
NT67 VS. NT100	3.202 0	0.026 2	2.582 9	0.029 2	5.004 2	0.029 2

注：$P<0.05$ 代表显著差异；CT 为传统耕作；NT0 为免耕无玉米秸秆覆盖；NT33 为免耕＋每年 33%玉米秸秆覆盖；NT67 为免耕＋每年 67%玉米秸秆覆盖；NT100 为免耕＋每年 100%玉米秸秆覆盖。

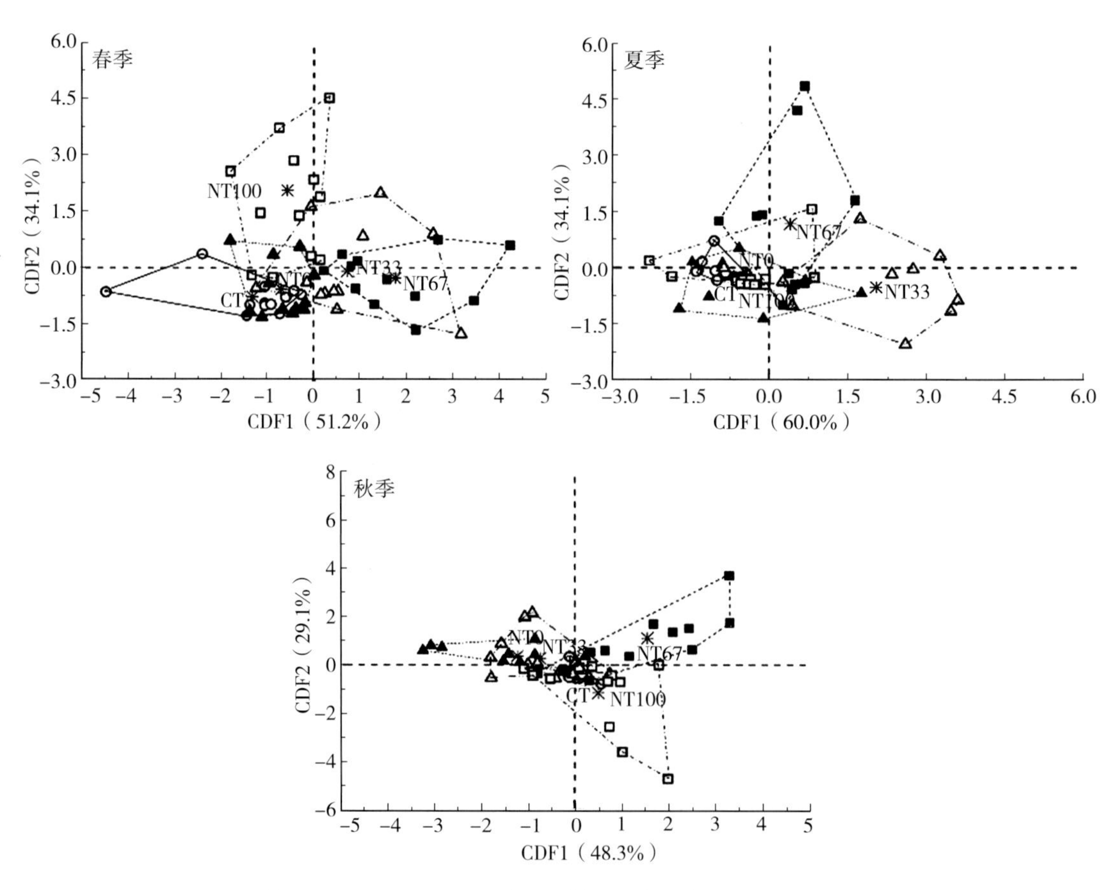

图 7-9　各季节中型土壤动物群落的典型判别分析（CDA）

注：○为 CT，▲为 NT0，△为 NT33，■为 NT67，□为 NT100，＊为群落中心。

在整个研究过程中，中型土壤动物总密度、多样性与秸秆覆盖量并没有表现出一致的对应关系。春季，中型土壤动物的总密度和多样性与秸秆覆盖量之间具有显著线性相关，即随秸秆覆盖量的增加而增加。但夏季或秋季中型土壤动物与秸秆覆盖量之间呈现显著的二次多项式关系（图7－10）。

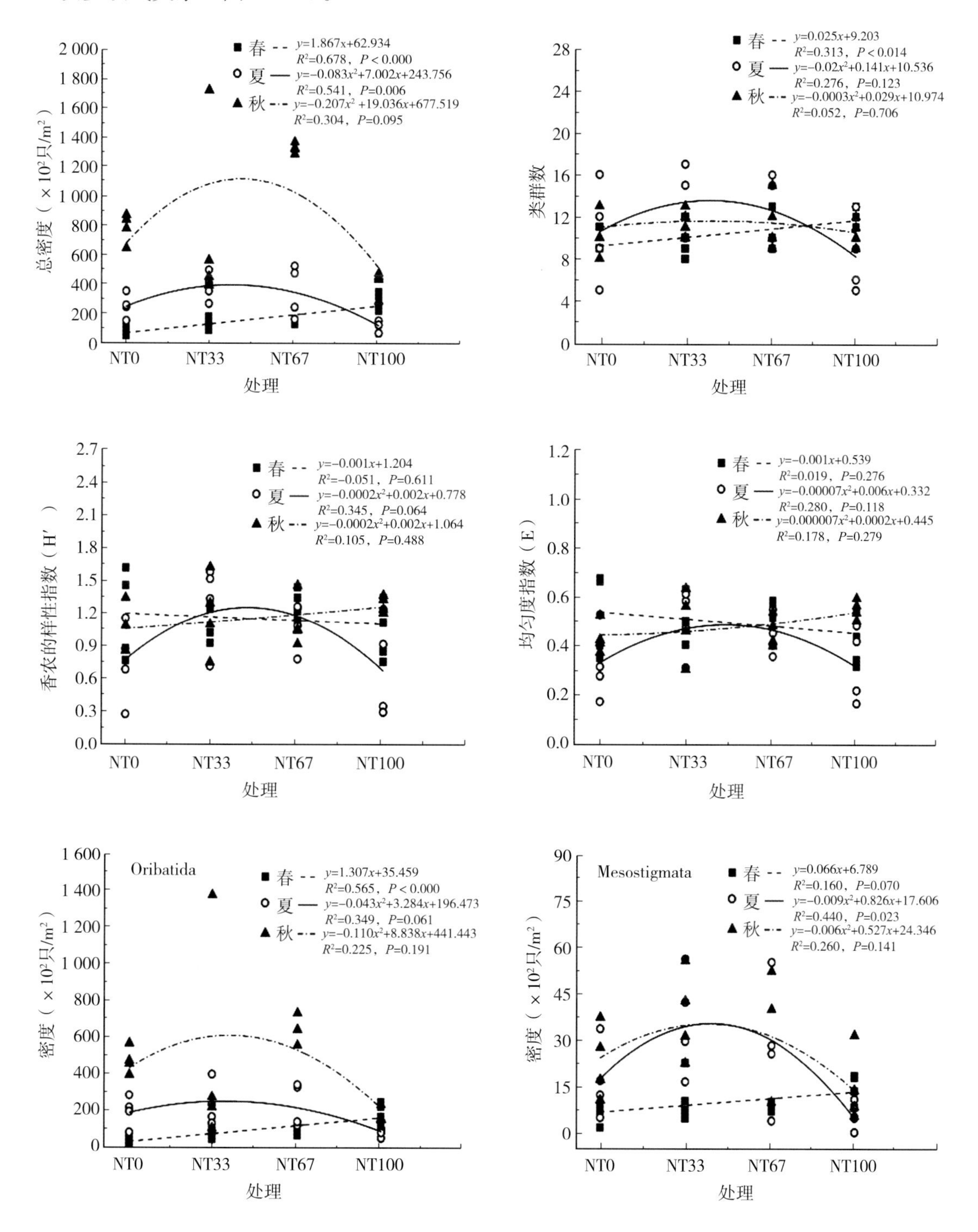

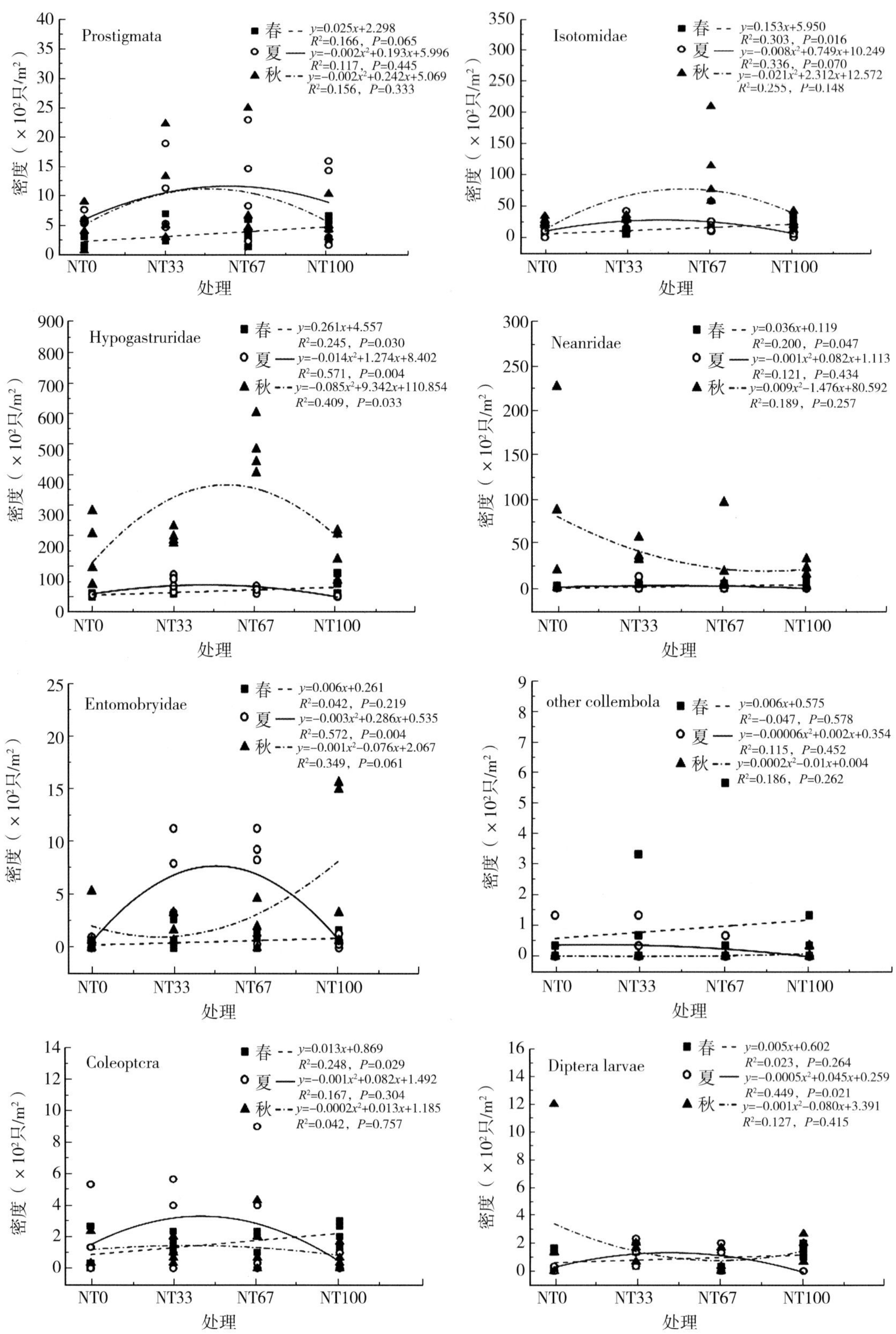
Prostigmata
春 y=0.025x+2.298 R^2=0.166，P=0.065
夏 y=−0.002x^2+0.193x+5.996 R^2=0.117，P=0.445
秋 y=−0.002x^2+0.242x+5.069 R^2=0.156，P=0.333
Isotomidae
春 y=0.153x+5.950 R^2=0.303，P=0.016
夏 y=−0.008x^2+0.749x+10.249 R^2=0.336，P=0.070
秋 y=−0.021x^2+2.312x+12.572 R^2=0.255，P=0.148
Hypogastruridae
春 y=0.261x+4.557 R^2=0.245，P=0.030
夏 y=−0.014x^2+1.274x+8.402 R^2=0.571，P=0.004
秋 y=−0.085x^2+9.342x+110.854 R^2=0.409，P=0.033
Neanridae
春 y=0.036x+0.119 R^2=0.200，P=0.047
夏 y=−0.001x^2+0.082x+1.113 R^2=0.121，P=0.434
秋 y=0.009x^2−1.476x+80.592 R^2=0.189，P=0.257
Entomobryidae
春 y=0.006x+0.261 R^2=0.042，P=0.219
夏 y=−0.003x^2+0.286x+0.535 R^2=0.572，P=0.004
秋 y=−0.001x^2−0.076x+2.067 R^2=0.349，P=0.061
other collembola
春 y=0.006x+0.575 R^2=−0.047，P=0.578
夏 y=−0.00006x^2+0.002x+0.354 R^2=0.115，P=0.452
秋 y=0.0002x^2−0.01x+0.004 R^2=0.186，P=0.262
Coleoptcra
春 y=0.013x+0.869 R^2=0.248，P=0.029
夏 y=−0.001x^2+0.082x+1.492 R^2=0.167，P=0.304
秋 y=−0.0002x^2+0.013x+1.185 R^2=0.042，P=0.757
Diptera larvae
春 y=0.005x+0.602 R^2=0.023，P=0.264
夏 y=−0.0005x^2+0.045x+0.259 R^2=0.449，P=0.021
秋 y=−0.001x^2−0.080x+3.391 R^2=0.127，P=0.415
密度（×10²只/m²）
处理
NT0
NT33
NT67
NT100

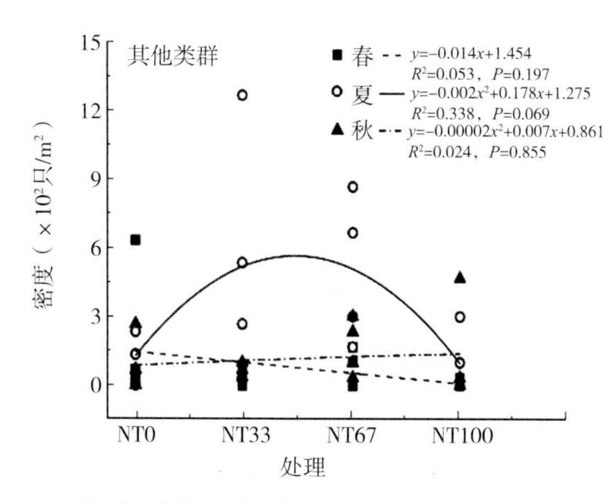

图7-10 中型土壤动物的总密度、类群数、多样性和均匀度指数以及主要类群的密度与秸秆覆盖量之间的回归分析

研究期间，所有处理中，传统耕作样地中型土壤动物的个体密度最低。传统耕作对土壤动物的生存存在许多不利影响，包括清除非作物植物、物理扰动频繁、破坏土壤结构、食物资源有限以及因耕作而使土壤动物死亡等（Verhulst et al.，2010）。免耕无秸秆覆盖样地也没因其减少对土壤的扰动而显著提高中型土壤动物的数量，其中多数中型土壤动物类群的个体数量与传统耕作样地并无显著差异。免耕被广泛认为是一种比其他耕作方式（如翻耕）对土壤环境影响较小的措施。但只有与秸秆覆盖或适当的轮作相结合才能实现其对土壤质量的改善，如降低土壤侵蚀的威胁、提高土壤生物活性、增强土壤固碳能力等（Díaz Zorita et al.，2002；Lal et al.，2007）。已有研究显示，在某些土壤和气候条件下，免耕并没有改善土壤的物理、化学和生物特性（Domínguez et al.，2010）。Domínguez等（2010）研究发现，土壤高紧实度与免耕有关，而土壤紧实度对弹尾类（Bedano et al.，2006a）和螨类（Bedano et al.，2006b）都存在负面影响。因此，尽管免耕减少了土壤扰动，但由于缺少对土壤物理保护的覆盖物、有机物质输入以及较高的土壤紧实度，免耕并不利于多数中型土壤动物类群的生存。

与传统耕作相比，秸秆覆盖改变了中型土壤动物群落。秸秆覆盖对中型土壤动物群落多样性、均匀度和个体密度都有显著影响。秸秆覆盖于地表不仅为土壤动物提供了现成的食物资源，还调节了土壤温度和水分的变化（Stinner et al.，1990；Coleman et al.，2002；Brennan et al.，2006；Bedano et al.，2016）。甲螨和弹尾类是中型土壤动物群落的主要组分，多以真菌或死亡的有机体为食（Seastedt，1984；Chahartaghi et al.，2005；陈建秀等，2007），而这些食物的来源又与秸秆覆盖相关（Behan-Pelletier，2003；Coleman et al.，2017）。捕食性类群，如中气门亚目和多数前气门亚目，因其猎物资源在秸秆覆盖处理中比较丰富也表现出较高的个体数量。例如，弹尾类便是上述捕食者的首选食物来源之一（Koehler，1999），其在秸秆覆盖处理样地中数量较大。另外，秸秆覆盖缓和了土壤温度和水分变化（Hobbs et al.，2008；Palm et al.，2014；Basche et al.，2016）。以往的研究显示，秸秆覆盖在土壤表层和上方大气之间起到了屏障作用，缓和了土壤温度变化的速率（Li et al.，2013），降低了土壤表层水分的蒸发，从而增加了水分入渗

(Gangwar et al., 2006; Ranaivoson et al., 2017)。因此，秸秆覆盖为土壤动物生存创造了有利条件，支持更丰富更多样的土壤动物生存，增强农田土壤生态功能，有助于改善土壤质量和维护土壤健康。

相比于传统耕作，秸秆覆盖改变了中型土壤动物群落结构，提高了中型土壤动物的丰富度。但整个研究期间，秸秆覆盖量与中型土壤动物数量之间并不存在一致的对应关系。因此，不同季节不同秸秆覆盖量还田对土壤环境的影响存在差异。我国东北地区属温带季风气候区，气温和降水有明显的季节变化。春季，气温较低、降水较少、大风频繁；夏季，气温较高、降水充沛，有利于地上各种植物的生长；秋季，降水虽不如夏季丰富，但气温较低，土壤水分含量较高。因此，随着季节的变化，中型土壤动物对不同秸秆覆盖量的响应也会发生变化。

春季，中型土壤动物个体密度和物种丰富度与秸秆覆盖量线性正相关。有研究表明，随着地表秸秆覆盖量的增加，土壤风蚀和水分蒸发明显降低，尤其是在寒冷和干燥的气候条件下（Woyessa et al., 2004; Balwinder-Singh et al., 2011; de Baets et al., 2011; Gava et al., 2013）。因此，与常规耕作和免耕无秸秆覆盖相比，春季具有较多秸秆覆盖地表可保持一定的土壤水分，降低地表风速，有利于支持相对丰富和多样的中型土壤动物的生存。

夏季和秋季，全量秸秆覆盖（NT100）样地中型土壤动物密度显著低于部分秸秆覆盖处理（NT67 和 NT33）。这表明，在夏、秋季被中等量秸秆覆盖的土壤环境更适合中型土壤动物的生存。夏季，部分秸秆覆盖处理（NT67 和 NT33）样地的地表温度可能高于全秸秆覆盖处理（NT100）。地表更多秸秆覆盖降低了土壤升温速率（Li et al., 2013）。Shen 等（2017）的研究表明，土壤温度与秸秆覆盖量之间存在负线性关系。地面高温可通过加速中型土壤动物代谢和摄食速率促进其生长和繁殖，从而增加中型土壤动物的数量（Heinrich, 1995; Lindo, 2015）。地面居住的土壤动物，如甲虫更喜欢开阔、阳光充足的栖息地，分布在低植被覆盖的区域（Olsson et al., 2014; Liu et al., 2018）。这也很好解释了为何本研究中夏季鞘翅目的个体数量在 NT67 和 NT33 较高。

夏季和秋季各处理非作物植物资源的差异也可能是中型土壤动物不同的原因。夏、秋季，高温高湿有利于田间杂草的生长。虽然使用了除草剂，但在处理样地中也有一些杂草的生长。秸秆覆盖引起的光照、温度和水分条件的变化会影响杂草生物量（Teasdale et al., 1993; Bilalis et al., 2003; Chauhan et al., 2012）。相关研究表明，与无秸秆覆盖相比，秸秆覆盖量的增加往往会限制杂草生长及其生物量的增长（Teasdale et al., 2000; Dorn et al., 2015; Masilionyte et al., 2017）。根据观察，NT33 和 NT67 的杂草生物量均高于 NT100。因此，大量秸秆覆盖减少地上杂草的生物量，降低了微生境资源的多样性。而地上植物的多样性却对土壤动物群落具有积极的影响（Hooper et al., 2000; Schaffers et al., 2008; Botha et al., 2015）。

此外，玉米秸秆本身的属性可能会影响中型土壤动物对其不同覆盖量的响应。玉米秸秆碳氮比较高，结构性强（Melman et al., 2019; Govaerts et al., 2006），对土壤动物来说是一种相对贫乏的营养资源。大量研究显示，土壤动物群落的丰度与残留物的碳氮比和多酚浓度负相关（Hendriksen，1990；Tian et al.，1993；George et al.，2017）。大量输入玉米秸秆可能会暂时固定氮元素（Sawyer et al.，2017），而对土壤动物产生负面影响。

综上所述，东北黑土区不同季节中型土壤动物对免耕玉米秸秆不同覆盖量还田的响应存在差异。相比于传统耕作，免耕玉米秸秆覆盖有利于增加土壤中型动物的丰度，但为中型土壤动物提供最佳生存条件的秸秆覆盖量随着季节而变化。尽可能多地施用玉米秸秆覆盖物不一定有助于支持数量更多、类群更丰富的中型土壤动物生存。

7.4　保护性耕作对农田大型土壤动物的影响

栖息在地表凋落物或土壤挖掘穴道中的大型土壤动物通过对有机物质的混合、破碎、采食以及在土壤中的搬运、穿透等活动积极调节土壤孔隙的分布、促进土壤团聚体的形成、影响土壤有机质的分解和养分循环、存储及时空再分布等过程（Lavelle et al.，2006；Domínguez et al.，2018）。而且，大型土壤动物占据多个营养级，一些消费腐解物中的植物性物质和有机碎屑，为腐食性或植食性类群，一些则捕食其他土壤动物，为捕食性类群，如蜈蚣、蜘蛛和某些昆虫成虫或幼虫。农田中各食性土壤动物数量保持适当的比例不仅可改善土壤的理化特性，而且可有效防止农田虫害的暴发。因此，系统研究保护性耕作对大型土壤动物的影响，有助于实现更精确的农田土壤动物管理。

2015年春季（4月）、夏季（7月）和秋季（10月）采集大型土壤动物样品，通过与传统耕作样地对比，研究大型土壤动物群落及其不同功能类群对免耕秸秆覆盖还田的响应。以期为我国东北黑土区农田建立合理的生态管理措施、保护农田生物多样性、维持农业可持续生产提供依据。

7.4.1　免耕秸秆覆盖对大型土壤动物类群的影响

研究期间，5种处理样地（CT、NT0、NT33、NT67和NT100）共获大型土壤动物4 053只，27类，隶属于2门6纲12目。3次取样，寡毛类（Oligochaeta）在各处理样地中占有绝对优势，可占总个体数量的76.49%～86.37%，其次为鞘翅目（Coleoptera）、双翅目幼虫（Diptera larvae）和膜翅目（Hymenoptera）。免耕秸秆覆盖样地3次取样大型土壤动物平均个体密度显著高于传统耕作样地（CT）。传统耕作样地大型土壤动物仅为130.37只/m^2，而免耕每年67%秸秆覆盖样地（NT67）大型土壤动物为562.22只/m^2（表7-4）。

通过对比不同季节不同处理各类大型土壤动物个体密度发现，寡毛类和膜翅目个体密度受处理和季节影响显著；双翅目幼虫和地蜈蚣目（Geophilomorpha）受季节影响显著（表7-5）。寡毛类春季在全量秸秆覆盖样地中（NT100）的密度显著高于其他处理样地；夏、秋季则以免耕每年67%秸秆覆盖样地（NT67）最高并显著高于CT。双翅目幼虫春、秋季在NT100样地中个体密度最高，并显著高于传统耕作和免耕秸秆33%还田样地（NT33）；夏季则以NT67样地中更为丰富。膜翅目和地蜈蚣目仅在夏季各处理间具有显著差异，NT67样地中最高。对所有处理而言，寡毛类和双翅目幼虫个体密度最高值出现在秋季，其他类群多出现在夏季（图7-11）。

表 7-4 不同季节各处理样地大型土壤动物的组成及个体密度（只/m^2）

土壤动物类群		CT		NT0		NT33		NT67		NT100	
		密度	占比	密度	占比	密度	占比	密度	占比	密度	占比
寡毛纲（Oligochaeta）	小蚓类（Microdrile Oligochaetes）	110.22±90.67	84.55	207.11±43.36	75.90	251.11±77.86	75.03	434.22±100.56	77.23	410.22±106.52	81.83
	大蚓类（Megadrile Oligochaetes）	2.37±2.37	1.82	3.56±1.44	1.30	4.89±2.37	1.46	12.89±5.44	2.29	6.67±2.49	1.33
鞘翅目（Coleoptera）	隐翅甲科成虫（Staphylinidae adult）	1.19±1.19	0.91	2.67±1.35	0.98	5.33±1.56	1.59	4.00±1.33	0.71	4.44±2.07	0.89
	隐翅甲科幼虫（Staphylinidae larvae）			1.78±0.85	0.65	0.44±0.44	0.13	0.89±0.62	0.16		
	步甲科成虫（Carabidae adult）	0.59±0.59	0.45	3.11±1.29	1.14	5.33±1.78	1.59	6.67±2.49	1.19	2.67±1.49	0.53
	步甲科幼虫（Carabidae larvae）	0.59±0.59	0.45	16.89±7.31	6.19	1.78±1.24	0.53	6.22±2.72	1.11	4.00±2.24	0.80
	象甲科成虫（Curculionidae adult）							0.44±0.44	0.09		
	象甲科幼虫（Curculionidae larvae）	1.19±0.59	0.91	1.33±0.98	0.49	2.22±1.45	0.66	0.44±0.44	0.08	0.89±0.62	0.18
	虎甲科幼虫（Cicindelidae larvae）					0.89±0.62	0.27	1.33±0.98	0.24	0.89±0.62	0.18
	叩甲科幼虫（Elateridae larvae）			1.78±0.85	0.65	3.56±2.31	1.06	0.44±0.44	0.08	1.33±0.74	0.27
	出尾蕈甲科成虫（Scaphidiidae adult）	0.59±0.59	0.45	0.44±0.44	0.16	0.44±0.44	0.13				
	金龟子科成虫（Scarabaeidae adult）			0.44±0.44	0.16			0.44±0.44	0.08		
	金龟子科幼虫（Scarabaeidae larvae）			0.44±0.44	0.16						
	叶甲科幼虫（Chrysomelidae larvae）					0.44±0.44	0.08				

（续）

土壤动物类群		CT		NT0		NT33		NT67		NT100	
		密度	占比	密度	占比	密度	占比	密度	占比	密度	占比
鞘翅目（Coleoptera）	葬甲科成虫（Silphidae adult）	0.59±0.59	0.45								
鳞翅目（Lepidoptera）	蝙蝠蛾科幼虫（Hepialidae larvae）	1.19±0.59	0.91							0.44±0.44	0.09
	螟蛾科幼虫（Pyralididae larvae）					0.44±0.44	0.13	0.44±0.44	0.08		
	舟蛾科幼虫（Notodontidae larvae）							0.44±0.44	0.08		
膜翅目（Hymenoptera）	蚁科（Formicidae）	0.59±0.59	0.45	13.33±6.36	4.89	38.22±21.04	11.42	65.33±41.65	11.62	24.44±9.47	4.88
综合纲（Symphyla）	地幺蚣目（Geophilellidae）							0.44±0.44	0.08	1.78±1.78	0.35
啮目（Psocoptera）	啮科（Psocidae）	0.59±0.59	0.45	0.44±0.44	0.16						
革翅目（Dermaptera）	螯螋科（Chelisochidae）					0.44±0.44	0.13				
半翅目（Hemiptera）	奇蝽科（Enicocephalidae）	0.59±0.59	0.45								
双尾目（Diplura）	铗尾虫科（Japygidae）			0.44±0.44	0.16						
蜘蛛目（Araneae）		1.19±1.19	0.91	3.11±1.39	1.14	4.89±2.09	1.46	4.44±1.64	0.79	4.00±1.47	0.80
地蜈蚣目（Geophilomorpha）		4.15±1.56	3.18	2.22±1.13	0.81	8.00±3.09	2.39	11.56±3.58	2.06	8.00±2.51	1.60
双翅目幼虫（Diptera larvae）		4.74±3.88	3.64	13.78±8.48	5.05	6.67±3.01	1.99	11.56±4.39	2.06	31.11±18.33	6.21
总个体密度		130.37±89.76	100.00	272.89±47.77	100.00	334.67±80.74	100.00	562.22±110.79	100.00	501.33±113.29	100.00

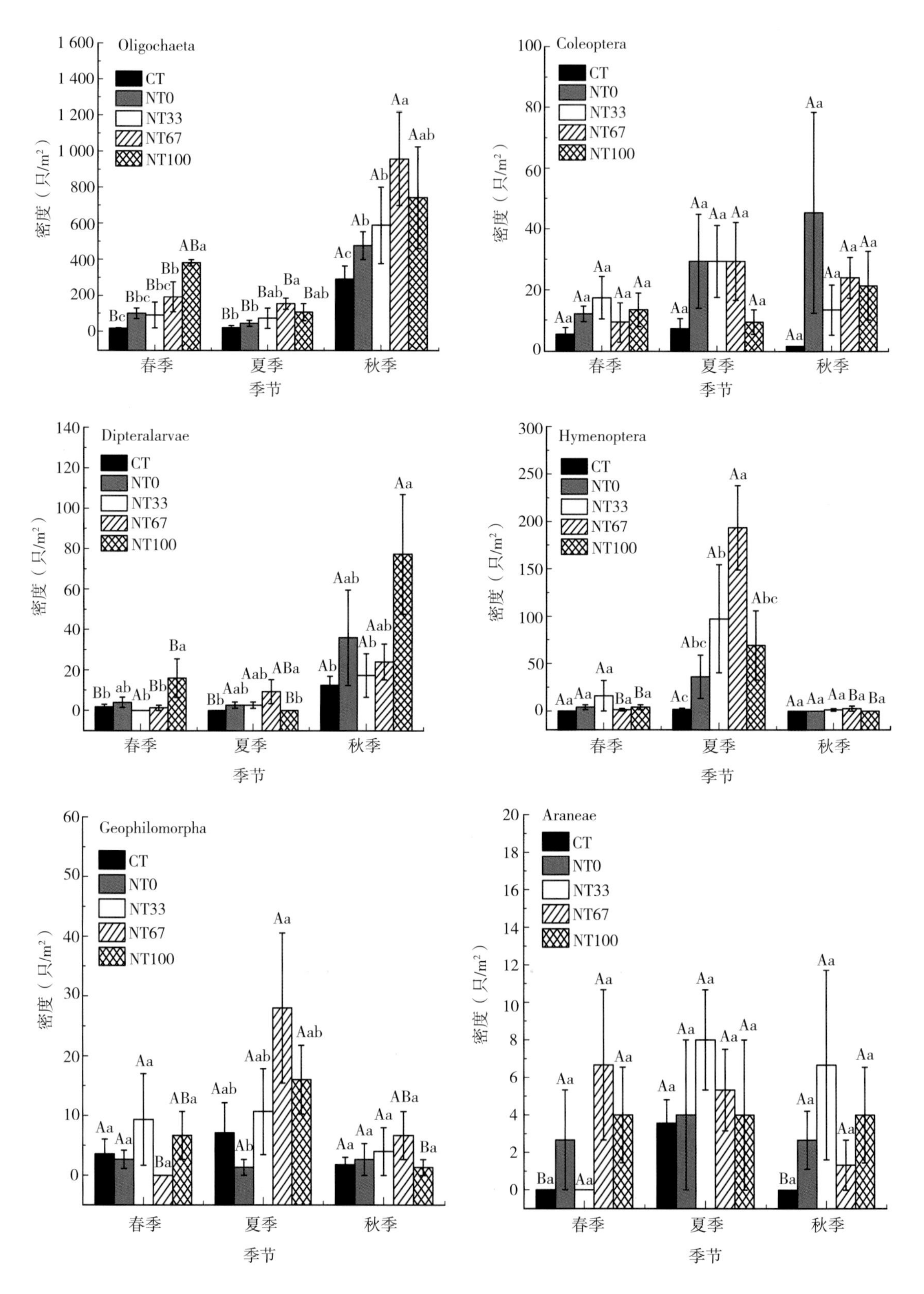
Oligochaeta
Coleoptera
Dipteralarvae
Hymenoptera
Geophilomorpha
Araneae
CT
NT0
NT33
NT67
NT100
密度（只/m²）
春季
夏季
秋季
季节

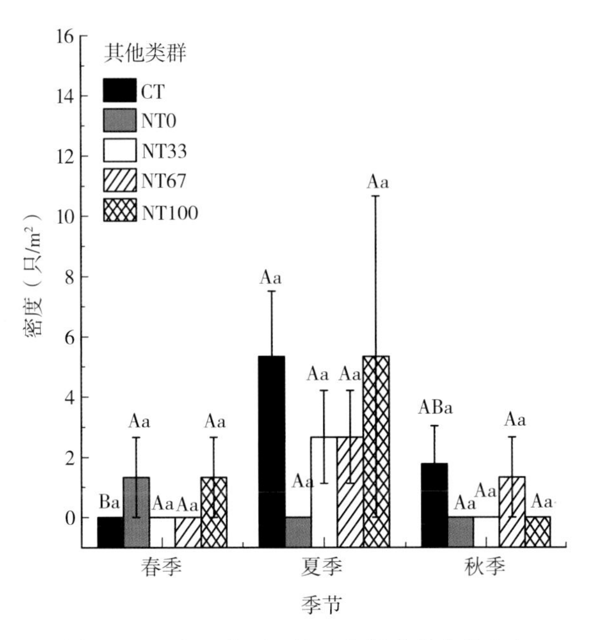

图 7－11　主要大型土壤动物类群的个体密度

注：图中数据为平均值±标准误。大、小写字母分别表示同一处理不同季节间和同一季节各处理间土壤动物群落特征差异（$P<0.05$）。CT 为传统耕作；NT0 为免耕无玉米秸秆覆盖；NT33 为免耕＋每年 33%玉米秸秆；NT67 为免耕＋每年 67%玉米秸秆覆盖；NT100 为免耕＋每年 100%玉米秸秆覆盖。

各类大型土壤动物对免耕秸秆覆盖后土壤环境变化的敏感性不同。通过计算 V 值，寡毛类、鞘翅目、膜翅目和蜘蛛目（Araneae）每次取样免耕秸秆覆盖处理均为负值，说明这些类群对免耕秸秆覆盖相对较敏感。而双翅目幼虫、地蜈蚣目等类群 3 次取样各秸秆覆盖处理 V 值存在正负变化（图 7－12）。

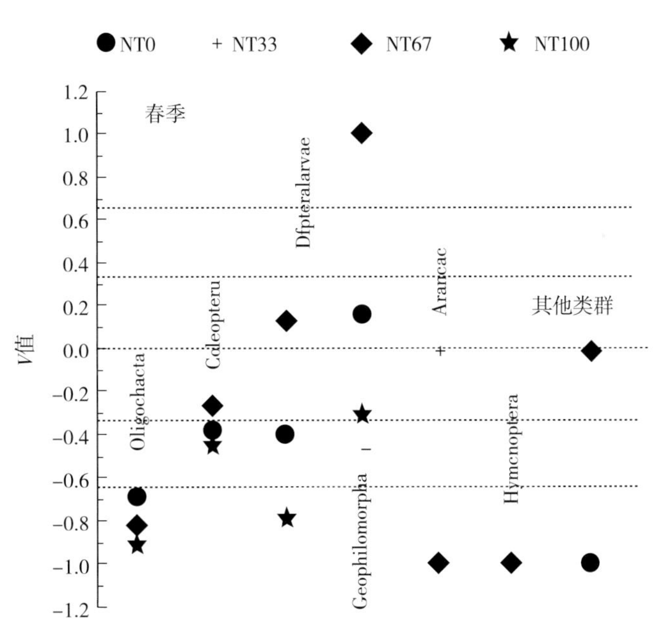

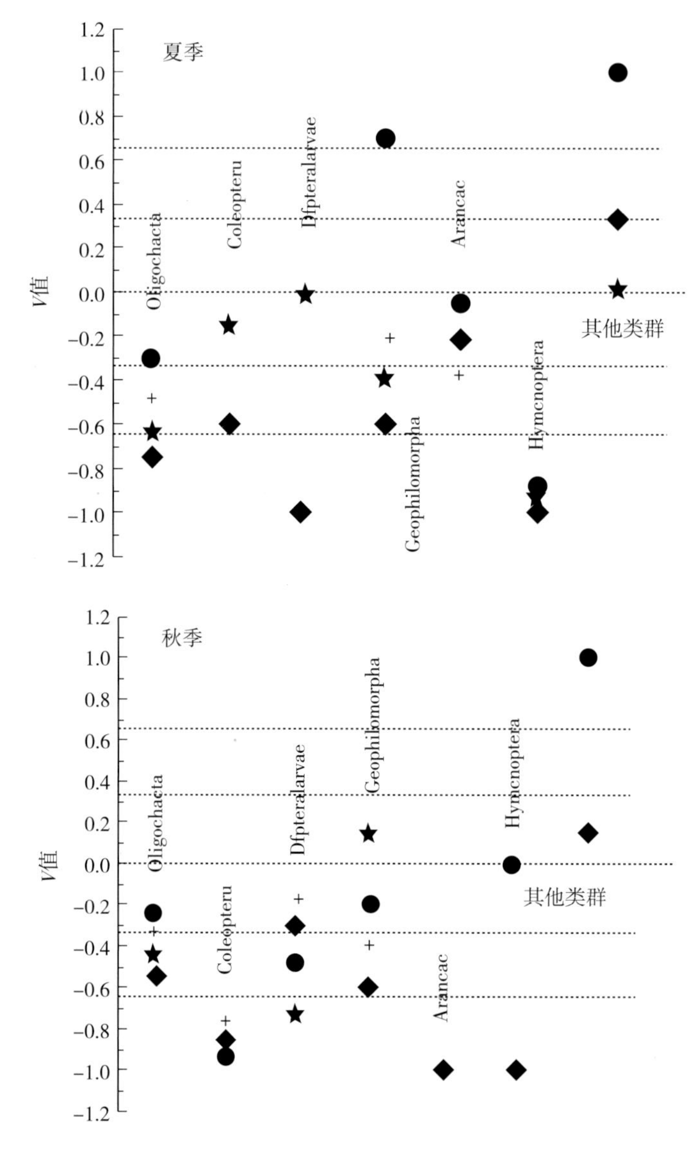

图 7－12　各次取样主要分类群 V 值比较

注：CT 为传统耕作；NT0 为免耕无玉米秸秆覆盖；NT33 为免耕＋每年 33％玉米秸秆覆盖；NT67 为免耕＋每年 67％玉米秸秆覆盖；NT100 为免耕＋每年 100％玉米秸秆覆盖。

7.4.2　免耕秸秆覆盖对大型土壤动物群落结构的影响

相比于传统耕作（CT），免耕秸秆覆盖样地支持数量更多、类群更丰富、多样性更高的大型土壤动物群落。春季，大型土壤动物个体密度随秸秆覆盖量的增加而增加，最高密度出现在全量秸秆覆盖的样地（NT100），低值出现在 CT 处理。夏、秋季则以 NT67 为最高。类群数仅春季各处理间存在显著差异，全量秸秆覆盖的样地（NT100）显著高于其他处理。夏、秋季部分秸秆还田样地的 NT67 处理样地大型土壤动物类群数和多样性相对较高，尽管没有达到显著性水平。此外，对各处理来讲，个体密度最高值出现在秋季，类群数量和多样性最高值出现在夏季（图 7-13）。

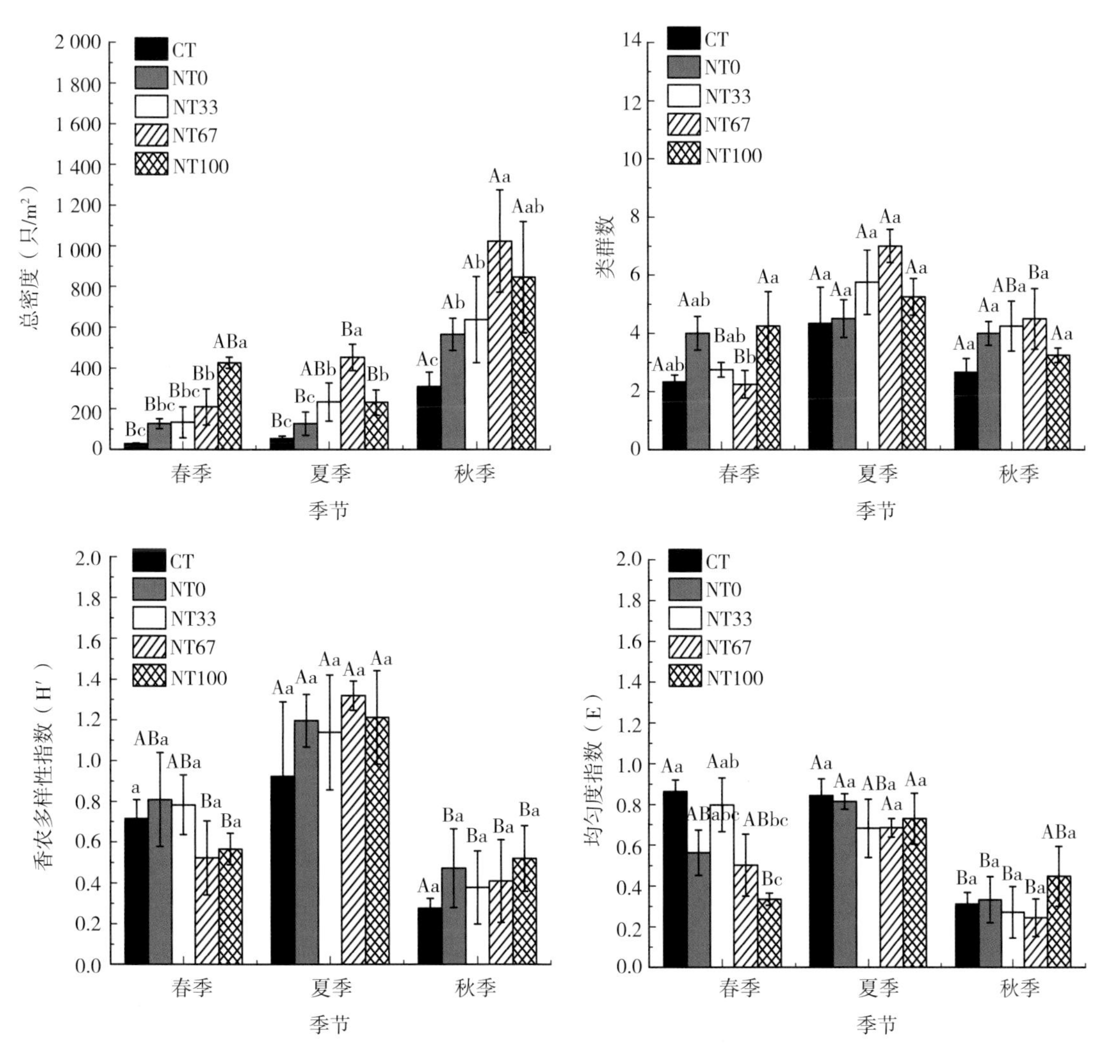

图 7-13 各样地大型土壤动物个体密度、类群数、多样性和均匀度指数比较

注：图中数据为平均值±标准误。大、小写字母分别表示同一处理不同季节间和同一季节各处理间土壤动物群落特征差异（$P<0.05$）。CT 为传统耕作；NT0 为免耕无玉米秸秆覆盖；NT33 为免耕+每年 33%玉米秸秆覆盖；NT67 为免耕+每年 67%玉米秸秆覆盖；NT100 为免耕+每年 100%玉米秸秆覆盖。

大型土壤动物群落组成明显受处理和季节的影响（表 7-5、图 7-14）。春季，免耕秸秆全量还田处理（NT100）大型土壤动物群落组成除与免耕秸秆 NT67 覆盖还田处理无显著差异外，与其他处理均具有显著差异。夏季，NT67 处理大型土壤动物群落组成与传统耕作（CT）和免耕无玉米秸秆覆盖（NT0）存在显著差异。秋季，尽管各处理样地大型土壤动物群落组合没达到统计学显著差异程度，但 CT 与 NT67 及 CT 与 NT100 的 P 值小于 0.06。

表 7-5　各季节不同处理间大型动物群落置换多元（因素）方差分析（PERMANOVA）

	4 月		7 月		10 月	
	t	*P*	*t*	*P*	*t*	*P*
CT VS. NT0	2.164*	0.027	1.101	0.198	1.465	0.114
CT VS. NT33	1.044	0.433	1.050	0.372	1.054	0.247
CT VS. NT67	1.783	0.058	2.021*	0.030	1.991	0.056
CT VS. NT100	4.168*	0.028	1.269	0.114	1.651	0.060
NT0 VS. NT33	1.214	0.164	0.877	0.565	0.735	0.624
NT0 VS. NT67	1.071	0.365	2.019*	0.029	1.394	0.197
NT0 VS. NT100	2.859*	0.028	1.149	0.287	1.128	0.287
NT33 VS. NT67	1.013	0.290	1.138	0.312	0.814	0.538
NT33 VS. NT100	2.036*	0.026	0.808	0.682	0.831	0.694
NT67 VS. NT100	1.387	0.055	1.229	0.223	0.738	0.696

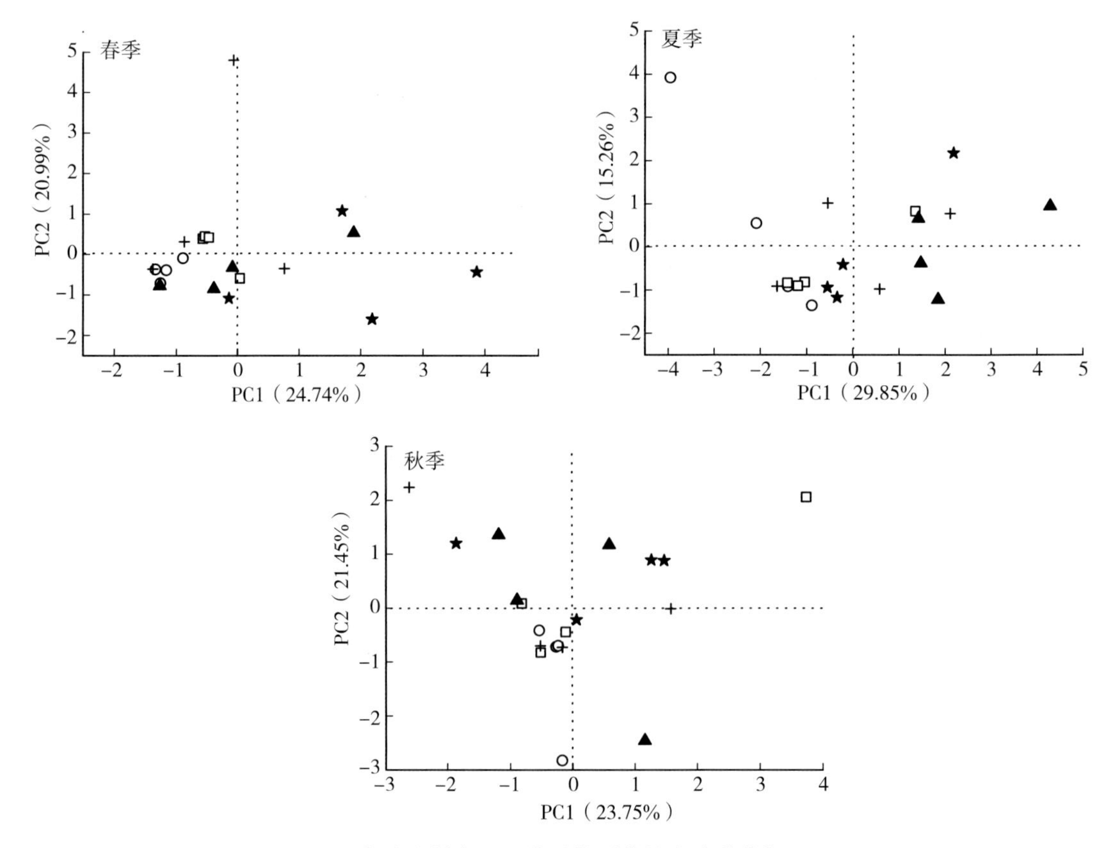

图 7-14　各次取样大型土壤动物群落的主成分分析（PCA）

注：○为 CT，□为 NT0，＋为 NT33，▲为 NT67，★为 NT100。

7.4.3 免耕秸秆覆盖对大型土壤动物功能类群的影响

分解者和捕食性类群的数量受处理和采样时期影响显著，而植食性则无明显变化。由寡毛类、双翅目幼虫和膜翅目构成了各处理分解者的主体。春季，分解者类群在免耕全量秸秆覆盖样地（NT100）密度最高，显著高于CT；夏、秋季则以免耕部分秸秆还田处理NT67为最高，显著高于CT和NT0。主要由地蜈蚣目、蜘蛛目和鞘翅目部分科（如隐翅虫科和步甲科）构成的捕食性类群仅在夏季各处理间存在显著差异，即NT67最高，并显著高于CT。分解者和捕食者个体数量还随季节而变化，各处理分解者最高值出现在秋季，而捕食性类群在NT67处理的最高值出现在夏季（图7-15）。

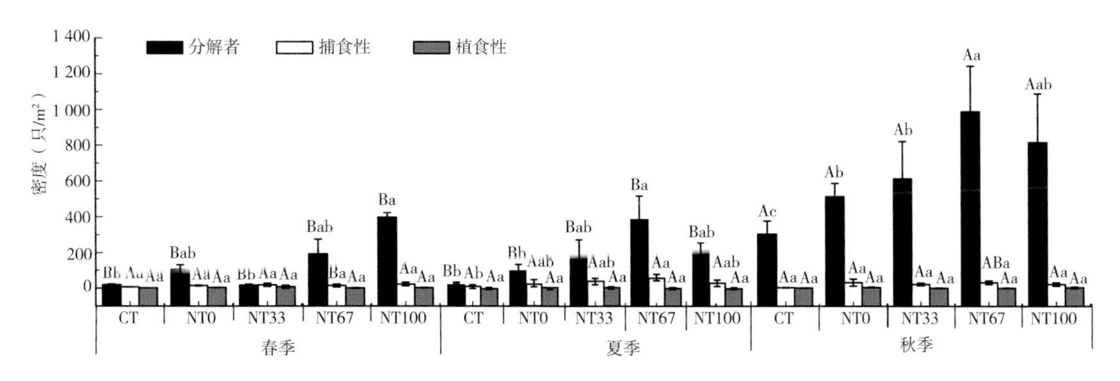

图7-15 各季节不同处理3个营养类群的密度比较

注：大、小写字母分别表示同一处理不同季节间和同一季节各处理间相同营养类群的差异（$P<0.05$）。

7.4.4 玉米秸秆覆盖量与大型土壤动物的关系

在整个研究过程中，大型土壤动物总密度、多样性以及各功能类群与秸秆覆盖量同样并没有表现出一致的对应关系。大型土壤动物总密度仅在春季与秸秆覆盖量正相关（$P<0.05$），即随着秸秆覆盖量的增加而增加。类群数量则与秸秆覆盖量之间没显著的相关性。分解者的密度与秸秆覆盖量也只有在春季正相关（$P<0.05$），其他功能群则与玉米秸秆覆盖量无明显的相关性（图7-16）。

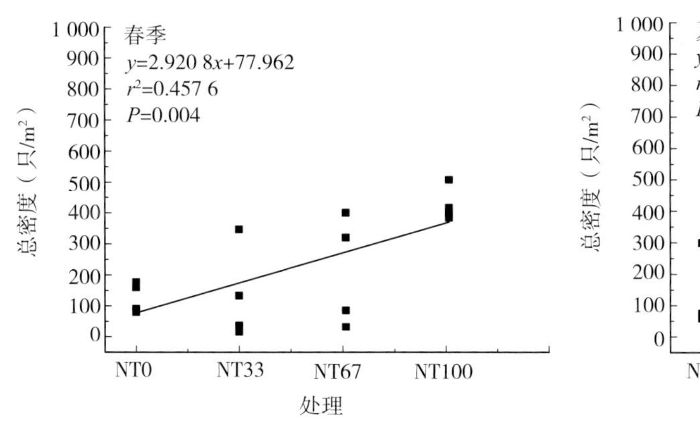

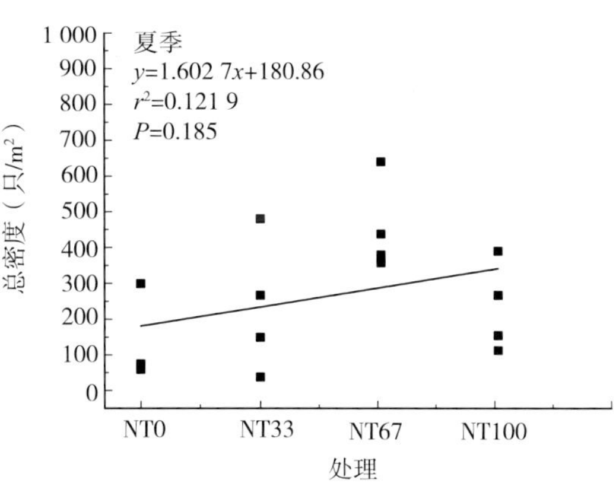

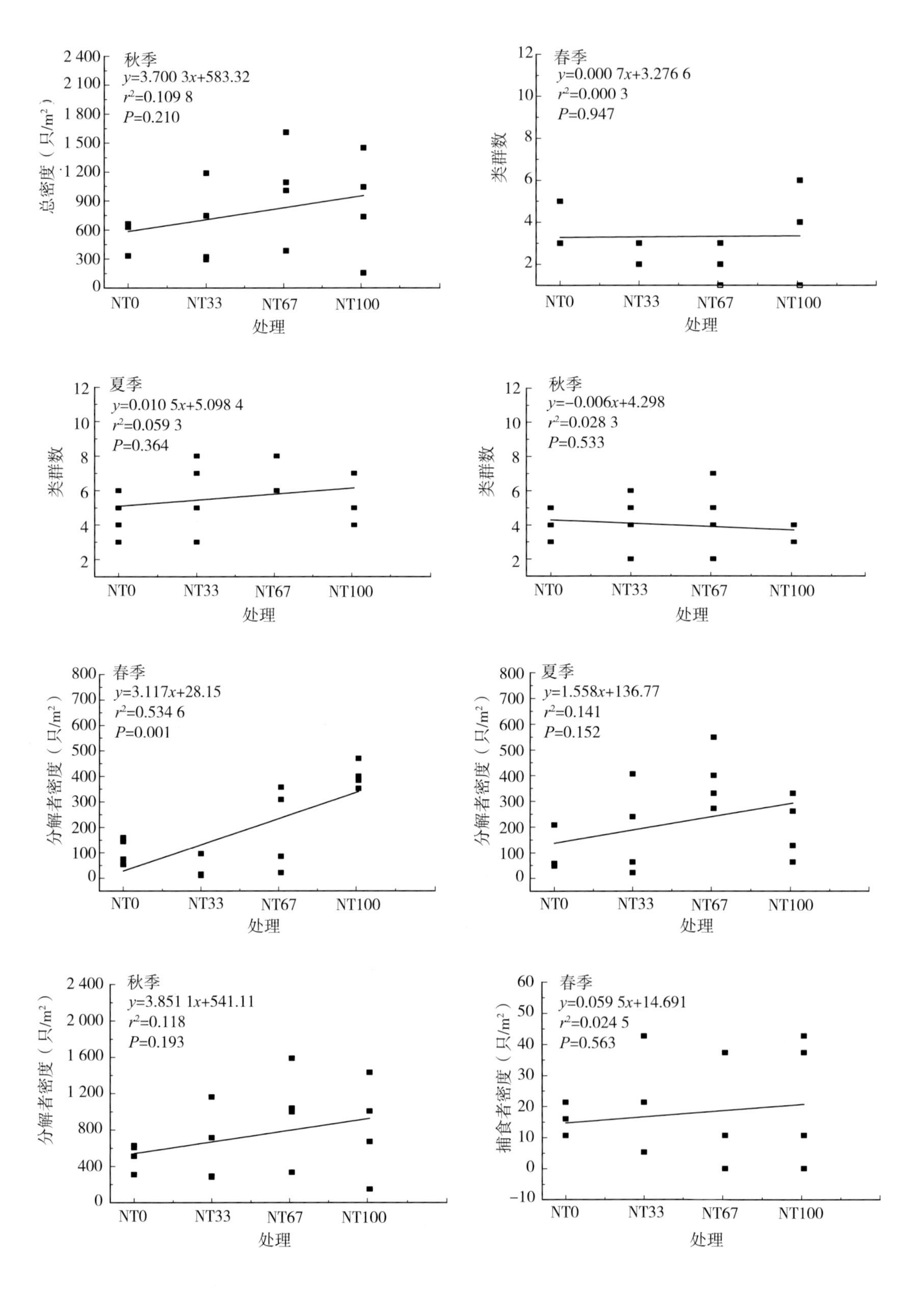
秋季
y=3.700 3x+583.32
r²=0.109 8
P=0.210
总密度（只/m²）
处理
NT0
NT33
NT67
NT100
春季
y=0.000 7x+3.276 6
r²=0.000 3
P=0.947
类群数
夏季
y=0.010 5x+5.098 4
r²=0.059 3
P=0.364
秋季
y=−0.006x+4.298
r²=0.028 3
P=0.533
春季
y=3.117x+28.15
r²=0.534 6
P=0.001
分解者密度（只/m²）
夏季
y=1.558x+136.77
r²=0.141
P=0.152
秋季
y=3.851 1x+541.11
r²=0.118
P=0.193
春季
y=0.059 5x+14.691
r²=0.024 5
P=0.563
捕食者密度（只/m²）

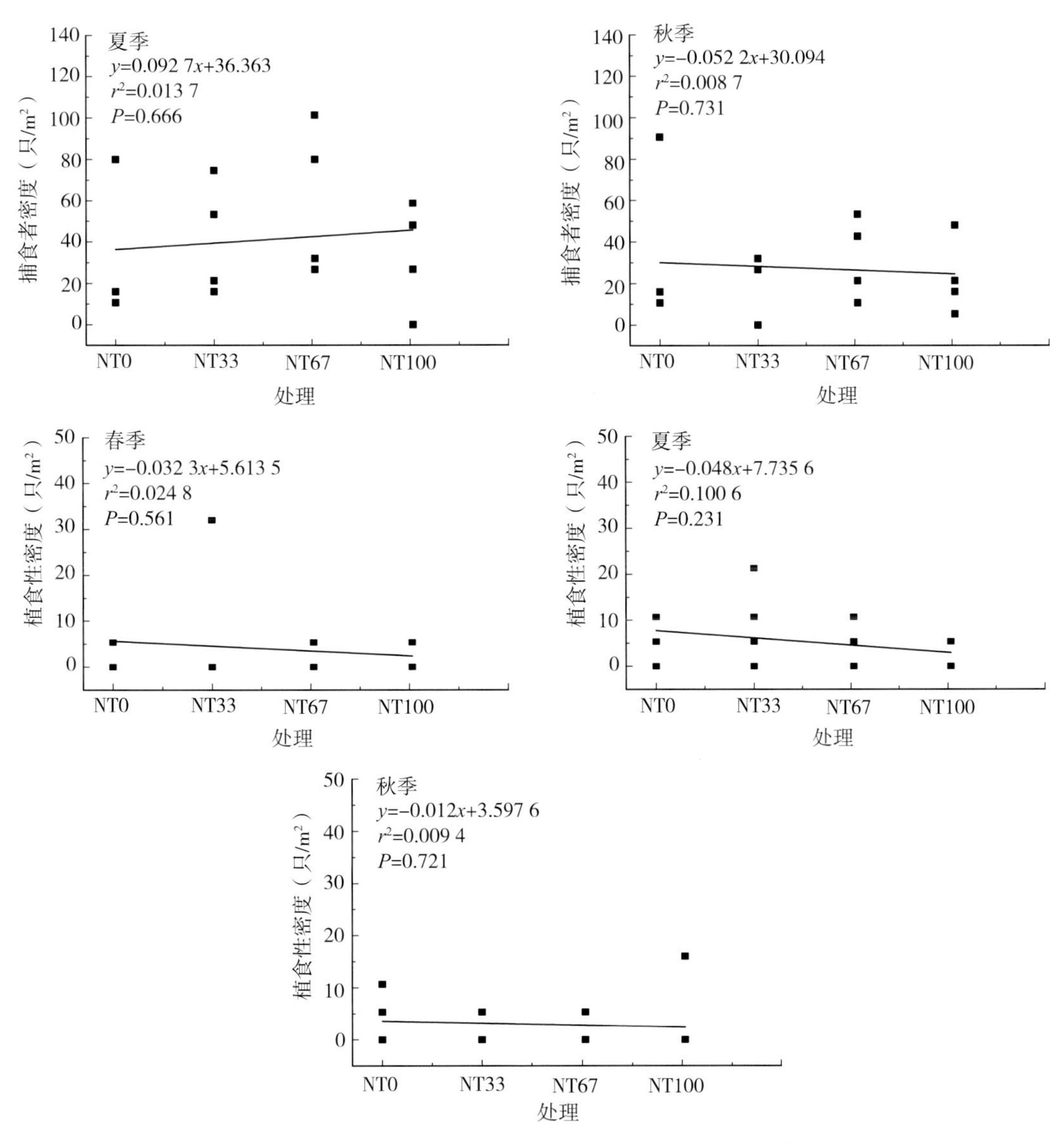

图 7－16　大型土壤动物的总密度、类群数以及 3 个营养类群的密度与秸秆覆盖量之间的回归分析

从群落组成、多样性和功能类群分析了保护性耕作对大型土壤动物群落的影响。相对于传统耕作（CT），免耕秸秆覆盖增加了大型土壤动物的数量并引起其群落结构的变化，尤其是免耕 67％秸秆覆盖（NT67）和免耕全量秸秆覆盖处理（NT100）。研究期间，在免耕秸秆覆盖处理样地，多数大型土壤动物类群的个体密度都高于传统耕作（CT），如寡毛纲、鞘翅目、蜘蛛目和膜翅目。免耕秸秆覆盖不仅为大型土壤动物提供了丰富的食物资源，还提供了多样的微生境。同时，该系统减少了扰动，环境更稳定，从而支持更丰富和更多样的土壤动物生存。但有些类群在传统耕作样地中仍具有较高个体数量，如地蜈蚣类。Wardle（1995）认为土壤动物对耕作表现出多样的响应，可能与取样时期、扰动强

度和生物适应性差异有关。

免耕秸秆覆盖对大型土壤动物功能类群有明显影响。免耕秸秆覆盖样地中分解者群落（尤其是寡毛类）数量显著高于传统耕作样地。秸秆覆盖可为分解者提供在空间和时间上连续的资源（House et al.，1987）。此外，秸秆覆盖可保持土壤水分，缓和地表温度波动，可增强分解者的活性及其与土壤生物间的相互作用（House et al.，1984；Stroud et al.，2016）。捕食性类群主要由蜈蚣、蜘蛛目和部分鞘翅目构成。夏季，免耕秸秆覆盖样地，捕食性类群个体密度显著高于传统耕作样地（CT）。这些动物类群大多活动在土壤表层和凋落物层（Wardle，1995），取食真菌、小昆虫和一些软体动物（Wallwork，1976；Stinner et al.，1990），而这些食物资源又多与作物残留物相关。因此，土壤表层覆盖秸秆有利于提高捕食类群数量。捕食类群可通过食物链的顶端优势通过捕食作用调节土壤微生物活性促进秸秆分解（Marasas et al.，2001）。

研究期间，植食性类群个体数量在各处理之间却无显著差异。秸秆覆盖样地并没有因为可提供有利于植食性类群生存的栖息地和食物资源而明显增多。Robertson 等（1994）认为在保护性耕作实施前期，土壤中危害作物生长的植食性“害虫”由于缺乏天敌，可能会明显增多。但本研究并未对该区保护性耕作实施的前期进行植食性类群数量监测（2007—2013 年）。Douglas（1987）认为大型土壤动物可在停止传统耕作后大约 7 年的时间内逐渐丰富起来。Adl（2006）对美国东南部免耕 4～25 年的棉花田的土壤生物多样性进行比较，结果发现，免耕 8 年以上的棉田，其土壤生物多样性和多度比较接近未受干扰的生态系统。因此，经过多年实施保护性耕作，捕食性类群个体数量的增加在一定程度上抑制了土壤中植食性类群的增长。

免耕秸秆覆盖对大型土壤动物的影响程度随季节而变化。各处理样地大型土壤动物的总密度最高值出现在秋季，而类群数和多样性最高值出现在夏季。整个研究期间，大型土壤动物个体密度与秸秆覆盖量之间也并不存在一致的对应关系。这与各季节水热组合与不同秸秆覆盖量下土壤环境的差异共同作用使大型土壤动物对秸秆覆盖量在不同季节具有不同的响应。

总之，我国东北黑土区农田实施免耕秸秆覆盖，相比于传统耕作，支持个体数量更多、类群更丰富的土壤动物生存。但秸秆覆盖量与土壤动物数量之间并不存在一致的对应关系，受气候条件的制约。免耕秸秆覆盖长期实施利于分解者和捕食者生存，对植食性类群的影响则并不显著。

参考文献

陈建秀，麻智春，严海娟，等，2007. 跳虫在土壤生态系统中的作用 [J]. 生物多样性 (15)：154-161.

傅声雷，张卫信，邵元虎，等，2019. 土壤生态学：土壤食物网及其生态功能 [M]. 北京：科学出版社.

李贵才，韩兴国，黄建辉，等，2001. 森林生态系统土壤氮矿化影响因素研究进展 [J]. 生态学报 (21)：1187-1192.

青木淳一，1980. 土壤动物学 [M]. 东京：北隆馆.

邵元虎，张卫信，刘胜杰，等，2015. 土壤动物多样性及其生态功能 [J]. 生态学报，35 (20)：6614-6625.

孙新，李琪，姚海凤，等，2021. 土壤动物与土壤健康［J］. 土壤学报，58（5）：1073－1083.

王梦茹，傅声雷，徐海翔，等，2018. 陆地生态系统中马陆的生态功能［J］. 生物多样性，26（10）：1051－1059.

忻介六，1986. 土壤动物知识［M］. 北京：科学出版社.

徐国良，黄忠良，欧阳学军，等，2001. 鼎湖山地表无脊椎动物多样性及其与凋落物的关系［J］. 动物学研究，23（6）：477－482.

尹文英，2001. 土壤动物学研究的回顾与展望［J］. 生物学通报，36（8）：1－3.

张卫信，陈迪马，赵灿灿，2007. 蚯蚓在生态系统中的作用［J］. 生物多样性（15）：142－153.

Adl S M，Coleman D C，Read F，2006. Slow recovery of soil biodiversity in sandy loam soils of Georgia after 25 years of no－tillage management［J］. Agriculture，Ecosystems and Environment，114：323－334.

Arora V K，Singh C B，Sidhu A S，et al.，2011. Irrigation，tillage and mulching effects on soybean yield and water productivity in relation to soil texture［J］. Agricultural Water Management，98：563－568.

Balwinder－Singh，Eberbach P L，Humphreys E，et al.，2011. The effect of rice straw mulch on evapotranspiration，transpiration and soil evaporation of irrigated wheat in Punjab，India［J］. Agricultural Water Management，98：1847－1855.

Basche A D，Kaspar T C，Archontoulis S V，et al.，2016. Soil water improvements with the long－term use of a winter rye cover crop［J］. Agricultural Water Management，172：40－50.

Bedano J C，Cantú M P，Doucet M E，2006a. Soil springtails（Hexapoda：Collembola），symphylans and pauropods（Arthropoda：Myriapoda）under different management systems in agroecosystems of the subhumid Pampa（Argentina）［J］. European Journal of Soil Biology，42：107－119.

Bedano J C，Cantú M P，Doucet M E，2006b. Influence of three different land management practices on soil mite（Arachnida：Acari）densities in relation to a natural soil［J］. Applied Soil Ecology，32：293－304.

Bedano J C，Domínguez A，Arolfo R，et al.，2016. Effect of good agricultural practices under no－till on litter and soil invertebrates in areas with different soil types［J］. Soil and Tillage Research，158：100－109.

Behan－Pelletier V M，2003. Acari and collembola biodiversity in Canadian agricultural soils［J］. Canadian Journal of Soil Science，83：279－288.

Bilalis D，Sidiras N，Economou G，Effect of different levels of wheat straw soilsurface coverage on weed flora in Vicia faba crops［J］. Journal of Agronomy and Crop Science，189：233－241.

Botha M，Siebert S J，van den Berg J，et al.，2015. Plant and arthropod diversity patterns of maize agro－ecosystems in two grassy biomes of South Africa［J］. Biodiversity and Conservation，24：1797－1824.

Bouma J，2014. Soil science contributions towards sustainable development goals and their implementation：linking soil functions with ecosystem services［J］. Journal of Plant Nutrition and Soil Science，177：111－120.

Brennan A，Fortune T，Bolger T，2006. Collembola abundances and assemblage structures in conventionally tilled and conservation tillage arable systems［J］. Pedobiologia，50：135－145.

Brussaard L，1998. Soil fauna，guilds，functional groups and ecosystem processes［J］. Applied Soil Ecology，9：123－135.

Brussaard L，de Ruiter P C，Brown G G，2007. Soil biodiversity for agricultural sustainability［J］. Agriculture，Ecosystems and Environment，121：233－244.

Carson R, 1962. Silent spring [M]. Boston: Houghton Mifflin Harcourt.

Chahartaghi M, Langel R, Scheu S, et al., 2005. Feeding guilds in Collembola based on nitrogen stable isotope ratios [J]. Soil Biology and Biochemistry, 37: 1718-1725.

Chauhan B S, Singh R G, Mahajan G, 2012. Ecology and management of weeds under conservation agriculture: a review [J]. Crop Protection, 38: 57-65.

Coleman D, Fu S L, Hendrix P, et al., 2012. Soil foodwebs in agroecosystems: impacts of herbivory and tillage management [J]. European Journal of Soil Biology, 38: 21-28.

Coleman D C, Callaham Jr M A, Crossley D A, 2017. Fundamentals of Soil Ecology [M]. Thrid ed. Elsevier, USA: Academic Press.

Coleman D C, Whitman W B, 2005. Linking species richness, biodiversity and ecosystem function in soil systems [J]. Pedobiologia, 49: 479-497.

Coulibaly S F M, Coudrain V, Hedde M, et al., 2017. Effect of different crop management practices on soil collembola assemblages: a 4-year follow-up [J]. Applied Soil Ecology, 119: 354-366.

Crawford J W, Harris J A, Ritz K, et al., 2005. Towards an evolutionary ecology of life in soil [J]. Trends in Ecology and Evolution, 20: 81-87.

Culliney T W, 2013. Role of arthropods in maintaining soil fertility [J]. Agriculture, 3: 629-659.

de Baets S, Poesen J, Meersmans J, 2011. Cover crops and their erosion-reducing effects during concentrated flow erosion [J]. Catena, 85: 237-244.

Decaëns T, Jiménez J J, Gioia C, et al., 2006. The values of soil animals for conservation biology [J]. European Journal of Soil Biology, 42: S23-S38.

Domínguez A, Bedano J C, Becker A R, 2010. Negative effects of no-till on soil macrofauna and litter decomposition in Argentina as compared with natural grasslands [J]. Soil and Tillage Research, 110: 51-59.

Domínguez A, Jiménez J J, Ortíz C E, 2018. Soil macrofauna diversity as a key element for building sustainable agriculture in Argentine Pampas [J]. Acta Oecoloica, 92: 102-116.

Dorn B, Jossi W, vander Heijden M G A, 2015. Weed suppression by cover crops: comparative on-farm experiments under integrated and organic conservation tillage [J]. Weed Research, 55: 586-597.

Douglas L A, 1987. Effects of cultivation and pesticide use on soil biology [M]. Brisbane: Inkata Press.

Díaz-Zorita M, Duarte G A, Grove J H, 2002. A review of no-till systems and soil management for sustainable crop production in the subhumid and semiarid Pampas of Argentina [J]. Soil and Tillage Research, 65: 1-18.

Ekschmitt K, Liu M, Vetter S, et al., 2005. Strategies used by soil biota to overcome soil organic matter stability-why is dead organic matter left over in the soil? [J]. Geoderma, 128: 167-176.

Fu S, Ferris H, Brown D, et al., 2005. Does the positive feedback effect of nematodes on the biomass and activity of their bacteria prey vary with nematode species and population size? [J]. Soil Biology and Biochemistry, 37: 1979-1987.

Gangwar K S, Singh K K, Sharmas S K, et al., 2006. Alternative tillage and crop residue management in wheat after rice in sandy loam soils of Indo-Gangetic plains [J]. Soil and Tillage Research, 88: 242-252.

Gava R, de Freitas P S L, de Faria R T, et al., 2013. Soil water evaporation under densities of coverage with vegetable residue [J]. Engenharia Agricola, 33: 89-98.

George P B L, Keith A M, Creer S, et al., 2017. Evaluation of mesofauna communities as soil quality indicators in anational - level monitoring programme [J]. Soil Biology and Biochemistry, 115: 537 - 546.

Govaerts B, Sayre K D, Ceballos - Ramirez J M, et al., 2006. Conventionally tilled and permanent raised beds with different crop residue management: effects on soil C and N dynamics [J]. Plant and Soil, 280: 143 - 155.

Heinrich B, 1995. Insect thermoregulation [J]. Endeavour, 19: 28 - 33.

Hendriksen N B, 1990. Leaf litter selection by detritivore and geophagous earthworms [J]. Biology and Fertility Soils, 10: 17 - 21.

Hobbs P R, Sayre K, Gupta R, 2008. The role of conservation agriculture in sustainable agriculture [J]. Philosophical Transactions of the Royal Society B, 363: 543 - 555.

Hooper D U, Bignell D E, Brown V K, et al., 2000. Interactions between aboveground and belowground biodiversity in terrestrial ecosystems: patterns, mechanisms, and feedbacks [J]. BioScience, 50: 1049 - 1061.

House G J, Stinner B R, 1987. Decomposition of plant residues in no - tillage agroecosystems: influence of litterbag mesh size and soil arthropods [J]. Pediobiologia, 30: 351 - 360.

House G J, Parmelee R W, 1985. Comparison of Soil arthropods and earthworms from conventional and no - tillage agroecosystems [J]. Soil and Tillage Research, 5: 351 - 360.

House G J, Stinner B R, Crossley D A Jr, et al., 1984. Nitrogen cycling in conventional and no - tillage agroecosystems in the Southern Piedmont [J]. Journal of Soil and Water Conservation, 39: 194 - 200.

Janzen H H, 2006. The soil carbon dilemma: shall we hoard it or use it? [J]. Soil Biology and Biochemistry, 38: 419 - 424.

Joly F, Coulis M, Gérard A, et al., 2015. Litter - type specific microbial responses to the transformation of leaf litter into millipede feces [J]. Soil Biology and Biochemistry, 86: 17 - 23.

Kader M A, Senge M, Mojid M A, et al., 2017. Recent advances in mulching materials and methods for modifying soil environment [J]. Soil and Tillage Research, 168: 155 - 166.

Kampichler C, Bruckner A, 2009. The role of microarthropods in terrestrial decomposition: a meta - analysis of 40 years of litterbag studies [J]. Biological Reviews, 84: 375 - 389.

Kheirallah A M, 1990. Fragmentation of leaf litter by a natural population of the millipede Julus Scandinavius (Latzel 1884) [J]. Biology and Fertility of Soils, 10: 202 - 206.

Kladivko E J, 2001. Tillage systems and soil ecology. [J]. Soil and Tillage Research, 61: 61 - 76.

Knight D, Elliot P W, Anderson J M, 1992. The role of earthworms in managed, permanent pastures in Devon, English [J]. Soil Biology and Biochemistry, 24: 1511 - 1517.

Koehler H H, 1999. Predatory mites (Gamasina, Mesostigmata) [J]. Agriculture, Ecosystems and Environment, 74: 395 - 410.

Lal R, 2008. Managing soil water to improve rainfed agriculture in India [J]. Journal of Sustainable Agriculture, 32: 51 - 75.

Lal R, Reicosky D C, Hanson J D, 2007. Evolution of the plow over 10 000 years and the rationale for no - till farming [J]. Soil and Tillage Research, 93: 1 - 12.

Lavelle P, Decaëns T, Aubert M, et al., 2006. Soil invertebrates and ecosystem services [J]. European Journal of Soil Biology, 42: S3 - S15.

Li R，Hou X Q，Jia Z K，et al.，2013. Effects on soil temperature，moisture，and maize yield of cultivation with ridge and furrow mulching in the rainfed area of the Loess Plateau，China [J]. Agricultural Water Management，116：101－109.

Lindo Z，2015. Warming favours small－bodied organisms through enhanced reproduction and compositional shifts in belowground systems [J]. Soil Biology and Biochemistry，91：271－278.

Liu J L，Ren W，Zhao W Z，2018. Cropping systems alter the biodiversity of ground－and soil－dwelling herbivorous and predatory arthropods in a desert agroecosystem：implications for pest biocontrol [J]. Agriculture，Ecosystems and Environment，266：109－121.

Liu S，Chen J，He X，et al.，2014. Trophic cascade of a web－building spider decreases litter decomposition in a tropical forest floor [J]. European Journal of Soil Biology，65：79－86.

Marasas M E，Sarandón S J，Cicchino A C，2001. Changes in soil arthropod functional group in a wheat crop under conventional and no tillage systems in Argentina [J]. Applied Soil Ecology，18：61－68.

Masilionyte L，Maiksteniene S，Kriauciuniene Z，et al.，2017. Effect of cover crops in smothering weeds and volunteer plants in alternative farming systems [J]. Crop Protection，91：74－81.

Melman D A，Kelly C，Schneekloth J，et al.，2019. Tillage and residue management drive rapid changes in soil macrofauna communities and soil properties in a semiarid cropping system of Eastern Colorado [J]. Applied Soil Ecology，143：98－106.

Miyashita T，Niwa S，2006. A test for top－down cascade in a detritus－based food web by litter－dwelling web spiders [J]. Ecological Research，21：611－615.

Olsson P A，Sjöholm C，Ödman A M，2014. Soil disturbance favours threatened beetle species in sandy grasslands [J]. Journal of Insect Conservation，18：827－835.

Palm C，Blanco－Canqui H，DeClerck F，et al.，2014. Conservation agriculture and ecosystem services：an overview [J]. Agriculture，Ecosystems and Environment，187：87－105.

Powlson D S，Stirling C M，Jat M L，et al.，2014. Limited potential of no－till agriculture for climate change mitigation [J]. Nature Climate Change，4：678－683.

Ranaivoson L，Naudin K，Ripoche A，et al.，2017. Agro－ecological functions of crop residues under conservation agriculture：a review [J]. Agronomy for Sustainable Development，37：26.

Robertson L N，Kettle B A，Simpson G B，1994. The influence of tillage practices on soil macrofauna in a semi－arid agroecosystem in northeastern Australia [J]. Agriculture，Ecosystems and Environment，48：149－156.

Roger－Estrade J，Anger C，Bertrand M，et al.，2010. Tillage and soil ecology：partners for sustainable agriculture [J]. Soil and Tillage Research，111：33－40.

Rusek J，1998. Biodiversity of collembola and their functional role in the ecosystem [J]. Biodiversity and Conservation，7：1207－1219.

Sawyer J E，Woli K P，Barker D W，et al.，2017. Stover removal impact on corn plant biomass，nitrogen，and use efficiency [J]. Agronomy，Soils and Environmental Quality，109：802－810.

Schaffers A P，Raemakers I P，Sýkora K V，et al.，2008. Arthropod assemblages are best predicted by plant species composition [J]. Ecology，89：782－794.

Seastedt T R，1984. The role of microarthropods in decomposition and mineralization processes [J]. Annual Review of Entomology，29：25－46

Sharma P，Singh A，Kahlon C S，et al.，2018. The role of cover crops towards sustainable soil health and agriculture - a review paper [J]. American Journal of Plant Sciences, 9: 1935 - 1951.

Shen Y, McLaughlin N, Zhang X P, et al., 2017. Effect of tillage and crop residue on soil temperature following planting for a Black soil in Northeast China [J]. Scientific Reports, 8: 4500.

Silva V M D, Antoniolli Z I, Jacques R J S, et al., 2017. Influence of the tropical millipede, Glyphiulus granulatus (Gervais, 1847), on aggregation, enzymatic activity, and phosphorus fractions in the soil [J]. Geoderma, 289: 135 - 141.

Stinner B R, House G J, 1990. Arthropods and other invertebrates in conservation - tillage agriculture [J]. Annual Review of Entomology, 35: 299 - 318.

Stroud J L, Irons D E, Carter J E, et al., 2016. Lumbricus terrestris middens are biological and chemical hotspots in a minimum tillage arable ecosystem [J]. Applied Soil Ecology, 105: 31 - 35.

Stubbs T L, Kennedy A C, Schillinger W F, 2004. Soil ecosystem changes during the transition to no - till cropping [J]. Journal of Crop Improvement, 11: 105 - 135.

Sulkava P, Huhta V, Laakso J, 1996. Impact of soil faunal structure on decomposition and N - mineralization in relation to temperature and soil moisture in forest soil [J]. Pedobiologia, 40: 505 - 513.

Suzuki Y, Grayston S J, Prescott C E, 2013. Effects of leaf litter consumption by millipedes (*Harpaphe haydeniana*) on subsequent decomposition depends on litter type [J]. Soil Biology and Biochemistry, 57: 116 - 123.

Swanson S, Wilhelm W, 1996. Planting date and residue rate effects on growth, partitioning, and yield of corn [J]. Agronomy Journal, 88: 205 - 210.

Swift M J, Heal O W, Anderson J M, 1979. Decomposition in Terrestrial Ecosystems [M]. Oxford: Blackwell.

Teasdale J R, Mohler C L, 1993. Light transmittance, soil temperature, and soil moisture under residue of hairy vetch and rye [J]. Agronomy Journal, 85: 673 - 380.

Teasdale J R, Mohler C L, 2000. The quantitative relationship between weed emergence and the physical properties of mulches [J]. Weed Science, 48: 385 - 392.

Tian G, Brussaard L, Kang B T, 1993. Biological effects of plant residues with contrasting chemical compositions under humid tropical conditions: effects on soil fauna [J]. Soil Biology and Biochemistry, 25: 731 - 737.

Tsiafouli M A, Thébault E, Sgardelis S P, et al., 2015. Intensive agriculture reduces soil biodiversity across Europe [J]. Global Change Biology, 21: 973 - 985.

Turmel M S, Speratti A, Baudron F, et al., 2015. Crop residue management and soil health: a systems analysis [J]. Agricultural Systems, 134: 6 - 16.

VandenBygaart A J, Fox C A, Fallow D J, et al., 2000. Estimating earthworm - influenced soil structure by morphometric image analysis [J]. Soil Science Society of America Journal, 64: 982 - 988.

Verhulst N, Govaerts B, Verachtert E, et al., 2010. Conservation agriculture, improving soil quality for sustainable production systems? [M] //Lal R, Stewart B A. Advances in Soil Science: Food Security and Soil Quality. Boca Raton: CRC Press.

Wallwork J A, 1976. The distribution and diversity of soil fauna [M]. London: Academic Press.

Wang X, Jia Z, Liang L, et al., 2016. Impacts of manure application on soil environment, rainfall use efficiency and crop biomass under dryland farming [J]. Scientific Reports, 6: 20994.

Wang M, Zhang W, Xia H, et al., 2017. Effect of Collembola on mineralization of litter and soil organic matter [J]. Biology and Fertility of Soils, 53: 563 - 571.

Wardle D A, 1995. Impacts of disturbance on detritus food webs in agro - ecosystems of contrasting tillage and weed management practices [J]. Advances in Ecological Research, 26: 105 - 185.

Wardle D A, 2002. Communities and ecosystems: linking the aboveground and belowground components [M]. New Jersey: Princeton University Press.

Wardle D A, 2006. The influence of biotic interactions on soil biodiversity [J]. Ecology Letters, 9: 870 - 886.

Woyessa Y E, Bennie T P, 2004. Factors affecting runoff and soil loss under simulated rainfall on a sandy Bainsvlei Amalia soil [J]. South African Journal of Plant and Soil, 21: 203 - 208.

Yan S K, Singh A N, Fu S L, et al. , 2012. A soil fauna index for assessing soil quality [J]. Soil Biology and Biochemistry, 47: 158 - 165.

Yang X, Chen J, 2009. Plant litter quality influences the contribution of soil fauna to litter decompotion in humid tropical forest, Southwestern China [J]. Soil Biology and Biochemistry, 41: 910 - 918.

Young I M, Crawford J W, 2004. Interactions and self - organization in the soil - microbe complex [J]. Science, 304: 1634 - 1637.

Zanella A, Ponge J F, Briones M J I, 2018. Humusica 1, article 8: terrestrial humus systems and forms - biological activity and soil aggregates, space - time dynamics [J]. Applied Soil Ecology, 122: 103 - 137.

Zhang S X, Li Q, Lü Y, et al. , 2015. Conservation tillage positively influences the microflora and microfauna in the black soil of Northeast China [J]. Soil and Tillage Research, 149: 46 - 52.

Zhang W, Hendrix P F, Dame L E, et al. , 2013. Earthworms facilitate carbon sequestration through unequal amplification of carbon stabilization compared with mineralization [J]. Nature Communications, 4: 2576.

第8章　保护性耕作对土壤线虫群落的影响

8.1　引言

耕作是农业生产中重要的农艺措施之一，受人为管理措施的影响最为强烈，对土壤生态系统产生一系列的扰动，能够直接或间接地影响土壤结构、孔隙度、持水能力和有机质水平，甚至改变土壤生物的稳定性（陈云峰等，2010）。土壤生物是陆地生态系统的重要组分之一，在地下生态系统养分循环和能量流动中扮演着重要角色，在有机质分解、固碳及土壤结构调控等方面均发挥着不可替代的作用（刘满强等，2007；Filser et al.，2016；傅声雷等，2019）。长期实施常规耕作干扰了农田土壤生物的生存条件，导致土壤肥力低下和农作物减产等，最终不利于农田生态系统的可持续发展（Zhang et al.，2015；Zhang et al.，2019）。近年来，保护性耕作通过秸秆覆盖、减少翻耕等措施显著地缓解了对土壤生态系统的一系列扰动（解宏图等，2019；解宏图等，2020）。其中，秸秆还田是农田生态系统中有机碳输入的最主要方式之一，能够影响土壤有机质的转化和去向，相比于其他农业管理措施更有利于土壤有机碳储量的增加（Zhang et al.，2012；Zhang et al.，2017；Wu et al.，2019）。在秸秆还田条件下，来源于作物秸秆残体的有机碳在增加土壤有机碳含量的同时，也为地下土壤生物提供了大量的碳源，显著改善了地下土壤生物群落结构。

土壤线虫是土壤中最丰富的后生动物，基本存在于任何类型的土壤中，其在土壤微食物网各个营养级和能量通道中占据中心位置，参与土壤微食物网能量流动途径的各个阶段，并对土壤微食物网的分解途径起着重要的决定作用（陈云峰等，2014；杜晓芳等，2018）。秸秆的数量和质量直接和间接地影响线虫的群落结构。Ferris 等（2012）的研究表明，有机覆盖物主要影响食物网低营养级的生物功能群，从而将这种影响向上传递到较高营养级的生物功能群，这一过程同时又增强了下行效应（Top - down effect）。其中，土壤线虫对有机物质分解的直接作用虽然较小，但因其个体小、世代短、代谢活性强，不仅可通过其自身代谢周转释放有效养分，还可调节和改变微生物群落的数量及结构组成。近年来，国内广泛开展了有关秸秆还田对线虫群落结构影响的研究，如牟文雅等（2017）通过比较农田玉米秸秆覆盖和不覆盖对土壤线虫群落的影响发现，秸秆覆盖降低了土壤植物寄生线虫和食真菌线虫的数量，并且使食细菌线虫多度显著提高，增幅高达 125.6%。华萃等（2014）通过比较紫色土区不同秸秆（小麦秸秆和玉米秸秆）还田量（30%、50%

和100%）对线虫群落的影响发现，随着秸秆还田量的下降，食细菌线虫数量持续增加，植物寄生线虫数量呈现先增加再下降的趋势，并明确指出土壤钾含量与线虫多样性之间存在显著的负相关关系。孔云等（2018）通过对比华北潮土区玉米秸秆长期还田对线虫群落的影响发现的结果与牟文雅（2017）的一致，表明秸秆还田能够增加线虫数量、提高线虫属的丰富度，并且在一定程度上降低植物寄生线虫成熟度指数，抑制土壤植物寄生线虫的生长，而对比秸秆的不同还田量（25%、50%、75%和100%）却发现秸秆不同还田量对线虫的个体多度及群落组成无显著差异。以上研究结果的不一致性，一方面受土壤质地的异质性约束，另一方面，秸秆本身的属性、还田量的不同也是结果存在差异的主要原因。这些研究的对象均为线虫群落，虽然线虫对土壤健康状况具有一定的指示功能，但在深入探究秸秆在土壤生态系统中的生物转化途径方面还缺乏一定的理论支持。此外，国内关于秸秆还田的研究多集中于还田量的变化，而对还田频率的变化鲜有报道，甚至在一些研究中还混淆了还田量和还田频率的关系，但在实际生产中，秸秆还田量和还田频率能够对土壤食物网产生交互影响，在研究中同样应该给予重视。本章基于梨树县免耕长期定位试验研究平台开展相应研究，分析保护性耕作中秸秆还田模式对土壤线虫群落的影响，重点讨论土壤线虫群落对不同秸秆还田量及还田频率的响应。

8.2 研究方法

8.2.1 试验设计与样品采集

试验样地概况同2.2.1。试验基于不同秸秆覆盖还田量和不同秸秆覆盖还田频率试验平台开展（详见2.2.2）。

试验期间于玉米的苗期、抽穗期和成熟期进行土壤样品的采集，采样深度为0～20cm，在每个小区随机用土钻S形钻取10个点（图8-1），均匀混合并装入8号自封袋中，将样品带回实验室后立即放在4℃冰箱内保存，之后用于土壤基本理化指标、土壤碳组分以及土壤微食物网内的主要功能群结构组成的分析。每个试验采集样品48个（4个处理×4次重复×3个生长时期），2个试验共采集样品96个。

图8-1 试验期间用土钻随机钻取土壤样品

8.2.2 试验方法

8.2.2.1 土壤理化性质分析方法

(1) 土壤含水量

将土壤样品采集回室内后，立即进行含水量的测量，采用烘干称重法测定，先对铝盒进行称重，记录重量为M_1，然后取10g左右的鲜土放置于铝盒中，记录重量为M_2，将装有鲜土的铝盒置于105℃烘箱中8h，烘至恒重，对烘干后的土壤和铝盒进行称重，记录重量为M_3，最后计算土壤含水量$S_{moisture}=(M_2-M_3)/(M_3-M_1)$。

(2) 土壤pH

采用电位法测定，将风干土壤样品过2mm筛，称取10g，放入50mL离心管中，然后加入25mL除去二氧化碳的去离子水（土水比为1∶2.5），涡旋30s后，放在试管架内静置30min，用pH计测量pH为4.01、10.03和7.00的标物，通过3次测量校正，标准曲线斜率大于95%方可使用。测定时，pH计要测定上层液体，不可将电极插入底层土内，待数据稳定后记录数值（稳定过程中不可晃动电极）。

(3) 土壤有机碳含量

采用重铬酸钾-硫酸法测定土壤有机碳含量（适用于有机质含量在15%以下的土壤）。

(4) 土壤全氮含量

用球磨仪研磨并筛分（0.15mm），然后称取50mg，用锡杯将样品包裹，利用元素分析仪（Elementar Analyzer System Vario MACRO cube，德国）测定。

(5) 土壤微生物生物量碳

采用氯仿熏蒸法测定，浸提液为0.5mol/L的硫酸钾。通过氯仿熏蒸杀死土壤中的微生物，微生物分解并释放TOC，用熏蒸土样测得值减去未熏蒸土样值即MBC。所得滤液稀释10倍后上机测量，采用TOC分析仪（Multi N/C2100，德国）测定碳含量。土壤微生物生物量碳计算公式为

$$MBC=(C_F-C_{NF})/K_{EC}$$

式中：MBC为微生物生物量碳（mg/kg）；C_F为熏蒸样品有机碳含量（mg/kg）；C_{NF}为未熏蒸样品有机碳含量（mg/kg）；K_{EC}为微生物生物量碳的浸提系数，为0.38。

(6) 土壤硝态氮和铵态氮

采用氯化钾浸提法测定土壤硝态氮和铵态氮，称10g过2mm筛的土样于250mL三角瓶内，加入100mL的氯化钾溶液（2mol/L），用封口膜将三角瓶口密封，置于振荡器上振荡1h。将所得滤液储存于−20℃冰箱，上机前解冻并摇匀，采用流动分析仪（FIAstar 5000 Analyzer丹麦）测定。

8.2.2.2 土壤线虫群落结构组成分析

(1) 土壤线虫的提取和鉴定

线虫的提取和鉴定：取100g新鲜土样，利用改良的浅盘法对土壤线虫进行分离提取。具体的提取方法如下：①线虫的淘洗过筛，称取100g鲜土倒入2L量杯中，加水至1L刻

度线搅匀，静置1min，倒入一组网筛，上层为60目，下层为400目，边倒边振荡网筛，防止水分充满下层400目筛而从筛中溢出，然后再在杯中加入水后混匀，静置1min，倒入网筛中，如此重复3次，将400目网筛取下，用喷头把400目网筛中的线虫悬液中的泥浆冲洗干净，倒入烧杯中。②浅盘静置，取18目的网筛（编号），在筛子中铺两层面巾纸，用竹签固定。将该网筛放入浅盘中。将烧杯中的水与泥轻轻倒到筛面上，将水、线虫和泥浆的混合物全部倒入，未倒净的泥浆可用清水冲洗。静置24h以便线虫沉淀，并进行饥饿处理，以得到虫体各器官清楚的线虫标本。24h之后轻轻取走网筛，慢慢摇动浅盘（不要让浅盘中的水洒出），再将浅盘中的水全部转移到250mL的烧杯中，静置2h以上后，用真空泵小心抽走烧杯上层的水，剩余约1cm高（50mL）的水。将剩余的水摇匀后全部倒入大试管中，再静置2h以上。③采用温和热杀死法杀死线虫，先将水浴锅温度设定为60℃，把静置2h以上的试管中的上层水小心抽出，只保留2～3mL，线虫集中于试管底部的水中。操作时要避免试管出现大的晃动，以免线虫被重新搅起。将抽完水后的试管放入水浴锅中，加热3min杀死线虫，取出试管，稍静置冷却，加入4%甲醛固定液固定。

对杀死固定后的线虫标本在解剖镜下（LEICA M125C）直接计数，然后依据测得的土壤水分含量将土壤线虫折算成100g干土中含有的线虫条数。随机抽取100条线虫（不足100条的处理全量鉴定，结果折算为100条后进行比较）在光学显微镜（OLYMPUS BX51）100倍镜下进行科属鉴定。根据线虫的取食习性和食道特征划分营养类群：食细菌线虫、食真菌线虫、植物寄生性线虫和捕食/杂食线虫。线虫的分离鉴定参照“De Nematoden van Nederland”“Mononchida：The Predaceous Nematodes”“Soil Nematode of Grasslands in Northern China”和《长白山森林土壤线虫》。

（2）线虫群落和生态指数计算方法

①香农多样性指数：$H' = -\sum P_i(\ln P_i)$，P_i为第i个分类单元中个体所占的比例。

②植物寄生线虫成熟度指数：$PPI = \sum v(i)f(i)$，其中$v(i)$是在生态演替中属于K选择和r选择的科属分别赋予的$c-p$值，$f(i)$是植物寄生线虫科/属在线虫总群中所占的比重。

③富集指数（EI）：主要是基于r策略非植物寄生线虫Ba_1和Fu_2对食物资源丰富程度的预期响应。

④结构指数（SI）：代表了用属的$c-p$分类来表示的线虫功能群的生活周期、身体大小和对环境的敏感度。

$$EI = 100 \times e/(b+e)$$
$$SI = 100 \times s/(b+s)$$

式中：e（enrichment）代表食物网中的富集成分，主要指Ba_1和Fu_2这两个类群；s（structure）代表食物网中的结构成分，包括$Ba_3 \sim Ba_5$、$Fu_3 \sim Fu_5$、$Om_3 \sim Om_5$和$Ca_3 \sim Ca_5$的类群；b代表各类群的加权数。

⑤线虫功能代谢足迹：线虫代谢足迹以线虫生物量碳和呼吸碳含量作为衡量线虫代谢足迹的大小，指示食物网能量流动的大小。功能代谢足迹分析用于评价线虫利用和消耗碳的情况，由生产和呼吸两部分组成。

线虫的功能代谢指数：

$$F = P + R = \sum \{N_t[0.1(W_t/m_t) + 0.273W^{0.75}]\}$$

式中：N_t指第t个属的个体数量；生产部分，碳生产量（P）是线虫的一个生活周期中碳分配到生长和繁殖中的量，$P = 0.1W_t/m_t$；呼吸部分，碳呼吸系数（R）是评价线虫代谢活性中碳利用的部分，$R=0.273$（$W^{0.75}$），其中W_t和m_t分别是第t个属的身体重量和$c-p$值。线虫生物量：

$$W = (L_3/a_2)/(1.6 \times 10^6)$$

式中：W是每个个体的鲜重；L是线虫的长度（μm）；a是线虫长度和最大体宽的比值。该计算主要参考网址 http://plpnemweb.ucdavis.edu/nemaplex 里面的 NINJA：Calculation and Analysis of Nematode Indicators。

⑥富集代谢足迹：通常指$c-p$值较低（1～2）且对资源富集反应迅速的一类线虫的代谢足迹。

⑦结构代谢足迹：反映的是$c-p$值较高（3～5）的一类线虫的碳代谢过程，这类线虫对食物网具有调节功能。

8.3 研究结果

8.3.1 保护性耕作条件下秸秆还田量对土壤线虫群落的影响

8.3.1.1 土壤线虫多度的变化

（1）土壤线虫总多度的变化

双因素方差分析的结果表明，取样时期和处理的交互作用对线虫总多度有显著的影响（$P<0.05$）。通过对处理间进行多重比较分析发现，在出苗期和成熟期，NT33 处理土壤线虫总多度显著高于 NT67 和 NT100 处理（$P<0.05$），在抽穗期，不同还田量处理间无显著差异（$P>0.05$）（图 8-2）。

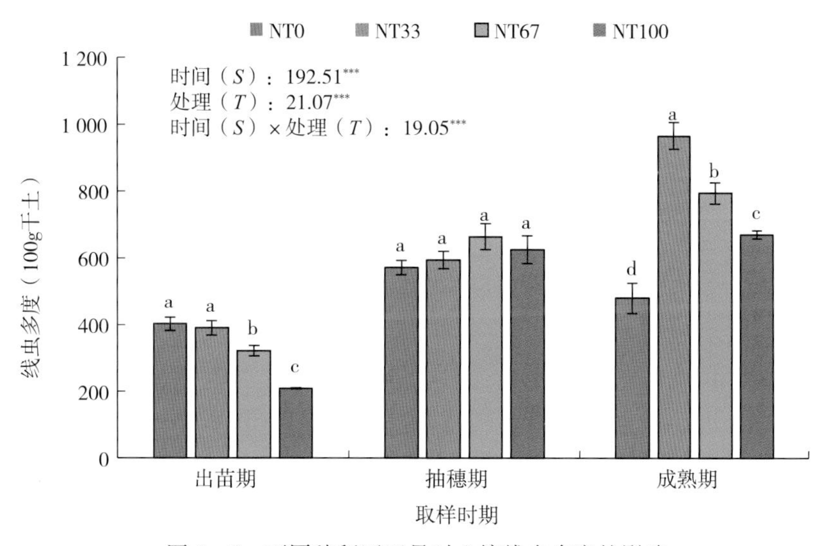

图 8-2 不同秸秆还田量对土壤线虫多度的影响

(2) 自由生活线虫多度的变化

双因素方差分析的结果表明，取样时期和处理的交互作用对自由生活线虫总多度有显著的影响（$P<0.05$）。出苗期，随着秸秆还田量的增加，自由生活线虫多度呈显著下降趋势，表现为 NT33 处理显著高于 NT67 和 NT100 处理，抽穗期，不同处理间自由生活线虫多度没有显著差异（$P>0.05$）。成熟期，自由生活线虫多度与出苗期变化一致，表现为 NT33 处理显著高于 NT67 和 NT100 处理，但在秸秆不还田的 NT0 处理中自由生活线虫多度要显著低于秸秆还田处理（$P<0.05$）（图 8-3）。

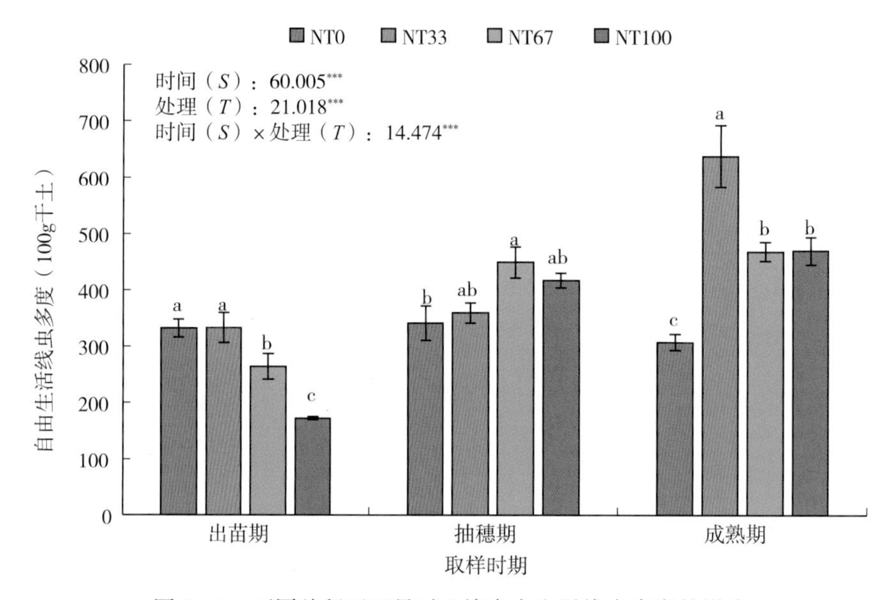

图 8-3　不同秸秆还田量对土壤自由生活线虫多度的影响

(3) 植物寄生线虫多度的变化

双因素方差分析结果表明，取样时期和处理的交互作用对植物寄生线虫多度有显著的影响（$P<0.05$）。在出苗期，秸秆不还田处理（NT0）的植物寄生线虫多度要显著高于 NT100 处理，而不同秸秆还田量条件下，植物寄生线虫的多度无显著差异。在抽穗期，各处理间植物寄生线虫的多度无显著差异。在成熟期，NT33 和 NT67 处理的植物寄生线虫多度显著高于 NT0 和 NT100 处理（图 8-4）。

8.3.1.2　土壤线虫各个营养类群比例的变化

不同秸秆还田量试验鉴定线虫 34 科 65 属，其中优势属为丝尾热刃属（*Filenchus*）、头叶属（*Cephalobus*）和拟丽突属（*Acrobeloides*），具体科属分类见表 8-1。

不同秸秆还田量及取样时期影响了线虫群落营养类群比例的变化，对比不同取样时期，植物寄生线虫、捕食杂食线虫所占比例在出苗期最低，在抽穗期和成熟期显著提高；而食真菌线虫和食细菌线虫占比在出苗期最高，在抽穗期和成熟期呈下降趋势（表 8-2）。

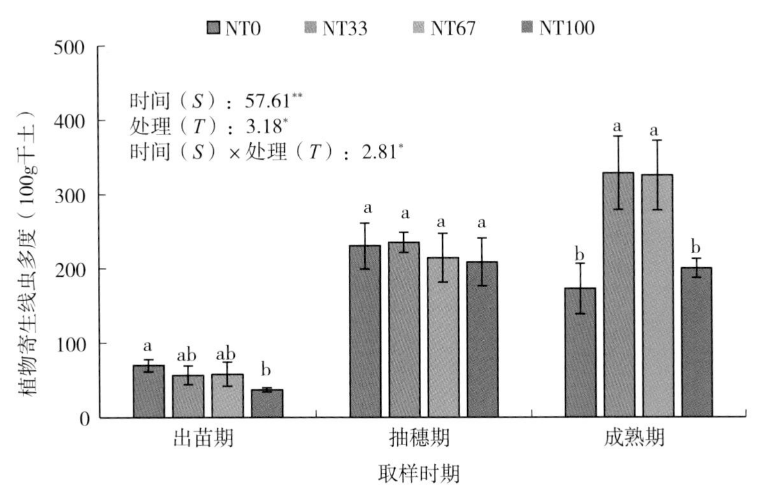

图8-4　不同秸秆还田量对植物寄生线虫多度变化的影响

表8-1　不同秸秆还田量处理中线虫科属的鉴定

食细菌线虫	食真菌线虫	植物寄生线虫	捕食杂食线虫
小杆科 (Rhabditidae)	丝尾垫刃属 (*Filenchus*)	具脊垫刃属 (*Coslenchus*)	托布利属 (*Tobrilus*)
头叶属 (*Cephalobus*)	茎属 (*Ditylenchus*)	叉针属 (Boleodors)	*Stenonchulus*
真头叶属 (*Eucephalabus*)	真滑刃属 (*Aphelenchs*)	巴兹尔属 (*Basiria*)	穿咽属 (*Nygolainms*)
丽突属 (*Acrobeles*)	拟滑刃属 (*Paraphelenchus*)	新平滑垫刃属 (*Neopsilenchus*)	*Paravulvus*
拟丽突属 (*Acrobeloides*)	滑刃属 (*Aphelenchoides*)	剑尾垫刃属 (*Malenchus*)	前矛线属 (*Prodorylaimus*)
Acrobelophis	拟矛线属 (Dorylaimoides)	垫刃属 (*Tylenchus*)	中矛线属 (*Mesodorylaimus*)
鹿角唇属 (*Cervidellus*)	垫咽属 (*Tylencholaimus*)	平滑垫刃属 (*Psilenchus*)	咽针属 (*Laimydorus*)
板唇属 (*Chiloplacus*)	膜皮属 (*Diphtherophora*)	锥科 (*Dolichodoridae*)	遍居属 (*Ecumenicus*)
瓣唇属 (*Panagrobelus*)		螺旋属 (*Helicotylenchus*)	索努斯属 (*Thonus*)
Mononchoides		拟盘旋属 (*Pararotylenchus*)	真矛线属 (*Eudorylaimus*)
真单宫属 (*Eumonhystera*)		盘旋属 (*Rotylenchus*)	表矛线属 (*Epidorylaimus*)

（续）

食细菌线虫	食真菌线虫	植物寄生线虫	捕食杂食线虫
绕线属（*Plectus*）		短体属（*Pratylenchus*）	*Dorydorella*
威尔斯属（*Wilsonema*）		结合垫刃属（*Zygotylenchus*）	微矛线属（*Microdorylaimus*）
拟绕线属（*Paraplectonema*）		拟短体属（*Pratylenchoides*）	环咽属（*Aporcelaimellus*）
隐咽属（*Aphanolaimus*）		潜根属（*Hirschmanniella*）	孔咽属（*Aporcelaimium*）
杆咽属（*Rhabdolaimus*）		大节片属（*Macroposthonia*）	无环咽属（*Aporcelaimus*）
筛咽属（*Ethmolaimus*）		针属（*Paratylenchus*）	长针属（*Longidorus*）
棱咽属（*Prismatolaimus*）		螯属（*Pungentus*）	狭咽属（*Discolaimium*）
		缢咽属（*Axonchium*）	盘咽属（*Discolaimus*）
		小矛线属（*Dorylaimellus*）	

表 8-2　不同秸秆还田量对线虫营养类群占比的影响

取样时期	营养类群	营养类群占比			
		NT0	NT33	NT67	NT100
出苗期	植物寄生线虫	17.37	11.80	18.17	17.50
	食真菌线虫	40.02	38.80	30.67	27.75
	食细菌线虫	33.07	41.40	35.95	41.50
	捕食杂食线虫	9.54	8.00	15.21	13.25
抽穗期	植物寄生线虫	40.25	39.00	32.00	33.00
	食真菌线虫	12.25	18.25	15.75	15.25
	食细菌线虫	27.00	26.00	35.00	27.50
	捕食杂食线虫	20.50	16.25	17.25	24.50
成熟期	植物寄生线虫	34.87	34.00	40.00	30.00
	食真菌线虫	21.19	18.37	17.55	23.73
	食细菌线虫	28.39	34.49	33.08	31.31
	捕食杂食线虫	15.54	13.15	8.87	14.99

8.3.1.3　土壤线虫多样性的变化

对不同秸秆还田量处理的土壤线虫多样性指数进行比较，选取香农多样性指数、自由生活线虫成熟度指数、植物寄生线虫成熟度指数和营养类群多样性指数作为评价指标。自由生活线虫成熟度指数可以在一定程度上反映生态系统的稳定性和受干扰的程度，指数较低说明系统受到的干扰较大。植食性线虫成熟度指数与作物产量和土壤肥力密切相关。从植物寄生线虫的指数可以看出线虫对植物的危害程度。研究表明（图 8－5），线虫群落的香农多样性指数和自由生活线虫成熟度指数在不同秸秆还田量处理中无显著差异；植物寄生线虫成熟度指数在抽穗期有显著差异，表现为 NT67 处理显著高于 NT100 处理（$P<0.05$）；线虫营养类群多样性指数在成熟期有显著差异，表现为 NT100 处理显著高于 NT67 处理（$P<0.05$）。

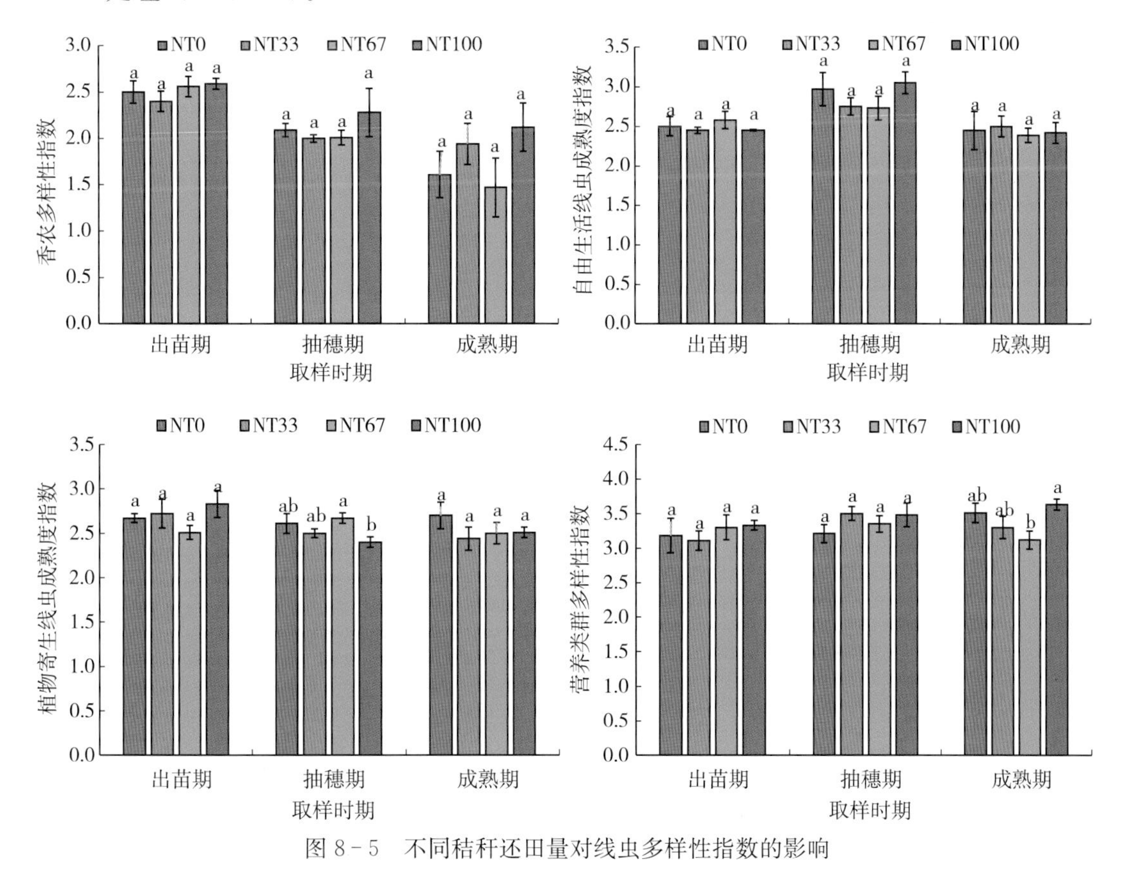

图 8－5　不同秸秆还田量对线虫多样性指数的影响

8.3.1.4　土壤线虫生物量的变化

（1）土壤线虫总生物量的变化

通过比较不同秸秆还田量处理土壤线虫生物量发现，玉米出苗期和成熟期土壤线虫生物量没有显著差异，而在玉米抽穗期则有显著差异（$P<0.05$），表现为 NT100 处理显著高于其他 3 个处理（图 8－6）。

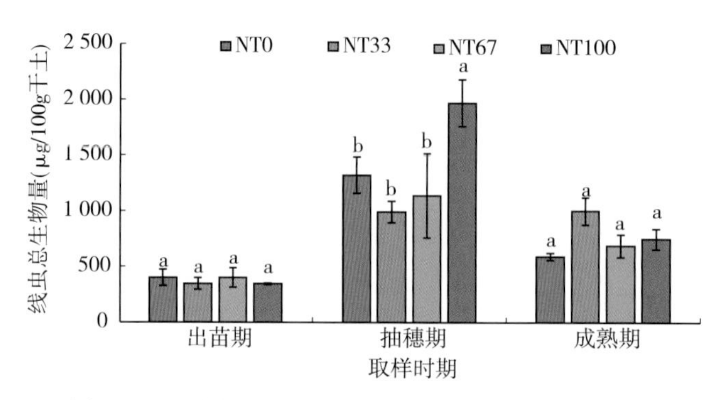

图 8-6　不同秸秆还田量处理土壤线虫总生物量对比

(2) 不同线虫营养类群生物量的变化

分析不同线虫营养类群的生物量发现，食细菌线虫在还田初期（玉米出苗期）对线虫总生物量的贡献较大；但随着取样时间的变化，食细菌线虫生物量的比例呈明显的下降趋势，玉米抽穗期线虫 4 个营养类群生物量均有明显的提升，尤其是捕食杂食线虫（图 8-7）。这与土壤微生物 PLFAs 的结果一致，说明抽穗期土壤微食物网的分解代谢过程是最强的，捕食强度的提升刺激了初级消费者的迅速繁殖，进而将这种捕食关系向上传递，使其上部营养级的生物量得到提升。此外，由于捕食杂食线虫本身的个体较大，导致捕食杂食线虫生物量对线虫总生物量的贡献最大，而 NT100 处理的捕食杂食线虫多度在抽穗期要显著高于其他时期，这也是其总生物量在抽穗期显著提高的原因。

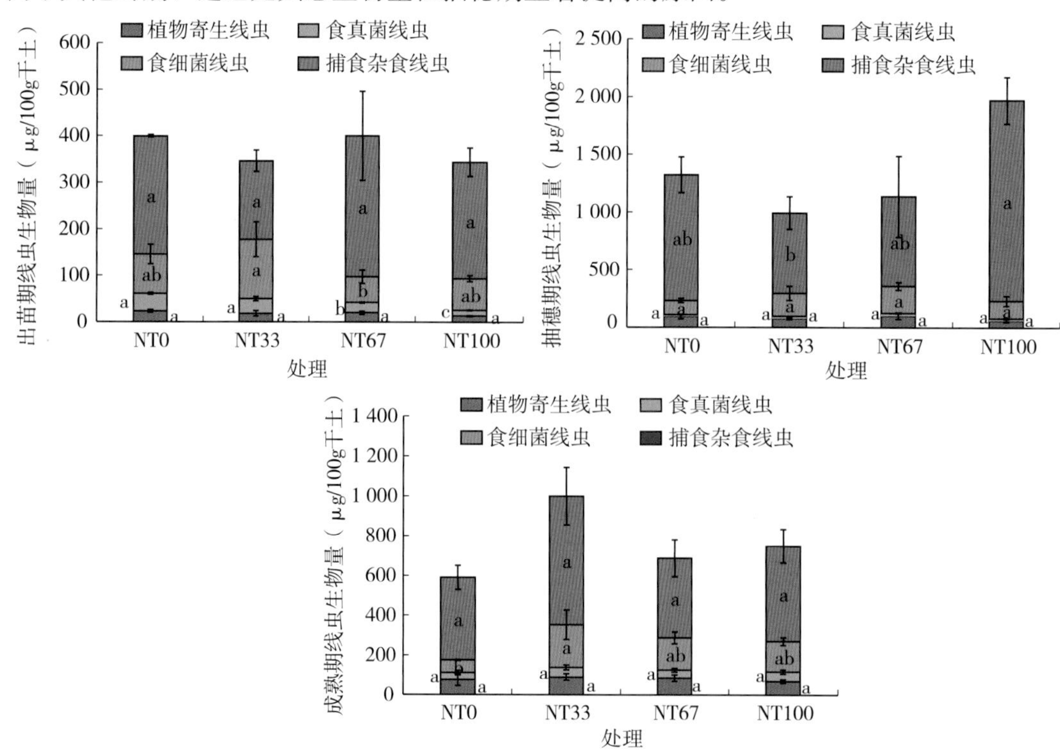

图 8-7　不同秸秆还田量对线虫营养类群生物量的影响

8.3.1.5 土壤线虫代谢足迹的变化

线虫代谢足迹是以线虫生产碳和呼吸碳含量衡量线虫代谢足迹的大小，能够指示食物网能量流动的大小。功能代谢足迹分析被用于评价线虫利用和消耗碳的情况，由生产碳和呼吸碳两部分组成。

将线虫的代谢足迹分成不同营养类群来计算，结果表明不同秸秆还田量处理植物寄生线虫、食细菌线虫和捕食线虫的代谢足迹均无显著差异（$P>0.05$），不同秸秆还田量处理食真菌线虫的代谢足迹在玉米出苗期呈显著性差异，表现为食真菌线虫的代谢足迹随着秸秆还田量的增加而呈递减的趋势（表 8-3）。说明外源碳的富集程度能够决定微食物网中流经真菌通道碳的多少，秸秆不还田或还田量较低时，食物网的真菌通道明显增强。然而，研究发现在微食物网中食细菌线虫代谢足迹显著高于食真菌线虫代谢足迹，这说明虽然较低的还田量会促进碳在真菌通道的流动，但碳量相比于细菌通道（或整个微食物网）是非常小的。此外，研究还发现 NT100 处理杂食线虫代谢足迹在玉米抽穗期显著高于其他处理，而捕食性线虫代谢足迹则无显著差异，这与之前线虫生物量的分析结果一致，进一步解释了这种差异性来源于杂食性线虫，而非捕食性线虫。

线虫富集代谢足迹通常指 $c-p$ 值较低（1～2）且对底物富集反应迅速的线虫代谢足迹。结构代谢足迹反映的是 $c-p$ 值较高（3～5）的一类线虫的碳代谢过程。通过比较不同处理线虫富集和结构代谢足迹发现，秸秆还田处理的线虫富集代谢足迹显著高于秸秆不还田的对照，而不同秸秆还田量处理富集代谢足迹随还田量的增加而提高，但无显著差异（表 8-3）。说明外源碳的添加会刺激细菌及 $c-p$ 值较低的线虫生长，但即使还田量存在差异，也会在初期刺激大量细菌的繁殖，因此，可以认为细菌作为 $c-p$ 值较低线虫的取食资源具有过补偿的效应，所以土壤微食物网中能够一直维持较高的富集代谢足迹。

表 8-3 不同秸秆还田量处理土壤线虫营养类群的代谢足迹分析

		NT0	NT33	NT67	NT100	P 值
植物寄生线虫代谢足迹	出苗期	32.76±7.12	12.17±9.56	31.68±24.88	24.62±9.04	Null
	抽穗期	60.31±18.33	70.20±31.03	57.27±38.92	68.54±6.23	Null
	成熟期	55.01±12.19	61.80±32.73	55.62±20.72	56.57±21.07	Null
食真菌线虫代谢足迹	出苗期	15.67±1.86	13.14±3.35	9.25±1.36	5.21±0.77	***
	抽穗期	6.49±1.47	9.61±0.75	9.40±0.78	8.45±4.33	Null
	成熟期	13.64±8.24	19.56±9.52	15.71±6.27	18.82±8.04	Null
食细菌线虫代谢足迹	出苗期	28.31±12.50	40.91±21.40	19.61±8.51	21.75±3.39	Null
	抽穗期	38.49±11.06	60.38±33.98	72.99±19.60	47.50±27.37	Null
	成熟期	20.77±3.15	71.01±43.91	50.64±15.63	48.70±11.01	Null
捕食线虫代谢足迹	出苗期	3.65±4.29	4.92±1.64	6.00±7.23	8.53±4.61	Null
	抽穗期	21.66±19.67	13.44±9.96	13.63±13.53	12.24±4.31	Null
	成熟期	11.29±12.72	14.54±18.53	3.66±5.17	2.78±2.21	Null
杂食线虫代谢足迹	出苗期	16.59±14.11	23.33±5.41	24.49±11.24	13.12±10.57	Null
	抽穗期	125.20±33.91	66.23±19.66	141.86±69.77	200.01±58.96	*
	成熟期	33.13±14.23	79.44±26.69	46.92±7.77	55.88±14.92	Null

（续）

		NT0	NT33	NT67	NT100	*P* 值
富集代谢足迹	出苗期	8.41±10.59	29.38±20.35	19.58±8.60	39.18±6.21	*
	抽穗期	3.06±15.84	49.52±32.51	53.30±18.41	51.06±15.84	**
	成熟期	8.43±5.22	36.36±39.44	22.29±8.15	49.53±7.83	**
结构代谢足迹	出苗期	28.76±19.09	36.32±8.53	35.22±18.78	24.51±9.37	Null
	抽穗期	83.31±11.01	150.68±10.31	158.89±71.25	136.88±30.10	*
	成熟期	58.82±15.94	177.54±18.93	174.52±22.72	120.49±20.00	**

注：处理间采用 Turkey 方法进行多重比较；* 表示 $P<0.05$，**表示 $P<0.01$，***表示 $P<0.001$；小写字母代表处理间的差异性；Null 表示无显著差异。

不同秸秆还田量处理线虫结构代谢足迹在玉米出苗期不存在显著差异，但在玉米抽穗期和成熟期呈显著差异，表现为秸秆还田处理线虫结构代谢足迹显著高于秸秆不还田的对照，而不同秸秆还田量处理间线虫结构代谢足迹随还田量的增加而呈降低的趋势，但不同处理之间无显著差异（表 8－3），说明秸秆还田对土壤微食物网具有一定的调节作用，能够使土壤微食物网处于一个相对稳定的状态，但还田量的不同并没有带来显著差异。

综上，不同秸秆还田处理土壤线虫富集指数和结构指数存在递增或递减的趋势，但处理间差异不显著。秸秆还田量能够提高线虫结构指数，有利于增强土壤微食物网的稳定性，促进对土壤有机碳的固持，但同时也能够提高线虫富集指数，促进对土壤有机碳的分解，这也进一步解释了为何土壤有机碳含量并没有随着秸秆还田量的增多提升。

8.3.1.6 土壤线虫与土壤环境变化的关系

秸秆还田量的不同能够影响土壤环境因子，不仅会对微生物群落产生一定的影响，也会影响线虫的群落结构。通过皮尔森的相关分析发现，土壤含水量与食细菌线虫、食真菌线虫和植物寄生线虫生物量存在着显著的正相关关系，而与捕食杂食线虫生物量无显著相关关系（图 8－8）。这是因为线虫本身具有一定的趋水性，以水为介质来运动并进行捕食，所以土壤线虫生物量与土壤含水量有着正相关关系；但由于捕食杂食线虫的个体较大，不仅要依靠水分环境，还受土壤孔隙度的限制。此外，研究发现土壤 pH 与食真菌线虫和捕食杂食线虫生物量有显著的正相关关系，这与之前很多学者的研究结果一致，他们认为食真菌线虫和捕食杂食线虫有较强的抵抗力和较弱的恢复力，对环境具有一定的敏感性。

通过对土壤养分指标分析发现土壤有机碳与土壤捕食杂食线虫生物量存在显著的负相关关系。由于捕食杂食线虫的含碳量较高，其死亡残体对有机碳的贡献较大，但提取的线虫均为活体线虫，所以在分析时发现呈负相关关系。此外，研究发现食细菌线虫与土壤中的氮养分均呈负相关关系，这表明当外源秸秆碳输入后，土壤细菌群落对易分解有机质的分解比真菌群落更迅速，进而有利于食细菌线虫群落的生长。由于土壤微食物网在分解过程中处于氮限制的养分条件，所以氮的提升会为除细菌以外的其他群落提供有利条件，在分解过程中与细菌群落产生竞争关系，不利于细菌群落的生长，从而影响食细菌群落的生长。

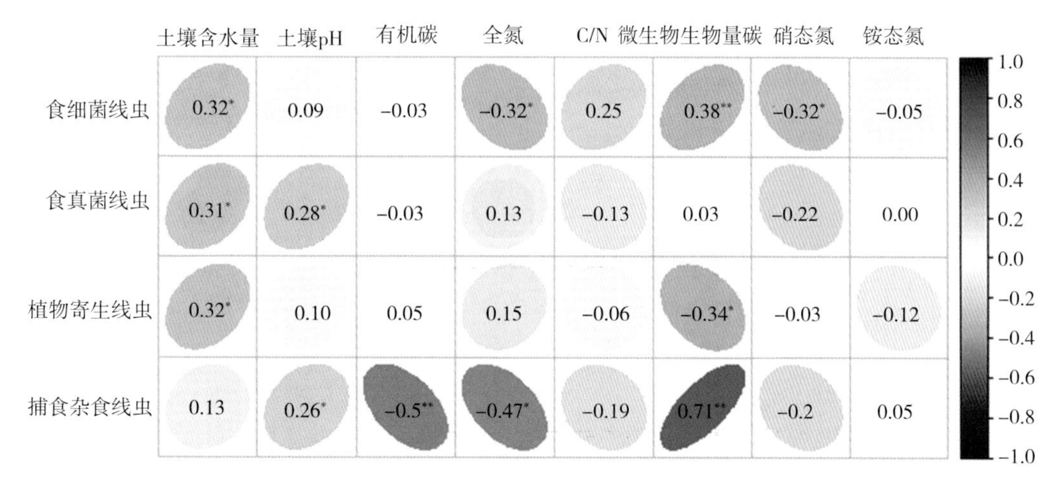

图 8-8　不同秸秆还田量处理土壤环境因子与线虫生物量之间的相关关系

注：* 表示 $P<0.05$；** 表示 $P<0.01$；*** 表示 $P<0.001$。

8.3.2　保护性耕作条件下秸秆还田频率对土壤线虫群落的影响

8.3.2.1　土壤线虫多度的变化

(1) 土壤线虫总多度的变化

通过比较不同秸秆还田频率对土壤线虫多度的影响发现，秸秆还田频率和取样时间对线虫的多度均能够产生显著影响（$P<0.05$），还田频率和取样时期的交互作用对线虫总多度有显著影响（$P<0.05$）。在玉米出苗期，线虫总多度在不同秸秆还田频率间存在显著差异，表现为NT1/3和NT3/3处理显著高于NT2/3和NT0处理。在玉米抽穗期，不同秸秆还田频率对线虫多度无显著影响；在成熟期，NT1/3处理线虫总多度要显著高于其他3个处理（图8-9）。

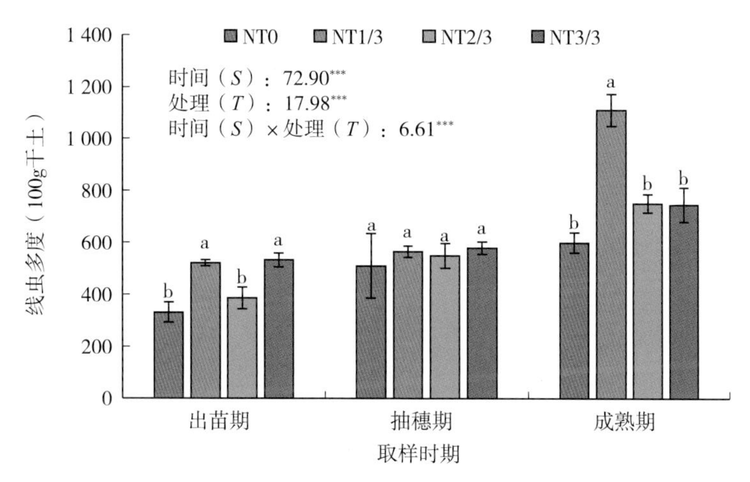

图 8-9　不同秸秆还田频率处理土壤线虫多度比较

(2) 自由生活线虫多度的变化

双因素方差分析的结果表明，取样时期和处理的交互作用对自由生活线虫总多度有显著的影响（$P<0.05$）。在出苗期，随着秸秆还田频率的增加，自由生活线虫多度呈先下降再上升的趋势，表现为NT1/3和NT3/3处理显著高于NT2/3处理。在抽穗期，不同处理的自由生活线虫多度没有显著差异（$P>0.05$）。在成熟期，秸秆还田频率越低，自由生活线虫多度越高，表现为NT1/3处理显著高于NT0、NT2/3和NT3/3处理（$P<0.05$）（图8-10）。

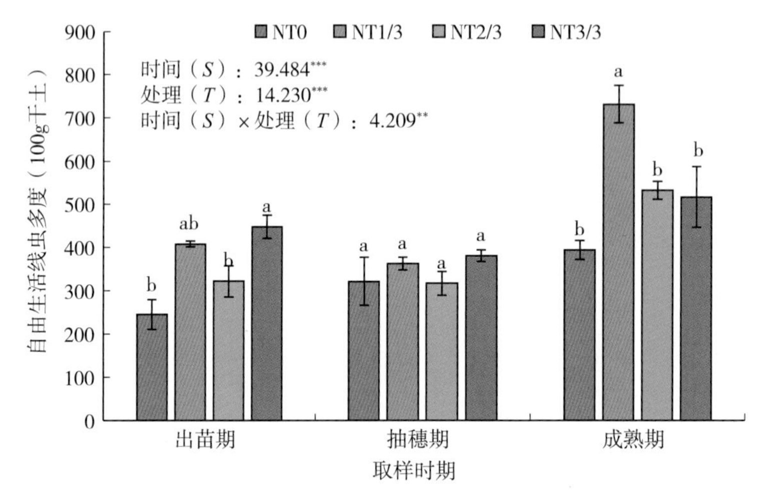

图8-10 不同秸秆还田频率对自由生活线虫多度的影响

（3）植物寄生线虫多度的变化

双因素方差分析结果表明，取样时期和处理的交互作用对植物寄生线虫多度有显著的影响（$P<0.05$）。在出苗期和抽穗期，秸秆还田频率对植物寄生线虫多度无显著影响，而在成熟期，秸秆还田频率对植物寄生线虫多度产生了显著的影响，表现为NT1/3处理的植物寄生线虫多度显著高于NT2/3和NT3/3处理。此外，不同生长时期植物寄生线虫多度也有一定差异，表现为出苗期显著低于抽穗期和成熟期（图8-11）。

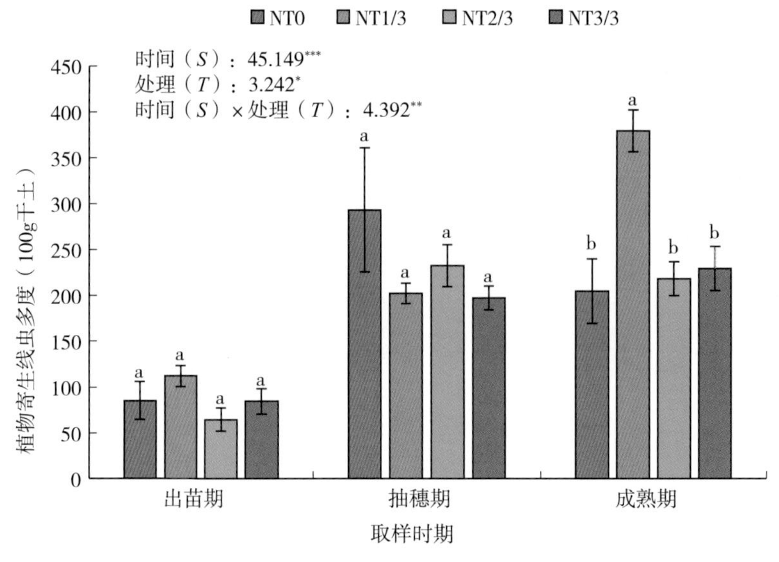

图8-11 不同秸秆还田频率对植物寄生线虫多度的影响

8.3.2.2 土壤线虫各个营养类群比例的变化

通过不同秸秆还田频率试验鉴定线虫 26 科 62 属，其中优势属为丝尾垫刃属（*Filenchus*）、头叶属（*Cephalobus*）和垫咽属（*Tylencholaimus*），具体科属分类见表 8-4。

表 8-4 不同秸秆还田频率处理线虫科属鉴定

食细菌线虫	食真菌线虫	植物寄生线虫	捕食杂食线虫
小杆科（Rhabditidae）	丝尾垫刃属（*Filenchus*）	具脊垫刃属（*Coslenchus*）	托布利属（*Tobrilus*）
头叶属（*Cephalobus*）	真滑刃属（*Aphelenchs*）	叉针属（Boleodors）	*Stenonchulus*
真头叶属（*Eucephalabus*）	拟滑刃属（*Paraphelenchus*）	巴兹尔属（*Basiria*）	穿咽属（*Nygolainms*）
丽突属（*Acrobeles*）	滑刃属（*Aphelenchoides*）	新平滑垫刃属（*Neopsilenchus*）	前矛线属（*Prodorylaimus*）
拟丽突属（*Acrobeloides*）	拟矛线属（Dorylaimoides）	野外垫刃属（*Aglenchus*）	中矛线属（*Mesodorylaimus*）
Acrobelophis	垫咽属（*Tylencholaimus*）	剑尾垫刃属（*Malenchus*）	咽针属（*Laimydorus*）
鹿角唇属（*Cervidellus*）	膜皮属（*Diphtherophora*）	垫刃属（*Tylenchus*）	遍居属（*Ecumenicus*）
板唇属（*Chiloplacus*）		锥科（*Dolichodoridae*）	索努斯属（*Thonus*）
真单宫属（*Eumonhystera*）		螺旋属（*Helicotylenchus*）	真矛线属（*Eudorylaimus*）
绕线属（*Plectus*）		拟盘旋属（*Pararotylenchus*）	表矛线属（*Epidorylaimus*）
威尔斯属（*Wilsonema*）		盘旋属（*Rotylenchus*）	*Dorydorella*
色矛线虫属（*Chromadorina*）		短体属（*Pratylenchus*）	微矛线属（*Microdorylaimus*）
筛咽属（*Ethmolaimus*）		结合垫刃属（*Zygotylenchus*）	高知属（*Kochinema*）
棱咽属（*Prismatolaimus*）		拟短体属（*Pratylenchoides*）	拱唇属（*Labrnema*）
		针属（*Paratylenchus*）	图鲁玛那属（*Torumanawa*）

（续）

食细菌线虫	食真菌线虫	植物寄生线虫	捕食杂食线虫
		鳌属（*Pungentus*）	环咽属（*Aporcelaimellus*）
		缢咽属（*Axonchium*）	孔咽属（*Aporcelaimium*）
		小矛线属（*Dorylaimellus*）	无环咽属（*Aporcelaimus*）
			长针属（*Longidorus*）
			狭咽属（*Discolaimium*）
			盘咽属（*Discolaimus*）

不同秸秆还田频率及取样时期影响了线虫群落营养类群比例，对比不同取样时期，植物寄生线虫占比在出苗期最低，在抽穗期和成熟期显著提高；食真菌线虫和食细菌线虫的占比随生长时期的变化呈现先降低后升高的趋势，最低值出现在抽穗期，捕食杂食线虫的占比在不同时期波动不显著（表 8-5）。

表 8-5　不同秸秆还田频率对线虫营养类群比例的影响

取样时期	营养类群	NT0	NT1/3	NT2/3	NT3/3
出苗期	植物寄生线虫	25.95	21.44	16.62	15.85
	食真菌线虫	30.60	25.69	28.04	28.63
	食细菌线虫	30.36	34.67	35.98	40.24
	捕食杂食线虫	13.09	18.20	19.36	15.28
抽穗期	植物寄生线虫	46.75	35.75	42.25	34.00
	食真菌线虫	14.75	13.25	16.25	17.75
	食细菌线虫	24.75	29.75	25.50	30.50
	捕食杂食线虫	13.75	21.25	16.00	17.75
成熟期	植物寄生线虫	33.60	34.17	28.92	31.45
	食真菌线虫	23.08	22.34	22.20	26.18
	食细菌线虫	31.82	34.63	35.41	32.64
	捕食杂食线虫	11.49	8.86	13.47	9.73

8.3.2.3　土壤线虫多样性的变化

对不同秸秆还田频率处理的土壤线虫多样性指数进行比较，选取香农多样性指数、自由生活线虫成熟度指数、植物寄生线虫成熟度指数和营养类群多样性指数进行分析。自由生活线虫成熟度指数可以在一定程度上反映生态系统的稳定性和受干扰的程度，指数较低说明系统受到干扰较大。植食性线虫成熟度指数与作物产量和土壤肥力密切相关。从植物寄生线虫成熟度指数可以看出线虫对植物的危害程度。研究结果表明，线虫群落的香农多样性指数在不同秸秆还田频率处理中无显著差异；自由生活线虫成熟度指数在成熟期呈显著差异，表现为NT2/3处理显著高于NT1/3处理；植物寄生线虫成熟度指数在出苗期呈显著差异，表现为NT2/3处理显著高于NT3/3处理；线虫营养类群多样性指数在抽穗期呈显著差异，表现为NT3/3处理显著高于NT0处理（图8-12）。

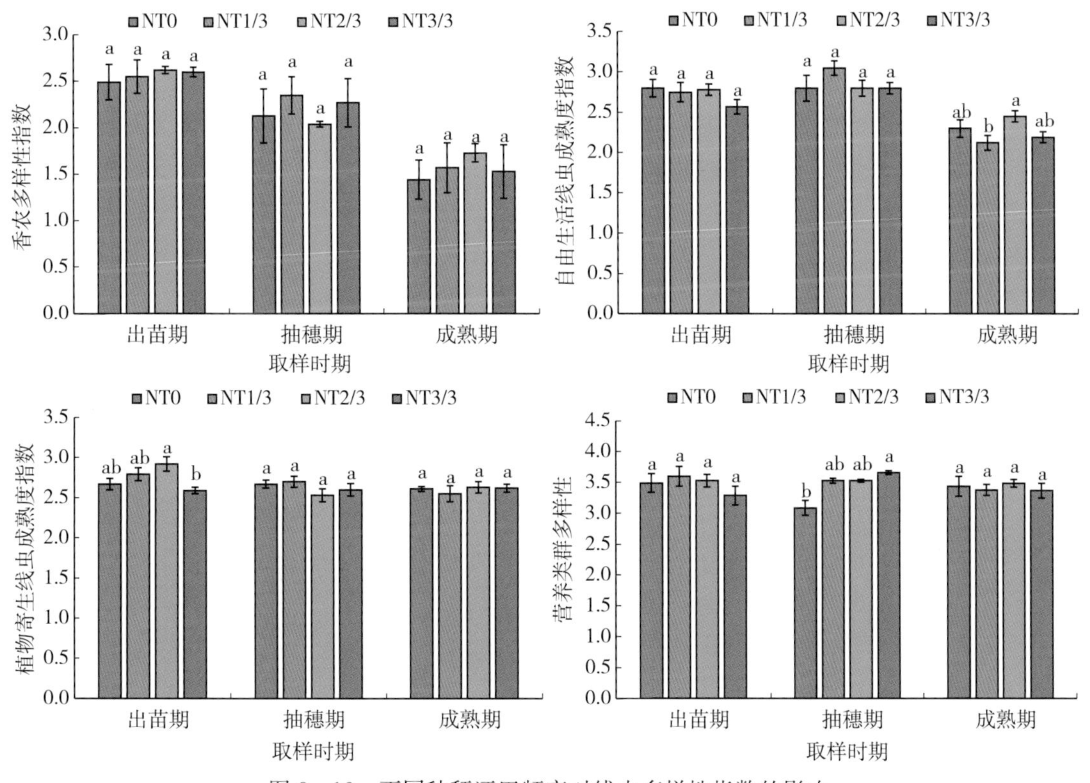

图8-12 不同秸秆还田频率对线虫多样性指数的影响

8.3.2.4 土壤线虫生物量的变化

（1）土壤线虫总生物量的变化

通过比较不同秸秆还田频率对土壤线虫生物量的影响发现，秸秆还田频率能够在玉米出苗期和抽穗期显著影响土壤线虫的生物量（$P<0.05$）。在玉米出苗期，表现为NT1/3处理线虫总生物量显著高于NT3/3和NT0处理（$P<0.05$），而在抽穗期，NT1/3和NT2/3处理线虫总生物量显著高于NT3/3和NT0处理（$P<0.05$）（图8-13）。

（2）线虫不同营养类群生物量的变化

通过比较线虫不同营养类群生物量发现，捕食杂食线虫的生物量在3个取样时期的占比均最大，这主要与捕食杂食线虫自身的生物量较大有关。线虫多度的研究结果表明，

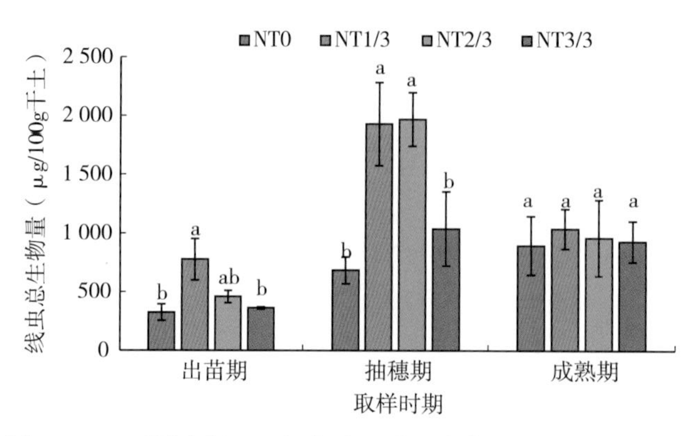

图 8-13　不同秸秆还田频率处理对土壤线虫总生物量的影响

NT1/3、NT2/3 和 NT3/3 处理捕食杂食线虫多度在 3 个取样时期不存在显著差异，而这 3 个处理的捕食杂食线虫生物量却存在显著差异（图 8-14）。由于杂食性线虫的生物量要高于捕食性线虫，因此，认为 NT1/3 和 NT2/3 处理捕食杂食线虫主要为杂食性线虫，而 NT3/3 处理捕食杂食线虫主要为捕食性线虫。此外，研究发现玉米抽穗期线虫各营养类群的生物量均达到最大，这与微生物群落 PLFAs 的结果是相对应的，也充分证明温度和降水的增加不仅有利于土壤微生物的生长代谢，促进其分解土壤原有或外源秸秆碳，还能够通过微食物网间的捕食关系促进其上一营养级生物量的提高。

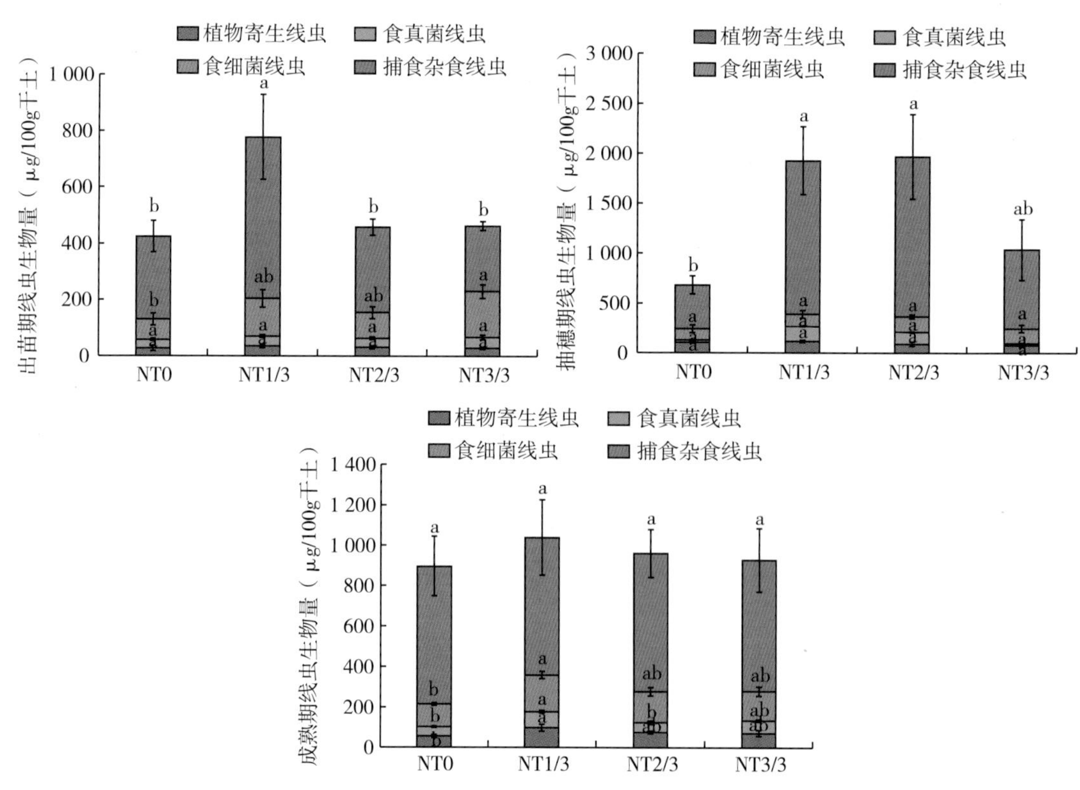

图 8-14　不同秸秆还田频率对线虫营养类群生物量的影响

8.3.2.5 土壤线虫代谢足迹的变化

通过比较不同线虫营养类群的代谢足迹发现，不同秸秆还田频率处理植物寄生线虫代谢足迹没有显著差异（表 8-6），说明外源秸秆碳输入后，在食物网中流经植物寄生线虫能量通道的碳是没有差异的。由于之前的研究发现不同处理的植物寄生线虫多度存在显著差异（NT1/3 显著高于其他处理），因此，植物寄生线虫生长所依靠的养分主要来源于作物和根系，外源碳输入频率虽然能为微食物网提供不同种类的养分，但主要影响以细菌或真菌为食物来源的线虫，对植物寄生线虫的影响较小。

通过比较线虫的代谢足迹发现，不同还田频率处理食细菌线虫的代谢足迹在玉米出苗期和成熟期达到显著差异，表现为 NT3/3 处理显著高于其他 3 个处理，而食真菌线虫的代谢足迹差异只在成熟期达到显著水平，表现为 NT1/3 和 NT2/3 处理显著高于 NT3/3 和 NT0 处理。对捕食性线虫和杂食性线虫分别计算代谢足迹发现，NT3/3 处理有着较高的捕食性线虫代谢足迹，而 NT1/3 和 NT2/3 处理表现出较高的杂食性线虫代谢足迹（表 8-6）。这个结果与之前对线虫生物量的观测结果一致，证明了 NT1/3、NT2/3 和 NT3/3 处理捕食杂食线虫多度在 3 个取样时期没有显著差异，而这 3 个处理捕食杂食线虫生物量却存在显著差异，其原因在于 NT1/3 和 NT2/3 处理捕食杂食线虫主要为杂食性线虫，而 NT3/3 处理捕食杂食线虫主要为捕食性线虫。

表 8-6 不同秸秆还田频率处理线虫营养类群的代谢足迹分析

		NT0	NT1/3	NT2/3	NT3/3	*P* 值
植物寄生线虫代谢足迹	出苗期	39.66±22.78	61.44±34.02	25.67±17.92	21.13±10.35	Null
	抽穗期	58.38±20.64	59.90±17.35	58.15±19.80	70.70±51.20	Null
	成熟期	67.02±40.08	101.67±36.01	107.67±61.21	91.57±52.06	Null
食真菌线虫代谢足迹	出苗期	11.46±2.65	14.09±3.09	12.42±4.03	15.63±6.30	Null
	抽穗期	9.39±3.01	8.34±3.21	8.71±4.21	8.61±2.66	Null
	成熟期	17.35±2.94	40.74±4.70	39.36±7.32	24.02±4.19	*
食细菌线虫代谢足迹	出苗期	23.91±12.62	43.92±20.00	30.45±11.64	82.82±15.75	**
	抽穗期	35.86±24.88	40.18±21.34	46.82±10.30	46.76±21.05	Null
	成熟期	37.36±3.63	64.77±8.72	52.59±10.72	98.18±16.54	*
捕食线虫代谢足迹	出苗期	1.92±1.35	7.83±8.17	7.06±7.83	22.81±3.61	**
	抽穗期	8.70±6.59	11.77±6.96	9.42±4.78	23.41±3.99	*
	成熟期	6.78±11.25	4.55±7.64	10.59±15.98	10.52±12.27	Null
杂食线虫代谢足迹	出苗期	19.28±2.78	53.32±15.71	57.85±15.94	35.27±11.77	*
	抽穗期	49.82±23.50	230.63±44.02	185.24±44.22	80.90±43.51	***
	成熟期	57.70±39.43	52.06±18.46	66.82±40.26	35.59±28.73	Null
富集代谢足迹	出苗期	13.51±12.98	26.37±16.36	18.34±13.23	81.64±10.56	**
	抽穗期	23.85±20.84	23.12±19.31	39.14±10.43	66.30±17.78	*
	成熟期	13.31±11.62	23.49±14.90	17.96±16.63	71.82±11.57	*

（续）

		NT0	NT1/3	NT2/3	NT3/3	P值
结构代谢足迹	出苗期	19.09±1.49	82.11±19.46	84.22±22.22	48.41±19.36	**
	抽穗期	14.45±18.86	252.60±30.32	199.22±49.34	89.22±41.08	***
	成熟期	827.43±62.48	90.37±22.25	105.26±38.83	73.46±45.11	*

注：* 表示 $P<0.05$；**表示 $P<0.01$；***表示 $P<0.001$；Null 表示无显著差异。

综上，外源秸秆碳的输入频率可以看作是可利用有机质的一个补充过程，输入的频率越高，为土壤系统补充的可利用性有机质就越多，所以高频率秸秆还田相比于低频率秸秆还田能够提供更多的可利用或易分解有机质，有利于土壤微生物群落的生长，尤其是更能满足细菌群落的生长，并通过微食物网间的级联效应促进食细菌线虫的生长、提高线虫的富集代谢足迹。由于土壤食物网中的资源相对富集，有利于 r 策略者的生长繁殖，反而不利于土壤有机碳的固持。

当秸秆还田频率降低时，进入土壤微食物网中的易利用有机质减少，资源的富集程度下降，土壤真菌、食真菌线虫和捕食杂食线虫能够发挥更大的作用，更利于 K 策略者的生存，进而相应提高了线虫结构代谢指数，使土壤微食物网处于一个相对稳定的状态。由于减少了 r 策略者的数量，也更有利于土壤有机碳的固持；而从外源碳在食物网中流动的情况分析来看，低频率下更多的外源碳可能会流动到微食物网中更高的营养级中（如捕食杂食线虫），捕食杂食线虫死亡后，其残体中存在的大量外源碳也会对土壤有机碳的提高产生较大的贡献。此外，降低还田频率后（NT1/3 处理），土壤中植物寄生线虫的数量会有显著的提高，因此，降低还田频率有利于土壤有机碳的固持，还影响着土壤微食物网的健康状况。

8.3.2.6 土壤线虫与土壤环境变化的关系

秸秆还田频率的不同能够影响土壤环境因子，不仅会对微生物群落产生一定的影响，还能够影响线虫群落结构。通过皮尔森的相关分析发现，与秸秆还田量试验的结果一致，不同秸秆还田频率处理土壤含水量与食细菌线虫、食真菌线虫和植物寄生线虫有着显著的正相关关系，而与捕食杂食线虫无显著相关关系（图 8－15）。这是因为线虫本身具有一定的趋水性，以水为介质来运动并进行捕食，所以线虫生物量与土壤含水量存在着正相关关系；但由于捕食杂食线虫的个体较大，不仅要依靠土壤水分环境，还受土壤孔隙度的限制。此外，研究发现捕食杂食线虫生物量与微生物生物量碳之间存在显著的正相关关系，由于微生物生物量碳是微生物的死亡残体，因此可以认为捕食杂食线虫与微生物生物量间可能存在显著的负相关关系，即不同秸秆还田频率处理捕食杂食线虫通过捕食作用对微生物的生长具有一定的限制作用。

对土壤养分指标进行分析发现，不同秸秆还田频率处理土壤有机碳与线虫营养类群生物量均不存在显著相关关系。而食真菌线虫和植物寄生线虫生物量与土壤氮含量均呈负相关关系，因此，认为当外源秸秆碳输入的频率不同时，对土壤易分解有机质的补充能力是存在差异的，细菌群落对易分解有机质的分解比其他群落要迅速，可能有利于食细菌线虫群落的生长，而不利于取食其他群落的线虫生长（如食真菌线虫）。此外，由于在分解过

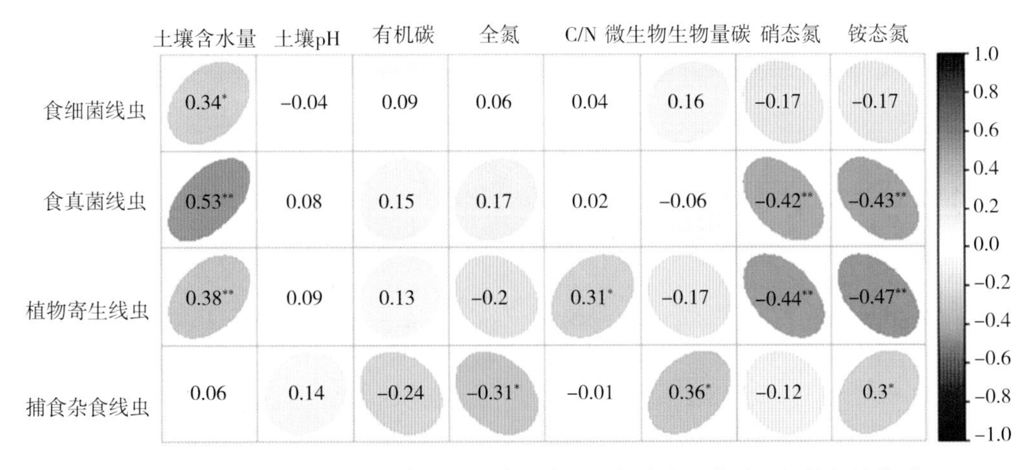

图 8-15　不同秸秆还田频率处理土壤环境因子与线虫生物量之间的相关关系

注：* 表示 $P<0.05$；** 表示 $P<0.01$；*** 表示 $P<0.001$。

程中土壤微生物网处于氮限制的养分环境中，作物的生长与土壤微食物网间存在氮竞争的关系，当还田频率较低时，提供的氮养分也会随之降低，不利于细菌和真菌以及以细菌和真菌为取食对象的线虫群落（食细菌线虫、食真菌线虫和捕食杂食线虫）的生长，反而有利于植物寄生线虫的生长，这与之前的结果一致，NT1/3 处理线虫总多度高的原因是植物寄生线虫数量的显著提高。

8.3.3　综合比较秸秆还田量及还田频率对土壤微食物网的影响

本部分对比了不同秸秆还田量（NT33 和 NT67）和不同秸秆还田频率（NT1/3 和 NT2/3）对土壤微食物网的影响。取样时间为 2016 年，恰好为还田的第三个周期，NT33（NT67）处理和 NT1/3（NT2/3）处理在一个还田周期（3 年为一个周期）内的还田总量是相同的，但还田频率不同。本试验旨在探究还田量及还田频率对土壤微食物网结构变化的相对重要性（图 8-16）。

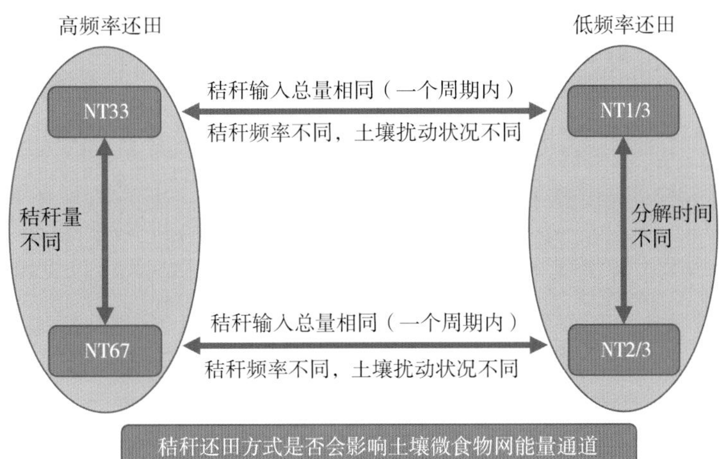

图 8-16　不同秸秆还田方式（还田量和还田频率）的对比

总体看来，秸秆还田量和还田频率对土壤线虫多度均无显著影响。通过三因素的方差分析发现，秸秆还田频率、取样时期以及它们的交互作用能够对土壤线虫生物量产生显著影响（$P<0.01$）（表 8－7）。玉米出苗期表现为 NT1/3 处理土壤线虫生物量显著高于 NT33 处理（$P<0.05$），抽穗期表现为低频率还田处理土壤线虫生物量显著高于高频率秸秆还田处理（NT33＞NT1/3，NT67＞NT2/3）。此外，研究发现不同秸秆还田频率处理的土壤线虫生物量均在抽穗期达到最高值（图 8－17）。

表 8－7　土壤微生物 PLFAs 和线虫生物量的三因素分析

F 值	总 PLFAs (n mol/g)	细菌 PLFAs (n mol/g)	真菌 PLFAs (n mol/g)	线虫生物量 (μg/100g 干土)
频率（*F*）	7.32*	9.82**	10.89**	29.36**
量（*A*）	0.53	0.61	0.50	0.97
时期（*S*）	14.59**	13.50**	58.46**	54.78**
$F\times A$	0.56	0.61	1.28	0.26
$F\times S$	1.82	2.20	2.17	8.42**
$A\times S$	1.67	1.84	1.05	1.21
$F\times A\times S$	0.72	0.85	0.48	1.23

注：* 表示 $P<0.05$；** 表示 $P<0.01$；*** 表示 $P<0.001$。

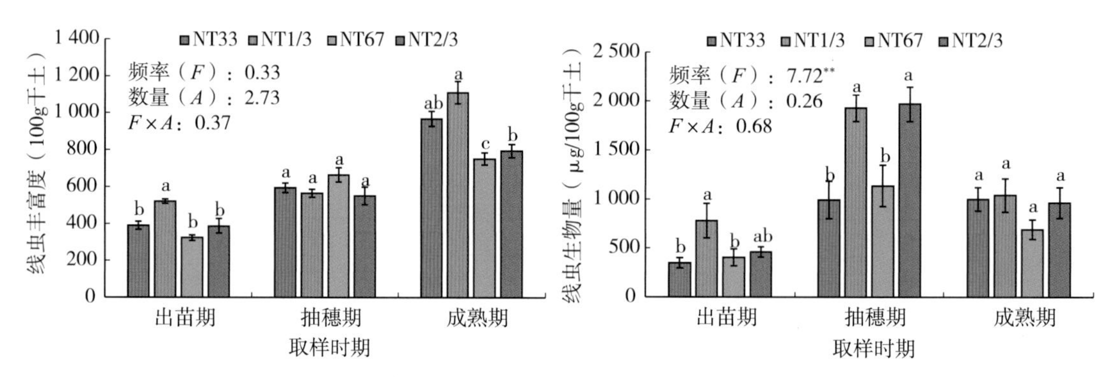

图 8－17　不同秸秆还田方式下土壤线虫多度和生物量的比较

通过土壤微生物群落组成的主成分分析（PCA）发现，不同秸秆还田频率处理土壤微生物群落组成具有一定的差异性，高频率秸秆还田处理土壤以细菌群落为主，而低频率秸秆还田处理真菌群落占优势（图 8－18A）。通过对土壤线虫群落组成进行主成分分析发现，不同秸秆还田频率处理线虫群落组成具有一定的差异性，高频率秸秆还田处理以食细菌线虫为主，而低频率秸秆还田处理食真菌线虫占优势（图 8－18B）。

此外，不同秸秆还田频率对土壤线虫代谢足迹的影响研究表明，高频率秸秆还田线虫富集指数高于低频率秸秆还田处理，说明高频率还田土壤食物网营养丰富，腐屑消费者的数量大且活性高，而低频率秸秆还田线虫结构指数高于高频率秸秆还田处理，说明低频率

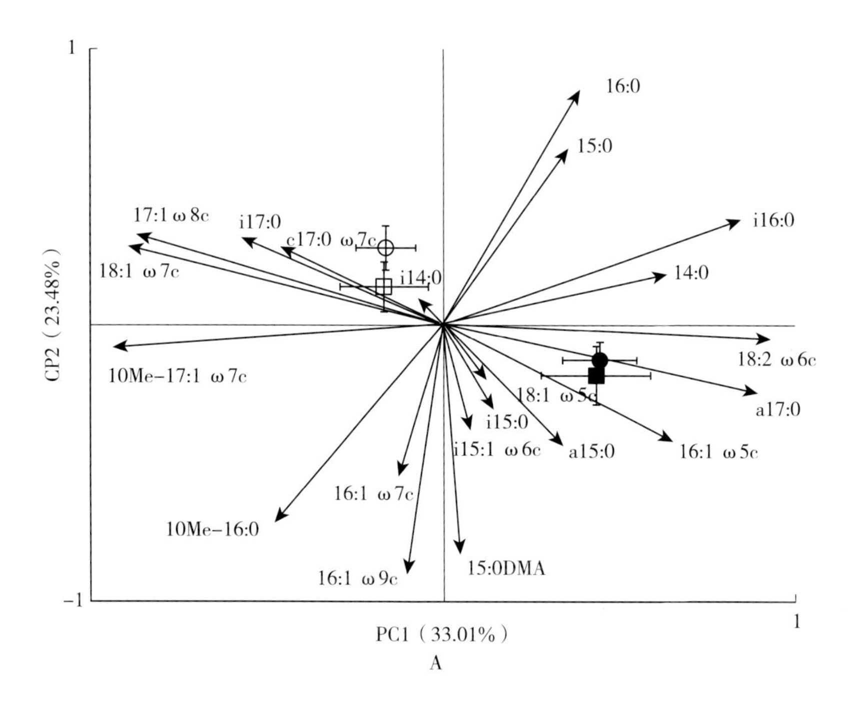

A

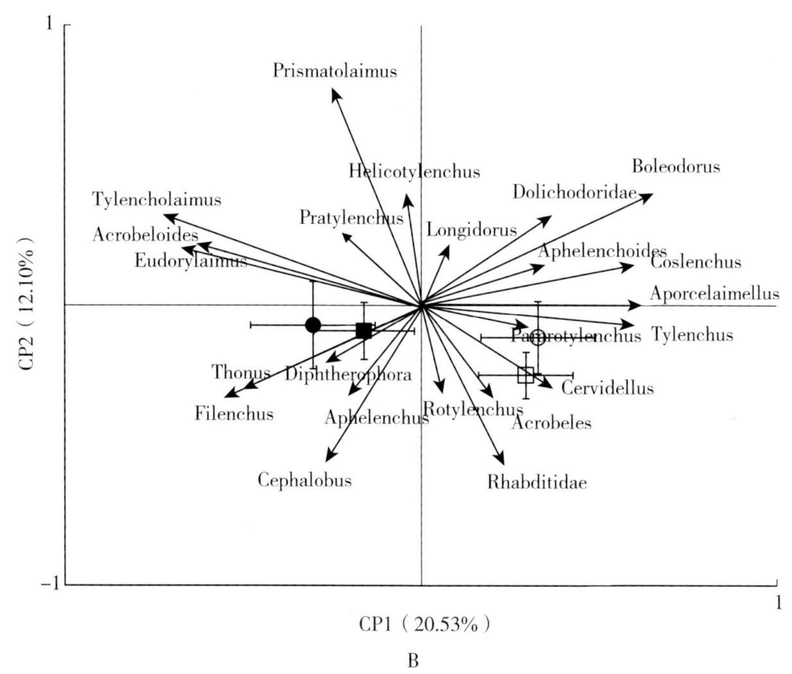

B

图8-18　不同秸秆还田方式土壤微生物和线虫群落的主成分分析

秸秆还田处理土壤微食物网更具稳定性（图8-19）。

综上，研究结果表明土壤微生物和线虫群落结构在不同秸秆还田量处理（NT33和NT67）中并没有显著差异，这与之前的很多研究结果是不一致的。以往的研究认为土壤

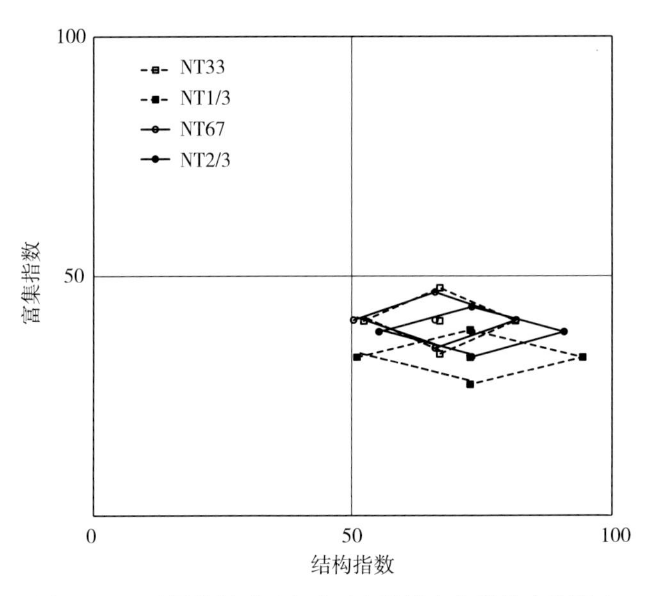

图 8-19　不同秸秆还田方式对土壤线虫代谢足迹的影响

微生物和线虫多度或生物量随着秸秆还田量的增加而增加，这可以看作是一个比较常规的认知。因此，秸秆的实际还田量是本研究结果与其他研究产生差异的原因，在本研究中秸秆还田 NT33 和 NT67 处理的实际还田量分别是 2 475kg/hm^2 和 4 950kg/hm^2，而在其他研究中秸秆还田量的差距较大（3 000kg/hm^2 和 12 000kg/hm^2）。此外，本研究实验样地是连续 10 年秸秆还田的试验田，还田量带来的实际效应的差异也会有一定的衰减。

在一个还田周期内，还田量相同时，还田频率对土壤微食物网的结构具有决定性的作用（如 NT33 和 NT1/3、NT67 和 NT2/3）。还田频率既影响了秸秆的数量，又影响了秸秆本身的质量，进而影响了土壤理化性质和生物群落结构。如低频率还田提高了土壤 C/N 和真菌 PLFAs。真菌的代谢过程对养分的需求相比于细菌是较弱的，所以当土壤碳氮含量较高时，真菌可以充分利用这种难分解的基质进行矿化，有利于土壤有机碳的固持。本研究结果也证实了这一点，研究发现低频率还田处理（NT1/3 和 NT2/3）土壤有机碳含量显著高于高频率还田处理（NT33 和 NT67）。这一方面与低频率还田提升真菌代谢途径有关，另一方面，高频率还田的持续外源物质输入对土壤会产生正向的激发效应，进而降低了土壤有机碳含量。高频率还田能够为土壤微食物网提供充足的易分解养分，有利于土壤细菌群落的快速生长。低频率秸秆还田是在还田周期一次性输入，在分解后期秸秆的 C/N 较高，有利于真菌群落的生长。土壤微生物群落的变化通过上行效应影响其上一营养级的群落变化。秸秆还田频率影响了秸秆本身的数量和质量，微生物群落通过其取食偏好促进了细菌或真菌群落的生长，土壤微食物网内通过营养级间的捕食作用形成了不同的分解路径，高频率还田处理土壤微食物网的分解路径以细菌分解路径为主，低频率还田处理相应地增强了土壤微食物网的真菌分解路径（Kou et al.，2020）（图 8-20）。

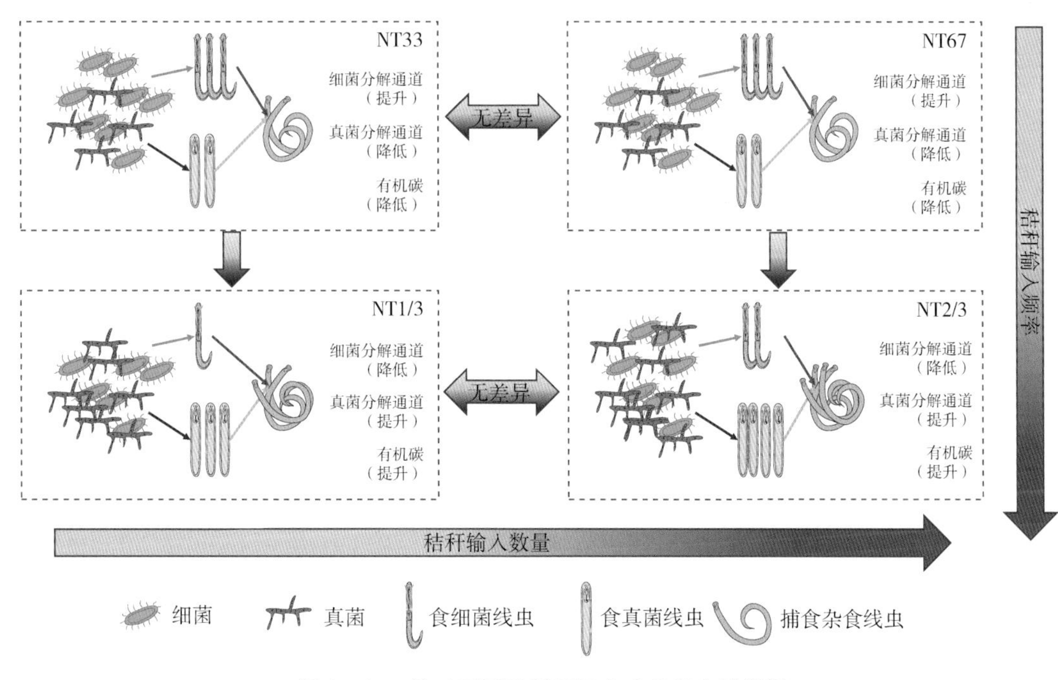

图 8－20　关于不同秸秆还田方式的概念模拟图

参考文献

陈云峰，胡诚，李双来，等，2010. 农田土壤食物网管理的原理与方法［J］. 生态学报，31（1）：286－292.

陈云峰，韩雪梅，李钰飞，等，2014. 线虫区系分析指示土壤食物网结构和功能研究进展［J］. 生态学报，34（5）：1072－1084.

杜晓芳，李英滨，刘芳，等，2018. 土壤微食物网结构与生态功能［J］. 应用生态学报，29（2）：403－411.

傅声雷，张卫信，邵元虎，等，2019. 土壤生态学-土壤食物网及其生态功能［M］. 北京：科学出版社.

华萃，吴鹏飞，何先进，等，2014. 紫色土区不同秸秆还田量对土壤线虫群落的影响［J］. 生物多样性，22（3）：392－400.

孔云，张婷，李刚，等，2018. 不同施肥措施对华北潮土区玉米田土壤线虫群落的影响［J］. 华北农学报，33（6）：209－215.

刘满强，陈小云，郭菊花，等，2007. 土壤生物对土壤有机碳稳定性的影响［J］. 地球科学进展，22（2）：152－158.

牟文雅，贾艺凡，陈小云，等，2017. 玉米秸秆还田对土壤线虫数量动态与群落结构的影响［J］. 生态学报，37（3）：877－886.

解宏图，李社潮，2020. 秸秆覆盖免（少）耕保护性耕作技术模式［J］. 农机市场，4：25－26.

解宏图，刘华，张旭东，等，2019. 辽宁省推广保护性耕作的思考［J］. 农业机械，6：66－68.

Ferris H，2010. Form and function：metabolic footprints of nematodes in the soil food web［J］. European Journal of Soil Biology，46：97－104.

Ferris H，Sánchez－Moreno S，Brennan E B，2012. Structure，functions and interguild relationships of the soil nematode assemblage in organic vegetable production［J］. Applied Soil Ecology，61：16－25.

Filser J, Faber J H, Tiunov A V, et al., 2016. Soil fauna: key to new carbon models [J]. Soil, 2: 565 - 582.

Kou X C, Ma N N, Zhang X K, et al., 2020. Frequency of stover mulching but not amount regulates the decomposition pathways of soil micro - foodwebs in a no - tillage system [J]. Soil Biology and Biochemistry, 144: 107789.

Wu L, Zhang W J, Wei W J, et al., 2019. Soil organic matter priming and carbon balance after straw addition is regulated by long - term fertilization [J]. Soil Biology and Biochemistry, 135: 383 - 391.

Zhang S X, Li Q, Lü Y, et al., 2015. Conservation tillage positively influences the microflora and microfauna in the black soil of Northeast China [J]. Soil and Tillage Research, 149: 46 - 52.

Zhang S X, Cui S Y, McLaughlinc N B, et al., 2019. Tillage effects outweigh seasonal effects on soil nematode community structure [J]. Soil and Tillage Research, 192: 233 - 239.

Zhang X K, Ferris H, Mitchell J, et al., 2017. Ecosystem services of the soil food web after long - term application of agricultural management practices [J]. Soil Biology and Biochemistry, 111: 36 - 43.

Zhang X K, Li Q, Zhu A N, et al., 2012. Effects of tillage and residue management on soil nematode communities in North China [J]. Ecological Indicators, 13: 75 - 81.

第9章　保护性耕作对玉米根系属性和土壤物理属性的影响

9.1　保护性耕作对玉米根系属性的影响

9.1.1　作物根系属性及其测度

根系是作物吸收土壤水分和养分的主要器官，直接受土壤环境影响，在作物地上部的生长发育以及产量形成方面发挥重要作用。由于保护性耕作对农田土壤物理环境产生显著影响，必然影响处于其中的作物根系，直接反映在根系（功能）属性对耕作系统土壤环境条件的响应与适应策略方面。根系属性是指与作物获取土壤养分和水分能力相关的一系列指标（周玮等，2018），主要包括：①数量属性，如根系生物量（Root mass，RM）、根尖数目（Root tips number，RT）、根尖频度（Root tips frequency，RTF）等；②形态属性，如根长（Root length，RL）、表面积（Root surface area，RSA）、直径（Root diameter，RD）、体积（Root volume，RV）、比根长（Specific root length，SRL）、比表面积（Specific root surface area，SRA）以及根组织密度（Root tissue density，RTD）等；③构型属性，如生物量密度（Root mass density，RMD）、根长密度（Root length density，RLD）以及根表面积密度（Root surface area density，RSD）等（Eissenstat et al.，2000；倪薇等，2014）；④化学属性，主要针对根系的化学成分及其比例，如碳含量、氮含量等（Pregitzer et al.，2002）。

根系属性研究方法取决于研究目的，一般分为破坏性取样和非破坏性研究两类分析策略。

（1）破坏性取样方法

主要包括根钻法、挖掘法以及内生长法。

根钻法，在选定的植株周围使用土钻，依据试验需求进行不同深度的土样采集，从而获得根系生物量等指标，根钻法是研究根系较常用的方法之一，也常作为数据参考或配合其他方法共同使用（Samson et al.，1994）。

挖掘法，在选定的植株周围，通过使用铁锹或方形取样器（如20cm×20cm×20cm）等取样工具挖掘一定的土块，注意尽量保持土块的完整性，减少根系损伤，然后用水将其中的根系过筛冲洗干净，从而获得根系（Adams et al.，2013）。该方法主要是通过挖掘大量的根系来彼此建立关系，从而估算样地的根系生物量以及植物生长状况等。需要说明的是，美国宾夕法尼亚州立大学JP. Lynch实验室基于挖掘法建立了作物（尤指玉米）根系的取样策略 shovelomics（Trachsel et al.，2011），如感兴趣可访问其实验室网页（https://plantscience. psu. edu/research/labs/roots/methods/field/shovelomics）。

内生长法，用土钻将选定样地的土壤取出，将尼龙网袋放入孔中，再将剔除了根系的原土按照对应层次回填，这样就可以定期将网袋取出以测定其中根系生物量的多少（刘金梁等，2009）。该方法在比较不同处理条件下根系生长差异方面具有较大优势，但回填后土壤环境的改变以及打孔时对根系的损伤也会影响对根系属性的评估（张小全等，2000）。

（2）非破坏性研究方法

主要包括微根管法、根窗法以及 X 射线计算机层析成像法等。

微根管法是将透明的、具有一定长度和直径的观察管以一定的角度埋入地下，利用摄像头和计算机等数字化设备观测根系生长情况，获取图像信息并导入计算机，经过软件处理后得到相关根系数据的技术方法（史建伟等，2007）。该方法不仅能获得根系长度、体积等形态指标，还能在不破坏根系的情况下长期定位观测根系生长速度、存活时间以及死亡与周转动态，但该方法仍存在不足之处，如安装时对土壤有扰动、容易造成根系损伤、观测管壁对根系生长特性的影响具有不确定性、无法观测高级根动态以及设备费用高等。

根窗法与微根管法有许多相似之处，需要利用扫描仪和计算机等数字化设备，通过对玻璃窗的观测面进行扫描、采集图像，处理后得到根系数据（白文明等，2005）。该方法能够获得微根窗法获得的一系列数据，且其观测面积大，因而在追踪单个根的生长死亡状况方面具有一定的优势，而且设备费用相对较低，但也存在安装时容易对根系造成损伤以及后续工作量大等问题。

X 射线计算机层析成像法是以 X 射线为信息载体，以 X 射线衰减系数的差异来反映物体内部不同位置的组成成分和密度差异，进而用计算机重建物体内部的一种现代医学成像技术，在根系原位观测方面已取得理想的实验效果（罗锡文等，2004）。

9.1.2 根系属性对保护性耕作的响应

耕作方式改变能对作物根系属性（生物量、长度和直径等）及空间分布产生重要影响（Qin et al.，2005）。例如，对比于常规耕作，免耕管理使玉米根系生物量更大、根直径更粗和下扎更深（罗守德等，1993；Himmelbauer et al.，2012）。相反，另一些研究认为，免耕条件下玉米根系生物量、根长和根表面积等形态属性均低于常规耕作（Kaspar et al.，1991；Li et al.，2017；Fiorini et al.，2018）。根系为作物吸收土壤养分和水分的重要器官，根系属性和分布等特征与作物健康和产量密切相关，因而作物的根系生长和产量如何响应免耕土壤环境条件一直是受关注的科学问题（黄丽芬等，1999）。虽然很多研究报道了免耕条件下的玉米产量低于常规耕作（Lal et al.，1989；Chen et al.，2011），但也有研究发现免耕比常规耕作的玉米产量高（Karunatilake et al.，2000；Himmelbauer et al.，2012）。耕作方式对作物根系属性以及产量的影响还不清楚。

总之，尽管已有很多试验研究和评述探讨了保护性耕作与常规耕作对作物产量、土壤养分以及土壤物理环境的影响差异（Ball - Coelho et al.，1998），但关于作物根系属性和产量如何响应和适应免耕土壤物理环境仍缺乏整体性的认知。因此，本章通过整合分析（Meta - analysis）方法量化免耕和常规耕作对玉米根系长度和生物量以及产量的影响差异。

为此，利用 Web of Science 和中国知网（CNKI）文献检索系统，选定主题词“root mass/biomass & no tillage/zero tillage/no till &maize & root distribution”以及“根生物量 & 免耕 & 玉米 & 根系分布”进行文献检索（1980 年 1 月至 2018 年 12 月）。文献筛选符合以下原则：①以野外田间试验为主，并包括少数室内盆栽试验；②试验需同时包括免耕（处理）和常规耕作（对照），对于多个影响因素的试验，只选择其中的免耕和常规耕作处理，从而避免其他因子交互作用的影响；③作物品种是玉米。最终，筛选出符合标准的文献 49 篇。从文献中提取的数据主要包括根系属性、农艺性状以及土壤物理性质：①根系属性，包括根长（RL）、根生物量（RM）、根生物量密度（RMD）、根长密度（RLD）、根表面积密度（RSD）等指标；②农艺性状，主要指产量（Y）指标；③土壤物理性质，包括土壤容重（BD）、土壤含水量（SMC）、土壤穿透阻力（PR）。提取的数据包括处理组与对照组的平均值、标准差（SD）或标准误（SE）以及研究重复数。此外，还收集了每个研究样地的降水量、年均温以及土壤的基本理化性质等背景数据信息。为了深入分析数据，分别将数据进一步区分为亚组，将土壤层次划分为 4 层：0～10cm、10～20cm、20～30cm 和 30～40cm。土壤类型分为红壤和黑土；降水量分为≥800mm、400～800mm 和<400mm；玉米生育时期分为拔节期、开花期和成熟期；土壤 pH 划分为 pH≥7.0 和 pH<7.0。Meta 分析方法的流程参见吕秋爽等的《免耕对玉米根系属性和产量以及土壤物理性质的影响：整合分析》。

整合分析结果表明，玉米根系属性对免耕和常规耕作的响应模式是不同的。其中，两者间存在显著差异的是根长（RL）、根长密度（RLD）和根表面积密度（RSD），免耕比常规耕作分别降低 13.8%、15.7% 和 22.8%，对应的效应值为 −0.148（95% CI：−0.238～−0.058）、−0.170（95%CI：−0.243～−0.098）和 −0.259（95%*CI*：−0.384～−0.133）（图 9-1）。同样，免耕对所分析土层（0～40cm）中的根系生物量（RM，−0.014，95% *CI*：−0.082～0.055）、根生物量密度（RMD，−0.029，95%*CI*：−0.100～0.043）和比根长（SRL，−0.059，95%*CI*：−0.227～0.109）的影响也呈降低趋势，降幅分别为 1.4%、2.8%和 5.7%（$P>0.05$）。

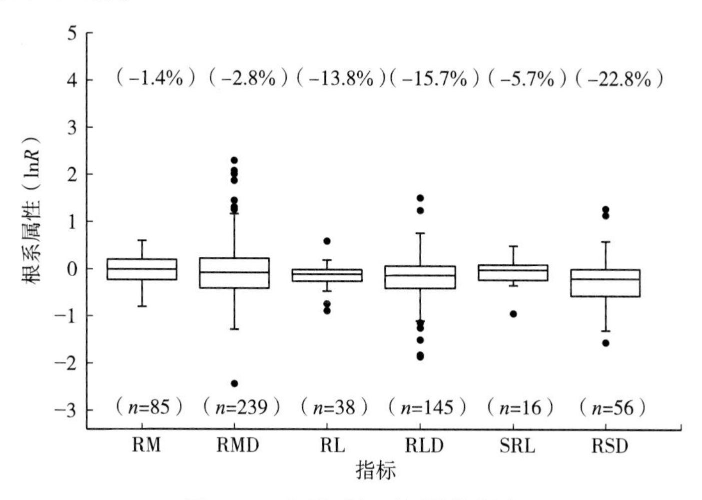

图 9-1　免耕对根系属性的影响

虽然总体上玉米根系生物量（RM）在免耕和常规耕作间差异不显著（图 9-1），但进一步的亚组分析显示，RM 对免耕的响应模式明显受生育时期、土壤类型和年降水量影响，并且存在空间分布差异（图 9-2）。首先，免耕处理玉米 RM 在拔节期高于常规耕作（13%），而在开花期明显低于常规耕作（−12.0%），成熟期两者差异不显著（图 9-2A），对应的效应值为 0.134（95%*CI*：−0.0.001～0.269）、−0.128（95%*CI*：−0.250～−0.006）和−0.075（95%*CI*：−0.236～−0.087）（图 9-2）。

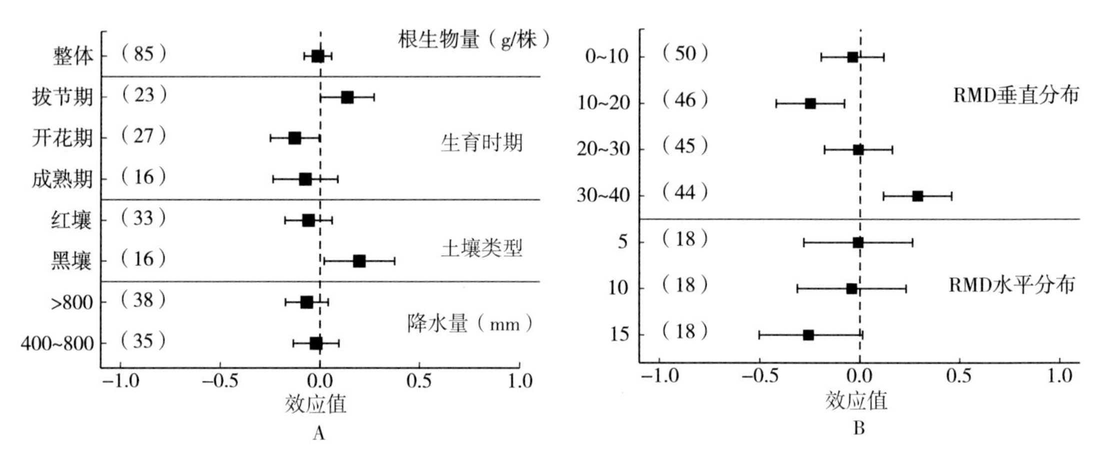

图 9-2 免耕对根系生物量（A）和根生物量密度垂直及水平分布（B）的影响

将数据分组为黑土和红壤两类，黑土免耕处理使玉米 RM 显著提高 21.8%（效应值为 0.198，95%*CI*：0.020～0.375），而红壤免耕处理玉米 RM 与常规耕作没有显著差异（效应值为−0.058，95%*CI*：−0.175～0.059）（图 9-2）。

为分析年均降水量的效应，根据数据特征分为低（400～800mm）和高（≥800mm）两组，免耕处理与常规耕作玉米根系生物量对年均降水量的响应不明显（−0.091，95%*CI*：−0.231～0.048；−0.218，95%*CI*：−0.386～0.050）（图 9-2A）。

沿土壤剖面，除表层（0～10cm，$P>0.05$）外，免耕对 RMD 的影响从负效应（10～20cm，−22.2%）、无影响（20～30cm）到正效应（30～40cm，33.3%），说明免耕管理比常规耕作更能促进玉米根系向更深土体（下耕层）生长分布（图 9-2B），产生这种根系垂直分布模式的重要原因是免耕有效改善了耕层土体物理属性，尤其是下耕层（20～40cm）土壤容重和穿透阻力均向有利于作物根系生长发育的阈值范围发展（图 9-2）。与垂直分布模式不同，免耕和常规耕作对 RMD 在水平分布（距离植株 5cm、10cm 和 15cm）上没有显著的影响，对应的效应值分别为−0.010、−0.042 和−0.258（图 9-2B）。

如图 9-3 所示，玉米根长（RL）对免耕的响应模式明显受生育时期和年均降水量影响，而 RLD 和 RSD 也在垂直分布上存在显著差异。其中，在玉米开花期，免耕条件下根长显著低于常规耕作（−16.3%），而在拔节期和成熟期对 RL 影响不显著；在年均降水量大于 800mm 的研究地点，免耕能显著降低根长（−19.6%），而在其他研究地点（400～800mm和<400mm）则没有显著影响（图 9-3A）。沿土壤剖面，RLD 和 RSD 在垂直分布上呈相同趋势，即免耕对表层（0～10cm）和深层（30～40cm）的 RLD 和 RSD 无影响，而对 10～20cm 和 20～30cm 土层的 RLD 和 RSD 影响差异显著，降幅为

-31.9%、-16.6%和-47.6%、-33.9%（图 9-3B）。

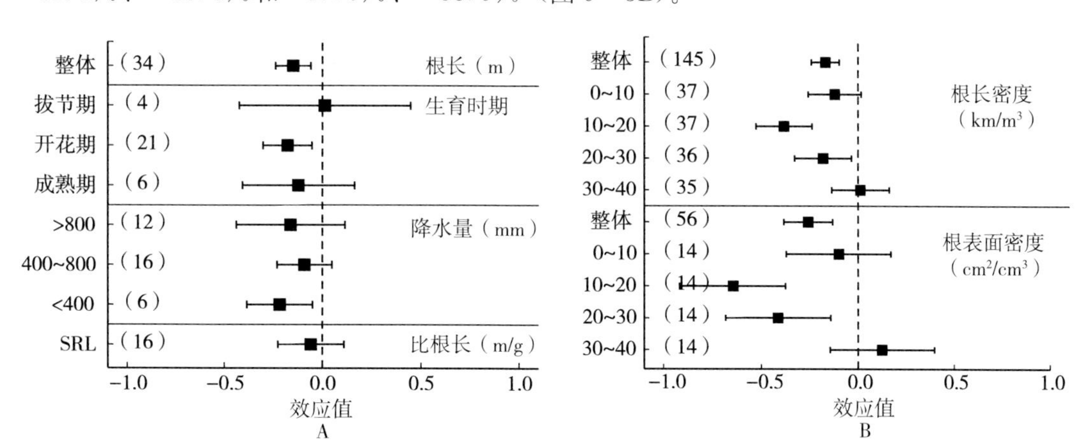

图 9-3　免耕对根长（A）和根长密度（B上）及根表面积密度（B下）的影响

免耕处理对玉米产量产生显著负效应（-0.087，95%*CI*：-0.124～-0.051），降幅为 8.4%。进一步从年均降水量分组的角度看，免耕处理的效应主要体现在大于 800mm 的研究地点（-12.6%），而在 400～800mm 和小于 400mm 的地点无明显影响；从土壤 pH 角度看，在土壤 pH＜7.0 时免耕处理显著降低了玉米产量（11.1%），而在土壤 pH≥7.0 时无影响（图 9-4）。

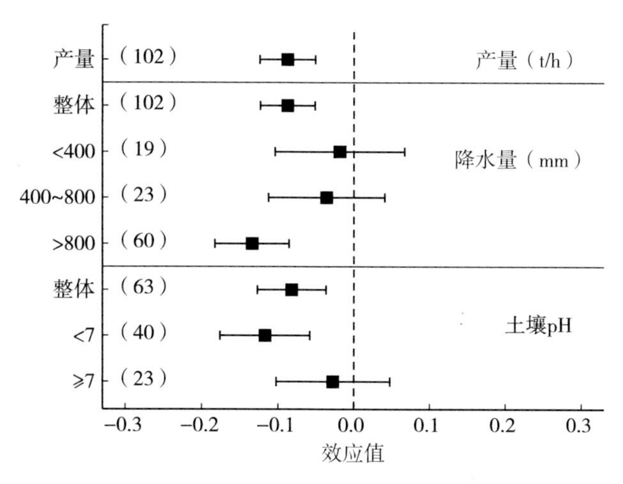

图 9-4　免耕对玉米产量的影响

整合分析证实免耕管理对玉米根系（形态）属性产生重要影响。本研究发现，免耕能够显著降低玉米根系长度并影响其空间分布模式，但对根系生物量无影响（图 9-1 至图 9-3）。这与其他研究免耕影响玉米根系形态的结果一致（Gerard et al.，1982；Li et al.，2017）。因为免耕能使耕层土壤紧实度增加，提高的土壤容重和穿透阻力直接影响玉米的根深和空间分布（Dwyer et al.，1996；Chen et al.，2011）。需要指出的是，上述结果只是考虑了免耕效应，实际上免耕常与其他措施（如秸秆覆盖等）配合应用，进而对根系形态属性产生正效应。例如，保护性耕作的玉米根长、根长密度以及分布范围均显著高于常规耕作（罗守德等，1993；丁玉川等，1994；Roldán et al.，2003）。关于该结果的合理解释可能在于免耕和秸秆覆盖有效提高了有机碳的输入和表层（0～10cm）土壤肥力（武志杰等，2002），并且明显增强了土壤的缓冲能力，调节和稳定了土壤 pH，以促进土壤养分循环和作物生长发育（Kahlon et al.，2013；Salem et al.，2015）。同时，秸秆覆盖增强了表层土壤（0～5cm）的物理结构和保水能力，改善的土壤物理化学特征促进了根系的生长发育（Blanco－Canqui et al.，2018）。特别是免耕能使深层土壤（大于 30cm）玉米根系生物量密度显著高于常规耕作，说明免耕形成的土壤物理环境有助于作物根系下扎，向深层土壤分布，本研究的 RMD 结果也证实了这一点（图 9－2B）。关于免耕管理对土壤物理环境的影响将在下文详细阐述。然而，目前关于免耕和秸秆覆盖相配合的研究大多集中在产量以及地上生物量的形成方面，而关于对地下根系系统的研究较少，因此，需要进一步加强对此方面的研究。

免耕处理比常规耕作显著降低了玉米产量，降幅为 8.4%（图 9－4）。这与已发表的两篇评述的结论一致（Pittelkow et al.，2015；Zhao et al.，2017）。Pittelkow 等（2015）整合分析全球尺度数据发现，免耕导致作物平均减产 5.0%、导致玉米减产 7.6%；Zhao 等（2017）整合分析了我国免耕试验数据发现，免耕导致作物平均减产 2.1%。免耕使作物产量降低的原因，除了免耕引起土壤紧实度增加、水分和氧气运输能力减弱等物理因素外（Blanco－Canqui et al.，2018），还有免耕改变作物根系形态属性（Fiorini et al.，2018）。例如，玉米的根系长度与水分利用效率密切相关（张文可等，2018），由此推断，免耕通过降低根长和根表面积及其分布模式影响根系对水分的吸收利用，从而对玉米产量产生负效应。

免耕也能对玉米产量产生正效应，尤其是近年来，关于免耕结合秸秆覆盖（还田）策略能够提高作物产量的研究也越来越多（丁玉川等，1994；Karunatilake et al.，2000；Himmelbauer et al.，2012；Zhao et al.，2017），应用范围也越来越广泛，然而不同地区环境因子的差异（如雨量充沛地区不同于干旱地区）导致不同的免耕效应是不容忽视的（图 9－2A）。因此，未来的研究应充分考虑区域气候、土壤等因素，加强作物根系形态属性对免耕结合秸秆管理的响应与适应机制，为保护性耕作的科学实践提供数据支撑。

9.2 保护性耕作对土壤物理属性的影响

整合分析结果显示，免耕管理能明显改变作物根系属性。整体上，虽然免耕降低了作物（主要是玉米）根长、根长密度和根表面积密度及产量，但在整个土体特别是下耕层（20～40cm），免耕处理促进根系在该区域的分布，即 RMD、RLD 和 RSD 比常规耕作更大（图 9－1 至图 9－4）。结合已有研究结果，可推断免耕改变根系属性的重要原因与免耕改变土壤物理环境密切相关。目前，大量研究和评述关注免耕对农田生态系统服务的影响，尤其是在作物产量（Pittelkow et al.，2015）、碳截获（Palm et al.，2014）、温室气体排放（Sanz－Cobena et al.，2017）、经济效益（González－Sánchez et al.，2016）、土壤肥力和环境质量等方面（Briedis et al.，2016；Mitchell et al.，2016）。然而，有关免耕对土壤物理属性（或性状、性质）的整体性评述和讨论还很缺乏，本节将首先通过一般的文献分析综述免耕对农田土壤物理环境的影响，然后采用整合分析（Meta-analysis）方法量化免耕对玉米田土壤容重、穿透阻力和含水量的影响。

9.2.1 免耕对土壤物理性质的影响：文献分析

9.2.1.1 免耕对土壤容重和穿透阻力的影响

免耕对土壤容重的影响具有不确定性。在2009—2021年发表的71篇论文中（表9-1），免耕对土壤容重无影响的33篇、提高容重的24篇、降低容重的14篇。其中，增加量为0.6%～42.0%，而减少量为0.6%～11.0%（Blanco-Canqui et al.，2018）。另外，免耕管理时间可对土壤容重产生重要影响。例如，与常规耕作（铧式犁，Moldboard plow）相比，2年免耕管理能使表层10cm土壤的容重增加20%（Guan et al.，2014），而30年的免耕管理仅使10cm土壤的容重增加了4%（Fan et al.，2014）。

表9-1 免耕对土壤容重的影响

	地点	土壤质地	年均降水量（mm）	耕作方式	作物	耕作时长（年）	深度（cm）	土壤容重（Mg/m^3）	变化率（%）	参考文献
免耕增加土壤容重	德国	壤土到砂质壤土	498	免耕	玉米—谷类	>10	0～35	1.60		Mueller et al.，2009
				常规耕作（犁耕）	玉米—谷类			1.41	13	
	中国	壤土	562	免耕	玉米	2	0～10	1.45		Guan et al.，2014
				常规耕作（铧犁）	玉米			1.21	20	
				常规耕作（旋耕）	玉米			1.24	17	
				免耕	玉米		10～20	1.52		
				常规耕作（铧犁）	玉米			1.37	11	
				常规耕作（旋耕）	玉米			1.32	15	
				免耕	玉米		20～30	1.50	ns	
				常规耕作（铧犁）	玉米			1.55		
				常规耕作（旋耕）	玉米			1.56		

（续）

	地点	土壤质地	年均降水量（mm）	耕作方式	作物	耕作时长（年）	深度（cm）	土壤容重（Mg/m³）	变化率（%）	参考文献
免耕增加土壤容重	印度	黏壤土	>700	免耕	不同作物混合	4	0～15	1.55		Shekhawat et al.，2016
				少耕（深耕-耙）	不同作物混合			1.56	−0.6	
				常规耕作（深耕-耙）	不同作物混合			1.54	0.6	
				免耕	不同作物混合		15～30	1.50		
				少耕（深耕-耙）	不同作物混合			1.55	−3	
				常规耕作（深耕-耙）	不同作物混合			1.58	−5	
				免耕	不同作物混合		30～45	1.49		
				少耕（深耕-耙）	不同作物混合			1.54	−3	
				常规耕作（深耕-耙）	不同作物混合			1.61	−8	
	加拿大	黏壤土	832	免耕	玉米—大豆	30	0～10	1.26		Fan et al.，2014
				常规耕作（铧犁）	玉米—大豆			1.21	4	
				常规耕作（垄作）	玉米—大豆			1.27	ns	
				免耕	玉米—大豆		10～20	1.40		
				常规耕作（铧犁）	玉米—大豆			1.35	4	
				常规耕作（垄作）	玉米—大豆			1.40	ns	
				免耕	玉米—大豆		20～30	1.45		
				常规耕作（铧犁）	玉米—大豆			1.46	ns	
				常规耕作（垄作）	玉米—大豆			1.45	ns	
				免耕	玉米—大豆		30～40	1.47		
				常规耕作（铧犁）	玉米—大豆			1.51	−3	
				常规耕作（垄作）	玉米—大豆			1.48	ns	
				免耕	玉米—大豆		40～60	1.52		
				常规耕作（铧犁）	玉米—大豆			1.55	−2	
				常规耕作（垄作）	玉米—大豆			1.52	ns	

（续）

	地点	土壤质地	年均降水量（mm）	耕作方式	作物	耕作时长（年）	深度（cm）	土壤容重（Mg/m^3）	变化率（%）	参考文献
免耕增加土壤容重	阿根廷	壤土	870	免耕	玉米—大豆—小麦	7	0～5	1.28		Wyngarrd et al., 2012
				常规耕作（圆盘犁）	玉米—大豆—小麦			1.15	11	
				免耕	玉米—大豆—小麦		5～20	1.30		
				常规耕作（圆盘犁）	玉米—大豆—小麦			1.29	ns	
	加拿大	壤土或粉砂质壤土	846	免耕	不同作物混合	>10	0～35	1.45		Mueller et al., 2009
				常规耕作（铧犁）	不同作物混合			1.35	7	
	美国，艾奥瓦州	壤土或黏壤土	910	免耕	玉米	7	0～7.5	1.30		Tmena et al., 2017
				常规耕作（凿犁）	玉米			1.27	2	
	美国，俄亥俄州	粉砂质壤土	930	免耕	玉米	na	0～10	1.56		Obade et al., 2014
				常规耕作（凿犁）	玉米			1.10	42	
				免耕	玉米		10～20	1.53		
				常规耕作（凿犁）	玉米			1.25	22	
				免耕	玉米		20～40	1.55		
				常规耕作（凿犁）	玉米			1.44	ns	
				免耕	玉米		40～60	1.55		
				常规耕作（凿犁）	玉米			1.37	13	
	美国，俄亥俄州	黏土	963	免耕	玉米—冬小麦	1.5	0～10	0.57		Elder et al., 2008
				常规耕作（铧犁）	玉米—冬小麦			0.52	10	

（续）

	地点	土壤质地	年均降水量（mm）	耕作方式	作物	耕作时长（年）	深度（cm）	土壤容重（Mg/m³）	变化率（%）	参考文献
免耕增加土壤容重	美国，俄亥俄州	粉砂质壤土	932	免耕	无作物	26	0～10	1.27		Nawaz et al.，2017
				常规耕作（铧犁）	无作物			1.24	2	
				免耕	无作物		10～20	1.32		
				常规耕作（铧犁）	无作物			1.31	ns	
				免耕	无作物		20～30	1.30		
				常规耕作（铧犁）	无作物			1.29	ns	
				免耕	无作物		30～40	1.35		
				常规耕作（铧犁）	无作物			1.33	ns	
				免耕	无作物		40～50	1.33		
				常规耕作（铧犁）	无作物			1.30	ns	
				免耕	无作物		50～60	1.29		
				常规耕作（铧犁）	无作物			1.37	−6	
	美国，伊利诺伊州	粉砂质壤土	1 051	免耕	玉米—大豆	5	0～50	1.40		Fernandez et al.，2015
				条耕	玉米—大豆			1.35	4	
	巴西	黏土	1 417	免耕	玉米—大豆	9	0～10	1.46		Seben et al.，2014
				常规耕作	玉米—大豆			1.30	12	
	巴西	黏土	1 651	免耕	不同作物混合	24	0～10	免耕=少耕2>少耕1=常规耕作		Briedis et al.，2016
				常规耕作（圆盘犁-耙）	不同作物混合					
				少耕1（免耕-凿犁）	不同作物混合					
				少耕2（免耕-凿犁）	不同作物混合					

（续）

	地点	土壤质地	年均降水量（mm）	耕作方式	作物	耕作时长（年）	深度（cm）	土壤容重（Mg/m³）	变化率（%）	参考文献
				免耕	不同作物混合		10～20	免耕=少耕2=常规耕作>少耕1		
				常规耕作（圆盘犁-耙）	不同作物混合					
				少耕1（免耕-凿犁）	不同作物混合					
				少耕2（免耕-凿犁）	不同作物混合					
				免耕	不同作物混合		20～30	免耕=少耕1=少耕2<常规耕作		
				常规耕作（圆盘犁-耙）	不同作物混合					
				少耕1（免耕-凿犁）	不同作物混合					
				少耕2（免耕-凿犁）	不同作物混合					
免耕增加土壤容重	伊朗	粉黏质壤土	na	免耕	玉米	2	0～10	1.36		Afzalinia et al.，2014
				常规耕作（圆盘犁）	玉米			1.31	4	
				常规耕作（铧犁-圆盘犁-耙）	玉米			1.28	6	
	巴西	黏土	na	免耕	不同作物混合	10	2.5～7.5	1.17		Daveiga et al.，2009
				常规耕作（凿犁-圆盘犁）	不同作物混合			1.08	8	
				常规耕作（凿犁-圆盘犁-圆盘犁）	不同作物混合			1.09	7	
	中国	壤土	483	免耕	玉米	15	0～5	1.21		Li et al.，2020
				少耕	玉米			1.31	8	
				常规耕作	玉米			1.30	7	

（续）

	地点	土壤质地	年均降水量（mm）	耕作方式	作物	耕作时长（年）	深度（cm）	土壤容重（Mg/m³）	变化率（%）	参考文献
免耕增加土壤容重				免耕	玉米		5～10	1.29		
				少耕	玉米			1.28	2	
				常规耕作	玉米			1.30	1	
				免耕	玉米		10～20	1.35		
				少耕	玉米			1.27	−6	
				常规耕作	玉米			1.31	−3	
	美国	砂质壤土		免耕 VS 常规耕作	玉米	7	0～30	免耕＞常规耕作		Jabro et al., 2021
	意大利	粉砂质壤土	850	免耕 VS 常规耕作 VS 少耕	玉米	3	0～10	免耕＞少耕＞常规耕作		Sai et al., 2022
					玉米		10～20	免耕＞少耕＞常规耕作		
					玉米		20～60	免耕＞少耕＞常规耕作		
免耕降低土壤容重	美国，俄亥俄州	黏壤土	845	免耕	玉米或玉米—大豆	47	0～10	1.26		Kumar et al., 2012
				常规耕作（凿犁）	玉米或玉米—大豆			1.30	−3	
				常规耕作（铧犁-圆盘犁）	玉米或玉米—大豆			1.32	−5	
				免耕	玉米或玉米—大豆		10～20	1.30		
				常规耕作（凿犁）	玉米或玉米—大豆			1.30	ns	
				常规耕作（铧犁-圆盘犁）	玉米或玉米—大豆			1.40	−8	
	苏格兰	黏壤土	866	免耕	大麦	4	3～8	1.12		Ball et al., 2008
				常规耕作（犁耕）	大麦			1.24	−11	

（续）

	地点	土壤质地	年均降水量（mm）	耕作方式	作物	耕作时长（年）	深度（cm）	土壤容重（Mg/m³）	变化率（%）	参考文献
免耕降低土壤容重	美国，俄亥俄州	粉砂质壤土	905	免耕	玉米或玉米—大豆	49	0～10	1.31		Kumar et al., 2012
				常规耕作（凿犁）	玉米或玉米—大豆			1.35	−3	
				常规耕作（铧犁-中耕机）	玉米或玉米—大豆			1.42	−8	
				免耕	玉米或玉米—大豆		10～20	1.37		
				常规耕作（凿犁）	玉米或玉米—大豆			1.45	−6	
	美国，俄亥俄州	粉砂质壤土	950	免耕	玉米	43	0～15	1.49		Ussiri et al., 2009
				常规耕作（凿犁）	玉米			1.56	−5	
				常规耕作（铧犁）	玉米			1.60	−7	
	马拉维	砂黏质壤土	1 000	免耕	玉米	2	0～20	1.34		Mloza - Banda et al., 2014
				常规耕作（垄作）	玉米			1.51		
	美国，俄亥俄州	粉砂质壤土	1 016	免耕	无作物	22	0～10	1.40		Kahlon et al., 2013
				常规耕作（垄作）	无作物			1.40	ns	
				常规耕作（铧犁）	无作物			1.46	−4	
				免耕	无作物		10～20	1.45		
				常规耕作（垄作）	无作物			1.48		
				常规耕作（铧犁）	无作物			1.57	−8	
	美国，俄亥俄州	粉砂质壤土	1 016	免耕 VS 常规耕作（凿犁）	玉米	18	0～10	凿犁>免耕		Kumar et al., 2014

（续）

	地点	土壤质地	年均降水量（mm）	耕作方式	作物	耕作时长（年）	深度（cm）	土壤容重（Mg/m^3）	变化率（%）	参考文献
免耕降低土壤容重	美国，俄亥俄州	粉砂质壤土	1 016	免耕	玉米	13	0～10	1.47		Abid et al.，2008
				常规耕作（凿犁-圆盘犁）	玉米			1.52	−3	
				免耕	玉米		10～20	1.54		
				常规耕作（凿犁-圆盘犁）	玉米			1.55	ns	
				免耕	玉米		20～30	1.56		
				常规耕作（凿犁-圆盘犁）	玉米			1.57	−0.6	
	巴西	黏土	1 651	免耕	玉米		0～10	1.06		Altamir et al.，2021
				少耕（凿犁）	玉米			1.07	1	
				免耕	玉米		10～20	1.22		
				少耕（凿犁）	玉米			1.13	−8	
				免耕	玉米		20～30	1.20		
				少耕（凿犁）	玉米			1.14	−5	
				免耕	玉米		30～40	1.19		
				少耕（凿犁）	玉米			1.13	−6	
				免耕	玉米		40～50	1.10		
				少耕（凿犁）	玉米			1.08	−2	
	巴西	黏土	1 622	免耕	大豆—玉米	23	0～10	1.25		Felipe et al.，2019
				常规耕作	大豆—玉米	23		1.23	2	
				免耕	大豆—玉米		10～20	1.29		
				常规耕作	大豆—玉米			1.27	2	
				免耕	大豆—玉米		20～30	1.21		
				常规耕作	大豆—玉米			1.27	−5	

（续）

	地点	土壤质地	年均降水量（mm）	耕作方式	作物	耕作时长（年）	深度（cm）	土壤容重（Mg/m^3）	变化率（%）	参考文献
免耕降低土壤容重	中国	粉黏质壤土	530	免耕 VS 常规耕作	玉米	14	0～5	免耕＜常规耕作		Chen et al.，2021
					玉米		5～10	免耕＜常规耕作		
					玉米		10～20	免耕＜常规耕作		
					玉米		20～30	免耕＜常规耕作		
	美国	粉黏质壤土	700	免耕 VS 常规耕作（圆盘犁 VS 凿犁 VS 铧犁）	大豆—玉米	30	0～15	铧犁＜免耕＜圆盘犁＜凿犁		Jin et al.，2021
		粉黏壤土	700	免耕 VS 常规耕作（圆盘犁 VS 凿犁 VS 铧犁）	连作—玉米	30	0～15	免耕＜凿犁＜盘＜铧犁		
	中国	粉壤土	610	免耕 VS 常规耕作	玉米—小麦	4	0～20	免耕＜常规耕作		Liu et al.，2021
免耕对土壤容重无影响	智利	砂质黏土	330	免耕 VS 常规耕作（铧犁-圆盘犁-耙）	小麦—玉米	4	3 个深度 0～15	免耕＝常规耕作		Mainez et al.，2008
	智利	砂质黏土	330	免耕 VS 常规耕作（铧犁-圆盘犁-耙）	小麦—玉米	7		免耕＝常规耕作		
	西班牙	壤土	390	免耕 VS 常规耕作（凿犁 VS 铧犁）	谷类	23	3 个深度 0～30	免耕＝凿犁＝铧犁		Pena - Sancho et al.，2017
	美国，北达科他州	壤土	477	免耕 VS 常规耕作（圆盘犁-中耕机-凿犁）	玉米—大豆—春小麦—豌豆	27	0～15	免耕＝常规耕作		Chatterjee et al.，2017
	中国	粉砂质壤土	537	免耕 VS 常规耕作（铧犁）	玉米—小麦	＞10	0～35	免耕＝常规耕作		Mueller et al.，2009

（续）

	地点	土壤质地	年均降水量（mm）	耕作方式	作物	耕作时长（年）	深度（cm）	土壤容重（Mg/m^3）	变化率（%）	参考文献
免耕对土壤容重无影响	印度	砂质壤土	670	免耕 VS 常规耕作（圆盘犁-耙）	棉花—小麦—玉米	4	三个深度 0～30	免耕=常规耕作		Bhattacharyya et al.，2013
	新西兰	砂质壤土	684	免耕 VS 常规耕作（圆盘犁 VS 铧式犁）	大麦—小麦—豌豆	7	0～7.5	免耕=铧犁=圆盘犁		Fraser et al.，2010
							7.5～15	免耕>圆盘犁>铧犁		
	美国，内布拉斯加州	粉黏质壤土	693	免耕 VS 常规耕作（圆盘犁 VS 凿犁 VS 铧犁）	玉米—大豆	35	0～7.5	免耕=圆盘犁=凿犁=铧犁		Blanco - Canqui et al.，2017
	美国，纽约	黏壤土	787	免耕 VS 常规耕作	玉米	17	0～6	免耕=常规耕作		Tan et al.，2009
	美国，纽约	壤质砂土	787	免耕 VS 常规耕作	玉米	12	0～6	免耕=常规耕作		Tan et al.，2009
	加拿大	黏壤土	827	免耕 VS 常规耕作（垄作 VS 铧犁）	玉米—大豆	29	0～5	免耕=垄作=铧犁		Shi et al.，2012
					玉米—大豆		5～10	免耕<垄作=铧犁		
					玉米—大豆		10～20	免耕=铧犁<垄作		
	阿根廷	na	850	免耕 VS 常规耕作	不同作物混合	14	0～10	免耕=常规耕作		Quiroga et al.，2009
					不同作物混合		10～20	免耕<常规耕作		
	美国，俄亥俄州	粉黏质壤土	890	免耕 VS 圆盘犁	玉米	na	3 个深度，0～40	免耕=圆盘犁		Obade et al.，2014
					玉米		40～60	免耕<圆盘犁		
		粉砂质壤土	900	免耕 VS 常规耕作（凿犁）	玉米—大豆	na	4 个深度，0～60	免耕=凿犁		Obade et al.，2014

（续）

	地点	土壤质地	年均降水量（mm）	耕作方式	作物	耕作时长（年）	深度（cm）	土壤容重（Mg/m^3）	变化率（%）	参考文献
免耕对土壤容重无影响		粉砂质壤土	932	免耕 VS 常规耕作（凿犁）	玉米	17	3 个深度，0～30	免耕＝凿犁		Nakajima et al.，2014
	意大利	砂质壤土	817	免耕 VS 条耕 VS 常规耕作	玉米	2	2 个深度，0～20	免耕＝条耕＝常规耕作		Trevini et al.，2013
	马拉维	砂黏质壤土	1 000	免耕 VS 常规耕作（垄作）	玉米	4	0～20	免耕＝垄作		Mloza - Banda et al.，2014
	瑞士	砂壤土	1 183	免耕 VS 常规耕作（浅旋 VS 铧犁）	冬小麦—玉米—菜籽（油菜）	19	0～10	免耕＝浅耕＝铧式犁		Hermle et al.，2008
				免耕 VS 常规耕作（浅旋 VS 铧犁）			10～20	免耕＝浅耕＞铧式犁		
				免耕 VS 常规耕作（浅旋 VS 铧犁）			2 个深度，20～40	免耕＝浅旋＝铧犁		
	美国，阿拉巴马州	粉砂质壤土	1 413	免耕 VS 常规耕作（铧式犁-圆盘犁-中耕机）	棉花—玉米	10	2 个深度，0～20	免耕＝常规耕作		Sainju et al.，2008
	巴西	黏土	1 500	免耕 VS 常规耕作（圆盘犁-耙）	不同作物混合	19	0～10	免耕＝常规耕作		Calegari et al.，2013
				免耕 VS 常规耕作（圆盘犁-耙）			10～20	免耕＜常规耕作		
				免耕 VS 常规耕作（圆盘犁-耙）			20～30	免耕＜常规耕作		
				免耕 VS 常规耕作（圆盘犁-耙）			2 个深度，30～60	免耕＝常规耕作		

（续）

	地点	土壤质地	年均降水量（mm）	耕作方式	作物	耕作时长（年）	深度（cm）	土壤容重（Mg/m^3）	变化率（%）	参考文献
免耕对土壤容重无影响	老挝	砂黏质壤土	1 600	免耕 VS 常规耕作	玉米	5	0～40	免耕＝常规耕作		De Rouw et al.，2010
	巴西	黏土	1 850	免耕 VS 常规耕作	不同作物混合	20	3个深度，0～40	免耕＝常规耕作		Ptella et al.，2012
	阿根廷	砂土	na	免耕 VS 常规耕作	不同作物混合	14	0～18	免耕＝常规耕作		Fernandez et al.，2010

注：ns 表示不显著，na 表示不适用，下同。

免耕对土壤穿透阻力的影响同样是不一致的。在表 9－2 中列出的 28 项研究中，12 项研究报道了穿透阻力增加，增加量为 27%～99%，主要集中在表层至 30cm 土层；对穿透阻力无影响的有 11 项。从上述结果看出，39%的研究容重增加，50%的研究穿透阻力提高，说明免耕有促进土壤压实的趋势。这主要是由于免耕管理条件下土壤易固结和缺乏翻混。重型机具设备进行播种、杂草控制和收获时重复碾压可能导致一定程度的压实，在土壤湿润时进行田间作业土壤压实结果尤甚。

表 9－2　免耕（或少耕）对土壤穿透阻力的影响

	地点	土壤质地	年均降水量（mm）	耕作方式	作物	时长（年）	深度（cm）	穿透阻力（MPa）	变化率（%）	参考文献
免耕增加土壤穿透阻力	德国	壤质砂土到砂质壤土	498	免耕	玉米—谷类	>10	0～35	1.23		Mueller et al.，2009
				常规耕作（铧犁）	玉米—谷类			0.51	58	
	中国	壤土	550	免耕 VS 常规耕作（犁耕 VS 旋耕）	玉米—小麦	2	0～30	免耕>旋耕＝犁耕		Guan et al.，2015
	加拿大	黏质壤土	827	免耕 VS 常规耕作（垄作 VS 铧犁）	玉米—大豆	29	0～21	免耕＝垄作>铧犁		Shi et al.，2012
	意大利	砂质壤土	817	免耕 VS 条耕 VS 常规耕作	玉米	2	0～15	免耕>常规耕作＝条耕		Trevini et al.，2013
		粉砂质壤土	850	免耕 VS 常规耕作 VS 少耕	玉米	3	0～60	免耕>少耕>常规耕作		Sai et al.，2022
	加拿大	黏壤土	832	免耕	玉米—大豆	30	0～10	1.60		Fan et al.，2014
				常规耕作（铧犁）	玉米—大豆			0.90	76	

（续）

地点	土壤质地	年均降水量（mm）	耕作方式	作物	时长（年）	深度（cm）	穿透阻力（MPa）	变化率（%）	参考文献
免耕增加土壤穿透阻力			常规耕作（垄作）	玉米—大豆			1.40	14	
			免耕	玉米—大豆		10～20	1.90		
			常规耕作（铧犁）	玉米—大豆			1.10	73	
			常规耕作（垄作）	玉米—大豆			1.80	ns	
			免耕	玉米—大豆		20～30	2.10		
			常规耕作（铧犁）	玉米—大豆			2.01	ns	
			常规耕作（垄作）	玉米—大豆			2.01	ns	
			免耕	玉米—大豆		30～40	2.20		
			常规耕作（铧犁）	玉米—大豆			2.30	−5	
			常规耕作（垄作）	玉米—大豆			2.20	ns	
			免耕	玉米—大豆		40～60	2.30		
			常规耕作（铧犁）	玉米—大豆			2.40	ns	
			常规耕作（垄作）	玉米—大豆			2.30	ns	
	美国，伊利诺伊州	粉砂质壤土	902	免耕	玉米	8	0～30	1.20		Villamil et al.，2015
				常规耕作（凿犁）	玉米			0.70	71	
	美国，爱荷华州	壤土或黏壤土	910	免耕	玉米	7	0～7.5	2.08		Tmena et al.，2017
				常规耕作（凿犁）	玉米			1.64	27	
	美国，纽约	粉砂质壤土	919	常规耕作（垄作）	玉米或玉米—大豆	6	0～15	1.68		Katsvario et al.，2002
				常规耕作（凿犁）	玉米或玉米—大豆			1.04	62	
				常规耕作（铧犁）	玉米或玉米—大豆			1.02	65	

（续）

	地点	土壤质地	年均降水量（mm）	耕作方式	作物	时长（年）	深度（cm）	穿透阻力（MPa）	变化率（%）	参考文献
免耕增加土壤穿透阻力	美国，俄亥俄州	粉砂质壤土	987	免耕	玉米	11	0～10	3.41		Lal et al.，2000
				常规耕作（凿犁）	玉米			1.44	58	
				常规耕作（铧犁）	玉米			1.31	62	
	美国，伊利诺伊州	粉砂质壤土	1 051	免耕	玉米—大豆	5	0～30	1.14	21	Fernandez et al.，2015
				条耕	玉米—大豆			0.94		
	伊朗	粉黏质壤土	na	免耕	玉米	2	0～30	1.27		Afzalinia et al.，2014
				常规耕作（圆盘犁）	玉米			1.13	ns	
				常规耕作（铧犁-圆盘犁-耙）	玉米			0.80	59	
免耕降低土壤穿透阻力	荷兰	黏壤土	825	免耕 VS 常规耕作（铧犁）	不同作物轮作	6	0～6	铧犁＝免耕		Crittenden et al.，2015
					不同作物作		7～35	铧犁＜免耕		
	美国，俄亥俄州	黏壤土	845	免耕	玉米或玉米—大豆	47	0～5	2.50		Kumar et al.，2012
				常规耕作（凿犁）	玉米或玉米—大豆			2.74	−10	
				常规耕作（铧犁-圆盘犁）	玉米或玉米—大豆			3.55	−42	
				免耕	玉米或玉米—大豆		5～10	3.88		
				常规耕作（凿犁）	玉米或玉米—大豆			5.08	−31	
		粉砂质壤土	905	免耕	玉米或玉米—大豆	49	0～5	2.82		Kumar et al.，2012
				常规耕作（凿犁）	玉米或玉米—大豆			3.30	−17	
				常规耕作（铧犁-中耕机）	玉米或玉米—大豆			3.58	−27	

（续）

	地点	土壤质地	年均降水量（mm）	耕作方式	作物	时长（年）	深度（cm）	穿透阻力（MPa）	变化率（%）	参考文献
免耕降低土壤穿透阻力				免耕	玉米或玉米—大豆		5～10	3.98		
				常规耕作（凿犁）	玉米或玉米—大豆			4.41	−11	
				常规耕作（铧犁-中耕机）	玉米或玉米—大豆			4.46	−12	
		粉砂质壤土	1 016	免耕	无作物	22	0～10	0.84		Kahlon et al.，2013
				常规耕作（垄作）	无作物			0.91	−8	
				常规耕作（犁耕）	无作物			1.02	−21	
				免耕	无作物		10～20	1.73		
				常规耕作（垄作）	无作物			1.95	−13	
				常规耕作（犁耕）	无作物			2.15	−24	
				免耕	无作物		20～30	2.27		
				常规耕作（垄作）	无作物			2.36	−4	
				常规耕作（犁耕）	无作物			2.68	−18	
	中国	粉黏质壤土	550	免耕	玉米	5	0～15	1.45		Wang et al.，2022
				少耕	玉米			1.48	2	
				常规耕作（犁耕）	玉米			1.27	−12	
				免耕	玉米		15～30	2.38		
				少耕	玉米			2.02	−15	
				常规耕作（犁耕）	玉米			1.81	−24	
				免耕	玉米		30～45	2.88		
				少耕	玉米			2.29	−20	
				常规耕作（犁耕）	玉米			2.48	−14	
				免耕	玉米		45～60	3.22		
				少耕	玉米			2.58	−20	
				常规耕作（犁耕）	玉米			3.29	2	

（续）

	地点	土壤质地	年均降水量（mm）	耕作方式	作物	时长（年）	深度（cm）	穿透阻力（MPa）	变化率（%）	参考文献
免耕对土壤穿透阻力无影响	德国	黏壤土（黄土黑钙土）	488	少耕（除根机）VS常规耕作（犁耕）	玉米—大麦/冬小麦/油菜	16	0～6	少耕=犁耕		Deubel et al.，2011
	丹麦	砂质壤土	558	免耕VS常规耕作（铧犁VS耙）	不同作物混合	12	0～5	免耕=铧犁=耙		Abdollahi et al.，2017
		砂质壤土	626	免耕VS常规耕作（铧犁VS耙）	不同作物混合	12	0～8	免耕=铧犁=耙		Abdollahi et al.，2017
	美国，纽约	粉砂质壤土	768	免耕VS常规耕作（铧犁-圆盘犁）	玉米	32	0～5	免耕=铧犁		Moebius - Clune et al.，2008
	美国，俄亥俄州	粉砂质壤土	932	免耕VS常规耕作（铧犁）	无作物	26	0～20	免耕=铧犁		Nawaz et al.，2017
	阿根廷	壤土或粉黏质壤土	940	免耕VS常规耕作（圆盘犁）	玉米—大豆，玉米—小麦—大豆	5～18	0～15	免耕=常规耕作		Alvarez et al.，2009
	美国，威斯康星州	粉砂质壤土	901	免耕VS常规耕作（凿犁VS犁耕）	玉米—苜蓿	12	0～50	免耕=凿犁=犁耕		Karlen et al.，1994
	瑞士	砂壤土	1 109	免耕VS常规耕作（铧犁）	不同作物混合	20	0～5	免耕=铧犁		Mainez et al.，2016
	美国，俄亥俄州	粉砂质壤土	1 037	免耕VS常规耕作（铧犁）	玉米	8	0～10	免耕=铧犁		Lal et al.，2000
	加拿大	黏壤土	na	免耕VS常规耕作（铧犁）	玉米	5	0～10	免耕=铧犁		Lapen et al.，2004
	巴西	黏土	na	免耕VS常规耕作	不同作物混合	31	4个深度，0～40	免耕=常规耕作		da Silva et al.，2016

需要说明的是，免耕管理比常规耕作对土壤容重和穿透阻力的增幅和强度均低于影响作物种子萌发、根系发育和作物生长的阈值。一般该阈值为黏土容重大于1.4g/cm^3，壤土容重大于1.6g/cm^3，砂土容重大于1.8g/cm^3（USDA-NRCS，1996）。同样，免耕对穿透阻力的增幅和强度也低于阻碍根系生长的阈值（2MPa），说明免耕处理引起的土壤压实不足以影响作物生长。

9.2.1.2　免耕对土壤质量特性的影响

免耕相比于传统耕作对土壤质量影响的差异源于较少的土壤扰动和秸秆覆盖。改善土壤结构质量对许多土壤过程和性质至关重要。例如，它会影响土壤侵蚀、表面封闭和结皮、孔径分布、水分入渗和滞留、压实风险以及有机质和养分的保护等。土壤结构质量的敏感指标包括孔径分布和干湿土壤团聚体稳定性。

孔隙大小分布是通过量化大孔隙、介孔隙、微孔隙比例来表征整体土壤结构质量。通常基于脱水性利用毛细方程来估算土壤孔隙大小分布。孔隙大小分布可以表征土壤水、空气和热量传输能力。在收集的8项关于耕作制度影响孔径分布的研究中（表9-3），免耕管理的影响也是变化的，包括大孔径比例增加（2项）、减少（3项）以及无影响（3项）。然而，从短期（＜5年，耕作对孔隙大小分布的影响很小或没有影响）和长期（＞20年，免耕提高大孔隙数量）的效应看出，免耕管理时间会影响孔径大小的变化幅度，表明长期免耕管理可以增加土壤大孔隙。

表9-3　免耕对土壤孔隙的影响

质地	年均降水量（mm）	耕作方式	作物	时长（年）	深度（cm）	大孔隙（%）	中孔隙（%）	小孔隙（%）	参考文献
黏壤土	845	免耕 VS 常规耕作（犁耕）	玉米或玉米—大豆	47	0～10	免耕＞犁耕	免耕＝犁耕	免耕＞犁耕	Kumar et al.，2012
粉砂质壤土	905	免耕 VS 常规耕作（犁耕）	玉米或玉米—大豆	49	0～10	免耕＞犁耕	免耕＞犁耕；免耕＜犁耕	免耕＞犁耕	
砂质壤土	1 236	免耕 VS 常规耕作（凿犁）	玉米—大豆	3	0～8	免耕＞常规耕作	na	na	Afyuni et al.，2006
	1 178	免耕 VS 常规耕作（凿犁）	玉米—大豆	3	0～8	免耕＜常规耕作	na	na	Afyuni et al.，2006
壤土	1 000	免耕 VS 常规耕作	玉米—大豆	15	0～10	9.7 VS 15.2	2.1 VS 2.3	27.7 VS 27.5	Villarreal et al.，2017
粉砂质壤土	na	免耕 VS 常规耕作	玉米—小麦/大豆	10	0～30	免耕＜常规耕作	na	na	Villarreal et al.，2020
砂质壤土	na	免耕 VS 常规耕作	玉米—小麦/大豆	10	0～30	免耕＜常规耕作	na	na	

（续）

质地	年均降水量（mm）	耕作方式	作物	时长（年）	深度（cm）	大孔隙（%）	中孔隙（%）	小孔隙（%）	参考文献
壤土	946	免耕 VS 常规耕作	玉米—大豆	15	0～10	免耕＜常规耕作	免耕＜常规耕作	na	Villarreal et al.，2020
粉砂质壤土	947	免耕 VS 常规耕作	玉米—小麦/大豆	34	0～10	免耕＜常规耕作	免耕＞常规耕作	na	
砂质壤土	893	免耕 VS 常规耕作	黑麦/玉米—小麦/大豆	25	0～10	免耕＜常规耕作	免耕＝常规耕作	na	
					10～30	免耕＜常规耕作	免耕＜常规耕作	免耕＞常规耕作	
砂质壤土	558	免耕 VS 常规耕作（耙 VS 铧犁）	不同作物混合	12	0～5	免耕＝耙＝铧式犁			Abdollahi et al.，2017
黏土	1 651	免耕 VS 常规耕作（圆盘犁-耙）VS 少耕 1（凿犁-免耕）VS 少耕 2（凿犁-免耕-免耕）	不同作物混合	24	0～10	免耕＝少耕 2＜少耕 1＝常规耕作	na	免耕＝少耕 2＞少耕 1＝常规耕作	Briedis et al.，2016
砂质壤土	1 600	免耕 VS 常规耕作	轮作	2	0～10	免耕＝常规耕作	na	免耕＝常规耕作	Obalum et al.，2010

与传统耕作相比，免耕能提高土壤湿筛团聚体稳定性，主要在表层（0～30cm），增幅为1%～97%（表9-4）。另外，也有部分研究（在4项研究中占16%）表明，免耕不会影响湿筛团聚体稳定性。表层（0～10cm）湿筛团聚体稳定性的变化范围比下层更大（表9-4）。同样，虽然有关温带地区整个土壤剖面（100cm）的水稳性团聚体稳定性的研究还很缺乏，但已有结果显示免耕对水稳性团聚体稳定性的影响主要限于表层土壤（0～10cm）（Blanco-Canqui et al.，2011a；Kibet et al.，2016）。此外，少数同时比较减耕（Reduced tillage，RT）、免耕（NT）和常规耕作（CT）对水稳性团聚体稳定性影响的研究显示，RT相比于NT更能降低湿筛团聚体稳定性，而与CT相比其影响不一致（表9-4）。

免耕管理提高水稳性团聚体稳定性的原因可能包括以下方面：①作物秸秆覆盖和无土壤扰动有利于表层有机质积累（Blanco-Canqui et al.，2009；Villamil et al.，2015；Kibet et al.，2016），富含有机质的团聚体具有低润湿性，能防止快速进水而破坏团聚体结构；②秸秆覆盖能有效减少表层土壤水分和温度突变，并减少极端的干湿和冻融循环，从而降低团聚体周转过程的破坏程度；③与免耕相比，常规耕作能破坏土壤团聚体结构，使土壤团聚体暴露在空气中，加速团聚体周转和土壤有机质分解。总之，大量研究证实，免耕秸秆覆盖主要增加表层土壤（0～5cm）有机碳含量和湿筛团聚体稳定性，对于减少水土流失、增加大孔隙度和水分入渗、促进碳等养分循环以及提高其他土壤服务功能具有积极的作用。

表 9-4 免耕对土壤湿筛团聚体稳定性的影响

	地点	质地	年均降水量（mm）	耕作方式	作物	时长（年）	深度（cm）	湿团聚体稳定性（%）	变化率（%）	参考文献
免耕增加土壤湿筛团聚体稳定性	美国，南达科他州	粉黏质壤土	627	免耕	玉米—大豆	23	0～7.50	95.70		Alhameid et al.，2017
				常规耕作	玉米—大豆			93.70	2	
				免耕	玉米—大豆		7.50～15	94.20		
				常规耕作	玉米—大豆			93.10	1	
		壤土	654	免耕 常规耕作（垄作）	玉米—大豆	2～3	0～15	95.0 94.0	ns	Khakural et al.，1992
				常规耕作（凿犁）	玉米—大豆			92.0	3	
				常规耕作（铧犁）	玉米—大豆			94.0	ns	
	美国，伊利诺伊州	粉黏质壤土和粉砂质壤土	978～996	免耕	玉米—大豆—小麦	15	0～20	84.00		Zuber et al.，2015
				常规耕作（凿犁-中耕机）	玉米—大豆			81.00	4	
	美国，俄亥俄州	粉砂质壤土	1 016	免耕	无作物	22	0～10	68.70		Kahlon et al.，2013
				常规耕作（垄作）	无作物			58.60	17	
				常规耕作（犁耕）	无作物			50.90	35	
				免耕	无作物		10～20	43.90		
				常规耕作（垄作）	无作物		36.50	20.0		
				常规耕作（犁耕）	无作物		30.60	43.0		
		粉砂质壤土	1 030	免耕	玉米—大豆—小麦	5	0～30	42.60		Aziz et al.，2013
				常规耕作	玉米—大豆—小麦		33.80	26.0		

（续）

	地点	质地	年均降水量（mm）	耕作方式	作物	时长（年）	深度（cm）	湿团聚体稳定性（%）	变化率（%）	参考文献
免耕增加土壤湿筛团聚体稳定性	美国，伊利诺伊州	粉砂质壤土	1 051	免耕	玉米—大豆	5	0～30	88.40		Fernandez et al.，2015
				条耕	玉米—大豆			83.60	6	
	巴西	黏土	1 417	免耕	玉米—大豆	9	0～10	72.69		Seben et al.，2014
				常规耕作	玉米—大豆		56.84	28.00		
	加拿大	壤质砂土	na	免耕	玉米—大豆—冬小麦	5	0～7.50	37.60		Ball - Coelho et al.，2000
				常规耕作（凿犁）	玉米—大豆—冬小麦			33.70	12	
				常规耕作（铧犁-圆盘犁-耙）	玉米—大豆—冬小麦			33.80	11	
	美国，南达科他州	壤土或黏土	na	免耕	冬小麦或玉米或大豆	6～16	0～5	85.00		Eynard et al.，2004
				常规耕作（凿犁-圆盘犁）	冬小麦或玉米或大豆	>80		81.00	5	
								MWD（mm）		
	中国	黏壤土	520	免耕	玉米—大豆	10	0～20	2.47		Zhang et al.，2012
				常规耕作（垄作）	玉米—大豆			2.20	12	
				常规耕作（铧犁-圆盘犁）	玉米—大豆			1.63	52	
	中国	粉砂质壤土	536	免耕 VS 常规耕作（旋耕 VS 铧犁）	冬小麦—玉米	6	0～5	免耕>旋耕>铧式犁		Zhang et al.，2013
				冬小麦—玉米	5～10	免耕>旋耕>铧式犁				

（续）

	地点	质地	年均降水量（mm）	耕作方式	作物	时长（年）	深度（cm）	湿团聚体稳定性（%）	变化率（%）	参考文献
免耕增加土壤湿筛团聚体稳定性					冬小麦—玉米		10～20	免耕>旋耕=铧犁		
		黏壤土	600	免耕 VS 常规耕作（圆盘犁-耙）	玉米	16	0～5	免耕>常规耕作		Fuees et al.，2012
					玉米		5～10	免耕=常规耕作		
		黏壤土	600	免耕 VS 常规耕作（圆盘犁-耙）	小麦—玉米	16	0～5	免耕>常规耕作		Fuees et al.，2012
					小麦—玉米		5～10	免耕=常规耕作		
	中国	砂质壤土	615	免耕 VS 常规耕作（铧犁）	玉米—小麦	7	3个深度，0～20	免耕>铧犁		Xin et al.，2015
		壤土	667	免耕	冬小麦—玉米	10	0～30	1.89		Tian et al.，2014
				深松	冬小麦—玉米			1.82	4	
				常规耕作（耙）	冬小麦—玉米			1.48	28	
				常规耕作（旋耕）	冬小麦—玉米			1.65	15	
				常规耕作（铧犁）	冬小麦—玉米			1.51	25	
	美国，内布拉斯加州	粉黏质壤土	693	免耕 VS 常规耕作（圆盘犁 VS 凿犁 VS 铧犁）	玉米—大豆	33	0～10	免耕=圆盘犁>凿犁=铧犁		Kibet et al.，2016
				免耕 VS 常规耕作（圆盘犁 VS 凿犁 VS 铧犁）	玉米—大豆		4个深度，（10～100）	免耕=盘=凿犁=铧犁		

（续）

	地点	质地	年均降水量（mm）	耕作方式	作物	时长（年）	深度（cm）	湿团聚体稳定性（%）	变化率（%）	参考文献
免耕增加土壤湿筛团聚体稳定性	美国，俄亥俄州	黏质壤土	845	免耕	玉米或玉米—大豆	47	0～10	2.74		Kumar et al.，2012
				常规耕作（凿犁）	玉米或玉米—大豆			2.46	11	
				常规耕作（铧犁）	玉米或玉米—大豆			1.53	79	
				免耕	玉米或玉米—大豆		10～20	2.56		
				常规耕作（凿犁）	玉米或玉米—大豆			1.90	35	
				常规耕作（铧犁）	玉米或玉米—大豆			1.58	62	
	法国	壤土	900	免耕	玉米—小麦—油菜—风信子	7	0～7	1.55		Bottinelli et al.，2017
				常规耕作（凿犁）	玉米—小麦—油菜—风信子			1.46	ns	
				常规耕作（铧犁）	玉米—小麦—油菜—风信子			1.15	35	
	美国，俄亥俄州	粉砂质壤土	905	免耕	玉米或玉米—大豆	49	0～10	2.30		Kumar et al.，2012
				常规耕作（凿犁）	玉米或玉米—大豆			1.50	53	
				常规耕作（铧犁）	玉米或玉米—大豆			0.82	64	
				免耕	玉米或玉米—大豆		10～20	1.25		
				常规耕作（凿犁）	玉米或玉米—大豆			0.87	44	
				常规耕作（铧犁）	玉米或玉米—大豆			0.53	58	

（续）

	地点	质地	年均降水量（mm）	耕作方式	作物	时长（年）	深度（cm）	湿团聚体稳定性（%）	变化率（%）	参考文献
免耕增加土壤湿筛团聚体稳定性		粉砂质壤土	950	免耕	玉米	43	0～15	5.30		Ussiri et al.，2009
				常规耕作（凿犁）	玉米			2.20	58	
				常规耕作（铧犁）	玉米			1.70	68	
				免耕	玉米		15～30	3.80		
				常规耕作（凿犁）	玉米			1.90	50	
				常规耕作（铧犁）	玉米			2.00	47	
		粉砂质壤土	1 016	免耕	玉米	18	0～10	4.59		Kumar et al.，2014
				常规耕作（凿犁）	玉米			1.80	61	
		粉砂质壤土	1 016	免耕	玉米	13	0～10	2.23		Abid et al.，2008
				常规耕作（凿犁-圆盘犁）	玉米			0.99	56	
				免耕	玉米		10～20	2.12		
				常规耕作（凿犁-圆盘犁）	玉米			1.00	53	
				免耕	玉米		20～30	1.89		
				常规耕作（凿犁-圆盘犁）	玉米			0.89	53	
	巴西	黏土	1 500	免耕	不同作物混合	19	0～10	7.20		Calegari et al.，2013
				常规耕作（圆盘犁-耙）	不同作物混合			4.20	71	
				免耕	不同作物混合		10～20	6.50		
				常规耕作（圆盘犁-耙）	不同作物混合			4.50	44	

（续）

地点	质地	年均降水量（mm）	耕作方式	作物	时长（年）	深度（cm）	湿团聚体稳定性（%）	变化率（%）	参考文献
免耕增加土壤湿筛团聚体稳定性	黏土	1 850	免耕	不同作物混合	20	0～5	2.79		Portella et al.，2012
			常规耕作	不同作物混合			1.64	70	
			免耕	不同作物混合		5～10	2.78		
			常规耕作	不同作物混合			1.95	43	
			免耕	不同作物混合		10～20	2.34		
			常规耕作	不同作物混合			1.71	37	
			免耕	不同作物混合		20～40	2.18		
			常规耕作	不同作物混合			1.78	22	
	黏土	na	免耕	不同作物混合	10	0～5	GMD（mm）1.76		daVeiga et al.，2009
			常规耕作（圆盘犁-耙）	不同作物混合			1.12	57	
			常规耕作（凿犁-圆盘犁-圆盘犁）	不同作物混合			0.94	87	
			免耕	不同作物混合		5～10	1.17		
			常规耕作（凿犁-圆盘犁）	不同作物混合			1.38	18	
			常规耕作（凿犁-圆盘犁-圆盘犁）	不同作物混合			1.68	44	

（续）

	地点	质地	年均降水量（mm）	耕作方式	作物	时长（年）	深度（cm）	湿团聚体稳定性（%）	变化率（%）	参考文献
免耕或少耕降低土壤湿筛团聚体稳定性								WSA（%）		
	美国，南达科他州	粉黏质壤土	654	免耕	玉米—大豆	2～3	0～15	92.00		Khakural et al.，1992
				常规耕作（垄作）	玉米—大豆			86.00 92.00	7 ns	
				常规耕作（凿犁）	玉米—大豆			95.00	−3	
				常规耕作（铧犁）	玉米—大豆			MWD（mm）		
	荷兰	黏壤土	825	常规耕作（铧犁）	不同作物轮作	6	0～10	0.64		Crittenden et al.，2015
				免耕	不同作物轮作			0.42	−52	
				常规耕作（铧犁）	不同作物轮作		10～20	0.71		
				免耕	不同作物轮作			0.45	−57	
免耕或少耕对土壤湿筛团聚体稳定性无影响								WSA（%）		
	美国，南达科他州	壤土	654	免耕VS常规耕作（垄作VS凿犁VS铧犁）	玉米	2～3	0～15	免耕=垄作=犁=铧犁		Khakural et al.，1992
		粉黏质壤土	654	免耕VS常规耕作（垄作VS凿犁VS铧犁）	玉米	2～3	0～15	免耕=铧犁；凿犁=垄作<铧犁；免耕=垄作=凿犁		
	美国，爱荷华州	壤土	na	少耕（中耕机）VS常规耕作（垄作VS犁VS铧犁）	玉米或玉米—大豆	15	0～5	少耕>凿犁=铧犁		Logsdon et al.，1993

（续）

	地点	质地	年均降水量（mm）	耕作方式	作物	时长（年）	深度（cm）	湿团聚体稳定性（%）	变化率（%）	参考文献
免耕或少耕对土壤湿筛团聚体稳定性无影响	美国，伊利诺伊州	粉砂质壤土	902	免耕 VS 常规耕作（凿犁）	玉米	8	0～30	免耕=凿犁		Villamil et al.，2015
	中国	砂质壤土	575	免耕 VS 常规耕作（铧犁-圆盘犁-耙）	冬小麦—玉米	2	0～20	免耕=常规耕作		Wei et al.，2014
	印度	砂质壤土	670	免耕 VS 常规耕作（圆盘犁）	棉花—小麦—玉米	4	0～5	免耕=常规耕作		Bhattacharyya et al.，2013
								GMD（mm）		
	巴西	黏土	na	免耕 VS 常规耕作	不同作物混合	31	5 个深度，0～30	免耕常规耕作		da Silva et al.，2016
	中国	粉黏质壤土	530	免耕 VS 常规耕作	玉米	14	0～30	免耕>常规耕作		Chen et al.，2021
		粉砂质壤土	609.5	免耕 VS 常规耕作	玉米—小麦	4	0～20	免耕>常规耕作		Liu et al.，2021
								MWD（mm）		

干筛团聚体稳定性是评估土壤质量特性的重要指标。一般通过干筛团聚体的平均重量直径（Mean weight diameter，MWD）、几何平均直径（Geometric mean diameter，GMD）和风蚀分数（Wind erodible fraction，WEF）来评估表层土壤（0～5cm）对风蚀的易感性。与常规耕作相比，一部分免耕管理表现为增加了表层（0～5cm）干筛团聚体稳定性，平均增幅为19%～81%。另一部分则对干筛团聚体稳定性无影响。即使免耕管理对干筛团聚体稳定性的影响表现不一致，我们仍推荐在免耕管理适宜区域采用秸秆覆盖管理，尤其是在风蚀严重的干旱半干旱地区（表 9－5）。

9.2.1.3 免耕对土壤导水特性的影响

土壤导水特性（Soil hydraulic properties）是评价土壤物理属性的重要指标。当前全球气候急剧变化，特别是干旱、极端降水频发，迫切需要科学管理土壤水分、提高湿润土壤快速排水和干燥土壤保持水分的能力，以有效降低土壤水蚀的风险。如前所述，免耕秸秆覆盖能提高表层（0～5cm）土壤有机质含量、增加大孔隙和团聚体稳定性，是一种有潜力的土壤水分管理策略。下面从土壤斥水性、渗水性、导水率和保水性等方面评述免耕管理对土壤水力特性的影响。

表 9-5　免耕对土壤干筛团聚体稳定性的影响

	地点	土壤质地	年均降水量（mm）	耕作方式	作物	时长（年）	深度（cm）	干团聚体稳定性	变化率（%）	参考文献
免耕增加干筛团聚体稳定性								MWD（mm）		
	巴西	黏土	na	免耕	不同作物混合	10	0～5.0	2.95		daVeiga et al., 2009
				常规耕作（凿犁-圆盘犁）	不同作物混合			2.47	19	
				常规耕作（凿犁-圆盘犁-圆盘犁）	不同作物混合			2.12	39	
								WEF（%）		
	美国，南达科他州	黏壤土	616	免耕	玉米—大豆	10	0～5.0	4.78		Pikul et al., 2007
				常规耕作（凿犁-中耕机）	玉米—大豆		25.4	81.00		
	阿根廷	沙质壤土	na	免耕 VS 常规耕作	向日葵—玉米—大豆—小麦	25	0～5.0	免耕＜常规耕作		Mendez et al., 2015
免耕对干筛团聚体稳定性无影响								MWD（mm）		
	马拉维	沙黏质壤土	1 000	免耕 VS 常规耕作（垄作）	玉米	2	0～20.0	免耕＝垄作		Mloza - Banda et al., 2014
		沙黏质壤土	1 000	免耕 VS 常规耕作（垄作）	玉米	4	0～20.0	免耕＝垄作		
								WEF（%）		
	美国，南达科他州	黏壤土	616	免耕 VS 常规耕作（凿犁-中耕机）	玉米—大豆	4	0～5.0	免耕＝常规耕作		Pikul et al., 2007
								MWD（mm）		
	美国	粉黏质壤土	700	免耕 VS 常规耕作（圆盘犁 VS 凿犁 VS 铧犁）	大豆—玉米	30	0～30.0	免耕＞铧犁＞盘＞凿犁		Jin et al., 2021

斥水性（Water repellency）是指水分不能或很难湿润土壤颗粒表面的物理现象。当土壤颗粒与孔隙水的接触角变大时，相互间引力变弱而产生相斥作用，使水分入渗受阻，形成斥水性土壤。土壤斥水性的负效应包括易形成优先流，增大地下水污染的风险，降低土壤渗透性，加剧土壤水蚀流失，并影响农作物生长。另外，土壤斥水性又能减少深层土壤的水分蒸发、保持土壤团粒结构的稳定性等。影响土壤斥水性的因素包括土壤有机质和含水量、pH 和温度以及火干扰和耕作方式等。一般地，受火影响的土壤和森林土壤斥水性较高，农田土壤具有低斥水性——亚临界斥水性（Subcritical water repellency）。

免耕对土壤亚临界斥水性的影响具有正效应。免耕可通过增加土壤表层有机质的积累、减少土壤扰动、提高生物活性等途径诱导土壤的亚临界斥水性。另外，秸秆还田和有机肥配施也能改善土壤亚临界斥水性。例如，一项西班牙南部的长期免耕麦秸覆盖试验（覆盖量：每年 1～4 Mg/hm^2，MR1；每年 5～8 Mg/hm^2，MR2；每年 9～12 Mg/hm^2，MR3）的结果显示，与无覆盖的常规耕作相比，低覆盖量（MR1）可有效提升亚临界斥水性，而中覆盖量（MR2）可引起轻微的亚临界斥水性（水滴渗透时间在 5s 以上），并能缩短径流起始时间以及增加径流量（García - Moreno et al.，2013）。另一个在西班牙东部碱性柑橘土壤进行的关于免耕影响土壤亚临界斥水性试验通过比较长期添加有机肥、免耕和不施肥（MNT）、每年添加植物残体和免耕（NT）、施用常规除草剂和免耕（H）以及常规耕作（CT）效应发现有机肥添加（MNT）也产生轻微的亚临界斥水性，这可能是由添加的有机肥中疏水性有机化合物的增加所致（González - Peñaloza et al.，2012）。总之，免耕管理可以诱导土壤的亚临界斥水性，比常规管理可增加 1.5～40.0 倍。减耕（RT）对土壤亚临界斥水性的影响介于免耕和常规耕作之间（Blanco - Canqui，2011）。

渗水性（Water infiltration）同样受到免耕管理的影响。与常规耕作相比，多数免耕管理提高了水分入渗性，增幅为 17%～86%。可能的原因：①秸秆覆盖可保护免耕土壤表面免受降雨产生的负效应，即雨滴可破坏并冲走表面大团聚体，遗留或释放的细颗粒物质易封闭表面而堵塞大孔隙；②免耕管理通过增强生物活性形成丰富的根系通道和大孔隙网络，进而增加大孔隙率和连续性，尤其是细质地的土壤，提高大孔隙率可以增加水分入渗速率；③免耕管理还通过增加表层土壤有机质含量（增加大孔隙率）和减少土壤扰动来（促进土壤结构发育）来促进水分入渗。

饱和导水率（Saturated hydraulic conductivity）对免耕管理的响应是不一致的。在表 9 - 7列出的 20 项研究中，无影响的有 7 项，增加的有 10 项，降低的有 3 项。与免耕增加土壤水分入渗性不同，饱和导水率变异大的原因，一是该指标（对比其他水分指标）变异系数更大（超过 150%，即使在同一个地块相同处理条件下也如此），二是饱和导水率一般是通过小体积土芯在实验室测定，所获结果与田间条件无法匹配。例如，通过测量 3 种不同体积土壤样品（长 5.1cm，直径为 5cm；长 20cm，直径为 20cm；长 100cm，直径为 30cm）的饱和导水率，发现随着样本量的增加，变异系数从 619%下降到 105%，说明增加样本量、增大样品体积以及田间原位测定的饱和导水率是未来提高测量精度的新要求（Mallants et al.，1997；Morbidelli et al.，2017）。

土壤保水性（Water retention）对作物生长至关重要。免耕管理对土壤保持植物可利用水（Plant available water，田间持水量与植物萎蔫点之差，水势范围为－33 ～－1 500kPa）能力产生重要影响（Blanco－Canqui et al.，2010）。在水分受限区域，免耕秸秆覆盖能有效提高土壤中的植物可利用水容量，主要是通过提高表层土壤有机质含量和大孔隙率增加土壤团聚体稳定性来实现的。因此，在水分受限的地区，尤其是对粗质地低有机质的农田土壤，采用免耕秸秆覆盖模式将是有效改善土壤水分特性促进作物增产的可持续管理策略（Reynolds et al.，2007；Chen et al.，2015；Alam et al.，2017）。

9.2.1.4 免耕对土壤温度的影响

免耕管理能有效降低土壤温度。在春季和夏季，免耕比常规耕作均能降低土壤温度。这主要是由于：①免耕秸秆覆盖于土壤表面，而不是混合或翻埋作物残留物（CT），使表层土壤免于裸露，直接在春季和夏季降低土壤温度，在冬季提高土壤温度，还能防止土壤温度骤变（Lu et al.，2016）；②秸秆覆盖免耕土壤表面还能减少蒸发量和保存土壤水分。免耕较常规耕作有较高的土壤含水量，对于土壤温度的突变具有较好的缓冲作用，在冬季温度低和夏季温度高的地区尤其重要。

关于不同耕作制度影响土壤导热系数（或导热率，表征土壤导热的能力，Thermal conductivity）、热扩散率（Thermal diffusivity）和体积热容量（Volumetric heat capacity）等热特性的研究仍较少。少数研究表明，免耕对热导率和热扩散率的影响大于体积热容量（表 9－6）。相比于常规耕作，免耕使土壤的导热系数提高了 10%～74%。在所有研究中，体积热容量的变化不太一致。免耕增加土壤导热系数可归因于表层土壤有机碳和含水量的增加、土壤团聚体的稳定性增强以及土壤团聚体和颗粒之间接触面积的增大（Arshad et al.，1996）。同时，热传输能力的增强说明免耕比常规耕作土壤的能量交换更大（表 9－7）。

综上所述，免耕对大多数土壤物理性质产生正效应。相比于常规耕作，免耕能提高水稳性土壤团聚体的稳定性和亚临界斥水性及热导率，降低土壤压实度（普氏容重）。在大多数研究中，免耕还增加了水分渗透性和植物有效水。这些研究结果表明，免耕可以改善土壤结构质量或稳定性，降低土壤对压实的敏感性，提高土壤的吸水、保水和传热能力。在春季和夏季，免耕可以降低白天的土壤温度，或者没有影响。上述土壤物理性质的正效应主要与免耕显著提高表层土壤有机碳含量密切相关。然而，免耕对容重和穿透阻力以及干筛团聚体稳定性和饱和导水率有混合影响。此外，减耕对土壤物理性质的影响介于免耕和常规耕作之间。

免耕管理的持续时间和土壤质地是免耕影响土壤物理性质（如容重、穿透阻力和湿筛团聚体稳定性）影响的主要因素。免耕和常规耕作之间的容重和穿透阻力的差异随着免耕持续时间的延长而减小，而湿筛团聚体稳定性的差异则呈增加趋势。这些结果表明，虽然在免耕的初期（<5 年），免耕土壤可能比常规耕作土壤更紧实，但随着土壤结构特性的发展和表层有机碳的不断累积，压实风险逐渐降低。同样，免耕初期水稳性湿筛团聚体稳定性的增加不明显，但随着免耕持续时间的延长，增加幅度会变大。另外，与砂质或细质地土壤相比，免耕对中等质地土壤容重和穿透阻力及湿水稳性团聚体稳定性的影响更显著。

表 9-6 耕作方式对土壤导热性、热扩散率和体积热容量的影响

地点		土壤质地	年均降水量（mm）	耕作方式	作物	时长（年）	深度（cm）	团聚体稳定性	变化率（%）	参考文献
导热率[W/(m·K)]	约旦	黏壤土	na	免耕	休耕	1	17	0.66		Abu - Hamdeh et al.，2000
				常规耕作（凿犁）				0.56	18	
				常规耕作（旋耕）				0.38	74	
	约旦	壤土	na	免耕	休耕	1	17	0.67		
				常规耕作（凿犁）				0.59	14	
				常规耕作（旋耕）				0.43	56	
体积热容量[MJ/(m^3·K)]	加拿大	粉沙质壤土	470	免耕	大麦	15	15	2.66		Arshad et al.，1996
				常规耕作				2.05	30	
	美国，威斯康星州	粉沙质壤土	775	免耕 VS 常规耕作（凿犁或铧犁）	玉米	2	15	无影响		Johnson et al.，1985
	美国，爱荷华州	壤土或黏壤土	780～910	免耕 VS 常规耕作（凿犁或铧犁）	玉米	>3	8	无影响		Potter et al.，1985
热扩散率[$\times10^{-7}$m/s]	美国，威斯康星州	粉壤土	775	免耕	玉米	2	7.88			Johnson et al.，1985
				常规耕作（凿犁）			6.18	28.00		
				常规耕作（铧犁）			6.42	23.00		
	美国，爱荷华州	壤土到黏壤土	780～910	免耕 VS 常规耕作	玉米	>3	8	无影响		Potter et al.，1985

表 9-7 免耕（与常规耕作相比）对土壤水热参数的影响

	研究数量（项）	影响	影响程度	总体效应
大孔隙分布	14	4 增加 6 降低 4 无影响	不一致，混合效应	
水分入渗性	24	15 增加 4 降低 5 无影响	增加 17%～86%， 降低约 80%	总体增加水分入渗
饱和导水率	33	11 增加 7 降低 15 无影响	增加 3%～97%， 降低 17%～81%	不一致，混合效应
保水性	14	7 增加 2 降低 5 无影响	增加 11%～76%， 降低 25%～51%	增加或无影响
春季土壤温度	18	1 增加 12 降低 5 无影响		总体降低春季土温
夏季土壤温度	19	3 增加 6 降低 10 无影响		总体降低春季土温或没有影响
导热率	5	5 增加 0 降低 0 无影响	增加 10%～74%	研究少，是正效应
热扩散率	4	4 增加 0 降低 0 无影响	增加 23%～28%	研究少，是正效应
体积热容量	5	1 增加 0 降低 4 无影响	增加 30%	研究少，总体无影响

9.2.2 免耕对玉米田土壤物理性质的影响：整合分析

如前所述，免耕可对土壤容重和穿透阻力以及含水量等土壤物理性质产生重要影响。例如，免耕可导致玉米田土壤容重增加（Afzalinia et al.，2014；de Paul Obade et al.，2014；Guan et al.，2014；Tormena et al.，2017），或者无影响（Tan et al.，2009；de Rouw et al.，2010；Trevini et al.，2013；Mloza-Banda et al.，2014；Nakajima et al.，2014）。然而，与传统认知不同的是，免耕管理还能降低玉米田土壤容重（Abid et al.，2008；Ussiri et al.，2009；Kumar et al.，2012；Kumar et al.，2014）。同样，与常规耕

作相比，免耕管理对玉米田土壤穿透阻力的效应包括增加（Guan et al.，2015；Fiorini et al.，2018）、降低（Kumar et al.，2012；Kahlon et al.，2013；Crittenden et al.，2015；Jabro et al.，2015）和无影响（Lal et al.，2000；Lapen et al.，2004；Moebius－Clune et al.，2008；Alvarez et al.，2009）。此外，相比于常规耕作，免耕对土壤含水量的影响结果不一致，包括增加（Scopel et al.，2013；Liu et al.，2015）或减少（Rieger et al.，2008；Guan et al.，2015）。由此可见，免耕管理对玉米田土壤物理性质，特别是容重、穿透阻力和土壤含水量的研究结果仍然存在较大的不确定性，因此，需要对已有的研究案例进行整合分析。整合分析具体流程参见吕秋爽等的《免耕对玉米根系属性和产量以及土壤物理性质的影响：整合分析》中的方法。

土壤容重、穿透阻力和含水量对免耕的响应

对 107 条数据的分析结果显示，与常规耕作相比，免耕处理能显著提高土壤容重（95% *CI*：0.019～0.051），平均增幅为 3.5%（图 9－5A）。具体按土层分组，免耕处理使表层（0～10cm）和亚表层（10～20cm）的土壤容重分别增加 5.3%和 3.8%，但是对下层20～40cm 的土壤容重没有显著的影响（$P>0.05$，图 9－5A）。

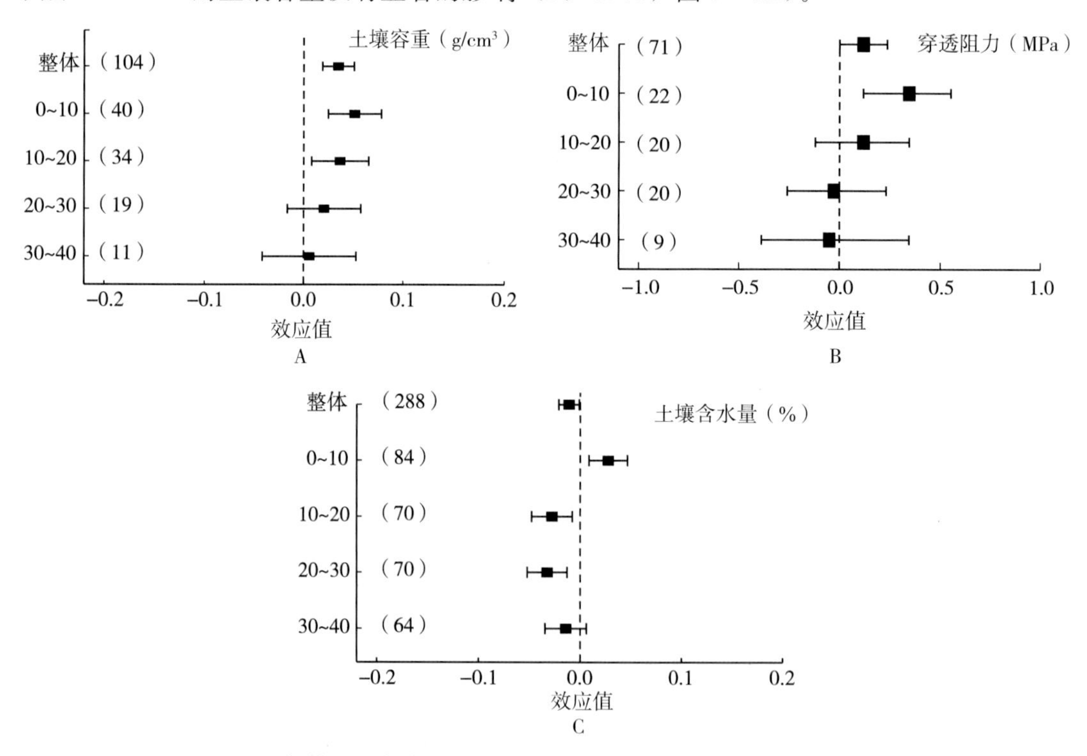

图 9－5　免耕对土壤容重（A）、穿透阻力（B）和含水量（C）的影响

与常规耕作相比，免耕处理显著增加了土壤穿透阻力（95% *CI*：0.012～0.233），平均增幅为 13.0%。细分土壤层次，免耕玉米田表层（0～10cm）土壤的穿透阻力比常规耕作平均高 32.7%（95% *CI*：0.120～0.534），而对其他土层（10～40cm）免耕和常规耕作之间无明显差异（$P>0.05$，图 9－5B）。

收集的288条数据显示，免耕处理降低了土壤含水量（95%*CI*：−0.021～−0.001），降幅为1.1%。在土层亚组角度，除下层（30～40cm）土壤含水量的影响不显著外（−0.014，95%*CI*：−0.034～0.006），免耕处理显著增加了表层（0～10cm）土壤含水量，平均比常规耕作增加2.8%（95%*CI*：0.009～0.047），而显著降低了土层（10～20cm和20～30cm）的土层含水量（95%*CI*：−0.048～−0.008；95%*CI*：−0.052～−0.013），平均比常规耕作分别降低了2.8%和3.2%（图9-5C）。

由文献综述和整合分析结果可知，免耕处理对作物根系属性和产量及土壤物理环境均产生深刻的影响。免耕显著增加了表层土壤的容重和穿透阻力（图9-5A、图9-5B），这与许多报道免耕提高土壤容重和穿透阻力的结果一致（Karunatilake et al.，2000；董智等，2013）。同样，免耕处理也会影响土壤含水量（图9-5C）。免耕对作物根系生长的影响可能是通过改变土壤物理环境实现的（Ball-Coelho et al.，1998；Blanco-Canqui et al.，2018）。因为健康根系的生长发育与土壤物理环境密切相关。免耕引起表层土壤容重和穿透阻力增大（Mosaddeghi et al.，2009），导致土壤紧实度增强，从而使根系生长的机械阻力增大，最终影响根系生长发育（Chen et al.，2011；Fiorini et al.，2018）。例如，一个比较作物根系构型和物理性质对免耕和常规耕作的差异响应的研究结果显示，NT明显影响3种作物根系的生长，特别是在表层（0～5cm），NT比CT更能提高RLD和RDW；相反，在5～15cm土层，CT比NT更能提高玉米RLD和RDW，证明NT和CT引起更新生长的差异主要体现在表层（0～5cm）。RLD和RDW与BD及PR呈显著的非线性负相关关系（Andrea et al.，2018）。另外，免耕NT也能改变土壤孔隙结构和团聚结构，从而影响作物根系属性。例如，NT能明显促进上层（0～10cm）土壤团聚体稳定性、容重、孔隙度、植物可利用水、氮磷含量以及根干重和根直径的增加，而根长和表面积为NT低于CT（Himmelbauer et al.，2012）。同时，CT孔隙分布模式呈三峰型（Tri-model，0～10cm和10～20cm）和双峰型（Bi-model，20～30cm）。CT下圆形孔隙对AP面积孔隙贡献最大，而NT处理导致表层（0～10cm）土壤孔隙形状复杂多样，且空隙连通性较好（Pires et al.，2017）。长期免耕处理会产生更高的大孔隙率和孔隙连通性，这可能对养分循环、根系生长、土壤气体通量和水动力学产生积极影响（Galdos et al.，2019）。此外，在华北平原和东北盐碱旱作区，免耕和深松加秸秆覆盖在增加土壤养分、提高粮食产量和水分利用效率方面的作用优于常规耕作（Chen et al.，2021；Yin et al.，2021）。

实际上，我们的结果与其他实验观测和Meta分析都明确了免耕条件下作物产量和土壤物理性质区别于常规耕作的负效应，比如土壤容重和穿透阻力增加以及产量降低等。相反，也有一些与之不一致的观测研究结果，其主要原因在于研究地点的气候、土壤和作物类型以及耕作与其他诸如秸秆和肥料等管理策略存在差异（Zhao et al.，2017；Blanco-Canqui et al.，2018）。鉴于免耕对作物产量和土壤物理环境的负效应，实践中往往要避免由常规耕作转变为免耕后同时清除秸秆，采用免耕结合秸秆覆盖策略（Pittelkow et al.，2015；Zhao et al.，2017）。因为免耕秸秆覆盖显著提高了表层土壤有机碳含量和微生物活性，提高了土壤剖面含水量和孔隙度，降低了土壤紧实度，为作物生长创造了有利的土壤环境条件（Blanco-Canqui et al.，2011b；Olson et al.，2014）。就玉米而言，免耕秸秆覆盖还能通过提高土壤含水量、水分和肥料氮的利用效率促进玉米增产（许淑青等，2009；Li et al.，2017）。这样，长期连作玉米秸秆覆盖免耕策略的正效应体现在表层土壤有机质持续积累、土壤养分循环和化肥利用率获得提高、土壤生物功能以及土壤水分保蓄能力得到增强（董智等，2013）。然而，目前关于根系形态构型属性对免耕和秸秆覆盖的响应机制与土壤理化性质和产量互作机制仍缺乏系统深入的研究，因此，未来应加强免耕秸秆覆盖以及其他保护性耕作措施等多策略的长期观测实验研究，为全球变化背景下农业可持续发展提供理论和实践参考。

参考文献

白文明，程维信，李凌浩，2005. 微根窗技术及其在植物根系研究中的应用 [J]. 生态学报，25：3076-3081.

丁玉川，王树楼，王�石，1994. 免耕整秸秆半覆盖对旱地玉米生长发育及产量的影响 [J]. 玉米科学，2（1）：28-31.

董智，解宏图，张立军，等，2013. 东北玉米带秸秆覆盖免耕对土壤性状的影响 [J]. 玉米科学，21：100-103，108.

黄丽芬，庄恒扬，刘世平，1999. 长期少免耕对稻麦产量与土壤肥力的影响 [J]. 扬州大学学报（自然科学版），2（1）：48-52.

刘金梁，梅莉，谷加存，等，2009. 内生长法研究施氮肥对水曲柳和落叶松细根生物量和形态的影响 [J]. 生态学杂志（28）：1-6.

罗守德，董竹蔚，罗坤，1993. 免耕秸秆覆盖对玉米根系的影响 [J]. 山西农业科学，21（1）：14-18.

罗锡文，周学成，严小龙，等，2004. 基于 XCT 技术的植物根系原位形态可视化研究 [J]. 农业机械学报，35（2）：104-106，133.

吕秋爽，周斌，王朋，2020. 免耕对玉米根系属性和产量以及土壤物理性质的影响：整合分析 [J]. 生态学杂志，39（10）：3492-3499.

倪薇，霍常富，王朋，2014. 落叶松（*Larix*）细根形态特征沿纬度梯度的可塑性 [J]. 生态学杂志，33（9）：2322-2329.

史建伟，王政权，于水强，等，2007. 落叶松和水曲柳人工林细根生长、死亡和周转 [J]. 植物生态学报，31（2）：333-342.

武志杰，张海军，许广山，等，2002. 玉米秸秆还田培肥土壤的效果 [J]. 应用生态学报，13（5）：539-542.

许淑青，张仁陟，董博，等，2009. 耕作方式对耕层土壤结构性能及有机碳含量的影响 [J]. 中国生态农业学报，17（2）：203-208.

张文可，苏思慧，隋鹏祥，等，2018. 秸秆还田模式对东北春玉米根系分布和水分利用效率的影响 [J] 生态学杂志，37（8）：2300-2308.

张小全，吴可红，Murach D，2000. 树木细根生产与周转研究方法评述 [J]. 生态学报，20（5）：875-883.

周玮，李洪波，曾辉，2018. 西藏高寒草原群落植物根系属性在降水梯度下的变异格局 [J]. 植物生态学报，42（11）：1094-1102.

Abid M，Lal R，2008. Tillage and drainage impact on soil quality. I. Aggregate stability，carbon and nitrogen pools [J]. Soil and Tillage Research，100：89-98.

Adams T S, McCormack M L, Eissenstat D M, 2013. Foraging strategies in trees of different root morphology: the role of root lifespan [J]. Tree Physiology, 33: 940 - 948.

Afzalinia S, Zabihi J, 2014. Soil compaction variation during corn growing season under conservation tillage [J]. Soil and Tillage Research, 137: 1 - 6.

Alvarez C R, Taboada M A, Boem F H G, et al., 2009. Topsoil properties as affected by tillage systems in the rolling pampa region of argentina [J]. Soil Science Society of America Journal, 73: 1242 - 1250.

Andrea F, Roberta B, Stefano A, et al., 2018. Effects of no - till on root architecture and root - soil interactions in a three - year crop rotation [J]. European Journal of Agronomy, 99: 156 - 166.

Arshad M A, Azooz R H, 1996. Tillage effects on soil thermal properties in a semiarid cold region [J]. Soil Science Society of America Journal, 60: 561 - 567.

Ball - Coelho B R, Roy R C, Swanton C J, 1998. Tillage alters corn root distribution in coarse - textured soil [J]. Soil and Tillage Research, 45: 237 - 249.

Blanco - Canqui H, 2011. Does no - till farming induce water repellency to soils? [J]. Soil Use and Management, 27: 2 - 9.

Blanco - Canqui H, Mikha M M, Presley D R, et al., 2011. Addition of cover crops enhances no - till potential for improving soil physical properties [J]. Soil Science Society of America Journal, 75: 1471 - 1482.

Blanco - Canqui H, Ruis S J, 2018. No - tillage and soil physical environment [J]. Geoderma, 326: 164 - 200.

Blanco - Canqui H, Ruis S J, 2020. Cover crop impacts on soil physical properties: a review [J]. Soil Science Society of America Journal, 84: 1527 - 1576.

Blanco - Canqui H, Ruis S J, Holman J D, et al., 2022. Can cover crops improve soil ecosystem services in water - limited environments? A review [J]. Soil Science Society of America Journal, 86: 1 - 18.

Blanco - Canqui H, Schlegel A J, Heer W F, 2011. Soil - profile distribution of carbon and associated properties in no - till along a precipitation gradient in the central Great Plains [J]. Agriculture, Ecosystems and Environment, 144: 107 - 116.

Blanco - Canqui H, Stone L R, Schlegel A J, et al., 2009. No - till induced increase in organic carbon reduces maximum bulk density of soils [J]. Soil Science Society of America Journal, 73: 1871 - 1879.

Blanco - Canqui H, Stone L R, Stahlman P W, 2010. Soil response to long - term cropping systems on an Argiustoll in the Central Great Plains [J]. Soil Science Society of America Journal, 74: 602 - 611.

Bottinelli N, Angers D A, Hallaire V, et al., 2017. Tillage and fertilization practices affect soil aggregate stability in a Humic Cambisol of Northwest France [J]. Soil and Tillage Research, 170: 14 - 17.

Briedis C, de Moraes Sá J C, Lal R, et al., 2016. Can highly weathered soils under conservation agriculture be C saturated? [J]. Catena, 147: 638 - 649.

Buchi L, Wendling M, Amosse C, et al., 2017. Long and short term changes in crop yield and soil properties induced by the reduction of soil tillage in a long term experiment in Switzerland [J]. Soil and Tillage Research, 174: 120 - 129.

Busari M A, Salako F K, 2015. Soil hydraulic properties and maize root growth after application of poultry manure under different tillage systems in Abeokuta, southwestern Nigeria [J]. Archives of Agronomy and Soil Science, 61: 223 - 237.

Chen G, Weil R R, 2011. Root growth and yield of maize as affected by soil compaction and cover crops [J]. Soil and Tillage Research, 117: 17 - 27.

Chen T Y, Zhang Y F, Fu J, et al., 2021. Effects of tillage methods on soil physical properties and maize growth in a saline - alkali soil [J]. Crop Science, 61: 3702 - 3718.

Chen Y, Liu S, Li H, et al., 2011. Effects of conservation tillage on corn and soybean yield in the humid continental climate region of Northeast China [J]. Soil and Tillage Research, 115: 56 - 61.

Crittenden S J, Poot N, Heinen M, et al., 2015. Soil physical quality in contrasting tillage systems in organic and conventional farming [J]. Soil and Tillage Research, 154: 136 - 144.

Dal Ferro N, Sartori L, Simonetti G, et al., 2014. Soil macro - and microstructure as affected by different tillage systems and their effects on maize root growth [J]. Soil and Tillage Research, 140: 55 - 65.

de Paul Obade V, Lal R, 2014. Using meta - analyses to assess pedo - variability under different land uses and soil management in central Ohio, USA [J]. Geoderma, 232 - 234: 56 - 68.

de Rouw A, Huon S, Soulileuth B, et al., 2010. Possibilities of carbon and nitrogen sequestration under conventional tillage and no - till cover crop farming (Mekong valley, Laos) [J]. Agriculture, Ecosystems and Environment, 136: 148 - 161.

Dwyer L M, Ma B L, Stewart D W, et al., 1996. Root mass distribution under conventional and conservation tillage [J]. Canadian Journal of Soil Science, 76: 23 - 28.

Eissenstat D M, Wells C E, Yanai R D, et al., 2000. Building roots in a changing environment: implications for root longevity [J]. New Phytologist, 147: 33 - 42.

Fan R Q, Yang X M, Drury C F, et al., 2014. Spatial distributions of soil chemical and physical properties prior to planting soybean in soil under ridge -, no - and conventional - tillage in a maize - soybean rotation [J]. Soil Use and Management, 30: 414 - 422.

Fan Y F, Gao J L, Sun J Y, et al., 2021. Effects of straw returning and potassium fertilizer application on root characteristics and yield of spring maize in China inner Mongolia [J]. Agronomy Journal, 113: 4369 - 4385.

Fiorini A, Boselli R, Amaducci S, et al., 2018. Effects of no - till on root architecture and root - soil interactions in a three - year crop rotation [J]. European Journal of Agronomy, 99: 156 - 166.

Friedrich T, Derpsch R, Kassam A, 2012. Overview of the global spread of conservation agriculture [J/OL]. Field Actions Science Reports. https: factsreports. revues. org/1941.

Galdos M V, Pires L F, Cooper H V, et al., 2019. Assessing the long - term effects of zero - tillage on the macroporosity of Brazilian soils using X - ray computed tomography [J]. Geoderma, 337: 1126 - 1135.

Gao F, Zhao B, Dong S, et al., 2018. Response of maize root growth to residue management strategies [J]. Agronomy Journal, 110: 95 - 103.

García - Moreno J, Gordillo - Rivero Á J, Zavala L M, et al., 2013. Mulch application in fruit orchards increases the persistence of soil water repellency during a 15 - years period [J]. Soil and Tillage Research, 130: 62 - 68.

Gerard C J, Sexton P, Shaw G, 1982. Physical factors influencing soil strength and root growth [J]. Agronomy Journal, 74: 875 - 879.

González - Peñaloza F A, Cerdà A, Zavala L M, et al., 2012. Do conservative agriculture practices increase soil water repellency? A case study in citrus - cropped soils [J]. Soil and Tillage Research, 124: 233 - 239.

González - Sánchez E J, Kassam A, Basch G, et al., 2016. Conservation agriculture and its contribution to the achievement of agri - environmental and economic challenges in Europe [J]. AIMS Agriculture and Food, 1: 387 - 408.

Guan D, Al - Kaisi M M, Zhang Y, et al., 2014. Tillage practices affect biomass and grain yield through regulating root growth, root - bleeding sap and nutrients uptake in summer maize [J]. Field Crops Research, 157: 89 - 97.

Guan D, Zhang Y, Al - Kaisi M M, et al., 2015. Tillage practices effect on root distribution and water use efficiency of winter wheat under rain - fed condition in the North China Plain [J]. Soil and Tillage Research, 146: 286 - 295.

Haarhoff S J, Lötze E, Swanepoel P A, 2021. Rainfed maize root morphology in response to plant population under no - tillage [J]. Agronomy Journal, 113: 75 - 87.

Himmelbauer M L, Sobotik M, Loiskandl W, 2012. No - tillage farming, soil fertility and maize root growth [J]. Archives of Agronomy and Soil Science, 58: S151 - S157.

Jabro J D, Iversen W M, Stevens W B, et al., 2015. Spatial and temporal variability of soil penetration resistance transecting sugarbeet rows and inter - rows in tillage systems [J]. Applied Engineering in Agriculture, 31: 237 - 246.

Kahlon M S, Lal R, Ann - Varughese M, 2013. Twenty two years of tillage and mulching impacts on soil physical characteristics and carbon sequestration in Central Ohio [J]. Soil and Tillage Research, 126: 151 - 158.

Karunatilake U, Es H, Schindelbeck R R, 2000. Soil and maize response to plow and no - tillage after alfalfa -to -maize conversion on a clay loam soil in New York [J]. Soil and Tillage Research, 55: 31 - 42.

Kaspar T C, Brown H J, Kassmeyer E M, 1991. Corn root distribution as affected by tillage, wheel traffic, and fertilizer placement [J]. Soil Science Society of American Journal, 55: 1390 - 1394.

Kibet L C, Blanco - Canqui H, Jasa P, 2016. Long - term tillage impacts on soil organic matter components and related properties on a Typic Argiudoll [J]. Soil and Tillage Research, 155: 78 - 84.

Kumar S, Kadono A, Lal R, et al., 2012. Long - term no - till impacts on organic carbon and properties of two contrasting soils and corn yields in Ohio [J]. Soil Science Society of America Journal, 76: 1798 - 1809.

Kumar S, Nakajima T, Mbonimpa E G, et al., 2014. Long - term tillage and drainage influences on soil organic carbon dynamics, aggregate stability and corn yield [J]. Soil Science and Plant Nutrition, 60: 108 - 118.

Lal R, Ahmadi M, 2000. Axle load and tillage effects on crop yield for two soils in central Ohio [J]. Soil and Tillage Research, 54: 111 - 119.

Lal R, Logan T J, Fausey N R, 1989. Long - term tillage and wheel traffic effects on a poorly drained MollicOchraqualf in Northwest Ohio. 1. Soil physical properties, root distribution and grain yield of corn and soybean [J]. Soil and Tillage Research, 14: 341 - 358.

Lapen D R, Topp G C, Edwards M E, et al., 2004. Combination cone penetration resistance/water content instrumentation to evaluate cone penetration - water content relationships in tillage research [J]. Soil and Tillage Research, 79: 51 - 62.

Li H X，Mollier A，Ziadi N，et al.，2017. The long－term effects of tillage practice and phosphorus fertilization on the distribution and morphology of corn root [J]. Plant and Soil，412：97－114.

Mahal N K，Castellano M J，Miguez F E，2018. Conservation agriculture practices increase potentially mineralizable nitrogen：a meta－analysis [J]. Soil Science Society of America Journal，82：1270－1278.

Mallants D，Mohanty B P，Vervoort A，et al.，1997. Spatial analysis of saturated hydraulic conductivity in a soil with macropores [J]. Soil Technology，10：115－131.

Mitchell J，Harben R，Sposito G，et al.，2016. Conservation agriculture：systems thinking for sustainable farming [J]. California Agriculture，70：53－56.

Mloza－Banda M L，Cornelis W M，Mloza－Banda H R，et al.，2014. Soil properties after change to conservation agriculture from ridge tillage in sandy clay loams of mid－altitude Central Malawi [J]. Soil Use and Management，30：569－578.

Moebius－Clune B N，van Es H M，Idowu O J，et al.，2008. Long－term effects of harvesting maize stover and tillage on soil quality [J]. Soil Science Society of America Journal，72：960－969.

Morbidelli R，Saltalippi C，Flammini A，et al.，2017. In situ measurements of soil saturated hydraulic conductivity：assessment of reliability through rainfall－runoff experiments [J]. Hydrological Processes，31：3084－3094.

Mosaddeghi M R，Mahboubi A A，Safadoust A，2009. Short－term effects of tillage and manure on some soil physical properties and maize root growth in a sandy loam soil in Western Iran [J]. Soil and Tillage Research，104：173－179.

Nakajima T，Lal R，2014. Tillage and drainage management effect on soil gas diffusivity [J]. Soil and Tillage Research，135：71.

Olson K，Ebelhar S A，Lang J M，2014. Long－term effects of cover crops on crop yields，soil organic carbon stocks and sequestration [J]. Open Journal of Soil Science，4：284－292.

Palm C，Blanco－Canqui H，DeClerck F，et al.，2014. Conservation agriculture and ecosystem services：an overview [J]. Agriculture，Ecosystems and Environment，187：87－105.

Pires L F，Borges J A R，Rosa J A，et al.，2017. Soil structure changes induced by tillage systems [J]. Soil and Tillage Research，165：66－79.

Pittelkow C M，Liang X，Linquist B A，et al.，2015. Productivity limits and potentials of the principles of conservation agriculture [J]. Nature，517：365－368.

Pregitzer K S，DeForest J L，Burton A J，et al.，2002. Fine root architecture of nine North American trees [J]. Ecological Monographs，72：293－309.

Qin R，Stamp P，Richner W，2005. Impact of tillage and banded starter fertilizer on maize root growth in the top 25 centimeters of the soil [J]. Agronomy Journal，97：674－683.

Qin R J，Noulas C，Herrera J M，2018. Morphology and distribution of wheat and maize roots as affected by tillage systems and soil physical parameters in temperate climates：an overview [J]. Archives of Agronomy and Soil Science，64：747－762.

Reynolds W D，Drury C F，Yang X M，et al.，2007. Land management effects on the near－surface physical quality of a clay loam soil [J]. Soil and Tillage Research，96：316－330.

Roldán A，Caravaca F，Hernández M T，et al.，2003. No－tillage，crop residue additions，and legume cover cropping effects on soil quality characteristics under maize in Patzcuaro watershed（Mexico）[J]. Soil and Tillage Research，72：65－73.

Salem H M, Valero C, Muñoz M A, et al., 2015. Short - term effects of four tillage practices on soil physical properties, soil water potential, and maize yield [J]. Geoderma, 237 - 238: 60 - 70.

Samson B K, Sinclair T R, 1994. Soil core and minirhizotron comparison for the determination of root length density [J]. Plant and Soil, 161: 225 - 232.

Sanz - Cobena A, Lassaletta L, Aguilera E, et al., 2017. Strategies for greenhouse gas emissions mitigation in Mediterranean agriculture: a review [J]. Agriculture, Ecosystems and Environment, 238: 5 - 24.

Tan I Y S, van Es H M, Duxbury J M, et al., 2009. Single - event nitrous oxide losses under maize production as affected by soil type, tillage, rotation, and fertilization [J]. Soil and Tillage Research, 102: 19 - 26.

Tormena C A, Karlen D L, Logsdon S, et al., 2017. Corn stover harvest and tillage impacts on near - surface soil physical quality [J]. Soil and Tillage Research, 166: 122 - 130.

Trachsel S, Kaeppler S M, Brown K M, et al., 2011. Shovelomics: high throughput phenotyping of maize (*Zea mays* L.) root architecture in the field [J]. Plant and Soil, 341: 75 - 87.

Trevini M, Benincasa P, Guiducci M, 2013. Strip tillage effect on seedbed tilth and maize production in Northern Italy as case - study for the Southern Europe environment [J]. European Journal of Agronomy, 48: 50 - 56.

USDA, NRCS, 1996. Soil quality resource concerns: compaction [J]. Soil Quality Information Sheet, 19: 73 - 92.

Ussiri D A N, Lal R, Jarecki M K, 2009. Nitrous oxide and methane emissions from long - term tillage under a continuous corn cropping system in Ohio [J]. Soil and Tillage Research, 104: 247 - 255.

Villamil M B, Little J, Nafziger E D, 2015. Corn residue, tillage, and nitrogen rate effects on soil properties [J]. Soil and Tillage Research, 151: 61 - 66.

Yang X M, Reynolds W D, Drury C F, et al., 2021. Cover crop effects on soil temperature in a clay loam soil in Southwestern Ontario [J]. Canadian Journal of Soil Science, 101: 761 - 770.

Yin B Z, Hu Z H, Wang Y D, et al., 2021. Effects of optimized subsoiling tillage on field water conservation and summer maize (*Zea mays* L.) yield in the North China Plain [J]. Agricultural Water Management, 247: 106732.

Young M D, Ros G H, de Vries W, 2021. Impacts of agronomic measures on crop, soil, and environmental indicators: a review and synthesis of meta - analysis [J]. Agriculture Ecosystems and Environment, 319: 107551.

Zhao X, He C, Liu W S, et al., 2022. Responses of soil pH to no - till and the factors affecting it: a global meta - analysis [J]. Global Change Biology, 28: 154 - 166.

Zhao X, Liu S L, Pu C, et al., 2017. Crop yields under no - till farming in China: a meta - analysis [J]. European Journal of Agronomy, 84: 67 - 75.